21世纪高等院校通识教育规划教材

大 学 物 理

主　编　李　迎　刘德生　刘礼书
副主编　张　尧　陈　铜　李　倩
　　　　李　洋　李艳芳　谭嘉进
　　　　李　群　章世晅

苏州大学出版社

图书在版编目(CIP)数据

大学物理 / 李迎,刘德生,刘礼书主编. —苏州:
苏州大学出版社,2019.4
 21世纪高等院校通识教育规划教材
 ISBN 978-7-5672-2689-0

Ⅰ.①大… Ⅱ.①李… ②刘… ③刘… Ⅲ.①物理学-高等学校-教材 Ⅳ.①O4

中国版本图书馆 CIP 数据核字(2018)第 293882 号

大学物理

李 迎 刘德生 刘礼书 主编
责任编辑 周建兰

苏州大学出版社出版发行
(地址:苏州市十梓街1号 邮编:215006)
宜兴市盛世文化印刷有限公司印装
(地址:宜兴市万石镇南漕河滨路58号 邮编:214217)

开本 787mm×1 092mm 1/16 印张 27.25 字数 664千
2019年4月第1版 2019年4月第1次印刷
ISBN 978-7-5672-2689-0 定价:69.00元

苏州大学版图书若有印装错误,本社负责调换
苏州大学出版社营销部 电话:0512-67481020
苏州大学出版社网址 http://www.sudapress.com
苏州大学出版社邮箱 sdcbs@suda.edu.cn

前言 Preface

物理学是研究物质的基本结构、基本运动形式、相互作用的自然科学.它的基本理论渗透在自然科学的各个领域,应用于生产技术的许多部门,是其他自然科学和工程技术的基础.

物理学在人类社会发展史上扮演着极其重要的角色,其每一次重大发现和突破都会伴随着人类文明的跨越式进步.从古代的"四大发明"到近代的工业革命,再到现在的信息时代,无一不闪烁着物理学的璀璨光芒.在过去的一百年中,物理学不断蓬勃发展,并从其中分化出来一系列新的独立学科,如力学、热学、电磁学、光学、原子物理学、量子物理学等,其大家族不断壮大.联合国命名2005年为"国际物理年",这也是联合国历史上第一次以单一学科命名的国际年.

在人类追求真理、探索未知世界的过程中,物理学展现了一系列科学的世界观和方法论,深刻影响着人类对物质世界的基本认识、人类的思维方式和社会生活,是人类文明发展的基石,在人才的科学素质培养中具有重要的地位.

以物理学基础为内容的大学物理课程,是高等学校理工科各专业学生一门重要的通识性必修基础课.该课程所教授的基本概念、基本理论和基本方法是构成学生科学素养的重要组成部分,是一个科学工作者和工程技术人员所必备的.大学物理课程在为学生系统地打好必要的物理基础,培养学生树立科学的世界观,增强学生分析问题和解决问题的能力,培养学生的探索精神和创新意识等方面,具有其他课程不可替代的重要作用.

本书是编者结合自己对大学物理的讲授经验,根据教育部《理工科类大学物理课程教学基本要求(2010年版)》,并充分考虑了现代大学非物理专业学生的实际情况编写而成的.本书可作为普通高校非物理专业大学物理的教材,也可作为物理爱好者自学的指导用书.本书具有如下特点.

(1) 注重基础性.针对大学非物理专业学生在物理学习中"内容多而课时量少"的特点,对物理概念进行了重新审视和提炼,并精选了内容.对基本现象、基本概念和基本原理的阐述,做到了深入浅出,增加了典型例题,力争使学生对所学内容一目了然.

(2) 注重结合实际.编者针对以往大学物理只注重讲授理论而忽视和生活相结合,导致学生学习积极性不高的情况,书中加入了一系列实例,并配以插图,力争生动形象、理论结合实际,体现理论的基础作用,并提高学生学习物理的积极性.

(3) 注意层次性.为贯彻"因材施教"的原则,针对不同学生学习物理的基础及水平,本书收集了不同难度的内容和习题,其中难度较大的标以"＊"号,作为选讲和自学内容.

本书共分为力学、热学、电磁学、机械振动与机械波、波动光学、近代物理6篇.建议整书讲授128学时,其中,力学篇约为24学时,热学篇约为16学时,电磁学篇约为40学时,机械振动与机械波篇约为16学时,波动光学篇约为18学时,近代物理篇约为14学时.学时数较少的学校可以挑选部分内容讲授.

本书由李迎、刘德生、刘礼书任主编,由张尧、陈铜、李倩、李洋、李艳芳、谭嘉进、李群、章世旭任副主编,参加编写的人员还有胡国进、谭欣珍、谢润根等.在编写本书期间,参阅了许多兄弟院校的教材,吸取了宝贵经验,甚至引用了部分内容,在此深表感谢.

由于作者水平有限,书中难免存在疏漏之处,敬请读者批评指正.

编 者

2018年7月

目录 Contents

第1篇 力 学

第1章 质点运动学 ……………… (2)
1.1 质点 参考系 时间与时刻 ……………………………… (2)
  1.1.1 质点 ………………………… (2)
  1.1.2 参考系与坐标系 …………… (3)
  1.1.3 时间与时刻 ………………… (3)
1.2 位矢 位移 运动方程 速度 加速度 ……………………… (3)
  1.2.1 位矢 ………………………… (3)
  1.2.2 位移 ………………………… (4)
  1.2.3 运动方程 …………………… (4)
  1.2.4 速度与加速度 ……………… (4)
1.3 自然坐标系 圆周运动 ……… (8)
  1.3.1 自然坐标系中的速度与加速度 …………………………… (8)
  1.3.2 圆周运动 …………………… (9)
  1.3.3 匀速圆周运动的加速度 …… (9)
  1.3.4 圆周运动的角量描述 ……… (9)
  1.3.5 线量和角量的关系 ………… (11)
1.4 相对运动 伽利略坐标变换 … (12)
  1.4.1 伽利略坐标变换式 ………… (12)
  1.4.2 速度变换 …………………… (13)
  1.4.3 加速度变换 ………………… (13)
  复习题 …………………………… (15)

第2章 牛顿运动定律 …………… (19)
2.1 牛顿运动定律 ………………… (19)
  2.1.1 牛顿第一定律 ……………… (20)
  2.1.2 牛顿第二定律 ……………… (20)
  2.1.3 牛顿第三定律 ……………… (21)
2.2 几种常见的力 ………………… (22)
  2.2.1 万有引力 …………………… (22)
  2.2.2 重力 ………………………… (24)
  2.2.3 弹性力 ……………………… (24)
  2.2.4 摩擦力 ……………………… (25)
2.3 牛顿运动定律应用举例 ……… (25)
2.4 *非惯性系 惯性力 …………… (30)
复习题 ……………………………… (32)

第3章 运动的守恒定律 ………… (35)
3.1 动量定理 ……………………… (35)
  3.1.1 质点的动量定理 …………… (35)
  3.1.2 质点系的动量定理 ………… (36)
3.2 动量守恒定律 ………………… (39)
3.3 质心运动 *火箭飞行问题 …… (42)
  3.3.1 质心 ………………………… (42)
  3.3.2 质心运动定律 ……………… (43)
  3.3.3 *火箭飞行问题 ……………… (45)
3.4 保守力与非保守力 势能 …… (46)
  3.4.1 功 …………………………… (46)
  3.4.2 保守力与非保守力 ………… (47)
  3.4.3 势能 ………………………… (49)
  3.4.4 势能曲线 …………………… (50)
3.5 功能原理 能量守恒定律 …… (51)

3.5.1 质点的动能定理 ……………… (51)
3.5.2 质点系的动能定理 ……… (52)
3.5.3 质点系的功能原理 ……… (52)
3.5.4 机械能守恒定律 …………… (53)
3.5.5 能量守恒定律 ……………… (55)
3.6 碰撞问题 ………………………… (55)
复习题 …………………………………… (58)

第4章 刚体的转动 ……………… (62)
4.1 刚体 刚体的运动 ……………… (62)
  4.1.1 刚体的平动与转动 ……… (62)
  4.1.2 定轴转动的角量与线量
    ………………………………… (63)
4.2 力矩 转动惯量 定轴转动定律
  …………………………………… (64)
  4.2.1 力矩 ………………………… (64)
  4.2.2 转动定律 …………………… (65)
  4.2.3 转动惯量 平行轴定理和
    正交轴定理 ………………… (67)
4.3 角动量 角动量守恒定律 ……… (71)
  4.3.1 质点的角动量与角动量
    守恒定律 …………………… (71)
  4.3.2 刚体绕定轴转动的角动量定理
    ………………………………… (73)
  4.3.3 刚体绕定轴转动的角动量守恒
    定律 ………………………… (74)
4.4 刚体绕定轴转动的功能关系 …… (76)
  4.4.1 力矩的功与功率 …………… (76)
  4.4.2 刚体的转动动能 …………… (77)
  4.4.3 刚体绕定轴转动的动能定理
    ………………………………… (77)
4.5 *进动 ………………………………… (80)
复习题 …………………………………… (81)

第2篇 热 学

第5章 气体动力学 ………………… (86)
5.1 热运动的描述 理想气体的状态
  方程 ……………………………… (86)
  5.1.1 气体的状态参量 …………… (86)
  5.1.2 平衡态 ……………………… (87)
  5.1.3 理想气体的状态方程
    ………………………………… (87)
5.2 分子热运动的统计规律性 ……… (88)
5.3 压强公式 压强的统计意义
  …………………………………… (90)
  5.3.1 理想气体的微观模型
    ………………………………… (90)
  5.3.2 理想气体的压强公式及
    统计意义 …………………… (90)
5.4 理想气体分子的平均平动动能与
  温度的关系 ……………………… (92)
5.5 能量均分定理 理想气体的内能
  …………………………………… (92)
  5.5.1 分子的自由度 ……………… (93)
  5.5.2 能量按自由度均分定理
    ………………………………… (93)
  5.5.3 理想气体的内能 …………… (94)
5.6 气体分子的速率分布 …………… (95)
  5.6.1 速率分布曲线 ……………… (96)
  5.6.2 麦克斯韦气体分子速率分
    布律 ………………………… (96)
  5.6.3 三种统计速率 ……………… (97)
5.7 玻耳兹曼能量分布律 重力场
  中的等温气压公式 ……………… (98)
  5.7.1 玻耳兹曼能量分布律
    ………………………………… (98)
  5.7.2 重力场中的等温气压公式
    ………………………………… (99)
5.8 *分子碰撞频率 *平均自由程
  …………………………………… (99)
5.9 *气体的运输现象 ……………… (101)

5.9.1 黏滞现象 …… (102)
5.9.2 热传导现象 …… (103)
5.9.3 扩散现象 …… (103)
5.10 *实际气体的范德瓦耳斯方程 …… (104)
 5.10.1 分子体积引起的修正 …… (104)
 5.10.2 分子引力引起的修正 …… (105)
 5.10.3 范德瓦尔斯方程 …… (105)
 复习题 …… (106)

第6章 热力学基础 …… (111)

6.1 准静态过程 功 热量 内能 …… (111)
 6.1.1 准静态过程 …… (111)
 6.1.2 功 …… (112)
 6.1.3 热量 …… (112)
 6.1.4 内能 …… (113)
6.2 热力学第零定律与第一定律 …… (113)
 6.2.1 热力学第零定律 …… (113)
 6.2.2 热力学第一定律 …… (113)
6.3 理想气体的等体过程与等压过程 …… (114)
 6.3.1 等体过程 …… (114)
 6.3.2 等压过程 …… (115)
 6.3.3 摩尔定容热容 摩尔定压热容 …… (116)
6.4 理想气体的等温过程与绝热过程 *多方过程 …… (118)

6.4.1 等温过程 …… (119)
6.4.2 绝热过程 …… (120)
6.4.3 绝热线与等温线 …… (121)
6.4.4 *多方过程 …… (123)
6.5 循环过程 卡诺循环 …… (124)
 6.5.1 循环过程 …… (124)
 6.5.2 热机与制冷机 …… (125)
 6.5.3 卡诺循环 …… (126)
6.6 热力学第二定律 卡诺定理 …… (130)
 6.6.1 热力学第二定律的两种表述 …… (130)
 6.6.2 可逆过程与不可逆过程 …… (131)
 6.6.3 卡诺定理 …… (131)
6.7 熵 熵增加原理 …… (132)
 6.7.1 熵 …… (132)
 6.7.2 熵变的计算 …… (133)
 6.7.3 熵增加原理 …… (134)
 6.7.4 熵增加原理与热力学第二定律 …… (135)
6.8 热力学第二定律的统计意义 …… (135)
 6.8.1 玻耳兹曼关系式 …… (135)
 6.8.2 热力学第二定律的统计意义 …… (137)
6.9 *耗散结构 信息熵 …… (137)
 6.9.1 耗散结构 …… (137)
 6.9.2 信息熵 …… (138)
复习题 …… (139)

第3篇 电磁学

第7章 真空中的静电场 …… (148)

7.1 电荷 库仑定律 …… (148)
 7.1.1 电荷 …… (148)
 7.1.2 电荷的量子化 …… (149)
 7.1.3 电荷守恒定律 …… (149)
 7.1.4 库仑定律 …… (149)
7.2 电场 电场强度矢量 …… (150)
 7.2.1 电场 …… (151)
 7.2.2 电场强度 …… (151)
 7.2.3 电场强度叠加原理 …… (152)

  7.2.4 电场强度的计算 ……… (153)
  7.2.5 电偶极子在均匀场中的力矩
     ……………………………… (157)
 7.3 电场强度通量 高斯定理 …… (157)
  7.3.1 电场线 ………………… (157)
  7.3.2 电场强度通量 ………… (158)
  7.3.3 高斯定理 ……………… (159)
  *7.3.4 高斯定理的微分形式
     ……………………………… (160)
  7.3.5 高斯定理的应用 ……… (161)
 7.4 静电场的环路定理 电势 …… (164)
  7.4.1 静电场力的功 ………… (164)
  7.4.2 静电场的环路定理 …… (165)
  7.4.3 电势能 ………………… (165)
  7.4.4 电势 电势差 ………… (166)
  7.4.5 电势叠加原理 ………… (166)
 7.5 等势面 电场强度与电势梯度的
   关系 ……………………………… (169)
  7.5.1 等势面 ………………… (169)
  7.5.2 场强与电势的关系 …… (170)
 复习题 …………………………………… (172)

第8章 静电场中的导体与电介质
     ……………………………… (175)
 8.1 静电场中的导体 ……………… (175)
  8.1.1 静电感应 导体的静电平衡
     ……………………………… (175)
  8.1.2 静电平衡时导体上的电荷
    分布 ……………………… (176)
  8.1.3 空腔导体内外的静电场与
    静电屏蔽 ………………… (178)
 8.2 电容与电容器 ………………… (179)
  8.2.1 孤立导体的电容 ……… (179)
  8.2.2 电容器的电容 ………… (180)
  8.2.3 电容器电容的计算 …… (180)
  8.2.4 电容器的串联与并联
     ……………………………… (182)
 8.3 静电场中的电介质 …………… (182)
  8.3.1 电介质的极化 ………… (183)
  8.3.2 电极化强度矢量 电极化强
    度与极化电荷的关系 …… (183)
  8.3.3 电介质中的静电场 …… (184)
  8.3.4 有电介质时的高斯定理 电
    位移 ……………………… (185)
 8.4 静电场的能量 ………………… (187)
 8.5 *电容器的充放电 ……………… (189)
  8.5.1 电容器充电 …………… (189)
  8.5.2 电容器放电 …………… (190)
 复习题 …………………………………… (191)

第9章 恒定电流的磁场 ………… (194)
 9.1 恒定电流 ……………………… (194)
  9.1.1 电流 电流密度 ……… (194)
  9.1.2 电源电动势 …………… (196)
  9.1.3 欧姆定律的微分形式
     ……………………………… (197)
 9.2 磁感应强度 …………………… (198)
  9.2.1 基本磁现象 …………… (198)
  9.2.2 磁感应强度矢量 ……… (199)
 9.3 电流的磁场 毕奥-萨伐尔定律
     ……………………………… (200)
  9.3.1 毕奥-萨伐尔定律 ……… (200)
  9.3.2 毕奥-萨伐尔定律的应用
     ……………………………… (201)
  9.3.3 运动电荷的磁场 ……… (204)
 9.4 磁通量 磁场的高斯定理 …… (204)
  9.4.1 磁感线与磁通量 ……… (204)
  9.4.2 磁场的高斯定理 ……… (206)
 9.5 安培环路定理 ………………… (206)
  9.5.1 安培环路定理 ………… (206)
  9.5.2 安培环路定理的应用
     ……………………………… (208)
 9.6 带电粒子在电场与磁场中的运动
     ……………………………… (210)
  9.6.1 洛伦兹力 ……………… (210)
  9.6.2 带电粒子在电磁场中的
    运动与应用 ……………… (210)
  9.6.3 霍尔效应 ……………… (212)

9.7 磁场对载流导线的作用 ……… (214)
 9.7.1 磁场对载流导线的作用
   力——安培力 ……… (214)
 9.7.2 载流线圈的磁矩 磁场
   对载流线圈的作用 …… (217)
 9.7.3 磁场力的功 ……… (219)
9.8 磁场中的磁介质 ……… (220)
 9.8.1 磁介质 ……… (220)
 9.8.2 磁介质的磁化 磁化强度
   ……… (221)
 9.8.3 磁介质中的安培环路定理
   磁场强度 ……… (222)
9.9 铁磁质 ……… (223)
 9.9.1 磁质的磁化规律 磁滞回线
   ……… (223)
 9.9.2 磁性材料的分类 ……… (224)
 9.9.3 磁畴 ……… (224)
复习题 ……… (225)

第 10 章 电磁感应与电磁场 ……… (230)
10.1 电磁感应定律 ……… (230)
 10.1.1 电磁感应现象 ……… (230)
 10.1.2 法拉第电磁感应定律
   ……… (231)
 10.1.3 楞次定律 ……… (232)
10.2 动生电动势 ……… (233)
10.3 感生电动势 ……… (237)
 10.3.1 感生电场 感生电动势
   ……… (237)
 10.3.2 *电子感应加速器 …… (239)
 10.3.3 *涡电流 ……… (240)
10.4 自感与互感 ……… (240)
 10.4.1 自感系数 自感电动势
   ……… (241)
 10.4.2 互感系数 互感电动势
   ……… (242)
10.5 磁场的能量 ……… (243)
10.6 位移电流 麦克斯韦电磁场理论
 ……… (245)
 10.6.1 位移电流 全电流定理
   ……… (245)
 10.6.2 麦克斯韦方程组的积分
   形式 电磁场 ……… (247)
复习题 ……… (249)

第 4 篇 机械振动与机械波

第 11 章 机械振动 ……… (254)
11.1 简谐运动 ……… (254)
 11.1.1 简谐运动的特征及其表
   达式 ……… (255)
 11.1.2 振幅 周期和频率 相位
   ……… (256)
11.2 简谐运动的旋转矢量表示法
 ……… (259)
11.3 几种常见的简谐运动 ……… (261)
 11.3.1 单摆 ……… (261)
 11.3.2 复摆 ……… (261)
11.4 简谐运动的能量 ……… (262)
11.5 简谐运动的合成 ……… (264)
 11.5.1 两个同方向、同频率简谐
   运动的合成 ……… (264)
 11.5.2 两个同方向、不同频率简谐
   运动的合成 拍 ……… (266)
 11.5.3 两个相互垂直、同频率
   简谐运动的合成 ……… (267)
 11.5.4 多个同方向、同频率简谐
   运动的合成 ……… (268)
11.6 阻尼振动 受迫振动 共振
 ……… (269)
 11.6.1 阻尼振动 ……… (269)
 11.6.2 受迫振动 ……… (271)
 11.6.3 共振 ……… (271)
11.7 电磁振荡 ……… (272)
 11.7.1 振荡电路 无阻尼自由

　　　　电磁振荡 …………… (272)
　　11.7.2　无阻尼自由电磁振荡的振荡
　　　　方程 …………………… (273)
　　11.7.3　无阻尼自由电磁振荡的
　　　　能量 …………………… (274)
11.8 *非线性系统的振动　混沌
　　………………………………… (275)
　　11.8.1　非线性系统的振动 …… (275)
　　11.8.2　混沌 …………………… (276)
复习题 …………………………………… (277)

第12章　机械波 ……………………… (283)
12.1　机械波的一般概念 ……………… (283)
　　12.1.1　机械波产生的条件 …… (283)
　　12.1.2　横波与纵波 …………… (284)
　　12.1.3　波面　波前　波线 …… (284)
12.2　平面简谐波的波函数 …………… (287)
　　12.2.1　平面简谐波的波函数
　　………………………………… (287)
　　12.2.2　波函数的物理含义 …… (288)
12.3　波的能量　能流密度 …………… (290)
　　12.3.1　波的能量 ……………… (290)
　　12.3.2　能流　能流密度 ……… (291)
12.4　惠更斯原理　波的衍射　反射

　　　与折射 ……………………… (293)
　　12.4.1　惠更斯原理 …………… (293)
　　12.4.2　波的衍射 ……………… (293)
　　12.4.3　波的反射与折射 ……… (294)
12.5　波的叠加原理　波的干涉 …… (294)
12.6　驻波 ……………………………… (297)
　　12.6.1　驻波方程 ……………… (297)
　　12.6.2　半波损失 ……………… (298)
　　12.6.3　驻波的能量 …………… (299)
　　12.6.4　振动的简正模式 ……… (300)
12.7　多普勒效应 ……………………… (301)
12.8　*声波 ……………………………… (304)
　　12.8.1　声波 …………………… (304)
　　12.8.2　超声波 ………………… (306)
　　12.8.3　次声波 ………………… (306)
12.9　*平面电磁波 ……………………… (307)
　　12.9.1　电磁波的产生与传播
　　………………………………… (307)
　　12.9.2　平面电磁波的性质 …… (308)
　　12.9.3　电磁波的能量 ………… (309)
　　12.9.4　电磁波谱 ……………… (309)
复习题 …………………………………… (311)

第5篇　波动光学

第13章　光的干涉 ……………………… (318)
13.1　光源　单色性　光程　相干光
　　………………………………… (318)
　　13.1.1　光源 …………………… (318)
　　13.1.2　光源单色性 …………… (319)
　　13.1.3　光程与光程差 ………… (319)
　　13.1.4　光的相干现象 ………… (321)
13.2　双缝干涉 ………………………… (322)
　　13.2.1　杨氏双缝干涉实验 …… (322)
　　13.2.2　干涉条纹的分布 ……… (323)
13.3　薄膜干涉 ………………………… (324)
　　13.3.1　等倾干涉 ……………… (324)

　　13.3.2　等厚干涉 ……………… (328)
13.4　迈克耳孙干涉仪 ………………… (331)
　　13.4.1　迈克耳孙干涉仪 ……… (331)
　　13.4.2　*迈克耳孙-莫雷实验
　　………………………………… (332)
13.5　分波面干涉装置 ………………… (334)
　　13.5.1　菲涅尔双面镜 ………… (334)
　　13.5.2　菲涅尔双棱镜 ………… (334)
　　13.5.3　劳埃德镜 ……………… (334)
　　13.5.4　比耶对切透镜 ………… (335)
13.6　时间相干性　条纹可见度 …… (336)
　　13.6.1　时间相干性 …………… (336)

13.6.2 条纹可见度……(336)
复习题……(338)

第14章 光的衍射……(341)
14.1 惠更斯-菲涅尔原理……(341)
  14.1.1 光的衍射现象……(341)
  14.1.2 惠更斯-菲涅尔原理……(341)
  14.1.3 菲涅尔衍射与夫琅禾费衍射……(342)
14.2 单缝衍射……(343)
  14.2.1 单缝夫琅禾费衍射……(343)
  14.2.2 单峰衍射的条纹空间分布……(343)
  14.2.3 *单缝衍射的光强计算……(345)
14.3 圆孔衍射……(346)
  14.3.1 圆孔衍射……(346)
  14.3.2 光学仪器的分辨能力……(347)
14.4 光栅衍射……(348)
14.5 *X射线衍射……(352)

复习题……(353)

第15章 光的偏振……(355)
15.1 自然光 偏振光……(355)
15.2 偏振片 马吕斯定律……(356)
  15.2.1 偏振片……(356)
  15.2.2 马吕斯定律……(356)
15.3 反射光和折射光的偏振规律……(357)
15.4 双折射……(358)
  15.4.1 双折射现象……(358)
  15.4.2 光轴 主平面……(359)
  15.4.3 双折射现象的解释……(359)
  15.4.4 尼科耳棱镜……(360)
15.5 椭圆偏振光与圆偏振光……(361)
  15.5.1 椭圆偏振光与圆偏振光……(361)
  15.5.2 四分之一波片……(362)
  15.5.3 偏振光的干涉……(363)
15.6 *旋光现象……(364)
复习题……(365)

第6篇 近代物理

第16章 相对论基础……(368)
16.1 狭义相对论的基本原理 洛伦兹变换式……(368)
  16.1.1 迈克耳孙-莫雷实验……(368)
  16.1.2 狭义相对论的基本原理……(369)
  16.1.3 洛伦兹坐标变换式……(369)
16.2 相对论速度变换式……(371)
16.3 狭义相对论的时空观……(372)
  16.3.1 关于"同时"的相对性……(372)
  16.3.2 时间延缓……(373)
  16.3.3 长度收缩……(374)
  16.3.4 相对性与绝对性……(374)
16.4 狭义相对论的动力学基础……(374)
  16.4.1 相对论力学的基本方程……(375)
  16.4.2 质量与能量的关系……(375)
  16.4.3 动量与能量的关系……(376)
复习题……(377)

第17章 量子物理……(380)
17.1 黑体辐射 普朗克的量子假设……(380)
  17.1.1 黑体 黑体辐射……(380)
  17.1.2 黑体辐射的实验定律……(381)

17.1.3 普朗克量子假设　普朗克
黑体辐射公式 ………… (382)
17.2 光电效应　爱因斯坦光子理论
………………………………… (383)
　17.2.1 光电效应的实验规律
………………………………… (384)
　17.2.2 爱因斯坦光子理论 … (384)
　17.2.3 光的波粒二象性 …… (385)
　17.2.4 光电效应的应用 …… (386)
17.3 康普顿效应 ………………… (386)
17.4 氢原子光谱　玻尔的氢原子理论
………………………………… (388)
　17.4.1 近代关于氢原子光谱的
研究 ……………… (388)
　17.4.2 玻尔的氢原子理论及其
缺陷 ……………… (389)
17.5 德布罗意波　实物粒子的波粒二
象性 …………………………… (391)
　17.5.1 德布罗意波 ………… (391)
　17.5.2 德布罗意波的实验证明
………………………………… (392)
17.6 不确定度（测不准）关系 …… (393)
17.7 波函数　薛定谔方程 ……… (395)

　17.7.1 波函数 ……………… (395)
　17.7.2 薛定谔方程 ………… (396)
17.8 一维无限深势阱问题 ……… (398)
　17.8.1 一维无限深势阱 …… (398)
　17.8.2 一维势垒　隧道效应
………………………………… (400)
17.9 量子力学中的氢原子问题
………………………………… (400)
　17.9.1 氢原子的薛定谔方程
………………………………… (400)
　17.9.2 量子化与量子数 …… (401)
　17.9.3 基态氢原子的电子分布
概率 ……………… (402)
17.10 *电子的自旋　多电子原子中
的电子分布 ………………… (402)
　17.10.1 电子的自旋 ……… (402)
　17.10.2 多电子原子中的电子分布
………………………………… (403)
复习题 …………………………… (404)

附录 ……………………………… (407)
复习题答案 ……………………… (410)
参考文献 ………………………… (422)

第1篇 力　学

自然界中一切物质都处在运动之中,机械运动是物质运动最基本的形式.力学是研究物质机械运动规律的科学,分为运动学、静力学和动力学.

运动学:研究物体位置随时间的变化规律(或物体中各部分相对位置随时间的变化规律),但不涉及变化发生的原因.

动力学:研究物体的运动和运动物体间相互作用的联系,从而阐明物体运动状态发生变化的原因.

静力学:研究物体相互作用时的平衡问题.

本篇主要介绍质点运动学和质点动力学以及刚体的转动.通过两个模型——质点和刚体的建立,得到牛顿运动定律和运动守恒定律等相关定律.

本篇研究的对象都是在经典力学的范畴内,即物体做低速运动($v \ll c$,物体的运动速度远远小于光速)的情况.当物体的运动速度接近光速时,经典力学就不适用了,此时应该用相对论力学来解释,但是由经典力学得出的动量、角动量和能量的守恒定律依然适用.

第1章 质点运动学

学习目标

- 掌握描述质点运动及运动变化的四个物理量——位置矢量、位移、速度和加速度. 理解这些物理量的矢量性、瞬时性、叠加性和相对性.
- 理解运动方程的物理意义及作用. 学会处理两类问题的方法：① 运用运动方程确定质点的位置、位移、速度和加速度的方法；② 已知质点运动的加速度和初始条件求速度、运动方程的方法.
- 掌握曲线运动的自然坐标表示法. 能计算质点在平面内运动时的速度和加速度，质点做圆周运动时的角速度、角加速度、切向加速度和法向加速度.
- 理解伽利略速度变换式，会求简单的质点相对运动问题，并熟悉经典时空观的特征.

学习物理学，应当遵守一定的规律，找出各物体内在的共同特征，然后由简到繁，推广到千差万别的物质世界中. 下面先从最简单的质点学起.

1.1 质点 参考系 时间与时刻

自然界中一切物体都处于永恒运动中，绝对静止不动的物体是不存在的. 机械运动是最简单的一种运动，是描述**物体相对位置或自身各部分的相对位置发生变化的运动**. 为了方便研究物体的机械运动，我们需要将自然界中千差万别的运动进行合理的简化，抓住主要特征加以研究.

1.1.1 质点

一切物体都具有大小、形状、质量和内部结构的物质形态，这些物质形态对于研究物体的运动状态影响很大. 为了使得我们的研究简化，引进质点这一概念. 所谓质点，是指**具有一定质量的没有大小或形状的理想物体**. 可见，质点是我们抽象出来的理想的物理模型，它具有相对的意义.

并不是所有物体都可以当作质点，质点是相对的、有条件的. 只有当物体的大小和形状对运动没有影响或影响可以忽略不计或物体本身的限度远小于物体的运动路径时，物体才可以当作质点来处理. 例如，当研究地球围绕太阳公转时，由于日地之间的距离(约 1.5×10^8 km)要比地球的平均半径(约 6.4×10^3 km)大得多，此时地球上各点的公转速度相差很小，可忽略地球自身尺寸的影响，此时地球可以作为质点处理，如图 1-1 所示.

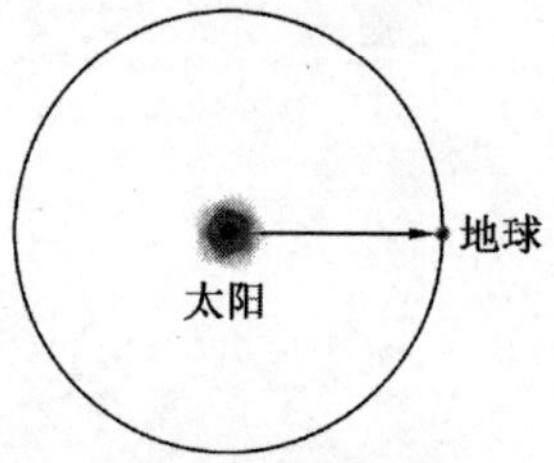

图 1-1 公转的地球可以当作质点

但是，当研究地球自转时，由于地球上各点的速度相差很大，因此，地球自身的大小和形状不能忽略，此时，地球不能作为质点处理，如图 1-2 所示. 但可把地球无限分割为极小的质元，每个质元都可视为质点，地球的自转就成为无限个质点（即质点系）的运动的总和. 做平动的物体，不论大小、形状如何，其体内任一点的位移、速度和加速度都相同，可以用其质心这个点的运动来概括，即物体的平动可视为质点的运动. 所以，物体是否被视为质点，完全取决于所研究问题的性质.

图 1-2　自转的地球不可以当作质点

1.1.2　参考系与坐标系

运动是绝对的，自然界中绝对静止的物体是不存在的，大到宇宙星系，小到原子、电子等基本粒子，都处于永恒运动之中. 因此，要描述一个物体的机械运动，必须选择另外一个物体或者物体系进行参考，被选作参考的物体称为**参考系**. 参考系的选取是任意的. 如果物体相对于参考系的位置在变化，则表明物体相对于该参考系是运动的；如果物体相对于参考系的位置不变，则表明物体相对于该参考系是静止的. 同一物体相对于不同的参考系，运动状态可以不同. 研究和描述物体运动，只有在选定参考系后才能进行. 在运动学中，参考系的选择可以是任意的. 但如何选择参考系，必须从具体情况来考虑，主要看问题的性质及研究是否方便. 例如，一个星际火箭在刚发射时，主要研究它相对于地面的运动，所以把地球选作参考系. 但是，当火箭进入绕太阳运行的轨道时，为研究方便，便将太阳选作参考系. 研究物体在地面上的运动，选地球做参考系最方便. 例如，观察坐在飞机里的乘客，若以飞机为参考系来看，乘客是静止的；若以地面为参考系来看，乘客在运动. 因此，选择参考系是研究问题的关键之一.

建立参考系后，为了定量地描述运动物体相对于参考系的位置，我们还需要运用数学手段，在参考系上建立合适的**坐标系**，选取合适的坐标系可以使得物理问题简化，数学表达更为简洁. 直角坐标系、球坐标系、柱坐标系以及自然坐标系是我们最常用的坐标系.

应当指出，对物体运动的描述决定于参考系而不是坐标系. 参考系选定后，选用不同的坐标系对运动的描述是相同的.

1.1.3　时间与时刻

一个过程对应的时间间隔称为**时间**；而某个时间点，即某个瞬间称为**时刻**. 例如，两个时刻 t_2 和 t_1 之差 $\Delta t = t_2 - t_1$ 就是时间.

1.2　位矢　位移　运动方程　速度　加速度

描述机械运动，不仅要有能反映物体位置变化的物理量，也要有反映物体位置变化快慢的物理量. 下面一一介绍.

1.2.1　位矢

在坐标系中，用来确定质点所在位置的矢量，叫作位置矢量，简称**位矢**. 位矢为从坐标原点指向质点所在位置的有向线段，用矢量 $\boldsymbol{r}$ 表示，以直角坐标为例，$\boldsymbol{r} = \boldsymbol{r}(x, y, z)$. 设某时刻质点所在的位置的

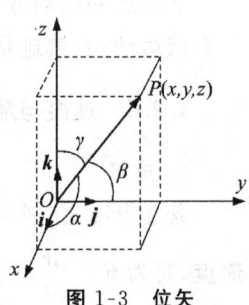

图 1-3　位矢

坐标为(x,y,z),x、y、z分别为r沿着三个坐标轴的分量,i、j和k为沿Ox、Oy和Oz轴的单位矢量,如图1-3所示,则

$$r = xi + yj + zk \tag{1-1}$$

位矢的大小,可由关系式$|r| = \sqrt{x^2+y^2+z^2}$得到. 位矢在各坐标轴的方向余弦为$\cos\alpha = \dfrac{x}{r}$,$\cos\beta = \dfrac{y}{r}$,$\cos\gamma = \dfrac{z}{r}$.

1.2.2 位移

设在直角坐标系中,A、B为质点运动轨迹上任意两点. t_1时刻质点位于A点,t_2时刻质点位于B点,则在时间$\Delta t = t_2 - t_1$内,质点位矢的长度和方向都发生了变化,质点位置的变化可用从A到B的有向线段$\overrightarrow{AB}$来表示,有向线段$\overrightarrow{AB}$称为在Δt时间内质点的**位移矢量**,简称**位移**. 由图1-4可以看出,$r_B = r_A + \overrightarrow{AB}$,即$\overrightarrow{AB} = r_B - r_A$,于是

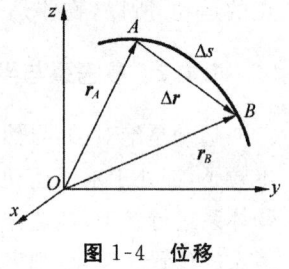

图1-4 位移

$$\Delta r = (x_B - x_A)i + (y_B - y_A)j + (z_B - z_A)k \tag{1-2}$$

应当注意:位移是表征质点位置变化的物理量,它只表示位置变化的实际效果,并非质点经历的路程. 如图1-4所示,位移是有向线段$\overrightarrow{AB}$,是矢量,它的量值$|\Delta r|$是割线AB的长度.

$$|\Delta r| = \sqrt{\Delta x^2 + \Delta y^2 + \Delta z^2} \tag{1-3}$$

路程是曲线AB的长度Δs,是标量. 当质点经历一个闭合路径回到起点时,其位移为零,而路程不为零. 只有当时间Δt趋近于零时,才可视作$|\Delta r|$与Δs相等.

1.2.3 运动方程

在一个选定的参考系中,运动质点的位置$r(x,y,z)$是随着时间t的变化而变化的,也就是说,质点位置是时间t的函数. 这个函数可以表示为

$$x = x(t),\ y = y(t),\ z = z(t) \tag{1-4a}$$

或

$$r(t) = x(t)i + y(t)j + z(t)k \tag{1-4b}$$

式(1-4a)或式(1-4b)叫作质点的**运动方程**. 知道了运动方程,我们就可以确定任意时刻质点的位置,从而确定质点的运动. 例如,斜抛运动方程可表示为

$$x = x_0 + v_0 t\cos\theta,\ y = y_0 + v_0 t\sin\theta - \dfrac{1}{2}gt^2$$

从质点的运动方程即式(1-4)中消去t,便会得到质点的轨迹方程. 若轨迹是直线,就叫作直线运动;若轨迹是曲线,就叫作曲线运动.

1.2.4 速度与加速度

1. 速度

若质点在Δt时间内的位移为Δr,则定义Δr与Δt的比值为质点在这段时间内的**平均速度**,写为$\bar{v} = \dfrac{\Delta r}{\Delta t}$,其分量形式为

$$\bar{\boldsymbol{v}} = \frac{\Delta \boldsymbol{r}}{\Delta t} = \frac{\Delta x}{\Delta t}\boldsymbol{i} + \frac{\Delta y}{\Delta t}\boldsymbol{j} + \frac{\Delta z}{\Delta t}\boldsymbol{k} \tag{1-5}$$

由于 $\Delta \boldsymbol{r}$ 是矢量，Δt 是标量，所以平均速度 $\boldsymbol{v}$ 也是矢量，且与 $\Delta \boldsymbol{r}$ 方向相同. 此外，把路程 Δs 和 Δt 的比值称作质点在时间 Δt 内的平均速率. 平均速率是标量，等于质点在单位时间内通过的路程，而不考虑其运动的方向.

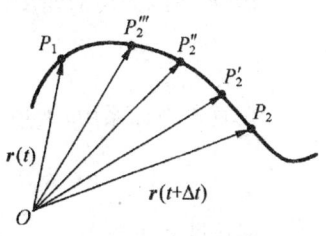

图 1-5 速度推导用图

如图 1-5 所示，当 $\Delta t \to 0$ 时，P_2 点将向 P_1 点无限靠拢，此时，平均速度的极限值叫作**瞬时速度**，简称**速度**，用符号"$\boldsymbol{v}$"表示，即

$$\boldsymbol{v} = \lim_{\Delta t \to 0} \frac{\boldsymbol{r}(t+\Delta t) - \boldsymbol{r}(t)}{\Delta t} = \lim_{\Delta t \to 0} \frac{\Delta \boldsymbol{r}}{\Delta t} = \frac{\mathrm{d}\boldsymbol{r}}{\mathrm{d}t} \tag{1-6}$$

速度是矢量，其方向为 $\Delta t \to 0$ 时位移 $\Delta \boldsymbol{r}$ 的极限方向，即**沿着轨道上质点所在的切线并指向质点前进的方向**. 考虑到位矢 $\boldsymbol{r}$ 在直角坐标轴上的分量大小分别为 x、y、z，所以速度也可写成

$$\boldsymbol{v} = \frac{\mathrm{d}x}{\mathrm{d}t}\boldsymbol{i} + \frac{\mathrm{d}y}{\mathrm{d}t}\boldsymbol{j} + \frac{\mathrm{d}z}{\mathrm{d}t}\boldsymbol{k} = v_x\boldsymbol{i} + v_y\boldsymbol{j} + v_z\boldsymbol{k}$$

即

$$v_x = \frac{\mathrm{d}x}{\mathrm{d}t}, \quad v_y = \frac{\mathrm{d}y}{\mathrm{d}t}, \quad v_z = \frac{\mathrm{d}z}{\mathrm{d}t} \tag{1-7}$$

速度的量值为

$$v = |\boldsymbol{v}| = \sqrt{v_x^2 + v_y^2 + v_z^2} \tag{1-8}$$

$\Delta t \to 0$ 时，$\Delta \boldsymbol{r}$ 的量值 $|\Delta \boldsymbol{r}|$ 和 Δs 相等，此时瞬时速度的大小 $v = \left|\dfrac{\mathrm{d}\boldsymbol{r}}{\mathrm{d}t}\right|$ 等于质点在 P_1 点的瞬时速率 $\dfrac{\mathrm{d}s}{\mathrm{d}t}$.

2. 加速度

由于速度是矢量，因此，无论是速度的数值大小发生改变还是方向发生变化，都代表速度发生了改变. 为了表征速度的变化，引进了加速度的概念. **加速度是描述质点速度的大小和方向随时间变化快慢的物理量.**

如图 1-6 所示，t 时刻质点位于 P_1 点，其速度为 $\boldsymbol{v}(t)$，$t + \Delta t$ 时刻质点位于 P_2 点，其速度为 $\boldsymbol{v}(t+\Delta t)$；则在时间 Δt 内，质点的速度增量 $\Delta \boldsymbol{v} = \boldsymbol{v}(t+\Delta t) - \boldsymbol{v}(t)$. 定义质点在这段时间内的平均加速度为

$$\bar{\boldsymbol{a}} = \frac{\Delta \boldsymbol{v}}{\Delta t} \tag{1-9}$$

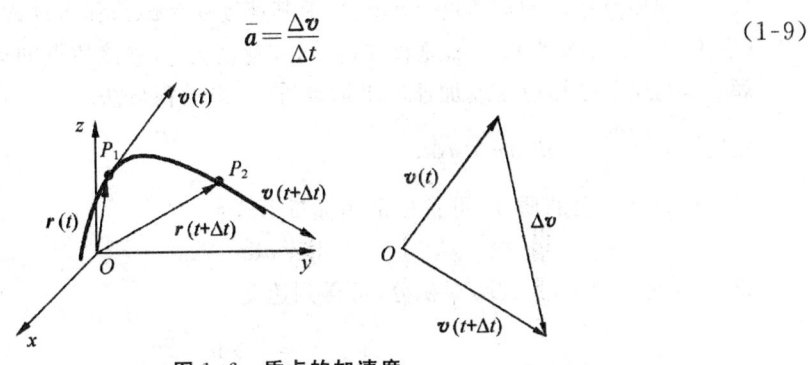

图 1-6 质点的加速度

平均加速度也是矢量,方向与速度增量的方向相同.

$\Delta t \to 0$ 时,平均加速度的极限值叫作**瞬时加速度**,简称**加速度**,用符号"a"表示,即

$$a = \lim_{\Delta t \to 0} \frac{\Delta v}{\Delta t} = \frac{dv}{dt} = \frac{d^2 r}{dt^2} \tag{1-10}$$

在直角坐标系中,加速度在三个坐标轴上的分量分别为 a_x、a_y、a_z.

$$a_x = \frac{dv_x}{dt} = \frac{d^2 x}{dt^2}, \quad a_y = \frac{dv_y}{dt} = \frac{d^2 y}{dt^2}, \quad a_z = \frac{dv_z}{dt} = \frac{d^2 z}{dt^2} \tag{1-11}$$

加速度 a 可写为

$$a = a_x \boldsymbol{i} + a_y \boldsymbol{j} + a_z \boldsymbol{k} \tag{1-12}$$

其数值大小为

$$a = \sqrt{a_x^2 + a_y^2 + a_z^2} \tag{1-13}$$

加速度方向为:当 Δt 趋近于零时速度增量的极限方向.由于速度增量的方向一般不同于速度的方向,所以加速度与速度的方向一般不同.这是因为,加速度 a 不仅可以反映质点速度大小的变化,也可反映速度方向的变化.因此,在直线运动中,加速度和速度虽然在同一直线上,却可以有同向和反向两种情况.例如,质点做直线运动时,速度和加速度之间的夹角可能是 0°(速率增加时),即同向;也可能是 180°(速率减小时),即反向.

从图 1-7 可以看出,当质点做曲线运动时,加速度的方向总是指向曲线的凹侧.如果速率是增加的,则 a 和 v 之间成锐角,如图 1-7(a)所示;如果速率是减小的,则 a 和 v 之间成钝角,如图 1-7(b)所示;如果速率不变,则 a 和 v 之间成直角,如图 1-7(c)所示.

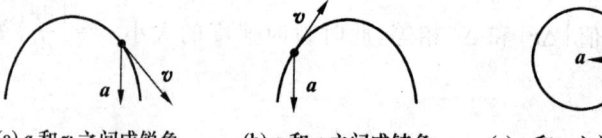

(a) a 和 v 之间成锐角　　(b) a 和 v 之间成钝角　　(c) a 和 v 之间成直角

图 1-7　曲线运动中速度和加速度的方向

实际情况中,大多数质点所参与的运动并不是单一的,而是同时参与了两个或者多个运动.此时总的运动为各个独立运动的合成结果,称为**运动叠加原理**,或称运动的**独立性原理**.

运动学中通常解决的问题有以下两种.

(1) 已知质点的运动方程 $r = r(t)$,求轨迹方程和质点的速度 $v = v(t)$ 以及加速度 $a = a(t)$.

(2) 已知质点运动的加速度 $a = a(t)$,求其速度 $v = v(t)$ 和运动方程 $r = r(t)$.

【例 1-1】　已知质点做匀加速直线运动,加速度为 a,求该质点的运动方程.

解:本题属于已知速度或加速度求运动方程,采用积分法.

由定义 $a = \dfrac{dv}{dt}$,可知 $dv = a dt$.

对于做直线运动的质点,可直接采用标量形式:

$$dv = a dt$$

设 $t = 0$ 时,$v = v_0$,上式两端积分,可得到速度

$$\int_{v_0}^{v} dv = \int_{0}^{t} a dt$$

$$v = v_0 + at$$

又设 $t=0$ 时, $x=x_0$, 根据速度的定义式,有

$$\frac{\mathrm{d}x}{\mathrm{d}t} = v = v_0 + at$$

两端积分,得到运动方程:

$$\int_{x_0}^{x} \mathrm{d}x = \int_0^t (v_0 + at)\mathrm{d}t$$

$$x = x_0 + v_0 t + \frac{1}{2} at^2$$

进一步消去时间 t,可得该质点的轨迹方程为

$$v^2 = v_0^2 + 2a(x - x_0)$$

【例 1-2】 一质点从静止开始做直线运动,开始时加速度为 a_0,此后加速度随时间均匀增加,经过时间 τ 后,加速度为 $2a_0$,经过时间 2τ 后,加速度为 $3a_0$.求经过时间 $n\tau$ 后,该质点的速度和走过的距离.

解:由题意可设质点的加速度为

$$a = a_0 + \alpha t$$

因 $t=\tau$ 时, $a=2a_0$,故 $\alpha = \dfrac{a_0}{\tau}$,即

$$a = a_0 + \frac{a_0 t}{\tau}$$

由

$$a = \frac{\mathrm{d}v}{\mathrm{d}t}$$

得

$$\mathrm{d}v = a\mathrm{d}t$$

两端积分,有

$$\int_0^v \mathrm{d}v = \int_0^t \left(a_0 + \frac{a_0 t}{\tau}\right)\mathrm{d}t$$

得

$$v = a_0 t + \frac{a_0}{2\tau} t^2$$

另由

$$v = \frac{\mathrm{d}s}{\mathrm{d}t}$$

得

$$\mathrm{d}s = v\mathrm{d}t$$

等式两端积分,得

$$\int_0^s \mathrm{d}s = \int_0^t v\mathrm{d}t = \int_0^t \left(a_0 t + \frac{a_0}{2\tau} t^2\right)\mathrm{d}t$$

即

$$s = \frac{a_0}{2} t^2 + \frac{a_0}{6\tau} t^3$$

$t = n\tau$ 时,质点的速度为

$$v_{n\tau} = \frac{1}{2} n(n+2) a_0 \tau$$

质点走过的距离为

$$s_{n\tau} = \frac{1}{6} n^2 (n+3) a_0 \tau^2$$

1.3 自然坐标系 圆周运动

1.3.1 自然坐标系中的速度与加速度

在质点的平面曲线运动中,当已知运动轨道时,常用自然坐标系描述质点的位置、路程、速度和加速度. 为简单起见,我们引进自然坐标系. 如图 1-8 所示,一质点做曲线运动,在其轨迹上任一点可建立如下正交坐标系:一坐标轴沿轨迹切线方向,正方向为运动的前进方向,该方向单位矢量用符号"e_t"表示;另一坐标轴沿轨迹法线方向,正方向指向轨迹内凹的一侧,该方向单位矢量用符号"e_n"表示. 自然坐标为

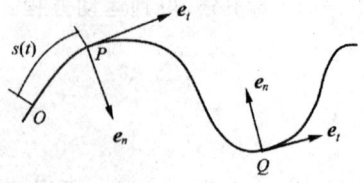

图 1-8 自然坐标系

$$s = s(t) \tag{1-14}$$

设 t 时刻质点处于 P 点,在质点上作相互垂直的两个坐标轴,其单位矢量为 e_t 和 e_n,e_t 沿轨道的切向并指向质点前进方向,e_n 沿轨道法向并指向轨道凹侧,由于切向和法向坐标随质点沿轨道的运动自然变换位置和方向,通常称这种坐标系为**自然坐标系**. 显然,自然坐标系并不起参考系作用.

当质点经 Δt 时刻从 P 点运动到 Q 点时,Δt 时间内质点经过的路程为

$$\Delta s = s(t + \Delta t) - s(t) \tag{1-15}$$

我们定义质点在 t 时刻沿轨道运动的瞬时速率,即

$$v = \lim_{\Delta t \to 0} \frac{\Delta s}{\Delta t} = \frac{ds}{dt} \tag{1-16}$$

考虑到 $|d\boldsymbol{r}| = ds$,$v = \frac{ds}{dt} = \frac{|d\boldsymbol{r}|}{dt} = \left|\frac{d\boldsymbol{r}}{dt}\right| = |\boldsymbol{v}|$,则在自然坐标系中,质点的速度可表示为

$$\boldsymbol{v} = \frac{ds}{dt}\boldsymbol{e}_t = v\boldsymbol{e}_t \tag{1-17}$$

由加速度的定义,有

$$\boldsymbol{a} = \frac{d}{dt}(v\boldsymbol{e}_t) = \frac{dv}{dt}\boldsymbol{e}_t + v\frac{d\boldsymbol{e}_t}{dt} \tag{1-18}$$

其中,$\frac{dv}{dt}\boldsymbol{e}_t$ 表明质点速率的变化率,表示速度大小变化,而方向沿切向,我们称之为**切向加速度 $\boldsymbol{a}_t$**,即

$$\boldsymbol{a}_t = \frac{dv}{dt}\boldsymbol{e}_t = \frac{d^2 s}{dt^2}\boldsymbol{e}_t \tag{1-19}$$

我们借助几何方法来分析 $\frac{d\boldsymbol{e}_t}{dt}$. 如图 1-9(a)所示,当时间间隔 Δt 足够小时,路程 Δs 可以看作半径为 ρ 的一段圆弧. 设 t 时刻质点在 P 点,切向单位矢量为 $\boldsymbol{e}_t(t)$,$t + \Delta t$ 时刻质点运动到 Q 点,切向单位矢量为 $\boldsymbol{e}_t(t + \Delta t)$,$\Delta \boldsymbol{e}_t = \boldsymbol{e}_t(t + \Delta t) - \boldsymbol{e}_t(t)$. 当 $\Delta t \to 0$,Q 趋近于 P. 由图 1-9(b)可见,$|\Delta \boldsymbol{e}_t| = |\boldsymbol{e}_t|\Delta \theta$,因为 $|\boldsymbol{e}_t| = 1$,所以 $|\Delta \boldsymbol{e}_t| = \Delta \theta$;又因为 $\Delta t \to 0$ 时,$\Delta \theta$ 越来越小,$\Delta \boldsymbol{e}_t(t)$ 的方向趋近于垂直 $\boldsymbol{e}_t(t)$ 的方向,即 $\boldsymbol{e}_n$ 方向.

即
$$\frac{d\boldsymbol{e}_t}{dt} = \lim_{\Delta t \to 0} \frac{\Delta \boldsymbol{e}_t}{\Delta t} = \lim_{\Delta t \to 0} \frac{\Delta \theta}{\Delta t} \boldsymbol{e}_n \qquad (1\text{-}20)$$

由图 1-9（a），有 $\Delta \theta = \frac{\Delta s}{\rho}$，代入式（1-20），得

$$\frac{d\boldsymbol{e}_t}{dt} = \lim_{\Delta t \to 0} \frac{\Delta s}{\rho \Delta t} \boldsymbol{e}_n = \frac{1}{\rho} \frac{ds}{dt} \boldsymbol{e}_n = \frac{v}{\rho} \boldsymbol{e}_n$$

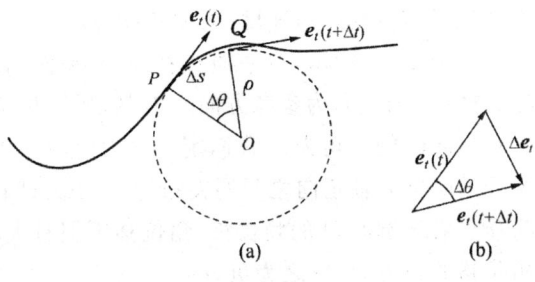

图 1-9　自然坐标系中的 a_t 和 a_n

则式(1-18)右边第二项的方向沿 $\boldsymbol{e}_n$，与第一项切向加速度垂直，我们称之为**法向加速度**，记为 $\boldsymbol{a}_n$，则

$$\boldsymbol{a}_n = v \frac{d\boldsymbol{e}_t}{dt} = \frac{v^2}{\rho} \boldsymbol{e}_n \qquad (1\text{-}21)$$

则加速度

$$\boldsymbol{a} = \boldsymbol{a}_t + \boldsymbol{a}_n = \frac{dv}{dt} \boldsymbol{e}_t + \frac{v^2}{\rho} \boldsymbol{e}_n \qquad (1\text{-}22)$$

加速度的大小

$$a = \sqrt{a_t^2 + a_n^2} = \sqrt{\left(\frac{v^2}{\rho}\right)^2 + \left(\frac{dv}{dt}\right)^2} \qquad (1\text{-}23)$$

加速度方向与切线方向的夹角 $\alpha = \arctan \frac{a_n}{a_t}$.

可见，$\boldsymbol{a}_t$ 反映速度大小的变化，$\boldsymbol{a}_n$ 反映速度方向的变化.

1.3.2　圆周运动

研究圆周运动具有重要的意义，我们认为，圆周运动就是曲率半径不变的曲线运动，即 $r = R$ 为常量的运动. 由于质点运动速度的方向一定沿着轨迹的切线方向，因此，自然坐标系中可将速度表示为

$$\boldsymbol{v} = \frac{ds}{dt} \boldsymbol{e}_n + v\boldsymbol{e}_t$$

加速度同样可表示为

$$\boldsymbol{a} = \boldsymbol{a}_t + \boldsymbol{a}_n = \frac{dv}{dt} \boldsymbol{e}_t + \frac{v^2}{R} \boldsymbol{e}_n \qquad (1\text{-}24)$$

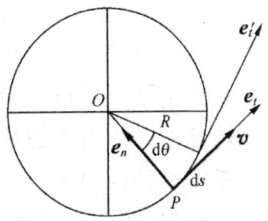

图 1-10　变速圆周运动的加速度

如图 1-10 所示，质点做变速圆周运动时，其速度大小和方向均时刻在变，但仍指向运动轨迹的切向方向. 此时，加速度并不指向圆心，其方向由 $\boldsymbol{a}_t$ 和 $\boldsymbol{a}_n$ 之间的夹角决定.

1.3.3　匀速圆周运动的加速度

质点做匀速圆周运动时，其速度大小不变，方向时刻在变，但始终指向运动轨迹的切向方向. 加速度永远沿着半径指向圆心，只改变速度的方向，该加速度被称为**向心加速度**，其大小为

$$|\boldsymbol{a}| = \frac{v^2}{R}$$

1.3.4　圆周运动的角量描述

质点做圆周运动时，除了可以用线量描述其运动外，还可以用角量来描述其运动，角量

有角位置、角位移、角速度、角加速度等.

如图 1-11 所示,设一质点在 xOy 平面内绕原点做圆周运动. $t=0$ 时,质点位于 $(x,0)$ 处,选择 x 轴正向为参考方向. t 时刻,质点位于 A 点,圆心到 A 点的连线(即半径 OA)与 x 轴正向之间的夹角为 θ,我们定义 θ 为此时质点的**角位置**. 经过时间 Δt 后,质点到达 B 点,半径 OB 与 x 轴正向之间的夹角为 $\theta+\Delta\theta$,即在 Δt 时间内,质点转过的角度为 $\Delta\theta$,定义 $\Delta\theta$ 为质点对于圆心 O 的**角位移**. 角位移不但有大小,而且有方向,一般规定逆时针转动方向为角位移的正方向,反之为负方向.

当 $\Delta\theta\to 0$ 时,$\mathrm{d}\theta$ 可以当作一个矢量,写作 $\mathrm{d}\boldsymbol{\theta}$,其方向与转动方向符合右手螺旋关系,如图 1-12 所示. 角位置和角位移常用的单位为弧度(rad),弧度为一无量纲单位.

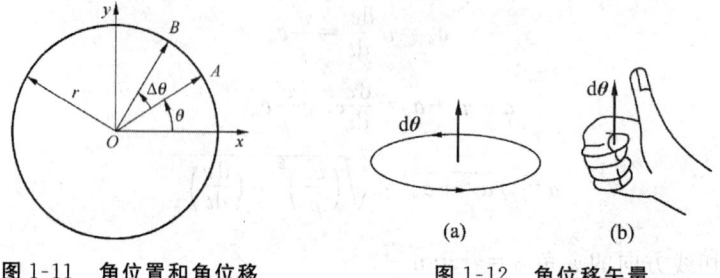

图 1-11　角位置和角位移　　　　图 1-12　角位移矢量

角位移 $\Delta\theta$ 与时间 Δt 的比值,叫作 Δt 时间内质点对圆心 O 的**平均角速度**,用符号"$\bar{\omega}$"表示:

$$\bar{\boldsymbol{\omega}}=\frac{\Delta\boldsymbol{\theta}}{\Delta t}$$

当 $\Delta t\to 0$ 时,上式的极限值叫作该时刻质点对圆心 O 的**瞬时角速度**,简称**角速度**,用符号"$\boldsymbol{\omega}$"表示,即

$$\boldsymbol{\omega}=\lim_{\Delta t\to 0}\frac{\Delta\boldsymbol{\theta}}{\Delta t}=\frac{\mathrm{d}\boldsymbol{\theta}}{\mathrm{d}t} \tag{1-25}$$

角速度的数值为角坐标 $\mathrm{d}\theta$ 随时间的变化率. 值得注意的是,$\boldsymbol{\omega}$ 和 $\mathrm{d}\boldsymbol{\theta}$ 是同方向的矢量,与转动方向成右手螺旋关系. 由于角位置和角位移的单位为弧度(rad),所以角速度的单位为弧度每秒(rad/s). 一般情况下我们可以作为标量处理.

同理,我们可以得出角加速度的定义. 角加速度 $\boldsymbol{\alpha}$ 为角速度 $\boldsymbol{\omega}$ 随时间的变化率:

$$\boldsymbol{\alpha}=\frac{\mathrm{d}\boldsymbol{\omega}}{\mathrm{d}t} \tag{1-26}$$

其方向为角速度变化的方向,单位为弧度每二次方秒(rad/s^2).

从以上式子我们可以看出,α 等于零,质点做匀速圆周运动;α 不等于零但为常数,质点做匀变速圆周运动;α 随时间变化,质点做一般的圆周运动.

质点做匀速或匀变速圆周运动时的角速度、角位移与角加速度的关系式为

$$\left.\begin{array}{l}\omega=\omega_0+\alpha t\\ \theta-\theta_0=\omega_0 t+\dfrac{1}{2}\alpha t^2\\ \omega^2=\omega_0^2+2\alpha(\theta-\theta_0)\end{array}\right\} \tag{1-27}$$

与质点做匀变速直线运动的几个关系式

$$\left.\begin{array}{l}v=v_0+at\\x-x_0=v_0t+\dfrac{1}{2}at^2\\v^2=v_0{}^2+2a(x-x_0)\end{array}\right\} \quad (1\text{-}28)$$

相比较可知：两者数学形式完全相同，说明用角量描述，可把平面圆周运动转化为一维运动形式，从而简化问题．

1.3.5 线量和角量的关系

如图 1-13 所示，一质点做圆周运动，在 Δt 时间内，质点的角位移为 $\Delta\theta$，则 A、B 间的有向线段与弧将满足下列关系：

$$\lim_{\Delta t\to 0}|\overrightarrow{AB}|=\lim_{\Delta t\to 0}\widehat{AB}$$

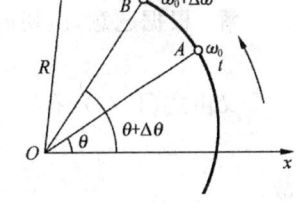

图 1-13 线量和角量的关系

两边同除以 Δt，得到速度与角速度之间的量值关系：

$$v=R\omega \quad (1\text{-}29)$$

式(1-29)两端对时间求导，得到切向加速度与角加速度大小之间的关系：

$$a_t=R\alpha \quad (1\text{-}30)$$

将速度与角速度的关系代入法向加速度的定义式，得到法向加速度与角速度之间的关系：

$$a_n=\frac{v^2}{R}=R\omega^2 \quad (1\text{-}31)$$

【**例 1-3**】 如图 1-14 所示，一质点沿半径为 R 的圆周按规律 $s=v_0t-\dfrac{1}{2}bt^2$ 运动，v_0、b 都是正的常量．

(1) 求 t 时刻质点的总加速度的大小；

(2) t 为何值时，总加速度的大小为 b？

(3) 当总加速度大小为 b 时，质点沿圆周运行了多少圈？

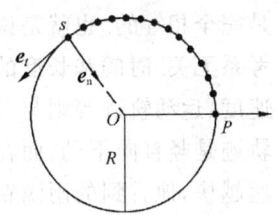

图 1-14 例 1-3 图

解：先作图 1-14，$t=0$ 时，质点位于 $s=0$ 的 P 点处．在 t 时刻，质点运动到位置 s 处．

(1) t 时刻切向加速度、法向加速度及加速度大小分别为

$$a_t=\frac{\mathrm{d}v}{\mathrm{d}t}=\frac{\mathrm{d}^2s}{\mathrm{d}t^2}=-b$$

$$a_n=\frac{v^2}{R}=\frac{(v_0-bt)^2}{R}$$

得

$$a=\sqrt{a_t{}^2+a_n{}^2}=\frac{\sqrt{(v_0-bt)^4+(bR)^2}}{R}$$

(2) 令 $a=b$，即

$$a=\frac{\sqrt{(v_0-bt)^4+(bR)^2}}{R}=b$$

可得

$$t=\frac{v_0}{b}$$

(3) 当 $a=b$ 时，$t=\dfrac{v_0}{b}$，由此可求得质点历经的弧长为

$$s = v_0 t - \frac{1}{2}bt^2 = \frac{v_0^2}{2b}$$

它与圆周长之比即为圈数:

$$n = \frac{s}{2\pi R} = \frac{v_0^2}{4\pi Rb}$$

【例 1-4】 半径为 30cm 的飞轮从静止开始以 0.5rad/s² 的匀角加速度转动,试求飞轮边缘上一点在飞轮转过 240°时的切向加速度和法向加速度的大小.

解:根据题意,由切向加速度与角加速度之间的关系可知

$$a_t = R\alpha = 0.15\text{m/s}^2$$

又由式(1-27),有

$$\omega^2 = 2\alpha(\theta - \theta_0)$$

故

$$a_n = R\omega^2 \approx 1.26\text{m/s}^2$$

1.4 相对运动 伽利略坐标变换

在低速的情况下,一辆汽车沿水平直线先后通过 A、B 两点,此时,在汽车里的人测得汽车通过此两点的时间为 Δt,在地面上的人测得汽车通过此两点的时间为 $\Delta t'$. 显然,$\Delta t = \Delta t'$. 即在两个做相对直线运动的参考系(汽车和地面)中,时间的测量是绝对的,与参考系无关.

同样地,在汽车中的人测得 A、B 两点的距离,和在地面上的人测得 A、B 两点的距离也是完全相等的. 也就是说,在两个做相对直线运动的参考系中,长度的测量也是绝对的,与参考系无关. **时间和长度的绝对性是经典力学的基础**. 然而,在经典力学中,运动质点的位移、速度、运动轨迹等则与参考系的选择有关. 例如,在无风的下雨天,在地面上的人看到雨滴的轨迹是竖直向下的,而在车中随车运动的人看到的雨滴的轨迹是沿斜线迎面而来. 而且,车速越快,他看到的雨滴轨迹越倾斜. 它们之间具有什么关系呢? 本章将通过伽利略坐标变换重点讨论这方面的问题.

1.4.1 伽利略坐标变换式

设有两个参考系,一个为 K 系,即 $Oxyz$ 坐标系;一个为 K' 系,即 $O'x'y'z'$ 坐标系,其中 x 轴和 x' 轴重合. 它们相对做低速匀速直线运动,相对速度为 $\boldsymbol{v}$. 取 K 系为基本坐标系,则 $\boldsymbol{v}$ 就是 K' 系相对于 K 系的速度. $t = 0$ 时,坐标原点重合. 对于同一个质点 A,任意时刻在两个坐标系中对应的位置矢量分别为 $\boldsymbol{r}$ 和 $\boldsymbol{r}'$,如图 1-15 所示. 此时,K' 系原点相对 K 系原点的位矢为 $\boldsymbol{R}$. 显然,从图 1-15 可以得出

$$\boldsymbol{r} = \boldsymbol{r}' + \boldsymbol{R}$$

上述过程所经历的时间,在 K 系中观测为 t,在 K' 系中观测为 t'. 经典力学中,时间的测量是绝对的,因此有 $t = t'$. 于是,有

$$\left. \begin{array}{l} \boldsymbol{r}' = \boldsymbol{r} - \boldsymbol{R} = \boldsymbol{r} - \boldsymbol{v}t \\ t' = t \end{array} \right\} \quad (1\text{-}32)$$

或者写成

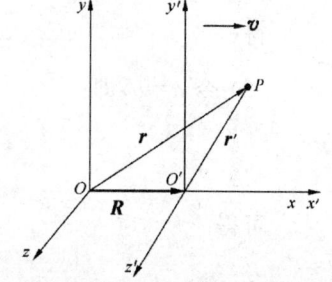

图 1-15 伽利略坐标变换

$$\left.\begin{array}{l}x'=x-vt\\y'=y\\z'=z\\t'=t\end{array}\right\} \tag{1-33}$$

式(1-32)和式(1-33)叫作**伽利略坐标变换式**.

1.4.2 速度变换

仍以上述低速匀速直线运动为例. 一些运动可以看作既参与了 K 系的运动,又参与了 K' 系的运动,设其在两个坐标系中的速度分别为 $\boldsymbol{v}_K$ 和 $\boldsymbol{v}_{K'}$,由速度的定义式可知

$$\boldsymbol{v}_{K'} = \frac{\mathrm{d}\boldsymbol{r}'}{\mathrm{d}t'} = \frac{\mathrm{d}\boldsymbol{r}'}{\mathrm{d}t} = \frac{\mathrm{d}(\boldsymbol{r}-\boldsymbol{v}t)}{\mathrm{d}t} = \boldsymbol{v}_K - \boldsymbol{v}$$

即

$$\boldsymbol{v}_{K'} = \boldsymbol{v}_K - \boldsymbol{v} \tag{1-34}$$

或者写成

$$v_{K'x} = v_{Kx} - v$$
$$v_{K'y} = v_{Ky}$$
$$v_{K'z} = v_{Kz}$$

这就是经典力学中的**速度变换公式**. 为了方便,通常把质点 A 相对于 K 系的速度 $\boldsymbol{v}_K$ 写成 $\boldsymbol{v}_{AK}$,称为**绝对速度**;把质点 A 相对于 K' 系的速度 $\boldsymbol{v}_{K'}$ 写成 $\boldsymbol{v}_{AK'}$,称为**相对速度**;而把 K' 系相对于 K 系的速度 $\boldsymbol{v}$ 写成 $\boldsymbol{v}_{K'K}$,称为**牵连速度**(注意脚标的顺序). 这样,就可以写成便于记忆的形式:

$$\boldsymbol{v}_{AK} = \boldsymbol{v}_{AK'} + \boldsymbol{v}_{K'K} \tag{1-35}$$

上述公式可用文字表述为:**质点相对于基本参考系的绝对速度,等于质点相对于运动参考系的相对速度与运动参考系相对于基本参考系的牵连速度之和**.

例如,在无风的下雨天,地面上的人观测雨滴的速度为 $\boldsymbol{v}_{雨地}$,而在车里面的人观测雨滴的速度为 $\boldsymbol{v}_{雨车}$,车相对于地面的速度为 $\boldsymbol{v}_{车地}$,则可写成

$$\boldsymbol{v}_{雨地} = \boldsymbol{v}_{雨车} + \boldsymbol{v}_{车地}$$

如图 1-16 所示.

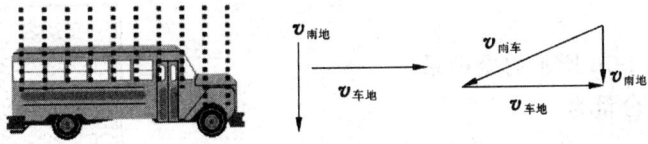

图 1-16 绝对速度、相对速度和牵连速度的关系

注意:低速运动的物体满足速度变换式,并且可通过实验证实;对于高速运动的物体,即速度接近光速的情况下,上述变换式失效.

1.4.3 加速度变换

设 K' 系相对于 K 系做匀加速直线运动,加速度 $\boldsymbol{a}_0$ 沿 x 方向,且 $t=0$ 时,$\boldsymbol{v}=\boldsymbol{v}_0$,则 K' 系相对于 K 系的速度 $\boldsymbol{v}=\boldsymbol{v}_0+\boldsymbol{a}_0 t$. 于是,将式(1-35)对时间 t 求导,可得

$$\frac{d\boldsymbol{v}_K}{dt} = \frac{d\boldsymbol{v}_{K'}}{dt} + \frac{d\boldsymbol{v}}{dt}$$

即
$$\boldsymbol{a}_K = \boldsymbol{a}_{K'} + \boldsymbol{a}_0 \tag{1-36}$$

若两个参考系之间做相对匀速直线运动,则 $\boldsymbol{a}_0 = 0$,此时 $\boldsymbol{a}_K = \boldsymbol{a}_{K'}$,它表明:质点的加速度相对于做匀速运动的各个参考系来说是个绝对量.

【例 1-5】 某人骑摩托车向东前进,其速率为 10m/s 时觉得有南风,当其速率为 15m/s 时又觉得有 45°的东南风.试求风的速度.

解: 取风为研究对象,骑车人和地面作为两个相对运动的参考系,如图 1-17 所示.

根据速度变换公式,得
$$\boldsymbol{v} = \boldsymbol{v}_{AK} = \boldsymbol{v}_{AK'}^{(1)} + \boldsymbol{v}_{KK'}^{(1)}$$
$$\boldsymbol{v} = \boldsymbol{v}_{AK} = \boldsymbol{v}_{AK'}^{(2)} + \boldsymbol{v}_{KK'}^{(2)}$$

括弧中1、2分别代表第1次和第2次时的值.

由图中的几何关系,知
$$v_x = v_{K'K}^{(1)} = 10 \text{m/s}$$
$$v_y = (v_{K'K}^{(2)} - v_{K'K}^{(1)})\tan 45° = 15\text{m/s} - 10\text{m/s} = 5\text{m/s}$$

所以,风速的大小为
$$v = \sqrt{10^2 + 5^2} \text{m/s} \approx 11.2 \text{m/s}$$
$$\alpha = \arctan\frac{5}{10} = 26°34'$$

所以风向为东偏北 $26°34'$.

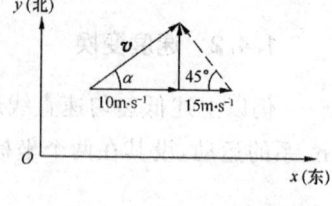

图 1-17 例 1-5 图

【例 1-6】 设河面宽 $l=1$km,河水由北向南流动,流速 $v=2$m/s.有一船相对于河水以 $v'=1.5$m/s 的速率从西岸驶向东岸.

(1) 如果船头与正北方向成 $\alpha = 15°$,船到达对岸要花多少时间?到达对岸时,船在下游何处?

(2) 如果要使船相对于岸走过的路程为最短,船头与河岸的夹角为多大?到达对岸时,船又在下游何处?要花多少时间?

解: 建立如图 1-18 所示的坐标系.

(1) 船的速度分量为
$$v_x = v'\sin\alpha = v'\sin 15°$$
$$v_y = v'\cos\alpha - v = v'\cos 15° - v$$

船到达对岸要花的时间为
$$t = \frac{l}{v_x} = \frac{l}{v'\sin 15°} = \frac{1000}{1.5\sin 15°}\text{s} \approx 2.6\times 10^3 \text{s}$$

船到达对岸时,在下游的坐标为
$$y = v_y t = (v'\cos 15° - v)t$$
$$= (1.5\times\cos 15° - 2)\times 2.6\times 10^3 \text{m} = -1.4\times 10^3 \text{m}$$

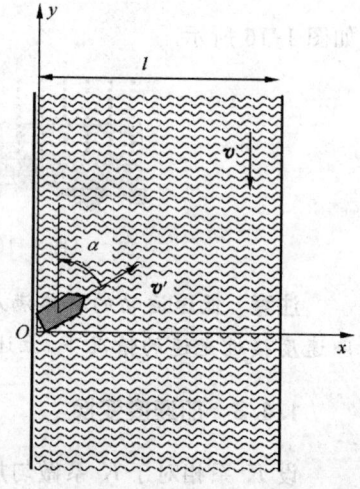

图 1-18 例 1-6 图

(2) 船的速度分量为 $v_x = v'\sin\alpha$, $v_y = v'\cos\alpha - v$，船的运动方程为 $x = v_x t = v'\sin\alpha\, t$，$y = v_y t = (v'\cos\alpha - v)t$，船到达对岸时，$x = l$，$t = \dfrac{l}{v'\sin\alpha}$，所以

$$y = (v'\cos\alpha - v)t = (v'\cos\alpha - v)\dfrac{l}{v'\sin\alpha} = l\cot\alpha - \dfrac{lv}{v'\sin\alpha}$$

当 $\dfrac{dy}{d\alpha} = 0$ 时，y 取极小值．将上式对 α 求导，并令 $\dfrac{dy}{d\alpha} = 0$，求得

$$\cos\alpha = \dfrac{v'}{v} = \dfrac{1.5}{2} = 0.75$$

船头与河岸的夹角 $\alpha = 41.4°$．
船到达对岸要花的时间为

$$t = \dfrac{l}{v_x} = \dfrac{l}{v'\sin\alpha} = \dfrac{1000}{1.5 \times \sin 41.4°}\,\text{s} \approx 1.0 \times 10^3\,\text{s}$$

船到达对岸时，在下游的坐标为

$$y = v_y t = (v'\cos 41.4° - v)t = (1.5 \times \cos 41.4° - 2) \times 1.0 \times 10^3\,\text{m} = -875\,\text{m}$$

 复习题

一、思考题

1. 质点做曲线运动，r 表示位置矢量，v 表示速度，a 表示加速度，s 表示路程，a_t 表示切向加速度，试判断下列表达式的正误．

(1) $\dfrac{dv}{dt} = a$，(2) $\dfrac{dr}{dt} = v$，(3) $\dfrac{ds}{dt} = v$，(4) $\left|\dfrac{d\boldsymbol{v}}{dt}\right| = a_t$．

2. 下列问题中：
(1) 物体有加速度而其速度为零，是否有存在的可能？
(2) 物体有恒定的速率但仍有变化的速度，是否有存在的可能？
(3) 物体有恒定的速度但仍有变化的速率，是否有存在的可能？
(4) 物体有沿 x 轴正方向的加速度而有沿 x 轴负方向的速度，是否有存在的可能？
(5) 物体的加速度大小恒定而其速度的方向改变，是否有存在的可能？

3. 关于瞬时运动的说法"瞬时速度就是很短时间内的平均速度"是否正确？该如何正确表述瞬时速度的定义？我们能否按照瞬时速度的定义通过实验测量瞬时速度？

4. 试判断下列说法的正误．
(1) 运动中物体的加速度越大，物体的速度也越大．
(2) 物体在直线上向前运动时，如果物体向前的加速度减小，物体前进的速度也就减小．
(3) 物体加速度值很大，而物体速度值可以不变，这是不可能的．

5. 设质点的运动方程为 $x = x(t)$，$y = y(t)$，在计算质点的速度和加速度时，有人先求出 $r = \sqrt{x^2 + y^2}$，然后根据 $v = \dfrac{dr}{dt}$ 及 $a = \dfrac{d^2 r}{dt^2}$ 而求得结果；又有人先计算速度和加速度的分量，再合成求得结果，即

$$v=\sqrt{\left(\frac{\mathrm{d}x}{\mathrm{d}t}\right)^2+\left(\frac{\mathrm{d}y}{\mathrm{d}t}\right)^2} \text{ 及 } a=\sqrt{\left(\frac{\mathrm{d}^2 x}{\mathrm{d}t^2}\right)^2+\left(\frac{\mathrm{d}^2 y}{\mathrm{d}t^2}\right)^2}$$

你认为两种方法中哪一种正确？两者差别何在？

6. 在参考系一定的条件下，质点运动的初始条件的具体形式是否与计时起点和坐标系的选择有关？

7. 抛体运动的轨迹如图 1-19 所示，请于图中用矢量表示质点在 A、B、C、D、E 各点的速度和加速度．

8. 圆周运动中质点的加速度方向是否一定和速度方向垂直？任意曲线运动的加速度方向是否一定不与速度方向垂直？

9. 在利用自然坐标研究曲线运动时，"v_t""v""$\boldsymbol{v}$"3 个符号的含义有什么不同？

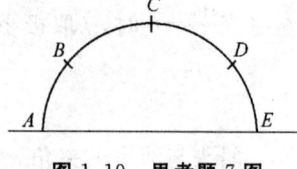

图 1-19　思考题 7 图

10. 伽利略坐标变换所包含的时空观有何特点？

11. 在以恒定速度运动的火车上竖直向上抛出一小物块，此物块能否落回人的手中？如果物块被抛出后，火车以恒定加速度前进，结果又将如何？

二、选择题

1. 以下四种运动中加速度保持不变的运动是（　　）．
(A) 单摆的运动　　(B) 圆周运动　　(C) 抛体运动　　(D) 匀速率曲线运动

2. 下列表述正确的是（　　）．
(A) 质点做圆周运动，加速度一定与速度垂直
(B) 物体做直线运动，法向加速度必为零
(C) 轨道最弯处法向加速度最大
(D) 某时刻的速率为零，切向加速度必为零

3. 下列情况不可能存在的是（　　）．
(A) 速率增加，加速度大小减少　　(B) 速率减少，加速度大小增加
(C) 速率不变而有加速度　　(D) 速率增加而无加速度
(E) 速率增加而法向加速度大小不变

4. 质点沿 xOy 平面做曲线运动，其运动方程为 $x=2t, y=19-2t^2$，则质点位置矢量与速度矢量恰好垂直的时刻为（　　）．
(A) 0s 和 3.16s　　(B) 1.78s　　(C) 1.78s 和 3s　　(D) 0s 和 3s

5. 质点沿半径 $R=1\mathrm{m}$ 的圆周运动，某时刻角速度 $\omega=1\mathrm{rad/s}$，角加速度 $\alpha=1\mathrm{rad/s^2}$，则质点速度和加速度的大小分别为（　　）．
(A) $1\mathrm{m/s}$、$1\mathrm{m/s^2}$　　(B) $1\mathrm{m/s}$、$2\mathrm{m/s^2}$
(C) $1\mathrm{m/s}$、$\sqrt{2}\mathrm{m/s^2}$　　(D) $2\mathrm{m/s}$、$\sqrt{2}\mathrm{m/s^2}$

三、计算及证明题

1. 质点的运动方程为 $\boldsymbol{r}=(2-3t)\boldsymbol{i}+(4t-1)\boldsymbol{j}$，求质点轨迹并用图表示．

2. 一质点的运动方程为：(1) $\boldsymbol{r}=(3+2t)\boldsymbol{i}+5\boldsymbol{j}$，(2) $\boldsymbol{r}=\boldsymbol{i}+4t^2\boldsymbol{j}+t\boldsymbol{k}$，式中 r、t 分别以 m、s 为单位．试求：

(1) 它的速度与加速度；

(2) 它的轨迹方程．

3. 一质点的运动方程为 $x=3t+5, y=0.5t^2+3t+4$(SI).
(1) 以 t 为变量,写出位矢的表达式;
(2) 求质点在 $t=4$s 时速度的大小和方向.

4. 图 1-20 中 $a、b$ 和 c 表示质点沿直线运动三种不同情况下的 x-t 图,试说明三种运动的特点(即速度,计时起点时质点的坐标,位于坐标原点的时刻).

5. 飞机着陆时为尽快停止,采用降落伞制动. 设飞机刚刚着陆时,$t=0$,速度为 v_0 且 $x=0$. 假设其加速度 $a_x=-bv_x^2$,$b=$常量,并将飞机看作质点,求此质点的运动方程.

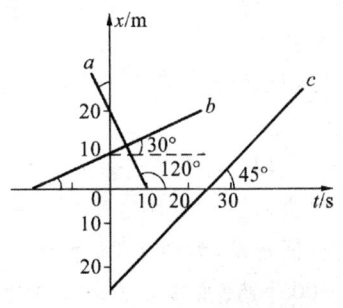

图 1-20　计算及证明题 4 图

6. 一质点从静止开始做直线运动,开始时加速度为 a_0,此后加速度随时间均匀增加,经过时间 τ 后,加速度为 $2a_0$,经过时间 2τ 后,加速度为 $3a_0$. 求经过时间 $n\tau$ 后,该质点的速度和走过的距离.

7. 做直线运动的高速列车减速进站. 列车原行驶速度 $v_0=180$km/h,其速度变化规律如图 1-21 所示. 求列车行驶至 $x=1.5$km 时加速度的大小.

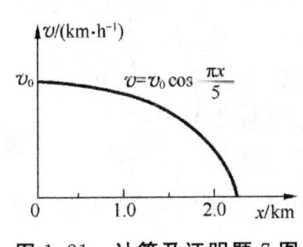

图 1-21　计算及证明题 7 图

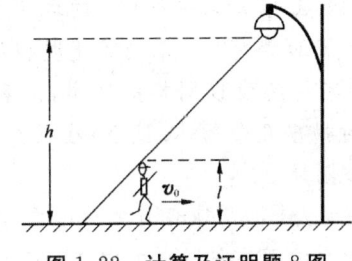

图 1-22　计算及证明题 8 图

8. 路灯距地面的高度为 h,一个身高为 l 的人在路上匀速运动,速度为 v_0,如图 1-22 所示. 求:
(1) 人影中头顶的移动速率;
(2) 影子长度增长的速率.

9. *在离水面高度为 h 的岸边,有人用绳子拉船靠岸,船在离岸边 s 距离处,当人以速率 v_0 匀速收绳时,试求船的速率和加速度大小.

10. 一质点自原点开始沿抛物线 $y=bx^2$ 运动,其在 Ox 轴上的分速度为一恒量,值为 $v_x=4.0$m/s,求质点位于 $x=2.0$m 处的速度和加速度.

11. 一质点在半径为 0.10m 的圆周上运动,其角位置 $\theta=2.0$rad$+(4.0$rad$\cdot$s$^{-3})t^3$.
(1) 求在 $t=2.0$s 时质点的法向加速度和切向加速度;
(2) 当切向加速度的大小恰等于总加速度大小的一半时,θ 值为多少?
(3) t 为多少时,法向加速度和切向加速度的值相等?

12. 一物体从静止开始,先以大小为 α 的切向加速度运动一段时间后,紧接着就以大小为 β 的切向加速度运动直至停止. 若物体整个运动的时间为 t,证明:物体运动的总路程为

$$s=\frac{\alpha\beta}{2(\alpha+\beta)}t^2$$

13. 一人站在山脚下向山坡上扔石子,石子初速度为 v_0,与水平夹角为 θ(斜向上),山坡与水平面成 α 角,如图 1-23 所示.

(1) 若不计空气阻力,求石子在山坡上的落地点对山脚的距离 s;

(2) 若 α 值与 v_0 值一定,θ 取何值时 s 最大?求出最大值 s_{max}.

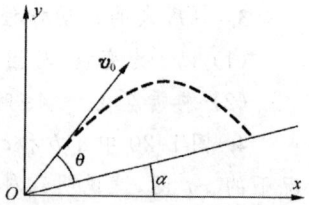

图 1-23 计算及证明题 13 图

14. 测量光速的方法之一是旋转齿轮法.一束光线通过轮边齿间空隙到达远处的镜面上,反射回来时刚好通过相邻的齿间空隙,如图 1-24 所示.设齿轮的半径为 5.0 cm,轮边共有 500 个齿.当镜与齿之间的距离为 500 m 时,测得光速为 3.0×10^5 km/s.试求:

(1) 齿轮的角速度;

(2) 齿轮边缘上一点的线速率.

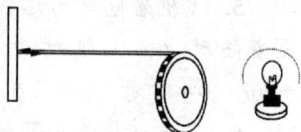

图 1-24 计算及证明题 14 图

15. 如图 1-25 所示,杆 AB 以匀角速度 ω 绕 A 点转动,并带动水平杆 OC 上的质点 M 运动.设起始时刻杆在竖直位置,$OA=h$.

(1) 列出质点 M 沿水平杆 OC 的运动方程;

(2) 求质点 M 沿杆 OC 滑动的速度和加速度的大小.

16. 设从某一点 O 以同样的速率,沿着同一竖直面内各个不同方向同时抛出几个物体.试证:在任意时刻,这几个物体总是散落在某个圆周上.

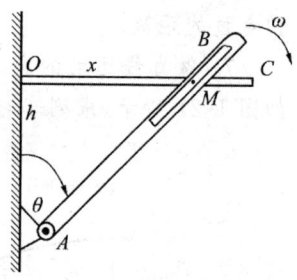

图 1-25 计算及证明题 15 图

17. 当一列火车以 36 km/h 的速率向东行驶时,相对于地面匀速竖直下落的雨滴在列车的窗子上形成的雨迹与竖直方向成 30°角.

(1) 雨滴相对于地面的水平分速率有多大?相对于列车的水平分速率有多大?

(2) 雨滴相对于地面的速率如何?相对于列车的速率如何?

18. 设有一架飞机从 A 处向东飞到 B 处,然后又向西飞回到 A 处.设飞机相对于空气的速率为 v',而空气相对于地面的速率为 u,A、B 间的距离为 l,飞机相对于空气的速率 v' 保持不变.

(1) 假定空气是静止的(即 $u=0$),试证:飞机来回飞行的时间 $t_0 = \dfrac{2l}{v'}$;

(2) 假定空气的速度向东,试证:飞机来回飞行的时间 $t_1 = t_0 \left(1-\dfrac{u^2}{v'^2}\right)^{-1}$;

(3) 假定空气的速度向北,试证:飞机来回飞行的时间 $t_2 = t_0 \left(1-\dfrac{u^2}{v'^2}\right)^{-\frac{1}{2}}$.

第 2 章

牛顿运动定律

学习目标

- 熟练掌握牛顿运动定律的基本内容及适用条件.
- 熟练掌握用隔离体法分析物体的受力情况,能用微积分方法求解变力作用下的简单质点动力学问题.
- 理解常见力的种类及其各自的特点.
- 了解惯性系、非惯性系及惯性力的特点.

在上一章中,我们讨论了质点的运动学,本章我们将继续探讨关于运动的话题.通过牛顿运动三定律的介绍,研究物体的运动和运动物体间相互作用的联系,从而阐明物体运动状态发生变化的原因.本章属于动力学的范畴.

艾萨克·牛顿(Isaac Newton,1643—1727,图 2-1),英国皇家学会会员,英格兰物理学家、数学家、天文学家、自然哲学家. 他在 1687 年发表的论文《自然哲学的数学原理》里,对万有引力和三大运动定律进行了描述. 这些描述奠定了此后三个世纪里物理世界的科学观点,并成了现代工程学的基础. 他通过论证开普勒行星运动定律与他的引力理论间的一致性,展示了地面物体与天体的运动都遵循着相同的自然定律,从而消除了对太阳中心说的最后一丝疑虑,并推动了科学革命. 在力学上,牛顿阐明了动量和

图 2-1 艾萨克·牛顿

角动量守恒的原理. 在光学上,他发明了反射式望远镜,并基于对三棱镜将白光发散成可见光谱的观察,发展出了颜色的理论. 他还系统地表述了冷却定律,并研究了音速. 在数学上,牛顿与戈特弗里德·莱布尼茨建立了微积分. 2005 年,英国皇家学会进行了一场"谁是科学史上最有影响力的人"的民意调查,在此调查中,牛顿被认为比阿尔伯特·爱因斯坦更具影响力.

2.1 牛顿运动定律

牛顿运动定律是经典物理大厦的支柱. 研究牛顿运动定律,将有助于我们深刻地理解经典物理的思想,以便更好地解决宏观物体的运动问题.

1867 年牛顿在《自然哲学的数学原理》中提出了三条运动定律,后被称为牛顿第一定律、牛顿第二定律和牛顿第三定律.

2.1.1 牛顿第一定律

古希腊哲学家亚里士多德(Aristotle,前384—前322)认为:必须有力作用在物体上,物体才能运动,没有力的作用,物体就要静止下来.这种看法深信"力是产生和维持物体运动的原因".它跟人们日常生活中的一些错误观念相符合,使得不少人认为它是对的.直到17世纪,意大利科学家伽利略在一系列实验后指出:运动物体之所以会停下来,恰恰是因为它受到了某种外力的作用;如果没有外力的作用,物体将会以恒定的速度一直运动下去.勒奈·笛卡尔等人又在伽利略研究的基础上进行了更深入的研究,也得出结论:如果运动的物体,不受任何力的作用,不仅速度大小不变,而且运动方向也不会改变,将沿原来的方向匀速运动下去.

牛顿总结了伽利略等人的研究成果,概括出一条重要的物理定律,称作牛顿第一定律:**任何物体都要保持其静止或者匀速直线运动状态,直到有外力迫使它改变运动状态为止.**

牛顿第一定律表明:一切物体都有保持其运动状态的性质,这种性质叫作**惯性**.因此,第一定律也叫**惯性定律**.惯性定律是经典物理学的基础之一.惯性定律可以对质点运动的某一分量成立.

牛顿第一定律还阐明,其他物体的作用才是改变物体运动状态的原因,这种"其他物体的作用",我们称之为"力".不可能有物体完全不受其他物体的力的作用,所以牛顿第一定律是理想化抽象思维的产物,不能简单地用实验加以验证.但是,从定律得出的一切推论,都经受住了实践的检验.

一切物体的运动只有相对于某个参考系才有意义,如果在某个参考系中观察,物体不受其他物体作用力时,能保持匀速直线运动或者静止状态,在此参考系中惯性定律成立,这个参考系就被称为**惯性参考系**,简称**惯性系**.

值得一提的是,并非任何参考系都是惯性系.相对惯性系静止或做匀速直线运动的参考系是惯性系,而相对惯性系做加速运动的参考系是非惯性系.参考系是否为惯性系,只能根据观察和实验的结果来判断.在力学中,通常把太阳参考系认为是惯性系;在一般精度范围内,地球和静止在地面上的任一物体可近似地看作惯性系.

2.1.2 牛顿第二定律

中学时都学过动量的概念,物体的质量 m 和其运动速度 $\boldsymbol{v}$ 的乘积叫作物体的动量,用符号"$\boldsymbol{p}$"表示.$\boldsymbol{p}$ 是矢量,其方向与速度的方向一致,即

$$\boldsymbol{p} = m\boldsymbol{v} \tag{2-1}$$

牛顿第二定律的内容是:**动量为 $\boldsymbol{p}$ 的物体,在合外力 $\boldsymbol{F}(=\sum \boldsymbol{F}_i)$ 的作用下,其动量随时间的变化率应当等于作用于物体的合外力.** 其数学表达式为

$$\boldsymbol{F}(t) = \frac{\mathrm{d}\boldsymbol{p}(t)}{\mathrm{d}t} = \frac{\mathrm{d}(m\boldsymbol{v})}{\mathrm{d}t} \tag{2-2a}$$

物体运动的速度远小于光速时,物体的质量可以认为是常量,此时式(2-2a)可写成

$$\boldsymbol{F}(t) = m\frac{\mathrm{d}\boldsymbol{v}}{\mathrm{d}t} = m\boldsymbol{a} \tag{2-2b}$$

这就是我们中学时学的牛顿运动定律的形式,即物体在受到外力作用时,物体所获得的加速度的大小与外力成正比,与物体的质量成反比.通常将式(2-2a)称为牛顿第二定律的微

分形式.

在直角坐标系中,式(2-2b)可以沿着坐标轴分解,写成如下形式:

$$\boldsymbol{F} = m\frac{\mathrm{d}v_x}{\mathrm{d}t}\boldsymbol{i} + m\frac{\mathrm{d}v_y}{\mathrm{d}t}\boldsymbol{j} + m\frac{\mathrm{d}v_z}{\mathrm{d}t}\boldsymbol{k}$$

即

$$\boldsymbol{F} = ma_x\boldsymbol{i} + ma_y\boldsymbol{j} + ma_z\boldsymbol{k} \tag{2-2c}$$

在各个方向上,即

$$F_x = ma_x, \quad F_y = ma_y, \quad F_z = ma_z$$

在自然坐标系下,式(2-2b)又可写成如下形式:

$$\boldsymbol{F} = m\boldsymbol{a} = m(\boldsymbol{a}_t + \boldsymbol{a}_n) = m\frac{\mathrm{d}v}{\mathrm{d}t}\boldsymbol{e}_t + m\frac{v^2}{\rho}\boldsymbol{e}_n \tag{2-2d}$$

此时

$$F_t = m\frac{\mathrm{d}v}{\mathrm{d}t} = m\frac{\mathrm{d}s^2}{\mathrm{d}t^2}, \quad F_n = m\frac{v^2}{\rho}$$

式(2-2)是牛顿第二定律的数学表达式,或叫作牛顿力学的质点动力学方程.应当指出的是,在质点做高速运动的情况下,质量 m 将不再是常量,而是依赖于速度 $\boldsymbol{v}$ 的物理量 $m(\boldsymbol{v})$ 了.

在应用牛顿第二定律时需要注意以下问题.

(1) 瞬时关系.当物体(质量一定)所受外力突然发生变化时,作为由力决定的加速度的大小和方向也要同时发生突变;当合外力为零时,加速度同时为零,加速度与合外力保持一一对应关系.力和加速度同时产生、同时变化、同时消失.牛顿第二定律是一个瞬时对应的规律,表明了力的瞬间效应.

(2) 矢量性.力和加速度都是矢量,物体加速度方向由物体所受外力的方向决定.牛顿第二定律数学表达式 $\boldsymbol{F}(t) = m\boldsymbol{a}$ 中,等号不仅表示左右两边数值相等,也表示方向一致,即物体加速度的方向与所受合外力的方向相同.

(3) 叠加性(或力的独立性原理).什么方向的力只产生什么方向的加速度,而与其他方向的受力及运动无关.当几个外力同时作用于物体时,其合力 $\boldsymbol{F}$ 所产生的加速度 $\boldsymbol{a}$ 与每个外力 $\boldsymbol{F}(i)$ 所产生的加速度的矢量和是一样的.

(4) 适用范围.牛顿第二定律适用于惯性参考系、质点及低速平动的宏观物体.

(5) 对于质量的理解.质量是惯性的量度.物体不受外力时保持运动状态不变;当物体受一定外力作用时,物体的质量越大,加速度越小,运动状态越难改变;物体的质量越小,加速度越大,运动状态越容易改变.因此,在这里质量又叫作**惯性质量**.

2.1.3 牛顿第三定律

牛顿第三定律又称作用力与反作用力定律.**两个物体之间的作用力 $\boldsymbol{F}$ 和反作用力 $\boldsymbol{F}'$,总是同时在同一条直线上,大小相等,方向相反,且分别作用在两个物体上**.其数学表达式为

$$\boldsymbol{F} = -\boldsymbol{F}' \tag{2-3}$$

在运用牛顿第三定律时需要注意的是:这两个力总是成对出现、同时存在、同时消失,没有主次之分.当一个力为作用力时,另一个力即为反作用力,**这两个力一定属于同一性质的力**.例如,图 2-2 中悬挂木板对重物的拉

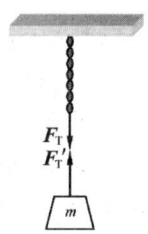

图 2-2 作用力与反作用力

力和重物对悬挂木板的拉力是一对作用力与反作用力. 作用力和反作用力由于分别作用在两个物体上,故不能相互抵消.

牛顿第三定律反映了力的物质性,力是物体之间的相互作用,作用于物体,必然会同时反作用于物体. 离开物体谈力是没有意义的.

2.2 几种常见的力

日常生活中,我们经常会接触到的力有万有引力、重力、弹性力、摩擦力等,下面简单加以介绍.

2.2.1 万有引力

在牛顿之前,有很多天文学家对宇宙中的星星进行了观察,并做了观察记录. 到开普勒时,他对这些观测结果进行了分析总结,并结合自己的观测,得到开普勒三定律:

(1) 行星都绕太阳做椭圆运行,太阳在所有椭圆的公共焦点上;
(2) 行星的向径在相等的时间内扫过的面积相等;
(3) 所有行星轨道半长轴的三次方跟公转周期的二次方的比值都相等.

牛顿在总结前人经验的基础上,1687 年在出版的《自然哲学的数学原理》论文中首次提出,任何物体之间都存在一种遵循同一规律的相互吸引力,这种相互吸引的力叫作万有引力. 如果用 m_1、m_2 表示两个物体的质量,它们间的距离为 r,则此两个物体间的万有引力,方向沿着它们之间的连线,其大小与它们质量的乘积成正比,与它们之间距离 r 的平方成反比. 万有引力的数学表达式为

$$F = G \frac{m_1 m_2}{r^2} \tag{2-4a}$$

式中,G 为一普适常数,称为**万有引力常数**. m_1 和 m_2 分别是两个物体的**引力质量**. 1798 年,英国物理学家卡文迪许利用著名的卡文迪许扭秤(即卡文迪许实验,其示意图如图 2-3 所示),较精确地测出了万有引力常数的数值,在一般计算中

$$G = 6.67 \times 10^{-11} \mathrm{N \cdot m^2 \cdot kg^{-2}}$$

万有引力定律可写成矢量形式:

$$\boldsymbol{F} = -G \frac{m_1 m_2}{r^3} \boldsymbol{r} \tag{2-4b}$$

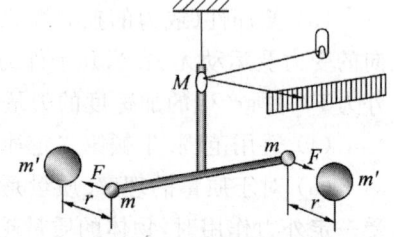

图 2-3 卡文迪许实验示意图

式中,负号表示 m_1 施于 m_2 的万有引力方向始终与 m_1 指向 m_2 的位矢 r 的方向相反.

万有引力定律说明,每一个物体都吸引着其他物体,而两个物体间的引力大小,正比于它们的质量乘积,与两物体中心连线距离的平方成反比.

通常,两个物体之间的万有引力极其微小,我们察觉不到它,可以不予考虑. 比如,两个质量都是 60kg 的人,相距 0.5m,他们之间的万有引力还不足百万分之一牛顿,而一只蚂蚁拖动细草梗的力竟是这个引力的 1000 倍! 但是,天体系统中,由于天体的质量很大,万有引力就起着决定性的作用. 在天体中质量并不算太大的地球,对其他物体的万有引力已经具有

巨大的影响.万有引力把人类、大气和所有地面物体束缚在地球上,它使月球和人造地球卫星绕地球旋转而不离去.

牛顿利用万有引力定律不仅说明了行星运动规律,而且还指出,木星、土星的卫星围绕行星也有同样的运动规律.他认为月球除了受到地球的引力外,还受到太阳的引力,从而解释了月球运动中早已发现的二均差等.此外,他还解释了彗星的运动轨道和地球上的潮汐现象.根据万有引力定律,人们成功地预言并发现了海王星.万有引力定律出现后,人们才正式把研究天体的运动建立在力学理论的基础上,创立了天体力学.

牛顿推动了万有引力定律的发展,指出万有引力不仅仅是星体具有的特征,也是所有物体具有的特征.作为最重要的科学定律之一,万有引力定律及其数学公式已成为整个物理学的基石.

万有引力是迄今为止人类认识到的四种基本作用之一,其他三种分别是电磁相互作用、弱相互作用和强相互作用.

值得注意的是:上述我们提到的惯性质量和引力质量反映了物体的两种不同属性,实验表明它们在数值上成正比,与物体成分、结构无关,选用适当的单位(国际单位制)可用同一数值表征这两种质量.在后面的讨论中我们将不再区分引力质量和惯性质量.质量是物理学的基本物理量.

1. 电磁相互作用

电磁相互作用是带电物体或具有磁矩物体之间的相互作用,是一种长程力,力程为无穷远.宏观的摩擦力、弹性力以及各种化学作用实质上都是电磁相互作用的表现.其强度仅次于强相互作用,居四种基本相互作用的第二位.电磁相互作用研究得最清楚,其规律总结于麦克斯韦方程组和洛伦兹力公式中,更为精确的理论是量子电动力学.按照量子电动力学,电磁相互作用是通过交换电磁场的量子(光子)而传递的,它能够很好地说明正反粒子的产生和湮没,电子、μ 子的反常磁矩(见粒子磁矩)与兰姆移位等真空极化引起的细微电磁效应,理论计算与实验符合得非常好.电磁相互作用引起的粒子衰变称为电磁衰变.最早观察到的原子核的 γ 跃迁就是电磁衰变.电磁衰变粒子的平均寿命为 $10^{-16} \sim 10^{-20}$ s.

2. 弱相互作用

最早观察到的原子核的 β 衰变是弱相互作用(或称弱作用)现象.弱相互作用仅在微观尺度上起作用,其力程最短,其强度排在强相互作用和电磁相互作用之后,居第三位.其对称性较差,许多在强相互作用和电磁相互作用下的守恒定律都遭到破坏(见对称性和守恒定律),如宇称守恒在弱相互作用下不成立.弱相互作用的理论是电弱统一理论,弱相互作用通过交换中间玻色子而传递.弱相互作用引起的粒子衰变称为弱衰变,弱衰变粒子的平均寿命大于 10^{-13} s.

3. 强相互作用

最早认识到的质子、中子间的核力属于强相互作用(或称强作用),是质子、中子结合成原子核的作用力,后来进一步认识到强子是由夸克组成的,强相互作用是夸克之间的相互作用.强相互作用最强,它是一种短程力.其理论是量子色动力学,强相互作用是一种色相互作用,是具有色荷的夸克所具有的相互作用,色荷通过交换 8 种胶子而相互作用,在能量不是非常高的情况下,强相互作用的媒介粒子是介子.强相互作用具有最强的对称性,遵从的守恒定律最多.强相互作用引起的粒子衰变称为强衰变,强衰变粒子的平均寿命最短,为

$10^{-20} \sim 10^{-24}$ s，强衰变粒子称为不稳定粒子.

长期以来，无数科学家为了寻求这 4 种基本作用之间的联系而努力着，20 世纪 60 年代，温伯格(S. Weinberg)、萨拉姆(A. Salam)、格拉肖(S. L. Glashow)发展了弱相互作用和电磁相互作用相统一的理论，并在 20 世纪 70 年代和 80 年代初得到了实验证明. 为此，他们三人于 1979 年共获诺贝尔物理学奖. 鲁比亚(C. Rubbia)、范德米尔(Vander Meer)利用实验证明了电弱相互作用，他们于 1984 年获诺贝尔物理学奖. 人们期待有朝一日，能够形成这几种基本相互作用的"大统一". 表 2-1 所示为四种相互作用的比较.

表 2-1 4 种相互作用的力程和强度的比较

种　　类	相互作用粒子	力程/m	力的强度
引力相互作用	所有粒子、质点	∞	10^{-39}
电磁相互作用	带电粒子	∞	10^{-3}
弱相互作用	强子等大多数粒子	10^{-18}	10^{-12}
强相互作用	核子、介子等强子	10^{-15}	10^{-1}

注：表中强度是以两质子相距 10^{-15} m 时的相互作用强度为 1 给出的.

2.2.2 重力

地球表面附近的物体都受到地球的吸引力，这种由于地球吸引而使物体受到的力叫作**重力**.

一般情况下，常把重力近似看作地球附近物体受到地球的万有引力. 实际上，重力是万有引力的一个分力. 因为我们在地球上与地球一起运动，这个运动可以近似看成匀速圆周运动. 我们做匀速圆周运动需要向心力，在地球上，这个力由万有引力的一个指向地轴的分力提供，而万有引力的另一个分力就是我们平时所说的重力. 在精度要求不高的情况下，可以近似地认为重力等于地球的引力.

在重力 G 的作用下，物体具有的加速度 g 叫作重力加速度，大小满足 $G = mg$ 的关系. 重力是矢量，它的方向总是竖直向下的. 重力的作用点在物体的重心上. 在密度较大的矿石附近地区，物体的重力和周围环境相比会出现异常，因此利用重力的差异可以探矿，这种方法被称为重力探矿法.

2.2.3 弹性力

弹性力是由于物体发生形变所产生的. 物体在力的作用下发生的形状或体积改变，这种改变叫作形变. 两个相互接触并产生形变的物体企图恢复原状而彼此互施作用力，这种力称为**弹性力**，简称弹力.

弹力产生在由于直接接触而发生弹性形变的物体间. 所以，弹力的产生是以物体的互相接触以及形变为先决条件的，弹力的方向始终与使物体发生形变的外力方向相反.

当物体受到的弹力停止作用后，能够恢复原状的形变叫作**弹性形变**. 但如果形变过大，超过一定限度，物体的形状将不能完全恢复，这个限度叫作弹性限度. 物体因形变而导致形状不能完全恢复，这种形变叫作**塑性形变**，也称范性形变.

比较常见的弹力有:两个物体相互挤压产生的正压力或者支持力;绳索被拉伸时对物体产生的拉力;弹簧被拉伸或者被压缩时产生的弹力等.

2.2.4 摩擦力

摩擦力无处不在.假如地球上没有摩擦力,将会变成什么样子呢? 假如没有摩擦力,我们就不能走路了,因为既站不稳,也无法行走;汽车还没发动就打滑,要么就是车子开起来就停不下来了.假如没有摩擦力,我们无法拿起任何东西,因为我们拿东西靠的就是摩擦力.假如没有摩擦力,螺钉就不能旋紧;钉在墙上的钉子就会自动松开而落下来;家里的桌子、椅子都要散开来,并且会在地上滑来滑去,根本无法使用.假如没有摩擦力,我们就再也不能够欣赏美妙的用小提琴演奏的音乐等,因为小提琴就是利用弓和弦的摩擦产生振动才发出了声音.

摩擦力是两个相互接触的物体在沿接触面相对运动时,或者有相对运动趋势时,在它们的接触面间所产生的一对阻碍相对运动或相对运动趋势的力.

若两相互接触而又相对静止的物体,在外力作用下只具有相对滑动趋势,而又未发生相对滑动,它们接触面之间出现的阻碍发生相对滑动的力,叫作**静摩擦力**.例如,将一物体放于粗糙水平面上,其受到一水平方向的拉力 F 的作用.若 F 较小,则物体不能发生滑动.因此,静摩擦力的存在,阻碍了物体的相对滑动.此时静摩擦力的大小和外力 F 的大小相等,方向相反,即静摩擦力与物体相对于水平面的运动趋势的方向相反.随着外力 F 的增大,静摩擦力将逐渐增大,直到增加到一个临界值.当外力超过这个临界值时,物体将发生滑动,这个临界值叫作最大静摩擦力 f_s.实验表明,最大静摩擦力的值与物体的正压力 N 成正比,即

$$f_s = \mu_s N \tag{2-5a}$$

式中,μ_s 叫作静摩擦因数,它与两物体的材质以及接触面的情况有关,而与接触面的大小无关.

当物体开始滑动时,受到的摩擦力叫作**滑动摩擦力** f_k.实验表明,滑动摩擦力的值也与物体的正压力 N 成正比,有

$$f = \mu N \tag{2-5b}$$

式中,μ 叫作动摩擦因数,它与两接触物体的材质、接触面的情况、温度和干湿度都有关.对于给定的接触面,$\mu < \mu_s$,两者都小于 1.在一般不需要精确计算的情况下,可以近似地认为它们是相等的,即 $\mu = \mu_s$.

摩擦力也有其有害的一方面.例如,机器的运动部分之间都存在摩擦,对机器既有害又浪费能量,使额外功增加.因此,必须设法减少这方面的摩擦.通常在产生有害摩擦的部位涂抹润滑油、变滑动摩擦为滚动摩擦等.总之,我们要想办法增大有益摩擦,减小有害摩擦.

2.3 牛顿运动定律应用举例

作为牛顿力学的重要组成部分,牛顿运动定律在低速情况下问题的分析中起着重要的作用,日常实践和工程上经常会涉及应用牛顿运动定律来解决问题.本节将通过例题来讲述应用牛顿运动定律解题的方法.需要注意的是,牛顿三定律是一个整体,不能厚此薄彼.只注重应用牛顿第二定律,而把第一和第三定律忽略的思想是错误的.

通常的力学问题有两类:一类是已知物体的受力,通过物体受力分析物体的运动状态;另一类则是已知物体的运动状态,从而求得物体上所受的力.在不做特殊说明的情况下,物体所受的重力是必有的,而其他的力则需要根据具体问题具体分析.

运用牛顿运动定律解题的步骤一般是:先确定研究对象,然后使用**隔离体法**分析该研究对象的受力,作出受力图,通过分析物体的运动情况,判断加速度,并建立合适的坐标系,根据牛顿第二定律求解.具体问题需要具体分析、讨论.

【例 2-1】 阿特伍德机①.

如图 2-4(a)所示,设有一质量可以忽略的滑轮,滑轮两侧通过轻绳分别悬挂着质量分别为 m_1 和 m_2 的重物 A 和 B,已知 $m_1 > m_2$.现把此滑轮系统悬挂于电梯天花板上,求:当电梯(1)匀速上升时,(2)以加速度 a 匀加速上升时,绳中的张力和两物体相对于电梯的加速度 a_r.

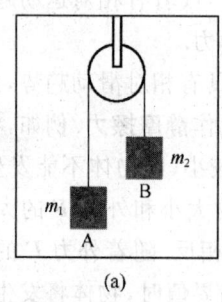 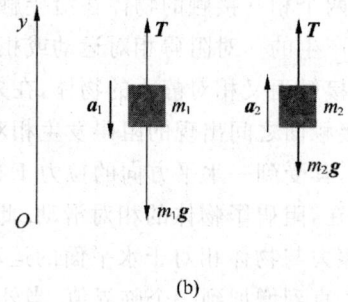

图 2-4 例 2-1 图

解:取地面为参考系,使用隔离体法分别对 A、B 两物体作受力分析.从图 2-4(b)可以看出,此时两物体均受到两个力的作用,即受到向下的重力和向上的拉力.由于滑轮质量不计,故两物体所受到的向上的拉力应相等,等于轻绳的张力.

因物体只在竖直方向上运动,故可建立坐标系 Oy,取向上为正方向.

(1) 当电梯匀速上升时,物体对电梯的加速度等于它们对地面的加速度.A 的加速度为负,B 的加速度为正,根据牛顿第二定律,对 A 和 B 分别得到

$$T - m_1 g = -m_1 a_r$$
$$T - m_2 g = m_2 a_r$$

将上两式联立,可得两物体的加速度为

$$a_r = \frac{m_1 - m_2}{m_1 + m_2} g$$

以及轻绳的张力

$$T = \frac{2 m_1 m_2}{m_1 + m_2} g$$

(2) 电梯以加速度 a 上升时,A 对地的加速度为 $a - a_r$,B 对地的加速度为 $a + a_r$,根据

---

① 阿特伍德机:英国数学家、物理学家阿特伍德(George Atwood,1746—1807)于 1784 年所制的一种测定重力加速度及阐明运动定律的器械.其基本结构为在跨过定滑轮的轻绳两端悬挂两个质量相等的物块,当在一物块上附加另一小物块时,该物块即由静止开始加速滑落,经一段距离后附加物块自动脱离,系统匀速运动,测得此运动速度,即可求得重力加速度.

牛顿第二定律,对 A 和 B 分别得到

$$T - m_1 g = m_1(a - a_r)$$
$$T - m_2 g = m_2(a + a_r)$$

将上两式联立,可得

$$a_r = \frac{m_1 - m_2}{m_1 + m_2}(a + g)$$

$$T = \frac{2m_1 m_2}{m_1 + m_2}(a + g)$$

$a=0$ 时即为电梯匀速上升时的状态.

思考:若电梯匀加速下降时,上述问题的解又为何值?请读者自证.

【例 2-2】 将质量为 10kg 的小球用轻绳挂在倾角 $\alpha=30°$ 的光滑斜面上,如图 2-5(a) 所示.

(1) 当斜面以加速度 $g/3$ 沿如图所示的方向运动时,求绳中的张力及小球对斜面的正压力;

(2) 当斜面的加速度至少为多大时,小球对斜面的正压力为零?

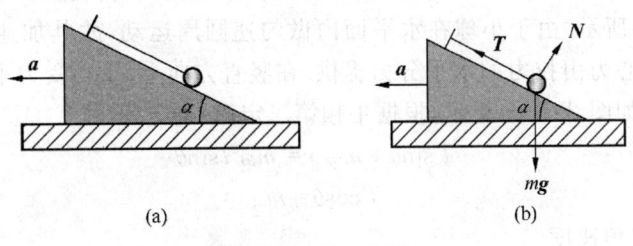

图 2-5 例 2-2 图

解:(1) 取地面为参考系,对小球进行受力分析,如图 2-5(b)所示.设小球质量为 m,则小球受到自身重力 $m\boldsymbol{g}$、轻绳拉力 $\boldsymbol{T}$ 以及斜面支持力 $\boldsymbol{N}$ 的作用,斜面的支持力大小等于小球对斜面的正压力.根据牛顿第二定律,可得

在水平方向上,有

$$T\cos\alpha - N\sin\alpha = ma \qquad ①$$

在竖直方向上,有

$$T\sin\alpha + N\cos\alpha - mg = 0 \qquad ②$$

联立①、②两式,可得

$$T = mg\sin\alpha + ma\cos\alpha$$

即

$$T = mg\sin\alpha + \frac{1}{3}mg\cos\alpha$$

代入数值,得 $T=77.3\text{N}$.

同理,有 $\qquad N = mg\cos\alpha - ma\sin\alpha = 68.5\text{N}$

(2) 当对斜面的正压力 $N=0$ 时,①、②两式可写成

$$T\cos\alpha = ma$$
$$T\sin\alpha - mg = 0$$

将两式联立,可得

$$a = \frac{g}{\tan\alpha} = 17\text{m/s}^2$$

【例 2-3】 圆锥摆问题①.

如图 2-6 所示,一重物 m 用轻绳悬起,绳的另一端系在天花板上,绳长 $l=0.5$m,重物经推动后,在一水平面内做匀速圆周运动,转速 $n=1$r/s. 求这时绳和竖直方向所成的角度.

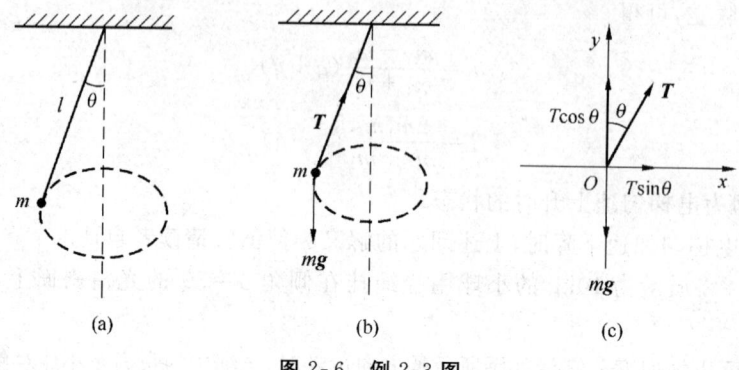

图 2-6 例 2-3 图

解:以重物 m 为研究对象,对其进行受力分析,小球受到自身重力 mg 和绳的拉力 T 的作用,如图 2-6(b)所示. 由于小球在水平面内做匀速圆周运动,故其加速度为向心加速度,方向指向圆心,向心力由拉力的水平分力提供. 在竖直方向上,重物受力平衡.

建立坐标系,如图 2-6(c)所示,根据牛顿第二定律,列方程

x 方向 $\qquad T\sin\theta = m\omega^2 r = m\omega^2 l\sin\theta$

y 方向 $\qquad T\cos\theta = mg$

由转速可求得角速度

$$\omega = 2\pi n$$

可求得拉力

$$T = m\omega^2 l = 4\pi^2 n^2 ml$$

此时,绳和竖直方向所成的角度可由其余弦求得:

$$\cos\theta = \frac{g}{4\pi^2 n^2 l} = \frac{9.8}{4\pi^2 \times 0.5} = 0.497$$

可知

$$\theta = 60°13'$$

可以看出,物体的转速 n 愈大,θ 也愈大,而与重物的质量 m 无关.

【例 2-4】 如图 2-7(a)所示,一条均匀的金属链条,质量为 m,挂在一个光滑的钉子上,一边长度为 a,另一边长度为 b,且 $a > b$. 试证:链条从静止开始到滑离钉子所花的时间为

$$t = \sqrt{\frac{a+b}{2g}} \ln \frac{\sqrt{a}+\sqrt{b}}{\sqrt{a}-\sqrt{b}}$$

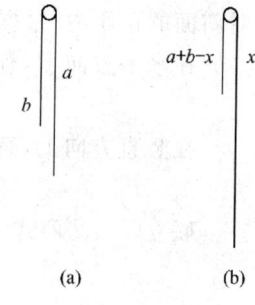

图 2-7 例 2-4 图

证:设某一时刻,链条一段长度为 x,则另外一段长度为 $a+b-x$. 如图 2-7(b)所示,链条左右两段可以看作两部分,由于链条是均匀的,故每一部分质量都可以看作集中在其中心

---

① 在长为 L 的细绳下端拴一个质量为 m 的小物体,绳子上端固定,设法使小物体在水平圆周上以大小恒定的速度旋转,细绳所掠过的路径为圆锥表面,这就是圆锥摆.

上,每一部分均受到自身重力和向上的拉力 T 作用,取向上为正方向,对两部分分别应用牛顿运动定律.

左部分:

$$T-\frac{m}{a+b}(a+b-x)g=\frac{m}{a+b}(a+b-x)\frac{\mathrm{d}v}{\mathrm{d}t}$$

右部分:

$$T-\frac{m}{a+b}xg=-\frac{m}{a+b}x\frac{\mathrm{d}v}{\mathrm{d}t}$$

两式相减,得

$$\frac{m}{a+b}(2x-a-b)g=m\frac{\mathrm{d}v}{\mathrm{d}t}$$

两边乘 $\mathrm{d}x$,有

$$\frac{m}{a+b}(2x-a-b)g\mathrm{d}x=m\frac{\mathrm{d}x}{\mathrm{d}t}\mathrm{d}v$$

由于 $\frac{\mathrm{d}x}{\mathrm{d}t}=v$,所以上式可化简为

$$\frac{1}{a+b}(2x-a-b)g\mathrm{d}x=v\mathrm{d}v$$

两边积分,有

$$\int_a^x \frac{1}{a+b}(2x-a-b)g\mathrm{d}x=\int_0^v v\mathrm{d}v$$

得

$$v=\sqrt{\frac{2g}{a+b}(x-a)(x-b)}$$

由 $v=\frac{\mathrm{d}x}{\mathrm{d}t}$,得 $\mathrm{d}t=\frac{\mathrm{d}x}{v}$,积分得

$$t=\int_0^t \mathrm{d}t=\int_a^{a+b}\frac{\mathrm{d}x}{v}=\int_a^{a+b}\frac{\mathrm{d}x}{\sqrt{\frac{2g}{a+b}(x-a)(x-b)}}=\sqrt{\frac{a+b}{2g}}\ln\frac{\sqrt{a}+\sqrt{b}}{\sqrt{a}-\sqrt{b}}$$

证毕.

【例 2-5】 试计算一小球在水中竖直沉降的速度.已知某小球的质量为 m,水对小球的浮力为 B,水对小球的黏滞力 $f=-Kv$,式中 K 是和水的黏性、小球的半径有关的一个常量.

解:如图 2-8 所示,以小球为研究对象,小球共受到三个力的作用:自身重力、水的浮力以及水对小球的黏滞力.这三个力均作用在竖直方向上,其中重力的方向为竖直向下,其他两个力的方向为竖直向上.因此,可以以向下为正方向,根据牛顿第二定律,列出小球的运动方程:

$$mg-B-f=ma$$

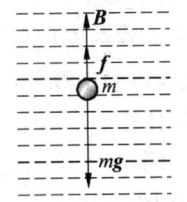

图 2-8 例 2-5 图

小球的加速度为

$$a=\frac{\mathrm{d}v}{\mathrm{d}t}=g-\frac{B+Kv}{m}$$

当 $t=0$ 时,小球的初速度为 0,此时加速度最大,即

$$a_{\max}=g-\frac{B}{m}$$

当速度 v 逐渐增加时，其加速度 a 逐渐减小，令

$$v_{\mathrm{T}}=\frac{mg-B}{K}$$

则运动方程变为

$$\frac{\mathrm{d}v}{\mathrm{d}t}=\frac{K(v_{\mathrm{T}}-v)}{m}$$

分离变量后积分，得

$$\int_0^v \frac{\mathrm{d}v}{v_{\mathrm{T}}-v}=\int_0^t \frac{K}{m}\mathrm{d}t$$

$$\ln\frac{v_{\mathrm{T}}}{v_{\mathrm{T}}-v}=\frac{K}{m}t$$

即

$$v=v_{\mathrm{T}}(1-\mathrm{e}^{-\frac{K}{m}t})$$

上式即为小球沉降速度 v 和时间 t 的关系式。可知，当 $t\to\infty$ 时，$v=v_{\mathrm{T}}$，即物体在气体或液体中的沉降都存在**极限速度**，它是物体沉降所能达到的最大速度，如图 2-9 所示。

而当 $t=\frac{m}{K}$ 时，$v=v_{\mathrm{T}}(1-\mathrm{e}^{-1})=0.632v_{\mathrm{T}}$。只要当 $t\gg\frac{m}{K}$ 时，我们就可以认为小球以极限速度匀速下沉。

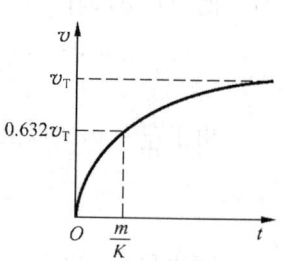

图 2-9　沉降速度和时间的关系曲线

2.4 *非惯性系　惯性力

我们知道，一切物体的运动是绝对的，但是描述物体的运动只有相对于参考系才有意义。如果在某个参考系中观察，物体不受其他物体作用力时，将保持匀速直线运动或者静止状态，那么这个参考系就是惯性系。相对于惯性系做匀速直线运动或者静止的参考系也是惯性系。而如果某个参考系相对于惯性系做加速运动，则这个参考系就称为**非惯性系**。换言之，由于一般精度内可以选择地面为惯性系，那么凡是相对于地面做加速运动的物体，都是非惯性系。由于牛顿运动定律只适应于惯性系，因此，在应用牛顿运动定律时，参考系的选择就不再是任意的了，因为在非惯性系中，牛顿运动定律就不再成立了。下面举例说明。

例如，一列火车，其光滑地板上放置一物体，质量为 m，如图 2-10 所示。当车相对于地面静止或匀速向前运动时，坐在车里以车为参考系的人，和站在地面上以地面为参考系的人对车上的物体观测的结果是一致的。

但是，当车以加速度 a 向前突然加速时，在车里的人以车为参考系，会发现车上的物体突然以加速度 $-a$ 向车加速的相反方向运动起来，即有了一个向后的加速度，车厢的地板越光滑，效果越明显。但此时物体所受到水平方向的合外力为零，显然这是违反牛顿运动定律的。而在车下的以地面为参考系的人看

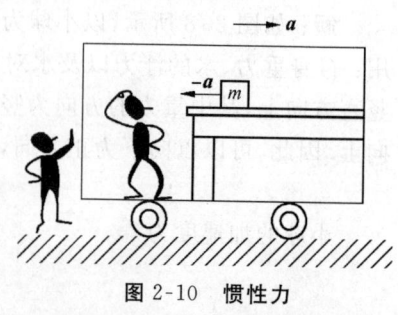

图 2-10　惯性力

来,当车相对于地面做加速运动时,火车里的物体由于水平方向不受力,所以仍要保持其原来的静止状态.可以看出,地面是惯性系,在这里牛顿运动定律是成立的,而相对地面做加速运动的火车则是非惯性系,牛顿运动定律不再成立.也就是说,在不同参考系上观察物体的运动,观察的结果会截然不同.

在实际生活和工程计算中,我们会遇到很多非惯性系中的力学问题.在这类问题中,人们引入了惯性力的概念,以便仍可方便地运用牛顿运动定律来解决问题.

惯性力是一个虚拟的力,它是在非惯性系中来自参考系本身加速效应的力.惯性力找不到施力物体,它是一个虚拟的力.其大小等于物体的质量 m 乘以非惯性系的加速度的大小 a,但是方向和 a 的方向相反.用 F_i 表示惯性力,则

$$F_i = -ma \tag{2-6}$$

这样,在上述例子中,可以认为有一个大小为 $-ma$ 的惯性力作用在物体上面,这样,就不难在火车这个非惯性系中用牛顿运动定律来解释这个现象了.

一般来说,作用在物体上的力若既包含真实力 F,又包含惯性力 F_i,则以非惯性系为参考系,对物体受力应用牛顿第二定律,有

$$F + F_i = ma' \tag{2-7a}$$

或

$$F - ma = ma' \tag{2-7b}$$

式中,a 是非惯性系相对于惯性系的加速度,a' 是物体相对于非惯性系的加速度.

再如,在水平面上放置一圆盘,用轻质弹簧将一质量为 m 的小球与圆盘的中心相连,如图 2-11 所示.圆盘相对于地面做匀速圆周运动,角速度为 ω.另外,有两个观察者,一个位于地面上,以地面(惯性系)为参考系;另一个位于圆盘上,与圆盘相对静止并随圆盘一起转动,以圆盘(非惯性系)为参考系.圆盘转动时,地面上的观察者发现弹簧拉长,小球受到弹簧的拉力作用,显然,此拉力为向心力,大小为 $F = ml\omega^2$.小球在向心力的作用下做匀速圆周运动.用牛顿运动定律的观点来看是很好理解的.

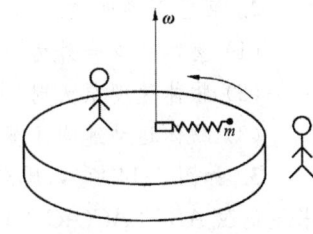

图 2-11 惯性离心力

同时,在圆盘上的观察者看来,弹簧拉长了,即有向心力 F 作用在小球上,但小球相对于圆盘保持静止,于是,圆盘上的观察者认为小球必受到一个惯性力的作用,这个惯性力的大小和向心力的大小相等,方向相反,这样就可以用牛顿运动定律解释小球保持平衡这一现象了.这里,这个惯性力称为**惯性离心力**.

【例 2-6】 如图 2-12 所示,质量为 m 的人站在升降机内的一磅秤上,当升降机以加速度 a 向上匀加速上升时,求磅秤的示数.试用惯性力的方法求解.

解:磅秤的示数的大小即为人对升降机地板的压力的大小.取升降机这个非惯性系为参考系,当升降机相对于地面以加速度 a 上升时,与之对应的惯性力 $F_i = -ma$.在这个非惯性系中,人除了受到自身重力 mg、磅秤对他的支持力 N 外,还受到一个惯性力 F_i 的作用.由于此人相对电梯静止,所以以上三个力为平衡力.则

$$N - mg - F_i = 0$$

即

$$N = mg + F_i = m(g + a)$$

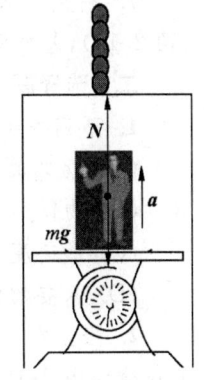

图 2-12 例 2-6 图

由此可见,此时磅秤上的示数并不等于人自身重力.当电梯加速上升时,$N>mg$,此时称之为"超重";当电梯加速下降时,$N<mg$,称之为"失重".当升降机自由降落时,人对地板的压力减为 0,此时人处于完全失重状态.

人造地球卫星、宇宙飞船、航天飞机等航天器进入太空轨道后,可以认为绕地球做圆周运动.其加速度为向心加速度,大小等于卫星所在高度处重力加速度的大小.这与在以重力加速度下降的升降机中发生的情况类似,航天器中的人和物都处于完全失重状态,如图 2-13 所示.

图 2-13 太空失重

 复习题

一、思考题

1. 牛顿运动定律适用的范围是什么?对于宏观物体,牛顿运动定律在什么情况下适用,在什么情况下不适用?对于微观粒子,牛顿运动定律适用吗?

2. 回答下列问题.
   (1) 物体所受合外力方向与其运动方向一定一致吗?
   (2) 物体速度很大时,其所受合外力是否也很大?
   (3) 物体运动速率不变时,其所受合外力一定为零吗?

3. 如图 2-14 所示,质点从竖直放置的圆周顶端 A 处分别沿不同长度的弦 AB 和 $AC(AC<AB)$ 由静止下滑,不计摩擦阻力.质点下滑到底部所需要的时间分别为 t_B 和 t_C,则 t_B 和 t_C 之间大小关系如何?

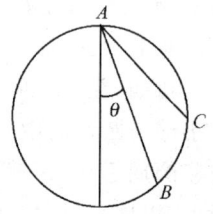

图 2-14 思考题 3 图

4. 绳子一端握在手中,另一端系一重物,使之在竖直方向内做匀速圆周运动,绳子的张力在什么位置最大?在什么位置最小?并说明原因.

5. 质量为 m 的物体在摩擦因数为 μ 的平面上做匀速直线运动,问当力与水平面的夹角多大时最省力?

6. 弹簧秤下端系有一金属小球,当小球分别为竖直状态和在一水平面内做匀速圆周运动时,弹簧秤的读数是否相同?并说明原因.

7. 利用一挂在车顶的摆长为 l 的单摆和附在下端的米尺(图 2-15),怎样测出车厢的加速度(单摆的偏角很小)?

二、选择题

1. 下列关于速度和加速度之间的关系的说法正确的是( ).
   (A) 物体的加速度逐渐减小,而它的速度却可能增加
   (B) 物体的加速度逐渐增加,而它的速度只能减小
   (C) 加速度的方向保持不变,速度的方向也一定保持不变
   (D) 只要物体有加速度,其速度大小就一定改变

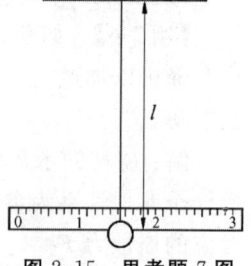

图 2-15 思考题 7 图

2. 静止在光滑水平面上的物体受到一个水平拉力 F 作用后开始运动,F 随时间 t 变化的规律如图 2-16 所示,则下列说法正确的是( ).
   (A) 物体在前 2s 内的位移为零

(B) 第1s末物体的速度方向发生改变
(C) 物体将做往复运动
(D) 物体将一直朝同一个方向运动

3. 如图 2-17 所示，质量分别为 m 和 M 的滑块 A 和 B，叠放在光滑水平桌面上．A、B 间静摩擦因数为 μ_s，动摩擦因数为 μ，系统原处于静止状态．今有一水平力作用于 A 上，要使 A、B 不发生相对滑动，则应有（　　）．

(A) $F \leqslant \mu_s mg$ 　　　　　　(B) $F \leqslant \mu_s\left(1+\dfrac{m}{M}\right)mg$

(C) $F \leqslant \mu_s(m+M)g$　　　(D) $F \leqslant \mu\dfrac{M+m}{M}mg$

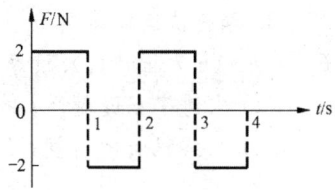

图 2-16　选择题 2 图

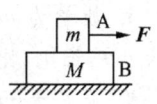

图 2-17　选择题 3 图

4. 升降机内地板上放有物体 A，其上再放另一物体 B，两者的质量分别为 M_A、M_B．当升降机以加速度 a 向下加速运动时（$a<g$），物体 A 对升降机地板的压力在数值上等于（　　）．

(A) $M_A g$　　　　　　　　　(B) $(M_A+M_B)g$
(C) $(M_A+M_B)(g+a)$　　　(D) $(M_A+M_B)(g-a)$

5. 一个长方形板被锯成如图 2-18 所示的 A、B、C 三块，放在光滑水平面上．A、B 的质量为 1kg，C 的质量为 2kg．现在以 10N 的水平力 F 沿 C 板的对称轴方向推 C，使 A、B、C 保持相对静止．在此过程中，C 对 A 的摩擦力大小为（　　）．

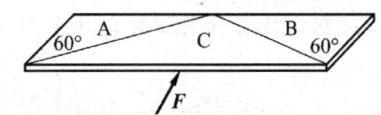

图 2-18　选择题 5 图

(A) 10N　　　　　　　　(B) 2.17N
(C) 2.5N　　　　　　　 (D) 1.25N

三、计算及证明题

1. 物体 A 和皮带保持相对静止并一起向右运动，其速度图线如图 2-19 所示．

(1) 若已知在物体 A 开始运动的最初 2s 内，作用在 A 上的静摩擦力大小为 4N，求 A 的质量；

(2) 开始运动后第 3s 内，作用在 A 上的静摩擦力大小为多少？

(3) 在开始运动后的第 5s 内，作用在物体 A 上的静摩擦力的大小为多少？方向如何？

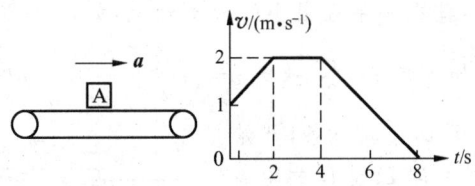

图 2-19　计算及证明题 1 图

2. 如图 2-20 所示，图中 A 为定滑轮，B 为动滑轮，三个物体的质量分别为 $m_1=200\text{g}$，$m_2=100\text{g}$，$m_3=50\text{g}$，滑轮及绳的质量以及摩擦均忽略不计．求：（g 取 9.8m/s^2）

(1) 每个物体的加速度；
(2) 两根绳子的张力 T_1 与 T_2．

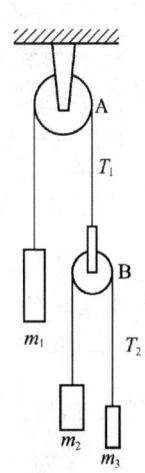

图 2-20　计算及证明题 2 图

3. 摩托快艇以速率 v_0 行驶,它受到的摩擦阻力与速率的平方大小成正比,可表示为 $F=-kv^2$(k 为正常数). 设摩托快艇的质量为 m,当摩托快艇发动机关闭后,

(1) 求速率 v 随时间 t 的变化规律;

(2) 求路程 x 随时间 t 的变化规律;

(3) 证明:速度 v 与路程 x 之间的关系为 $v=v_0 e^{-k'x}$,其中 $k'=\dfrac{k}{m}$.

4. 质量为 m 的子弹以速度 v_0 水平射入沙土中,设子弹所受阻力与速度反向,大小与速度大小成正比,比例系数为 K,忽略子弹的重力,求子弹进入沙土的最大深度.

5. 质量为 m 的物体,在 $F=F_0-kt$ 的外力作用下沿 x 轴运动,已知 $t=0$ 时,$x_0=0$,$v_0=0$. 求物体在任意时刻的速度 v 和位移 x.

6. 质量为 m 的物体,最初静止于 x_0 处,在力 $F=-\dfrac{k}{x^2}$ 的作用下沿直线运动. 试证明:物体在任意位置 x 处的速度 $v=\sqrt{2\left(\dfrac{k}{m}\right)\left(\dfrac{1}{x}-\dfrac{1}{x_0}\right)}$.

7. 如图 2-21 所示,长为 l 的轻绳,一端系一质量为 m 的小球,另一端系于定点 O. 开始时小球处于最低位置. 若使小球获得如图所示的初速度 $\boldsymbol{v}_0$,小球将在铅直平面内做圆周运动. 求小球在任意位置的速率 v 及绳的张力 T.

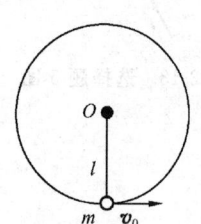
图 2-21　计算及证明题 7 图

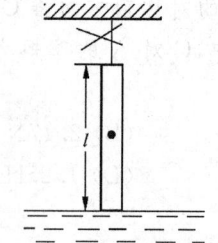
图 2-22　计算及证明题 8 图

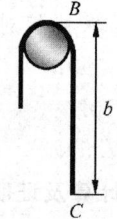
图 2-23　计算及证明题 10 图

8. 如图 2-22 所示,有一密度为 ρ 的细棒,长度为 l,其上端用细线悬着,下端紧贴着密度为 ρ' 的液体表面. 现将悬线剪断,求细棒在恰好全部没入水中时的沉降速度. 设液体没有黏性.

9. 一辆装有货物的汽车,设货物与车底板之间的静摩擦因数为 0.25. 若汽车以 30km/h 的速度行驶,要使货物不发生滑动,汽车从刹车到完全静止所经过的最短路程是多少?

10. 一长为 l、质量均匀的软绳,挂在一半径很小的光滑轴上,如图 2-23 所示. 开始时,$BC=b$. 求证:当 $BC=\dfrac{2}{3}l$ 时,绳的加速度 $a=\dfrac{g}{3}$,速度 $v=\sqrt{\dfrac{2g}{l}\left(-\dfrac{2}{9}l^2+bl-b^2\right)}$.

11. 如图 2-24 所示,一条长为 L 的柔软链条,开始时静止地放在一光滑表面 AB 上,其一端 D 至 B 的距离为 $L-a$. BC 与水平面之间的角度为 α. 试证:当 D 端滑到 B 点时,链条的速率 $v=\sqrt{\dfrac{L}{g}(L^2-a^2)\sin\alpha}$.

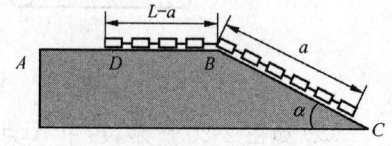
图 2-24　计算及证明题 11 图

12. 质量为 m 的小球沿半球形碗的光滑的内面,正以角速度 ω 在一水平面内做匀速圆周运动,碗的半径为 R. 求该小球做匀速圆周运动的水平面离碗底的高度.

第 3 章 运动的守恒定律

学习目标

- 熟练掌握动量和冲量的概念以及质点和质点系的动量定理、质点系的动量守恒定律,并能熟练处理相关问题.
- 熟练掌握功的概念,理解一般力及保守力的特点,熟练掌握各种保守力对应的势能,会计算万有引力、重力和弹性力的势能.
- 熟练掌握动能的概念以及质点和质点系的动能定理,并能熟练处理相关问题.
- 熟练掌握机械能的概念,并能利用功能原理及机械能守恒定律处理相关问题.
- 了解完全弹性碰撞和完全非弹性碰撞的特点,并能处理较简单的完全弹性碰撞和完全非弹性碰撞的问题.
- 了解质心和质心系的概念.

本章将通过探讨力对时间、空间的累积效果,观察质点以及质点系动量和能量的变化. 在一定条件下,质点和质点系的动量或者能量将保持守恒,动量和能量的守恒不仅是力学的基本定律,通过某些变化,还可广泛应用于物理学的各种运动形式中.

3.1 动量定理

我们知道,力是时间的函数,牛顿第二定律是关于力和质点运动的瞬时关系的. 那么,如果有外力在质点上作用了一段时间,外力和运动的过程之间存在什么关系呢? 换句话说,有没有牛顿第二定律的积分形式呢?

答案是肯定的,并且形式也不是唯一的:一种是力对时间的积累,一种是力对空间的积累. 我们将分别对这两种形式进行探讨. 下面先讨论第一种情况.

3.1.1 质点的动量定理

牛顿第二定律的积分形式为

$$\boldsymbol{F}(t) = \frac{\mathrm{d}\boldsymbol{p}(t)}{\mathrm{d}t} = \frac{\mathrm{d}(m\boldsymbol{v})}{\mathrm{d}t}$$

即

$$\boldsymbol{F}(t)\mathrm{d}t = \mathrm{d}\boldsymbol{p} = \mathrm{d}(m\boldsymbol{v})$$

在经典力学里,当物体运动的速度远远小于光速时,物体的质量可以认为是不依赖于速度的常量,此时上式可变形为

$$F(t)dt = dp = mdv$$

在力 $F(t)$ 作用的一段时间 $\Delta t = t_2 - t_1$ 内,上式两端可积分,得

$$\int_{t_1}^{t_2} F dt = p_2 - p_1 = mv_2 - mv_1 \tag{3-1}$$

式中,p_1、v_1 以及 p_2、v_2 分别对应质点在 t_1、t_2 时刻的动量和速度. 式子左面 $\int_{t_1}^{t_2} F dt$ 为力在这段时间内对时间的积累,叫作力的冲量,用符号"I"表示,即

$$I = \int_{t_1}^{t_2} F dt$$

于是式(3-1)可表示为 $I = p_2 - p_1$,其物理意义为:**在给定的时间间隔内,质点所受的合外力的冲量,等于该物体动量的增量**,这就是**质点的动量定理**. 一般情况下,冲量的方向和瞬时力 F 的方向不同,而和质点速度改变(即动量改变)的方向相同.

式(3-1)是矢量式,可以沿着坐标轴的各个方向分解. 在直角坐标系中,其分量式为

$$\begin{cases} I_x = \int_{t_1}^{t_2} F_x dt = mv_{2x} - mv_{1x} \\ I_y = \int_{t_1}^{t_2} F_y dt = mv_{2y} - mv_{1y} \\ I_z = \int_{t_1}^{t_2} F_z dt = mv_{2z} - mv_{1z} \end{cases} \tag{3-2}$$

式(2-2)表明,动量定理可以在某个方向上成立. 某方向受到冲量时,该方向上动量就增加.

3.1.2 质点系的动量定理

上面我们讨论了质点的动量定理,在由多个质点组成的质点系中,外力的冲量和动量之间又有什么联系呢?

先看一种最简单的情况,即由两个质点组成的质点系. 如图 3-1 所示的系统中含有两个质点,其质量分别为 m_1 和 m_2,分别受到来自系统外的作用力 F_1 和 F_2 的作用,我们把这种来自系统外的力称为外力,记作 F_{ex};此外,两个质点分别受到彼此之间的作用力 F_{12} 和 F_{21} 的作用,我们把这种来自系统内部的力称为内力,记作 F_{in}. 现分别对两质点应用质点的动量定理,有

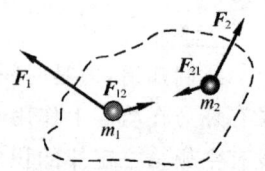

图 3-1 质点系的内外力

$$\int_{t_1}^{t_2} (F_1 + F_{12}) dt = m_1 v_1 - m_1 v_{10}$$

$$\int_{t_1}^{t_2} (F_2 + F_{21}) dt = m_2 v_2 - m_2 v_{20}$$

因为

$$F_{12} + F_{21} = 0$$

两个式子相加,得

$$\int_{t_1}^{t_2} (F_1 + F_2) dt = (m_1 v_1 + m_2 v_2) - (m_1 v_{10} + m_2 v_{20}) \tag{3-3}$$

由此可见,内力的冲量效果为零. 作用于两个质点组成的质点系的外力的冲量等于系统

内两质点动量的增量,即系统动量的增量.

若系统由 N 个质点组成,不难看出,由于内力总是成对出现,且互为作用力与反作用力,其矢量和必为零,即 $\sum \boldsymbol{F}_{\text{in}} = 0$,这样,对系统动量的增量有贡献的只有系统所受到的合外力 $\sum \boldsymbol{F}_{\text{ex}}$.设系统的初末动量分别为 $\boldsymbol{p}_1$ 和 $\boldsymbol{p}_2$,则

$$\int_{t_1}^{t_2} \boldsymbol{F}_{\text{ex}} \mathrm{d}t = \sum_{i=1}^{n} m_{i2}\boldsymbol{v}_{i2} - \sum_{i=1}^{n} m_{i1}\boldsymbol{v}_{i1} = \boldsymbol{p}_2 - \boldsymbol{p}_1 \qquad (3\text{-}4)$$

即作用于系统的合外力的冲量等于系统动量的增量,这叫作**质点系的动量定理**.

值得注意的是,需要区分系统的外力和内力.系统受到的合外力等于作用于系统中每一质点的外力的矢量和,只有外力才对系统动量的变化有贡献,而系统中质点之间的内力仅能改变系统内单个物体的动量,不能改变系统的总动量.这样,对于由多个质点组成的系统的动力学问题就变得简单了.

由于冲量是力对时间的积累,故常力 $\boldsymbol{F}$ 的冲量可以直接写作 $\boldsymbol{I} = \boldsymbol{F}\Delta t$;而对于变力的冲量可以分以下两种情况讨论.

第一种情况,若变力不是连续的,如图 3-2(a)所示,则其合力的冲量为

$$\boldsymbol{I} = \boldsymbol{F}_1 \Delta t_1 + \boldsymbol{F}_2 \Delta t_2 + \cdots + \boldsymbol{F}_n \Delta t_n = \sum_{i=1}^{n} \boldsymbol{F}_i \Delta t_i$$

第二种情况,当力连续变化时,可以用积分的形式求出各个方向上的冲量.以二维情况为例,有

$$I_x = \int_{t_1}^{t_2} F_x \mathrm{d}t, \quad I_y = \int_{t_1}^{t_2} F_y \mathrm{d}t$$

如图 3-2(b)所示,此时,冲量 $\boldsymbol{I}_x$ 在数值上等于 F_x-t 图线与坐标轴所围成的面积.

动量定理在"打击"或"碰撞"问题中有着非常重要的作用.在"打击"或"碰撞"过程中,两物体接触时间非常短暂,作用力在很短时间内达到最大值,然后迅速下降为零.这种作用时间很短暂、变化很快、数值很大的作用力称为冲力.因为冲力是个变力,而且和时间的关系又很难确定,所以无法直接用牛顿运动定律等求其数值.但是我们可以用动量定理求此过程中的平均冲力.如图 3-3 所示,在"打击"或"碰撞"过程中,由于力 $\boldsymbol{F}$ 的方向保持不变,曲线与 t 轴所包围的面积就是 $t_1 \sim t_2$ 这段时间内力 $\boldsymbol{F}$ 的冲量的大小,它可以等效为某个常力在此时间内的冲量,此时曲线下的面积和图中虚线所包围的面积相等.根据改变动量的等效性,这个常力可以看作此过程中的平均冲力 $\overline{\boldsymbol{F}}$.

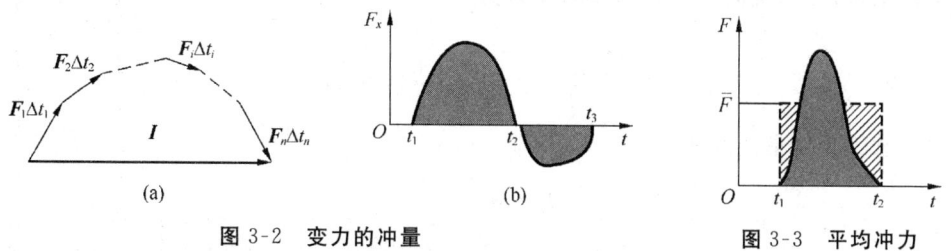

图 3-2 变力的冲量 图 3-3 平均冲力

动量定理常可用来解决变质量问题.另外,由于动量定理是牛顿第二定律的积分形式,因此,动量定理的适用范围也是惯性系.

【例 3-1】 质量为 m 的小球自高为 y_0 处沿水平方向以速率 v_0 抛出,与地面碰撞后跳起

的最大高度为 $\frac{1}{2}y_0$,水平速率为 $\frac{1}{2}v_0$,求此碰撞过程中:

(1) 地面对小球的水平冲量的大小;
(2) 地面对小球的垂直冲量的大小.

解: (1) 如图 3-4 所示,显然小球受到地面的水平冲量为

$$I_x = \frac{1}{2}mv_0 - mv_0$$
$$= -\frac{1}{2}mv_0$$

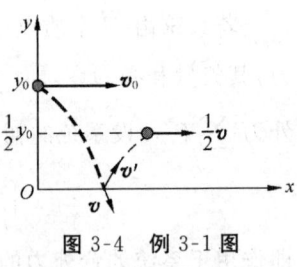

图 3-4　例 3-1 图

(2) 在竖直方向上,设小球接触地面过程中的初末速度大小分别为 v_y 和 v_y',由运动学知识可得

$$v_y^2 = 2gy_0, \quad v_y = \sqrt{2gy_0},$$

又

$$0 - v_y'^2 = -2g \cdot \frac{1}{2}y_0$$

$$v_y' = \sqrt{gy_0}$$

因此,小球在竖直方向上受到地面的冲量为

$$\boldsymbol{I}_y = m\boldsymbol{v}_y' - m\boldsymbol{v}_y$$

$$I_y = (1+\sqrt{2})m\sqrt{gy_0}$$

【**例 3-2**】 一质量均匀分布的柔软细绳铅直地悬挂着,绳长为 L,质量为 M,绳的下端刚好触到水平桌面上.如果把绳的上端放开,绳将自由下落到桌面上.试证明:在绳下落的过程中,任意时刻作用于桌面的压力等于已落到桌面上的绳重量的 3 倍.

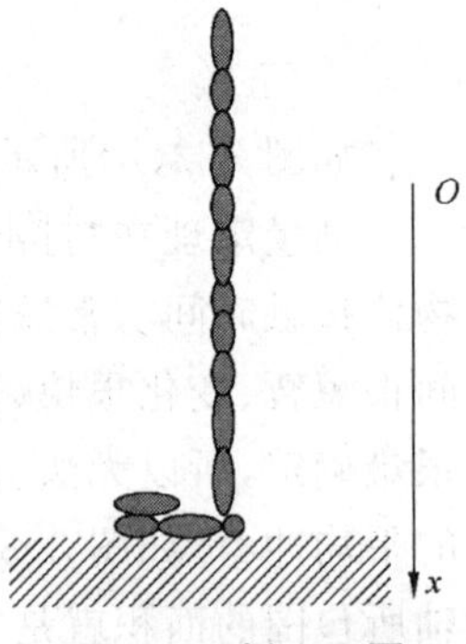

解: 建立如图 3-5 所示的坐标系,设 t 时刻已经有长度为 x 的绳子落到桌面上,随后 dt 时间内将有质量为 dm 的绳子落到桌面上而停止,$dm = \rho dx = \frac{M}{L}dx$,根据定义,其速度为 $\frac{dx}{dt}$,则它的动量变化率为

$$\frac{dp}{dt} = \frac{-\rho dx \frac{dx}{dt}}{dt}$$

图 3-5　例 3-2 图

根据动量定理,桌面对柔软细绳的冲力为

$$F' = \frac{dp}{dt} = \frac{-\rho dx \frac{dx}{dt}}{dt} = -\rho v^2$$

而柔软细绳对桌面的冲力 $F = -F'$,即

$$F = \rho v^2 = \frac{M}{L}v^2$$

又因为

$$v^2 = 2gx$$

因此

$$F = \frac{2Mgx}{L}$$

而已落到桌面上的柔软细绳的重量为

$$mg = \frac{Mgx}{L}$$

因此
$$F_{总} = F + mg = \frac{2Mgx}{L} + \frac{Mgx}{L} = 3mg$$

证毕.

【例 3-3】 列车在平直铁轨上装煤,列车空载时质量为 m_0,煤炭以速率 v_1 竖直流入车厢,每秒流入质量为 α. 假设列车与轨道间的摩擦因数为 μ,列车相对于地面的运动速度 v_2 保持不变,求机车的牵引力.

解:如图 3-6 所示,以车和下落的煤为系统,向下为 y 轴正方向,向左为 x 轴正方向,建立坐标系.

在 $t \to t + \mathrm{d}t$ 时间内,将有质量 $\mathrm{d}m = \alpha \mathrm{d}t$ 的煤炭流入车厢.

t 时刻,系统的动量为
$$\boldsymbol{p}(t) = (m_0 + \alpha t)\boldsymbol{v}_2 + \alpha \mathrm{d}t \cdot \boldsymbol{v}_1$$

$t + \mathrm{d}t$ 时刻,系统的动量为
$$\boldsymbol{p}(t + \mathrm{d}t) = (m_0 + \alpha t + \alpha \mathrm{d}t)\boldsymbol{v}_2$$

联立可得,其动量的改变量为
$$\mathrm{d}\boldsymbol{p} = \boldsymbol{p}(t + \mathrm{d}t) - \boldsymbol{p}(t) = (\boldsymbol{v}_2 - \boldsymbol{v}_1)\alpha \mathrm{d}t$$

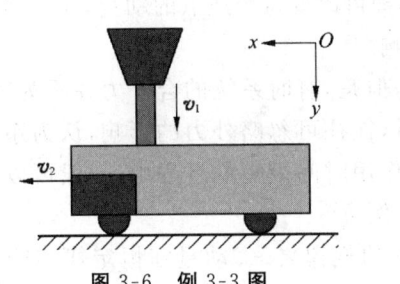

图 3-6 例 3-3 图

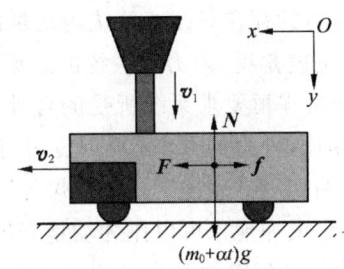

图 3-7 例 3-3 受力分析

如图 3-7 所示,此系统共受到四个外力的作用,分别为牵引力 $\boldsymbol{F}$、列车与轨道间的摩擦力 $\boldsymbol{f}$、轨道支持力 $\boldsymbol{N}$ 和煤与车厢的重力. 因此,有
$$\boldsymbol{F} + \boldsymbol{f} + \boldsymbol{N} + (m_0 + \alpha t)\boldsymbol{g} = \frac{\mathrm{d}\boldsymbol{p}}{\mathrm{d}t} = \alpha \boldsymbol{v}_2 - \alpha \boldsymbol{v}_1$$

在竖直方向上,有
$$(m_0 + \alpha t)g - N = -\alpha v_1$$
$$N = \alpha v_1 + (m_0 + \alpha t)g$$

在水平方向上,有
$$F - f = \alpha v_2$$

可得机车的牵引力为
$$F = \alpha v_2 + f = \alpha v_2 + \mu N = \mu(m_0 + \alpha t)g + \alpha(v_2 + \mu v_1)$$

3.2 动量守恒定律

由式 $\int_{t_1}^{t_2} \boldsymbol{F}_{\mathrm{ex}} \mathrm{d}t = \sum_{i=1}^{n} m_{i2}\boldsymbol{v}_{i2} - \sum_{i=1}^{n} m_{i1}\boldsymbol{v}_{i1} = \boldsymbol{p}_2 - \boldsymbol{p}_1$ 可知,若系统的合外力为零(即 $\boldsymbol{F}_{\mathrm{ex}} = 0$),

系统的总动量的变化为零,此时,$\boldsymbol{p}_2 = \boldsymbol{p}_1$,或写成

$$\boldsymbol{p} = \sum_{i=1}^{n} m_i \boldsymbol{v}_i = 常矢量 \tag{3-5}$$

其文字表述为:**当系统所受的合外力为零时,系统的总动量将保持不变**.这就是**动量守恒定律**.

式(3-5)是矢量式,在实际计算中,可以沿各坐标轴进行分解,若某个方向的合外力为零,则此方向上的总动量保持不变,以直角坐标系为例,可以写成如下形式:

$$m_1 v_{1x} + m_2 v_{2x} + \cdots + m_n v_{nx} = 常量$$
$$m_1 v_{1y} + m_2 v_{2y} + \cdots + m_n v_{ny} = 常量$$
$$m_1 v_{1z} + m_2 v_{2z} + \cdots + m_n v_{nz} = 常量$$

即系统受到的外力矢量和可能不为零,但合外力在某个方向上的分矢量和可能为零.此时,哪个方向所受的合外力为零,则哪个方向的动量守恒.

需要注意以下几点.

(1) 在动量守恒中,系统的总动量不变,并不意味着系统内某个质点的动量不变.虽然对于一切惯性系,动量守恒定律都成立,但在研究某个系统的动量守恒时,系统内各个质点动量的研究都应该对应同一惯性系.

(2) 内力的存在只改变系统内动量的分配,即可改变每个质点的动量,而不能改变系统的总动量,也就是说,内力对系统的总动量无影响.

(3) 动量守恒要求系统所受的合外力为零,但是,有时系统的合外力并不为零,然而与系统内力相比,外力的大小有限或远小于内力时,往往可忽略外力的影响,认为系统的动量是守恒的.例如,在"碰撞""打击""爆炸"等相互作用时间极短的过程中,一般可以认为系统的动量守恒.反冲现象可以作为动量守恒的典型例子.

(4) 动量守恒定律是自然界最重要、最基本的规律之一.动量守恒定律与能量守恒定律、角动量守恒定律是自然界的普遍规律,在微观粒子做高速运动(速度接近光速)的情况下,牛顿运动定律已经不适用,但是动量守恒定律等仍然适用.现代物理学研究中,动量守恒定律已经成为一个重要的基础定律.

【**例 3-4**】 如图 3-8 所示,一个静止物体被炸成三块,其中两块质量相等,且以相同的速率 30m/s 沿相互垂直的方向飞开,第三块的质量恰好等于这两块质量的总和.试求第三块的速度(大小和方向).

解:物体静止时的动量等于零,炸裂时爆炸力是物体内力,它远大于重力,故在爆炸过程中可认为系统动量守恒.由此可知,物体分裂成三块后,这三块碎片的动量之和仍等于零,即

$$m_1 \boldsymbol{v}_1 + m_2 \boldsymbol{v}_2 + m_3 \boldsymbol{v}_3 = 0$$

因此,这三个动量必处于同一平面内,且第三块的动量必和第一、第二块的合动量大小相等,方向相反,如图 3-8 所示.因为 $\boldsymbol{v}_1$ 和 $\boldsymbol{v}_2$ 相互垂直,所以

$$(m_3 v_3)^2 = (m_1 v_1)^2 + (m_2 v_2)^2$$

因 $m_1 = m_2 = m, m_3 = 2m$,可得 $\boldsymbol{v}_3$ 的大小为

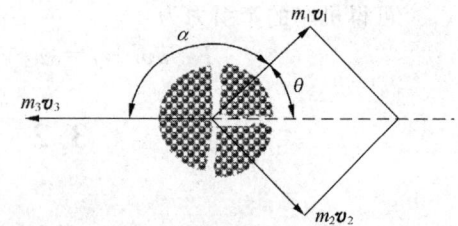

图 3-8 三块小物体动量守恒

$$v_3 = \frac{1}{2}\sqrt{v_1^2 + v_2^2} = \frac{1}{2}\sqrt{30^2 + 30^2}\,\text{m/s} = 21.2\,\text{m/s}$$

由于 $\boldsymbol{v}_1$ 和 $\boldsymbol{v}_3$ 所成角 α 由下式决定：

$$\alpha = 180° - \theta$$

又因 $\tan\theta = \dfrac{v_2}{v_1} = 1$, $\theta = 45°$, 所以

$$\alpha = 135°$$

即 $\boldsymbol{v}_3$ 与 $\boldsymbol{v}_1$ 和 $\boldsymbol{v}_2$ 都成 $135°$, 且三者都在同一平面内.

【例 3-5】 如图 3-9 所示, A、B 两船均以速度 $\boldsymbol{v}$ 同向而行, 每只船的人与船质量之和均为 M, A 船上的人以相对速度 $\boldsymbol{u}$, 将一质量为 m 的铅球扔给 B 船上的人. 试求：球抛出后 A 船的速度以及 B 船接到球后的速度.

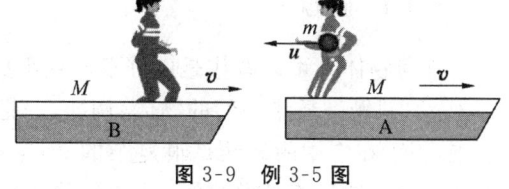

图 3-9 例 3-5 图

解：设抛球后 A 船的速度大小为 v_A, 接球后 B 船的速度大小为 v_B. 如图 3-10 所示, 把 A 船和铅球看作一个系统, 由于抛球的过程水平方向不受外力作用, 因此动量守恒. 选地球为参考系. 抛球前后, 对于 A 船, 可得

$$(M+m)v = m(v_A - u) + Mv_A$$

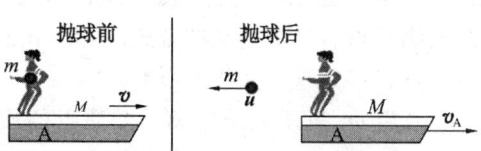

图 3-10 A 船抛球前后动量守恒

同理, 如图 3-11 所示, 把 B 船和铅球看作一个系统, 由于接球的过程水平方向不受外力作用, 因此动量守恒. 接球前后, 对于 B 船, 可得

$$Mv + m(v_A - u) = (M+m)v_B$$

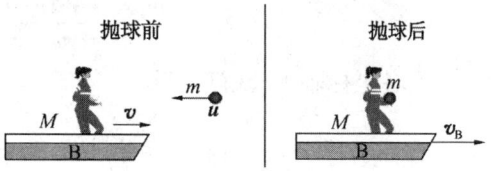

图 3-11 B 船抛球前后动量守恒

上两式联立, 可得

$$v_A = v + \frac{mu}{M+m}$$

$$v_B = \frac{(M+m)^2 v - mMu}{(M+m)^2}$$

【例 3-6】 人与船的质量分别为 m 及 M, 船长为 L, 若人从船尾走到船首, 试求船相对于岸的位移.

解：如图 3-12 所示, 设人相对于船的速度为 $\boldsymbol{u}$, 船相对于岸的速度为 $\boldsymbol{v}$. 取岸为参考系, 选择人和船作为一个系统, 由于其水平方向所受外力为零, 故由动量守恒, 有

$$Mv + m(v - u) = 0$$

得

$$v = \frac{m}{M+m}u$$

船相对于岸的位移为

$$\Delta x = \int v\,\text{d}t = \frac{m}{M+m}\int u\,\text{d}t = \frac{m}{M+m}L$$

可知, 船的位移和人的行走速度无关. 不管人的行走速度如何变化, 其结果是相同的.

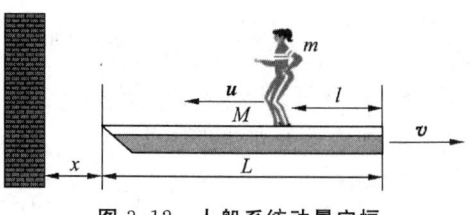

图 3-12 人船系统动量守恒

3.3 质心运动 *火箭飞行问题

我们知道,形状规则、质量均匀分布的物体的质量可以看作集中在其几何中心,我们称之为质心.但是,如果物体是不规则的呢?在研究由多个质点组成的系统的运动时,质心将是一个很有用的概念.

3.3.1 质心

任何物体都可以看作是由许多质点组成的质点系.如图3-13所示,斜抛一质量均匀的物体(例如,一把扳手),通过观测会发现,扳手在空中的运动是很复杂的.但是扳手上存在一点 C,它的运动轨迹始终是抛物线.其他点的运动可以看作是平动以及围绕 C 做转动的运动的合成,因此,我们可以用 C 点的运动来描述整个扳手的运动,这个特殊点 C 就是这个系统的质心.

图 3-13 质心

若用 m_i 表示系统中第 i 个质点的质量,用 $\boldsymbol{r}_i$ 表示其位矢,用 $\boldsymbol{r}_C$ 表示质心的位矢,用 $M = \sum m_i$ 表示系统质点的总质量,那么质心的位置即可以确定:

$$\boldsymbol{r}_C = \frac{m_1 \boldsymbol{r}_1 + m_2 \boldsymbol{r}_2 + \cdots + m_i \boldsymbol{r}_i + \cdots}{m_1 + m_2 + \cdots + m_i + \cdots} = \frac{\sum m_i \boldsymbol{r}_i}{M} \qquad (3\text{-}6\text{a})$$

在各坐标轴上分解后,得

$$x_C = \frac{\sum m_i x_i}{M}, \quad y_C = \frac{\sum m_i y_i}{M}, \quad z_C = \frac{\sum m_i z_i}{M} \qquad (3\text{-}6\text{b})$$

如果系统质量是连续分布的,则可用积分的形式求其质点:

$$x_C = \frac{1}{M}\int x\mathrm{d}m, \quad y_C = \frac{1}{M}\int y\mathrm{d}m, \quad z_C = \frac{1}{M}\int z\mathrm{d}m \qquad (3\text{-}6\text{c})$$

【例3-7】 如图3-14所示,相距为 l 的两个质点 A、B,质量分别为 m_1、m_2.求此系统的质心.

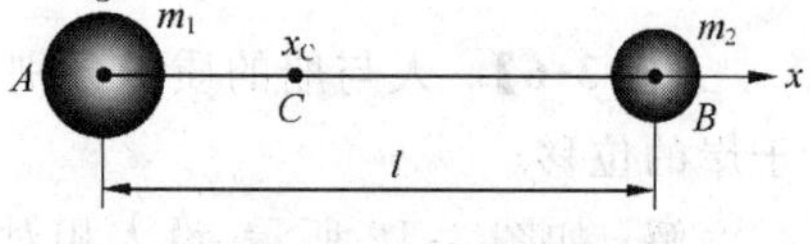

解:沿两质点的连线取 x 轴,若原点 O 取在质点 A 处,则质点 A、B 的坐标为 $x_1 = 0, x_2 = l$.

按质心的位置坐标公式:

$$x_C = \frac{\sum m_i x_i}{M}, y_C = \frac{\sum m_i y_i}{M}, z_C = \frac{\sum m_i z_i}{M}$$

图 3-14 例 3-7 图

得质心 C 的位置坐标为

$$x_C = OC = \frac{m_1 \times 0 + m_2 l}{m_1 + m_2} = \frac{m_2 l}{m_1 + m_2}$$

$$y_C = z_C = 0$$

质心 C 到质点 B 处的距离为

$$CB = l - x_C = l - \frac{m_2 l}{m_1 + m_2} = \frac{m_1 l}{m_1 + m_2}$$

由上两式可知

$$\frac{OC}{CB} = \frac{m_2}{m_1}$$

即质心 C 与两质点的距离之比,与两质点的质量成反比. 可见,对给定的系统而言,其质心具有确定的相对位置.

【例 3-8】 求证:一均质杆的质心位置 C 在杆的中点.

证:设杆长为 l,质量为 m,因杆为均质,即杆的质量均匀分布,其密度为 ρ,则每单位长度的质量 $\rho = \frac{m}{l}$.

如图 3-15 所示,沿杆长取 x 轴,原点 O 选在杆的中点,在坐标为 x 处取长为 $\mathrm{d}x$ 的质元,其质量为 $\mathrm{d}m$. 在上述以杆的中心为原点的坐标系中,若将杆分成许多质量相等的质元,在坐标 x_1 处有一质元 m_1,由于对称,在坐标为 $-x_1$ 处必有一个质量相同的质元 m_1,因而求和时,相应两项之和为

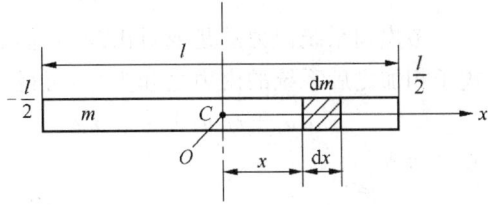

图 3-15 均质杆的质心

$$m_1 x_1 + m_1(-x_1) = 0$$

其他每一对对称质元都是如此,则总和 $\sum m_i x_i = 0$,按质心位置坐标的公式,有

$$x_C = \frac{\sum m_i x_i}{M}$$

得

$$x_C = \frac{1}{m}\int_l x\,\mathrm{d}m = \frac{1}{m}\int_{-\frac{l}{2}}^{\frac{l}{2}} \frac{m}{l} x\,\mathrm{d}x = \frac{0}{l} = 0$$

即杆的质心在杆的中点.

利用"对称性"分析可知,质量均匀分布、几何形体对称的物体,其质心必在其几何中心上. 例如,匀质圆环或圆盘的质心在圆心上,匀质矩形板的质心在对角线的交点上.

3.3.2 质心运动定律

系统运动时,系统中的每个质点都参与了运动. 此时,质心不可避免地也要参与运动,下面我们来学习质心运动定律.

由式(3-6a),可求得质心的速度为

$$\boldsymbol{v}_C = \frac{\mathrm{d}\boldsymbol{r}_C}{\mathrm{d}t} = \frac{\sum m_i \frac{\mathrm{d}\boldsymbol{r}_i}{\mathrm{d}t}}{M} = \frac{\sum m_i \boldsymbol{v}_i}{M} \tag{3-7}$$

质心的加速度为

$$\boldsymbol{a}_C = \frac{\mathrm{d}\boldsymbol{v}_C}{\mathrm{d}t} = \frac{\sum m_i \frac{\mathrm{d}\boldsymbol{v}_i}{\mathrm{d}t}}{M} = \frac{\sum m_i \boldsymbol{a}_i}{M} \tag{3-8}$$

若用 $\boldsymbol{F}_1, \boldsymbol{F}_2, \boldsymbol{F}_3, \cdots, \boldsymbol{F}_i, \cdots, \boldsymbol{F}_n$ 表示各个质点所受来自系统外的力,即系统所受外力,用 $\boldsymbol{f}_{12}, \boldsymbol{f}_{21}, \cdots, \boldsymbol{f}_{i1}, \cdots, \boldsymbol{f}_{in}$ 等表示系统内各质点之间的相互作用力,即系统的内力,对于系统中各个质点来说,有

$$m_1\boldsymbol{a}_1 = m_1 \frac{d\boldsymbol{v}_1}{dt} = \boldsymbol{f}_1 + \boldsymbol{f}_{12} + \boldsymbol{f}_{13} + \boldsymbol{f}_{14} + \cdots + \boldsymbol{f}_{1i} + \cdots + \boldsymbol{f}_{1n}$$

$$m_2\boldsymbol{a}_2 = m_2 \frac{d\boldsymbol{v}_2}{dt} = \boldsymbol{f}_2 + \boldsymbol{f}_{21} + \boldsymbol{f}_{23} + \boldsymbol{f}_{24} + \cdots + \boldsymbol{f}_{2i} + \cdots + \boldsymbol{f}_{2n}$$

$$\cdots$$

$$m_i\boldsymbol{a}_i = m_i \frac{d\boldsymbol{v}_i}{dt} = \boldsymbol{f}_i + \boldsymbol{f}_{i1} + \boldsymbol{f}_{i2} + \boldsymbol{f}_{i3} + \cdots + \boldsymbol{f}_{in}$$

$$\cdots$$

$$m_n\boldsymbol{a}_n = m_n \frac{d\boldsymbol{v}_n}{dt} = \boldsymbol{f}_n + \boldsymbol{f}_{n1} + \boldsymbol{f}_{n2} + \boldsymbol{f}_{n3} + \cdots + \boldsymbol{f}_{m-1}$$

考虑到系统内力总是成对出现，它们之间满足 $\boldsymbol{f}_{12} + \boldsymbol{f}_{21} = 0, \cdots, \boldsymbol{f}_{in} + \boldsymbol{f}_{ni} = 0$，因此把上述式子相加之后系统的内力之和为零，可得

$$m_1\boldsymbol{a}_1 + m_2\boldsymbol{a}_2 + \cdots + m_i\boldsymbol{a}_i + \cdots + m_n\boldsymbol{a}_n = \boldsymbol{F}_1 + \boldsymbol{F}_2 + \cdots + \boldsymbol{F}_i + \cdots + \boldsymbol{F}_n$$

或可写成

$$\sum m_i \boldsymbol{a}_i = \sum \boldsymbol{F}_i$$

代入式(3-8)中，得

$$\boldsymbol{a}_C = \frac{\sum \boldsymbol{F}_i}{M}$$

变形后，得

$$\sum \boldsymbol{F}_i = M\boldsymbol{a}_C \tag{3-9}$$

这就是**质心运动定理**，即作用在系统上的合外力等于系统的总质量乘以系统质心的加速度。可以看出，它与牛顿第二定律的形式完全一致，不同的是：系统的质量集中于质心，系统所受的合外力也全部集中作用于其质心上，把系统的运动转化为质心的运动。

【例 3-9】 一炮弹以 80m/s 的初速度沿着 45°的仰角发射出去，在最高点时爆炸成两块，其质量之比为 2∶1，两块同时落地，且两块的落点和原炮弹的发射点在同一直线上，其中大块的落点距发射点 450m，求小块的落点。

解： 把炮弹看作一个系统，由题意知，爆炸后质心运动的轨迹与炮弹未爆炸时为同一抛物线。设炮弹的原质量为 M，故质心的水平射程为

$$x_C = \frac{v_0^2 \sin 2\theta}{g} = \frac{80^2 \times \sin(2 \times 45°)}{9.8} \text{m} = 653\text{m}$$

如图 3-16 所示，大碎块质量为 $\frac{2}{3}M$，落点在质心位置的左侧，则小碎块的落点在质心的右侧，取炮弹的发射位置为坐标原点，则质心在 x 轴上的坐标为 x_C，大块和小块的落点位置坐标分别为 450m 和 x，则由式(3-6b)可得

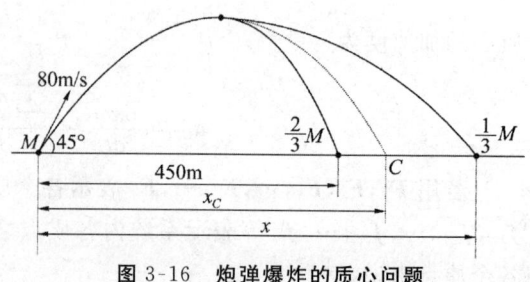

$$x_C = \frac{\frac{2}{3}M \times 450 + \frac{1}{3}Mx}{M} = 653\text{m}$$

得 $x = 1060\text{m}$.

图 3-16 炮弹爆炸的质心问题

【例 3-10】 如图 3-17 所示的阿特伍德机中,两物体的质量分别为 m_1 和 m_2,且 $m_1 > m_2$,视两物体为一系统,忽略绳子的质量和摩擦力的影响,则物体自静止释放后,求:

(1) 系统的质心加速度 $\boldsymbol{a}_C$;

(2) 释放后第 t s 的质心速度 $\boldsymbol{v}_C$.

解: (1) 取竖直向上为正方向,设绳子的张力大小为 T,物体受力分析如图 3-18 所示. 根据牛顿运动定律,两物体的运动方程为

$$T - m_1 g = m_1 a_1$$
$$T - m_2 g = m_2 a_2$$

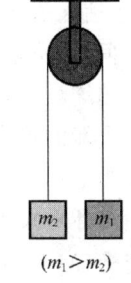

图 3-17 阿特伍德机

式中,a_1 和 a_2 分别表示 m_1 和 m_2 的加速度. 由于 $m_1 > m_2$,所以 m_1 下降,m_2 上升,因此 $a_1 = -a_2$,代入上两式,可解得

$$a_1 = -a_2 = -\frac{m_1 - m_2}{m_1 + m_2} g$$

$$T = \frac{2 m_1 m_2}{m_1 + m_2} g$$

系统的质心加速度为

$$a_C = \frac{m_1 a_1 + m_2 a_2}{m_1 + m_2}$$

得

$$a_C = \frac{m_1 a_1 + m_2(-a_1)}{m_1 + m_2} = \frac{m_1 - m_2}{m_1 + m_2} a_1 = -\left(\frac{m_1 - m_2}{m_1 + m_2}\right)^2 g$$

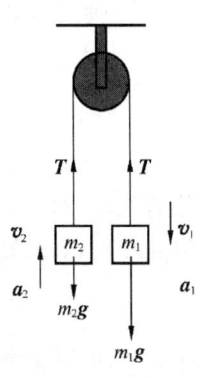

图 3-18 例 3-10 受力分析

负号的方向代表质心加速度的方向竖直向下.

(2) 在释放后第 t s 时,两物体的速度分别为

$$v_1 = a_1 t = -\frac{m_1 - m_2}{m_1 + m_2} g t$$

$$v_2 = a_2 t = \frac{m_1 - m_2}{m_1 + m_2} g t$$

由质心的速度

$$\boldsymbol{v}_C = \frac{m_1 \boldsymbol{v}_1 + m_2 \boldsymbol{v}_2}{m_1 + m_2}$$

得

$$v_C = \frac{m_1\left(-\dfrac{m_1 - m_2}{m_1 + m_2}\right) g t + m_2\left(\dfrac{m_1 - m_2}{m_1 + m_2}\right) g t}{m_1 + m_2} = -\left(\frac{m_1 - m_2}{m_1 + m_2}\right)^2 g t$$

注: 质心速度也可以直接用 $\boldsymbol{v}_C = \boldsymbol{a}_C t$ 求得.

3.3.3 *火箭飞行问题

火箭飞行问题是一类很具有代表性的变质量问题. 如图 3-19 所示,火箭在飞行时,向后不断喷出大量的速度很快的气体,使火箭获得向前的很大的动量,从而推动其向前高速运动. 因为这一过程不需要依赖空气作用,所以火箭可以在宇宙空间中高速运行.

设火箭在外空间飞行,此时火箭不受重力或空气阻力等任何外力的影响. 某时刻 t,火

箭(包括火箭体和其中尚存的燃料)质量为 M,速度为 v,在其后的 $t+\mathrm{d}t$ 时间内,火箭向后喷出气体,质量为 $|\mathrm{d}M|$(注:$\mathrm{d}M$ 为质量 M 在 $\mathrm{d}t$ 时间内的增量,由于火箭质量 M 随时间而减少,故 $\mathrm{d}M$ 本身具有负号),相对火箭的速度为 u,火箭体质量变为 $M-\mathrm{d}M$,获得了向前的速度后,速度为 $v+\mathrm{d}v$.火箭和喷出的气体作为一个系统,对于描述火箭运动的同一惯性系来说,t 时刻系统的总动量为 Mv,而在喷气之后,火箭的动量变为 $(M+\mathrm{d}M)(v+\mathrm{d}v)$,所喷出气体的动量为 $(-\mathrm{d}M)(v+\mathrm{d}v-u)$,由于火箭不受外力作用,系统的总动量守恒,故由动量守恒定律,有

$$Mv=(M+\mathrm{d}M)(v+\mathrm{d}v)+(-\mathrm{d}M)(v+\mathrm{d}v-u)$$

上式展开后,略去二阶小量,整理后得

$$u\mathrm{d}M+M\mathrm{d}v=0$$

或

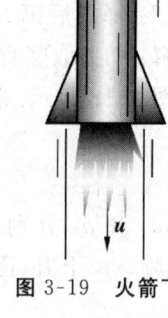

图 3-19 火箭飞行

$$\mathrm{d}v=-u\frac{\mathrm{d}M}{M}$$

上式表示,每当火箭喷出质量为 $|\mathrm{d}M|$ 的气体,其速度将增加 $\mathrm{d}v$.设火箭点火时质量为 M_1,初速为 v_1,燃烧完后火箭质量为 M_2,速度为 v_2,对上式积分,得

$$v_2-v_1=u\ln\frac{M_1}{M_2} \tag{3-10}$$

上式表明,火箭在燃料燃烧后所增加的速度和喷气速度成正比,也与火箭的始末质量比的自然对数成正比.

若以喷出的气体为研究对象,可得喷气对火箭体的推力公式为

$$F=u\frac{\mathrm{d}M}{\mathrm{d}t}$$

3.4 保守力与非保守力 势能

前面我们讨论了力对时间的积累,下面我们来认识力对空间的积累——功.

3.4.1 功

一质点在力的作用下沿着路径 AB 运动,如图 3-20 所示.某时间段内,质点在力 $\boldsymbol{F}$ 作用下发生元位移 $\mathrm{d}\boldsymbol{r}$,$\boldsymbol{F}$ 与 $\mathrm{d}\boldsymbol{r}$ 之间的夹角为 θ.定义功为:**力在位移方向的分量与该位移大小的乘积**.则力 $\boldsymbol{F}$ 所做的元功为

$$\mathrm{d}W=F\cos\theta|\mathrm{d}\boldsymbol{r}| \tag{3-11a}$$

式(3-11a)也可以写成 $\mathrm{d}W=F|\mathrm{d}\boldsymbol{r}|\cos\theta$,即位移在力方向上的分量和力的大小的乘积.此表述和上述功的定义表述是等效的.具体采用哪一种,应视具体情况而定.

由于 $\mathrm{d}s=|\mathrm{d}\boldsymbol{r}|$,则式(3-11a)也可写成

$$\mathrm{d}W=F\cos\theta\,\mathrm{d}s \tag{3-11b}$$

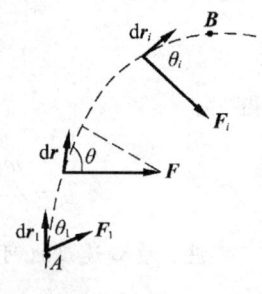

图 3-20 功的定义

当 $0<\theta<90°$ 时,力做正功;当 $90°<\theta\leqslant 180°$ 时,力做负功;当 $\theta=90°$ 时,力不做功.

因为 $\boldsymbol{F}$ 与 $\mathrm{d}\boldsymbol{r}$ 均为矢量,所以元功的矢量形式为

$$\mathrm{d}W=\boldsymbol{F}\cdot\mathrm{d}\boldsymbol{r} \tag{3-11c}$$

功为 $\boldsymbol{F}$ 和 $\mathrm{d}\boldsymbol{r}$ 的标积,因此,功是标量.

当质点由 A 点运动到 B 点,在此过程中作用于质点上的力的大小和方向时刻都在变化.为求得在此过程中变力所做的功,可以把由 A 到 B 的路径分成很多小段,每一小段都看作是一个元位移,在每个元位移中,力可以近似看作不变.因此,质点从 A 点运动到 B 点,变力所做的总功等于力在每段元位移上所做的元功的代数和,可以用积分的形式求得,即

$$W=\int_A^B \boldsymbol{F}\cdot\mathrm{d}\boldsymbol{r}=\int_A^B F\cos\theta\mathrm{d}s \tag{3-12a}$$

功的数值也可以用图示法来计算.如图 3-21 所示,图中的曲线表示力在位移方向上的分量 $F\cos\theta$ 随路径的变化关系,曲线下的面积等于变力做功的代数和.

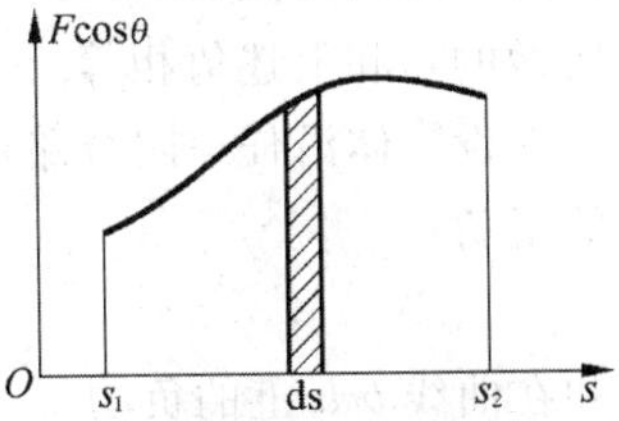

功是一个和路径有关的过程量.

合力的功等于各分力的功的代数和.我们可以把力 $\boldsymbol{F}$ 和 $\mathrm{d}\boldsymbol{r}$ 看作是其在各个坐标轴上分量的矢量和,即

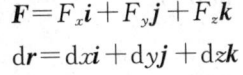

图 3-21　功的图示

$$\boldsymbol{F}=F_x\boldsymbol{i}+F_y\boldsymbol{j}+F_z\boldsymbol{k}$$
$$\mathrm{d}\boldsymbol{r}=\mathrm{d}x\boldsymbol{i}+\mathrm{d}y\boldsymbol{j}+\mathrm{d}z\boldsymbol{k}$$

此时,式(3-12a)可写成

$$W=\int_A^B \boldsymbol{F}\cdot\mathrm{d}\boldsymbol{r}=\int_A^B(F_x\mathrm{d}x+F_y\mathrm{d}y+F_z\mathrm{d}z) \tag{3-12b}$$

各分力所做的功为

$$W_x=\int_{x_A}^{x_B}F_x\mathrm{d}x,\ W_y=\int_{y_A}^{y_B}F_y\mathrm{d}y,\ W_z=\int_{z_A}^{z_B}F_z\mathrm{d}z \tag{3-12c}$$

同理,若有几个力 $\boldsymbol{F}_1,\boldsymbol{F}_2,\cdots,\boldsymbol{F}_n$ 同时作用在质点上,则其合力所做的功为

$$W=\int_A^B\boldsymbol{F}\cdot\mathrm{d}\boldsymbol{r}=\int_A^B(\boldsymbol{F}_1+\boldsymbol{F}_2+\cdots+\boldsymbol{F}_n)\cdot\mathrm{d}\boldsymbol{r}$$

即

$$W=\int_A^B\boldsymbol{F}\cdot\mathrm{d}\boldsymbol{r}=\int_A^B\boldsymbol{F}_1\cdot\mathrm{d}\boldsymbol{r}+\int_A^B\boldsymbol{F}_2\cdot\mathrm{d}\boldsymbol{r}+\cdots+\int_A^B\boldsymbol{F}_n\cdot\mathrm{d}\boldsymbol{r}$$

或写成

$$W=W_1+W_2+\cdots+W_n \tag{3-12d}$$

在国际单位制中,功的单位是焦耳,用符号"J"表示.

$$1\mathrm{J}=1\mathrm{N}\cdot\mathrm{m}$$

功随时间的变化率称为功率,用符号"P"表示.

$$P=\frac{\mathrm{d}W}{\mathrm{d}t}=\boldsymbol{F}\cdot\boldsymbol{v} \tag{3-13}$$

在国际单位制中,功率的单位为瓦特,简称瓦,用符号"W"表示.

$$1\mathrm{W}=1\mathrm{J}\cdot\mathrm{s}^{-1}$$

3.4.2　保守力与非保守力

让我们先考察几个常见力的做功情况.

首先,看一下重力的功.如图 3-22 所示,设质量为 m 的物体在重力的作用下从 a 点沿任意曲线 acb 运动到 b 点.选地面为参考系,设 a、b 两点的高分别是 h_a 和 h_b,则在 c 点附近,在元位移 Δr 中,重力 G 所做的元功为

$$\Delta W = G\cos\alpha \Delta r = mg(\Delta r \cos\alpha) = mg\Delta h$$

式中,$\Delta h = \Delta r \cos\alpha$ 为物体在元位移 Δr 中下降的高度.因此,质点从 a 点沿曲线 acb 运动到 b 点过程中,重力所做的功为

$$W = \sum \Delta W = \sum mg\Delta h = mgh_a - mgh_b \quad (3-14)$$

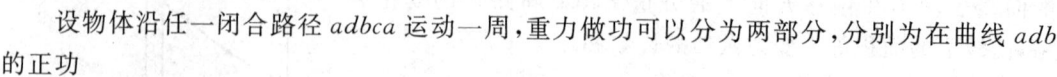

图 3-22 重力做功

可以看出,重力做功仅与物体的始末位置有关,而与物体运动的路径无关.即物体在重力作用下,从 a 点沿另一任意曲线 adc 运动到 b 点时,重力所做的功和上述值相等.

设物体沿任一闭合路径 $adbca$ 运动一周,重力做功可以分为两部分,分别为在曲线 adb 的正功

$$W_{adb} = mgh_a - mgh_b$$

和在曲线 bca 上的负功

$$W_{bca} = -(mgh_a - mgh_b)$$

因此,沿着闭合路径一周,重力做的总功为

$$W = W_{adb} + W_{bca} = 0$$

或

$$W = \oint \boldsymbol{G} \cdot \mathrm{d}\boldsymbol{r} = 0$$

我们再看一下万有引力的功.以地球围绕太阳为例,由于地球距离太阳很远,以太阳为参考系,则地球可以看作质点.设太阳质量为 M,地球质量为 m,a、b 两点为地球运行轨道上任意两点,距离太阳分别为 r_a 和 r_b.如图 3-23 所示,则某时刻在距离太阳为 r 附近,万有引力所做的元功为

$$\mathrm{d}W = \boldsymbol{F} \cdot \mathrm{d}\boldsymbol{s} = -F\mathrm{d}s\sin\theta$$

注:在这里,之所以如此变换,是考虑到 $\mathrm{d}s$ 和其对应的张角 $\mathrm{d}\alpha$ 非常小,故截取长度为 r 的线段后,可以认为截线和 r 垂直.

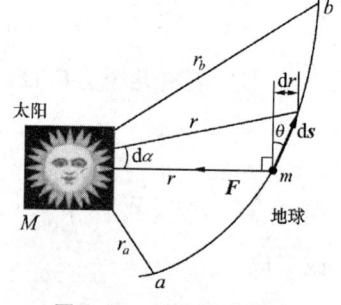

图 3-23 万有引力做功

可得

$$\mathrm{d}W = -G\frac{Mm}{r^2}\sin\theta \mathrm{d}s = -G\frac{Mm}{r^2}\mathrm{d}r$$

这样,地球从 a 运动到 b,万有引力做的总功为

$$W = -GMm\int_{r_a}^{r_b}\frac{\mathrm{d}r}{r^2} = -\left[\left(-\frac{GMm}{r_b}\right) - \left(-\frac{GMm}{r_a}\right)\right] \quad (3-15)$$

可以看出,万有引力做功仅与物体的始末位置有关,而与运动物体所经历的路径无关.

下面看一下弹性力的功.如图 3-24 所示,一轻质弹簧放置在水平桌面上,弹簧的一端固定,另一端与一质量为 m 的物体相连.当弹簧不发生形变时,物体所在位置为 O 点,这个位

置叫作弹簧的平衡位置,此时弹簧的伸缩为零,现以平衡位置为坐标原点,取向右为正方向.

设弹簧受到沿 x 轴正向的外力 F 的作用后被拉伸,拉伸量为物体位移 x,弹簧的弹性力为 F. 根据胡克定律,在弹簧的弹性范围内,有

$$F = -kx\bm{i}$$

式中,k 为弹簧的劲度系数.

尽管在拉伸过程中 F 是变力,但是,对于一段很小的位移 $\mathrm{d}x$,弹性力 F 可以近似看作不变.此时弹性力所做的元功为

$$\mathrm{d}W = \bm{F} \cdot \mathrm{d}\bm{x} = -kx\bm{i} \cdot \mathrm{d}x\bm{i} = -kx\mathrm{d}x$$

当弹簧的伸长量由 x_1 变化到 x_2 时,弹性力所做的总功为

$$W = \int_{x_1}^{x_2} F \mathrm{d}x = \int_{x_1}^{x_2} -kx \mathrm{d}x = -\left(\frac{1}{2}kx_2^2 - \frac{1}{2}kx_1^2\right) \tag{3-16}$$

可以看出,弹性力做功只与弹簧伸长的初末位置有关,和具体路径无关.

弹性力做功还可以由图示法得出,其总功等于图 3-25 中梯形的面积.

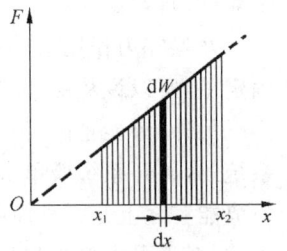

图 3-25 弹性力做功图示

综上可以看出,无论是重力、万有引力还是弹性力,其做功都具有一个共同的特点,即**做功只与质点的初末位置有关,而与路径无关**,我们把具有这种特点的力称为**保守力**.通过重力的分析,我们也可以看出,保守力满足条件 $\oint \bm{F} \cdot \mathrm{d}\bm{r} = 0$,即**质点沿着任意闭合路径运动一周或一周的整数倍时,保守力对它所做的总功为零**.

除了上述这几个力是保守力外,电荷间的静电力以及原子间相互作用的分子力都是保守力.

自然界中并非所有的力都具有做功和路径无关这一特性,更多的力做的功和路径有关,路径不一样,功的大小也不一样,我们把具有这样特点的力叫作非保守力.人们熟知的摩擦力就是最常见的非保守力,路径越长,摩擦力做的功越多.

3.4.3 势能

从上面的讨论可知,保守力做功只与质点的初末位置有关,为此,我们引入势能的概念.**在具有保守力相互作用的系统内,只由质点间的相对位置决定的能量称为势能**.势能用符号 "E_p" 表示.势能是机械能的一种形式.不同的保守力对应不同的势能.

例如,引力势能

$$E_p = -\frac{GMm}{r}$$

重力势能

$$E_p = mgh$$

将质点从 a 点移到参考点时保守力所做的功,称为质点(系统)在 a 点所具有的势能.

$$E_{势a} = A_{a\to参} = \int_a^{参考点} \mathbf{F}_{保守力} \cdot \mathrm{d}\mathbf{r} \tag{3-17}$$

通常情况下,零势能点的选取规则如下.

(1) 重力势能以地面为零势能点.

$$E_{pa} = \int_a^{参考点} \mathbf{F}\mathrm{d}\mathbf{r} = \int_h^0 -mg\,\mathrm{d}y = mgh$$

(2) 引力势能以无穷远为零势能点.

$$E_{pa} = \int_a^{\infty} \mathbf{F}\mathrm{d}\mathbf{r} = -\frac{GMm}{r_a}$$

(3) 弹性势能以弹簧原长为零势能点.

$$E_{Pa} = \int_a^{参考点} \mathbf{F}\mathrm{d}\mathbf{r} = \int_{x_a}^0 (-kx)\mathrm{d}x = \frac{1}{2}kx_a^2$$

但是,零势能点的选取要看具体情况.势能是相对量,具有相对意义.因此,选取不同的零势能点,物体的势能将具有不同的值.但是,无论零势能点选在何处,两点之间的势能差是绝对的,具有绝对性.

在保守力作用下,只要质点的初末位置确定了,保守力做的功也就确定了,即势能也就确定了,所以说势能是状态的函数,或者叫作坐标的函数.

另外,势能是由于系统内各物体之间具有保守力作用而产生的,因此,势能是属于整个系统的,离开系统谈单个质点的势能是没有意义的.我们通常所说的地球附近某个质点的重力势能实际上是一种简化说法,是为了叙述上的方便.实际上,它是属于地球和质点这个系统的.至于引力势能和弹性势能亦是如此.

3.4.4 势能曲线

当零势能点和坐标系确定后,势能仅是坐标的函数.此时,我们可将势能与相对位置的关系绘成曲线,用来讨论质点在保守力作用下的运动,这些曲线叫作势能曲线.图 3-26 给出了上述讨论的保守力的势能曲线.

图 3-26(a)所示为重力势能曲线,该曲线是一条直线.图 3-26(b)所示为弹性势能曲线,是一条双曲线,从图中可以看出,其零势能点在其平衡位置,此时势能最小.图 3-26(c)所示为引力势能曲线,从图中可以看出,当 x 趋近于无穷时,引力势能趋近于零.

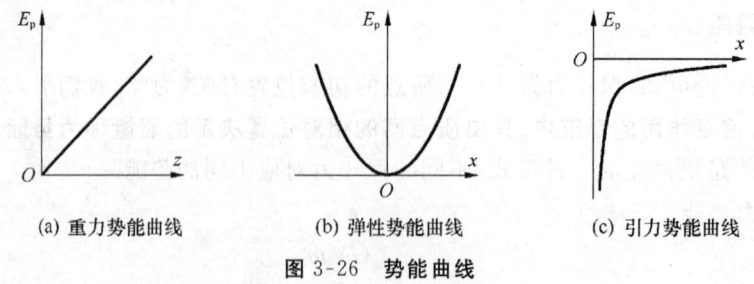

(a) 重力势能曲线　　(b) 弹性势能曲线　　(c) 引力势能曲线

图 3-26　势能曲线

利用势能曲线,还可以判断质点在某个位置所受保守力的大小和方向.因为保守力做功等于系统势能增量的负值,即

$$W = -(E_{p2} - E_{p1}) = -\Delta E_p$$

其微分形式为

$$dW = -dE_p$$

以一维情况为例,借用前面的公式,当某质点在保守力的作用下,沿 x 轴发生位移 dx 时,保守力做功为

$$dW = F\cos\theta dx = F_x dx$$

由上述两式可得

$$F_x = -\frac{dE_p}{dx} \tag{3-18}$$

即保守力沿某一坐标轴的分量等于势能对此坐标的导数的负值.

3.5 功能原理 能量守恒定律

功和能量的关系如何? 下面来讨论一下,首先来学习动能定理.

3.5.1 质点的动能定理

一运动质点,质量为 m,在外力 $\boldsymbol{F}$ 的作用下,沿任意路径曲线,从 A 点运动到 B 点,其速度发生了变化. 设其在 A、B 两点的速度分别为 v_1 和 v_2,如图 3-27 所示,在某元位移中,外力 $\boldsymbol{F}$ 和 $d\boldsymbol{r}$ 之间的夹角为 θ. 则由功及切向加速度的定义,得外力 $\boldsymbol{F}$ 的元功为

$$dW = \boldsymbol{F} d\boldsymbol{r} = F\cos\theta |d\boldsymbol{r}| = F_t |d\boldsymbol{r}|$$

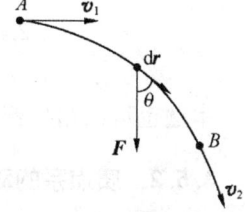

图 3-27 质点的动能定理

由于 $|d\boldsymbol{r}| = ds$,即 ds 是元位移的大小,$ds = vdt$.
另由牛顿第二定律,可得

$$dW = F_t ds = m\frac{dv}{dt}ds = mvdv$$

因此,质点在从 A 点运动到 B 点过程中,外力 $\boldsymbol{F}$ 所做的总功为

$$W = \int_{v_1}^{v_2} mv dv = \frac{1}{2}mv_2^2 - \frac{1}{2}mv_1^2 \tag{3-19}$$

式中,$\frac{1}{2}mv^2$ 叫作质点的动能,用符号"E_k"表示. 即

$$E_k = \frac{1}{2}mv^2 \tag{3-20}$$

和势能一样,动能也是机械能的一种形式. 这样,式(3-19)可以写作

$$W = \frac{1}{2}mv_2^2 - \frac{1}{2}mv_1^2 = E_{k2} - E_{k1} \tag{3-21}$$

式(3-21)就是**质点的动能定理**. E_{k1} 称为初动能,E_{k2} 称为末动能. 动能定理的文字表述为:**合外力对质点所做的功等于质点动能的增量**. 当合力做正功时,质点动能增大;反之,质点动能减小.

与牛顿第二定律一样,动能定理只适用于惯性系. 由于在不同的惯性系中,质点的位移和速度不尽相同,因此,动能的量值与参考系有关. 但是,对于不同的惯性系,动能定理的形式不变.

值得注意的是,动能定理建立了功和能量之间的关系,但是功是一个过程量,而动能是

一个状态量,它们之间仅存在一个等量关系.

【例 3-11】 有一线密度为 ρ 的细棒,长度为 l,其上端用细线悬着,下端紧贴着密度为 ρ' 的液体表面.现将悬线剪断,求细棒在恰好全部没入水中时的沉降速度.设液体没有黏性.试利用动能定理求解.

解: 如图 3-28 所示,细棒下落过程中受到向下的重力 G 和向上的浮力 F 的作用,合外力对它做的功为

$$W = \int_0^l (G-F)\mathrm{d}x = \int_0^l (\rho l - \rho' x) g \mathrm{d}x = \rho l^2 g - \frac{1}{2}\rho' l^2 g$$

由动能定理知,细棒的初速度为 0,设细棒的末速度为 v,可得

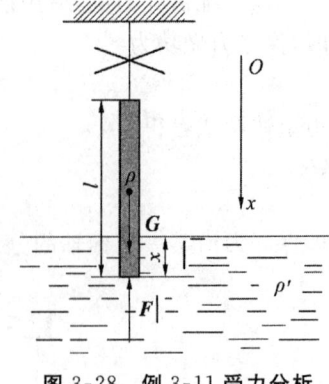

图 3-28 例 3-11 受力分析

$$\rho l^2 g - \frac{1}{2}\rho' l^2 g = \frac{1}{2}mv^2 = \frac{1}{2}\rho l v^2$$

$$v = \sqrt{\frac{2\rho l - \rho' l}{\rho}g}$$

本题也可以用牛顿运动定律求解,但可以看出,应用动能定理解题更加简便.

3.5.2 质点系的动能定理

下面我们把单个质点的动能定理推广到由若干质点组成的质点系中.此时系统既受到外力作用,又受到质点间的内力作用.为了简单起见,我们仍先分析最简单的情况.设质点系由两个质点 1 和 2 组成,它们的质量分别为 m_1 和 m_2,并沿着各自的路径 s_1 和 s_2 运动,如图 3-29 所示.

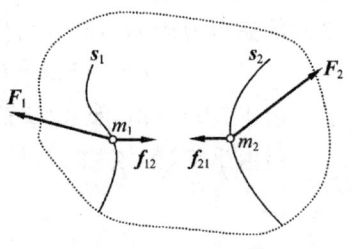

图 3-29 系统的内力和外力

分别对两质点应用动能定理,对质点 1,有

$$\int \boldsymbol{F}_1 \cdot \mathrm{d}\boldsymbol{r}_1 + \int \boldsymbol{f}_{12} \cdot \mathrm{d}\boldsymbol{r}_1 = \Delta E_{k1}$$

对质点 2,有

$$\int \boldsymbol{F}_2 \cdot \mathrm{d}\boldsymbol{r}_2 + \int \boldsymbol{f}_{21} \cdot \mathrm{d}\boldsymbol{r}_2 = \Delta E_{k2}$$

上两式相加,得

$$\int \boldsymbol{F}_1 \cdot \mathrm{d}\boldsymbol{r}_1 + \int \boldsymbol{F}_2 \cdot \mathrm{d}\boldsymbol{r}_2 + \int \boldsymbol{f}_{12} \cdot \mathrm{d}\boldsymbol{r}_1 + \int \boldsymbol{f}_{21} \mathrm{d}\boldsymbol{r}_2 = \Delta E_{k1} + \Delta E_{k2}$$

上式右面为系统的动能的增量,我们可以用 ΔE_k 表示;左面的前两项之和为系统所受外力的功,用 W_e 表示;后两项之和为系统内力的功,用 W_i 表示.于是上式可写为

$$W_e + W_i = \Delta E_k \tag{3-22}$$

即**系统的外力和内力做功的总和等于系统动能的增量**,这就是**质点系的动能定理**.

可以看出,与质点系的动量定理不同的是,内力可以改变质点系的动能.

3.5.3 质点系的功能原理

对于系统来说,所受的力既有外力,也有内力;而对于系统的内力来说,它们有保守内

力和非保守内力之分.所以,内力的功也分为保守内力的功 W_{ic} 和非保守内力的功 W_{id},即
$$W_i = W_{ic} + W_{id}$$
保守内力的功可以用系统势能增量的负值来表示,即
$$W_{ic} = -\Delta E_p$$
因此,对于系统来说,若用 ΔE 表示其机械能的增量,其动能定理可以写作
$$W_e + W_{id} = \Delta E_k + \Delta E_p = \Delta E \tag{3-23a}$$
即当系统从状态 1 变化到状态 2 时,它的机械能的增量等于外力的功与非保守内力的功的总和,这个结论叫作**系统的功能原理**.

3.5.4 机械能守恒定律

由式(3-23)可知,当 $W_e + W_{id} = 0$ 时,$\Delta E = 0$,或者写成
$$E_{k1} + E_{p1} = E_{k2} + E_{p2} \tag{3-23b}$$
即如果一个系统内只有保守内力做功,或者非保守内力与外力的总功为零,则系统内机械能的总值保持不变,这一结论称为**机械能守恒定律**.

上式也可写成
$$E_{k2} - E_{k1} = E_{p1} - E_{p2} \tag{3-23c}$$

可以看出,在满足机械能守恒的条件下,尽管系统动能和势能之和保持不变,但系统内各质点的动能和势能可以互相转换.此时,质点内势能和动能之间的转换是通过质点系的保守内力做功来实现的.

【**例 3-12**】 应用机械能守恒的方法重新求证 2.3 节中的例 2-4,如图 3-30 所示.

证:以钉子处的重力势能为零.链条静止时及另一边长为 x 时的机械能分别为

$$E_0 = -\frac{m}{a+b}ag\frac{a}{2} - \frac{m}{a+b}bg\frac{b}{2}$$

$$E = -\frac{m}{a+b}(a+b-x)g\frac{a+b-x}{2} - \frac{m}{a+b}xg\frac{x}{2} + \frac{1}{2}mv^2$$

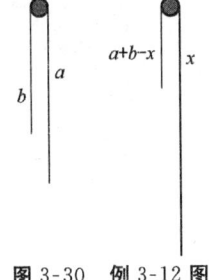

图 3-30 例 3-12 图

由机械能守恒定律 $E = E_0$,求得

$$v = \sqrt{\frac{2g}{a+b}(x-a)(x-b)}$$

由 $v = \dfrac{dx}{dt}$,得 $dt = \dfrac{dx}{v}$,积分得

$$t = \int_0^t dt = \int_a^{a+b} \frac{dx}{v} = \int_a^{a+b} \frac{dx}{\sqrt{\dfrac{2g}{a+b}(x-a)(x-b)}} = \sqrt{\frac{a+b}{2g}} \ln\frac{\sqrt{a}+\sqrt{b}}{\sqrt{a}-\sqrt{b}}$$

证毕.

【**例 3-13**】 如图 3-31 所示,质量为 m 的小球,系在绳的一端,绳的另一端固定在 O 点,绳长 l.今把小球以水平初速度 $\boldsymbol{v}_0$ 从 A 点抛出,使小球在竖直平面内绕一周(不计空气摩擦阻力).

(1) 求证: v_0 必须满足的条件为 $v_0 \geq \sqrt{5gl}$;

(2) 设 $v_0=\sqrt{5gl}$，求小球在圆周上 C 点($\theta=60°$)时，绳子对小球的拉力。

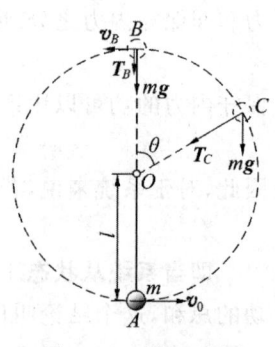

图 3-31　例 3-13 图

解：(1) 取 m 与地球为系统，则系统机械能守恒，以最低点为零势能点，则

$$\frac{1}{2}mv_0^2=\frac{1}{2}mv^2+mgl(1+\cos\theta)$$

即

$$v_0^2=v^2+2gl(1+\cos\theta)$$

又因为小球的向心力是由绳的拉力以及重力的合力提供，所以

$$T+mg\cos\theta=\frac{mv^2}{l}$$

即

$$T=\frac{mv^2}{l}-mg\cos\theta$$

因为 T 只能在有限个瞬间为 0，否则小球将做抛体运动，所以在 θ 取任意值时，均有 $T\geqslant 0$。

当 $\theta=0$ 时

$$T=T_{\min}=\frac{mv^2}{l}-mg\geqslant 0$$

则

$$v^2\geqslant gl$$

可得

$$v_0^2=v^2+2gl(1+\cos\theta)|_{\theta=0}=v^2+4gl\geqslant 5gl$$

即

$$v_0\geqslant\sqrt{5gl}$$

(2) 因为

$$T=\frac{mv^2}{l}-mg\cos\theta$$

$$\frac{1}{2}mv_0^2=\frac{1}{2}mv^2+mgl(1+\cos\theta)$$

上两式联立，得

$$T=\frac{m}{l}[v_0^2-2gl(1+\cos\theta)]-mg\cos\theta=\frac{mv_0^2}{l}-2mg-3mg\cos\theta$$

当小球在 C 点时，将 $v_0=\sqrt{5gl}$ 以及 $\theta=60°$ 代入上式，得

$$T=\frac{3}{2}mg$$

【例 3-14】 一质量为 m 的小球，由顶端沿质量为 M 的圆弧形木槽自静止下滑。设圆弧形槽的半径为 R(图 3-32)，忽略所有摩擦。求：

(1) 小球刚离开圆弧形槽时小球和圆弧形槽的速度；

(2) 小球滑到 B 点时对木槽的压力。

解：设小球和圆弧形槽的速度分别为 v_1 和 v_2。

(1) 由动量守恒定律，有

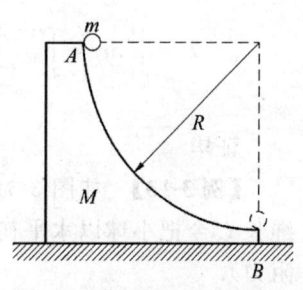

图 3-32　例 3-14 图

由机械能守恒定律,有

$$\frac{1}{2}mv_1^2 + \frac{1}{2}Mv_2^2 = mgR$$

两式联立,解得

$$v_1 = \sqrt{\frac{2MgR}{m+M}} = M\sqrt{\frac{2gR}{(m+M)M}}$$

$$v_2 = -m\sqrt{\frac{2gR}{(m+M)M}}$$

(2) 小球相对槽的速度为

$$v = (M-m)\sqrt{\frac{2gR}{(m+M)M}}$$

在竖直方向上应用牛顿第二定律,有

$$N - mg = m\frac{v^2}{R}$$

$$N' = N = mg + m\frac{v^2}{R} = mg + (M-m)^2 \frac{2mg}{(m+M)M}$$

3.5.5 能量守恒定律

若存在一个系统不受外界影响,这个系统就叫作**孤立系统**. 对于孤立系统来说,既然不受外界影响,则外力做功肯定为零. 此时,影响系统能量的只有系统的内力. 由前面可知,如果有非保守内力做功,系统的机械能就不再守恒,但是系统内部除了机械能之外,还存在其他形式的能量,比如热能、化学能、电能等,那么,系统的机械能就要和其他形式的能量发生转换. 实验表明,**一个孤立系统经历任何变化时,该系统的所有能量的总和是不变的,能量只能从一种形式变化为另外一种形式,或从系统内一个物体传给另一个物体,这就是普遍的能量守恒定律**. 即某种形式的能量减少,一定有其他形式的能量增加,且减少量和增加量一定相等.

能量守恒定律是人类历史上最普遍、最重要的基本定律之一. 能量守恒和能量转化定律与细胞学说、进化论合称 19 世纪自然科学的三大发现. 从物理、化学到地质、生物,大到宇宙天体,小到原子核内部,只要有能量转化,就一定服从能量守恒定律. 从日常生活到科学研究、工程技术,这一定律都发挥着重要的作用. 人类对各种能量,如煤、石油等燃料以及水能、风能、核能等的利用,都是通过能量转化来实现的. 能量守恒定律是人们认识自然和利用自然的有力武器.

3.6 碰撞问题

当两个或两个以上物体或质点相互接近时,在较短的时间内,通过相互作用,它们的运动状态(包括物质的性质)发生显著变化的现象,我们称之为**碰撞**. 我们经常会遇到碰撞的情况,如打台球时的情景. 另外,打桩(图 3-33)、锻铁、分子和原子等微观粒子的相互作用,以及人从车上跳下、子弹打入物体等现象都可以认为是碰撞现象. 如果把发生碰撞的几个物体看作一个系统,在碰撞过程中,它们之间的内力较之系统外物体对它们的作用力要大得多.因此,在研究碰撞问题时,可以将系统外物体对它们的作用力忽略不计,此时,系统的总动量守恒.碰撞时,时间极短,但碰撞前后物体运动状态的改变非常显著,因而易于分清过程始末状态.

以两个物体之间的碰撞为例,若碰撞后,两物体的机械能完全未发生损失,这种碰撞叫作**完全弹性碰撞**,这是一种理想的情况;一般情况下,由于有非保守力的作用,导致系统的机械能和其他形式的能量相互转换,这种碰撞叫作**非弹性碰撞**;而如果碰撞之后两物体以同一速度运动,并不分开,这种碰撞叫作**完全非弹性碰撞**.

图 3-33 打桩

一般可用动量守恒定律并酌情引入机械能守恒定律处理碰撞问题.可用碰撞前后系统的状态(动量、动能、势能等)变化来反映碰撞过程,或用碰撞对系统所产生的效果来反映碰撞过程,从而回避了碰撞本身经历的实际过程,简化了问题.下面通过具体例题讨论一下碰撞问题.

【例 3-15】 设有两个质量分别为 m_1 和 m_2、速度分别为 $\boldsymbol{v}_{10}$ 和 $\boldsymbol{v}_{20}$ 的弹性小球做对心碰撞,两球的速度方向相同,如图 3-34 所示.若碰撞是完全弹性的,求碰撞后的速度 $\boldsymbol{v}_1$ 和 $\boldsymbol{v}_2$.

图 3-34 例 3-15 图

解:取初始速度方向为正方向,由动量守恒定律,有

$$m_1\boldsymbol{v}_{10}+m_2\boldsymbol{v}_{20}=m_1\boldsymbol{v}_1+m_2\boldsymbol{v}_2$$

设弹性小球碰撞后的速度方向如图 3-34 所示,则

$$m_1(v_{10}-v_1)=m_2(v_2-v_{20}) \qquad ①$$

由机械能守恒定律,得

$$\frac{1}{2}m_1v_{10}^2+\frac{1}{2}m_2v_{20}^2=\frac{1}{2}m_1v_1^2+\frac{1}{2}m_2v_2^2$$

即

$$m_1(v_{10}^2-v_1^2)=m_2(v_2^2-v_{20}^2) \qquad ②$$

由式①、式②可解得

$$v_{10}+v_1=v_2+v_{20}$$

即

$$v_{10}-v_{20}=v_2-v_1 \qquad ③$$

由式①、式③可解得

$$v_1=\frac{(m_1-m_2)v_{10}+2m_2v_{20}}{m_1+m_2}$$

$$v_2=\frac{(m_2-m_1)v_{20}+2m_1v_{10}}{m_1+m_2}$$

可以看出
(1) 若 $m_1=m_2$,则 $v_1=v_{20}$, $v_2=v_{10}$.
(2) 若 $m_2\gg m_1$,且 $v_{20}=0$,则 $v_1\approx -v_{10}$, $v_2\approx 0$.
(3) 若 $m_2\ll m_1$,且 $v_{20}=0$,则 $v_1\approx v_{10}$, $v_2\approx 2v_{10}$.

【例 3-16】 如图 3-35 所示为一冲击摆,摆长为 l,木块质量为 M.在质量为 m 的子弹击中木块后,冲击摆摆过的最大偏角为 θ,试求子弹击中木块时的初速度.

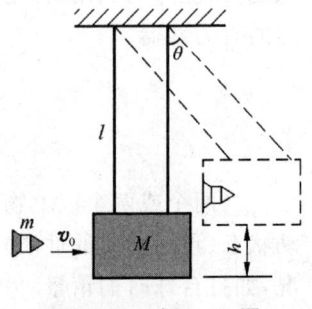

图 3-35 例 3-16 图

解：(1) 子弹射入木块内冲击摆停止下来的过程为非弹性碰撞，在此过程中动量守恒而机械能不守恒．设子弹与木块碰撞瞬间共同速度为 v，因此有

$$v = \frac{mv_0}{m+M}$$

(2) 冲击摆从平衡位置摆到最高位置的过程中，重力与张力合力不为零．由于张力不做功，系统动量不守恒，而机械能守恒．因此有

$$(m+M)gh = \frac{(m+M)v^2}{2}$$

而

$$h = (1-\cos\theta)l$$

所以

$$v_0 = \frac{m+M}{m}\sqrt{2gh} = \frac{m+M}{m}\sqrt{2gl(1-\cos\theta)}$$

【例 3-17】 光滑斜面与水平面的夹角 $\alpha = 30°$，轻质弹簧上端固定．今在弹簧的另一端轻轻地挂上质量 $M = 1.0\text{kg}$ 的木块，则木块沿斜面向下滑动．当木块向下滑至 $x = 30\text{cm}$ 时，恰好有一质量 $m = 0.01\text{kg}$ 的子弹，沿水平方向以速度 $v = 200\text{m/s}$ 射中木块并深陷在其中．设弹簧的劲度系数 $k = 25\text{N/m}$，求子弹打入木块后它们的共同速度．

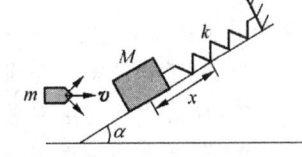

图 3-36 以木块、弹簧、地球为系统的机械能守恒

解：如图 3-36 所示，木块下滑过程中，以木块、弹簧、地球为系统的机械能守恒．选弹簧原长处为弹性势能和重力势能的零点，以 v_1 表示木块下滑 x 距离时的速度，则

$$\frac{1}{2}kx^2 + \frac{1}{2}Mv_1^2 - Mgx\sin\alpha = 0$$

$$v_1 = \sqrt{2gx\sin\alpha - \frac{kx^2}{M}} \approx 0.83\text{m/s}$$

方向沿斜面向下．

以子弹和木块为系统，在子弹射入木块的过程中，外力沿斜面方向的分力可略去不计，沿斜面方向应用动量守恒定律．以 v_2 表示子弹射入木块后的共同速度，则有

$$Mv_1 - mv\cos\alpha = (M+m)v_2$$

得

$$v_2 = \frac{Mv_1 - mv\cos\alpha}{M+m} \approx -0.89\text{m/s}$$

负号表示此速度的方向沿斜面向上．

此外，快速飞行的子弹穿过物体时，由于其作用时间极短，作用力很大，故也可以用碰撞原理来解决此类问题．但对图 3-37 所示的情况，因其所受阻力很小，子弹前后状态改变不大，故不适宜归于碰撞问题，即碰撞问题要根据实际情况来具体分析，灵活运用．

 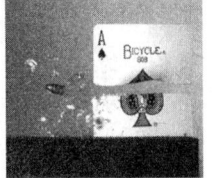

(a) 子弹穿过苹果的瞬间　　(b) 子弹穿过扑克的瞬间

图 3-37 子弹穿过物体的瞬间

复习题

一、思考题

1. 有无物体只有动量而无机械能？反之，只有机械能而无动量的物体是否存在？

2. 何为内力？何为外力？它们对于改变物体和物体系的动量各有什么贡献？对于改变物体和物体系的动能各有什么贡献？

3. 一大一小两条船，距岸一样远，从哪条船跳到岸上容易些？为什么？

4. 动能也具有相对性，它与重力势能的相对性在物理意义上是一样的吗？

5. 以速度 v 匀速提升一质量为 m 的物体，在时间 t 内提升力做功若干；又以比前面快一倍的速度把该物体匀速提高同样的高度，试问所做的功是否比前一种情况大？为什么？在这两种情况下，它们的功率是否一样？

6. 分析静摩擦力与滑动摩擦力做功情况，它们一定做负功吗？

7. 向心力为什么对物体不做功？在光滑斜面上滑行的物体，支持力对物体做功吗？

8. 如果力的方向不变，而大小随位移均匀变化，那么在这个变力作用下物体运行一段位移，其做功如何计算？

9. 试从物理意义上、数学表达式的性质上、适用领域上比较动能定理与动量定理.

10. 在质点系的质心处一定存在一个质点吗？

二、选择题

1. 有下列几种说法：

(1) 质点系总动量的改变与内力无关；

(2) 质点系总动能的改变与内力无关；

(3) 质点系机械能的改变与保守内力无关.

则对上面说法判断正确的是(　　).

(A) 只有(1)正确　(B) (1)和(2)正确　(C) (1)和(3)正确　(D) (2)和(3)正确

2. 质量为 20g 的子弹沿 x 轴正向以 500m/s 的速率射入一木块后，与木块一起仍沿 x 轴正向以 50m/s 的速率前进，在此过程中木块所受冲量的大小为(　　).

(A) 9N·s　　　(B) −9N·s　　　(C) 10N·s　　　(D) −10N·s

3. 质量为 m 的质点在外力作用下，其运动方程为 $r = A\cos\omega t i + B\sin\omega t j$，式中 A、B、ω 都是正的常量. 由此可知外力在 $t=0$ 到 $t=\dfrac{\pi}{2\omega}$ 这段时间内所做的功为(　　).

(A) $\dfrac{1}{2}m\omega^2(A^2+B^2)$　　　　(B) $m\omega^2(A^2+B^2)$

(C) $\dfrac{1}{2}m\omega^2(A^2-B^2)$　　　　(D) $\dfrac{1}{2}m\omega^2(B^2-A^2)$

4. 有 A、B 两球分别以速度 $v_1 = v$ 和 $v_2 = -v$ 相向运动而发生完全弹性正碰，设碰后 A 球静止，则 B 球的速度为(　　).

(A) v　　　(B) $\sqrt{2}v$　　　(C) $\dfrac{1}{2}v$　　　(D) $2v$

5. 对功的概念有以下几种说法：

(1) 保守力做正功时系统内相应的势能增加;
(2) 质点运动经一闭合路径,保守力对质点做的功为零;
(3) 作用力与反作用力大小相等、方向相反,所以两者所做功的代数和必为零.
在上述说法中( ).
(A) (1)、(2)是正确的 　　　　　(B) (2)、(3)是正确的
(C) 只有(2)是正确的 　　　　　(D) 只有(3)是正确的

三、计算及证明题

1. 质量为 m 的小球在水平面内做速率为 v_0 的匀速圆周运动,试求小球经过(1) $\frac{1}{4}$ 圆周,(2) $\frac{1}{2}$ 圆周,(3) $\frac{3}{4}$ 圆周,(4) 整个圆周的过程中的动量改变量.试从冲量计算得出结果.

2. 一子弹从枪口飞出的速度为 300m/s,在枪管内子弹所受合力的大小符合下式:

$$f = 400 - \frac{4}{3} \times 10^5 t \text{(SI)}$$

(1) 画出 f-t 图;
(2) 若子弹到枪口时所受的力变为零,计算子弹行经枪管长度所花费的时间;
(3) 求该力冲量的大小;
(4) 求子弹的质量.

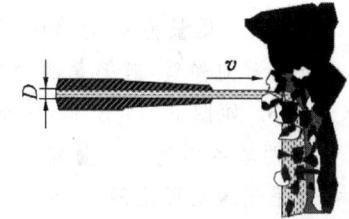

3. 煤矿上采煤时多采用水力,使用高压水枪喷出的强力水柱冲击煤层.如图 3-40 所示,设水柱直径 $D=30\text{mm}$,水速 $v=56\text{m/s}$.水柱垂直射在煤层表面上,冲击煤层后的速度为零. 求水柱对煤的平均冲力.

图 3-40　计算及证明题 3 图

4. 一质量为 0.05kg、速率为 10m·s^{-1} 的钢球,以与钢板法线呈 45°角的方向撞击在钢板上,并以相同的速率对称地弹回来,如图 3-41 所示.设碰撞时间为 0.05s,求在此时间内钢板所受到的平均冲力.

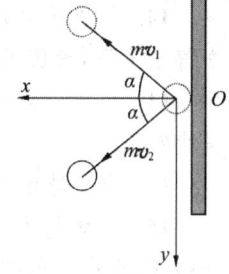

5. 一辆装煤车以 2m/s 的速率从煤斗下面通过,煤粉通过煤斗以每秒 5t 的速率竖直注入车厢.如果车厢的速率保持不变,车厢与钢轨间摩擦忽略不计,求牵引力的大小.

图 3-41　计算及证明题 4 图

6. 一小船质量为 100kg,船头到船尾共长 3.6m.现有一质量为 50kg 的人从船尾走到船头时,船头将移动多少距离? 假定水的阻力不计.

7. 一炮弹竖直向上发射,初速度为 v_0,在发射后经 t s 后在空中自动爆炸,假定分成质量相同的 A、B、C 三块碎块.其中,A 块的速度为零,B、C 两块的速度大小相同,且 B 块速度方向与水平面成 α 角,求 B、C 两碎块的速度(大小和方向).

8. 质量为 2kg 的质点受到力 $\boldsymbol{F} = 3\boldsymbol{i} + 5\boldsymbol{j}$(N)的作用,当质点从原点移动到位矢 $\boldsymbol{r} = 2\boldsymbol{i} - 3\boldsymbol{j}$(m)处时,

(1) 此力所做的功为多少? 它与路径有无关系?
(2) 如果此力是作用在质点上的唯一的力,则质点的动能将变化多少?

9. 用铁锤将一只铁钉击入木板内,设木板对铁钉的阻力与铁钉进入木板的深度成正比.如果在击第一次时,能将钉击入木板内 1cm,再击第二次时(锤仍然以第一次同样的速度

击钉),能击入多深?

10. 一链条,总长为 l,放在光滑的桌面上,其一端下垂,长度为 a,如图 3-42 所示.假定开始时链条静止,求链条刚刚离开桌边时的速度.

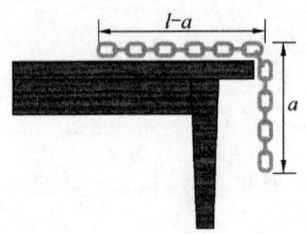

图 3-42 计算及证明题 10 图

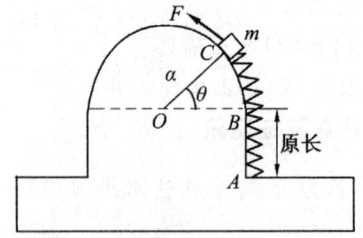

图 3-43 计算及证明题 11 图

11. 一弹簧,劲度系数为 k,一端固定在 A 点,另一端连一质量为 m 的物体,靠在光滑的半径为 a 的圆柱体表面上,弹簧原长为 AB(图 3-43).在变力作用下,物体极缓慢地沿表面从位置 B 移到 C,求力 F 所做的功.

12. 一质量为 m 的物体,位于质量可以忽略的直立弹簧正上方高度为 h 处,该物体从静止开始落向弹簧,若弹簧的劲度系数为 k,不考虑空气阻力,求物体可能获得的最大动能.

13. 如图 3-44 所示,一轻质弹簧的劲度系数为 k,两端各固定一质量均为 M 的物块 A 和 B,放在水平光滑桌面上静止.今有一质量为 m 的子弹沿弹簧的轴线方向以速度 v_0 射入物块 A 并留在物块 A 内,求此后弹簧的最大压缩长度.

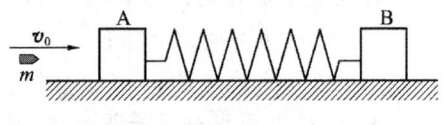

图 3-44 计算及证明题 13 图

14. 一质量为 m 的小球,由顶端沿质量为 M 的圆弧形木槽自静止下滑,设圆弧形槽的半径为 R(图 3-45).忽略所有摩擦.

(1) 小球刚离开圆弧形槽时,小球和圆弧形槽的速度各是多少?

(2) 求小球滑到 B 点时对木槽的压力.

15. 一质量为 m 的中子与一质量为 M 的原子核做对心弹性碰撞,设中子的初始动能为 E_0.试证明:在碰撞过程中,中子动能的损失为 $\dfrac{4mME_0}{(M+m)^2}$.

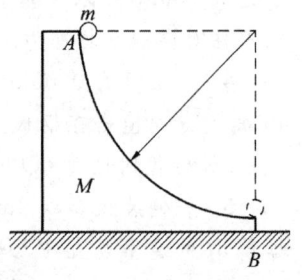

图 3-45 计算及证明题 14 图

16. 如图 3-46 所示,地面上竖直安放着一个劲度系数为 k 的弹簧,其顶端连接一静止质量为 M 的物体.另有一质量为 m 的物体,从距离顶端为 h 处自由落下,与 M 做完全非弹性碰撞.证明:弹簧对地面的最大压力为

$$N=(m+M)g+mg\sqrt{1+\dfrac{2kh}{(m+M)g}}$$

17. 如图 3-47 所示,质量为 m 的小球在外力作用下,由静止开始从 A 点出发做匀加速直线运动,到 B 点时撤销外力,小球无摩擦地冲上一竖直半径为 R 的半圆环,恰好能到达最高点 C,而后又刚好落到原来的出发点 A 处,试求小球在 AB 段运动的加速度.

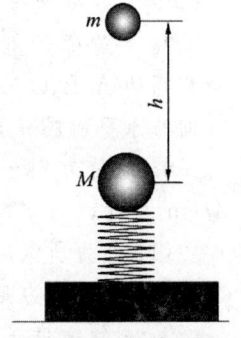

图 3-46 计算及证明题 16 图

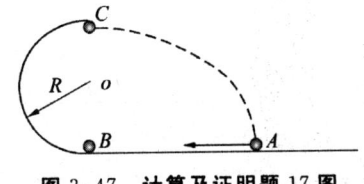

图 3-47　计算及证明题 17 图　　　　图 3-48　计算及证明题 18 图

18. 如图 3-48 所示，一质量为 m 的铁块静止在质量为 M 的斜面上，斜面本身又静止于水平桌面上．设所有接触都是光滑的．当铁块位于高出桌面 h 处时，铁块和斜面组成的系统由静止开始运动．当铁块落到桌面上时，劈尖的速度有多大？设劈尖与地面的夹角为 α．

19. 火箭起飞时，从尾部喷出的气体的速度为 3000m/s，每秒喷出的气体质量为 600kg．若火箭的质量为 50t，求火箭得到的加速度．

第4章

刚体的转动

学习目标

- 熟练掌握刚体的概念,掌握刚体绕定轴转动的特点.
- 熟练掌握力矩、转动惯量的概念,并能求出简单刚体的转动惯量.
- 熟练掌握质点和刚体的角动量的概念以及刚体角动量定理和角动量守恒定律,并能处理一般质点在平面内运动以及刚体绕定轴转动情况下的角动量守恒问题.
- 掌握转动动能的概念以及刚体的定轴转动动能定理,能在刚体绕定轴转动的问题中正确地应用机械能守恒定律.
- 熟练掌握力矩的功和功率.
- 了解进动的相关概念.

前面研究了质点系的运动.对于质点系来说,运动情况比较简单.质点的运动实际上只是代表了物体的平动,并不能描述具体物体的转动以及更复杂的运动.研究机械运动的最终目的是要研究具体物体的运动.对于具体物体,在外力的作用下,其形状、大小要发生变化.为简单起见,我们设想有一类物体,在外力的作用下,其大小、形状均不发生变化,即物体内任意两点的距离都不因外力的作用而改变,这样的一类物体称为**刚体**.刚体仍是个理想模型.本章将重点研究刚体的定轴转动及其相关的规律,为进一步研究真实物体的机械运动打下基础.

4.1 刚体 刚体的运动

4.1.1 刚体的平动与转动

刚体的运动形式可分为平动和转动.若刚体中所有点的运动轨迹都保持完全相同,或者说,刚体内任意两点间的连线总是平行于它们的初始位置间的连线,那么这种运动叫作平动,如图4-1(a)所示.刚体平动实际上是质点平动的集中体现,刚体中任意一点的运动都可代替刚体的运动,一般常以质心作为代表点.而转动是指刚体中所有的点都绕同一直线做圆周运动,如图4-1(b)所示.这条直线叫作转轴.

转动分为定轴转动和非定轴转动两种.若转轴的位置或方向固定不变,这种转动叫作刚体的定轴转动,此时,垂直于转轴所在的平面叫作**转动平面**.刚体上各点都绕同一固定转轴做不同半径的圆周运动,且在相同时间内转过相同的角度,即有相同的角速度.反之,若转轴不固定,刚体做的就是非定轴转动.一般情况下,刚体的运动可以看作平动和转动的合成运动.例如,行进中车轮的运动,可以看作是车轮中心点的平动以及轮上周围各点围绕中心点的转动的合成,如图 4-2 所示.本章中,我们重点研究刚体的定轴转动.

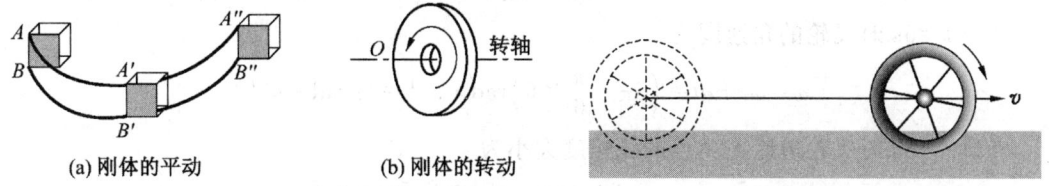

图 4-1　刚体的平动和转动

图 4-2　刚体的一般运动

4.1.2　定轴转动的角量与线量

在第 1 章里面,我们已经介绍过关于角量的问题.刚体的定轴转动可以看作是刚体中所有质点均围绕其转轴做圆周运动,也有角位置、角位移、角速度和角加速度等物理量.因此,可以参考 1.3 节中的角量和线量的关系来描述刚体定轴转动中的相应物理量.

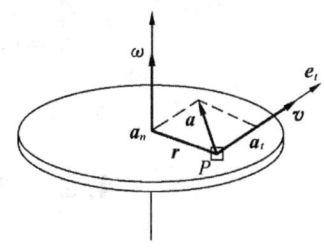

图 4-3　角量和线量的关系

如图 4-3 所示,有一做定轴转动的刚体,角速度大小为 ω,转动平面上有任意一点 P,其线速度大小为 v,于是有

$$v = r\omega \tag{4-1a}$$

可以看出,刚体上点的线速度大小 v 与各点到转轴的距离 r 成正比,距离越远,线速度越大.上式也可写成矢量形式

$$\boldsymbol{v} = r\omega \boldsymbol{e}_t \tag{4-1b}$$

P 点的切向加速度和法向加速度分别为

$$a_t = r\alpha \tag{4-2}$$
$$a_n = r\omega^2 \tag{4-3}$$

总加速度为

$$\boldsymbol{a} = r\alpha \boldsymbol{e}_t + r\omega^2 \boldsymbol{e}_n \tag{4-4}$$

由式(4-2)、式(4-3)可知,对于绕定轴转动的刚体,距离转轴越远,其切向加速度和法向加速度越大.

【例 4-1】 一飞轮半径为 0.2m,转速为 150r/min,因受制动而均匀减速,经 30s 停止转动.试求:

(1) 角加速度和在此时间内飞轮所转的圈数;

(2) 制动开始后 $t = 6s$ 时飞轮的角速度;

(3) $t = 6s$ 时飞轮边缘上一点的线速度、切向加速度和法向加速度.

解:(1) 由题意可知,$\omega_0 = 5\pi \text{rad} \cdot \text{s}^{-1}$,当 $t = 30\text{s}$ 时,$\omega = 0$.设 $t = 0$ 时,$\theta_0 = 0$.

因为飞轮做匀减速运动,角加速度为

$$\alpha = \frac{\omega - \omega_0}{t} = \frac{0 - 5\pi}{30} \text{rad} \cdot \text{s}^{-2} = -\frac{\pi}{6} \text{rad} \cdot \text{s}^{-2}$$

飞轮 30s 内转过的角度为

$$\theta = \frac{\omega^2 - \omega_0^2}{2\alpha} = \frac{-(5\pi)^2}{2 \times (-\pi/6)} \text{rad} = 75\pi \text{rad}$$

飞轮转过的圈数为

$$N=\frac{\theta}{2\pi}=\frac{75\pi}{2\pi}=37.5$$

(2) $t=6$ s 时飞轮的角速度为

$$\omega=\omega_0+\alpha t=\left(5\pi-\frac{\pi}{6}\times 6\right)\text{rad}\cdot\text{s}^{-1}=4\pi\,\text{rad}\cdot\text{s}^{-1}$$

(3) $t=6$ s 时飞轮边缘上一点的线速度大小为

$$v=r\omega=0.2\times 4\pi\,\text{m}\cdot\text{s}^{-2}\approx 2.5\,\text{m}\cdot\text{s}^{-2}$$

该点的切向加速度和法向加速度分别为

$$a_t=r\alpha=0.2\times\left(-\frac{\pi}{6}\right)\text{m}\cdot\text{s}^{-2}\approx-0.105\,\text{m}\cdot\text{s}^{-2}$$

$$a_n=r\omega^2=0.2\times(4\pi)^2\,\text{m}\cdot\text{s}^{-2}\approx 31.6\,\text{m}\cdot\text{s}^{-2}$$

4.2 力矩 转动惯量 定轴转动定律

本节将研究刚体绕定轴转动时的一些运动规律. 我们知道,要让一个绕定轴的物体转动起来,不仅与外力的大小有关,也与外力的作用点和方向有关. 例如,门把手的位置将影响到开关门的力量. 这涉及一个物理概念——力矩.

4.2.1 力矩

图 4-4 所示为一绕 Oz 轴转动的刚体的转动平面,外力 $\boldsymbol{F}$ 在此平面内且作用于 P 点, P 点相对于 O 点的位矢为 $\boldsymbol{r}$,则定义力 $\boldsymbol{F}$ 对 O 点的力矩为

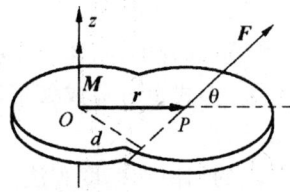

$$\boldsymbol{M}=\boldsymbol{r}\times\boldsymbol{F} \tag{4-5}$$

图 4-4 力矩

如果 $\boldsymbol{r}$ 和力 $\boldsymbol{F}$ 之间的夹角为 θ,从点 O 到力 $\boldsymbol{F}$ 的作用线的垂直距离为 d,则 d 叫作力对转轴的**力臂**. 此时力矩的大小为

$$M=Fr\sin\theta=Fd \tag{4-6}$$

力矩垂直于 $\boldsymbol{r}$ 和 $\boldsymbol{F}$ 组成的平面. 如图 4-5 所示,力矩 $\boldsymbol{M}$ 的方向为: **右手拇指伸直,四指弯曲,弯曲的方向为由 $\boldsymbol{r}$ 通过小于 180°的角转到 $\boldsymbol{F}$ 的方向,则此时拇指的方向为力矩 $\boldsymbol{M}$ 的方向**.

在国际单位制中,力矩的单位为 N·m.

对于做定轴转动的刚体,作用在同一作用点上的力,若其方向相反,对于刚体的转动的作用效果来说也正好是相反的.

若 $\boldsymbol{F}$ 不在转动平面内,则可将 $\boldsymbol{F}$ 分解为平行于转轴的分力 $\boldsymbol{F}_z$ 和垂直于转轴的分力 $\boldsymbol{F}_\perp$,其中 $\boldsymbol{F}_z$ 对转轴的力矩为零,对转动起作用的只有分力 $\boldsymbol{F}_\perp$,如图 4-6 所示. 故 $\boldsymbol{F}$ 对转轴的力矩为

$$M_z\boldsymbol{k}=\boldsymbol{r}\times\boldsymbol{F}_\perp \tag{4-7a}$$

图 4-5 力矩的方向

即

$$M_z=rF_\perp\sin\theta \tag{4-7b}$$

若有几个外力同时作用在绕定轴转动的刚体上,那么它们的合力矩等于这几个外力力

矩的**矢量和**. 即

$$M = M_1 + M_2 + M_3 + \cdots$$

若这几个力都在转动平面内或平行于转动平面,各个力的力矩方向要么同向,要么反向,此时,其合力矩等于这几个力的力矩的**代数和**.

由于质点间的力总是成对出现,且符合牛顿第三定律,因此,刚体内质点间作用力和反作用力的力矩互相抵消,即内力的力矩对于刚体转动的作用效果为零,如图 4-7 所示,即

$$M_{ij} = -M_{ji}$$

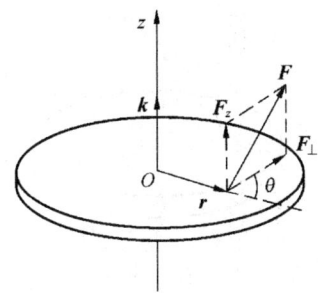
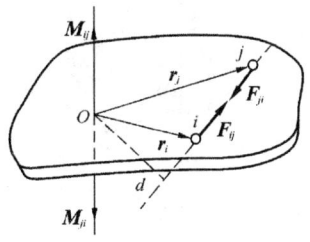

图 4-6　不在转动平面内的力的力矩　　　图 4-7　内力的力矩

【**例 4-2**】　一质量为 m、长为 l 的均匀细棒,可在水平桌面上绕通过其一端的竖直固定轴转动,已知细棒与桌面的摩擦因数为 μ,求棒转动时受到的摩擦力矩的大小.

解:如图 4-8 所示,在细棒上距离转轴为 x 处,沿 x 方向取一长度为 dx 的质量元,此质量元的质量为

$$dm = \frac{m}{l} dx$$

对于此质量元,受到的摩擦力矩大小为

$$dM = x\mu dmg$$

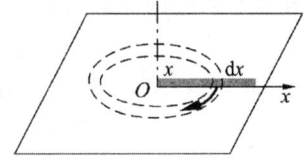

图 4-8　例 4-2 图

因此,整个细棒所受到的摩擦力矩可以用积分的形式求得:

$$M = \int x\mu dmg = \frac{\mu mg}{l} \int_0^l x dx = \frac{1}{2}\mu mgl$$

4.2.2　转动定律

首先我们来看一种情况. 如图 4-9 所示,单个质点质量为 m,与一转轴 Oz 刚性相连,其相对于 O 点的位矢为 r. 设质点受到垂直于转轴且在质点转动平面内的外力 F 作用,r 和力 F 之间的夹角为 θ. 此时,力 F 可分解为沿着转动轨迹切向的分力 F_t 和沿径向的分力 F_n,显然,过转轴的分力 F_n 对于质点绕 Oz 轴的转动无贡献,有贡献的只有其切向分力 F_t. 由圆周运动和牛顿运动定律,得

$$F_t = ma_t = mr\alpha$$

此时,力矩的大小为

$$M = rF\sin\theta$$

而 $F\sin\theta = F_t$,所以得

$$M = rF_t = mr^2\alpha \tag{4-8}$$

下面我们再看另一种情况. 如图 4-10 所示,设质点 P 为绕定轴 Oz 转动的刚体中任一质点,质量为 Δm_i, P 点离转轴的距离为 r_i, 即其位矢为 r_i, 刚体绕定轴转动的角速度和角加速度分别为 ω 和 α. 此时质点既受到系统外的作用力(即外力 F_{ei}),又受到系统内其他质点的作用力(即内力 F_{ii}). 为简单起见,设 F_{ei} 和 F_{ii} 均在转动平面内且通过质点 P, 根据牛顿第二定律,对于质点 P, 有

$$F_{ei} + F_{ii} = \Delta m_i \, a_i$$

式中, a_i 为质点的加速度,质点在合力的作用下绕转轴做圆周运动.

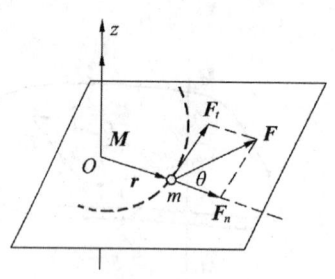
图 4-9 单个质点的转动

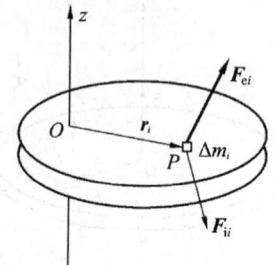
图 4-10 转动定律的推导图

此时,若分别用 F_{eit} 和 F_{iit} 表示外力和内力沿切向方向的分力,则有

$$F_{eit} \pm F_{iit} = \Delta m_i r_i \alpha$$

在等式两边同时乘以 r_i, 可得

$$F_{eit} r_i \pm F_{iit} r_i = \Delta m_i r_i^2 \alpha \tag{4-9}$$

式中, $F_{eit} r_i$ 和 $F_{iit} r_i$ 分别为外力 F_{ei} 和内力 F_{ii} 力矩的大小. 因此

$$M_{ei} \pm M_{ii} = \Delta m_i r_i^2 \alpha$$

对整个刚体,有

$$\sum M_{ei} \pm \sum M_{ii} = \sum \Delta m_i r_i^2 \alpha$$

由于刚体中内力的力矩互相抵消,有 $\sum M_{ii} = 0$, 所以上式可写为

$$\sum M_{ei} = (\sum \Delta m_i r_i^2) \alpha$$

用 M 表示刚体内所有质点所受的外力对转轴的力矩的代数和,即

$$M = \sum M_{ei}$$

可得

$$M = (\sum \Delta m_i r_i^2) \alpha$$

式中, $\sum \Delta m_i r_i^2$ 叫作刚体的**转动惯量**, 用符号"J"表示, 它只与刚体的几何形状、质量分布以及转轴的位置有关, 即转动惯量只与刚体本身的性质和转轴的位置有关. 绕定轴转动的刚体一旦确定, 其转动惯量即为一恒定量. 此时, 上式可写作

$$M = J\alpha \tag{4-10a}$$

其矢量形式为

$$\mathbf{M} = J\boldsymbol{\alpha} \tag{4-10b}$$

式(4-10)即为刚体绕定轴转动时的转动定律, 简称**转动定律**. 其文字表述为: **刚体绕定**

轴转动的角加速度与它所受的合外力矩成正比,与刚体的转动惯量成反比.转动定律是解决刚体定轴转动问题的基本方程,其地位相当于解决质点运动问题时的牛顿第二定律.由式(4-10)也可以看出,转动定律的形式和牛顿第二定律的形式是一致的.对于同样的外力,分别作用于两个绕定轴转动的刚体,其分别获得的角加速度是不一样大的.转动惯量大的刚体获得的角加速度小,即保持原有转动状态的惯性大;反之,转动惯量小的刚体获得的角加速度大,即其转动状态容易改变.因此,转动惯量是描述刚体转动惯性的物理量.

4.2.3 转动惯量 平行轴定理和正交轴定理

下面讨论转动惯量的计算问题.由于 $J = \sum \Delta m_i r_i^2$,对于质量离散分布的刚体来说,其转动惯量为各离散质点的转动惯量的代数和,即

$$J = \sum_i \Delta m_i r_i^2 = m_1 r_1^2 + m_2 r_2^2 + \cdots \tag{4-11a}$$

对于质量连续分布的刚体,其转动惯量可以用积分的形式进行计算,即

$$J = \sum_i \Delta m_i r_i^2 = \int r^2 \mathrm{d}m \tag{4-11b}$$

式中,$\mathrm{d}m$ 叫作质量元.解题时,往往先取任一质量元,然后利用密度这个中间量进行转化后求解.

例如,对于质量线分布的刚体,设其质量线密度为 λ,则 $\mathrm{d}m = \lambda \mathrm{d}l$;对于质量面分布的刚体,其质量面密度为 σ,则 $\mathrm{d}m = \sigma \mathrm{d}S$;对于质量体分布的刚体,其质量体密度为 ρ,则 $\mathrm{d}m = \rho \mathrm{d}V$.请读者针对具体情况进行具体分析.

在国际单位制中,转动惯量的单位为千克平方米,其符号为 $\mathrm{kg \cdot m^2}$.

需要注意的是,只有形状简单、质量连续且均匀分布的刚体,才能用积分的形式求其转动惯量.而对于一般刚体来说,往往通过实验来测定其转动惯量.表 4-1 所示为一些常见刚体的转动惯量.

表 4-1 常见刚体的转动惯量

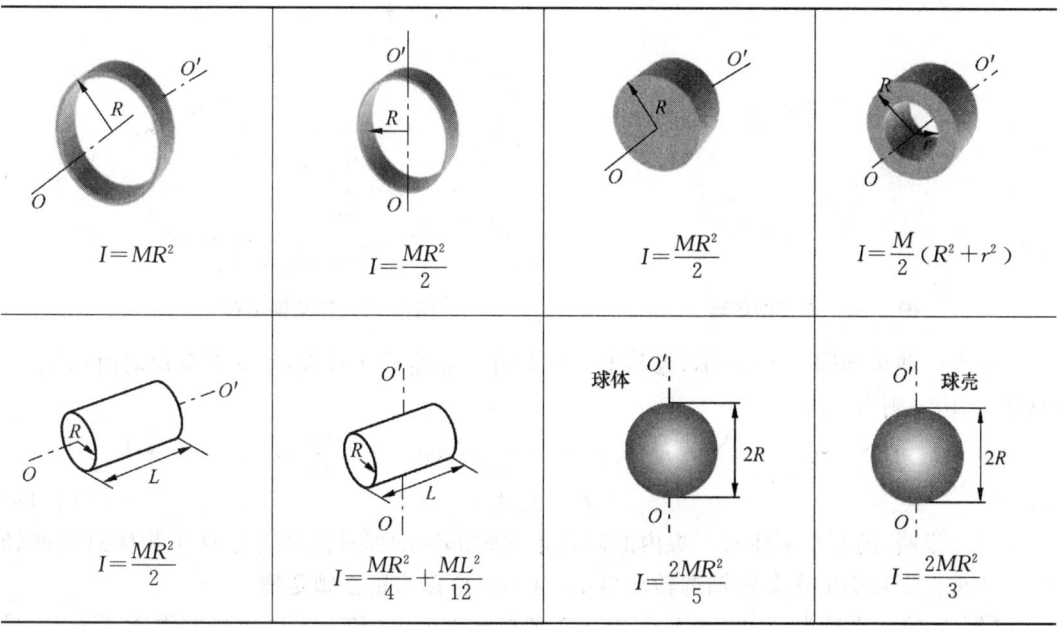

【例 4-3】 一质量为 m、长为 l 的均匀细长棒，求通过棒中心并与棒垂直的轴的转动惯量。

解：如图 4-11 所示，设棒的线密度为 λ，取一距离转轴 OO' 为 r 处的质量元 $dm = \lambda dr$，则此质量元对转轴的转动惯量 $dJ = r^2 dm = \lambda r^2 dr$。由于细棒两端通过其中心对称，故可求其总的转动惯量为

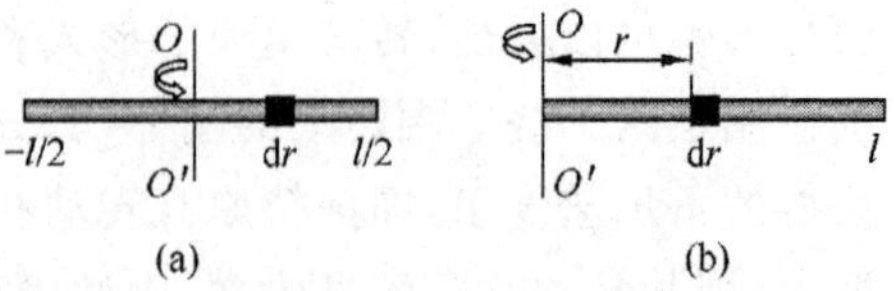

$$J = 2\lambda \int_0^{l/2} r^2 dr = \frac{1}{12}\lambda l^3 = \frac{1}{12}ml^2$$

同理，若转轴过端点且垂直于棒，则其对转轴的转动惯量为

$$J = \lambda \int_0^l r^2 dr = \frac{1}{3}ml^2$$

图 4-11 例 4-3 图

可以看出，细棒对通过其中心的轴和通过其一端的轴的转动惯量是不同的。通常，我们用 J_C 表示转轴通过刚体质心时的转动惯量。从上面两个结果可以看出，$J_C = \frac{1}{12}ml^2$，而通过其一端的转动惯量 J 和 J_C 有如下关系：

$$J = \frac{1}{3}ml^2 = \frac{1}{12}ml^2 + \frac{1}{4}ml^2 = J_C + m\left(\frac{1}{2}l\right)^2$$

式中，$\frac{1}{2}l$ 为两个转轴之间的距离。实验证明，若质量为 m 的刚体围绕通过其质心的轴转动，刚体的转动惯量为 J_C，则对任一与该轴平行，相距为 d 的转轴的转动惯量为

$$J = J_C + md^2 \tag{4-12}$$

上述关系叫作**转动惯量的平行轴定理**（图 4-12）。例 4-3 的结果是验证平行轴定理很好的例子。从式(4-12)可以看出，刚体通过其质心轴的转动惯量 J_C 最小，而其他任何与质心轴平行的轴线的转动惯量都大于 J_C。

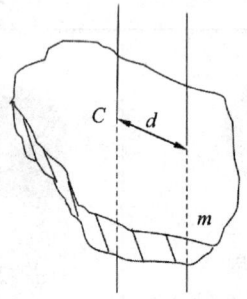

图 4-12 平行轴定理

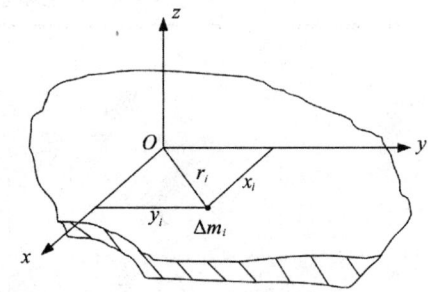

图 4-13 正交轴定理

设有一薄板如图 4-13 所示，过其上一点 O 作 z 轴垂直于板面，x、y 轴在板面内，若取一质量元 Δm_i，则有

$$J_z = \sum \Delta m_i r_i^2 = \sum \Delta m_i (x_i^2 + y_i^2) = \sum \Delta m_i x_i^2 + \sum \Delta m_i y_i^2 = J_x + J_y$$

即

$$J_z = J_x + J_y \tag{4-13}$$

式(4-13)说明，薄板型刚体对于板内的两条正交轴的转动惯量之和等于这个物体对该两轴交点并垂直于板面的那条转轴的转动惯量，这一结论称为**正交轴定理**。

【例 4-4】 质量为 m_1 的物体 A 静止在光滑水平面上，和一不计质量的绳索相连接，绳

索跨过一半径为 R、质量为 m_C 的圆柱形滑轮 C,并系在另一质量为 m_2 的物体 B 上,B 竖直悬挂,滑轮与绳索间无滑动,且滑轮与轴承间的摩擦力可略去不计. 问:

(1) 两物体的线加速度为多少?水平和竖直两段绳索的张力各为多少?

(2) 物体 B 从静止落下距离 y 时,其速率是多少?

解:(1) 在第 2 章关于滑轮的例题中,我们曾假设滑轮的质量不计,即不考虑滑轮的转动. 但在实际情况中,滑轮的质量是不能忽略的,其本身具有转动惯量,要考虑它的转动. A、B 两个物体做的是平动,其加速度分别由其所受的合外力决定. 而滑轮做转动,其角加速度由其所受的合外力矩决定. 因此,我们用隔离体法分别对各物体做受力分析,如图 4-14 所示,以向右和向下为正方向,建立坐标.

利用隔离体法分析物体受力,如图 4-15 所示. 物体 A 受到重力、支持力以及水平方向上拉力 F_{T1} 作用,物体 B 受到向下的重力和向上的拉力 F_{T2} 作用. 滑轮受到自身重力、转轴对它的约束力以及两侧的拉力 F'_{T1} 和 F'_{T2} 产生的力矩作用,由于其自身重力及轴对它的约束力都过滑轮中心轴,对转动没有贡献,故影响其转动的只有拉力 F'_{T1} 和 F'_{T2} 的力矩. 这里,我们不能先假定 $F_{T1}=F_{T2}$,但是 $F_{T1}=F'_{T1}$,$F_{T2}=F'_{T2}$.

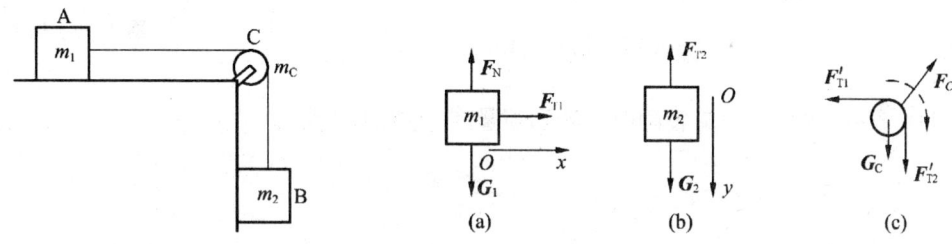

图 4-14 例 4-4 图   图 4-15 隔离体法分析物体受力

由于不考虑绳索的伸长,因此,对 A、B 两物体,可由牛顿第二定律求解,得

$$F_{T1}=m_1 a$$
$$m_2 g - F_{T2} = m_2 a$$

对于滑轮,有

$$R F_{T2} - R F_{T1} = J\alpha$$

式中,J 为滑轮的转动惯量,可知 $J=\dfrac{1}{2}m_C R^2$. 由于绳索无滑动,滑轮边缘上一点的切向加速度与绳索和物体的线加速度大小相等,即角量和线量有如下关系:

$$a = R\alpha$$

上述 4 个式子联立,可得

$$a = \frac{m_2 g}{m_1 + m_2 + \dfrac{m_C}{2}}$$

$$F_{T1} = \frac{m_1 m_2 g}{m_1 + m_2 + \dfrac{m_C}{2}}$$

$$F_{T2} = \frac{\left(m_1 + \dfrac{m_C}{2}\right) m_2 g}{m_1 + m_2 + \dfrac{m_C}{2}}$$

可以看出，F_{T1} 和 F_{T2} 并不相等．只有当忽略滑轮质量，即当 $m_C=0$ 时，才有

$$F_{T1}=F_{T2}=\frac{m_1 m_2 g}{m_1+m_2}$$

(2) 由题意知，B 由静止出发做匀加速直线运动，下落距离 y 时的速率为

$$v=\sqrt{2ay}=\sqrt{\frac{2m_2 gy}{m_1+m_2+\frac{m_C}{2}}}$$

【例 4-5】 质量为 m、长为 l 的匀质细杆一端固定在地面上，一开始杆竖直放置，当其受到微小扰动时便可在重力作用下绕轴自由转动．问：当细杆摆至与水平面呈 60°夹角时和到达水平位置时的角速度、角加速度为多大？

解：细杆受到自身重力和固定端的约束力的作用，因为细杆是匀质的，所以重力可以看作集中于杆的中心处．当杆转过与水平方向呈 θ 角时，其重力力矩为 $mg\frac{l}{2}\cos\theta$，因为约束力过转轴，所以其力矩为零，如图 4-16 所示．由转动定律，得

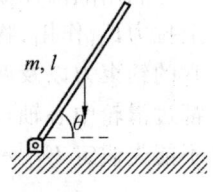

图 4-16 例 4-5 图

$$mg\frac{l}{2}\cos\theta=J\alpha=\frac{1}{3}ml^2\alpha$$

式中，$J=\frac{1}{3}ml^2$ 为杆绕一端转动时的转动惯量．杆的角加速度为

$$\alpha=\frac{3g\cos\theta}{2l}$$

由角加速度的定义，有

$$\frac{d\omega}{dt}=\frac{3g\cos\theta}{2l}$$

在等式左面同时乘以和除以 $d\theta$，上式的值不变，有

$$\frac{d\omega}{dt}\frac{d\theta}{d\theta}=\frac{3g\cos\theta}{2l}$$

因为 $\omega=\frac{d\theta}{dt}$，所以上式可变形为

$$\omega d\omega=\frac{3g\cos\theta}{2l}d\theta$$

其初始状态 $t=0$ 时，$\theta_0=0$，$\omega_0=0$，上式两端同时积分，得

$$\int_0^\omega \omega d\omega=\int_0^\theta \frac{3g}{2l}\cos\theta d\theta$$

于是得当细杆与水平面呈任意角度 θ 时的角速度为

$$\omega=\sqrt{\frac{3g}{l}\sin\theta}$$

将 $\theta=60°$ 代入上式，得

$$\omega_1=\sqrt{\frac{3g}{l}\sin 60°}=\sqrt{\frac{3\sqrt{3}}{2l}g}$$

$$\alpha_1=\frac{3}{4l}g$$

当 $\theta=0$ 时,得

$$\omega_2=\sqrt{\frac{3g}{l}\sin0°}=0$$

$$\alpha_2=\frac{3}{2l}g$$

4.3 角动量 角动量守恒定律

本节我们将探讨力矩对时间的积累问题.

4.3.1 质点的角动量与角动量守恒定律

质量为 m 的质点以速度 $\boldsymbol{v}$ 在空间运动,某时刻相对原点 O 的位矢为 $\boldsymbol{r}$,如图 4-17(a)所示,我们定义质点相对于原点的**角动量**为

$$\boldsymbol{L}=\boldsymbol{r}\times\boldsymbol{p}=\boldsymbol{r}\times m\boldsymbol{v} \tag{4-14}$$

角动量是一个矢量,用符号"L"表示,其方向垂直于 $\boldsymbol{r}$ 和 $\boldsymbol{v}$ 组成的平面,并遵守右手螺旋定则:**右手的拇指伸直,四指弯曲的方向为由 r 通过小于 $180°$ 的角转到 v 的方向,此时,拇指的方向为力矩 L 的方向**,如图 4-17(b)所示.

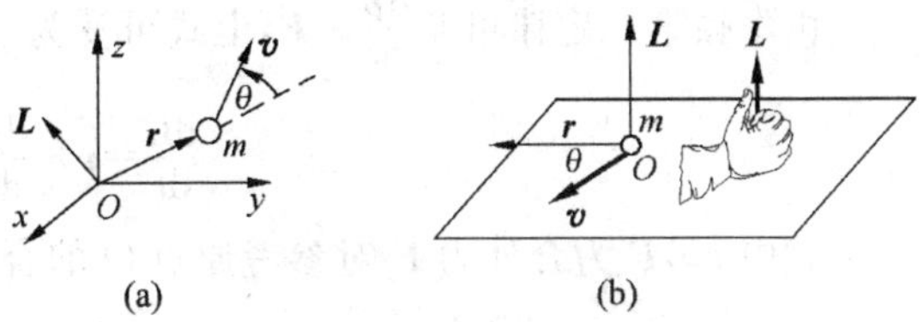

图 4-17 质点的角动量

角动量的大小为

$$L=rmv\sin\theta \tag{4-15}$$

式(4-15)中 θ 为位矢 $\boldsymbol{r}$ 和速度 $\boldsymbol{v}$ 之间的夹角.另外,由于速度 $\boldsymbol{v}$ 与动量 $\boldsymbol{p}$ 的方向一致,所以上述式子中描述 $\boldsymbol{v}$ 的方向可用 $\boldsymbol{p}$ 的方向来代替.在国际单位制中,角动量的单位为千克平方米每秒,其符号为 $kg \cdot m^2 \cdot s^{-1}$.

质点以角速度 ω 做半径为 r 的圆周运动时,由于任意点的位矢 $\boldsymbol{r}$ 和速度 $\boldsymbol{v}$ 总是垂直的,所以质点相对圆心的角动量 $\boldsymbol{L}$ 的大小为

$$L=mr^2\omega=J\omega$$

如图 4-18 所示.

应当注意的是:并非质点仅在做圆周运动时才具有角动量;质点做直线运动时,对于不在此直线上的参考点也具有角动量.角动量和所选取的参考点 O 的位置有关,参考点不同,角动量往往不同,因此,在描述质点的角动量时,必须指明是相对哪一点的角动量.

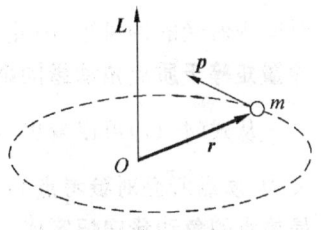

图 4-18 质点做圆周运动时的角动量

另外,虽然质点相对于任一直线(例如 z 轴)上的不同参考点的角动量是不相等的,但是这些角动量在该直线上的投影却是相等的.如图 4-19 所示,取 S 平面与 z 轴垂直,则质点对于 O 点及 O' 点的角动量分别为 L 与 L',L 和 L' 分别等于以 $\boldsymbol{r}$ 和 $m\boldsymbol{v}$ 为邻边及以 $\boldsymbol{r}'$ 和 $m\boldsymbol{v}$ 为邻边的平行四边形的面积,L 与 L' 在 z 轴上的投影分别是 $L_z=L\cos\alpha$ 和 $L'_z=L'\cos\alpha'$(α 和 α' 分别为 L 和 L' 与 z 轴间的夹角).由图 4-19 可以看出,L_z

和 L'_z 分别是相应的两个平行四边形在 S 面上的投影面积,两者是相同的,故

$$L_z = L'_z$$

下面介绍质点的角动量定理.

设质点在合外力 F 的作用下运动,某时刻其相对原点的位矢为 r,动量为 p.由角动量的定义,有

$$L = r \times p$$

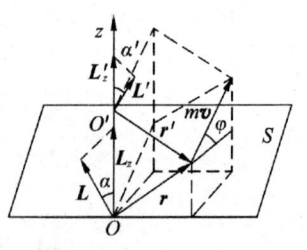

图 4-19　角动量的投影

上式两端同时对 t 求导,可得

$$\frac{\mathrm{d}L}{\mathrm{d}t} = \frac{\mathrm{d}}{\mathrm{d}t}(r \times p) = r \times \frac{\mathrm{d}p}{\mathrm{d}t} + \frac{\mathrm{d}r}{\mathrm{d}t} \times p$$

等式右面第二项中,由于 $\frac{\mathrm{d}r}{\mathrm{d}t} = v$,而 $v \times p = 0$,因此其第二项为零.可得

$$\frac{\mathrm{d}L}{\mathrm{d}t} = r \times \frac{\mathrm{d}p}{\mathrm{d}t}$$

由牛顿第二定律可知 $\frac{\mathrm{d}p}{\mathrm{d}t} = F$,上式可变为

$$\frac{\mathrm{d}L}{\mathrm{d}t} = r \times \frac{\mathrm{d}p}{\mathrm{d}t} = r \times F$$

式中 $r \times F$ 为合外力 F 对参考原点 O 的合力矩 M. 于是上式可写作

$$M = \frac{\mathrm{d}L}{\mathrm{d}t} \tag{4-16}$$

式(4-16)表明,作用于质点的合力对参考点 O 的力矩,等于质点对参考点 O 的角动量随时间的变化率.这就是**质点的角动量定理**.

式(4-16)还可写成 $\mathrm{d}L = M\mathrm{d}t$.若外力在质点上作用了一段时间,即有力矩对时间的积累,那么,对上式两端积分,可得

$$\int_{t_1}^{t_2} M \mathrm{d}t = L_2 - L_1 \tag{4-17}$$

式中,L_1 和 L_2 分别为质点在 t_1 和 t_2 时刻对参考点 O 的角动量,$\int_{t_1}^{t_2} M \mathrm{d}t$ 叫作质点在 $t_1 \sim t_2$ 时间内所受的冲量矩.因此,角动量定理还可表述为如下形式:对同一参考点 O,质点所受的冲量矩等于质点角动量的增量.

从式(4-17)可以看出,当质点所受的合外力矩为零,即 $\int_{t_1}^{t_2} M \mathrm{d}t = 0$ 时,$L_1 = L_2$.其物理意义为:质点所受对参考点 O 的合力矩为零时,质点对该参考点 O 的角动量为一恒矢量.这就是**质点的角动量守恒定律**.

可能有以下几种情况,导致质点的角动量守恒:一种是质点所受的合外力为零;另一种是合外力虽然不为零,但合外力过参考点,导致合外力矩为零,质点做匀速圆周运动时就属于这种情况,此时质点所受到的合力为向心力,对圆心的角动量守恒.另外,若作用力的作用线始终通过一点,则把这种力称为有心力,该点称为力心.只要作用于质点的力为向心力,那么,质点对于力心的力矩总是零,其角动量总是守恒.例如,以太阳为参考点,地球围绕太阳的角动量是守恒的.

【例 4-6】 一半径为 R 的光滑圆环置于竖直平面内，一质量为 m 的小球穿在圆环上，并可在圆环上滑动. 小球开始时静止于圆环上的 A 点（该点在通过环心 O 的水平面上），然后从 A 点开始下滑. 设小球与圆环间的摩擦略去不计，求小球滑到 B 点时对环心 O 的角动量和角速度.

解：如图 4-20 所示，小球受重力和支持力作用. 支持力指向圆心，其力矩为零，故小球所受合外力矩仅为重力矩，其方向垂直纸面向里，大小为

$$M = mgR\cos\theta$$

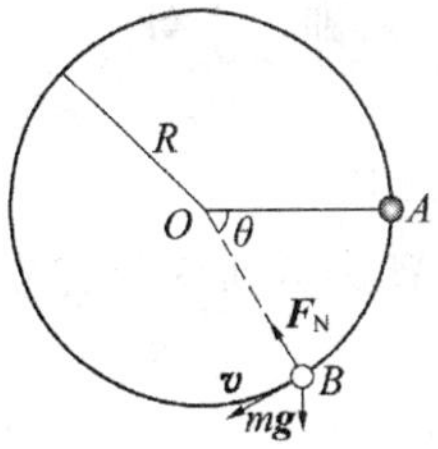

小球在下滑过程中，角动量的大小时刻变化，但是其方向始终垂直纸面向里. 由质点的角动量定理，得

$$\boldsymbol{M}\mathrm{d}t = \mathrm{d}\boldsymbol{L}$$

$$mgR\cos\theta = \frac{\mathrm{d}L}{\mathrm{d}t}$$

移项之后，得

$$\mathrm{d}L = mgR\cos\theta \mathrm{d}t$$

图 4-20 例 4-6 图

因为 $\omega = \dfrac{\mathrm{d}\theta}{\mathrm{d}t}, L = mRv = mR^2\omega$，所以上式左端乘以 L，右端乘以 $mR^2\omega$ 后其值不变，有

$$L\mathrm{d}L = m^2 g R^3 \cos\theta \mathrm{d}\theta$$

因为 $t=0$ 时，$\theta_0=0, L_0=0$，可对上式两端积分，得

$$\int_0^L L\mathrm{d}L = m^2 gR^3 \int_0^\theta \cos\theta \mathrm{d}\theta$$

因此，有

$$L = mR^{3/2}(2g\sin\theta)^{1/2}$$

将 $L = mR^2\omega$ 代入上式，可得

$$\omega = \left(\frac{2g}{R}\sin\theta\right)^{1/2}$$

4.3.2 刚体绕定轴转动的角动量定理

下面介绍由多个质点组成的系统——刚体绕定轴转动时的角动量定理.

如图 4-21 所示，以角速度 ω 绕定轴 Oz 转动的刚体上任意一点 m_i，距离中心轴为 r_i，其对于转轴的角动量为 $m_i r_i v_i = m_i r_i^2 \omega$. 由于刚体上所有质点都以相同的角速度绕 Oz 轴做圆周运动，因此，刚体上所有质点对转轴的角动量为

$$\boldsymbol{L} = \left(\sum_i m_i r_i^2\right)\boldsymbol{\omega}$$

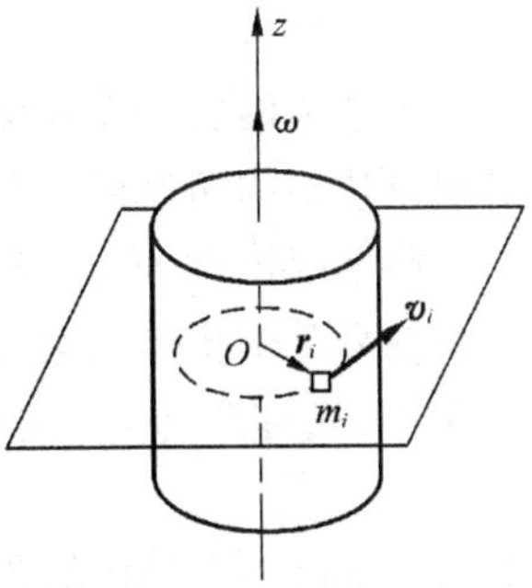

图 4-21 刚体的角动量

这也是刚体对转轴 Oz 的角动量.

可以看出，$\sum\limits_i m_i r_i^2$ 为刚体绕转轴 Oz 的转动惯量，即 $J = \sum\limits_i m_i r_i^2$. 因此，上式可写成

$$\boldsymbol{L} = J\boldsymbol{\omega} \tag{4-18}$$

对于刚体上任意质点 m_i，满足质点的角动量定理，设其所受的合力矩为 $\boldsymbol{M}_i$，则应有

$$M_i = \frac{d\boldsymbol{L}_i}{dt} = \frac{d}{dt}(m_i r_i^2 \boldsymbol{\omega})$$

而合力矩 M_i 既包括来自系统外的力的力矩（外力矩 M_{ei}），也包括来自系统内质点间力的力矩（即内力矩 M_{ii}）. 我们知道，对于绕定轴转动的刚体，其内部各质点间的内力矩之和为零，即 $\sum M_{ii} = 0$，因此，作用于绕定轴 Oz 转动的刚体的力矩 M 为

$$\boldsymbol{M} = \sum \boldsymbol{M}_{ei} = \frac{d}{dt}(\sum \boldsymbol{L}_i) = \frac{d}{dt}((\sum m_i r_i^2)\boldsymbol{\omega})$$

M 为其所受的合外力矩. 上式也可写成

$$\boldsymbol{M} = \frac{d\boldsymbol{L}}{dt} = \frac{d(J\boldsymbol{\omega})}{dt} \tag{4-19}$$

这就是**刚体绕定轴转动的角动量定理**：刚体绕定轴转动时，作用于刚体的合外力矩等于刚体绕此定轴的角动量随时间的变化率.

刚体的角动量定理也可用积分形式表示. 若在外力矩作用下，绕定轴转动的刚体角动量在 $t_1 \sim t_2$ 时间内，由 $L_1 = J\omega_1$ 变为 $L_2 = J\omega_2$，则其所受合力对给定轴的冲量矩为

$$\int_{t_1}^{t_2} M dt = J\omega_2 - J\omega_1 \tag{4-20a}$$

若刚体在转动过程中，其内部各质点对于转轴的距离或位置发生了变化，此时刚体的转动惯量也要相应发生变化. 设在 $t_1 \sim t_2$ 时间内，转动惯量由 J_1 变为 J_2，则式(4-20a)应写为

$$\int_{t_1}^{t_2} M dt = J_2\omega_2 - J_1\omega_1 \tag{4-20b}$$

式(4-20b)在由多个离散质点组成的质点系中表现得尤为明显.

式(4-20)表明，**定轴转动的刚体对轴的角动量的增量等于外力对该轴的冲量矩**.

4.3.3 刚体绕定轴转动的角动量守恒定律

由前面可知，质点所受的合外力矩为零时，质点对参考点的角动量守恒. 同样地，也可得出刚体绕定轴转动的角动量守恒定律，即当作用在刚体上的合外力矩为零，或外力矩虽然存在，但其沿转轴的分量为零时，刚体对给定轴的角动量守恒. 或表述为：若 $M=0$，则有

$$L = J\omega = 常量 \tag{4-21}$$

若刚体的转动惯量保持不变，刚体会以恒定角速度转动；若其转动惯量发生了变化，那么刚体转动的角速度也会发生相应变化，但二者的乘积保持不变.

如果刚体由多个离散物体组成，同样也可得出系统的角动量守恒定律. 最简单的情况，设系统由两个物体组成，其中一个物体的转动惯量为 J_1，角速度为 ω_1，另一个物体的转动惯量为 J_2，角速度为 ω_2，则有当 $M=0$ 时，

$$J_1\omega_1 = J_2\omega_2 = 常量 \tag{4-22}$$

即当系统内一个物体的角动量发生了变化，另外一个物体的角动量必然要发生与之相应的变化，从而保持整个系统的角动量不发生变化.

另外，角动量守恒定律是矢量式，它有三个分量，各分量可以分别守恒. 例如：

若 $M_x = 0$，则 $L_x = 常量$；

若 $M_y = 0$，则 $L_y = 常量$；

若 $M_z = 0$，则 $L_z = 常量$.

和动量守恒、能量守恒定律一样，角动量守恒定律也是自然界普遍适用的一条基本规律．日常生活中，好多现象也可用角动量守恒来解释．例如，滑冰运动员，在做旋转动作时，往往先将双臂展开旋转，然后迅速将双臂收拢靠近身体．这样，运动员就获得了更快的旋转角速度，如图 4-22 所示．又如跳水运动员的"团身—展体"动作，运动员在空中时往往将手臂和腿蜷缩起来，以减小其转动惯量，从而获得更大的角速度．在快入水时，又将手臂和腿伸展开，从而减小转动的角速度，保证能以一定的方向入水．

图 4-22　滑冰

【**例 4-7**】　如图 4-23 所示，一质量为 m 的子弹以水平速度 v_0 射入一悬挂着的长棒的下端，穿出后速度损失 3/4．求子弹穿出后棒的角速度 ω．已知棒长为 l，质量为 M．

解：在碰撞过程中，棒对子弹的阻力 f 和子弹对棒的作用力 f' 为作用力与反作用力，其大小相等，方向相反．

对子弹来说，在碰撞过程中，棒对子弹的阻力 f 的冲量为

$$\int f \mathrm{d}t = m(v - v_0) = -\frac{3}{4}mv_0$$

而子弹对棒的反作用力对棒的冲量矩为

$$\int f' l \mathrm{d}t = l \int f' \mathrm{d}t = J\omega$$

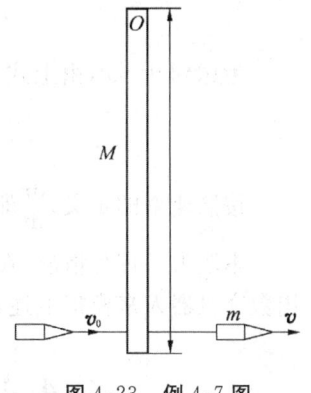

图 4-23　例 4-7 图

由于 $f' = -f$，又棒绕其一端转动时转动惯量 $J = \frac{1}{3}Ml^2$，上两式联立，可得

$$\omega = \frac{3mv_0 l}{4J} = \frac{9mv_0}{4Ml}$$

【**例 4-8**】　如图 4-24(a)所示，一质量很小、长度 l 的均匀细杆，可绕过其中心 O 并与纸面垂直的轴在竖直平面内转动．当细杆静止于水平位置时，有一只小虫以速率 v_0 垂直落在距点 O 为 $\dfrac{l}{4}$ 处，并背离点 O 向细杆的端点 A 爬行．设小虫与细杆的质量均为 m．问：欲使细杆以恒定的角速度转动，小虫应以多大速率向细杆端点爬行？

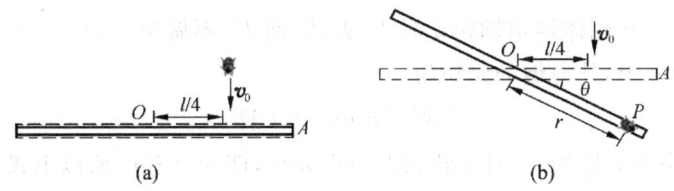

图 4-24　例 4-24 图

解：选小虫与细杆为系统，小虫落在细杆上，即小虫和细杆的碰撞可视为完全非弹性碰撞，因为碰撞时间极短，所以重力的冲量矩可以忽略．碰撞后，细杆连同小虫一起以角速度 ω 转动，见图 4-24(b)．碰撞前后系统角动量守恒，即

$$mv_0 \frac{l}{4} = \left[\frac{1}{12}ml^2 + m\left(\frac{l}{4}\right)^2\right]\omega$$

可得 $\omega = \dfrac{12v_0}{7l}$，为小虫和杆的共同角速度．

又因为细杆对转轴 O 的重力矩为零,所以小虫爬到距 O 点为 r 的 P 点时,系统所受到的外力矩仅为小虫的重力矩,即

$$M = mgr\cos\theta$$

又因为角速度恒定,由角动量定理,可得

$$M = \frac{dL}{dt} = \frac{d(J\omega)}{dt} = \omega \frac{dJ}{dt}$$

而小虫在 P 点时,小虫和细杆的转动惯量分别为 mr^2 和 $\frac{1}{12}ml^2$,因此

$$mgr\cos\theta = \omega \frac{d}{dt}\left(\frac{1}{12}ml^2 + mr^2\right) = 2mr\omega \frac{dr}{dt}$$

考虑到 $\theta = \omega t$,由上式可得

$$\frac{dr}{dt} = \frac{g}{2\omega}\cos\omega t = \frac{7lg}{24v_0}\cos\left(\frac{12v_0}{7l}t\right)$$

按照速率的定义,$\frac{dr}{dt}$ 即为小虫的爬行速率.

本题为一理想情况.在实际情况中,想控制小虫的爬行速度几乎是不可能的,但是可以用数字机器人来模拟上述过程.

4.4 刚体绕定轴转动的功能关系

本节要介绍的是力矩对空间的累积效应——力矩的功.

4.4.1 力矩的功与功率

力矩对绕定轴转动刚体做功的效果是:刚体在外力的作用下转动而发生了角位移.

如图 4-25 所示,刚体在外力 F 的作用下,围绕转轴转过了 $d\theta$ 角,即其角位移为 $d\theta$;力的作用点的位移为 $ds = rd\theta$.此时,可将外力 F 分解为沿着切向的分力 F_t 和沿着法向的分力 F_n.在刚体绕定轴转动时 F_t 做功,而 F_n 不做功.

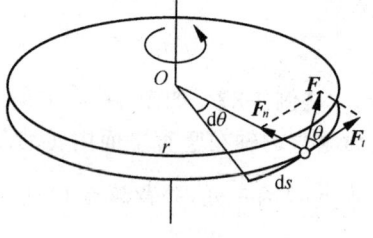

图 4-25 力矩的功

因此,在此过程中,外力做的元功为

$$dW = F_t ds = F_t r d\theta$$

又因为上式中 $F_t r$ 即为 F_t 对于转轴的力矩大小,即 $M = F_t r$,所以上式可写为

$$dW = M d\theta$$

若力矩的大小和方向都为恒定值,当刚体在此力矩作用下从角度 θ_0 转到角度 θ 时,外力矩做的总功为

$$W = \int_{\theta_0}^{\theta} dW = \int_{\theta_0}^{\theta} M d\theta = M \int_{\theta_0}^{\theta} d\theta = M(\theta - \theta_0) = M\Delta\theta \quad (4-23)$$

即合外力矩对绕定轴转动刚体所做的功为合外力矩与角位移的乘积.

按照功率的定义,单位时间内力矩对刚体做的功叫作力矩的功率.设刚体在外力矩作用下,在 dt 时间内转过了 $d\theta$ 角,力矩的功率为

$$P = \frac{dW}{dt} = M\frac{d\theta}{dt} = M\omega \tag{4-24}$$

4.4.2 刚体的转动动能

刚体绕定轴转动时,动能为刚体内所有质点动能的总和,叫作转动动能. 转动动能是动能的一种,也用符号"E_k"表示,我们把质点做平动时具有的动能叫作平动动能. 设刚体中各质量元的质量分别为 $\Delta m_1, \Delta m_2, \cdots, \Delta m_i, \cdots$,其线速率分别为 $v_1, v_2, \cdots, v_i, \cdots$,各质量元到转轴的垂直距离分别为 $r_1, r_2, \cdots, r_i, \cdots$,当刚体以角速度 ω 转动时,任一点 Δm_i 的动能为

$$\frac{1}{2}\Delta m_i v_i^2 = \frac{1}{2}\Delta m_i r_i^2 \omega^2$$

所以整个刚体的转动动能为

$$E_k = \sum_{i=1}^{n} \frac{1}{2}\Delta m_i r_i^2 \omega^2 = \frac{1}{2}\left(\sum_{i=1}^{n}\Delta m_i r_i^2\right)\omega^2$$

因为 $\sum_{i=1}^{n}\Delta m_i r_i^2$ 为刚体的转动惯量,所以上式可写为

$$E_k = \frac{1}{2}J\omega^2 \tag{4-25}$$

上式表明,**刚体绕定轴转动的转动动能等于刚体的转动惯量与其角速度的平方的乘积的一半**. 可以看出,转动动能与质点的平动动能 $E_k = \frac{1}{2}mv^2$ 相比,数学表达形式是完全一致的.

4.4.3 刚体绕定轴转动的动能定理

刚体在力矩的作用下转过一定角度,力矩对刚体做了功,做功的效果是改变刚体的转动状态,即改变了刚体的转动动能.

设刚体在合外力矩作用下,在 Δt 时间内,从角度 θ_0 转到角度 θ,其角速度从 ω_0 变为 ω,由合外力矩的功的定义,有

$$W = \int_{\theta_0}^{\theta} M d\theta$$

设转动惯量 J 为常量,力矩 $M = J\alpha = J\frac{d\omega}{dt}$,代入上式中,则功为

$$W = \int_{\theta_0}^{\theta} M d\theta = \int_{\theta_0}^{\theta} J\frac{d\omega}{dt} d\theta$$

而 $\omega = \frac{d\theta}{dt}$,则上式等价于

$$W = \int_{\omega_0}^{\omega} J\omega d\omega$$

即

$$W = \frac{1}{2}J\omega^2 - \frac{1}{2}J\omega_0^2 \tag{4-26}$$

这就是**刚体绕定轴转动的动能定理**:合外力矩对绕定轴转动的刚体做功的代数和等于**刚体转动动能的增量**.

当系统中既有平动的物体,又有转动的刚体,且系统中只有保守力做功,其他力与力矩不做功时,物体系的机械能守恒,这叫作物体系的机械能守恒定律.此时,物体系的机械能包括质点的平动动能、刚体的转动动能、势能等.具体情况可以具体分析.

【例 4-9】 如图 4-26 所示,质量为 m、半径为 R 的圆盘,以初角速度 ω_0 在摩擦因数为 μ 的水平面上绕质心轴转动,问:圆盘转动几圈后静止?

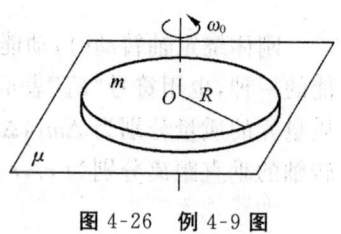

图 4-26　例 4-9 图

解: 以圆盘为研究对象,则圆盘在转动过程中只有摩擦力矩做功.

其始末状态动能分别为

$$E_{k0}=\frac{1}{2}J\omega_0^2 \ \text{和} \ E_k=0$$

根据绕定轴转动刚体的动能定理,摩擦力矩的功等于刚体转动动能的增量.下面我们求摩擦力矩的功,根据题意,先求摩擦力矩的大小.如图 4-27 所示,将圆盘分割成无限多个圆环.圆盘的面密度 $\sigma=\dfrac{m}{\pi R^2}$,圆环的质量 $\mathrm{d}m=\sigma \mathrm{d}S=\sigma 2\pi r\mathrm{d}r$,因此,每个圆环产生的摩擦力矩,即阻力矩 $\mathrm{d}M_{阻}=-\mu g r\mathrm{d}m$.

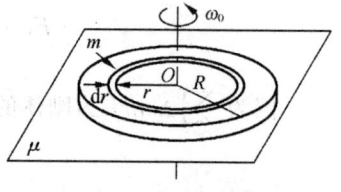

图 4-27　将圆盘分割成无限多个圆环

于是,可得整个圆盘产生的阻力矩为

$$M_{阻}=\int \mathrm{d}M_{阻}=-\int_0^R \mu g r\, \mathrm{d}m$$

$$=-\int_0^R 2\pi\mu g\sigma r^2\, \mathrm{d}r=-\frac{2}{3}mg\mu R$$

下面求阻力矩的功:

$$W_{阻}=\int M_{阻}\,\mathrm{d}\theta=-\int_0^\theta \frac{2}{3}mg\mu R\,\mathrm{d}\theta=-\frac{2}{3}mg\mu R\theta$$

由动能定理,可得

$$-\frac{2}{3}mg\mu R\theta=0-\frac{1}{2}J\omega_0^2$$

对绕中心轴转动的圆盘来说,转动惯量 $J=\dfrac{1}{2}mR^2$,将其代入上式中,可得转过的角度为

$$\theta=\frac{3J\omega_0^2}{4mg\mu R}$$

则转过的圈数为

$$n=\frac{\theta}{2\pi}=\frac{3R\omega_0^2}{16g\mu}$$

【例 4-10】 如图 4-28 所示,一质量为 M、半径为 R 的圆盘,可绕垂直通过盘心的无摩擦的水平轴转动.圆盘上绕有轻绳,一端挂质量为 m 的物体.问:物体从静止开始下落高度 h 时,其速度的大小为多少?设绳的质量忽略不计.

解: 如图 4-29 所示,取向下为正方向.

对圆盘转动起作用的力矩为向下的绳的拉力 T_1 的力矩.

设 θ、θ_0 和 ω、ω_0 分别为圆盘最终和起始时的角坐标和角速度.

拉力 T_1 对圆盘做功. 由刚体绕定轴转动的动能定理可得,拉力 T_1 的力矩所做的功为

$$\int_{\theta_0}^{\theta} T_1 R \mathrm{d}\theta = R\int_{\theta_0}^{\theta} T_1 \mathrm{d}\theta = \frac{1}{2}J\omega^2 - \frac{1}{2}J\omega_0^2$$

而物体受到向下的重力和向上的拉力,对物体应用质点动能定理,有

$$mgh - R\int_{\theta_0}^{\theta} T_1 \mathrm{d}\theta = \frac{1}{2}mv^2 - \frac{1}{2}mv_0^2$$

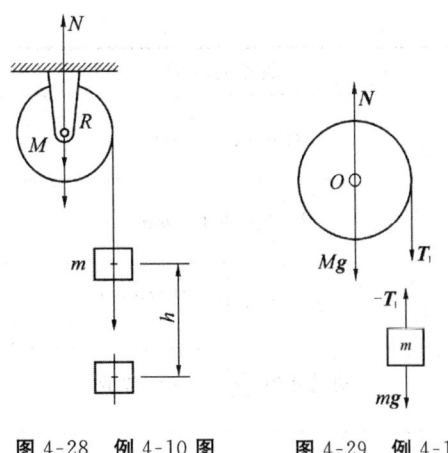

图 4-28 例 4-10 图   图 4-29 例 4-10 受力分析

因为物体由静止开始下落,所以 $v_0=0$, $\omega_0=0$. 并考虑到圆盘的转动惯量 $J=\frac{1}{2}MR^2$,而 $v=\omega R$,可得

$$v = 2\sqrt{\frac{mgh}{M+2m}} = \sqrt{\frac{m}{(M/2)+m}2gh}$$

本题也可用物体系的机械能守恒来计算. 取圆盘及物体为系统,因为系统内只有保守力做功,所以系统机械能守恒.

根据物体系机械能守恒定律,有

$$mgh = \frac{1}{2}J\omega^2 + \frac{1}{2}mv^2$$

将 $J=\frac{1}{2}MR^2$ 和 $v=\omega R$ 代入,同样可得

$$v = 2\sqrt{\frac{mgh}{M+2m}} = \sqrt{\frac{m}{(M/2)+m}2gh}$$

可以看出,应用物体系机械能守恒定律解题会更加简单.

刚体绕定轴转动的规律,可以对比前面质点运动的一些规律. 表 4-2 列举了这两方面一些对应的物理量和公式,供读者参考.

表 4-2 质点的运动规律和刚体绕定轴转动规律的对比

质点的运动	刚体的定轴转动
速度 $\boldsymbol{v}=\dfrac{\mathrm{d}\boldsymbol{r}}{\mathrm{d}t}$	角速度 $\omega=\dfrac{\mathrm{d}\theta}{\mathrm{d}t}$
加速度 $\boldsymbol{a}=\dfrac{\mathrm{d}\boldsymbol{v}}{\mathrm{d}t}$	角加速度 $\alpha=\dfrac{\mathrm{d}\omega}{\mathrm{d}t}$
质量 m,力 F	转动惯量 J,力矩 M
力的功 $W=\displaystyle\int_a^b \boldsymbol{F}\cdot\mathrm{d}\boldsymbol{r}$	力矩的功 $W=\displaystyle\int_{\theta_a}^{\theta_b} M\cdot\mathrm{d}\theta$

续表

质点的运动	刚体的定轴转动
动能 $E_k = \frac{1}{2}mv^2$	转动动能 $E_k = \frac{1}{2}J\omega^2$
运动定律 $\boldsymbol{F} = m\boldsymbol{a}$	运动定律 $\boldsymbol{M} = J\boldsymbol{\alpha}$
动量定理 $\boldsymbol{F} = \dfrac{\mathrm{d}(m\boldsymbol{v})}{\mathrm{d}t}$	角动量定理 $\boldsymbol{M} = \dfrac{\mathrm{d}(J\boldsymbol{\omega})}{\mathrm{d}t}$
动量守恒 $\sum_i m_i \boldsymbol{v}_i = $ 常量	角动量守恒 $\sum J\boldsymbol{\omega} = $ 常量
动能定理 $W = \frac{1}{2}mv^2 - \frac{1}{2}mv_0^2$	动能定理 $W = \frac{1}{2}J\omega^2 - \frac{1}{2}J\omega_0^2$

4.5 *进 动

日常生活中,并不是所有的刚体都围绕定轴转动,也有一些绕非定轴转动的现象存在.许多人玩过陀螺的游戏,陀螺在急速转动时,除了绕自身对称轴线转动外,对称轴还将绕竖直轴 Oz 转动,这种回转现象称为**进动**,又称为**旋进**.

图 4-30 所示为一个较简单的陀螺进动示意图.当陀螺按图示方向转动时,其对 O 点的角动量可以看作是对其本身对称轴的角动量.另外可以看出,陀螺所受的外力矩仅有重力的力矩 $\boldsymbol{M}$,其方向垂直于转轴和重力组成的平面.在 $\mathrm{d}t$ 时间内,陀螺的角动量由 $\boldsymbol{L}$ 增加到 $\boldsymbol{L} + \mathrm{d}\boldsymbol{L}$,即增加了 $\mathrm{d}\boldsymbol{L}$,由定义式 $\boldsymbol{M}\mathrm{d}t = \mathrm{d}\boldsymbol{L}$ 可以看出,$\mathrm{d}\boldsymbol{L}$ 的方向与外力矩的方向一致,因外力矩方向垂直于 $\boldsymbol{L}$ 的方向,故 $\mathrm{d}\boldsymbol{L}$ 和 $\boldsymbol{L}$ 的方向也互相垂直,使 $\boldsymbol{L}$ 大小不变而方向发生了变化.此时,陀螺按逆时针方向转过了角度 $\mathrm{d}\varphi$,将出现在途中 $\boldsymbol{L} + \mathrm{d}\boldsymbol{L}$ 的位置上,由图可以看出,此时

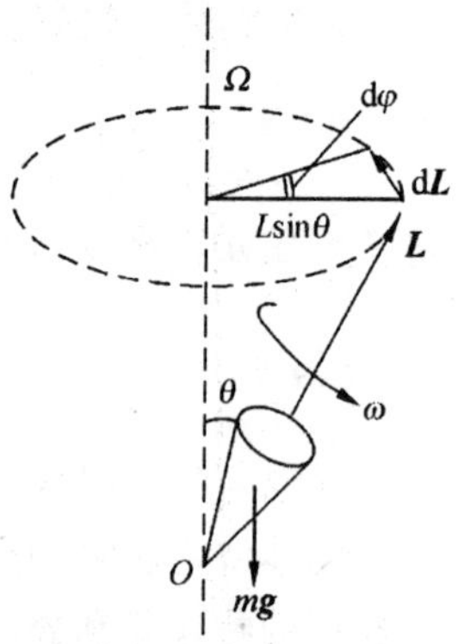

$$|\mathrm{d}\boldsymbol{L}| = L\sin\theta\mathrm{d}\varphi$$

图 4-30 进动

由于 $\mathrm{d}\boldsymbol{L} = \boldsymbol{M}\mathrm{d}t$,代入上式中,得

$$M\mathrm{d}t = L\sin\theta\mathrm{d}\varphi = J\omega\sin\theta\mathrm{d}\varphi$$

式中,ω 为陀螺自转的角速度,J 为陀螺绕自身轴转动时的转动惯量.按照定义,进动的角速度用符号"Ω"表示,$\Omega = \dfrac{\mathrm{d}\varphi}{\mathrm{d}t}$,得

$$\Omega = \frac{M}{J\omega\sin\theta} \tag{4-27}$$

进动现象应用非常广泛,子弹、炮弹、导弹在飞行时常遇到阻力,阻力往往可以使子弹发生反转而并不一定是弹头着地.为了解决这个问题,人们在枪膛或者炮膛中设计了来复线,使弹或者炮弹在飞行过程中绕自身的轴旋转,当遇到阻力偏离轴向后,产生进动,总的运动仍保持原方向前进.

进动的现象在微观世界中也能看到.例如,自旋电子在外磁场中一方面自转,另一方面还以外磁场的方向为轴做进动.我们在电磁学中还将会学到这方面的内容.

复习题

一、思考题

1. 汽车在转弯时做的运动是不是平动?在平直公路上向前运动时呢?

2. 平行于 z 轴的力对 z 轴的力矩一定是零,垂直于 z 轴的力对 z 轴的力矩一定不是零,这两种说法对吗?

3. 一个有固定轴的刚体,受到两个力作用,当这两个力的矢量和为零时,它们对轴的合力矩也一定是零吗?当这两个力的合力矩为零时,它们的矢量和也一定为零吗?举例说明之.

4. 影响刚体转动惯量的因素有哪些?

5. 一个系统动量守恒和角动量守恒的条件有何不同?

6. 两个半径相同的轮子,质量相同,但一个轮子的质量聚集在边缘附近,另一个轮子的质量分布比较均匀.试问:
(1) 如果它们的角动量相同,哪个轮子转得快?
(2) 如果它们的角速度相同,哪个轮子的角动量大?

7. 有的矢量是相对于一定点(或轴)来确定的,有的矢量则与定点(或轴)的选择无关.请指出下列矢量各属于哪一类:
(1) 位置矢量;(2) 位移;(3) 速度;(4) 动量;(5) 角动量;(6) 力;(7) 力矩.

8. 做匀速圆周运动的质点,对于圆周上的某一定点,它的角动量守恒吗?对于哪一个定点,它的角动量守恒?

9. 如果不计摩擦阻力,做单摆运动的质点,角动量是否守恒?为什么?

10. 一个生鸡蛋和一个熟鸡蛋放在桌子上使之旋转,请问如何判断哪个是生鸡蛋?哪个是熟鸡蛋?并说明原因.

11. 细线一端连接一质量 m 的小球,另一端穿过水平桌面上的光滑小孔,小球以角速度 ω_0 转动,用力 f 拉线,使转动半径从 r_0 减小到 $r_0/2$,则拉力做功是否为零?为什么?

二、计算题

1. 一因受制动而均匀减速的飞轮半径为 0.2m,减速前转速为 150r·min^{-1},经 30s 停止转动.求:
(1) 飞轮的角加速度以及在此时间内飞轮所转的圈数;
(2) 制动开始后 $t=6$s 时飞轮的角速度;
(3) $t=6$s 时飞轮边缘上一点的线速度、切向加速度和法向加速度.

2. 设一质量为 m、长为 l 的均匀细棒,可在水平桌面上绕通过其一端的竖直固定轴转动,已知细棒与桌面的摩擦因数为 μ,求棒转动时受到的摩擦力矩的大小.

3. 一转轮的质量为 60kg、直径为 0.50m、转速为 1000r/min,现要求在 5s 内使其制动,求制动力 F 的大小.设闸瓦与转轮之间的摩擦因数 $\mu=0.4$,且转轮的质量全部分布在轮的外周上.

4. 风扇在开启电源后,经 t_1 时间达到了额定转速,此时的角速度为 ω_0;当关闭电源后,

经过 t_2 时间风扇停止转动.已知风扇电机转子的转动惯量为 J,并假设摩擦阻力矩和电机的电磁力矩均为常量,求电机的电磁力矩.

5. 如图 4-31 所示,两个同心圆盘结合在一起可绕中心轴转动,大圆盘质量为 m_1、半径为 R,小圆盘质量为 m_2、半径为 r,两圆盘都受到力 f 作用,求同心圆盘的角加速度.

6. 如图 4-32 所示,设一光滑斜面倾角为 θ,顶端固定一半径为 R、质量为 M 的定滑轮,一质量为 m 的物体用一轻绳缠在定滑轮上沿斜面下滑.试求物体下滑的加速度 a.

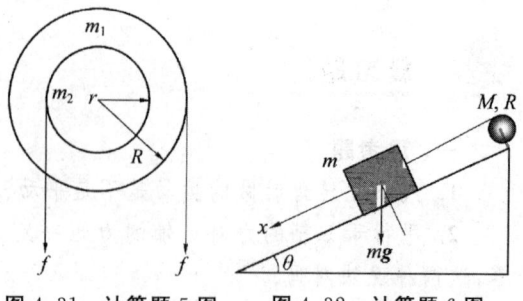

图 4-31　计算题 5 图　　图 4-32　计算题 6 图

7. 一电动机带动一个转动惯量 $J=50\,\text{kg}\cdot\text{m}^2$ 的系统做定轴转动,在 0.5s 内由静止开始最后达到 120r/min 的转速.假定在这一过程中转速是均匀增加的,求电动机对转动系统施加的力矩.

8. 如图 4-33 所示,物体 1 和 2 的质量分别为 m_1 与 m_2,滑轮的转动惯量为 J,半径为 r.

（1）如物体 2 与桌面间的摩擦因数为 μ,求系统的加速度 a 及绳中的张力 T_1 和 T_2(设绳子与滑轮间无相对滑动,滑轮与转轴无摩擦);

（2）如物体 2 与桌面间为光滑接触,求系统的加速度 a 及绳中的张力 T_1 和 T_2.

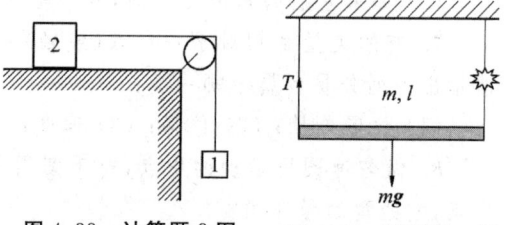

图 4-33　计算题 8 图　　图 4-34　计算题 9 图

*9. 如图 4-34 所示,质量为 m、长为 l 的细杆两端用细线悬挂在天花板上,当其中一细线烧断的瞬间,另一根细线中的张力为多大?

10. 在光滑水平桌面上放置一个静止的质量为 M、长为 $2l$、可绕中心转动的细杆,有一质量为 m 的小球以速度 v_0 与杆的一端发生完全弹性碰撞,求小球的反弹速度 v 及杆的转动角速度 ω.

11. 如图 4-35 所示,匀质圆盘 M 静止,有一黏土块 m 从高 h 处下落,并与圆盘粘在一起.已知 $M=2m$,$\theta=60°$.求碰撞后瞬间圆盘角速度 ω_0 的值.P 点转到 x 轴时圆盘的角速度和角加速度各为多少?

12. 如图 4-36 所示,一轻绳绕过一半径为 R、质量为 $\dfrac{m}{4}$ 的滑轮.质量为 m 的人抓住了绳的一端,在绳的另一端系一个质量为 $\dfrac{m}{2}$ 的重物.求当人相对于绳匀速上爬时重物上升的加速度.

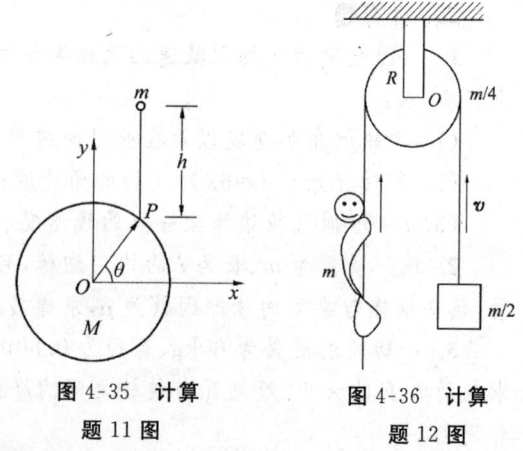

图 4-35　计算题 11 图　　图 4-36　计算题 12 图

13. 一轻绳绕在有水平轴的定滑轮上,滑轮质量为 m,绳下端挂一物体,物体所受重力为 mg,滑轮的角加速度为 α_1.若将物体去掉而以与 mg 相等的力直接向下拉绳子,试比较滑轮的角加速度 α_2 与 α_1 的大小.

***14.** 一质量为 m、长为 l 的均匀棒,若用水平力 F 打击在离轴下 y 处,求轴的反作用力.

15. 一轻绳绕于半径 $r=20$cm 的飞轮边缘,在绳端施以大小为 98N 的拉力,飞轮的转动惯量 $J=0.5$kg·m^2.设绳子与滑轮间无相对滑动,飞轮和转轴间的摩擦不计.试求:

(1) 飞轮的角加速度;

(2) 当绳端下降 5m 时飞轮的动能;

(3) 如以质量 $m=10$kg 的物体挂在绳端,试计算飞轮的角加速度.

16. 如图 4-37 所示,一圆柱体质量为 m,长为 l,半径为 R,用两根轻软的绳子对称地绕在圆柱两端,两绳的另一端分别系在天花板上.现将圆柱体从静止释放,试求:

(1) 它向下运动的线加速度;

(2) 它向下加速运动时两绳的张力.

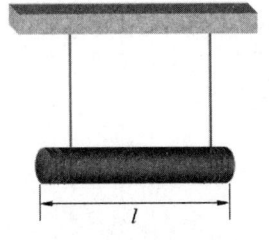
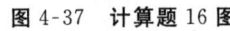
图 4-37　计算题 16 图

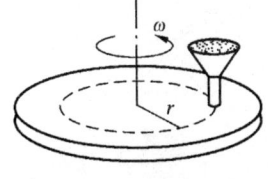
图 4-38　计算题 17 图

17. 如图 4-38 所示,转台绕中心竖直轴以角速度 ω 做匀速转动.转台对该轴的转动惯量 $J=5\times10^{-5}$kg·m^2.现有砂粒以 1g/s 的流量落到转台,并粘在台面形成一半径 $r=0.1$m 的圆.试求砂粒落到转台,使转台角速度变为 $\frac{\omega}{2}$ 所花的时间.

***18.** 半径为 R 的均匀细圆环,可绕通过环上 O 点且垂直于环面的水平光滑轴在竖直平面内转动.若环最初静止时直径 OA 沿水平方向(图 4-39),环由此位置下摆,求 A 到达最低位置时的速度.

19. 如图 4-40 所示,人和转盘的转动惯量为 J_0,哑铃的质量为 m,初始转速为 ω_1.求双臂收缩由 r_1 变为 r_2 时的角速度及机械能增量.

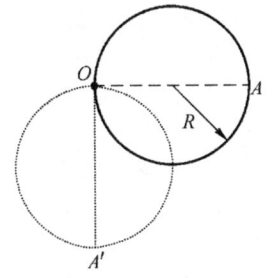
图 4-39　计算题 18 图

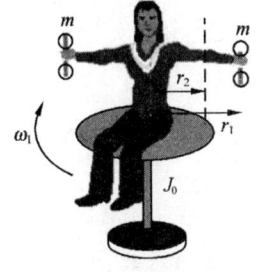
图 4-40　计算题 19 图

20. 质量为 M、长为 L 的均质细棒静止平放在动摩擦因数为 μ 的水平桌面上,它可绕经过 O 点且垂直于桌面的固定光滑轴转动.另有一水平运动的质量为 m 的小滑块,从侧面垂直于棒的方向与棒发生碰撞,设碰撞时间极短.已知碰撞前后小滑块的速度分别为 v_1 和 v_2.求细棒碰撞后直到静止所需的时间.

21. 如图 4-41 所示,质量为 M、半径为 R 并以角速度 ω 旋转的飞轮,在某一瞬时,突然有一片质量为 m 的碎片从轮的边缘飞出.假定碎片脱离飞轮时的速度正好向上,设其速度为 v_0.求:

(1) 碎片上升的高度;

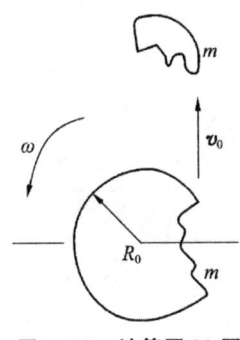
图 4-41　计算题 21 图

(2) 余下部分的角速度、角动量及动能．

*22. 行星在椭圆轨道上绕太阳运动，太阳质量为 m_1，行星质量为 m_2，行星在近日点和远日点时离太阳中心的距离分别为 r_1 和 r_2，求行星在轨道上运动的总能量．

23. 如图 4-42 所示，弹簧的劲度系数 $k=2.0\text{N/m}$，轮子的转动惯量为 $0.5\text{kg}\cdot\text{m}^2$，轮子半径 $r=30\text{cm}$．当质量为 60kg 的物体落下 40cm 时，其速率是多大？假设开始时物体静止而弹簧无伸长．

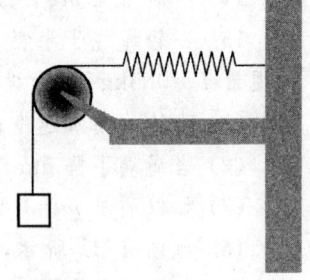

图 4-42　计算题 23 图

第2篇 热学

热学是研究物质热现象、热运动规律以及热运动同其他运动形式之间转化规律的一门学科.它起源于人类对生存领域气候变化冷热现象的探索.

本篇共有两章,前一章介绍热运动的微观理论——气体动力学.热运动的宏观表现是热现象,热现象的产生是物质内部大量分子无规则运动导致的.在讨论和研究热现象规律时,物体的整体宏观机械运动已不再属于讨论的范畴.区别于机械运动,这一章将从分子动理论观点出发,运用统计方法来寻求宏观量与微观量之间的联系,以便揭示其微观本质.

后一章介绍的是热运动的宏观理论——热力学基础.它从能量观点出发,以观察和实验为基础,研究气体分子热运动的宏观性质和变化规律,并不涉及物质的微观结构和微观粒子的相互作用.热力学理论得出的结果具有高度的普遍性和可靠性,也可用来证实微观理论的正确性.

虽然,气体动力学和热力学基础的研究对象都是热现象,但是它们从不同的角度研究了物质的热运动规律.两者是相辅相成的,缺一不可.

第5章

气体动力学

学习目标

- 了解气体分子热运动的图像,理解平衡态、理想气体等概念.
- 熟练掌握理想气体的压强公式和温度公式,能从宏观以及微观两方面理解压强和温度的统计意义.
- 掌握分子自由度的概念,理解能量均分定理,会计算理想气体的内能.
- 理解麦克斯韦速率分布律、速率分布函数和速率分布曲线的物理意义.
- 掌握气体分子热运动的三种统计速度的概念,并学会计算.
- 掌握气体分子平均自由程和平均碰撞次数的概念以及公式.

本章主要讨论有关气体性质和现象的宏观规律,从气体分子热运动出发,利用经典统计的方法揭示和解释气体宏观性质及其宏观规律的微观本质.本章的主要内容有:热力学平衡态、理想气体的压强和温度的微观本质、气体分子速率分布律和气体中的输运过程.

5.1 热运动的描述 理想气体的状态方程

力学中,物体的运动状态可以通过位移和速度来描述,电磁学中,则通过电场强度和磁场强度来描述,我们把这些描述物体状态及其变化的参量称为状态参量.状态参量可以是力学参量、电磁参量、几何参量、化学参量等.根据系统本身的性质,可以选择合适的状态参量来描述系统的状态.

5.1.1 气体的状态参量

热学中,气体中包含有大量的分子.位移和速度只能描述每一个分子的微观状态,而不能表征气体的宏观状态.实验表明,一般情况下,对于一定量的气体,可以通过气体的体积、压强和温度来描述气体的状态.这三个物理量就是**气体的状态参量**.

气体的体积指的是盛装气体的容器的体积,即气体分子所能达到的空间,用符号"V"来表示.在国际单位制(SI)中,单位为立方米,符号是"m^3",有时也用升(立方分米)做单位,符号是"L",$1L=10^{-3}m^3$.

注意:气体的体积与气体分子自身体积总和是完全不同的.

气体的压强指的是气体作用于容器壁,容器壁上单位面积所受到的力,用符号"p"表示.单位为帕斯卡(Pa),即牛顿/平方米($N \cdot m^{-2}$),常用单位还有标准大气压(atm),其换算公式为

$$1\text{atm} = 1.01325 \times 10^5 \text{Pa}$$

气体的温度是物质内部分子运动剧烈程度的宏观表征,可以用温度来描述物体的冷热程度.温度的数值表示法称为温标,常用的温标有两种,一种是国际单位制(SI)中的热力学温标 T,单位为开尔文(K).按照国际规定,热力学温标是最基本的温标.另一种是摄氏温标 t,单位是摄氏度(℃),它是由热力学温标导出的,一般规定热力学温度 273.15K 为摄氏温标的零点($t=0$),即

$$t = T - 273.15$$

当然,研究气体在电场中的性质时,还必须考虑用电场强度和极化强度来描述气体系统的电状态.当研究的是混合气体时,这时各种化学成分的含量是不同的,需要用到反映各种化学成分的参量.究竟需要增加哪些参量才能对气体系统的状态做完全的描述,这将由气体系统本身的性质决定.

5.1.2 平衡态

热力学系统的宏观状态可以分为两类:平衡态和非平衡态.比如,有一封闭容器用隔板将其分为 A 和 B 两部分,开始时 A 部充满气体,B 部为真空.将隔板抽去后,A 部的气体就会向 B 部运动,如图 5-1 所示.在此过程中,气体内各处的状况是不均匀的,随时间而改变,最后达到处处均匀一致的状态.如果没有外界影响,系统的温度和压强将不再随时间变化,容器中气体将始终保持这一状态不变,此时,气体处于平衡状态.

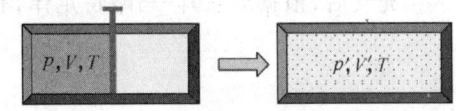

图 5-1 平衡态和非平衡态

这样的现象很多,实验总结得到:**一定量的气体,在不受外界的影响下,经过一定的时间,系统达到一个稳定的宏观性质不随时间变化的状态,称为平衡态**.实际中并不存在完全不受外界影响的系统,平衡态只是一个理想状态,是一定条件下对实际状态的近似.

注意:平衡态是指系统的宏观性质不随时间而改变,但是微观上,分子的无规则的热运动并没有停止.因此,热力学中的平衡态实际上是一种热动平衡.

5.1.3 理想气体的状态方程

实验表明,表征一定量气体平衡态的三个参量 p、V 和 T 中,当任一个参量发生变化时,其他两个参量也将随之变化.各种实际气体在压强不太大、温度不太低时,遵从玻意耳(R. Boyle)-马略特定律、盖·吕萨克(J. L. Gay-Lussac)定律和查理(J. A. C. Charles)定律.不难推出,质量为 M、摩尔质量为 M_{mol} 的气体,在任一平衡态时状态量之间有如下关系:

$$pV = \nu RT = \frac{M}{M_{mol}}RT \tag{5-1}$$

我们把任何情况下都严格遵从式(5-1)的气体称为**理想气体**,式(5-1)称为**理想气体物态方程**,又称为**克拉珀龙方程**.R 是摩尔气体常量,且 $R = 8.31 \text{J} \cdot \text{mol}^{-1} \cdot \text{K}^{-1}$,$\nu$ 是气体的摩尔数.若某个气体分子质量为 m,体积 V 中的气体分子数为 N,分子数密度为 n,则 $\frac{N}{V} = n$,且 $\frac{N}{N_A} = \frac{M}{M_{mol}} = \nu$,于是,理想气体的物态方程又可写为

$$p = \frac{N}{VN_A}RT = n\frac{R}{N_A}T = nkT \tag{5-2}$$

式中，k 称为玻耳兹曼常数，$k=1.38\times 10^{-23}$ J·K^{-1}.

从上面的分析可知，理想气体的各状态参量只要确定任意两个，就可确定气体的一个平衡态. 如图 5-2 所示的 p-V 曲线，曲线上任一点都对应着一个平衡态，任一曲线就是一个平衡过程. 图 5-2 描述的是温度一定时，压强随体积变化的曲线，称为等温线. 随着温度增加，相应的等温线位置变高.

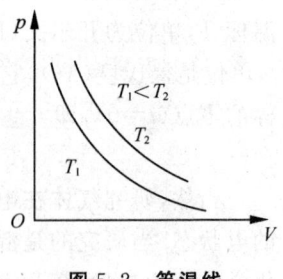

图 5-2　等温线

【例 5-1】　一氧气瓶容积 $V=30$L，充满氧气后压强为 130atm，氧气厂规定，当压强降到 10atm 时就应重新充气. 今有一车间每天需用 $V_0=40$L、$p_0=1$atm 的氧气. 问一瓶氧气可用多少天？设氧气为理想气体.

解：氧气在使用过程中温度不变，计算的关键是比较使用前后的氧气的体积. 设充气后瓶内氧气体积为 V_1，压强为 p_1；使用后瓶内剩余氧气的体积为 V_2，压强为 p_2；用去的氧气体积为 V_3.

充气后，根据玻意耳-马略特定律，有

$$p_1 V = p_0 V_1$$

得

$$V_1 = \frac{p_1 V}{p_0}$$

使用后，由玻意耳-马略特定律，有

$$p_2 V = p_0 V_2$$

解得

$$V_2 = \frac{p_2 V}{p_0}$$

故用去的氧气体积为

$$V_3 = V_1 - V_2 = \frac{(p_1 - p_2)V}{p_0}$$

所以可用的天数为

$$n = \frac{V_3}{V_0} = \frac{(130-10)\times 30}{1\times 40} = 90$$

5.2　分子热运动的统计规律性

投掷骰子时，我们不能预先知道骰子一定出现几点，从 1 点到 6 点都有可能，也就是说，骰子出现哪几点纯属偶然. 但是，当我们投掷骰子的次数很多时，出现 1 点到 6 点中任一点的次数几乎相等，约为总次数的 $\frac{1}{6}$. 这说明，投掷骰子一次，出现的点数是偶然的，但是大量地投掷时，骰子点数的出现呈现一定统计规律.

又如用伽尔顿板实验测量小球落入狭槽的规律. 如图 5-3 所示，在一块竖直平板的上部钉上一排排的等间距的铁钉,下部用竖直隔板隔成等宽的狭槽,然后用透明板封盖,在顶端装一漏斗形入口.此装置称为伽尔顿板.

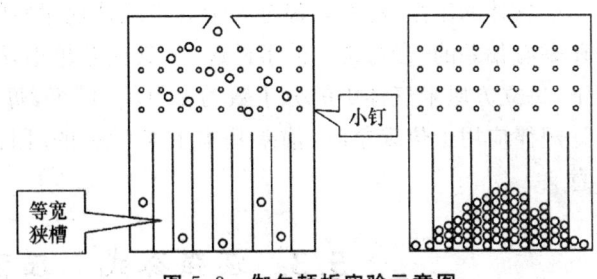

图 5-3　伽尔顿板实验示意图

取一小球从入口投入,小球在下落过程中将与一些铁钉碰撞,最后落入某一槽中,再投入另一小球,它下落在哪个狭槽与前者可能完全不同,这说明单个小球下落时与一些铁钉碰撞,最后落入哪个狭槽完全是无法预测的偶然事件.但是,如果把大量小球从入口慢慢倒入,我们会发现总体上按狭槽的分布有确定的规律性:落入中央狭槽的小球较多,而落入两端狭槽的小球较少,离中央越远的狭槽落入的小球越少.上述实验表明,对于单个小球落入哪个狭槽完全是偶然的,但大量的小球按狭槽的分布呈现出一定的规律性.

大量气体分子都在不停地做无规则运动,虽然单个分子的运动行为是偶然的,运动轨迹是无规则的,但是大量分子所组成的系统却表现出一定的规律性.我们把这种大量随机事件的总体所具有的规律性,称为统计规律性.

容器中气体的单个分子的运动是随机的,大量气体分子热运动的集体表现将服从宏观统计规律.不难观察到,气体在平衡态时,分子热运动满足下面的统计假设.

(1) 容器内气体的分子数密度 n 处处相同.

(2) 分子沿各个方向运动的机会是相等的,在任何一个方向的运动并不比其他方向占有优势.也就是说,在沿着各个方向运动的分子数目都是相等的.如在正方体积元 ΔV 中,在相同的时间间隔 Δt 内,朝着直角坐标系的 x、$-x$、y、$-y$、z 和 $-z$ 轴等各个方向运动的分子数应相等,并且都等于 ΔV 中分子数 ΔN 的 $\frac{1}{6}$,即

$$\Delta N_x = \Delta N_{-x} = \Delta N_y = \Delta N_{-y} = \Delta N_z = \Delta N_{-z} = \frac{1}{6}\Delta N$$

(3) 分子速度在各个方向上的分量的各种统计平均值相等.若气体含有 N 个分子,其分子速度的分量分别为 v_x、v_y、v_z,它们的平均值为

$$\overline{v_i} = \frac{v_{1i} + v_{2i} + \cdots + v_{Ni}}{N} \quad (i = x, y, z)$$

由于速度是矢量,正负方向的分量值互相抵消,即

$$\overline{v_x} = \overline{v_y} = \overline{v_z} = 0 \tag{5-3}$$

气体分子速度的分量的平方平均值为

$$\overline{v_i^2} = \frac{v_{1i}^2 + v_{2i}^2 + \cdots + v_{Ni}^2}{N} \quad (i = x, y, z) \text{ 且 } \overline{v_x^2} = \overline{v_y^2} = \overline{v_z^2}$$

由于

$$\overline{v^2} = \overline{v_x^2} + \overline{v_y^2} + \overline{v_z^2}$$

故得

$$\overline{v_x^2} = \overline{v_y^2} = \overline{v_z^2} = \frac{1}{3}\overline{v^2} \tag{5-4}$$

气体的压强、温度等都是大量分子统计规律性的表现. 所计算的统计平均值与实际数值还是有偏差的. 参与统计的事件越多,其偏差越小,统计平均值就越接近实际值. 如标准状态下,每立方厘米气体中的分子数为 2.0×10^{19} 个,每秒内总的碰撞次数约为 10^{29}. 这时,将统计规律应用于热现象时,偏差基本上是没有的. 因此,统计规律性对大量分子的整体才有意义.

5.3 压强公式 压强的统计意义

理想气体的压强是描述气体状态的宏观量,为了解释其微观本质,我们先建立一个微观模型,然后运用统计平均的方法,找出气体的宏观量与微观量的统计平均值之间的关系,从而揭示宏观量和微观量的联系.

5.3.1 理想气体的微观模型

气体中各分子之间的距离约是分子线度的 10 倍,所以,可以把气体看作是间距很大的分子的集合,即可以把理想气体简化为一个理想模型,它有如下特点:

(1) 由于分子的线度 $d\approx10^{-10}$ m,分子间间距 $r\approx10^{-9}$ m,$d\ll r$,故分子可视为质点.

(2) 除碰撞瞬间外,分子间的相互作用力和分子与器壁之间的相互作用力可忽略不计. 在两次碰撞之间,分子的运动可以视为匀速直线运动.

(3) 分子间发生的碰撞均为完全弹性碰撞,气体分子的动能不因碰撞而损失.

(4) 单个分子的运动服从经典力学的规律. 若没有特别强调,不计分子的重力.

5.3.2 理想气体的压强公式及统计意义

无规则运动的气体分子不断地与容器壁碰撞,如同雨滴打到伞上一样. 一个雨滴打在伞上是断续的,大量雨滴打在伞上对伞产生一个持续的压力. 就某一个分子来说,它对容器壁的碰撞是断续的,每次给器壁的冲量是随机的;但对大量分子来说,某一时刻许多分子与器壁碰撞,宏观上表现为一个恒定的、持续的压力作用在容器壁上.

取一个边长分别为 x、y 和 z 的长方体容器,如图 5-4(a) 所示,容器中有 N 个相同的质量为 m 的气体分子,在平衡态时,容器各处的分子数密度相同,气体分子沿各个方向运动的概率是相等的,则器壁各处的压强是完全相等的,我们只需计算任一器壁 A_1 所受的压强.

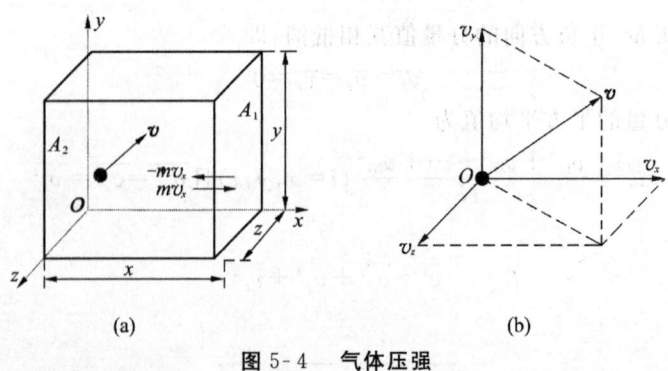

图 5-4 气体压强

首先考虑单一分子在碰撞中对器壁 A_1 的作用. 设某一分子速度为 $\boldsymbol{v}$, 在 x、y 和 z 三个方向的分量分别为 v_x、v_y 和 v_z. 在水平方向, 分子以速度 v_x 与 A_1 面发生弹性碰撞, 碰撞过程中动量守恒和机械能守恒, 分子将被反弹回来, 速度为 $-v_x$, 故碰撞一次分子在 x 方向的动量改变量 $\Delta p = -2mv_x$. 由动量定理知, A_1 面施加给该分子的冲量为 $-2mv_x$, 则该分子给 A_1 面施加的冲量为 $2mv_x$.

分子以 $-v_x$ 继续匀速运动 $t = \dfrac{x}{v_x}$ 后, 分子到达 A_2. 同样发生弹性碰撞, 然后被反弹回来. 因此, 分子在 A_1 和 A_2 之间做往返运动, 且往返一次所需时间 $t = \dfrac{2x}{v_x}$. 则单位时间内和 A_1 发生碰撞的次数为 $\dfrac{v_x}{2x}$, 单位时间内该分子给 A_1 面施加的冲量为

$$\Delta I = 2mv_x \dfrac{v_x}{2x} = \dfrac{mv_x^2}{x}$$

在容器里, 分子数目是很大的, 每一个分子都会和器壁发生碰撞, 从统计角度来看, 这样的碰撞是均匀地分布在器壁的各部位, 整体相当于有一个均匀的力作用在器壁 A_1 上. 则单位时间内 N 个粒子对器壁的总冲量为

$$\sum_i \dfrac{mv_{ix}^2}{x} = \dfrac{m}{x} \sum_i v_{ix}^2 = \dfrac{Nm}{x} \sum_i \dfrac{v_{ix}^2}{N} = \dfrac{Nm}{x}\overline{v_x^2}$$

所以 A_1 面上单位时间内所受到的冲力为

$$\overline{F} = \dfrac{\overline{v_x^2} Nm}{x}$$

器壁受到的压强为

$$p = \dfrac{\overline{F}}{yz} = \dfrac{Nm}{xyz}\overline{v_x^2}$$

又 $n = \dfrac{N}{xyz}$, $\overline{v_x^2} = \dfrac{1}{3}\overline{v^2}$, 则有

$$p = \dfrac{1}{3} nm \overline{v^2}$$

又可写为

$$p = \dfrac{2}{3} n \bar{\varepsilon}_k \tag{5-5}$$

其中, $\bar{\varepsilon}_k = \dfrac{1}{2} m \overline{v^2}$ 定义为气体的平均平动动能. 从式(5-5)可以看出, 理想气体的压强 p 取决于单位体积内的分子数 n 和分子的平均平动动能 $\bar{\varepsilon}_k$. n 和 $\bar{\varepsilon}_k$ 越大, 压强 p 越大. 即单位体积内分子数越多, 分子与器壁碰撞的次数就越多, 理想气体的压强就越大; 分子运动越剧烈, 分子对器壁碰撞的冲量就越大, 理想气体的压强就越大.

压强是大量分子对器壁碰撞的统计平均值. 离开了"大量分子"这一前提, 压强这一概念就失去意义. 从压强公式来看, 单位体积内的分子数是偶然的, n 是一个统计平均值, 气体分子的平均平动动能 $\bar{\varepsilon}_k$ 也是一个统计平均值. 因此, 压强公式通过宏观量 p 将微观量的统计平均值 n 和 $\bar{\varepsilon}_k$ 联系了起来, 揭示了宏观量和微观量的关系. 压强公式只是一个统计规律, 不是一个力学规律. 我们可以通过该公式来解释理想气体的有关实验定律, 但是无法实现用实验直接验证.

5.4 理想气体分子的平均平动动能与温度的关系

将理想气体的状态方程 $p=nkT$ 代入式(5-5)中,得理想气体的温度 T 与其分子平均平动动能 $\bar{\varepsilon}_k$ 的关系为

$$\bar{\varepsilon}_k = \frac{1}{2}m\overline{v^2} = \frac{3}{2}kT \tag{5-6}$$

式(5-6)表明气体分子的平均平动动能 $\bar{\varepsilon}_k$ 与系统的热力学温度 T 成正比,与气体性质无关.它从微观的角度阐明了温度的实质,表明温度是气体分子平均平动动能的量度.温度越高,物体内部分子无规则热运动越剧烈.所以,处于同一温度时的平衡态的任两种气体的平均平动动能是相等的.温度和压强一样是宏观量,它是大量分子热运动的集体表现,对于个别分子来说,温度是没有意义的.

从式(5-6)也可得到,当温度达到绝对零度时,分子的平均平动动能等于零.事实告诉我们,在未达到绝对零度前,气体就已转变为液体和固体,其性质和行为显然不能再用理想气体状态方程来描述,此时,由其所得到的公式也不再适用.

【例 5-2】 一容器内储有氧气,其压强为 1.01×10^5 Pa,温度为 27.0℃,求:
(1) 氧气的分子数密度;
(2) 氧气的密度;
(3) 分子的平均平动动能;
(4) 分子间的平均距离.(设分子间均匀等距排列)

解: (1) 由理想气体状态方程 $p=nkT$,可得氧气的分子数密度为

$$n = \frac{p}{kT} = \frac{1.01\times10^5}{1.38\times10^{-23}\times300}\text{ m}^{-3} \approx 2.44\times10^{25}\text{ m}^{-3}$$

(2) 由理想气体状态方程 $pV=\frac{M}{M_{mol}}RT$,可得氧气的密度为

$$\rho = \frac{M}{V} = \frac{pM_{mol}}{RT} = \frac{1.01\times10^5\times32\times10^{-3}}{8.31\times300}\text{ kg/m}^3 \approx 1.30\text{ kg/m}^3$$

(3) 由气体分子平均平动动能的公式,可得氧分子的平均平动动能为

$$\bar{\varepsilon}_k = \frac{3}{2}kT = \frac{3}{2}\times1.38\times10^{-23}\times300\text{ J} = 6.21\times10^{-21}\text{ J}$$

(4) 设氧气分子间的平均距离为 $\bar{d}$,由于分子间均匀等距排列,平均每个分子占有的体积为 d^{-3},则 1m³ 含有的分子数为 $\frac{1}{d^{-3}}=n$.

因此

$$\bar{d} = \sqrt[3]{\frac{1}{n}} = \sqrt[3]{\frac{1}{2.44\times10^{25}}}\text{ m} \approx 3.45\times10^{-9}\text{ m}$$

5.5 能量均分定理 理想气体的内能

气体分子本身有一定的大小和较复杂的内部结构.分子除平动外,还有转动和分子内部原子的振动.研究分子热运动的能量时,应将分子的平动动能、转动动能和振动动能都包括

进去.它们服从一定的统计规律——能量按自由度均分定理.

5.5.1 分子的自由度

为了确定分子各种形式运动能量的统计规律,我们引入自由度的概念.通常,把**完全确定一个物体空间位置所需的独立坐标数目,称为该物体的自由度**.

一个质点在空间自由运动,它需要 3 个独立坐标(如 x、y、z)来确定它的空间位置,因此,自由质点有 3 个自由度.若将质点限制在一个平面或一个曲面上运动,它有两个自由度.若将质点限制在一条直线或一条曲线上运动,它只有一个自由度.

刚体的运动一般可以看作是质心的平动和绕通过质心轴的转动(图 5-5).

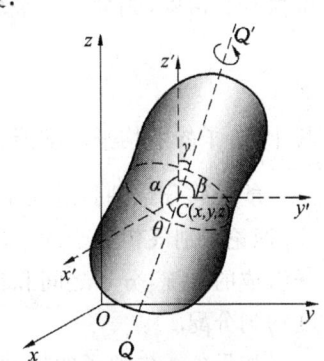

图 5-5 刚体的自由度

(1) 确定质心在平动过程中任一时刻的位置需要 x、y、z 3 个独立坐标,即 3 个平动自由度.

(2) 确定刚体绕过质心轴的转动状态,即需要确定该轴在空间的方位,常用 (α,β,γ) 来表示,因为 $\cos^2\alpha + \cos^2\beta + \cos^2\gamma = 1$,所以在这 3 个量中,只需要确定两个量的大小,即可确定轴的方位.

(3) 确定刚体绕轴转动还需 1 个自由度 θ.

刚体有 6 个自由度,其中 3 个平动自由度、3 个转动自由度.当刚体转动受到某种限制时,自由度数会减少.如转动的摇头电风扇需要 5 个自由度.

根据分子的结构,可分为单原子分子、双原子分子和多原子分子,如图 5-6 所示.由上述概念可确定它们的自由度.单原子分子可看作是自由运动的质点,有 3 个平动自由度.如 He、Ne 等.双原子分子可看作是两个原子用一个刚性细

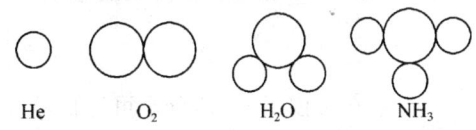

图 5-6 不同分子的结构

杆连接起来,若原子间的间距不发生变化,则认为是刚性分子.因为确定其质心需要 3 个平动自由度,确定其连线的方位需要 2 个自由度,所以刚性双原子分子有 5 个自由度,如 H_2、N_2、O_2、CO 等.对于多原子分子,如 H_2O、NH_3、CH_3 等,若这些原子间的间距不发生变化,则认为是自由刚体,故有 6 个自由度.当双原子或多原子分子的原子间的间距因振动而发生变化时,还应考虑振动自由度.

5.5.2 能量按自由度均分定理

对于理想气体,分子的平均平动动能为

$$\overline{\varepsilon_k} = \frac{3}{2}kT = \frac{1}{2}m\overline{v^2}$$

分子有 3 个平动自由度,且在平衡态时,分子沿各个方向运动的概率相等,即

$$\overline{v_x^2} = \overline{v_y^2} = \overline{v_z^2} = \frac{1}{3}\overline{v^2}$$

故

$$\frac{1}{2}m\overline{v_x^2} = \frac{1}{2}m\overline{v_y^2} = \frac{1}{2}m\overline{v_z^2} = \frac{1}{2}kT \tag{5-7}$$

式(5-7)表明,分子的平均平动动能 $\frac{3}{2}kT$ 均匀地分配到每一个平动自由度上,每一个自由度上都具有大小为 $\frac{1}{2}kT$ 的平均平动动能.

经典统计力学将上述结果推广到分子的转动和振动中,指出:气体处于温度为 T 的平衡态时,气体分子的任何一个自由度的平均能量都相等,大小均为 $\frac{1}{2}kT$. 这个结论称为**能量按自由度均分定理**,简称能量均分定理. 若气体分子有 t 个平动自由度、r 个转动自由度、s 个振动自由度,则分子的平均总动能可表示为

$$\frac{1}{2}(t+r+s)kT$$

其中,分子的平均平动动能为 $\frac{t}{2}kT$,平均转动动能为 $\frac{r}{2}kT$,平均振动动能为 $\frac{s}{2}kT$.

能量均分定理是对大量分子统计平均所得的结果,它反映了分子热运动动能的统计规律. 谈论个别气体分子的平均动能是无实际意义的. 由于分子间的频繁碰撞,对于由大量分子组成的系统,分子之间和自由度之间会发生能量传递,系统达到平衡态时,能量就按自由度均匀分配.

如果分子内原子的振动不能忽略,则可近似地看作是简谐运动. 因此振动过程中除了动能外,还应考虑势能. 每一个振动自由度的总能量,应当为平均动能 $\frac{1}{2}kT$ 与平均势能 $\frac{1}{2}kT$ 之和,即 kT,s 个振动自由度的能量为 skT,则分子的平均总能量为

$$\bar{\varepsilon}=\frac{1}{2}(t+r+2s)kT \tag{5-8}$$

一般在常温下,气体分子可近似看成是刚性分子,即只考虑分子的平均自由度和转动自由度,而不考虑振动自由度. 表 5-1 给出了不同类型的分子的自由度、分子平均动能和分子平均能量的理论值. 从表中可以看出,对于刚性分子,分子的平均能量就是平均动能. 但是,在非刚性分子中,由于需要考虑振动所产生的势能,分子的平均能量和平均动能是不同的.

表 5-1 不同类型分子的自由度、分子平均动能和分子平均能量的理论值

分子类型	单原子分子	双原子分子		多原子分子	
		刚 性	非 刚 性	刚 性	非 刚 性
自由度	3(平)	3(平)+2(转)	3(平)+2(转)+2(振)	3(平)+3(转)	3(平)+3(转)+6(振)
分子的平均动能	$\frac{3}{2}kT$	$\frac{5}{2}kT$	$3kT$	$3kT$	$\frac{9}{2}kT$
分子的平均能量	$\frac{3}{2}kT$	$\frac{5}{2}kT$	$\frac{7}{2}kT$	$3kT$	$6kT$

5.5.3 理想气体的内能

热力学中,把与热运动有关的能量称为内能. 一切物体都具有内能. 物体的内能代表了物体微观上的能量形式. 一般来说,气体的内能包括分子的各种形式的动能和势能. 对于理

想气体,分子之间无相互作用力,因此理想气体的内能只能是分子各种形式的动能和分子内部原子之间的振动势能的总和.

对于摩尔质量为 M_{mol}、质量为 M 的理想气体,含有的分子数为 $\dfrac{M}{M_{mol}}N_A$,每一个分子的平均能量是 $\dfrac{i}{2}kT$,则理想气体的内能为

$$E=\frac{M}{M_{mol}}N_A\frac{i}{2}kT=\nu\frac{i}{2}RT \tag{5-9}$$

式(5-9)说明了理想气体内能的大小是由温度 T 来决定的,是温度的单值函数,和压强 p 和体积 V 是无关的.因此,对于 1mol 的单原子分子气体的内能 $E=\dfrac{3}{2}RT$,1mol 的刚性双原子分子气体的内能 $E=\dfrac{5}{2}RT$,1mol 的刚性多原子分子气体的内能 $E=3RT$.

因为内能是状态函数,在不同的变化过程,内能的变化值 ΔE 将只取决于初末状态温度的变化值 ΔT,即

$$\Delta E=\nu\frac{i}{2}R\Delta T$$

【例 5-3】 2mol 氧气,温度为 300K 时,分子的平均平动动能是多少?气体分子的总平动动能是多少?气体分子的总转动动能是多少?气体分子的总动能是多少?该气体的内能是多少?

解:由题意知 $T=300K$, $\nu=2$, $i=5$(其中 3 个平动自由度、2 个转动自由度)

(1) 气体分子的平均平动动能为

$$\bar{\varepsilon}_k=\frac{3}{2}kT=\frac{3}{2}\times1.38\times10^{-23}\times300\text{J}=6.21\times10^{-21}\text{J}$$

(2) 气体分子的平动总动能为

$$E_{平}=\nu\frac{3}{2}RT=2\times\frac{3}{2}\times8.31\times300\text{J}=7.48\times10^3\text{J}$$

(3) 气体分子的转动总动能为

$$E_{转}=\nu\frac{2}{2}RT=2\times\frac{2}{2}\times8.31\times300\text{J}=4.99\times10^3\text{J}$$

(4) 气体分子的总动能为

$$E_k=E_{平}+E_{转}=1.25\times10^4\text{J}$$

(5) 气体的内能为

$$E=\nu\frac{5}{2}RT=2\times\frac{5}{2}\times8.31\times300\text{J}=1.25\times10^4\text{J}$$

5.6 气体分子的速率分布

对于个别分子,平衡态时,它以某一速率沿各个方向运动的情况是偶然的;但是大量分子的速率分布则有着一定的统计规律.那么,大量气体分子的速率将如何分布,又有什么样的分布特点呢?下面结合具体问题来说明气体分子的速率统计分布规律.

5.6.1 速率分布曲线

表 5-2 给出了空气分子在 273K 时的速率分布情况. 设总的分子数为 N, ΔN 表示分布在某一速率区间的分子数. $\dfrac{\Delta N}{N}$ 表示分布在该区间内的分子数占总分子数的百分比.

表 5-2 空气分子在 273K 时速率分布情况

速率间隔 /(m·s^{-1})	分子数的百分比 /($\Delta N/N$%)	速率间隔 /(m·s^{-1})	分子数的百分比 /($\Delta N/N$%)
<100	1.4	400～500	20.5
100～200	8.4	500～600	15.1
200～300	18.2	600～700	9.2
300～400	21.5	>700	7.7

由表 5-2 可知,同一速率附近不同的间隔内的 $\Delta N/N$ 是不同的;不同的速率附近相同的间隔内的 $\Delta N/N$ 也是不同的;因此,$\Delta N/N$ 是 Δv 和 v 的函数. 若将 Δv 取得足够小,此时有

$$f(v)=\lim_{\Delta v\to 0}\dfrac{\Delta N}{N\Delta v}=\dfrac{1}{N}\lim_{\Delta v\to 0}\dfrac{\Delta N}{\Delta v}=\dfrac{1}{N}\dfrac{\mathrm{d}N}{\mathrm{d}v} \tag{5-10}$$

我们把 $f(v)$ 称为速率分布函数,它表示:**速率分布在 v 附近单位速率区间的分子数占总分子数的比例**. 或者说,**气体分子速率分布在 v 附近的单位速率区间的概率**.

若以 v 为横轴,$f(v)$ 为纵轴,建立速率分布曲线,它可以形象地描绘气体分子速率分布的情况,如图 5-7 所示. 在任一速率区间 $v\sim v+\mathrm{d}v$ 内,曲线下的矩形面积为

$$\mathrm{d}S=f(v)\mathrm{d}v=\dfrac{\mathrm{d}N}{N}$$

上式表示:在温度为 T 的平衡态下,速率在 v 附近 $\mathrm{d}v$ 速率区间的分子数占总数的比例,或分子速率分布在 $v\sim v+\mathrm{d}v$ 区间内的概率. 若是在速率区间 $v_1\sim v_2$ 内,曲线下的面积为

$$S=\int_{v_1}^{v_2}f(v)\mathrm{d}v=\dfrac{\Delta N}{N}$$

上式表示的是在有限速率区间 $v_1\sim v_2$ 内的分子数占总分子数的比例.

从图 5-7 可知,速率很小和速率很大的分子数较少,在某一速率附近的分子数最多,但是在 $0\sim\infty$ 速率范围内,全部分子将百分之百出现,所以有

$$\int_0^\infty f(v)\mathrm{d}v=1 \tag{5-11}$$

我们把关系式(5-11)称为速率分布函数的**归一化条件**. 它是速率分布函数 $f(v)$ 必须满足的条件.

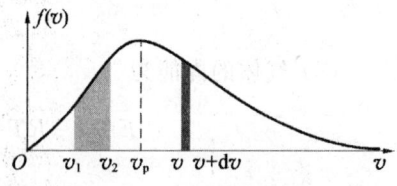

图 5-7 速率分布图

5.6.2 麦克斯韦气体分子速率分布律

1859 年,英国物理学家麦克斯韦(J.C. Maxwell)首先从理论上导出在平衡态时气体分

子的速率分布函数的数学表达式：

$$f(v)=4\pi\left(\frac{m}{2\pi kT}\right)^{3/2}\mathrm{e}^{-\frac{mv^2}{2kT}}v^2 \tag{5-12}$$

式中，T 为气体的温度，m 为分子的质量，k 为玻耳兹曼常数．故麦克斯韦速率分布律又可写作

$$\frac{\mathrm{d}N}{N}=4\pi\left(\frac{m}{2\pi kT}\right)^{3/2}\mathrm{e}^{-\frac{mv^2}{2kT}}v^2\mathrm{d}v$$

由于单个分子的出现是偶然的，大量分子出现具有一定的统计规律，故麦克斯韦速率分布律只适用于大量分子组成的、处于平衡态的气体．

5.6.3 三种统计速率

从麦克斯韦速率分布函数可以导出气体分子的三种统计速率．

1. 最概然速率 v_p

如图 5-8 所示，在速率分布曲线上有一个峰值，即 $f(v)$ 的最大值，我们将 $f(v)_\mathrm{max}$ 所对应的速率称为最概然速率 v_p，其物理意义是：**在温度一定时，速率在 v_p 附近的单位间隔内的分子数占总分子数的百分比最大**．要确定 v_p，可以对速率分布函数 $f(v)$ 求一阶导数，令其等于零，即

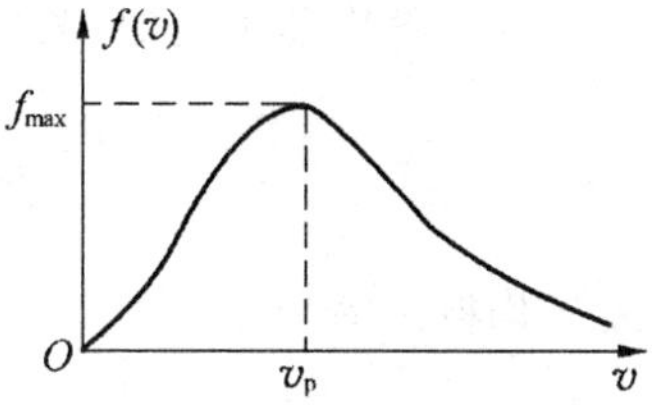

$$\left.\frac{\mathrm{d}f(v)}{\mathrm{d}v}\right|_{v=v_\mathrm{p}}=0$$

图 5-8 最概然速率

代入速率分布函数，即可求得

$$\frac{\mathrm{d}f}{\mathrm{d}v}=4\pi\left(\frac{m}{2\pi kT}\right)^{3/2}\mathrm{e}^{-\frac{mv^2}{2kT}}2v\left(1-\frac{m}{2kT}v^2\right)=0$$

即

$$1-\frac{m}{2kT}v^2=0$$

$$v_\mathrm{p}=\sqrt{\frac{2kT}{m}}=\sqrt{\frac{2RT}{M_\mathrm{mol}}}\approx 1.41\sqrt{\frac{RT}{M_\mathrm{mol}}} \tag{5-13}$$

式(5-13)表明，气体温度越高，v_p 越大；气体的质量越小，v_p 越大．如图 5-9 所示为氮气分子在不同温度下的速率分布曲线．当温度升高时，分子热运动加剧，速率大的分子数增多，速率小的分子数减少，$f(v)$-v 曲线的最高点右移．由于曲线下的面积恒等于 1，则温度高的曲线变得较平坦．图 5-10 所示为同一温度下氢气和氧气分子的速率分布曲线．氧气分子的质量较大，其 v_p 较小，由于曲线下的面积恒等于 1，故曲线的最高点左移，且曲线变得较尖锐．需要注意，最概然速率不同于最大速率．

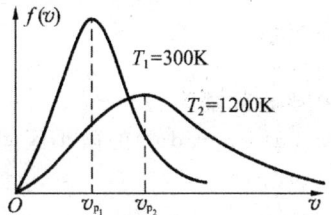

图 5-9 氮气分子在不同温度下的速率分布曲线

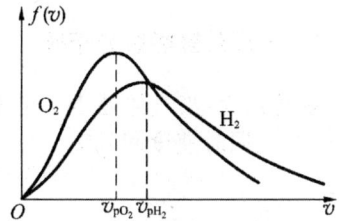

图 5-10 同一温度下氢气和氧气分子的速率分布曲线

2. 平均速率 $\bar{v}$

在平衡态下,气体分子速率有大有小,但是从统计上说,总会有一个平均值.设速率为 v_1 的分子有 dN_1 个,速率为 v_2 的分子有 dN_2 个……总的分子数为 N,则大量分子的速率平均值为

$$\bar{v} = \frac{v_1 dN_1 + v_2 dN_2 + \cdots + v_i dN_i + \cdots + v_n dN_n}{N}$$

$$\bar{v} = \frac{\int_0^N v dN}{N} = \frac{\int_0^\infty v N f(v) dv}{N}$$

计算得

$$\bar{v} = \int_0^\infty v f(v) dv = \sqrt{\frac{8kT}{\pi m}} = \sqrt{\frac{8RT}{\pi M_{mol}}} \approx 1.60 \sqrt{\frac{RT}{M_{mol}}} \tag{5-14}$$

3. 方均根速率 $\sqrt{\overline{v^2}}$

与求平均速率类似,利用麦克斯韦速率分布函数可以求出方均根速率:

$$\overline{v^2} = \frac{\int_0^N v^2 dN}{N} = \frac{\int_0^\infty v^2 N f(v) dv}{N} = \frac{3kT}{m}$$

故方均根速率为

$$\sqrt{\overline{v^2}} = \sqrt{\frac{3kT}{m}} = \sqrt{\frac{3RT}{M_{mol}}} \approx 1.73 \sqrt{\frac{RT}{M_{mol}}} \tag{5-15}$$

三种统计速率都反映了大量分子做热运动时的统计规律,都与 $\sqrt{T}$ 成正比,与 $\sqrt{M_{mol}}$ 成反比.对于给定的气体,当温度一定时,有 $v_p < \bar{v} < \sqrt{\overline{v^2}}$,如图 5-11 所示,而且三种统计速率各自有着不同的应用.如在讨论速率分布时,常用的是最概然速率 v_p;在计算分子的平均自由程 $\bar{\lambda}$ 时,要用到平均速率 $\bar{v}$;在计算分子的平均平动动能 $\bar{\varepsilon}_k$ 时,则要用到方均根速率 $\sqrt{\overline{v^2}}$.

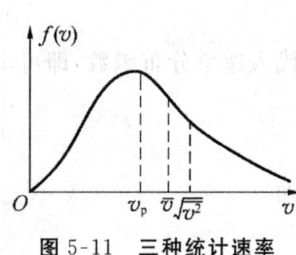

图 5-11 三种统计速率

5.7 玻耳兹曼能量分布律 重力场中的等温气压公式

建立理想气体的微观模型,对于我们研究状态参量压强、温度的微观本质以及探讨处于平衡态时分子的速率分布规律等问题有着重要的意义.在微观模型中,我们并不考虑分子间的作用力,也不考虑外场(如重力场)对分子的作用,但在一些实际问题中,外场的作用是不容忽视的,气体分子的能量既包括动能,也包括势能.下面就重力场中分子的分布进行讨论.

5.7.1 玻耳兹曼能量分布律

玻耳兹曼认为:当气体处于一定温度 T 的平衡态时,在坐标间隔为 $(x \sim x+dx, y \sim y+dy, z \sim z+dz)$,同时速度间隔为 $(v_x \sim v_x+dv_x, v_y \sim v_y+dv_y, v_z \sim v_z+dv_z)$ 的微小区间内的分子数为

$$dN = n_0 \left(\frac{m}{2\pi kT}\right)^{\frac{3}{2}} e^{-\varepsilon/kT} dv_x dv_y dv_z dx dy dz$$

$$= n_0 \left(\frac{m}{2\pi kT}\right)^{\frac{3}{2}} e^{-(\varepsilon_p + \varepsilon_k)/kT} dv_x dv_y dv_z dx dy dz \tag{5-16}$$

换句话说,在温度为 T 的平衡态下,任何系统的微观粒子按状态的分布,即在某一状态区间的粒子数与该状态区间的一个粒子的能量 ε 有关,与 $e^{-(\varepsilon_p+\varepsilon_k)/kT}$ 成正比.式(5-16)称为**玻耳兹曼能量分布律**,简称**玻耳兹曼分布律**.其中 n_0 表示在势能 $\varepsilon_p = 0$ 处,单位体积内所有各种速度值的分子数.玻耳兹曼分布律是一个普遍的规律,它对任何物质的微粒在任何保守力场中的运动情形都适用.

若将式(5-16)中所有可能的速度积分,可得在坐标间隔($x \sim x + dx, y \sim y + dy, z \sim z + dz$)内所有分子数为

$$dN_{x,y,z} = n_0 \left(\frac{m}{2\pi kT}\right)^{\frac{3}{2}} \left[\int_{-\infty}^{+\infty} e^{-\varepsilon_k/kT} dv_x dv_y dv_z\right] e^{-\varepsilon_p/kT} dx dy dz \tag{5-17}$$

考虑到麦克斯韦速率分布函数的归一化,有

$$\int_{-\infty}^{+\infty} \left(\frac{m}{2\pi kT}\right)^{\frac{3}{2}} e^{-\varepsilon_k/kT} dv_x dv_y dv_z = 1 \tag{5-18}$$

把式(5-18)代入式(5-17)中,得

$$dN_{x,y,z} = n_0 e^{-\varepsilon_p/kT} dx dy dz \tag{5-19}$$

式(5-19)左右两端同时除以 $dx dy dz$,得

$$n = \frac{dN_{x,y,z}}{dx dy dz} = n_0 e^{-\varepsilon_p/kT} \tag{5-20}$$

这是玻耳兹曼分布律的又一种常用的形式,它描述了不同位置的分子数分布律.

5.7.2 重力场中的等温气压公式

地球表面附近大气的密度随高度的增加而变得稀疏.这是因为在地球这个重力场中,气体受到两种相互对立的作用:一方面无规则的热运动使得气体分子均匀分布在它们所能达到的空间,另一方面重力则要使气体分子聚拢在地面上.当两种作用力达到平衡时,气体分子在空间呈现非均匀分布.

先假设大气层的温度处处相等,单位体积的分子数为 n_0,则分布在高度为 h 处单位体积内的分子数为

$$n = n_0 e^{-mgh/kT}$$

若 $h = 0$ 时,气体的压强为 p_0,将 $p = nkT$ 代入,可得

$$p = n_0 kT e^{-mgh/kT} = p_0 e^{-mgh/kT} = p_0 e^{-M_{mol}gh/RT} \tag{5-21}$$

式(5-21)称为**等温气压公式**,它表明重力场中的气体压强随高度的增加按指数减小.

若将式(5-21)两端取对数,得

$$h = \frac{kT}{mg} \ln \frac{p_0}{p} = \frac{RT}{M_{mol}g} \ln \frac{p_0}{p} \tag{5-22}$$

故在登山运动和航空技术中,可通过式(5-22)测定大气压随高度的变化,来估算上升的高度 h.

5.8 *分子碰撞频率 *平均自由程

室温下,气体分子的平均速率每秒达几百米,气体中的一切过程理应瞬时完成,但实际

并非如此,如气体的扩散过程进行得很慢.这是因为分子由一处运动到另一处的过程中,将不断地与其他分子发生碰撞,其运动轨迹是无规则的曲线,如图 5-12 所示.气体的扩散和热传导等过程进行的快慢,取决于气体分子在热运动中和其他分子碰撞的频繁程度.

分子之间的碰撞是极其频繁的.就个别分子来说,它与其他分子发生的碰撞是不可预测的、偶然的;但是对于大量分子来说,分子间的碰撞则遵从某一统计规律.我们把一个气体分子在连续两次碰撞之间所经过的自由路程的平均值称为**平均自由程**,常用 $\bar{\lambda}$ 来表示.一个分子在单位时间内与其他分子相碰的次数,称为**平均碰撞频率**,也叫作**平均碰撞次数**,用 $\bar{Z}$ 来表示.

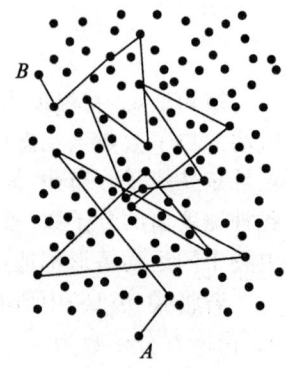

图 5-12 气体分子的无规则运动

借助于平均自由程 $\bar{\lambda}$ 和平均碰撞频率 $\bar{Z}$,我们可以对某些热现象进行很好的论述.那么,$\bar{\lambda}$ 和 $\bar{Z}$ 的大小又与哪些因素有关呢?为便于分析,我们建立一个模型.假设气体中每一个分子都是直径为 d 的刚性小球,只有一个分子 A 以平均速率 $\bar{u}$ 相对于其他分子在运动,其他分子都是静止不动的,我们可以跟踪这个运动的分子 A.

如图 5-13 所示,虚线表示运动小球的运动轨迹,只要其他小球的球心与折线的距离小于等于 d 时,都将会发生碰撞.以单位时间内运动分子的轨道为轴,d 为半径作一圆柱体,则球心在该圆柱体内的所有分子,均将与运动分子发生碰撞.设气体分子数密度为 n,圆柱体的体积为 $\pi d^2 \bar{u}$,则该圆柱体内的分子数为 $\pi d^2 \bar{u} n$.那么,单位时间内与其他分子发生碰撞的平均碰撞次数 $\bar{Z}$ 为

$$\bar{Z} = \pi d^2 \bar{u} n$$

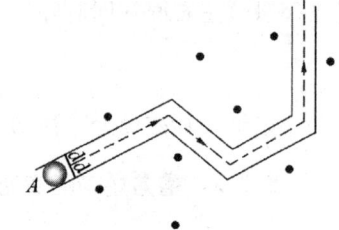

图 5-13 平均自由程计算用图

若考虑到所有分子的运动,且都服从麦克斯韦速率分布,则可证明气体分子的平均相对速率 $\bar{u}$ 与平均速率 $\bar{v}$ 有如下关系:

$$\bar{u} = \sqrt{2} \bar{v}$$

因此
$$\bar{Z} = \sqrt{2} \pi d^2 \bar{v} n \tag{5-23}$$

式(5-23)表明,**分子的平均碰撞频率 $\bar{Z}$ 与分子数密度 n、分子的平均速率成正比,与分子的有效直径 d 的平方成正比**.

对于每一个分子,单位时间内平均走的路程为 $\bar{v}$,且单位时间内和其他分子碰撞的平均碰撞次数为 $\bar{Z}$,则平均自由程 $\bar{\lambda}$ 为

$$\bar{\lambda} = \frac{\bar{v}}{\bar{Z}} = \frac{1}{\sqrt{2} \pi d^2 n} \tag{5-24}$$

式(5-24)表明,**气体分子的平均自由程 $\bar{\lambda}$ 与分子数密度 n 及分子的有效直径 d 的平方成反比,而与分子的平均速率 $\bar{v}$ 无关**.

将气体状态方程 $p = nkT$ 代入式(5-24),可得

$$\bar{\lambda} = \frac{kT}{\sqrt{2} \pi d^2 p} \tag{5-25}$$

可见,当温度一定时,$\bar{\lambda}$ 与压强成反比.压强越大,气体分子的平均自由程越小.常用的杜瓦瓶(热水瓶胆)内装的就是低压气体,它具有双层玻璃器壁,两壁间的空气被抽得很稀薄,分子的平均自由程大于两壁之间的距离,从而可以达到良好的隔热作用.表 5-3 给出了 273K 时不同压强下空气分子的平均自由程.表 5-4 给出了标准状态下几种气体分子的平均自由程.

表 5-3 在 273K 时不同压强下空气的 $\bar{\lambda}$

压强/mmHg	λ/m	压强/mmHg	λ/m
760	7×10^{-8}	10^{-4}	0.5
1	5×10^{-5}	10^{-6}	50
10^{-2}	5×10^{-3}		

表 5-4 标准状态下几种气体分子的 $\bar{\lambda}$

气体	氢	氮	氧	空气
$\bar{\lambda}$/m	1.123×10^{-7}	0.599×10^{-7}	0.647×10^{-7}	7×10^{-8}

【例 5-4】 设氮气分子的有效直径为 10^{-10} m.
(1) 求氮气在标准状态下的平均碰撞次数;
(2) 若温度不变,气压降到 1.33×10^{-4} Pa,则平均碰撞次数又为多少?

解: 由题意知:$d=10^{-10}$ m,$p=1.013\times 10^5$ Pa,$T=273$ K,$p'=1.33\times 10^{-4}$ Pa.
(1) 根据气体分子平均速率公式,有

$$\bar{v}=\sqrt{\frac{8RT}{\pi M_{mol}}}=\sqrt{\frac{8\times 8.31\times 273}{3.14\times 28\times 10^{-3}}}\text{m/s}\approx 454\text{m/s}$$

$$n=\frac{p}{kT}=\frac{1.013\times 10^5}{1.38\times 10^{-23}\times 273}\text{个/立方米}=2.69\times 10^{25}\text{个/立方米}$$

则
$$\bar{Z}=\sqrt{2}n\pi d^2\bar{v}=5.42\times 10^8 \text{ 次/秒}$$

(2) 可以看出 $\bar{Z}$ 和 p 成正比,即

$$\frac{\bar{Z}'}{\bar{Z}}=\frac{p'}{p}$$

则
$$\bar{Z}'=\frac{p'}{p}\bar{Z}=\frac{1.33\times 10^{-4}}{1.013\times 10^5}\times 5.42\times 10^8 \text{ 次/秒}=0.71 \text{ 次/秒}$$

5.9 *气体的运输现象

气体各部分因流速、温度、密度不同,可以引起动量、能量、质量传递或交换的现象.这些现象分别称为黏滞(或内摩擦)、热传导、扩散现象,统称为**气体输运现象**,又称为**气体迁移现象**.孤立系统中,通过动量、能量、质量的传递,各部分之间的宏观相对运动、温度差异、密度差异逐渐消失,系统由非平衡态过渡到平衡态.但在实际问题中,各种输运过程往往同时存在,交叉影响.输运现象不仅发生在气体中,在液体、固体、等离子体中也会发生.

5.9.1 黏滞现象

在流动的气体中,若各气层的流速不同,则相邻气层的接触面上就会出现形成一对阻碍两气层相对运动的等值而反向的摩擦力,这种力称为**内摩擦力**,又称为**黏滞力**.它是气体内部各气层沿接触面方向互施的作用力.黏滞力可使流动慢的气层加速,流动快的气层减速.我们把这种现象称为**气体黏滞现象**.

图 5-14 所示为气流,将其限定在 C、D 两个平板间,下板静止,上板以速度 u_0 沿着 x 轴正方向匀速运动.若把气体看作许多个平行于平板的气层,则沿着 z 轴正方向各气层的流速逐渐增大,我们把流速在其变化最大的方向上的单位长度上的增量 $\dfrac{du}{dz}$ 称为流速梯度.设想,一垂直于 Oz 轴的平面 dS 将气流分为两个区间 A 和 B.A 区和 B 区沿着接触面 dS 互施黏滞力,且力的大小相等,方向相反.实验证实,黏滞力 df 与该处的流速梯度成正比,与接触面的面积 dS 也成正比,即

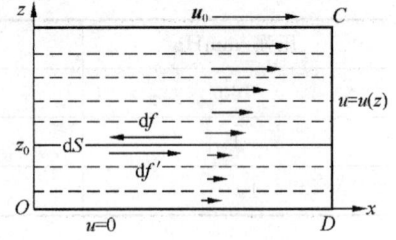

图 5-14 黏滞现象

$$df = -\eta \frac{du}{dz} dS \tag{5-26}$$

式(5-26)称为**牛顿(Newton)黏滞定律**.其中,负号表示黏滞力的方向与速度梯度的方向相反,η 称为黏滞系数,单位为牛顿秒每平方米,符号为 $N \cdot s \cdot m^{-2}$ 或 $Pa \cdot s$.

由气体动力学理论可导出黏滞系数

$$\eta = \frac{1}{3} \rho \bar{v} \bar{\lambda} \tag{5-27}$$

式中,ρ 是气体的质量密度,$\bar{v}$ 是气体分子的平均速率,$\bar{\lambda}$ 是气体分子的平均自由程.

将 $\bar{v} = \sqrt{\dfrac{8RT}{\pi M_{mol}}}$,$\bar{\lambda} = \dfrac{1}{\sqrt{2}\pi d^2 n}$ 代入式(5-27)中,得

$$\eta = \frac{1}{3\pi d^2 n} \rho \sqrt{\frac{4RT}{\pi M_{mol}}} \tag{5-28}$$

式(5-28)表明,**黏滞系数 η 随温度 T 的增加而增加,与压强的大小无关**.

因气体的宏观流速不同,dS 面下侧的分子定向运动的速度比 dS 面上侧的分子定向运动的速度要小,即下侧的分子的定向动量要比上侧的小.气体内部的分子由于热运动不断地交换速度,定向动量较小的下侧分子进入上侧,定向动量较大的上侧分子进入下侧,结果使得下侧气层的定向动量有所增加,而上侧气层的定向动量有所减小.其宏观效果为:dS 面上下两侧的气层互施黏滞力,使得本来流速小的气层加速,而本来流速大的气层减速.所以说,**黏滞现象的微观本质是气体分子在热运动中定向动量的迁移**.表 5-5 给出了 1 标准大气压下 20℃时常见的几种气体的黏度的实验值.

表 5-5 20℃时 1atm 下几种气体的黏度的实验值

气体	O_2	N_2	CO	空气	SO_2
$\eta/(N \cdot s \cdot m^{-2})$	2.03×10^{-5}	1.76×10^{-5}	1.75×10^{-5}	1.71×10^{-5}	1.25×10^{-5}

5.9.2 热传导现象

如果气体中各处的温度不同,则热量将从温度较高处传递到温度较低处,这种现象称为**热传导现象**.

如图 5-15 所示,假设温度只沿 z 方向增大,即沿 z 轴的温度梯度为 $\left(\dfrac{\mathrm{d}T}{\mathrm{d}z}\right)$. 在 $z=z_0$ 处,垂直于 z 轴的截面 $\mathrm{d}S$ 将气体分为 A、B 两部分,则热量将通过截面 $\mathrm{d}S$ 由 B 部传递到 A 部,沿着 z 轴单位时间内传递的热量为

$$\mathrm{d}Q = -\kappa \left(\dfrac{\mathrm{d}T}{\mathrm{d}z}\right)_{z_0} \mathrm{d}S \mathrm{d}t \tag{5-29}$$

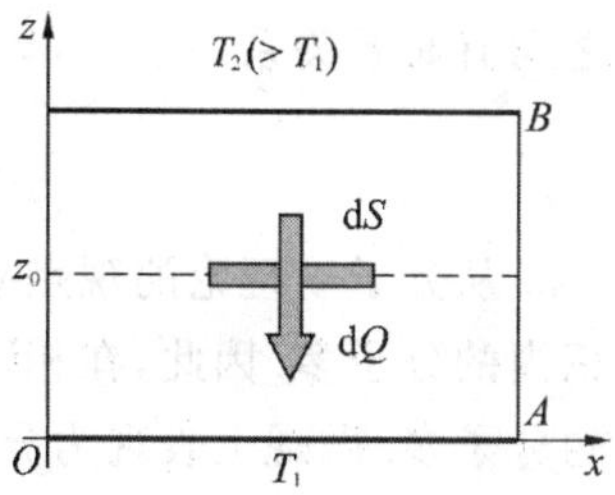

图 5-15 热传导现象

式(5-29)称为**傅立叶(Fourier)定律**. 其中,负号表示热量传递的方向与温度梯度的方向相反,κ 称为导热系数,单位为瓦特每米开尔文,符号为 $\mathrm{W \cdot m^{-1} \cdot K^{-1}}$.

由气体分子动理论可导出

$$\kappa = \dfrac{1}{3} \rho \bar{v} \bar{\lambda} \dfrac{C_{V,\mathrm{m}}}{M_{\mathrm{mol}}} \tag{5-30}$$

式中,$C_{V,\mathrm{m}}$ 是气体的摩尔定容热容,M_{mol} 是气体的摩尔质量.

从分子动理论的观点来看,气体内部各处的温度不均匀,A 部温度较低,分子的平均动能较小;B 部温度较高,分子的平均动能较大. 由于热运动,$\mathrm{d}S$ 两侧的分子相互交换,结果使得一部分能量从 B 部输送到 A 部. 微观上气体分子输送热量的过程,宏观上就表现为气体的热传导.

5.9.3 扩散现象

若系统由两种或两种以上的气体组成,经过一段时间后,系统中各部分气体成分和气体密度都趋于一致,这种现象称为**扩散现象**. 扩散现象是气体分子的一种输运现象.

本节只研究单纯的扩散过程. 在温度和压强各处都一致的条件下,两种有效直径相近的气体混合,系统中会出现成分不均匀、各处的密度不均匀的现象. 由于温度相同,分子量相近,所以两种分子的平均速率近似相等,这时,两种气体将因密度的不均匀而进行单纯的扩散,从而实现成分均匀化.

若系统中某种气体沿 z 轴的密度梯度为 $\dfrac{\mathrm{d}\rho}{\mathrm{d}z}$,即沿 z 方向的密度逐渐增大. 在 z_0 处有一垂直于 z 轴的截面 ΔS,将气体分为 A 和 B 两部分,则气体将从 B 扩散到 A,如图 5-16 所示.

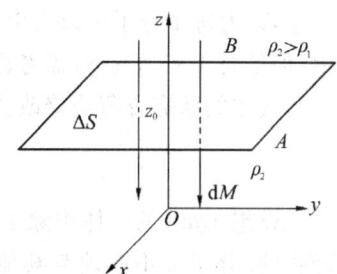

图 5-16 扩散现象

设在 $\mathrm{d}t$ 时间内,沿轴正方向穿越 ΔS 面迁移的气体质量为 $\mathrm{d}M$,实验证实,$\mathrm{d}M$ 可以表示为

$$\mathrm{d}M = -D \left(\dfrac{\mathrm{d}\rho}{\mathrm{d}z}\right)_{z_0} \Delta S \mathrm{d}t \tag{5-31}$$

式(5-31)称为**斐克(Fick)定律**. 其中,负号表示气体分子从密度大的地方向密度小的地

方扩散，$\left(\dfrac{\mathrm{d}\rho}{\mathrm{d}z}\right)_{z_0}$ 表示在 z_0 处气体的密度梯度，比例系数 D 称为气体的扩散系数，其单位为平方米每秒，符号为 $\mathrm{m}^2 \cdot \mathrm{s}^{-1}$.

扩散过程是气体分子携带自身的质量输运的宏观表现. 扩散系数 D 与分子微观量 $\bar{v}$、$\bar{\lambda}$ 之间有如下关系：

$$D = \dfrac{1}{3}\bar{v}\bar{\lambda} \tag{5-32}$$

从分子动理论的观点来看，A 部的密度小，单位体积内的分子少；B 部的密度大，单位体积内的分子多. 因此，在相同的时间内，从 A 部转移到 B 部的分子少，而从 B 部转移到 A 部的分子多. 微观上表现为分子在热运动中输运质量的过程，宏观上就表现为气体的扩散.

由上面讨论可见，黏滞现象的本质是动量迁移，热传导的本质是能量传输，而扩散的本质是质量迁移. 这三种过程统称为**气体的输运过程**. 它们有着共同的宏观特征，即**气体内部都是从不均匀性趋于均匀性，从不平衡态趋于平衡态**.

5.10 *实际气体的范德瓦耳斯方程

理想气体模型主要在两个问题上对实际气体分子进行了简化：一是忽略了气体分子的体积，二是忽略了分子力的相互作用. 前面曾指出，在高温、低压条件下，实际气体的行为接近理想气体，这说明在高温、低压条件下，实际气体分子的体积和分子力作用是可以忽略的. 由此，我们可以推断：当偏离高温、低压条件时，实际气体的行为偏离理想气体的原因，是因为此时分子的体积和分子力作用不能再忽略了. 下面我们就从分子的体积和分子力的作用这两个方面对理想气体物态方程进行修正，从而得出更能描述实际气体行为的范德瓦耳斯方程.

5.10.1 分子体积引起的修正

1 mol 理想气体状态方程为

$$pV = RT$$

式中，V 为每个分子可以自由活动的空间体积. 对于理想气体，分子无大小，V 就是容器的体积. 但是对于实际气体，需考虑分子本身的大小 b，即每个分子自由活动的空间为 $V-b$.

气体的状态方程应修改为

$$p = \dfrac{RT}{V-b} \tag{5-33}$$

设想 1 mol 的气体中除了某一个分子 α 外，其他的分子都是静止的. 分子 α 不断地与其他的分子相碰撞. d 为分子的有效直径，当分子 α 与任一分子 β 的中心距离为 d 时，它们就会发生碰撞，如图 5-17 所示. 此时可将分子 α 看成是一个点，β 分子看成是半径为 d 的小球，当 α 分子的中心在半径为 d 的球形区域时，或者说，α 分子的体积至少一半在球形区域时，两个分子才会发生碰撞. 这样，就可以确定修正量 b 的大小为

$$b = (N_A - 1) \times \dfrac{1}{2} \times \dfrac{4}{3}\pi d^3 \approx N_A \times \dfrac{16}{3}\left(\dfrac{d}{2}\right)^3$$

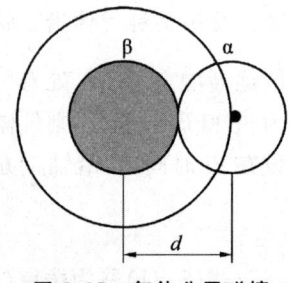

图 5-17　气体分子碰撞

因为每个分子的体积为 $\frac{4\pi}{3}\left(\frac{d}{2}\right)^3$,所以 b 的量值约为 1mol 气体分子体积的 4 倍. 对于给定的气体,b 是一个恒量,可由实验来测定.

5.10.2 分子引力引起的修正

实际气体的分子之间存在相互引力作用,引力的大小随着分子间距的增大而迅速减小. 当两个分子中心的间距小于或等于分子力平均作用半径 r 时,引力才有作用;超出该作用半径时,引力可忽略不计. 对任意一个分子而言,与它发生引力作用的分子,都处于以该分子中心为球心、以 r 为半径的球体内. 显然,容器内部的分子(见图 5-18 中的 α 分子)所受其他分子的引力作用是球对称的,它们对 α 的引力作用相互抵消为零;而处于器壁附近、厚度为 r 的边界层内的气体分子(见图 5-18 中的 β 分子),情形就大不相同,其所受其他分子的引力不再是球对称的,引力的合力也不再为零,可以看出,β 分子将受到垂直于器壁并指向气体内部的拉力 F 作用.

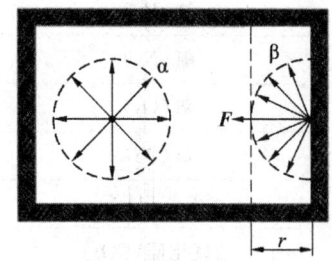

图 5-18 气体分子的受力

气体对器壁的压强是由分子对器壁的碰撞引起的. 分子要与器壁碰撞,就必须通过边界区域. 在进入边界区域以前,分子的运动情形与理想气体模型中的运动没有区别. 但是到达边界区域内,它就会受到垂直指向气体内部的拉力的作用,使得垂直于器壁方向上的动量减小,此时,分子与器壁碰撞时作用于器壁的冲量也相应减小,从而减小了分子对器壁的冲力. 根据牛顿第三定律可知,器壁实际受到的冲力要比理想气体的情形小些. 也就是说,由于分子引力的存在而产生了一个内压强 Δp. 器壁实际受到的压强应为

$$p=\frac{RT}{V-b}-\Delta p \tag{5-34a}$$

即
$$(p+\Delta p)(V-b)=RT \tag{5-34b}$$

内压强 Δp 等于气体表面单位时间、单位面积上所受到的内向拉力. 若单位体积内的分子数为 n,则分子受到的内向拉力与分子数密度 n 成正比;同时,单位时间内与单位面积相碰的分子数与分子数密度 n 也成正比. 因此,气体的内压强 $\Delta p \propto n^2 \propto \frac{1}{V^2}$,可写作

$$\Delta p=\frac{a}{V^2} \tag{5-35}$$

式中,a 是一个比例系数,由气体的性质决定.

5.10.3 范德瓦尔斯方程

将式(5-35)代入式(5-34b),可得适用于 1mol 气体的范德瓦耳斯方程:

$$\left(p+\frac{a}{V^2}\right)(V-b)=RT \tag{5-36}$$

式中,a 和 b 称为范德瓦尔斯常量,a 和 b 都可由实验来测定. 对于不同种类的气体,范德瓦耳斯常量是不同的. 表 5-6 列出了不同种类气体的范德瓦耳斯常量. 范德瓦耳斯方程只是一个近似的状态方程,实际的气体分子运动要复杂得多. 表 5-7 列出了 1mol 氮气在等温压缩过程中的实验值和理论值.可以看出,压强较低时,理想气体方程和范德瓦尔斯方程得到的结果较符合,近似等于 $RT=22.68$.随着压强的增大,理想气体方程不再适用,但是范德瓦尔斯方程得到的结果却能很好地满足.表明在很大的范围内,范德瓦尔斯方程可以很好地反映实际气体的热运动规律.

表 5-6 一些气体的范德瓦耳斯常量

气 体	$a/(10^{-6}\text{atm}\cdot\text{m}^6\cdot\text{mol}^{-2})$	$b/(10^{-6}\text{m}^3\cdot\text{mol}^{-1})$
氢(H_2)	0.244	27
氦(He)	0.034	24
氮(N_2)	1.39	39
氧(O_2)	1.36	32
氩(Ar)	1.34	32
水蒸气(H_2O)	5.46	30
二氧化碳(CO_2)	3.59	43
正戊烷(C_5H_{12})	19.0	146
正辛烷(C_8H_{18})	37.3	237

表 5-7 1mol 氮气在 273K 时的实验值和理论值

实 验 值			理论值/(atm·L)
p/atm	V/L	pV	$\left(p+\dfrac{a}{V^2}\right)(V-b)$
1	22.41	22.41	22.41
100	0.2224	22.24	22.40
500	0.06235	31.18	22.67
700	0.05325	37.28	22.65
900	0.04825	46.43	22.40
1000	0.04640	46.40	22.00

复习题

一、思考题

1. 对一定量气体来说,若保持温度不变,气体的压强随体积减小而增大;若保持体积不变,气体压强随温度升高而增大.从宏观来看,这两种变化同样使压强增大,从微观来看,它们有何区别?

2. 试由玻意耳-马略特定律、盖·吕萨克定律或查理定律和阿伏加德罗常数导出理想气体状态方程.

3. 一容器内储有某种气体,若容器漏气,则容器内气体的温度是否会因漏气而变化?

4. 如果把盛有气体的密封绝热容器放在汽车上,而汽车做匀速直线运动,此时气体的温度与汽车静止时是否一样？如果汽车突然刹车,容器内的温度是否会变化？

5. 对汽车轮胎打气,使其达到所需要的压强,问在夏天与冬天,打入轮胎内的空气质量是否相同？为什么？

6. 在推导理想气体压强公式时,我们没有考虑分子之间的碰撞.试问如果考虑到这种碰撞,是否会影响得到的结果？

7. 气体为什么容易被压缩,但又不能无限地被压缩？

8. 为什么统计规律对大量偶然事件才有意义？为什么偶然事件越多,统计规律越稳定？

9. 试确定下列物体的自由度数：
(1) 小球沿长度一定的杆运动,而杆又以一定的角速度在平面内转动.
(2) 小球沿一固定的弹簧运动,弹簧的半径和节距固定不变.
(3) 长度不变的棒在平面内运动.
(4) 在三维空间里运动的任意物体.

10. 指出下列各式所表示的物理意义：
(1) $\dfrac{1}{2}kT$；
(2) $\dfrac{3}{2}kT$；
(3) $\dfrac{i}{2}RT$；
(4) $\dfrac{M}{M_{\text{mol}}}\dfrac{3}{2}RT$.

11. 能量按自由度均分定理中的能量指的是什么能量？

12. 速率分布函数的物理意义是什么？试说明下列各量的意义：
(1) $f(v)\mathrm{d}v$；
(2) $Nf(v)\mathrm{d}v$；
(3) $\displaystyle\int_{v_1}^{v_2} f(v)\mathrm{d}v$；
(4) $\displaystyle\int_{v_1}^{v_2} Nf(v)\mathrm{d}v$；
(5) $\displaystyle\int_{v_1}^{v_2} vf(v)\mathrm{d}v$；
(6) $\displaystyle\int_{v_1}^{v_2} Nvf(v)\mathrm{d}v$.

13. 为什么地球大气主要由 N_2 和 O_2 组成,而不是主要由 H_2 和 He 组成？

14. 设分子的速率分布曲线如图 5-19 所示,试在横坐标轴上大致标出最概然速率、平均速率和方均根速率的位置.

15. 最概然速率是否就是分子速率分布中最大速率值？

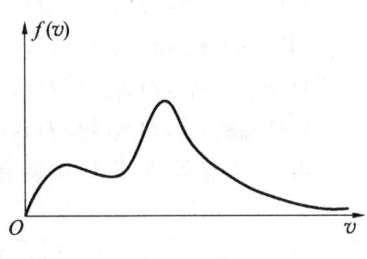

图 5-19　思考题 14 图

16. 有人说:"平均自由程就是各个分子在两次碰撞间走过的路程." 这样的说法是否正确?

17. 气体分子的最概然速率、平均速率和方均根速率各是如何定义的? 它们的大小由哪些因素决定? 各有什么用处?

18. 气体分子的平均速率可达到几百米每秒,为什么在房间内打开一香水瓶后,需隔一段时间才能传到几米外?

19. 试通过平均自由程来解释热水瓶胆为什么保温效果良好?

20. 三种输送过程遵从怎样的宏观规律? 它们有哪些共同的特征?

21. 试说明利用气体分子模型在分子运动学中讨论(1) 内能公式、(2) 分子平均碰撞频率、(3) 范德瓦尔斯方程等问题时,有何不同?

22. 范德瓦尔斯方程中 $p+\dfrac{a}{V^2}$ 和 $V-b$ 两项各有什么物理意义? 其中 p 表示的是理想气体的压强,还是真实气体的压强?

二、选择题

1. 关于温度的意义,有下列几种说法:
(1) 气体的温度是分子平均平动动能的量度;
(2) 气体的温度是大量气体分子热运动的集体表现,具有统计意义;
(3) 温度的高低反映了物质内部分子运动剧烈程度的不同;
(4) 从微观上看,气体的温度表示每个气体分子的冷热程度.
以上说法正确的是( ).
(A) (1)(2)(4)   (B) (1)(2)(3)
(C) (2)(3)(4)   (D) (1)(3)(4)

2. 理想气体处于平衡状态,设温度为 T,气体分子的自由度为 i,则每个气体分子所具有的( ).
(A) 动能为 $\dfrac{i}{2}kT$ (B) 动能为 $\dfrac{i}{2}RT$
(C) 平均动能为 $\dfrac{i}{2}kT$ (D) 平均平动动能为 $\dfrac{i}{2}RT$

3. 已知一定量的某种理想气体,如图 5-20 所示,在温度为 T_1 与 T_2 时,分子的最概然速率分别为 v_{p1} 和 v_{p2},分子速率函数的最大值分别为 $f(v_{p1})$ 和 $f(v_{p2})$,已知 $T_1 > T_2$,则( ).
(A) $v_{p1} > v_{p2}, f(v_{p1}) > f(v_{p2})$
(B) $v_{p1} < v_{p2}, f(v_{p1}) > f(v_{p2})$
(C) $v_{p1} > v_{p2}, f(v_{p1}) < f(v_{p2})$
(D) $v_{p1} < v_{p2}, f(v_{p1}) < f(v_{p2})$

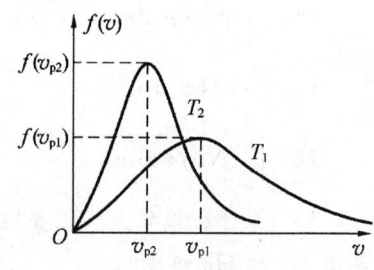

图 5-20 选择题 3 图

4. 三个容器 A、B、C 中装有同种理想气体,其分子数密度 n 是相同的,且方均根速率之比为

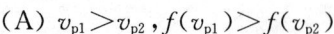

$(\overline{v_A^2})^{1/2} : (\overline{v_B^2})^{1/2} : (\overline{v_C^2})^{1/2} = 1 : 2 : 4$

则其压强之比 $p_A : p_B : p_C$ 为( ).

(A) 1:2:4 (B) 4:2:1 (C) 1:4:16 (D) 1:4:8

5. 一定量的理想气体,在温度不变的条件下,当压强降低时,分子的平均碰撞频率 $\overline{Z}$ 和平均自由程 $\overline{\lambda}$ 的变化情况是( ).

(A) $\overline{Z}$ 和 $\overline{\lambda}$ 都增大　　　　　　(B) $\overline{Z}$ 和 $\overline{\lambda}$ 都减小

(C) $\overline{Z}$ 增大而 $\overline{\lambda}$ 减小　　　　　(D) $\overline{Z}$ 减小而 $\overline{\lambda}$ 增大

三、计算及证明题

1. 设想太阳是由氢原子组成的理想气体,其密度可认为是均匀的.若此理想气体的压强为 1.35×10^{14} Pa,试估计太阳的温度(已知氢原子的质量为 1.67×10^{-27} kg.太阳半径为 6.96×10^8 m,太阳质量为 1.99×10^{30} kg).

2. 有一体积为 V 的房间充满着双原子理想气体,冬天室温为 T_1,压强为 p_0.现经供暖器将室温提高到温度为 T_2,因房间不是封闭的,室内气压仍为 p_0.试证:室温由 T_1 升高到 T_2,房间内气体的内能不变.

3. 有一个具有活塞的容器盛有一定量的气体,如果压缩气体并对它加热,使它的温度从 27℃ 升到 177℃,体积减小一半,问:气体压强变化了多少?这时气体分子的平均平动动能变化了多少?

4. 容器为 20L 的瓶子以速率 200m/s 做匀速运动,瓶中充有 100g 氮气.若瓶子突然停止运动,全部定向运动动能都变为气体分子热运动动能,且瓶子与外界无热量交换.

(1) 热平衡后氮气的温度升高多少?

(2) 热平衡后氮气的压强增加多少?

(3) 热平衡后氮气的内能增加多少?

(4) 热平衡后氮气的分子平均动能增加多少?

5. 2g 的氢气与 2g 氮气分别装在两个容积相同、温度也相同的封闭容器内,试求:

(1) 氢气和氮气的平均平动动能之比;

(2) 氢气和氮气的压强之比;

(3) 氢气和氮气的内能之比.

6. 计算在 300K 时氧分子的最概然速率、平均速率和方均根速率.

7. 气体的温度 $T = 273$K,压强 $p = 1.0 \times 10^5$ Pa,密度 $\rho = 1.24$ kg/m³. 试求:

(1) 气体的分子量,并确定它是什么气体;

(2) 气体分子的方均根速率.

8. 有 N 个质量均为 m 的同种气体分子,它们的速率分布如图 5-21 所示.

(1) 说明曲线与横坐标所包围面积的含义;

(2) 由 N 和 v_0 求 a 值;

(3) 求速率在 $\dfrac{v_0}{2} \sim \dfrac{3v_0}{2}$ 间隔内的分子数;

(4) 求分子的平均平动动能.

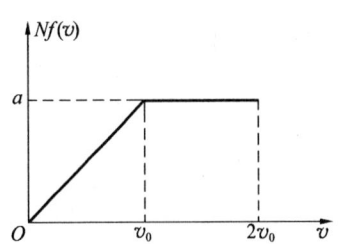

图 5-21 计算及证明题 8 图

9. 假定 N 个粒子的速率分布函数为

$$f(v) = \begin{cases} a, & v_0 > v > 0 \\ 0, & v > v_0 \end{cases}$$

(1) 作出速率分布曲线；
(2) 由 v_0 求常量 a；
(3) 求粒子的平均速率.

10. 设氢气的温度为 300K，求速率在 $3000 \sim 3010 \mathrm{m \cdot s^{-1}}$ 之间的分子数 ΔN_1 与速率在 $1500 \sim 1510 \mathrm{m \cdot s^{-1}}$ 之间的分子数 ΔN_2 之比.

11. 一飞机在地面时机舱中压力计示数为 $1.013 \times 10^5 \mathrm{Pa}$，到高空后压强降为 $8.104 \times 10^4 \mathrm{Pa}$. 设大气的温度为 27℃，问此时飞机距地面的高度是多少？（设空气的摩尔质量为 $2.89 \times 10^{-2} \mathrm{kg \cdot mol^{-1}}$）

12. 氧气在标准状态下的扩散系数为 $1.887 \times 10^{-5} \mathrm{m^2 \cdot s^{-1}}$，求氧分子的平均自由程和有效直径.

13. 在温度 273K、压强 $1.0 \times 10^5 \mathrm{Pa}$ 情况下，空气的密度为 $1.293 \times \mathrm{kg \cdot m^{-3}}$，$\bar{v} = 4.6 \times 10^2 \mathrm{m \cdot s}$，$\bar{\lambda} = 6.4 \times 10^{-8} \mathrm{m}$，求其黏度.

第6章 热力学基础

学习目标

- 熟练掌握内能、功和热量等概念,理解准静态过程.
- 掌握热力学第一定律,理解理想气体的摩尔定容热容、摩尔定压热容的概念,并能分析和计算理想气体在等体、等压、等温和绝热过程中的功、热量和内能的改变.
- 掌握循环的概念以及意义,理解循环过程中的能量转换关系,会计算卡诺循环和其他简单循环的效率.
- 掌握可逆过程和不可逆过程的特点,理解热力学第二定律和熵增加原理.

在本章中,我们将研究关于热现象的宏观理论——热力学基础,它是研究热能和其他形式能量间相互转化的规律. 其基础是热力学第一定律和热力学第二定律,这两个定律都是人类经验的总结,具有牢固的实践基础,它们的正确性已被无数次实验所证实.

6.1 准静态过程 功 热量 内能

热力学的研究对象是由大量分子和原子组成的系统,如气体、固体、液体等,这个系统称为**热力学系统**. 热力学系统的周围环境称为外界,且系统与外界存在着一定的相互作用. 若系统与外界有能量和物质交换,称为开放系统;若系统与外界无物质交换,但有能量交换,则称为封闭系统;若系统与外界既没有能量交换,也没有物质交换,则称为孤立系统.

6.1.1 准静态过程

热力学系统从一个状态过渡到另一个状态的变化过程称为**热力学过程**. 当系统从一个平衡态开始变化时,原来的平衡态被破坏成为非平衡态,需要经过一段时间才能达到新的平衡态,这段时间称为**弛豫时间**,用符号 τ 表示. 如果热力学过程进行得较快,即 $t < \tau$,非平衡态还没有达到新的平衡态时,就又开始了下一个变化,此时,在热力学过程中必然会有一个(或多个)中间状态是非平衡态,整个过程就被称为**非静态过程**. 如果热力学系统变化过程进行得较慢,即 $t > \tau$,使得系统中的每一时刻的状态都无限接近于平衡态,则此过程就被定义为**准静态过程**.

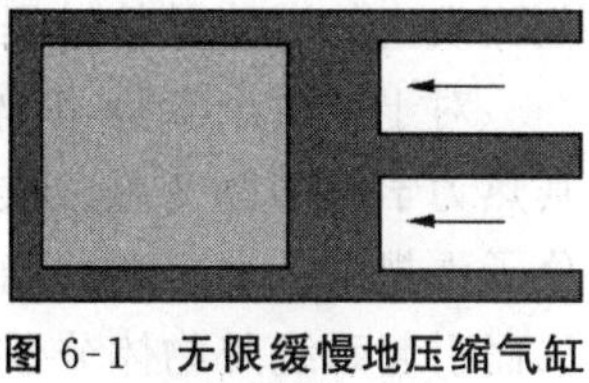

应当指出,严格的准静态过程是不存在的,它只是一种理想状况. 实际中无限缓慢、无摩擦的过程,一般可以近似看作是准静态过程. 如图 6-1 所示,无限缓慢地压缩气缸,在这个过程中,非平衡态到平衡态的过渡时间,即弛豫时间约为 10^{-3} s,实

图 6-1 无限缓慢地压缩气缸

际压缩一次所用时间为 1s,故可以看作是准静态过程.又如,爆炸过程进行得极快,则属于非静态过程.

6.1.2 功

功是能量传递和转换的量度.大量的实验证实,对系统做功可以改变系统的热运动状态.例如,摩擦生热就是通过摩擦力做功使得系统的温度升高,改变系统的热运动状态,也就是将宏观运动的能量转换为热运动的能量.

这里,我们以一气缸为例,设气缸内气体压强为 p,活塞的面积为 S,如图 6-2 所示,当活塞移动一微小位移 dl 时,气体所做的元功为

$$dW = Fdl = pSdl = pdV \tag{6-1}$$

式中,dV 表示气体体积的微小变量.当气体膨胀时,$dV>0$,$dW>0$,表示系统对外界做正功;当气体被压缩时,$dV<0$,$dW<0$,表示外界对系统做功,或系统对外界做负功.

当气体从状态 1 变化到状态 2 时,系统对外做的功为

$$W = \int_{V_1}^{V_2} pdV \tag{6-2}$$

式中,V_1、V_2 分别表示状态 1、状态 2 的体积.$p\text{-}V$ 曲线如图 6-3 所示,曲线下面的面积就是系统对外做功的大小.由此得到结论:系统从一个状态变化到另一个状态,所做的功不仅与始末状态有关,也与系统所经历的过程有关,功是一个过程量.

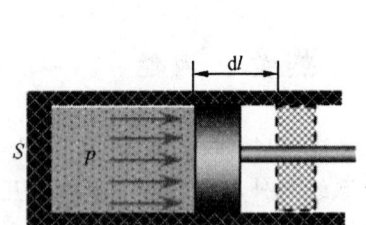

图 6-2 气体膨胀时所做的功

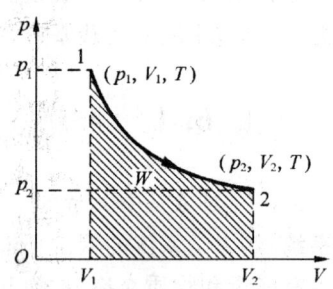

图 6-3 气体膨胀做功的 $p\text{-}V$ 图

6.1.3 热量

如图 6-4(a)所示,重物下落带动轮叶旋转,通过搅拌,对绝热容器中的液体做功,使得水的温度升高.在这个过程中,通过做功可以实现温度升高.如图 6-4(b)所示,通过电炉对储水器内的水加热,从而使得水的温度升高.这种利用系统与外界之间有温度

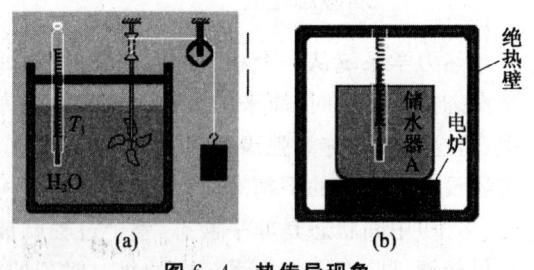

图 6-4 热传导现象

差而发生传递能量的过程称为**热传导**,简称**传热**,传递的能量称为热量.

对于这两个实验,其本质是完全不同的:第一个实验是用机械方式对系统做功,从而使其热力学状态改变,是通过物体的宏观位移来实现的,是系统外物体的有规则运动与系统内分子无规则运动之间的能量转换;第二个实验中,热传导则是利用系统与外界存在温度差,从而引起系统外物体分子无规则运动与系统内物体分子无规则运动之间的能量转换.

不管采用哪种方式,都使得热力学状态发生改变.实验证明:**改变热力学系统的状态,传热和做功是等效的**.焦耳通过实验测定了热量和功之间的当量关系,即

$$1\text{cal}=4.18\text{J}$$

和功一样,热量也是一个过程量,一般用符号"Q"表示.因此,对于"系统有多少功""系统有多少热量"这样的描述是无意义的,我们只能说"系统对外做了多少功""系统吸收或放出了多少热量".但是对于状态参量,如温度、压强等,我们就可以直接描述"系统的温度是多少""系统的压强是多少".

6.1.4 内能

要使热力学系统状态发生改变,既可以通过系统对外界做功来实现,也可以通过传热来实现.只要系统的始末状态确定,做功和传热的量值是相当的.因此,在热力学系统中有一个仅由热运动状态单值决定的能量,称为系统的内能.系统的内能常用符号"E"来表示,单位为焦耳(J).

内能描述了系统处于某一状态时所具有的能量,即 $E=E(T)$.系统状态变化所引起的内能变化 ΔE,只与系统的始末状态有关,而与中间过程无关.若系统经过一系列变化又回到初始状态,系统的内能将保持不变.

6.2 热力学第零定律与第一定律

热力学第零定律和第一定律都涉及系统与外界之间的相互作用,下面分别介绍这两个定律.

6.2.1 热力学第零定律

若两个热力学系统中的每一个都与第三个热力学系统处于热平衡(温度相同),则它们彼此也必定处于热平衡.这一结论称作**热力学第零定律**.如图 6-5 所示,若系统 A 和 C、B 和 C 均处于热平衡状态,则 A 和 B 必处于热平衡状态.

温度是判定一系统是否与其他系统互为热平衡的标志.

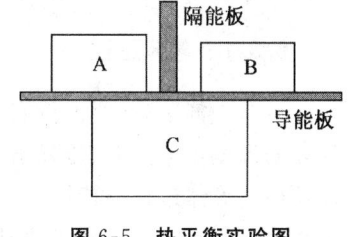

图 6-5 热平衡实验图

6.2.2 热力学第一定律

18 世纪末 19 世纪初,随着蒸汽机在生产中的广泛应用,人们越来越关注热和功的转化问题.于是,热力学应运而生.德国医生、物理学家迈尔在 1841—1843 年间提出了热与机械运动之间相互转化的观点,这是热力学第一定律的雏形.焦耳通过实验测定了电热当量和热功当量,证实了热力学第一定律,补充了迈尔的论证,有

$$Q=\Delta E+W \tag{6-3}$$

对于无限小的状态变化过程,热力学第一定律可表示为

$$dQ=dE+dW \tag{6-4}$$

热力学第一定律的文字表述为:**系统从外界所吸收的热量,一部分用于增加系统的内能,另一部分用于系统对外做功**.在应用热力学第一定律时应当注意以下几点.

(1) 热力学第一定律的本质是用于热力学系统的能量转换和守恒定律.

(2) Q、ΔE 和 W 三者均采用国际单位制单位(SI),即用焦耳(J)表示;Q、ΔE 和 W 三者的取值可正可负,表 6-1 列出了对于符号的规定.

表 6-1　热、内能和做功符号正负的规定

	Q	ΔE	W
+	系统吸热	内能增加	系统对外界做功
−	系统放热	内能减少	外界对系统做功

(3) 热力学第一定律适用于所有的热力学过程,在应用时只要确定始、末状态为平衡态,而中间态并不要求一定为平衡态,即热力学第一定律适用于两个平衡态之间的任何过程.

历史上有不少人有过这样美好的愿望:制造一种不需要动力的机器,它可以源源不断地对外界做功,这样可以创造出巨大的财富,这种机器被称为第一类永动机. 在科学历史上从没有过永动机成功过. 随着能量守恒定律的发现,使人们更坚定地认识到:任何一部机器,只能使能量从一种形式转化为另一种形式,而不能无中生有地制造能量. 因此,热力学第一定律又可表述为:**第一类永动机是不可能制造出来的**.

6.3　理想气体的等体过程与等压过程

作为热力学第一定律的应用,本节将对理想气体的一些典型的准静态过程中的功、热量和内能的改变量进行定量分析.

6.3.1　等体过程

设有一气缸,活塞保持固定不变,气缸与一有微小温度差的恒温热源相接触,使气缸内气体的温度逐渐上升、压强增大,但保持气体的体积不变,这个过程就是**等体过程**. 如图 6-6(a)所示,等体过程的特征是:气体体积保持不变,即 V 为恒量,或 $dV=0$,在 p-V 图中等体过程为一条平行于 p 轴的直线,如图 6-6(b)所示.

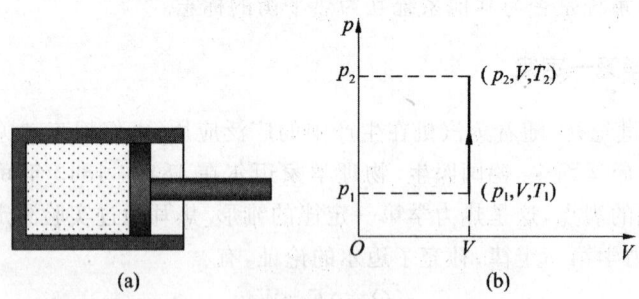

图 6-6　等体过程

下面对等体过程中做功、热量和内能的改变量进行定量分析.

(1) 等体过程中所做的功. 因

$$dV=0$$

则
$$W = \int_{V_1}^{V_2} p\mathrm{d}V = 0$$

不难看出,在等体过程中,系统对外不做功.

(2) 等体过程中的内能变化.

内能是状态量,是温度的单值函数,内能的变化只和始末状态间温度的变化有关,即

$$\Delta E = \nu \frac{i}{2} R (T_2 - T_1)$$

(3) 等体过程中的热量.

根据热力学第一定律,可得

$$Q = \Delta E + W = \Delta E = \nu \frac{i}{2} R (T_2 - T_1)$$

可见,在等体升压过程中,系统对外界并不做功,系统从外界所吸收的热量将全部用来增加系统的内能.同理,在等体降压过程中,系统将向外界放热,从而使得系统的内能减少.在该过程中,系统对外界也不做功.

6.3.2 等压过程

设有一气缸与一有微小温度差的恒温热源相接触,同时有一恒定的外力作用于活塞上,缓慢推动活塞,系统的体积减小、温度降低,但系统内的压强保持不变,这个过程称为等压过程,如图 6-7(a)所示.例如,把普通锅炉中的水加热成水蒸气的过程就是等压过程.在等压过程中,系统的压强始终保持不变,即 p 为常量,或 $\mathrm{d}p=0$.在 p-V 图上等压过程为一条平行于 OV 轴的直线,如图 6-7(b)所示.

当 ν mol 的理想气体从状态 1 等压膨胀到状态 2 时,过程中所做的功、内能变化和热量有如下关系.

(1) 等压过程中所做的功.即

$$W = \int_{V_1}^{V_2} p\mathrm{d}V = p(V_2 - V_1)$$

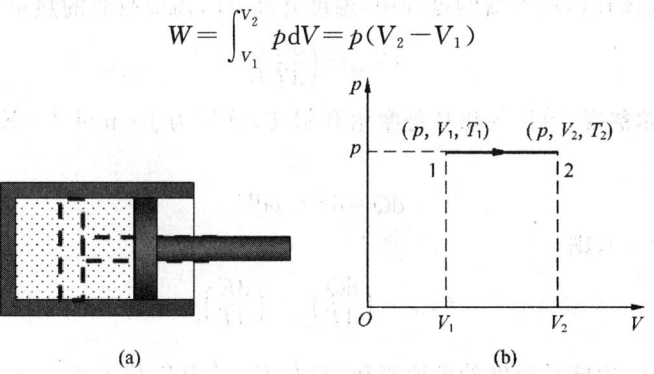

图 6-7 等压过程

根据理想气体状态方程,有

$$pV = \nu RT$$
$$W = \nu R (T_2 - T_1)$$

(2) 等压过程中的内能变化.即

$$\Delta E = \nu \frac{i}{2} R (T_2 - T_1)$$

(3) 等压过程中的热量.

根据热力学第一定律,可得

$$Q = \Delta E + W = \nu \frac{i}{2}R(T_2-T_1)+\nu R(T_2-T_1)$$
$$= \nu \frac{i+2}{2}R\Delta T$$

气体在等压过程中,系统从外界所吸收的热量,一部分用于增加系统的内能,另一部分用于对外做功.

6.3.3 摩尔定容热容 摩尔定压热容

1. 热容

设有一质量为 m 的物体,在某一过程中吸收热量 dQ,其温度升高 dT,则定义

$$C = \frac{dQ}{dT}$$

为物体在该过程中的**热容**. 它表示的是**物体在该过程中温度升高(降低)1K 时所吸收(放出)的热量**,单位为焦耳每开尔文,符号为 $J \cdot K^{-1}$. 我们把 1mol 物质的热容称为摩尔热容,常用 C_m 来表示,单位为焦耳每摩尔开尔文,符号为 $J \cdot mol^{-1} \cdot K^{-1}$.

$$C = \frac{M}{M_{mol}} C_m$$

若物体经历某一过程,温度从初始值 T_1 变化到末态值 T_2,则该过程吸收(放出)的热量为

$$Q_x = \int_{T_1}^{T_2} C dT = C(T_2 - T_1)$$

2. 摩尔定容热容

若 1mol 的气体在体积不变的过程中,温度升高 dT,需要吸收的热量为 dQ,则定义

$$C_{V,m} = \left(\frac{dQ}{dT}\right)_V$$

为气体的**摩定容尔热容**,单位为焦耳每摩尔开尔文,符号为 $J \cdot mol^{-1} \cdot K^{-1}$. 根据热力学第一定律,有

$$dQ = dE + p dV$$

因等体过程中 $dV = 0$,则

$$C_{V,m} = \left(\frac{dQ}{dT}\right)_V = \left(\frac{dE}{dT}\right)_V \tag{6-5}$$

对于理想气体,内能是温度的单值函数,且有 $E = \frac{i}{2}RT$,代入式(6-5)中,可得摩尔定容热容的一般表达式:

$$C_{V,m} = \frac{i}{2}R \tag{6-6}$$

式(6-6)说明**摩尔定容热容 $C_{V,m}$ 决定于气体的自由度** i. 对于单原子分子,$C_{V,m} = \frac{3}{2}R$;对于刚性双原子分子,$C_{V,m} = \frac{5}{2}R$;对于刚性多原子分子,$C_{V,m} = 3R$. $C_{V,m}$ 也为气体内能提供

了另一种的计算方法：$\Delta E = \nu C_{V,m} \Delta T$.

3. 摩尔定压热容

若 1mol 的气体在压强不变的过程中，温度升高 dT 时，需要吸收的热量为 dQ，则定义

$$C_{p,m} = \left(\frac{dQ}{dT}\right)_p$$

为**摩尔定压热容**，单位为焦耳每摩尔开尔文，符号为 J·mol^{-1}·K^{-1}. 根据热力学第一定律 dQ＝dE＋pdV，则有

$$C_{p,m} = \frac{dE}{dT} + p\frac{dV}{dT} \tag{6-7}$$

对于 1mol 理想气体，$E = \frac{i}{2}RT$，$pV = RT$，代入式(6-7)，得

$$C_{p,m} = \frac{i+2}{2}R = C_{V,m} + R \tag{6-8}$$

显然，对于 1mol 的理想气体，温度升高 1K 时，等压过程比等体过程要多吸收 8.31J 的热量. 这是因为在等压过程中，系统温度升高(或降低)时，其体积必然膨胀(或压缩)，所以气体必然对外做正功(或负功). 对于单原子分子，$C_{p,m} = \frac{5}{2}R$；对于刚性双原子分子，$C_{p,m} = \frac{7}{2}R$；对于刚性多原子分子，$C_{p,m} = 4R$.

同时，应用摩尔定压热容，很容易得到理想气体在等压过程中吸收(放出)的热量：

$$Q = \nu C_{p,m} \Delta T$$

实际应用中，常用到摩尔定压热容 $C_{p,m}$ 与摩尔定容热容 $C_{V,m}$ 的比值，称为比热容比，用 γ 来表示：

$$\gamma = \frac{C_{p,m}}{C_{V,m}} = \frac{2+i}{i} \tag{6-9}$$

显然，γ 恒大于 1，对于单原子分子气体，$\gamma = 1.67$；对于刚性双原子分子气体，$\gamma = 1.40$；对于刚性多原子分子气体，$\gamma = 1.33$. γ 只与分子的自由度有关，而与气体的状态无关.

表 6-2 列出了不同原子的比热容比的实验值和理论值. 可以看出：对于单原子和双原子分子气体，γ 的理论值和实验值较接近；而对于多原子分子气体，理论值和实验值有较大的差别. 另外，理论上的热容值是与温度无关的，但是实验表明，热容是随温度变化的. 表 6-3 列出了在不同温度下氢气的 $C_{V,m}$ 的实验值. 从表可知，$C_{V,m}$ 随温度的升高而增大. 这些都是经典物理所不能解释的.

表 6-2 气体摩尔热容的实验数据

原子数	气体的种类	$C_{p,m}$实验 /(J·mol^{-1}·K^{-1})	$C_{V,m}$实验 /(J·mol^{-1}·K^{-1})	γ实验 /(J·mol^{-1}·K^{-1})	γ理论 /(J·mol^{-1}·K^{-1})
单原子	氦	20.95	12.61	1.66	1.67
	氩	20.90	12.53	1.67	
双原子	氢	28.83	20.47	1.41	1.40
	氮	28.88	20.56	1.40	
	氧	29.61	21.16	1.40	

续表

原子数	气体的种类	$C_{p,\text{m}实验}$/(J·mol⁻¹·K⁻¹)	$C_{V,\text{m}实验}$/(J·mol⁻¹·K⁻¹)	$\gamma_{实验}$/(J·mol⁻¹·K⁻¹)	$\gamma_{理论}$/(J·mol⁻¹·K⁻¹)
多原子	水蒸气	36.2	27.8	1.31	1.33
	甲烷	35.6	27.2	1.30	
	乙醇	87.5	79.1	1.11	

表 6-3 同一压强(1atm)、不同温度下氢气的 $C_{V,\text{m}}$ 的实验值

温度/℃	−233	−183	−76	0	500	1000	1500	2000	2500
$C_{V,\text{m}}$/(J·mol⁻¹·K⁻¹)	12.46	13.59	18.31	20.27	21.04	22.95	25.04	26.71	27.96

经典物理认为粒子能量是连续变化的,而实际的微观粒子的运动的振动能量是一系列不连续的值.低温时,气体分子的振动能量几乎不变,这时可以认为能量是连续变化的,实验值和理论值相符合.常温下,振动能量的变化仍然很小,对热容的影响仍可以忽略.高温时,振动能量的变化较大,不再是连续的变化,此时气体分子的运动符合量子力学规律,经典理论将过渡到量子理论.因此,必须很好地利用量子理论才能对气体的热容做出完美的解释.

【例 6-1】 1mol 单原子理想气体从 300K 加热到 350K,求在下列两过程中:(1) 体积保持不变,(2) 压强保持不变,理想气体分别吸收了多少热量?增加了多少内能?对外做了多少功?

解:(1) 等体过程.对外做功

$$W=0$$

由热力学第一定律得 $Q=\Delta E$,所吸收的热量为

$$Q=\Delta E=\nu C_{V,\text{m}}(T_2-T_1)=\nu \frac{i}{2}R(T_2-T_1)$$

$$=\frac{3}{2}\times 8.31\times(350-300)\text{J}=623.25\text{J}$$

(2) 等压过程.由于等压过程中 $Q=\nu C_{p,\text{m}}(T_2-T_1)=\nu\frac{i+2}{2}R(T_2-T_1)$,所以吸收的热量为

$$Q=\frac{5}{2}\times 8.31\times(350-300)\text{J}=1038.75\text{J}$$

又因为 $\Delta E=\nu C_{V,\text{m}}(T_2-T_1)$,则内能增加为

$$\Delta E=\frac{3}{2}\times 8.31\times(350-300)\text{J}=623.25\text{J}$$

由热力学第一定律,$Q=\Delta E+W$,可得理想气体对外做功为

$$W=Q-\Delta E=(1038.75-623.5)\text{J}=415.5\text{J}$$

6.4 理想气体的等温过程与绝热过程 *多方过程

对于理想气体,等温过程与绝热过程的 p-V 图有着相似之处,因此,将这两个过程放到一处讨论.

6.4.1 等温过程

等温过程是热力学过程的一种,是指热力学系统在恒定温度下发生的各种物理或化学过程.在整个等温过程中,系统与外界处于热平衡状态.如图 6-8(a)所示,与恒温箱接触的一个气缸,可用一活塞对其缓慢地压缩,所做的功表现为进入容器内使气体的温度保持不变的能量.日常生活中,蓄电池在室温下缓慢充电和放电,都可近似地看作是等温过程.

对一定质量的理想气体,等温过程的特征是温度保持不变,即 T 为常量,或 $dT=0$. 由于理想气体的内能仅是温度的函数,因此该过程中内能保持不变.在等温过程中能量转换的特点为:系统吸收的热量完全等于系统对外所做的功.

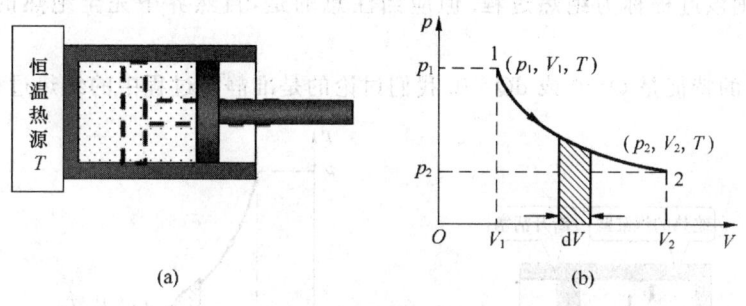

图 6-8 等温过程

1. 等温过程中的功

当气体的体积发生微量 dV 变化时,气体做的元功为

$$dW = p dV \tag{6-10}$$

将理想气体状态方程 $p=\dfrac{\nu}{V}RT$ 代入式(6-10),得

$$dW = \dfrac{\nu}{V} RT dV$$

当理想气体从状态 1 等温变化到状态 2 时,如图 6-8(b)所示,气体膨胀对外做功为

$$W = \int_{V_1}^{V_2} p dV = \int_{V_1}^{V_2} \nu \dfrac{RT}{V} dV = \nu RT \ln \dfrac{V_2}{V_1} \tag{6-11}$$

又因为等温过程中,$p_1 V_1 = p_2 V_2$,所以式(6-11)又可写为

$$W = \nu RT \ln \dfrac{p_1}{p_2}$$

2. 等温过程中的内能变化

内能 E 是温度 T 的单值函数,有

$$E = \nu \dfrac{i}{2} RT$$

在等温过程中,$T=$ 恒量,故

$$\Delta E = 0$$

即系统的内能保持不变.

3. 等温过程中的热量

根据热力学第一定律,$Q = \Delta E + W$,得

$$Q = W = \nu RT \ln \frac{V_2}{V_1} = \nu RT \ln \frac{p_1}{p_2}$$

可见,在等温膨胀过程中,理想气体所吸收的热量将全部用来对外界做功.同理可得,在等温压缩过程中,外界对理想气体所做的功,将全部转换为系统向外放出的热量.

6.4.2 绝热过程

用绝热材料包起来的容器内气体所经历的变化过程[图6-9(a)]、声波传播时所引起的空气的压缩和膨胀过程、内燃机气缸中燃料燃烧的过程等,都可看作是绝热过程.这些过程的特点是:进行得较快,热量来不及与周围物质进行交换.若在状态变化过程中,系统与外界无热量交换,则该过程称为**绝热过程**.但应当注意的是,自然界中完全绝热的系统是不存在的.

绝热过程的特征是 $Q=0$ 或 $dQ=0$. 我们讨论的是准静态过程中的绝热过程.

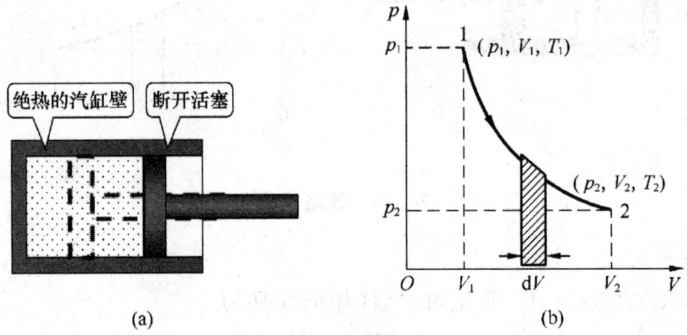

图 6-9 绝热过程

1. 绝热过程中的功、内能和热量

根据热力学第一定律 $dQ = dE + dW$ 和绝热过程的特征 $dQ = 0$,得

$$dW = -dE = -\nu C_{V,m} dT$$

当系统从状态1变化到状态2时,如图6-9(b)所示,系统对外做功为

$$W = \int_{V_1}^{V_2} p dV = -\int_{T_1}^{T_2} \nu C_{V,m} dT$$
$$= -\nu C_{V,m}(T_2 - T_1) = -\Delta E$$

在绝热膨胀过程中,气体对外做功是由内能的减少为代价来完成的;在绝热压缩过程中,外界对气体做功将全部用来增加内能.例如,柴油机气缸中的空气和柴油雾的混合物被活塞急速压缩后,温度可升高到柴油的燃点以上,从而使得柴油立即燃烧,形成高温高压气体,再推动活塞做功;给轮胎放气时,可以明显感觉到放出的气体比较凉,这正是由于气体压强下降得足够快,快到可视为绝热过程的缘故,气体内能转化为机械能,温度下降.

2. 绝热方程

因绝热过程中 $dQ = 0$,则 $dW = -dE$,即

$$p dV = -\nu C_{V,m} dT \tag{6-12}$$

式(6-12)与理想气体状态方程 $pV = \nu RT$ 联立,可得

$$\nu \frac{RT}{V} dV = -\nu C_{V,m} dT$$

对上式进行分离变量,可得

$$\frac{dV}{V}=-\frac{C_{V,m}}{R}\frac{dT}{T}$$

对等式两边进行积分,可得

$$\int\frac{dV}{V}=-\int\frac{1}{\gamma-1}\frac{dT}{T}$$

$$V^{\gamma-1}T=\text{常量} \tag{6-13}$$

式(6-13)称为**泊松方程**.

同理,也可得到 V 与 T 及 p 与 T 之间的关系式:

$$V^{\gamma-1}T=\text{常量}$$

$$pV^{\gamma}=\text{常量}$$

$$p^{\gamma-1}T^{-\gamma}=\text{常量}$$

我们把 p、V、T 三个参量中任两个参量的关系式称为**绝热方程**.

根据泊松方程,系统对外做功又可写为

$$W=\frac{p_2V_2-p_1V_1}{1-\gamma}$$

6.4.3 绝热线与等温线

在 p-V 图上,绝热过程对应的是一条曲线,为区别于等温线,现将两者做一比较. 如图 6-10 所示,虚线表示等温线,实线表示绝热线. 两条曲线相交于一点 A,可以看出,绝热线要陡一些. 这可以通过计算得到.

对绝热方程 $pV^{\gamma}=$ 常量取微分,有

$$\gamma pV^{\gamma-1}dV+V^{\gamma}dp=0$$

则绝热过程中曲线的斜率为

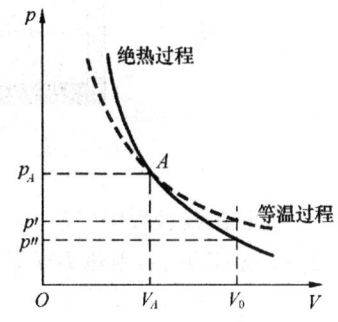

图 6-10 绝热线和等温线的比较

$$\left(\frac{dp}{dV}\right)_a=-\gamma\frac{p_A}{V_A}$$

同理,对等温方程 $pV=$ 常量取微分,有

$$pdV+Vdp=0$$

则等温过程曲线的斜率为

$$\left(\frac{dp}{dV}\right)_T=-\frac{p_A}{V_A}$$

因为 $\gamma>1$,所以在两线的交点 A 处,绝热线的斜率的绝对值要大于等温线的斜率的绝对值,即

$$\left|\left(\frac{dp}{dV}\right)_T\right|<\left|\left(\frac{dp}{dV}\right)_a\right|$$

若从状态 A 开始,分别通过绝热过程和等温过程来膨胀相同的体积,从图 6-10 可以看出,绝热过程中压强的降低要比在等温过程中大. 这是因为:等温过程中,压强的降低是由对外做功所引起的;而在绝热过程中,压强的降低除了对外做功外,温度的降低所引起的内能的改变也是一个原因,所以压强下降得较快.

【例 6-2】 狄塞尔内燃机气缸中的气体,在压缩前压强为 1.013×10^5Pa,温度为 320K,假定空气突然被压缩为原来体积的 1/16.9,试求末态的压强和温度.设空气的 $\gamma=1.4$.

解:把空气看成是理想气体,由题意知,初态 $p_1=1.013\times10^5$Pa,$T_1=320$K,由于压缩进行得很快,可将该过程看成是绝热过程.

由绝热方程 $p_1V_1^\gamma=p_2V_2^\gamma$,可得末态压强为

$$p_2=p_1\left(\frac{V_1}{V_2}\right)^\gamma=1.013\times10^5\times16.9^{1.4}\text{Pa}=45.1\times10^5\text{Pa}$$

根据 $V_1^{\gamma-1}T_1=V_2^{\gamma-1}T_2$,可得末态温度为

$$T_2=T_1\left(\frac{V_1}{V_2}\right)^{\gamma-1}=320\times16.9^{1.4}\text{K}=992\text{K}$$

【例 6-3】 一绝热容器被隔板分为体积相等的两部分,如图 6-11(a)所示,左边容器充满理想气体,初始温度为 T_1,压强为 p_1,右边容器抽成真空.现将隔板抽出,气体最后在整个容器内达到一个新的平衡,这种过程称为自由膨胀,如图 6-11(b)所示.求新的平衡时的压强.

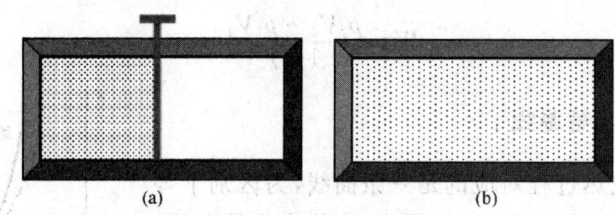

图 6-11 气体的自由膨胀

解:在该过程中,任一时刻气体均处于非平衡态,因此该过程是非平衡过程,但是初末状态都是平衡态,则热力学第一定律仍然成立:

$$Q=\Delta E+W$$

因为过程进行得较快,可视为绝热过程,$Q=0$;又因为气体向真空冲入,所以它对外不做功,$W=0$,即

$$\Delta E=E_2-E_1=0$$

因为内能是温度的单值函数,所以初末状态的温度是相同的,即 $T_2=T_1$.

根据理想气体状态方程,有

$$p_1V_1=\nu RT_1,\quad p_2V_2=\nu RT_2$$

将 $T_2=T_1$,$V_2=2V_1$ 代入上式,可得

$$p_2=\frac{1}{2}p_1$$

【例 6-4】 0.01m^3 的氮气在温度 300K 时由 1atm 压缩到 10atm.试分别求氮气经等温及绝热压缩后的(1)体积;(2)温度;(3)各过程对外所做的功.

解:(1)等温压缩时,由 $p_1V_1=p_2V_2$,可得

$$V_2=\frac{p_1V_1}{p_2}=\frac{1}{10}\times0.01\text{m}^3=1\times10^{-3}\text{m}^3$$

对外做功为

$$W=\nu RT\ln\frac{V_2}{V_1}=p_1V_1\ln\frac{V_2}{V_1}=p_1V_1\ln\frac{p_1}{p_2}$$

$$= 1 \times 1.013 \times 10^5 \times 0.01 \times \ln 0.01 \text{ J} = -4.67 \times 10^3 \text{ J}$$

(2) 绝热压缩时，由绝热方程，有

$$p_1 V_1^\gamma = p_2 V_2^\gamma$$

对于氮气 $\gamma = \dfrac{7}{5}$，代入绝热方程，得

$$V_2 = \left(\frac{p_1 V_1^\gamma}{p_2}\right)^{1/\gamma} = \left(\frac{p_1}{p_2}\right)^{\frac{1}{\gamma}} V_1 = \left(\frac{1}{10}\right)^{\frac{5}{7}} \times 0.01 \text{ m}^3 = 1.93 \times 10^{-3} \text{ m}^3$$

由绝热方程 $T_1^{-\gamma} p_1^{\gamma-1} = T_2^{-\gamma} p_2^{\gamma-1}$，得

$$T_2^\gamma = \frac{T_1^\gamma p_2^{\gamma-1}}{p_1^{\gamma-1}}$$

$$T_2 = \sqrt[\gamma]{300^{1.4} \times (10)^{0.4}} \text{ K} = 579 \text{ K}$$

(3) 根据热力学第一定律 $Q = \Delta E + W$ 和理想气体状态方程 $pV = \dfrac{M}{M_{\text{mol}}} RT$，$Q = 0$，得

$$W = -\frac{M}{M_{\text{mol}}} C_{V,\text{m}}(T_2 - T_1) = -\frac{p_1 V_1}{RT_1} \cdot \frac{5}{2} R(T_2 - T_1)$$

$$= -\frac{1.013 \times 10^5 \times 0.01}{300} \times \frac{5}{2} \times (579 - 300) \text{ J} = -2.36 \times 10^3 \text{ J}$$

6.4.4 * 多方过程

气体实际经过的过程，既不是等温过程，也不是绝热过程，而是常常介于这些过程之间。热力学中，常用下列公式来表达气体实际进行的过程：

$$pV^n = 常量 \tag{6-14}$$

满足式(6-14)的过程称为**多方过程**，其中 n 为常量，称为多方指数。显然，等温、等压、等体和绝热过程是多方过程的特例。$n = 0$ 时，对应的是等压过程；$n = 1$ 时，对应的是等温过程；$n = \gamma$ 时，对应的是绝热过程；$n \to \infty$ 时，则对应于等体过程。多方指数 n 可以是任意值，视具体情况而定。

类似于绝热过程中做功的计算，可得多方过程中气体所做的功为

$$W = \frac{p_2 V_2 - p_1 V_1}{1 - n}$$

由于内能是温度的单值函数，可得多方过程中内能的增量为

$$\Delta E = \nu C_{V,\text{m}}(T_2 - T_1)$$

根据热力学第一定律 $Q = \Delta E + W$，多方过程中吸收的热量为

$$Q = \frac{p_2 V_2 - p_1 V_1}{1 - n} + \nu C_{V,\text{m}}(T_2 - T_1)$$

若在多方过程中，系统的温度升高 $\mathrm{d}T$，需要从外界吸收的热量 $\mathrm{d}Q = \nu C_{n,\text{m}} \mathrm{d}T$，则 $C_{n,\text{m}}$ 叫作理想气体的摩尔多方热容。根据热力学第一定律 $Q = \Delta E + W$ 和理想气体的内能公式 $E = \nu C_{V,\text{m}} T$，可得

$$\nu C_{n,\text{m}} \mathrm{d}T = \nu C_{V,\text{m}} \mathrm{d}T + p \mathrm{d}V \tag{6-15}$$

对理想气体的状态方程和多方方程分别取微分，可得

$$p \mathrm{d}V + V \mathrm{d}p = \nu R \mathrm{d}T \tag{6-16}$$

$$\frac{\mathrm{d}p}{p} + n\frac{\mathrm{d}V}{V} = 0 \tag{6-17}$$

联立式(6-15)、式(6-16)和式(6-17),可得 $C_{n,\mathrm{m}}$ 和 $C_{V,\mathrm{m}}$ 的关系：

$$C_{n,\mathrm{m}} = C_{V,\mathrm{m}}\frac{\gamma - n}{\gamma - 1} \tag{6-18}$$

因此,多方过程中吸收的热量又可表述为

$$Q = \nu C_{n,\mathrm{m}}(T_2 - T_1)$$

表 6-4 所示为理想气体在热力学过程中的主要公式.

表 6-4 理想气体在热力学过程中的主要公式

过程	过程方程	系统对外界做的功	系统从外界吸收的热量	内能增量
等体	$\frac{p}{T}=$ 常量	0	$\nu C_{V,\mathrm{m}}(T_2-T_1)$	$\nu C_{V,\mathrm{m}}(T_2-T_1)$
等压	$\frac{V}{T}=$ 常量	$p(V_2-V_1)$ 或 $\nu R(T_2-T_1)$	$\nu C_{p,\mathrm{m}}(T_2-T_1)$	$\nu C_{V,\mathrm{m}}(T_2-T_1)$
等温	$pV=$ 常量	$\nu RT\ln\frac{V_1}{V_2}$ 或 $\nu RT\ln\frac{p_2}{p_1}$	$\nu RT\ln\frac{V_1}{V_2}$ 或 $\nu RT\ln\frac{p_2}{p_1}$	0
绝热	$pV^\gamma=$ 常量	$-\nu C_{V,\mathrm{m}}(T_2-T_1)$ 或 $\frac{p_1V_1-p_2V_2}{\gamma-1}$ 或 $\frac{p_1V_1}{\gamma-1}\left[\left(\frac{V_1}{V_2}\right)^{\gamma-1}-1\right]$	0	$\nu C_{V,\mathrm{m}}(T_2-T_1)$
多方	$pV^n=$ 常量	$-\frac{\nu R}{n-1}(T_2-T_1)$ 或 $\frac{p_1V_1-p_2V_2}{n-1}$ 或 $\frac{p_1V_1}{n-1}\left[\left(\frac{V_1}{V_2}\right)^{n-1}-1\right]$	$\nu C_{V,\mathrm{m}}(T_2-T_1)-\frac{\nu R}{n-1}(T_2-T_1)$	$\nu C_{V,\mathrm{m}}(T_2-T_1)$

6.5 循环过程 卡诺循环

理想气体的状态变化不可能全部都是单一方向的,往往还会涉及周而复始的循环过程.

6.5.1 循环过程

系统从某一初态出发,经历一系列的状态变化后,又回到原来状态的过程,称为**热力学循环过程**,简称**循环**.循环工作的物质称为**工作物质**,简称**工质**.如内燃机、蒸汽机,它们的本质是通过循环来实现热功转换,在整个过程中的工作物质为气体.

常见的蒸汽机中的热力循环如图 6-12 所示,在水泵的作用下,水进入高温热源锅炉中,吸收热量后,变为高温高压蒸汽;随后高温高压蒸汽进入汽轮机,推动涡轮转动对外做功,在这一过程中,内能通过做功转化为机械能,蒸汽的内能减小.最后,剩下的"废气"进入低温热源冷凝器,放出热量后凝结成水,再在水泵的作用下,重新回到水池,如此循环不息地进行. 总的结果就是:工质从高温热源吸收热量用以增加其内能,然后一部分内能通过做功转换为机械能,另一部分内能则在冷凝器处通过放热传到外界,最后工质又重新回到原来状态.

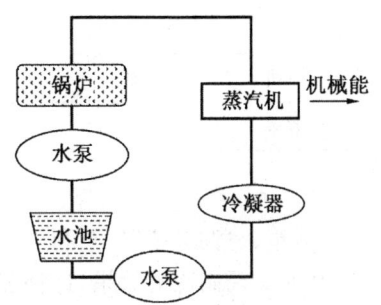

图 6-12 蒸汽机的循环

循环过程在 p-V 图上表现为一条闭合曲线. 若循环沿顺时针方向进行,称为**正循环**,如图 6-13 所示. 若循环沿逆时针方向进行,称为**逆循环**. 在正循环中,首先经历过程 acb,系统对外做功为 W_1,大小等于曲线 $acbfea$ 所包围的面积;然后经历 bda 过程,外界对系统所做功为 W_2,大小等于曲线 $bfeadb$ 所包围的面积,可见,在一个循环过程中,系统对外界所做的净功为 $W=W_1-W_2$,即曲线 $acbda$ 所包围的面积. 也就是说,在任何一个循环过程中,系统所做的净功等于 p-V 图上所示循环包围的面积. 因为一个循环过程的初态和末态相同,故**内能没有发生改变**,$\Delta E=0$. 这是循环过程的一个重要特征. 根据热力学第一定律,循环过程中系统从外界吸收的热量 Q_1 和放出的热量 Q_2 的差值必定等于系统对外所做的功.

图 6-13 正循环的 p-V 图

正循环的能量转化反映了热机的基本工作过程,而逆循环过程则反映了制冷机的工作过程.

6.5.2 热机与制冷机

1. 热机

常见的蒸汽机、内燃机、火箭发动机等,都是利用工质的正循环,把吸收的热量连续不断地转换为对外做的功. 类似这样的装置称为**热机**.

前面所讲的蒸汽机就是一个典型的热机. 从能量的角度看,如图 6-14 所示,工作物质从高温热源吸收热量 Q_1,气体膨胀推动活塞对外做功 W,同时向低温热源放出热量 $|Q_2|$,在完成一次正循环后,由于系统的内能无变化,$\Delta E=0$,由热力学第一定律,知

$$W=Q_1-|Q_2|$$

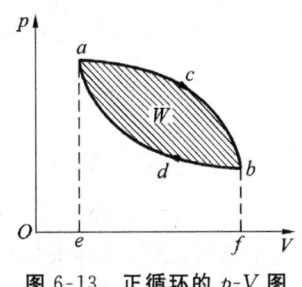

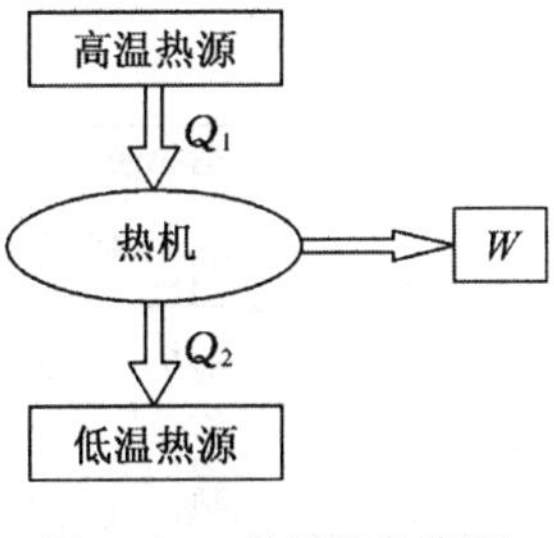

图 6-14 热机的示意图

热机从外界吸收的热量有多少转化为对外做的功是热机效能的重要标志之一. $\dfrac{W}{Q_1}$ 称为**热机效率**,常用 η 来表示,有

$$\eta=\frac{W}{Q_1}=\frac{Q_1-|Q_2|}{Q_1}=1-\frac{|Q_2|}{Q_1} \tag{6-19}$$

式中,W 为一次循环中系统对外所做的净功,Q_1 为系统从高温热源吸收的热量,$|Q_2|$ 为系统向低温热源放出的热量. 若吸收的热量一定,那么,对外做功越多,表明热机把热量转化为有用功的本领越大,效率就越高. 对于不同的热机,循环过程的不同,具有的效率也是不同的. 表 6-5 列出了几种热机的效率.

表 6-5 实际热机的效率

热机	蒸汽机	汽油机	柴油机	燃气轮机	液体燃料火箭
效率	约 15%	约 25%	约 40%	约 45%	约 48%

2. 制冷机

冰箱、空调等装置,是利用工作物质连续不断地从某一低温热源吸收热量,传给高温热源,从而实现制冷的效果,这种装置叫作制冷机.从循环过程方向来看,制冷机与热机的循环方向相反.

如图 6-15 所示,工作物质从低温热源吸收热量,是以外界对工作物质做功为条件的,故制冷机的性能可用 $\dfrac{Q_2}{|W|}$ 来衡量,$\dfrac{Q_2}{|W|}$ 称为制冷系数,即

$$e = \frac{Q_2}{|W|} = \frac{Q_2}{|Q_1| - Q_2} \tag{6-20}$$

式中,Q_2 是一次循环中工作物质从低温热源吸收的热量,W 是外界对工作物质所做的功,$|Q_1|$ 是工作物质向高温热源放出的热量.从式中可知,Q_2 一定时,W 越小,则 e 越大,制冷效果越好.这就意味着以较小的代价获得较大的效益.

注意:在计算 η 和 e 时,W、Q_1 和 Q_2 的数值取的都是绝对值.

常见的压缩式制冷循环过程如图 6-16 所示,压缩机吸入蒸发器中汽化制冷后的低温低压气态制冷剂,然后压缩成高温高压蒸气;高温高压蒸气进入冷凝器(高温热源),放出热量 Q_1,被冷凝成液体;常温常压液体经过节流膨胀,压力降低,部分液体吸收自身热量而汽化,温度随之降低;低温低压制冷剂进入蒸发器(低温热源)后,由于压缩机的抽吸作用,使得压强更低,制冷剂在这里发生汽化而吸收热量 Q_2,汽化制冷后的低温低压气态制冷剂被吸入压缩机,开始新一轮循环.

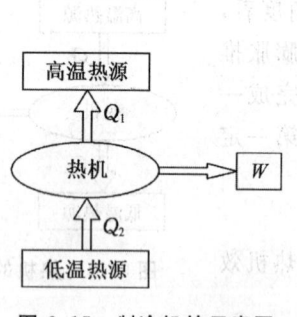

图 6-15 制冷机的示意图

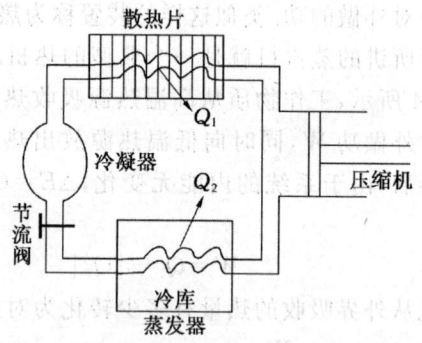

图 6-16 常见的压缩式制冷循环过程

6.5.3 卡诺循环

卡诺(S. Carnot 1796—1832,图 6-17)的主要贡献在热力学方面,1824 年卡诺出版了《关于火的动力及专门产生这种动力的机器的见解》一书,书中谈到了他在地球上观察到的许多现象都与热有关,而且提出了著名的卡诺定理.从热质说的观点得到的卡诺定理,为提高热机效率指出了方向,为热力学第二定律的建立打下了基础.虽说热质说是错误的,但是

卡诺定理是正确的. 当卡诺抛弃热质说, 准备进一步研究热机理论时, 36 岁的卡诺却在霍乱中病逝. 卡诺的座右铭为:知之为知之, 不知为不知.

热机的发展见证了热力学发展的历史, 1698 年萨维利和 1705 年纽可门先后发明了蒸汽机. 当时蒸汽机的效率极低, 只有 3% 左右, 从 1794 年到 1840 年, 热机效率才提高到 8% 左右. 散热、漏气、摩擦等因素一直是能量损耗的主要原因, 如何减少这些因素的影响, 进一步提高热机的效率就成了当时工程师和科学家共同关心的问题. 1824 年, 法国青年工程师卡诺设计了一种理想热机——卡诺机. 该热机从理论上给出了效率的极限值.

图 6-17 卡诺

卡诺机在温度为 T_1 的高温热源和温度为 T_2 的低温热源间交换热量, 整个循环过程由两个准静态等温过程和两个准静态绝热过程构成, 称为**卡诺循环**.

1. 卡诺热机

设卡诺循环中的工质为理想气体, 经过 4 个分过程, 完成一个正向的卡诺循环. 为了求其效率, 下面对整个循环过程中能量的转化情况进行分析, 如图 6-18 所示.

(1) AB 段等温膨胀.

气体由状态 $A(p_1, V_1, T_1)$ 等温膨胀到状态 $B(p_2, V_2, T_1)$, 气体将从高温热源吸收的热量为

$$Q_1 = \nu R T_1 \ln \frac{V_2}{V_1}$$

(2) BC 段绝热膨胀.

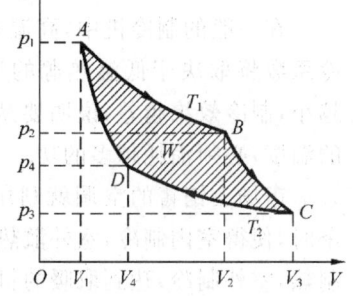

图 6-18 卡诺热机的 p-V 图

气体由状态 $B(p_2, V_2, T_1)$ 绝热膨胀到状态 $C(p_3, V_3, T_2)$, 气体与外界没有热量交换, 由绝热方程, 可得

$$T_1 V_2^{\gamma-1} = T_2 V_3^{\gamma-1} \tag{6-21}$$

(3) CD 段等温压缩.

气体由状态 $C(p_3, V_3, T_2)$ 等温压缩到状态 $D(p_4, V_4, T_2)$, 气体将向低温热源放出热量:

$$Q_2 = \nu R T_2 \ln \frac{V_4}{V_3} < 0$$

(4) DA 段绝热压缩.

气体由状态 $D(p_4, V_4, T_2)$ 绝热压缩到状态 $A(p_1, V_1, T_1)$, 气体与外界没有热量交换, 由绝热方程, 可得

$$V_1^{\gamma-1} T_1 = V_4^{\gamma-1} T_2 \tag{6-22}$$

由式(6-21)和式(6-22), 可得

$$\frac{V_2}{V_1} = \frac{V_3}{V_4}$$

因此, 卡诺热机的效率为

$$\eta = 1 - \frac{|Q_2|}{Q_1} = 1 - \frac{T_2}{T_1}\frac{\ln\frac{V_3}{V_4}}{\ln\frac{V_2}{V_1}}$$

即
$$\eta = 1 - \frac{T_2}{T_1} \qquad (6\text{-}23)$$

式(6-23)表明,卡诺热机的效率与工作物质无关,只与两个热源的温度有关. T_1 越高, T_2 越低,两个热源的温差越大,热机的效率越高.但是 T_1 不可能无限大, T_2 也不可能达到绝对零度,故卡诺循环的效率总是小于 1,即不可能从高温热源吸收热量全部用来对外做功.

2. 卡诺制冷机

如图 6-19 所示,理想气体做逆向的卡诺循环.类似于卡诺热机效率的计算,可得制冷系数为

$$e = \frac{Q_2}{W} = \frac{Q_2}{Q_1 - Q_2} = \frac{T_2}{T_1 - T_2} \qquad (6\text{-}24)$$

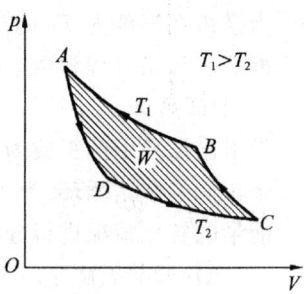

图 6-19　卡诺制冷机的 $p\text{-}V$ 图

在一般的制冷机中,高温热源通常是大气温度,因此制冷系数将取决于低温热源的温度 T_2, T_2 越低,制冷系数 e 越小,制冷效果越差,说明要从低温热源吸收热量来降低它的温度,必须消耗越多的功.

市场上销售的空调就利用了制冷机的原理:空调在夏季时,使得室内制冷,室外散热,达到制冷的目的;而在秋冬季制热时,方向同夏季相反,室内制热,室外制冷,达到取暖的目的.

【例 6-5】　柴油机中的工作循环称为狄塞尔循环,一定量理想气体需经过下列准静态循环过程:

(1) 绝热压缩,由 (V_1, T_1) 到 (V_2, T_2);
(2) 等压吸热,由 (V_2, T_2) 到 (V_3, T_3);
(3) 绝热膨胀,由 (V_3, T_3) 到 (V_4, T_4);
(4) 等体放热,由 (V_1, T_4) 到 (V_1, T_1).

试求该循环的效率.

解:循环过程如图 6-20 所示,整个过程只在等压过程中吸收热量:

$$Q_1 = \nu C_{p,m}(T_3 - T_2)$$

只在等体过程中向外放出热量:

$$Q_2 = \nu C_{V,m}(T_1 - T_4) < 0$$

这个循环的效率为

$$\eta = 1 - \frac{|Q_2|}{Q_1} = 1 - \frac{\nu C_{V,m}(T_4 - T_1)}{\nu C_{p,m}(T_3 - T_2)} = 1 - \frac{1}{\gamma}\cdot\frac{T_4 - T_1}{T_3 - T_2}$$

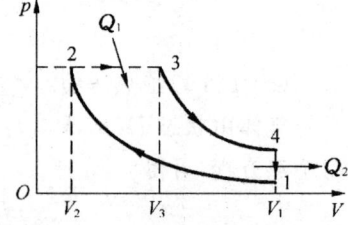

图 6-20　狄塞尔循环的 $p\text{-}V$ 图

【例 6-6】　如图 6-21 所示,一定质量的理想气体,从状态 a 出发,经历一循环过程,又回到状态 a.设气体为双原子分子气体.试求:

(1) 各过程中的热量、内能改变以及所做的功;

(2) 该循环的效率.

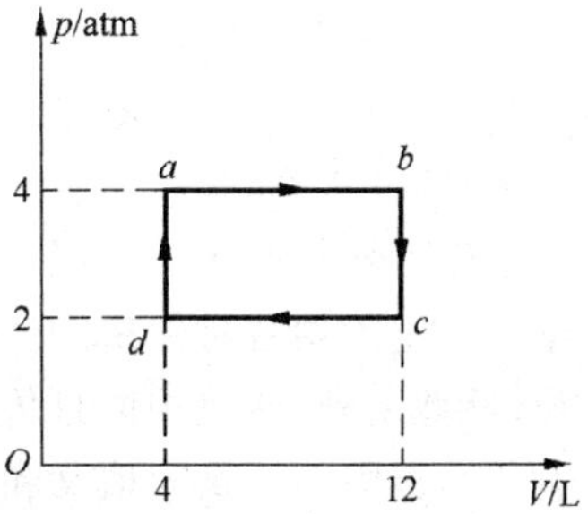

解：分析该循环中每一个过程内能的改变，可用公式 $\Delta E=\nu C_{V,m}\Delta T$ 计算；做功的大小就是曲线下面所对应的面积；最后可用热力学第一定律 $Q=\Delta E+W$ 计算热量.

(1) 从 $a\to b$ 过程，有

$$W_{ab}=p(V_b-V_a)=4\times10^5\times8\times10^{-3}\text{J}=3.2\times10^3\text{J}$$

$$\Delta E_{ab}=\nu C_{V,m}(T_b-T_a)=\nu\frac{5}{2}R(T_b-T_a)$$

$$=\frac{5}{2}(p_bV_b-p_aV_a)=8\times10^3\text{J}$$

$$Q_{ab}=\Delta E_{ab}+W_{ab}=11.2\times10^3\text{J}$$

图 6-21 例 6-6 图

从 $b\to c$ 过程，有

$$W_{bc}=0,\quad Q_{bc}=\Delta E_{bc}=-6\times10^3\text{J}$$

从 $c\to d$ 过程，有

$$W_{cd}=-1.6\times10^3\text{J},\quad \Delta E_{cd}=-4\times10^3\text{J},\quad Q_{cd}=-5.6\times10^3\text{J}$$

从 $d\to a$ 过程，有

$$W_{da}=0,\quad Q_{da}=\Delta E_{da}=2\times10^3\text{J}$$

(2) 根据热机效率公式，有

$$\eta=\frac{W}{Q_1}$$

代入数据，得

$$\eta=\frac{W}{Q_1}=\frac{W_{ab}+W_{bc}+W_{cd}+W_{da}}{Q_{ab}+Q_{da}}=\frac{1.6\times10^3}{13.2\times10^3}\times100\%=12.12\%$$

【**例 6-7**】 一台卡诺制冷机，从 0℃ 的水中吸取热量，向 27℃ 的房间放热. 若将 50kg 0℃ 的水变为 0℃ 的冰，试求：

(1) 卡诺制冷机吸收的热量；
(2) 使制冷机运转需做的功；
(3) 放入房间的热量.

分析：冰的熔解热为 $3.35\times10^5\text{J}\cdot\text{kg}^{-1}$. 制冷机从低温热源 273K 吸收热量 Q_2，向高温热源 300K 放出热量 Q_1，需对制冷机做功 W，且 $Q_1=Q_2+W$.

解：(1) 卡诺制冷机吸收的热量为

$$Q_2=3.35\times10^5\times50\text{J}=1.675\times10^7\text{J}$$

(2) 做功多少可由制冷系数与功的关系求得.

因

$$e=\frac{T_2}{T_1-T_2}=\frac{273}{300-273}=10.1$$

又

$$e=\frac{Q_2}{W}$$

故

$$W=\frac{1.675\times10^7}{10.1}\text{J}=1.66\times10^6\text{J}$$

(3) 放入房间的热量，即对高温热源实际放热为

$$Q_1=Q_2+W=(1.675\times10^7+1.66\times10^6)\text{J}=1.841\times10^7\text{J}$$

6.6 热力学第二定律 卡诺定理

随着科学技术的发展,各种热机的效率有所提高,而且热机已广泛应用于工业上. 热力学第一定律给各种热机的能量传递和转化提供了理论基础,指出热机必须满足能量守恒定律. 除此之外,热机中能量传递和转化过程的方向又有着什么限制呢? 热机效率的提高是否有一个极限值? 极限值又和哪些因素有关? 这些问题一直困扰着人们. 人们经过长期的实践经验和科学知识的积累,最终发现了一个新的自然规律,即热力学第二定律,它是独立于热力学第一定律的另一个基本规律,很好地解释了自然界中能量传递和转化过程进行方向的规律.

6.6.1 热力学第二定律的两种表述

热力学第二定律有多种不同的表述形式,常用的表述有如下两种.

1. 开尔文表述

1851年,英国物理学家开尔文(L. kelvin,1824—1907)从热功转换的角度出发,首先提出:**不可能制造出这样一种循环工作的热机,它只从一个热源吸取热量,使之全部变为有用的功,而其他物体不发生任何变化.**

对于开尔文表述,可以从下面两点进行阐明.

(1) 如果从单一热源吸热全部用来做功,必定会引起其他变化.

例如,理想气体在等温膨胀过程中,温度不发生变化,故系统的内能不变,系统从外界热源所吸收的热量将全部用来做功,气体的体积膨胀就是系统所发生的其他变化.

应当注意的是,"单一热源"指的是温度均匀并且恒定不变的热源,如果物质可从热源中温度较高的地方吸热,而向温度较低的地方放热,这时就相当于两个热源.

(2) 如果从单一热源所吸收的热量用来对外做功,而系统没有发生变化,这种情况也是可能的,只是吸收的热量不会完全用来做功.

例如,热机的效率 $\eta < 100\%$. 历史上曾有人设想制造一种热机,该热机从单一热源吸热,并使之完全变为有用功而不产生其他的影响,即热机效率 $\eta = 100\%$,这种热机称为第二类永动机. 第二类永动机符合能量转换和守恒定律. 若这种热机可行的话,最经济适用的热源就是空气和大海,它们都含有大量的能量,是取之不尽、用之不竭的. 可以通过从大海中吸收热量对外界做功,如果大海的温度下降1℃,产生的能量可供全世界使用100年. 但是,只用海洋作为单一热源制造出 $\eta = 100\%$ 的热机,违反了热力学第二定律. 因此,开尔文表述又可表述为:第二类永动机是不可能的.

2. 克劳修斯表述

德国物理学家克劳修斯(R. J. E. Clausius,1822—1888)在大量的客观实践的基础上,从热量传递的方向出发,于1850年提出:**不可能使热量从低温物体自动传到高温物体而不引起外界的变化.**

对于克劳修斯表述,可以从下面两个方面进行阐明.

(1) 热量只能自发地从高温物体传到低温物体.

(2) 热量可以从低温物体传到高温物体,但是一定会引起其他变化.

热力学第二定律是大量的经验和事实的总结,它与其他物理定律不同的是:热力学第二定律有多种表述方式,每一种表述都可以从自己的角度来说明热力学过程的方向性,所有的表述具有等价性.由于各种实际过程的方向具有一定的关联性,只需说明一个实际过程进行的方向即可.所以说,热力学第二定律的任一种表述都具有普遍意义,可以反映所有宏观过程进行的方向的规律.

热力学第一定律指出热力学过程中能量是守恒的.热力学第二定律阐明了一切与热现象相关的物理、化学过程进行的方向的规律,表明自发过程是沿着有序向无序转化的方向进行的.热力学第二定律和热力学第一定律互不包含、彼此独立、相互制约,一起构成了热力学的理论基础.

6.6.2 可逆过程与不可逆过程

前面讲到热力学第二定律所有的表述方式都是等效的,即开尔文表述和克劳修斯表述反映了自然界与热现象相关的宏观过程的一个总的特征.为描述总的方向性,我们引入可逆过程和不可逆过程的定义.设在某一过程中,系统从状态 A 变为另一状态 B,若我们让该系统沿逆向变化,即从状态 B 再回到状态 A,而且当回到原来的状态 A 时,外界也都恢复原样,这样的过程称为**可逆过程**.如果系统不能恢复到初始状态 A,或当系统恢复到初始状态 A 时,外界不能恢复原样,即对外界造成的影响不可消除,这样的过程称为**不可逆过程**.注意,通常情况下,不可逆过程并不是不能在反方向进行的过程,而是当逆过程完成后,对外界的影响不能消除.

因此,开尔文表述指出了功转换为热的过程是不可逆的;克劳修斯表述指出了热传导过程的不可逆性.热力学第二定律又可以表述为:**与热现象相关的宏观过程都是不可逆的**.实际上,自然界的一切自发过程都是不可逆过程.例如,气体的扩散和自由膨胀、水的汽化、固体的升华、各种爆炸过程等都是不可逆过程.通过考察这些不可逆过程,不难发现它们有着共同的特征,就是开始时系统存在某种不平衡因素,或者过程中存在摩擦等损耗因素.不可逆过程就是系统由不平衡达到平衡的过程.

可逆过程只是一个理想过程,要想实现可逆过程,过程中每一步必须都是平衡态,而且过程中没有摩擦损耗等因素.这时,按原过程相反方向进行,当系统恢复到原状态时,外界也能恢复到原状态,这个过程就可认为是可逆过程,所以,**无摩擦的准静态过程是可逆过程**.虽然与热现象相关的实际过程都是不可逆过程,但是可以做到非常接近可逆过程,因此,可逆过程的研究有着重要的意义.

6.6.3 卡诺定理

根据热机的循环过程的特点,我们可将其分为两类:对于循环过程可逆的称为可逆机;对于循环过程不可逆的则称为不可逆机.卡诺以他富于创造性的想象力,建立了理想模型——卡诺可逆热机(卡诺热机),并且于 1824 年提出了作为热力学重要理论基础的卡诺定理,从理论上解决了提高热机效率途径的根本问题.具体可归结为以下两点.

(1) 在相同高温热源(温度为 T_1)和低温热源(温度为 T_2)之间工作的任意工作物质的可逆机都具有相同的效率,且都等于 $\eta = 1 - \dfrac{T_2}{T_1}$.

(2) 工作在相同的高温热源和低温热源之间的一切不可逆机的效率都不可能大于可逆机的效率,即 $\eta < 1 - \dfrac{T_2}{T_1}$.

卡诺定理从理论上指出了增加热机效率的方法.就热源而言,尽可能地提高它们的温度差可以极大地增加热机的效率.但是,在实际过程中,降低低温热源的温度较困难,通常只能采取提高高温热源的温度的方法,如选用高燃料值材料等;另外,要尽可能地减少造成热机循环的不可逆性因素的影响,如减少摩擦、漏气、散热等耗散因素等的影响.

6.7 熵 熵增加原理

生活中,用导线连接两个带电体,电流将从高电势体流向低电势体,直到两带电体的电势相等;将不同温度的物体相接触也会出现类似的情况.类似于上面所述的不可逆过程还有很多.热力学第二定律也表明,一切与热现象相关的实际宏观过程都是不可逆的.那么,对于这些不可逆过程是否有各自的判断准则?能否用一个共同的准则来判断不可逆过程进行的方向?我们都知道,实际的自发过程不仅反映了其不可逆性,而且也反映出初态和末态之间很大的差异.因此,我们希望找到一个新的物理量,它可以对不可逆过程的初态和末态进行描述,同时也可以判断实际过程进行的方向.1854 年,克劳修斯首先找到了这个物理量.1865 年克劳修斯把这一新的物理量正式定名为"熵".和内能一样,熵也是状态的函数.

6.7.1 熵

根据卡诺定理,在相同高温热源(温度为 T_1)和低温热源(温度为 T_2)之间工作的任意工作物质的可逆机都具有相同的效率,即

$$\eta = \frac{Q_1 - |Q_2|}{Q_1} = \frac{T_1 - T_2}{T_1} \tag{6-25}$$

式中,Q_1 是从高温热源吸收的热量,Q_2 是向低温热源放出的热量.整理可得

$$\frac{Q_1}{T_1} = \frac{|Q_2|}{T_2}$$

由于 $Q_1 > 0, Q_2 < 0$,故又可写为

$$\frac{Q_1}{T_1} + \frac{Q_2}{T_2} = 0 \tag{6-26}$$

式(6-26)表明,在可逆卡诺循环中,系统经历一个循环回到初始状态后,热量和温度的比值的总和是零.这个结论可推广到任意的可逆循环.如图 6-22 所示,对于任意一个可逆循环过程,可看成是由许多个微小的可逆卡诺循环过程组合而成的.从图可知,任意两个相邻的微小可逆卡诺循环,总有一段绝热线是共同的,因为进行的方向相反而效果相互抵消,所以这些微小的可逆卡诺循环的总效果和可逆循环过程的效果是等效的.由式(6-26)可知,对于任意一个微小的可逆卡诺循环,其热量和温度的比值总和都等于零,于是,对整

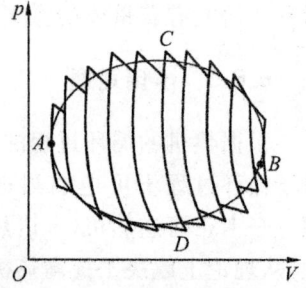

图 6-22 把任意的可逆循环看作由无数多份卡诺循环组成

个可逆循环,有

$$\sum_{i=1}^{n} \frac{\Delta Q_i}{T_i} = 0 \tag{6-27}$$

式中,n 是微小热源的数目,令 $n \to \infty$ 时,则式(6-27)可写为

$$\oint \frac{\mathrm{d}Q}{T} = 0 \tag{6-28}$$

式(6-28)称为**克劳修斯等式**,其中 $\mathrm{d}Q$ 表示系统在无穷小过程中从温度为 T 的热源吸收的热量. 若把 A 看作是可逆循环过程的初态,整个循环 $ACBDA$ 就可以分为 ACB 和 BDA 两段,于是有

$$\int_{ACB} \frac{\mathrm{d}Q}{T} + \int_{BDA} \frac{\mathrm{d}Q}{T} = 0 \tag{6-29}$$

由于是可逆过程,所以

$$-\int_{BDA} \frac{\mathrm{d}Q}{T} = \int_{ADB} \frac{\mathrm{d}Q}{T} \tag{6-30}$$

将式(6-30)代入式(6-29),可得

$$\int_{ACB} \frac{\mathrm{d}Q}{T} - \int_{ADB} \frac{\mathrm{d}Q}{T} = 0 \tag{6-31}$$

结果表明,系统从平衡态 A 到平衡态 B 的 $\int_{A}^{B} \frac{\mathrm{d}Q}{T}$ 值与路径无关,而是由系统的初末状态所决定. 为此,我们引入一个新的状态函数——熵,符号为"S",它的定义为

$$\mathrm{d}S = \frac{\mathrm{d}Q}{T} \tag{6-32}$$

或

$$S_B - S_A = \int_{A}^{B} \frac{\mathrm{d}Q}{T} \tag{6-33}$$

式(6-33)表明,在任意的可逆过程中,两平衡态间的熵变等于该过程中热温比 $\frac{\mathrm{d}Q}{T}$ 的积分. 其中,S_A 和 S_B 分别表示系统在平衡态 A 和平衡态 B 时的熵. 熵的单位为焦耳每开尔文,符号是 $\mathrm{J \cdot K^{-1}}$.

6.7.2 熵变的计算

式(6-33)可以用来计算两个平衡态之间的熵变,应用时需要注意以下几点.

(1) 熵是态函数,与过程无关. 当给定系统状态时,其熵值是确定的,与到达这一平衡态的路径无关.

(2) 计算熵变的积分路径必须是可逆过程. 如果系统经历的是不可逆过程,我们可以在初末状态之间设计一个可逆过程,最后再用式(6-33)计算.

(3) 熵具有相加性,当一个系统由几部分组成时,各部分的熵变之和等于整个系统的熵变.

【例 6-8】 把 0℃ 的 0.5 kg 的冰块加热到它全部溶化成 0℃ 的水,问:

(1) 水的熵变如何?
(2) 若热源是温度为 20℃ 的庞大物体,那么热源的熵变化为多大?
(3) 水和热源的总熵变多大?是增加还是减少?(水的熔解热 $\lambda = 3.34 \times 10^5 \mathrm{J \cdot kg^{-1}}$)

解：(1) 水的熵变为

$$\Delta S_1 = \frac{Q}{T} = \frac{0.5 \times 3.34 \times 10^5}{273} \text{J} \cdot \text{K}^{-1} \approx 612 \text{J} \cdot \text{K}^{-1}$$

(2) 热源的熵变为

$$\Delta S_2 = \frac{Q}{T} = \frac{-0.5 \times 3.34 \times 10^5}{293} \text{J} \cdot \text{K}^{-1} \approx -570 \text{J} \cdot \text{K}^{-1}$$

(3) 总熵变为

$$\Delta S = \Delta S_1 + \Delta S_2 = (612 - 570) \text{J} \cdot \text{K}^{-1} = 42 \text{J} \cdot \text{K}^{-1}$$

【**例 6-9**】 如图 6-23 所示，1mol 双原子分子理想气体，从初态 $V_1 = 20\text{L}, T_1 = 300\text{K}$ 经历三种不同的过程到达末态 $V_2 = 40\text{L}, T_2 = 300\text{K}$. 图中 1→2 为等温线，1→4 为绝热线，4→2 为等压线，1→3 为等压线，3→2 为等体线. 试分别沿这三种过程计算气体的熵变.

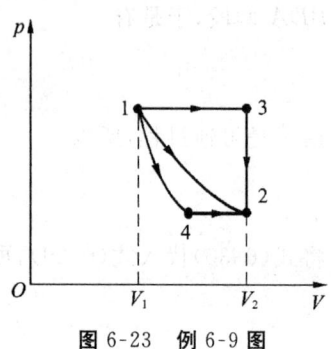

图 6-23 例 6-9 图

解：计算 1→2 熵变.

等温过程 $dQ = dW = pdV$，$pV = RT$，则

$$S_2 - S_1 = \int_1^2 \frac{dQ}{T} = \frac{1}{T_1} \int_{V_1}^{V_2} \frac{RT_1}{V} dV$$

$$= R \ln \frac{V_2}{V_1} = R \ln 2 \text{ J} \cdot \text{K}^{-1} = 5.76 \text{ J} \cdot \text{K}^{-1}$$

计算 1→3→2 熵变：

$$S_2 - S_1 = \int_1^3 \frac{dQ}{T} + \int_3^2 \frac{dQ}{T}$$

$$= \int_{T_1}^{T_3} \frac{C_{p,m} dT}{T} + \int_{T_3}^{T_2} \frac{C_{V,m} dT}{T} = C_{p,m} \ln \frac{T_3}{T_1} + C_{V,m} \ln \frac{T_2}{T_3}$$

由 $\frac{T_3}{T_1} = \frac{V_2}{V_1}, \frac{T_2}{T_3} = \frac{p_2}{p_1}, p_1 V_1 = p_2 V_2, T_1 = T_2$，得

$$S_2 - S_1 = C_{p,m} \ln \frac{V_2}{V_1} + C_{V,m} \ln \frac{p_2}{p_1} = C_{p,m} \ln \frac{V_2}{V_1} + C_{V,m} \ln \frac{V_1}{V_2} = C_{p,m} \ln \frac{V_2}{V_1} - C_{V,m} \ln \frac{V_2}{V_1} = R \ln \frac{V_2}{V_1} = R \ln 2$$

计算 1→4→2 熵变：

$$S_2 - S_1 = \int_1^4 \frac{dQ}{T} + \int_4^2 \frac{dQ}{T}$$

$$= 0 + \int_{T_4}^{T_2} \frac{C_{p,m} dT}{T} = C_{p,m} \ln \frac{T_2}{T_4} = C_{p,m} \ln \frac{T_1}{T_4}$$

由 $T_1 V_1^{\gamma-1} = T_4 V_4^{\gamma-1}$，得

$$S_2 - S_1 = C_{p,m} \ln \frac{T_1}{T_4} = C_{p,m} \frac{\gamma-1}{\gamma} \ln \frac{V_2}{V_1} = R \ln 2$$

通过上面计算可以看出，从状态 1 到达状态 2，虽然经历 3 个不同的过程，但是熵变是相同的. 这也可以证实，熵是状态函数，任意两确定状态间的熵变是定值，不会因路径的不同而改变.

6.7.3 熵增加原理

如何通过状态函数来判断过程进行的方向？下面通过热传导过程中的熵变来分析. 设

在一个由绝热材料做成的容器里,放有两个物体 A 和 B,温度分别为 T_A 和 T_B,且 $T_A > T_B$,若两物体接触,则将发生热传导,如图 6-24 所示.

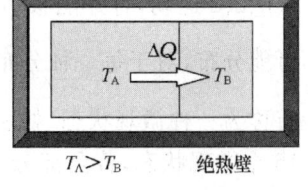

图 6-24　热传导装置

设在微小时间 Δt 内,从 A 传到 B 的热量为 ΔQ,且是在可逆的等温过程中进行的,则对于物体 A 的熵变为

$$\Delta S_A = -\frac{\Delta Q}{T_A}$$

物体 B 的熵变为

$$\Delta S_B = \frac{\Delta Q}{T_B}$$

两物体熵变的总和为

$$\Delta S = \Delta S_A + \Delta S_B = -\frac{\Delta Q}{T_A} + \frac{\Delta Q}{T_B} > 0$$

可见,当热量从高温物体传到低温物体时,整个系统的熵增加 $\Delta S > 0$.在气体的扩散、热功转换等不可逆过程中,也可得到同样的结果.因此,孤立系统内部的熵永不减少,即

$$\Delta S \geq 0 \tag{6-34}$$

这个结论称为**熵增加原理**.孤立系统必然是绝热系统,系统内进行不可逆过程时,熵要增加,$\Delta S > 0$.自然界的一切自发过程都是不可逆过程,也都是熵增过程,达到平衡时,系统的熵达到最大.对于可逆过程,由于孤立系统与外界没有能量交换,则 $\Delta Q = 0$,因此系统的熵不变,即 $\Delta S = 0$.

熵增加原理只适用于孤立系统或绝热系统.例如,一杯放在空气中冷却的热水,对于杯子和水这个系统,熵是减少的,这是因为该系统并非孤立系统.如果把这杯水和环境看作是一个系统,这时系统为孤立系统,整个系统的熵是增加的.

6.7.4　熵增加原理与热力学第二定律

自然界中的一切自发过程都是不可逆的.根据熵增加原理,一个孤立系统中,自发进行的过程总是沿着熵增加的方向进行的.系统达到平衡时,熵达到最大.也就是说,熵增加原理给出了热现象的不可逆过程进行的方向和限度.而在热力学第二定律中又指出,热量只能自动地从高温物体传递到低温物体.比较两种表述后可以认为,熵增加原理是热力学第二定律的数学表示.

6.8　热力学第二定律的统计意义

下面我们讨论一个不受外界影响的孤立系统内部发生的过程的方向问题.

6.8.1　玻耳兹曼关系式

如图 6-25 所示,设有一容器,被隔板分为体积相等的 A、B 两个小室.下面我们来研究打开隔板后气体分子的位置分布情况.对于任一分子在容器内运动,可能运动到 B 室,也可能回到 A 室,即任一分子出现在 A 或 B 的概率是相等的,都是 $\frac{1}{2}$;现在容器内有 4 个分子

a、b、c、d 运动,打开隔板后,则它们在 A 和 B 室有 2^4 种可能分布,对于每一种分布出现的概率都是 $\frac{1}{2^4}$. 每一种分布称为一种微观状态. 如表 6-6 所示,在上述系统中共有 16 个微观状态,若全部分子回到 A 或全部运动到 B,其微观状态为数 1,即实现该状态的概率为 $\frac{1}{16}$;而当分子均匀分布时,其微观状态数为 6,实现的概率达到最大,为 $\frac{6}{16}$,其无序度也达到最大. 若推广到 N 个分子,分子的分布方式共有 2^N 种,每一种分布出现的概率为 $\frac{1}{2^N}$. 例如,在容器左边放入 1mol 气体,右边为真空,则对于全部分子回到左室的概率为

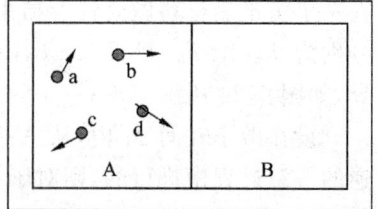

图 6-25 分子在容器中的分布

$$\frac{1}{2^N}=\frac{1}{2^{6\times 10^{23}}}\approx 10^{-2\times 10^{23}}$$

这个值是很小的,故气体是不可能自动收缩回到原状态,这也说明气体自由膨胀是不可逆的. 如果用无序度和有序度来描述微观状态数目,微观状态数目越少,系统内部的运动越单一化,越趋近于有序;随着微观状态数目增多,内部的运动越混乱,越无序.

表 6-6　4 个分子在容器中的位置分布

宏观状态	Ⅰ		Ⅱ		Ⅲ		Ⅳ		Ⅴ	
	A(4)	B(0)	A(3)	B(1)	A(2)	B(2)	A(1)	B(3)	A(0)	B(4)
微观状态	abcd		bcd	a	ab	cd	a	bcd		abcd
			acd	b	ac	bd	b	acd		
			abd	c	ad	bc	c	abd		
			abc	d	bc	ad	d	abc		
					bd	ac				
					cd	ab				
W	1		4		6		4		1	

注:W 指的是一个宏观状态包含的微观状态数.

玻耳兹曼认为,系统的热力学熵 S 与微观状态数 W 之间有着一定的关系:

$$S=k\ln W \tag{6-35}$$

式(6-35)称为**玻耳兹曼关系式**,其中 k 为**玻耳兹曼常数**. 为了纪念玻耳兹曼给予熵以统计解释的卓越贡献,在他的墓碑上寓意隽永地刻着 $S=k\ln W$,表达了人们对玻耳兹曼的深深怀念和尊敬.

在上例中,气体自由膨胀前后的微观状态数之比为

$$\frac{W_2}{W_1}=2^{N_A}$$

则熵增加为

$$\Delta S = k\ln 2^{N_A} = kN_A\ln 2 > 0$$

这也表明,气体的自由膨胀是一个熵增加过程.所以说玻耳兹曼关系式将熵 S 和微观状态数 W 联系了起来,揭示了热力学方向性的微观实质.

6.8.2　热力学第二定律的统计意义

通过上面的分析可知,一个不受外界影响的孤立系统,其内部发生的过程,总是由概率小的状态向概率大的状态进行,由包含微观状态数目少的宏观状态向包含微观状态数目多的宏观状态进行,这是熵增加原理的微观实质,也是热力学第二定律的统计意义所在.

玻耳兹曼关系式提出,熵又可看作是系统内部无序度的量度,熵的增加就是无序度的增加.这使得熵概念的内涵变得更加丰富.现在,熵的相关理论已广泛地应用于社会生活、生产和社会科学等领域,特别是负熵的概念.我们的世界离不开信息,所以获得信息就是吸取负熵.例如,生命系统是一个高度有序的开放系统,熵越低就意味着系统越完美,生命力越强.生物的进化,也是由于生物与外界有着物质、能量以及熵的交流,因而从单细胞生物逐渐演化为多姿多彩的自然界.如果说,人类前几次的工业革命是能量革命,即以获取更多的能量为目的,那么今后人类社会的工业革命将是走向负熵的革命,即获取更多的负熵!负熵是人类赖以生存、工作的条件,是人类的物质与精神食粮.

6.9　*耗散结构　信息熵

前面我们讨论了孤立系统,那么对于远离平衡态的开放系统,情况又如何呢?

6.9.1　耗散结构

长期以来,人们只研究平衡系统的有序稳定结构,并认为,倘若系统原先处于一种混乱无序的非平衡状态时,是不能呈现出一种稳定有序结构的. 20 世纪 70 年代,比利时物理学家伊利亚·普里高津(Ilya Prigogine)相对于平衡结构的概念,提出了一个新的结构学说——耗散结构.他指出:一个远离平衡的开放系统,在外界条件变化达到某一特定阈值时,量变可能引起质变,系统通过不断与外界交换能量与物质,就可能从原来的无序状态转变为一种时间、空间或功能的有序状态,这种远离平衡态的、稳定的、有序的结构被称为"**耗散结构**".这种学说回答了开放系统如何从无序走向有序的问题.

例如,一座城市每天输入食品、燃料、日用品等,同时输出产品和垃圾,它才能生存下去,它要保持稳定有序状态,否则将处于混乱状态.若把整个城市看作一个系统,那它是一个非平衡的开放系统,且系统内部各部门的联系是非线性的,存在着有规律的经济波动和无规律的随机扰动,这时我们认为该系统是一个耗散结构.耗散结构理论在自然科学和社会科学的很多领域如物理学、天文学、生物学、经济学、哲学等都产生了巨大影响.

一个典型的耗散结构的形成与维持需要具备以下三个基本条件.

(1) 存在于开放系统中.

耗散靠与外界的能量和物质交换产生负熵流,使系统熵减少形成有序结构.对于孤立系统,由热力学第二定律可知,其熵不减少,不可能从无序产生有序结构.

(2) 保持远离平衡态.

在平衡区或近平衡区,涨落是一种破坏稳定有序的干扰,不可能从一种有序走向另一种更为高级的有序.

(3) 系统内部存在着非线性相互作用.

在远离平衡态条件下,非线性作用使涨落放大而达到有序.偏离平衡态的开放系统通过涨落,在越过临界点后"自组织"成耗散结构,如正负反馈机制等,正是这种非线性相互作用使得系统内各要素之间产生协同动作和相干效应,从而使得系统从杂乱无章变得井然有序.

耗散结构理论的建立,得到科学理论界的广泛关注和赞誉,普里高津还因此而获得1977 年诺贝尔化学奖.美国著名的未来学家阿尔文·托夫勒对耗散结构理论给予了高度的评价,认为它可能代表了一次科学革命.但是作为一种系统理论,耗散结构理论的研究思路与社会科学的研究思路相距甚远,它的研究所建立的概念体系几乎与社会科学的概念体系没有直接的联系,这说明耗散结构论本身存在着重大的理论缺陷.只有对它进行重大改造,才能真正把自然规律与生物规律及社会规律衔接起来,才能使价值现象辩证地还原为基本的物理现象和化学现象,使人类的认识实现一次更为深刻的飞跃.

6.9.2 信息熵

1867 年,麦克斯韦曾设想一个能观察到所有分子速度的小精灵,这个小精灵把守着一个容器中间隔板上的小闸门,如图 6-26 所示.对从容器左边来的分子,如果运动速度很快,精灵就打开门让它们运动到右边,如果速度较慢,精灵就让门处于关闭的状态.反之,从容器右边来的分子,如果速度较慢,精灵就打开门让它们运动到左边,如果速度较快,精灵就让门关闭.设想闸门无摩擦,小精灵无须做功就可使容器

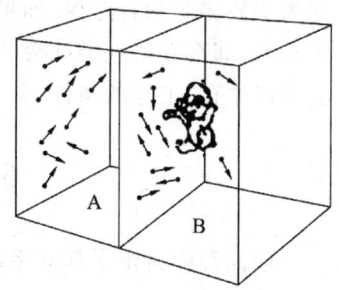

图 6-26 麦克斯韦妖

左边的气体变冷,右边的气体不断变热,从而使整个容器的熵降低.这个小精灵被人们称为麦克斯韦妖.

在这个设想中,麦克斯韦妖必须获取分子的位置、速度的大小和方向等详细信息,并存储、处理这些信息,然后决定打开或关上阀门,从而使快慢分子分开,使无序的物质系统变为有序的物质系统.那么,这个过程中麦克斯韦妖是如何获取信息的呢? 1929 年,西拉德(Sziland)指出麦克斯韦妖要识别不同状态的分子,必须借助于光源来探测.当光照射到分子后,麦克斯韦妖就可接收到信息,并以此决定是否开启闸门.容器中熵减少的直接原因是麦克斯韦妖获得了有效的信息,所以应当把信息看作是系统的熵的负值,或者说,减少熵是以获得信息为前提的,这也说明信息与熵之间存在着一定的关联.

信息是 20 世纪中叶出现的一个重要概念.它是对事物状态、存在方式和相互联系进行描述的一组文字、符号、语言、图像等所蕴含的内容.所以了解信息、掌握信息、如何充分有效地利用信息,已成为人类赖以生存发展的基本要素.熵的概念源于物理学.对于信息和熵并没有直接的关联.直到 1948 年,香农(Claude E. Shannon)将熵的基本理论应用于信息学中,并提出了信息熵的概念.所谓信息熵,是一个数学上颇为抽象的概念,在这里不妨把信息熵理解成某种特定信息的出现概率.一个系统越有序,信息熵就越低;反之,一个系统越混乱,信息熵就越高.信息熵也可以说是系统有序化程度的一个度量.

如果一个事件有 N 个等可能性,每一种出现的概率 $P=\dfrac{1}{N}$,根据玻耳兹曼关系式,则定义信息熵 S,有

$$S=-k\ln P$$

式中,$k=\dfrac{1}{\ln 2}$,信息熵的单位为 bit.

若 N 重可能性出现的概率不一样,对于第 i 种可能性出现的概率为 P_i,则信息熵为

$$S=-k\sum_{i=1}^{N}P_i\ln P_i$$

若所有的 P_i 都一样,则 $P_i=\dfrac{1}{N}$,上式又恰好为 $S=-k\ln P$.

信息熵 S 是信源不确定性的量度,要解决这个不确定性还需要了解信息量 I. 所谓信息量,是指从 N 个等可能事件中选出一个事件所需要的信息度量或含量,即在辨识 N 个事件里面特定的一个事件的过程中,所需要提问"是或否"的最少次数. 在信息论中把从两种等概率可能性中做出判断所需的信息量称为 1bit,则从 N 种等概率可能性中做出判断所需要的信息量为

$$I=\log_2 N=\dfrac{1}{\ln 2}\ln N$$

例如,天气预报明天下雨和不下雨两种可能性,因此,确定两种可能性之一的信息量为 1bit,若下雨的概率 $P_1=0.8$,不下雨的概率 $P_2=0.2$,则信息熵为

$$S=-k(P_1\ln P_1+P_2\ln P_2)=-\dfrac{1}{\ln 2}(0.8\times\ln 0.8+0.2\times\ln 0.2)\text{bit}=0.722\text{bit}$$

即天气预报的不确定性为 0.722bit 的信息量,提供的有效信息量为 1bit$-$0.722bit$=$0.278bit.

如果天气预报下雨的概率 $P_1=0.9$,不下雨的概率 $P_2=0.1$,则相应的信息熵为 0.469bit,也就是说,天气预报提供的有效信息量为 1bit$-$0.469bit$=$0.531bit.

这说明信源提供的有效信息量增加的原因是因为信息熵的减少,或者说信息量相当于负熵.

信息熵概念的建立,为测试信息的多少找到了一个统一的科学的定量计量方法,其理论已广泛应用于通信、自动控制、生物遗传、生理、心理、社会经济与社会政治等许多领域.

复习题

一、思考题

1. 用气筒向轮胎打气时,筒壁为什么会发热?

2. 在一巨大的容器内,储满温度与室温相同的水,容器底部有一小气泡缓慢上升,逐渐变化,这是什么过程?在气泡上升过程中,气泡内气体是吸热还是放热?

3. 从增加内能来说,做功和热传递是等效的,如何理解它们在本质上的差异?

4. 怎样区别内能和热量?下列两种说法是否正确?

(1) 物体温度越高,含有热量越多;

(2) 物体温度越高,其内能越大.

5. 下列理想气体各过程中,哪些过程可能发生,哪些过程不可能发生? 为什么?

(1) 等体加热时,内能减少,同时压强升高;

(2) 等温压缩时,压强升高,同时吸热;

(3) 等压压缩时,内能增加,同时吸热;

(4) 绝热压缩时,压强升高,同时内能增加.

6. 一个理想过程经如图 6-27 所示的各过程,试讨论其摩尔热容的正负.

(1) 过程 $1 \rightarrow 4$;

(2) 过程 $2 \rightarrow 4$(绝热线);

(3) 过程 $3 \rightarrow 4$.

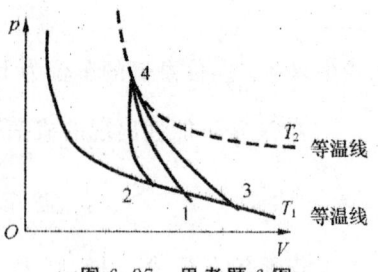

图 6-27 思考题 6 图

7. 公式 $dQ = \nu C_{V,m} dT$ 和 $dE = \nu C_{V,m} dT$ 的意义有何不同? 两者的适用条件有何不同?

8. 如图 6-28 所示,用热力学第一定律和热力学第二定律分别说明,在 p-V 图上一绝热线与一等温线不可能有两个交点.

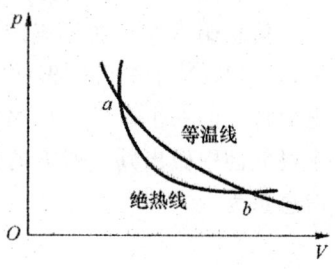

图 6-28 思考题 8 图

9. 理想气体的绝热过程既遵守 $pV^\gamma =$ 常量,又遵守 $pV = \nu RT$,这是否矛盾? 为什么?

10. 有人想,既然电冰箱可以制冷,那么在夏天关闭房间的门和窗后,打开冰箱门,房间的温度就会降低,你认为有这种可能吗? 试解释?

11. 两个卡诺循环如图 6-29 所示,它们的循环面积相等,试问:

(1) 它们吸热和放热的差值是否相同?

(2) 对外做的净功是否相等?

(3) 效率是否相同?

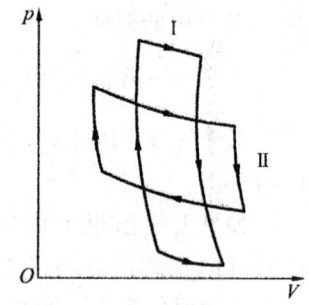

图 6-29 思考题 11 图

12. 有人声称设计出一种热机工作于两个温度恒定的热源之间,高温热源和低温热源的温度分别为 $T_1 = 400K$ 和 $T_2 = 250K$. 当热机从高温热源吸收热量 $1.05 \times 10^8 J$ 时,对外做功 $20 kW \cdot h$,而向低温热源放出的热量恰为两者之差,这可能吗?

13. 有人说,因为在循环过程中,工质对外做净功的值等于 p-V 图中闭合曲线所包围的面积,所以闭合曲线包围的面积越大,循环的效率就越高. 该观点是否正确?

14. 为什么说热力学第二定律有许多种不同的表述形式? 试任选一实际过程来表述热力学第二定律.

15. 判断下面说法是否正确?

(1) 功可以全部转化为热,但热不能全部转化为功.

(2) 热量能从高温物体传到低温物体,但不能从低温物体传到高温物体.

16. 下列过程是否可逆? 为什么?

(1) 在恒温下加热使水蒸发;

(2) 由外界做功,设法使水在恒温下蒸发;

(3) 在一绝热容器内,不同温度的两种液体混合;

(4) 高速行驶的卡车突然刹车停止.

17. 一乒乓球瘪了(不漏气),放在热水中浸泡,它重新鼓起啦,是否是一个"从单一热源吸热的系统对外做功的过程",这违反热力学第二定律吗?

18. 设想有一装有理想气体的导热容器,放在温度恒定的盛水大容器中,令其缓慢膨胀,这时因为它在膨胀过程中温度不变,所以内能也不变.因此,气体膨胀过程中对外界所做的功在数值上等于由水传给它的热量.如把水看作热源,这一过程是否违背了热力学第二定律?

19. 自然界中的过程都遵守能量守恒定律,那么,作为它的逆定理"遵守能量守恒定律的过程都可以在自然界中出现"能否成立?

20. 准静态过程是否一定是可逆过程?可逆过程是否一定是准静态过程?

21. 日常生活中,经常遇到一些单方向的过程,如:(1) 桌上热餐变凉;(2) 无支持的物体自由下落;(3) 木头或其他燃料的燃烧.它们是否都与热力学第二定律有关?在这些过程中熵变是否存在?如果存在,是增大还是减少?

二、选择题

1. 质量为 m、摩尔质量为 M_{mol} 的理想气体,经历了一个等压过程,温度增量为 ΔT,则内能增量为(   ).

(A) $\Delta E = \dfrac{m}{M_{\text{mol}}} C_{p,\text{m}} \Delta T$ 　　　　(B) $\Delta E = \dfrac{m}{M_{\text{mol}}} C_{V,\text{m}} \Delta T$

(C) $\Delta E = \dfrac{m}{M_{\text{mol}}} R \Delta T$ 　　　　　(D) $\Delta E = \dfrac{m}{M_{\text{mol}}} (C_{p,\text{m}} + R) \Delta T$

2. 如图 6-30 所示,某热力学系统经历一个 ced 过程,其中 c、d 为绝热过程曲线 ab 上任意两点,则系统在该过程中(   ).

(A) 不断向外界放出热量

(B) 不断从外界吸收热量

(C) 有的阶段吸热,有的阶段放热,吸收的热量大于放出的热量

(D) 有的阶段吸热,有的阶段放热,吸收的热量小于放出的热量

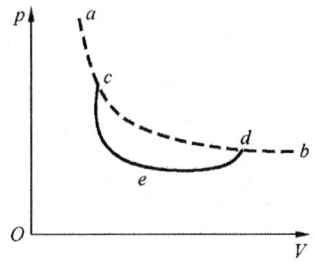

图 6-30　选择题 2 图

3. 如图 6-31 所示,一定量的理想气体,由平衡态 A 变到平衡态 B,且它们的压强相等,即 $p_A = p_B$,则在状态 A 和状态 B 之间,气体无论经过的是什么过程,气体必然(   ).

(A) 对外做正功

(B) 内能增加

(C) 从外界吸热

(D) 向外界放热

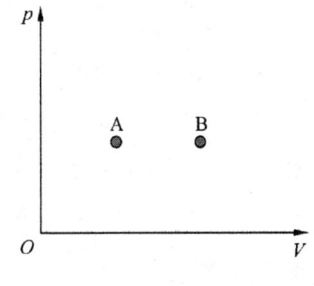

图 6-31　选择题 3 图

4. 根据热力学第二定律,下列说法正确的是(   ).

(A) 热量能从高温物体传到低温物体,但不能从低温物体传到高温物体

(B) 功可以全部变为热,但热不能全部变为功

(C) 气体能够自由膨胀,但不能自动收缩

(D) 有规则运动的能量能够变为无规则运动的能量,但无规则运动的能量不能变为有规则运动的能量

5. 关于可逆过程和不可逆过程,有以下几种说法:
(1) 可逆热力学过程一定是准静态过程
(2) 准静态过程一定是可逆过程
(3) 不可逆过程就是不能向相反方向进行的过程
(4) 凡有摩擦的过程一定是不可逆过程
以上说法正确的是( ).
(A) (1)(2)(3)　　　　　　　　(B) (1)(2)(4)
(C) (2)(4)　　　　　　　　　　(D) (1)(4)

6. 图 6-32 表示的是两个卡诺循环,第 1 个沿 $ABCDA$ 进行,第 2 个沿 $ABC'D'A$ 进行,这两个循环的效率 η_1 和 η_2 的关系及这两个循环所做的净功 W_1 和 W_2 的关系是( ).

(A) $\eta_1 = \eta_2, W_1 = W_2$

(B) $\eta_1 > \eta_2, W_1 = W_2$

(C) $\eta_1 = \eta_2, W_1 > W_2$

(D) $\eta_1 = \eta_2, W_1 < W_2$

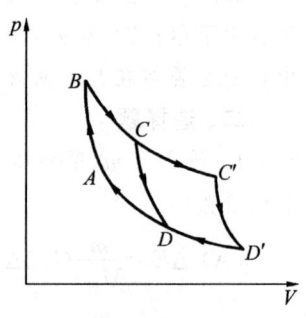

图 6-32　选择题 6 图

7. 绝热容器被隔板分为两半,一半为真空,另一半是理想气体,若把隔板抽出,气体将进行自由膨胀,达到平衡后( ).

(A) 温度不变,熵增加　　　　　(B) 温度增加,熵增加

(C) 温度降低,熵增加　　　　　(D) 温度不变,熵不变

三、计算及证明题

1. 1mol 理想气体的初态 $a(p_0, V_0)$ 经准静态过程 ab 线变化到终态 b,如图 6-33 所示.已知该理想气体的摩尔定容热容 $C_{V,m} = 3R$,试求:

(1) 过程方程 $p(V)$ 及 $V(T)$;

(2) 体积从 V_0 变化到 $2V_0$ 系统所做的功;

(3) 此过程的摩尔定容热容.

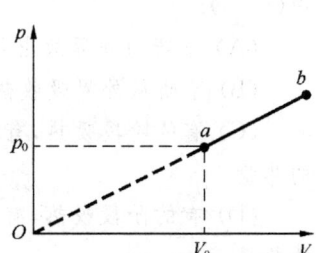

图 6-33　计算及证明题 1 图

2. (1) 有质量为 $10^{-6} m^3$、温度为 373K 的纯水,在 1 个标准大气压下加热变成 $1.671 \times 10^{-3} m^3$ 的同温度的水蒸气,水的汽化热是 $2.26 \times 10^6 J/kg$,问水变为水蒸气后,内能改变多少?

(2) 在标准状态下,质量为 10^{-3} kg、温度为 273K 的冰化为同温度的水,试求内能的改变量.标准状态下水与冰的比体积分别为 $10^{-3} m^3/kg$、$\frac{11}{10} \times 10^{-3} m^3/kg$,冰的熔解热为 3.34×10^5 J/kg.

3. 压强为 1×10^5 Pa、体积为 $0.0082 m^3$ 的氮气,从初始温度 300K 加热到 400K,如加热

时(1)体积不变,(2)压强不变,问两种情形下各需热量多少?哪一个过程所需热量大?为什么?

4. 由 ν_1 mol 的单原子分子理想气体与 ν_2 mol 的刚性双原子分子理想气体混合组成某种理想气体,已知该混合气体在常温下的绝热方程为 $pV^{\frac{11}{7}}=$ 常量,试求 ν_1 和 ν_2 的比值.

5. 气缸内有单原子理想气体,若绝热压缩使其容积减半,问气体分子的平均速率变为原来速率的几倍?若为双原子理想气体,又为几倍?

6. 一高压容器中含有未知气体,可能是 N_2 或 Ar. 在 298K 时取出试样,体积从 $5\times 10^{-3} m^3$ 绝热膨胀到 $6\times 10^{-3} m^3$,温度降到 277K,试判断容器中是什么气体?

7. 如图 6-34 所示,系统从状态 A 沿着 ABC 变化到状态 C 的过程中,外界有 326J 的热量传递给系统,同时系统对外做功 126J. 如果系统从状态 C 沿另一曲线 CA 回到状态 A,外界对系统做功为 52J,则此过程中系统是吸热还是放热?传递热量是多少?

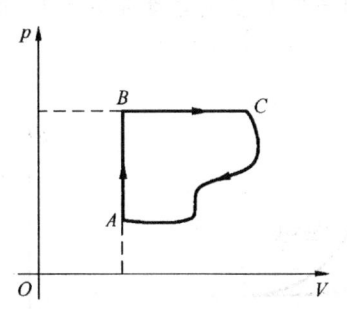
图 6-34 计算及证明题 7 图

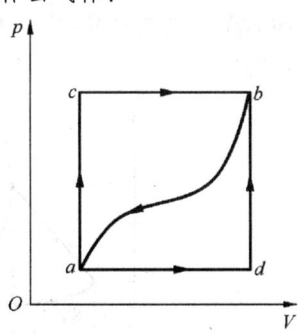
图 6-35 计算及证明题 8 图

8. 如图 6-35 所示,一系统由状态 a 沿 acb 到达状态 b 的过程中,有 350J 热量传入系统,而系统做功 126J.

(1) 若沿 adb 时,系统做功 42J,问有多少热量传入系统?

(2) 若系统由状态 b 沿曲线 ba 返回状态 a 时,外界对系统做功为 84J,系统是吸热还是放热?热量传递是多少?

9. 试验用的火炮炮筒长为 3.66m,内膛直径为 0.152m,炮弹质量为 45.4kg,击发后火药爆燃完全时炮弹已被推行 0.98m,速度为 311m/s,这时膛内气体压强为 2.43×10^8 Pa. 设此后膛内气体做绝热膨胀,直到炮弹出口.

(1) 求在这一绝热过程中气体对炮弹所做的功(设气体的比热容比 $\gamma=1.2$);

(2) 若忽略摩擦,求炮弹的出口速度.

10. 1mol 的刚性双原子分子理想气体,初始状态为 $p_1=1.01\times 10^5 Pa, V_1=10^{-3} m^3$,然后经图 6-36 所示直线过程 I 变化到 $p_2=4.04\times 10^5 Pa, V_2=2\times 10^{-3} m^3$ 的状态,后又经方程 $pV^{\frac{1}{2}}=c$(常量)的过程 II 变化到压强 $p_3=p_1$ 的状态. 求:

(1) 在过程 I 中气体吸收的热量;

(2) 在整个过程中气体吸收的热量.

11. 如图 6-37 所示,0.25kg 的氧气经过两个等体过程和两个等温过程. 已知 $V_b=2V_a, T_1=300K, T_2=200K$. 试求:

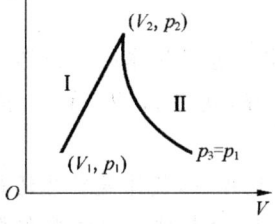
图 6-36 计算及证明题 10 图

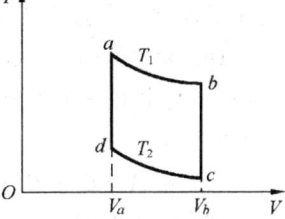
图 6-37 计算及证明题 11 图

(1) 该循环的效率；

(2) 若 a、b、c、d 各状态的压强分别为 p_a、p_b、p_c、p_d，证明：
$$p_a p_c = p_b p_d$$

12. 1mol 双原子理想气体经历如图 6-38 所示的可逆循环过程，其中 1→2 为直线，2→3 为绝热线，3→1 为等温线，已知 $T_2 = 2T_1$，$V_3 = 8V_1$. 试求：

(1) 各过程的功、传递的热量和内能增量；

(2) 该循环的效率.

13. 如图 6-39 所示为一理想气体所经历的循环过程，其中 AB 和 CD 是等压过程，BC 和 DA 为绝热过程，已知 B 点和 C 点的温度分别为 T_2 和 T_3，求此循环的效率. 这是卡诺循环吗？

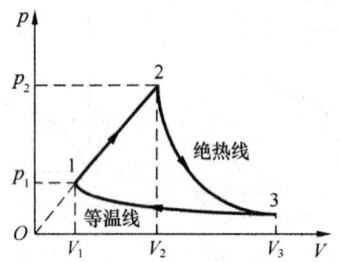

图 6-38　计算及证明题 12 图

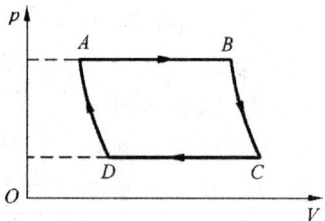

图 6-39　计算及证明题 13 图

14. 一热机每秒从高温热源 $T_1 = 600K$ 吸取热量 $3.34×10^4 J$，做功后向低温热源 $T_2 = 300K$ 放出热量 $2.09×10^4 J$. 问：

(1) 它的效率为多少？它是不是可逆机？

(2) 为了尽可能地提高热机的效率，若每秒从高温热源吸热 $3.34×10^4 J$，则每秒最多能做多少功？

15. 如图 6-40 所示，有一气缸，除底部导热外，其余部分都是绝热的，其容积被一位置固定的轻导热板隔成相等的两部分 A 和 B，其中各盛有 1mol 的理想气体. 今将 335J 的热量缓缓地由底部传给气体，设活塞上的压强始终保持为 1atm.

(1) 求 A、B 两部分温度的改变及吸收的热量（导热板的吸热、活塞的质量及摩擦均不计）；

(2) 若将位置固定的导热板换成可自由滑动的绝热隔板，上述温度改变和热量又如何？

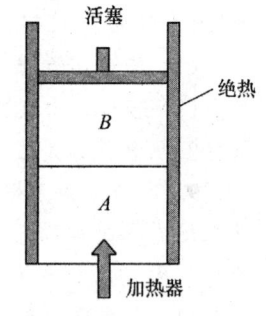

图 6-40　计算及证明题 15 图

16. 如图 6-41 所示，一定量理想气体的一循环过程由 T-V 图给出，其中 C→A 为绝热过程，状态 $A(T_1, V_1)$、状态 $B(T_2, V_2)$ 为已知.

(1) 在 A→B 和 B→C 两过程中，气体是吸热还是放热？

(2) 求状态 C 的 p、V、T 值（设气体的 γ 和摩尔数已知）；

(3) 这个循环是不是卡诺循环？在 T-V 图上卡诺循环应如何表示？

(4) 求这个循环的效率.

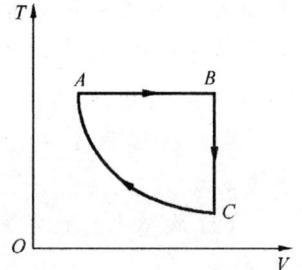

图 6-41　计算及证明题 16 图

17. 一电冰箱为了制冰,从 260K 的冷冻室取走热量 209kJ,如果室温是 300K,试问电流至少应做多少功(假定冰箱为理想卡诺循环制冷机)? 如果此冰箱能以 0.209kJ/s 的速率取走热量,试问所需电功率至少应是多少?

18. 设一动力暖气装置由一热机和一个制冷机组合而成,热机靠燃料燃烧时释放出的热量工作,向暖气系统中的水放热,并带动制冷机,制冷机自天然蓄水池中吸热,也向暖气系统放热.若热机锅炉温度为 210℃,天然水的温度为 15℃,暖气系统的温度为 60℃,燃料的燃烧热为 2.1×10^7 J/kg,且利用率为 80%,试求燃烧 1.00kg 燃料暖气系统所获得的热量.假设热机和制冷机的工作循环都是理想卡诺循环.

19. 在一大房间内,空气保持 294K,户外空气温度为 250K,在 1 小时内有 5.058×10^4 J 的热量从墙壁向外散逸,求:

(1) 室内空气的熵变;

(2) 室外空气的熵变;

(3) 室内外总的熵变.

20. 1mol 的 $C_{V,m}$ 已知的理想气体从初态 (p_1, V_1) 经某过程达到终态 (p_2, V_2),求气体在该过程中的熵变.

21. 一容器被一铜片分为两部分,一边为 80℃ 的水,另一边为 20℃ 的水,经过一段时间后,从热的一边向冷的一边传递了 4186.0J 的热量.问:这个过程中熵变为多少(设水足够多,以致传递热量后水的温度没有明显的变化)?

第3篇 电磁学

电磁运动是物质的一种基本运动形式.电磁相互作用是自然界已知的四种相互作用之一,它在决定物质结构方面起着重要作用.我们在日常生活和生产活动中,都涉及电磁运动.电磁学就是研究物质间电磁相互作用以及电磁场的产生、变化和运动的规律的学科.因此,理解和掌握电磁运动的基本规律,在理论和实践中都有重要的意义.

电磁学是学习其他学科(如电工学、无线电电子学、自动控制、计算机技术等)的基础,在现代物理学中的地位是非常重要的.

本篇的主要内容有:真空中的静电场、介质中的电场、真空中的稳恒磁场、介质中的磁场、电磁感应及电磁场等.

电磁学内容按性质分,主要包括"场"和"路"两部分.大学物理偏重于从"场"的观点来进行阐述."场"不同于实物物质,它具有空间分布,但同样具有质量、能量和动量.对矢量场(包括静电场和磁场)的描述,通常用到"通量"和"环流"两个概念及相应的通量定理和环路定理.

第7章

真空中的静电场

学习目标

- 掌握描述静电场的基本物理量——电场强度和电势的概念,理解电场强度的矢量性、电势的标量性.
- 熟练掌握静电场的两条基本定理:高斯定理和环路定理,明确静电场是有源场,并明确静电力为保守力、静电场为保守场.
- 熟练掌握利用点电荷的电场强度叠加原理以及高斯定理求解带电系统电场强度的方法.
- 学会利用电场强度与电势梯度的关系求解一些较简单带电系统的电场强度.
- 了解电偶极子的概念,理解电偶极子在均匀电场中如何受到力和力矩的作用.

相对于观察者静止的电荷产生的电场称为静电场.本章讨论真空中的静电场.从电荷在静电场中受力和电场力对电荷做功两个方面,引入电场强度与电势这两个描述电场性质的基本物理量,并且讨论电场强度和电势二者的关系.本章主要内容有:描述静电场基本性质的场强叠加原理、高斯定理、环路定理;描述静电场的物理量,如电场强度、电势;静电场对电荷的作用.

7.1 电荷 库仑定律

7.1.1 电荷

物体能够产生电磁现象归因于物体所带的电荷以及电荷的运动. 2000多年前,古希腊哲学家泰勒斯发现用木块摩擦过的琥珀能吸引碎草等轻小物体;后来又发现,许多物体经过毛皮或丝绸等摩擦后,都能够吸引轻小的物体.这种情况,人们就称它们带了电,或者说它们有了电荷.

实验表明,无论用何种方法起电,自然界中只存在两类电荷,分别称为正电荷和负电荷,且同性电荷相互排斥、异性电荷相互吸引.历史上,美国物理学家富兰克林最早对电荷正负做了规定:用丝绸摩擦过的玻璃棒上所带电荷为正电荷;用毛皮摩擦过的硬橡胶棒上所带电荷为负电荷.这种方法一直沿用至今.

物质由原子组成,原子由原子核和核外电子组成,原子核又由中子和质子组成.中子不带电,质子带正电,电子带负电.质子数和电子数相等,原子呈电中性;当物质的电子过多或过少时,物质就带有电.电荷是实物粒子的一种属性,它描述了实物粒子的电性质.物体带电的本质是两种物体间发生了电子的转移.即一个物体失去电子,带正电荷;另一个物体得到电子,带负电荷.

7.1.2 电荷的量子化

1913年,密立根通过著名的油滴实验,测出所有电子都具有相同的电荷,而且带电体的电荷量是电子电荷的整数倍.一个电子的电荷量记作 e,则任何带电体的电荷量为

$$q=ne(n=1,2,\cdots) \tag{7-1}$$

电荷的这种只能取一系列离散的、不连续值的性质,称为电荷的量子化.电子的电荷 e 为电荷的量子,式(7-1)中 n 称为量子数.

在国际单位制中,电荷的单位名称为库仑,符号为"C",1986年国际推荐的电子电荷绝对值为

$$e=1.60217733(49)\times 10^{-19}\text{C}$$

通常在计算中取近似值:

$$e=1.602\times 10^{-19}\text{C}$$

我们所讨论的带电体的电荷量往往是基本电荷的许多倍,从总体效果上认为电荷是连续地分布在带电体上的,而忽略电荷量子化引起的微观起伏.

7.1.3 电荷守恒定律

大量事实表明,任何使物体带电的过程或使带电体中和的过程,都是电荷从一个物体转移到另一物体,或从物体的一部分转移到另一部分的过程.可见物体带电的本质是两个物体间发生了电子的转移.对一个系统,如果没有静电荷出入其边界,则不管系统中的电荷如何转移,系统中电荷的代数和保持不变,这就是电荷守恒定律.电荷守恒定律是自然界的基本守恒定律之一,无论是在宏观领域,还是在微观领域都是成立的.

近代物理研究已表明,在微观粒子的相互作用过程中,电荷可以产生和消失,但是电荷守恒定律仍然成立.

例如,一个高能光子与一个重原子核作用时,光子 γ 可以转化为一对正负电子(即 $\gamma \to e^+ + e^-$),称为电子对的"产生";一对正负电子对撞转化为两个不带电的光子(即 $e^+ + e^- \to 2\gamma$),这称为电子对的"湮灭".光子不带电,正、负电子又各带有等量异号电荷,所以这种电荷的产生和湮灭并不改变系统中的电荷的代数和,因而电荷守恒定律仍然成立.

此外,实验表明,物体所带电荷与它的运动状态无关,当质子和电子处在加速器中时,随着它们运动速度的变化,其质量亦发生显著的变化,但电荷并没有任何变化.电荷的这一性质表明,系统所带电荷与参考系的选取无关,即电荷具有运动不变性或相对论不变性.

7.1.4 库仑定律

当一个带电体的线度远小于作用距离时,可看作点电荷.点电荷是一个理想化的物理模型,如果在研究的问题中,带电体的几何形状、大小及电荷分布都可以忽略不计,即可将它看作一个几何点,这样的带电体就是点电荷.实际的带电体(包括电子、质子等)都有一定大小,都不是点电荷.只有当电荷间距离大到可认为电荷大小、形状不起什么作用时,才可把电荷看成点电荷.

1785年,法国物理学家库仑利用扭秤实验测量了两个带电球体之间的作用力.库仑在实验的基础上,总结出了两个点电荷之间相互作用的规律,即库仑定律.库仑定律的表述如下:

在真空中,两个静止的点电荷之间的相互作用力,其大小与这两点电荷所带电荷量的乘积成正比,与它们之间距离的平方成反比,作用力的方向在两点电荷之间的连线上,同号电荷互相排斥,异号电荷互相吸引.

如图 7-1 所示,设两点电荷的电荷量分别为 q_1、q_2,由电荷 q_1 指向电荷 q_2 的矢量为 r,则电荷 q_2 受到电荷 q_1 的作用力 F 为

$$F = k \frac{q_1 q_2}{r^2} e_r \tag{7-2}$$

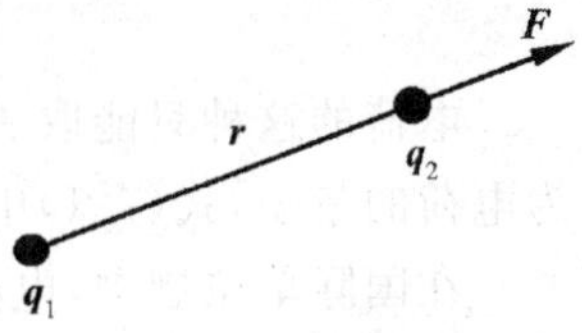

图 7-1 库仑定律

式(7-2)中 e_r 为由电荷 q_1 指向电荷 q_2 的单位矢量,k 为比例系数,在国际单位制中 $k = 8.98755 \times 10^9 \text{N} \cdot \text{m}^2 \cdot \text{C}^{-2} \approx 9.0 \times 10^9 \text{N} \cdot \text{m}^2 \cdot \text{C}^{-2}$.

为使其他电磁学方程简洁,引入真空电容率 ε_0 来代替 k,令

$$k = \frac{1}{4\pi\varepsilon_0}$$

在国际单位制中真空电容率 ε_0 为

$$\varepsilon_0 = 8.8542 \times 10^{-12} \text{C}^2 \cdot \text{N}^{-1} \cdot \text{m}^{-2}$$

于是,真空中的库仑定律可表示为

$$F = \frac{q_1 q_2}{4\pi\varepsilon_0 r^2} e_r = \frac{q_1 q_2}{4\pi\varepsilon_0 r^3} r \tag{7-3}$$

关于库仑定律的几点说明如下.

(1) 库仑定律是描述真空中的点电荷间作用力的规律.如果带电体不能抽象为点电荷,就不能用库仑定律求相互作用力.

(2) 两静止点电荷之间的库仑力满足牛顿第三定律,即 $F_{12} = -F_{21}$.

(3) 库仑定律是实验定律,是静电学的基础.库仑定律的距离平方反比律精度非常高.若 $F \propto r^{-2\pm\delta}$,则实验测出 $\delta \leqslant 2 \times 10^{-16}$.

(4) 库仑定律的适用范围:r 在 $10^{-15} \sim 10^7$ m 范围内,库仑定律非常精确地与实验相符合.

实验表明,当空间中存在两个以上的点电荷时,两个点电荷之间的作用力并不因为第三个电荷的存在而有所改变,作用在其中任意一个点电荷上的力是各个点电荷对其作用力的矢量和,这个结论称为**库仑力的叠加原理**.

如果空间中有 N 个点电荷 $q_1, q_2, q_3, \cdots, q_N$,令 $q_2, q_3, \cdots, q_N$ 作用在 q_1 上的力分别为 $F_2, F_3, \cdots, F_N$,则点电荷 q_1 受到的库仑力为

$$F_1 = F_2 + F_3 + \cdots + F_N = \sum_{i=2}^{N} F_i \tag{7-4}$$

利用库仑定律和库仑力的叠加原理,可以求解任意带电体之间的静电场力.

7.2 电场 电场强度矢量

电荷之间存在相互作用力.在点电荷并不互相接触的前提下,这种作用力是依靠电场施

加到彼此上面的.

7.2.1 电场

库仑定律给出了两个点电荷之间的相互作用力,但并未说明作用力的传递途径.历史上有两种观点:(1) 超距作用观点,一个电荷对另一电荷的作用无需经中间物体传递,而是超越空间直接地、瞬时地发生;(2) 近距作用观点,一个电荷对另一电荷的作用通过空间某种中间媒介,以一定的有限速度传递过去.

近代物理学的发展证明,近距作用观点是正确的.但是,这个传递电荷作用力的中间媒介不是"以太",而是电荷周围存在的一种"特殊"物质,即电场.

凡是有电荷的地方,围绕电荷的周围空间都存在电场,即电荷在其周围空间激发电场,且电场对处于其中的电荷会施加力的作用.该作用仅由该电荷所处的电场决定,与其他地方的电场无关.

电场与实物一样具有能量、动量和质量等,可以脱离场源而单独存在,即电场是物质的一种形式.静止电荷产生的电场为静电场,运动电荷周围除有电场之外还有磁场,变化的电场会产生磁场,变化的磁场又会产生电场,变化的电场和磁场就构成了统一的电磁场.

7.2.2 电场强度

在静止电荷周围存在着静电场,静电场对处于其中的电荷有电场力的作用,这是电场的一个重要性质.这里,我们从电场对电荷的作用力入手,来研究电场的性质和规律,引入描述电场性质的物理量——电场强度.

如图7-2所示,在相对静止的电荷 Q 周围的静电场中,放入试验电荷 q_0,讨论试验电荷的受力情况.试验电荷应满足如下条件:(1) 试验电荷 q_0 的电荷量应足够小,以致对原来电场影响小

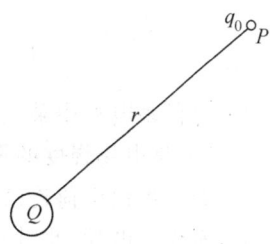

图7-2 点电荷的场强

到可以忽略不计,从而可以测定原来电场的性质;(2)试验电荷 q_0 的尺度应尽可能小,以致可以认为是点电荷.实验发现,试验电荷放在不同位置处受到的电场力的大小和方向都不同,说明电荷 Q 附近的不同点处,电场的强弱和方向都不同.在电场中的任一点 P(图7-2)处放置试验电荷时,实验表明:试验电荷受力与其电荷量的比值 $\dfrac{F}{q_0}$ 是确定的矢量,这个矢量只与电场中各点的位置有关,而与试验电荷的电荷量大小、带电正负无关.因此,这个矢量反映了电场本身的性质.我们把这个矢量定义为电场强度,简称场强,用 E 表示,即

$$E = \dfrac{F}{q_0} \tag{7-5}$$

式(7-5)表明,电场中某点的电场强度在数值上等于位于该点的单位正试验电荷所受的电场力,电场强度的方向与正电荷在该点所受的电场力的方向一致.

电场强度既有大小,又有方向,在电场中各点的 E 一般不同.所以,电场强度是空间坐标的矢量函数,即 $E = E(x, y, z)$.

在国际单位制(SI)中,电场强度的单位是 N/C 或 V/m.

当电场强度分布已知时,电荷 q 在场强为 E 的电场中所受的电场力为

$$F = qE$$

当 $q>0$（正电荷）时，电场力方向与电场强度方向相同；当 $q<0$（负电荷）时，电场力方向与电场强度方向相反.

7.2.3 电场强度叠加原理

若电场由一个点电荷 Q 产生，电荷 Q 位于坐标原点，在距电荷 Q 为 r 处任取一点 P，设想把一个试验电荷 q_0 放在 P 点，由库仑定律可知试验电荷受到的电场力为

$$F = \frac{1}{4\pi\varepsilon_0} \frac{Qq_0}{r^2} e_r$$

式中，e_r 是 Q 到场点的单位矢量. 根据电场强度的定义式(7-5)，则得到 P 点处的电场强度为

$$E = \frac{F}{q_0} = \frac{1}{4\pi\varepsilon_0} \frac{Q}{r^2} e_r \tag{7-6}$$

式(7-6)为点电荷产生的电场强度公式. Q 为正电荷时，E 的方向与 e_r 同向；Q 为负电荷时，E 的方向与 e_r 相反. 场强 E 的大小与点电荷所带电荷量成正比，与距离 r 的平方成反比，在以 Q 为中心的各个球面上的场强大小相等，所以点电荷的电场具有球对称性.

若电场由点电荷系 $Q_1, Q_2, \cdots, Q_N$ 产生，在 P 点放一个试验电荷 q_0，根据库仑力的叠加原理，可知试验电荷受到的作用力 $F = \sum F_i$，所以点电荷系在 P 点产生的电场强度为

$$E = \frac{F}{q_0} = \frac{\sum F_i}{q_0} = \sum \frac{F_i}{q_0} = \sum E_i = \sum \frac{Q_i r_i}{4\pi\varepsilon_0 r_i^3} \tag{7-7}$$

即点电荷系电场中某点的电场强度等于各个点电荷单独存在时在该点的电场强度的矢量和，这就是电场强度的**叠加原理**.

若电场由电荷连续分布的带电体产生，整个带电体不能看作点电荷，此时不能用式(7-7)来计算电场强度的分布. 但是，可以将带电体分成许多电荷元 dq，每个电荷元可看作点电荷，如图 7-3 所示. 电荷元在 P 点处产生的电场强度为

$$dE = \frac{1}{4\pi\varepsilon_0} \frac{dq}{r^2} e_r$$

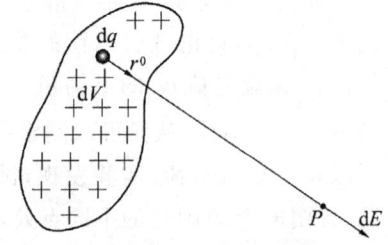

图 7-3 带电体的场强

整个带电体在 P 点处产生的电场强度为各个电荷元在 P 点处产生的电场强度的矢量和. 由于电荷是连续分布的，可应用积分来求和，有

$$E = \int dE = \int \frac{1}{4\pi\varepsilon_0} \frac{dq}{r^2} e_r \tag{7-8}$$

这是一个矢量积分，在具体计算时，往往需要先写出电荷元在待求点处的场强 dE 分别在 x、y、z 三个坐标轴上的分量 dE_x, dE_y, dE_z，然后对各分量积分，这样就得到总的电场强度的矢量表达式：

$$E = E_x \mathbf{i} + E_y \mathbf{j} + E_z \mathbf{k}$$

其中 $E_x = \int dE_x, \quad E_y = \int dE_y, \quad E_z = \int dE_z$

对于电荷体分布，可引入体电荷密度的概念，即单位体积内的电荷量称为体电荷密度

ρ，$\rho = \dfrac{\mathrm{d}q}{\mathrm{d}V}$，则电荷元 $\mathrm{d}q = \rho \mathrm{d}V$，体电荷产生的电场强度为

$$E = \int \mathrm{d}E = \int \frac{1}{4\pi\varepsilon_0} \frac{\rho \mathrm{d}V}{r^2} e_r$$

对于电荷面分布，可引入面电荷密度的概念，即单位面积上的电荷量称为面电荷密度 σ，$\sigma = \dfrac{\mathrm{d}q}{\mathrm{d}S}$，则电荷元 $\mathrm{d}q = \sigma \mathrm{d}S$，面电荷产生的电场强度为

$$E = \int \mathrm{d}E = \int \frac{1}{4\pi\varepsilon_0} \frac{\sigma \mathrm{d}S}{r^2} e_r$$

对于电荷线分布，可引入线电荷密度的概念，即单位长度上的电荷量称为线电荷密度 λ，$\lambda = \dfrac{\mathrm{d}q}{\mathrm{d}l}$，则电荷元 $\mathrm{d}q = \lambda \mathrm{d}l$，线电荷产生的电场强度为

$$E = \int \mathrm{d}E = \int \frac{1}{4\pi\varepsilon_0} \frac{\lambda \mathrm{d}l}{r^2} e_r$$

在实际运算时我们可以根据不同的问题，选择适当的电荷分布，由上述公式进行计算.

7.2.4 电场强度的计算

电场强度是反映电场性质的物理量，空间各点的电场强度完全取决于电荷在空间的分布情况. 若已知电荷分布，则可计算出任意点的电场强度. 计算的方法是利用点电荷在其周围激发场强的表达式与电场强度叠加原理.

下面通过几个例子来说明电场强度的计算方法.

【例 7-1】 设有两个电荷量相等、符号相反、相距为 l 的点电荷 $+q$ 和 $-q$，若场点到这两个电荷的距离比 l 大得多时，这两个点电荷系称为电偶极子. 从 $-q$ 指向 $+q$ 的矢量记为 l，定义 $p = ql$ 为电偶极子的电偶极矩. 求电偶极子 $p = ql$ 的电场.

解：(1) 电偶极子轴线延长线上一点的电场强度.

如图 7-4 所示，取电偶极子轴线的中点为坐标原点 O，沿轴线的延长线为 Ox 轴，轴上任意点 P 距原点的距离为 r，则正负电荷在场点 P 产生的场强为

图 7-4 例 7-1 图

$$E = E_+ + E_- = \frac{q}{4\pi\varepsilon_0}\left[\frac{1}{\left(x - \dfrac{l}{2}\right)^2} - \frac{1}{\left(x + \dfrac{l}{2}\right)^2}\right]i = \frac{q}{4\pi\varepsilon_0} \frac{2xl}{\left(x^2 - \dfrac{l^2}{4}\right)^2} i$$

当场点到电偶极子的距离 $x \gg l$ 时，则 $x^2 - \dfrac{l^2}{4} \approx x^2$，于是上式可以写为

$$E = \frac{2ql}{4\pi\varepsilon_0 x^3} i = \frac{1}{4\pi\varepsilon_0} \frac{2p}{x^3}$$

其中 $p = ql$，定义为电偶极子的电偶极矩. l 的方向为负电荷指向正电荷. 上式表明，在电偶极子轴线的延长线上任意点的电场强度的大小，与电偶极子的电偶极矩大小成正比，与电偶极子中心到该点的距离的三次方成反比；电场强度的方向与电偶极矩的方向相同.

(2) 电偶极子轴线的中垂线上一点的电场强度.

如图 7-5 所示，取电偶极子轴线中点为坐标原点，因而中垂线上任意点 P 的场强为 $+q$ 和 $-q$ 在 P 点产生的电场的电场强度的矢量和.

由式(7-6),可得$+q$和$-q$在P点产生的电场强度分别为

$$E_+ = \frac{q}{4\pi\varepsilon_0 \left(y^2 + \frac{l^2}{4}\right)} e_+$$

$$E_- = \frac{q}{4\pi\varepsilon_0 \left(y^2 + \frac{l^2}{4}\right)} e_-$$

式中e_+和e_-分别为从$+q$和$-q$指向P点的单位矢量,根据电场强度叠加原理,P点的合电场强度$E = E_+ + E_-$,方向如图7-5所示,P点的合电场强度E的大小为

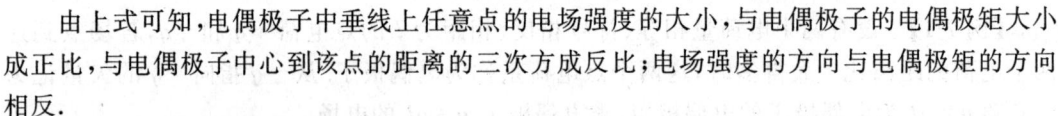

图7-5 电偶极子的电场强度

$$E = -2E_+ \cos\theta i = -2\frac{q\frac{l}{2}}{4\pi\varepsilon_0 \left(y^2 + \frac{l^2}{4}\right)^{\frac{3}{2}}} i = -\frac{p}{4\pi\varepsilon_0 \left(y^2 + \frac{l^2}{4}\right)^{\frac{3}{2}}}$$

其中$\cos\theta = \dfrac{\frac{l}{2}}{\sqrt{y^2 + \frac{l^2}{4}}}$.

当$y \gg l$时,$y^2 + \dfrac{y^2}{4} \approx y^2$,上式可简化为

$$E = -\frac{p}{4\pi\varepsilon_0 y^3}$$

由上式可知,电偶极子中垂线上任意点的电场强度的大小,与电偶极子的电偶极矩大小成正比,与电偶极子中心到该点的距离的三次方成反比;电场强度的方向与电偶极矩的方向相反.

【例7-2】 均匀带电细棒,长为$2l$,带电荷量为q,求其中垂面上的场强.

解:取细棒中点为原点,对称地取元电荷,如图7-6所示.由于细棒均匀带电,电荷线密度$\lambda = \dfrac{q}{2l}$,在细棒上任取一小电荷元dq,$dq = \lambda dz$.dz_1和dz_2为一对对称的电荷元,由于它们在中垂线上的场强dE_1和dE_2有对称性,因此它们在z方向的分量相互抵消,两者的合场强沿中垂线方向,合场强的大小为$2dE_1 \cos\theta$.根据式(7-8),每个电荷元在P点产生的电场强度大小为

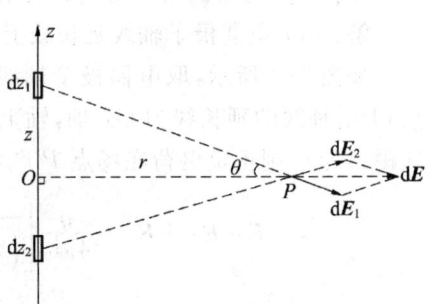

图7-6 例7-2图

$$dE_1 = \frac{\lambda dz}{4\pi\varepsilon_0 (r^2 + z^2)}$$

由图7-6可知:

$$\cos\theta = \frac{r}{\sqrt{r^2 + z^2}}$$

对其积分,可得合电场强度大小为

$$E = \int_0^l 2\mathrm{d}E_1\cos\theta = \int_0^l 2 \cdot \frac{\lambda \mathrm{d}z}{4\pi\varepsilon_0(r^2+z^2)} \cdot \frac{r}{\sqrt{r^2+z^2}}$$

$$= \frac{1}{2\pi\varepsilon_0} \int_0^l \frac{\lambda r \mathrm{d}z}{(r^2+z^2)^{\frac{3}{2}}} = \frac{1}{2\pi\varepsilon_0 r} \frac{\lambda l}{\sqrt{r^2+l^2}}$$

讨论：

(1) 当 $l \gg r$ 时，无限长均匀带电细棒的电场强度大小 $E = \dfrac{\lambda}{2\pi\varepsilon_0 r}$，无限长均匀带电细棒周围任意点的电场强度与该点到细棒的距离的一次方成反比．

(2) E 是矢量，不仅有大小，而且有方向，均需表示出来．

(3) 有时对称分析是非常重要的，可以大大简化计算工作量，如上述问题中电场无平行于直线的分量．

【例 7-3】 计算均匀带电圆环轴线上任一给定点 P 处的场强．该圆环半径为 R，圆环带电荷量为 q，P 点与环心的距离为 x．

解：在环上任取线元 $\mathrm{d}l$，其上所带电荷量为

$$\mathrm{d}q = \lambda \mathrm{d}l = \frac{q}{2\pi R}\mathrm{d}l$$

设 P 点与 $\mathrm{d}q$ 的距离为 r，电荷元 $\mathrm{d}q$ 在 P 点所产生的场强大小为

$$\mathrm{d}E = \frac{1}{4\pi\varepsilon_0}\frac{\mathrm{d}q}{r^2} = \frac{1}{4\pi\varepsilon_0}\frac{q}{2\pi R}\frac{\mathrm{d}l}{r^2}$$

$\mathrm{d}\boldsymbol{E}$ 的方向如图 7-7 所示．把场强分解为平行于轴线的分量 $\mathrm{d}\boldsymbol{E}_{/\!/}$ 和垂直于轴线的分量 $\mathrm{d}\boldsymbol{E}_\perp$．则由圆环上电荷分布的对称性可知，垂直分量 $\mathrm{d}\boldsymbol{E}_\perp$ 互相抵消，因而总的电场强度为平行分量之和，即

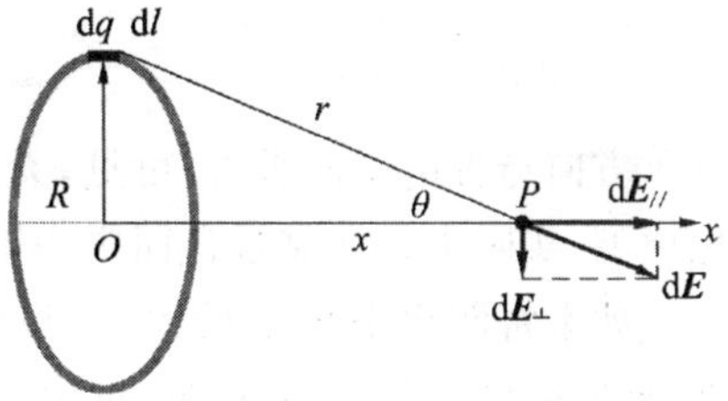

$$E = \int \mathrm{d}E_{/\!/} = \int \mathrm{d}E\cos\theta$$

图 7-7 例 7-3 图

式中，θ 为 $\mathrm{d}\boldsymbol{E}$ 与 x 轴的夹角．积分得

$$E = \oint_l \frac{1}{4\pi\varepsilon_0}\frac{q}{2\pi R}\frac{\mathrm{d}l}{r^2} \cdot \cos\theta = \frac{1}{4\pi\varepsilon_0}\frac{q}{2\pi R}\frac{\cos\theta}{r^2} \cdot \oint \mathrm{d}l = \frac{1}{4\pi\varepsilon_0}\frac{q\cos\theta}{r^2}$$

因为 $\cos\theta = \dfrac{x}{r}$，$r = \sqrt{R^2+x^2}$，所以可得

$$E = \frac{qx}{4\pi\varepsilon_0 r^3} = \frac{qx}{4\pi\varepsilon_0(R^2+x^2)^{\frac{3}{2}}}$$

其方向沿 x 轴方向．

讨论：

(1) 当 $x \gg R$ 时，$(R^2+x^2)^{\frac{3}{2}} \approx x^3$，于是有 $E \approx \dfrac{q}{4\pi\varepsilon_0 x^2}$，即在距圆环足够远处，环上电荷可看作电荷量全部集中在环心处的一个点电荷．

(2) $x = 0$ 时，$E = 0$，即圆环中心处的电场强度为零．

(3) 由 $\dfrac{\mathrm{d}E}{\mathrm{d}x} = 0$，可以得到电场强度极大值位置在 $x = \pm\dfrac{R}{\sqrt{2}}$ 处．

【例 7-4】 设有一半径为 R、电荷均匀分布的薄圆盘，其电荷面密度为 σ．求通过盘心、

垂直于盘面的轴线上任一点的场强.

解：本题可由电场强度的定义，直接用式(7-5)计算. 也可利用例 7-3 的结果，把均匀带电圆盘分成许多半径不同的同心细圆环，每个带电细圆环在轴线上产生的电场强度都可用上例所得结果表示. 如图 7-8 所示，取一半径为 r、宽度为 dr 的圆环，其圆环所带的电荷量为

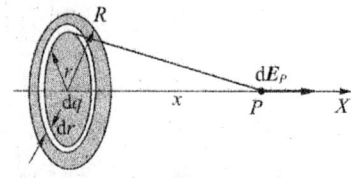

图 7-8 例 7-4 图

$$dq = \sigma dS = \sigma 2\pi r dr$$

此圆环在轴线上 x 处产生的场强大小为

$$dE = \frac{x dq}{4\pi\varepsilon_0 (x^2+r^2)^{3/2}} = \frac{\sigma}{2\varepsilon_0} \frac{x r dr}{(x^2+r^2)^{3/2}}$$

方向沿 x 轴方向. 由于圆盘上所有的带电圆环在场点产生的场强都沿同一方向，所以整个带电圆盘在轴线上一点产生的电场强度为

$$E = \int_0^R \frac{\sigma}{2\varepsilon_0} \frac{x r dr}{(x^2+r^2)^{3/2}} = \frac{\sigma}{2\varepsilon_0}\left(1 - \frac{x}{\sqrt{x^2+R^2}}\right)$$

其方向沿 x 轴方向.

讨论：

(1) 如果 $x \ll R$，即圆盘为无穷大的均匀带电平面，则其电场强度的大小为

$$E = \frac{\sigma}{2\varepsilon_0}$$

方向与带电平面垂直. 可见，无限大均匀带电平板将产生匀强电场. 这里"无限大"是理想模型，实际上只在靠近盘面中心附近空间的电场才是匀强电场.

如果将两块平板平行放置，板间距离远小于板面线度，此时除两板边缘附近外，对两板之间的场点来说，它们就是两块无限大的均匀带电的平行平板，如图 7-9 所示，因而，两板间的场强垂直于板面，是均匀电场. 当两板带等量异号电荷，电荷面密度为 σ 时，两板间的场强为

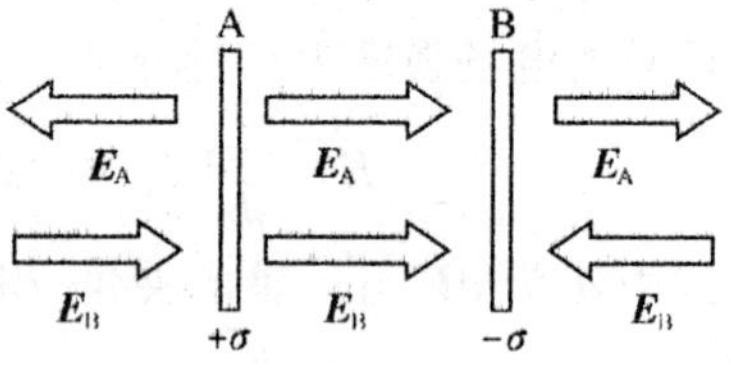

$$E = E_A + E_B = \frac{\sigma}{2\varepsilon_0} + \frac{\sigma}{2\varepsilon_0} = \frac{\sigma}{\varepsilon_0}$$

图 7-9 两无限大平板的场强

两板外侧空间，除两板边缘附近外，场强为

$$E = E_A - E_B = 0$$

(2) 当 $x \gg R$ 时，则根据二项式定理，有

$$\left(1 + \frac{R^2}{x^2}\right)^{-\frac{1}{2}} = 1 - \frac{1}{2}\frac{R^2}{x^2} + \frac{3}{8}\left(\frac{R^2}{x^2}\right)^2 - \cdots$$

由于 $\frac{R}{x} \ll 1$，略去 $\frac{R}{x}$ 的高次项，只保留前两项，则在离圆盘很远处的电场强度就可以表示为

$$E = \frac{\sigma}{2\varepsilon_0}\left[1 - \left(1 - \frac{R^2}{2x^2}\right)\right] = \frac{q}{4\pi\varepsilon_0 x^2}$$

这与点电荷产生的电场强度一样.

(3) 请读者思考一下，在图 7-10 中的无限大均匀带电平板中间有一个圆孔的情况下电场强度的分布. 从上面几个例子的分析可以看出，若已知电荷分布，根据电场强度的定义可

计算出任意点的电场强度,具体计算方法和步骤如下:根据给定的电荷分布,选取适当的电荷元和坐标系;应用点电荷场强的计算公式,在选取的坐标系中,写出电荷元 dq 在任意场点的场强 $d\boldsymbol{E}$ 的表达式,然后应用电场强度叠加原理求出场点的电场强度.这里需注意的是,为简化计算,通常将电场强度 $d\boldsymbol{E}$ 的表达式分解为标量表达式,进行积分计算;同时要重视对称性的分析,这样可以简化计算过程.

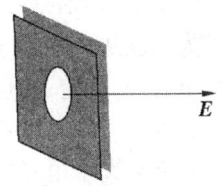

图 7-10 带圆孔的无限大均匀带电平板的场强

7.2.5 电偶极子在均匀场中的力矩

这里,我们只讨论在匀强电场中电偶极子的受力和受力矩情况,首先讨论受力情况.

在场强为 $\boldsymbol{E}$ 的匀强电场中,放置一电偶极矩 $\boldsymbol{p}=q\boldsymbol{l}$ 的电偶极子,如图 7-11 所示.电场作用在 $+q$ 和 $-q$ 上的力分别为 $\boldsymbol{F}_+=q\boldsymbol{E}$ 和 $\boldsymbol{F}_-=-q\boldsymbol{E}$,它们大小相等、方向相反,于是作用在电偶极子上的合力为

$$\boldsymbol{F}=\boldsymbol{F}_++\boldsymbol{F}_-=q\boldsymbol{E}-q\boldsymbol{E}=0$$

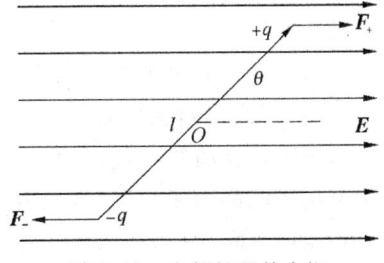

图 7-11 电偶极子的力矩

即在匀强电场中,电偶极子不受电场力的作用,电偶极子没有平动.

下面讨论电偶极子在匀强电场中所受的力矩情况.由于 $\boldsymbol{F}_+$ 和 $\boldsymbol{F}_-$ 不在同一直线上,所以电偶极子要受到力矩的作用.由力矩的定义,可知电偶极子所受力矩的大小为

$$M=qlE\sin\theta=pE\sin\theta$$

写成矢量形式为

$$\boldsymbol{M}=\boldsymbol{p}\times\boldsymbol{E}$$

在这个力矩的作用下,电偶极子将在平面内转动,转向电场 $\boldsymbol{E}$ 的方向.可见,当 $\theta=0$ 时,电偶极子的电偶极矩方向与电场强度的方向相同,电偶极子所受的力矩为零,这个位置是电偶极子的稳定平衡位置;当 $\theta=\pi$ 时,电偶极子的电偶极矩方向与电场强度的方向相反,电偶极子所受的力矩为零,但是电偶极子处于非稳定平衡位置,只要电偶极子稍微偏离这个位置,它将在力矩的作用下转动,使电偶极子的电偶极矩方向最终与电场强度的方向一致.

7.3 电场强度通量 高斯定理

前面我们讨论了静电场中的电场强度以及如何用计算方法确定电场中各点的电场强度,本节我们将在介绍电场线的基础上,引入电场强度通量的概念,并给出静电场的高斯定理.

7.3.1 电场线

为了形象地描述电场的分布,通常引入电场线的概念.电场线的概念是法拉第首先提出的.可以在电场中画出许多曲线,使这些曲线上每一点的切线方向与该点的电场强度方向相同,而且曲线箭头的指向为电场强度的方向,这种曲线称为**电场线**.

图 7-12 所示是几种典型的电场线分布.

为了能从电场线分布得出电场中各点电场强度的大小,我们规定:在电场中任一点处,曲线的疏密表示该点电场强度的大小. 如图 7-13 所示,设想通过该点画一个垂直于电场方向的面积元 $dS_\perp$,通过此面积元的电场线条数 dN 满足 $E = \dfrac{dN}{dS_\perp}$ 的关系.

若某点的电场强度大,则 dN 大,电场线密度大,电场线密度应与场强成正比. 这样就可用电场线密度表示电场强度的大小和方向.

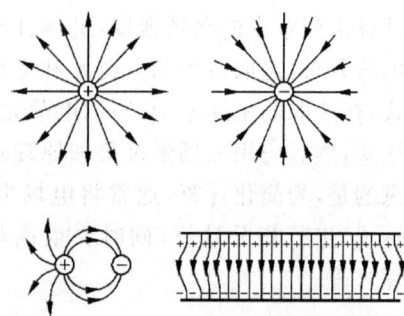

图 7-12 几种常见电场的电场线

对于匀强电场,电场线密度处处相等,而且方向处处一致.

静电场中的电场线有两个性质:(1) 电场线总是起始于正电荷(或来自无穷远),终止于负电荷(或终止于无穷远),不是闭合曲线,不会在没有电荷的地方中断;(2) 任意两条电场线都不能相交,这是由于电场中各点处的场强具有特定的方向.

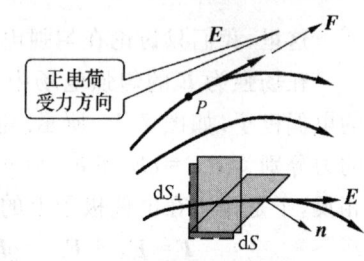

图 7-13 电场线密度与场强的关系

关于电场线的几点说明:(1) 电场线是人为画出的,实际电场中并不存在;(2) 电场线可以形象、直观地表现电场的总体情况,对分析电场很有用处;(3) 电场线图形可以用实验演示出来.

7.3.2 电场强度通量

通过电场中任意曲面的电场线的数目,叫作通过该面积的**电场强度通量**,简称**电通量**,用 Φ_e 表示.

下面我们分几种情况讨论:匀强电场和非匀强电场情况以及闭合曲面和非闭合曲面情况.

在匀强电场中,取一平面 S,若平面的空间方位与电场强度 E 垂直,即平面 S 与 E 平行,如图 7-14(a) 所示,电场强度通量 Φ_e 可以表示为

$$\Phi_e = ES \tag{7-9}$$

若平面 S 与 E 有夹角 θ,即平面法线与 E 不平行,如图 7-14(b) 所示,则

$$\Phi_e = ES\cos\theta = \boldsymbol{E} \cdot \boldsymbol{S} \tag{7-10}$$

对非匀强电场的情形,设 S 是任意曲面,如图 7-14(c) 所示,要求出通过曲面 S 的电通

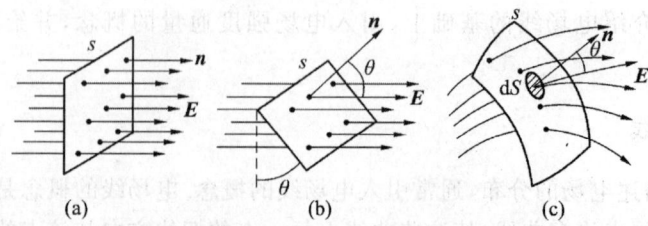

图 7-14 电场强度的通量

量,可将 S 分成无限多个面积元 $\mathrm{d}S$.先来计算通过任一小面积元 $\mathrm{d}S$ 的电通量,因为 $\mathrm{d}S$ 无限小,所以可被视为平面,通过其面上的 $\boldsymbol{E}$ 可以认为是均匀的,则通过这个面积元 $\mathrm{d}S$ 的电通量为

$$\mathrm{d}\Phi_\mathrm{e} = E\mathrm{d}S\cos\theta = \boldsymbol{E} \cdot \mathrm{d}\boldsymbol{S} \tag{7-11}$$

式中,$\mathrm{d}\boldsymbol{S} = \mathrm{d}S \cdot \boldsymbol{n}$.通过任意曲面 S 的电通量 Φ_e 为通过所有面积元 $\mathrm{d}S$ 的电通量的总和,即

$$\Phi_\mathrm{e} = \int \mathrm{d}\Phi_\mathrm{e} = \int_S \boldsymbol{E} \cdot \mathrm{d}\boldsymbol{S} \tag{7-12}$$

若 S 为闭合曲面,曲面积分为闭合曲面的积分,通过闭合曲面 S 的电通量 Φ_e 为

$$\Phi_\mathrm{e} = \oint_S \boldsymbol{E} \cdot \mathrm{d}\boldsymbol{S} \tag{7-13}$$

无论是平面还是曲面,都有正反两面,于是面的法线正方向就有两种取法.对闭合曲面,规定自内向外的方向为面元的法线正方向.这样,在电场线从曲面内穿出的地方,$\theta < 90°$,$\mathrm{d}\Phi_\mathrm{e} > 0$;在电场线向曲面内穿入的地方,$\theta > 90°$,$\mathrm{d}\Phi_\mathrm{e} < 0$.

注意:电通量是标量,只有正、负,为代数叠加.

国际单位制中,电通量的单位为韦伯(Wb).

7.3.3 高斯定理

高斯(C. F. Gauss,1777—1855),德国数学家、天文学家和物理学家,在数学上的建树颇丰,有"数学王子"美称.他导出的高斯定理是电磁学的基本定理之一.高斯定理给出了穿过任意闭合曲面的电通量与曲面所包围的所有电荷之间在量值上的关系.

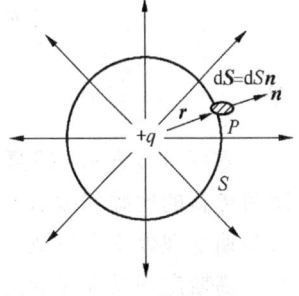

图 7-15 点电荷的高斯定理

现在我们从点电荷这一简单例子讲起.

如图 7-15 所示,q 为正点电荷,S 为以 q 为中心、以任意 r 为半径作的球面,S 上任一点 P 处的电场强度 $\boldsymbol{E}$ 的大小都相等,方向沿径向并处处与球面垂直,$\boldsymbol{E}$ 的大小为

$$E = \frac{q}{4\pi\varepsilon_0 r^2}$$

由式(7-13),则通过闭合曲面 S 的电场强度通量为

$$\Phi_\mathrm{e} = \oint_S \boldsymbol{E} \cdot \mathrm{d}\boldsymbol{S} = \oint_S \frac{q}{4\pi\varepsilon_0 r^2}\mathrm{d}S = \frac{q}{4\pi\varepsilon_0 r^2} \oint_S \mathrm{d}S = \frac{q}{\varepsilon_0} \tag{7-14}$$

这一结果与球面半径 r 无关,仅与曲面所包围的所有电荷 q 有关.也就是说,对以点电荷 q 为中心的任意球面来说,通过它们的电通量都等于 $\frac{q}{\varepsilon_0}$.这表示通过各球面的电场线条数相等,其电场线连续地延伸到无限远处.

我们再讨论点电荷电场中通过任意闭合曲面 S 的电场强度通量.

(1) $+q$ 在 S 内的情形.

如图 7-16(a)所示,在 S 内作一个以 $+q$ 为中心、以任意 r 为半径的闭合球面 S_1,由前面可知,通过 S_1 的电场强度通量为 $\frac{q}{\varepsilon_0}$.由于电场线连续,所以通过 S_1 的电场线必通过 S,即此时 $\Phi_{\mathrm{e}S_1} = \Phi_{\mathrm{e}S}$,通过 S 的电场强度通量为

$$\Phi_e = \oint_S \boldsymbol{E} \cdot \mathrm{d}\boldsymbol{S} = \frac{q_0}{\varepsilon_0}$$

(2) $+q$ 在 S 外的情形.

如图 7-16(b)所示,此时,进入 S 面内的电场线必穿出 S 面,即穿入与穿出 S 面的电场线数目相等,通过 S 面的电通量为零,有

$$\Phi_e = \oint_S \boldsymbol{E} \cdot \mathrm{d}\boldsymbol{S} = 0$$

所以 S 外电荷对 Φ_e 无贡献.

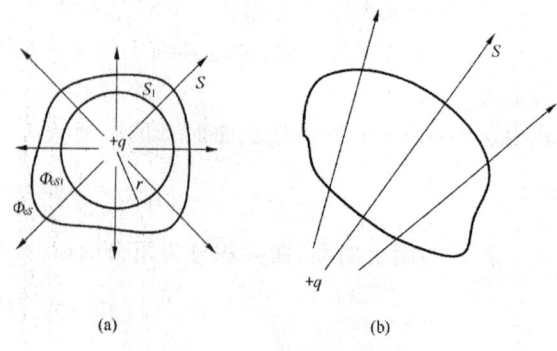

图 7-16 高斯定理推导用图

下面进一步讨论点电荷系情况.在点电荷 $q_1,q_2,q_3,\cdots,q_n$ 组成的点电荷系的电场中,根据场强叠加原理,任一点的电场强度为

$$\boldsymbol{E}=\boldsymbol{E}_1+\boldsymbol{E}_2+\boldsymbol{E}_3+\cdots+\boldsymbol{E}_n$$

通过任意闭合曲面的电场强度通量为

$$\Phi_e = \oint_S \boldsymbol{E} \cdot \mathrm{d}\boldsymbol{S} = \oint_S (\boldsymbol{E}_1+\boldsymbol{E}_2+\boldsymbol{E}_3+\cdots+\boldsymbol{E}_n) \cdot \mathrm{d}\boldsymbol{S}$$

$$= \oint_S \boldsymbol{E}_1 \cdot \mathrm{d}\boldsymbol{S} + \oint_S \boldsymbol{E}_2 \cdot \mathrm{d}\boldsymbol{S} + \oint_S \boldsymbol{E}_3 \cdot \mathrm{d}\boldsymbol{S} + \cdots + \oint_S \boldsymbol{E}_n \cdot \mathrm{d}\boldsymbol{S} = \frac{1}{\varepsilon_0}\sum_i q_i$$

即

$$\Phi_e = \oint_S \boldsymbol{E} \cdot \mathrm{d}\boldsymbol{S} = \frac{1}{\varepsilon_0}\sum_i q_i \tag{7-15}$$

式(7-15)表示:**在真空中,通过任一闭合曲面的电场强度的通量,等于该曲面所包围的所有电荷的代数和除以 ε_0,与闭合曲面外的电荷无关**.这就是**真空中的高斯定理**.式(7-15)为高斯定理数学表达式,高斯定理中的闭合曲面称为**高斯面**.

高斯定理是在库仑定律基础上得到的,但是高斯定理适用范围比库仑定律更广泛.库仑定律只适用于真空中的静电场,而高斯定理适用于静电场和随时间变化的场,高斯定理是电磁理论的基本方程之一.若闭合曲面内存在正(负)电荷,则通过闭合曲面的电通量为正(负),表明有电场线从面内(面外)穿出(穿入);若闭合曲面内没有电荷,则通过闭合曲面的电通量为零,意味着有多少电场线穿入就有多少电场线穿出,说明在没有电荷的区域内电场线不会中断;若闭合曲面内电荷的代数和为零,则有多少电场线进入面内终止于负电荷,就会有相同数目的电场线从正电荷穿出面外.高斯定理的重要意义在于它把电场与产生电场的源电荷联系了起来,它反映了静电场是有源场的这一基本性质.

*7.3.4 高斯定理的微分形式

式(7-15)给出了静电场高斯定理的积分形式,然而,矢量场的高斯公式又把矢量场的闭合面通量与矢量场的散度的体积分联系了起来,即

$$\oint_S \boldsymbol{E} \cdot \mathrm{d}\boldsymbol{S} = \iiint_V \nabla \cdot \boldsymbol{E}\,\mathrm{d}V \tag{7-16}$$

当电荷连续分布时,有

$$\sum_i q_i = \iiint_V \rho\,\mathrm{d}V$$

高斯定理可以写成

$$\oiint_S \boldsymbol{E} \cdot \mathrm{d}\boldsymbol{S} = \frac{1}{\varepsilon_0}\sum_i q_i = \frac{1}{\varepsilon_0}\iiint_V \rho \mathrm{d}V = \iiint_V \nabla \cdot \boldsymbol{E} \mathrm{d}V$$

其中 V 是由闭合曲面所包围的体积,所以有

$$\iiint_V \nabla \cdot \boldsymbol{E} \mathrm{d}V = \frac{1}{\varepsilon_0}\iiint_V \rho \mathrm{d}V \text{ 或 } \nabla \cdot \boldsymbol{E} = \frac{\rho}{\varepsilon_0} \tag{7-17}$$

式(7-17)便是静电场高斯定理的微分形式,由式(7-17)可知,当场强 $\boldsymbol{E}$ 在某空间区域的散度 $\nabla \cdot \boldsymbol{E} = 0$ 时,必有 $\rho = 0$,所以我们称此区域"无源";若 $\nabla \cdot \boldsymbol{E} \neq 0$,则那些区域必然有电荷分布,此区域对电场来说就有"源",所以说静电场是**有源场**,静电场的源头就是那些体电荷密度不为零的点.

7.3.5 高斯定理的应用

高斯定理的一个重要应用是计算某些具有对称性电荷分布的带电体的电场强度.求解的方法一般为:首先进行对称性分析,即由电荷分布的对称性,分析电场强度分布的对称性,判断能否用高斯定理来求电场强度的分布.然后根据电场强度分布的特点,选取合适的高斯面.一般情况下,选取的高斯面通过待求的电场强度的场点,高斯面上 E 的大小要求处处相等,同时各面元的法线矢量 $\boldsymbol{n}$ 与 $\boldsymbol{E}$ 平行或垂直,使得 E 能提到积分号外面.下面通过几个例子说明如何用高斯定理计算对称性电荷分布的带电体的电场强度.

【**例7-5**】 一均匀带电球面,电荷为 $+q$,半径为 R.求球面内外任一点的电场强度.

解:由题意知,电荷分布是球对称的,所以产生的电场分布也是球对称的,场强方向沿半径向外,以 O 为球心的任意球面上各点场强 E 的大小处处相等.

(1) 球面内任一点 P_1 的场强.

如图 7-17 所示,以 O 为圆心,通过 P_1 点作半径为 r_1 的球面 S_1 为高斯面,由于 $\boldsymbol{E}$ 与 $\mathrm{d}\boldsymbol{S}$ 同向,且 S_1 上 E 的大小相等,所以

$$\oint_{S_1}\boldsymbol{E}\cdot\mathrm{d}\boldsymbol{S} = \oint_{S_1}E\mathrm{d}S = E\oint_{S_1}\mathrm{d}S = E4\pi r_1^2$$

高斯面内无电荷,即 $\sum_{S_1内}q = 0$,所以由高斯定理,有

$$E \cdot 4\pi r_1^2 = 0$$

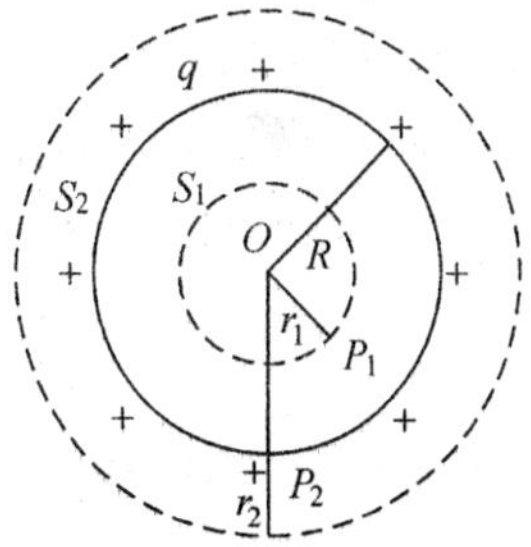

由此得

$$E = 0$$

图 7-17 带电球面的电场

这表明均匀带电球面内任一点场强为零.

(2) 球面外任一点 P_2 的场强.

在图 7-17 中,仍以 O 为圆心,通过 P_2 点以半径 r_2 作一球面 S_2 作为高斯面,由高斯定理,有

$$E \cdot 4\pi r_2^2 = \frac{1}{\varepsilon_0}q$$

即

$$E = \frac{q}{4\pi\varepsilon_0 r_2^2}$$

场强的方向沿 $\overrightarrow{OP_2}$ 方向(若 $q<0$,则沿 $\overrightarrow{P_2O}$ 方向).上式表明,均匀带电球面外任一点的场强,与电荷全部集中在球心处的点电荷在该点产生的场强一样.

根据以上的计算可知,均匀带电球面的电场分布为

$$\begin{cases} E=0, & r<R \\ \dfrac{q}{4\pi\varepsilon_0 r^2}, & r>R \end{cases}$$

图 7-18 给出了场强随距离变化的 E-r 分布曲线. 可以看出,场强值在球面($r=R$)上是不连续的.

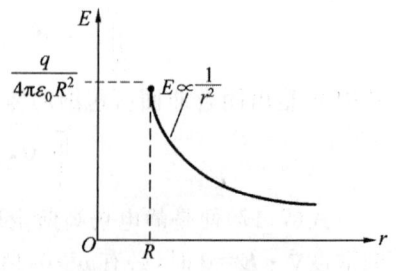

图 7-18　带电球面场强随距离的变化曲线

【**例 7-6**】 均匀带电的球体,半径为 R,电荷体密度为 ρ. 求球内外的场强.

解:由题可知,电荷分布具有球对称性,所以电荷产生的电场强度也具有对称性,场强方向由球心向外,在以 O 为圆心的任意球面上各点的 E 的大小相同.

(1) 球内任一点 P_1 的 E.

以 O 为球心,过 P_1 点作半径为 r_1 的高斯球面 S_1,穿过高斯球面 S_1 的电通量为

$$\oint_{S_1} \boldsymbol{E} \cdot \mathrm{d}\boldsymbol{S} = \oint_{S_1} E \cdot \mathrm{d}S = E \oint_{S_1} \mathrm{d}S = E \cdot 4\pi r_1^2$$

包围在高斯面内的电荷为

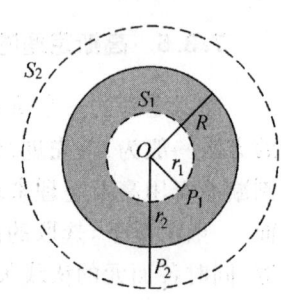

图 7-19　带电球体的电场

$$\sum_{S_1 内} q = \dfrac{4}{3}\pi r_1^3 \rho$$

所以,由高斯定理,可得

$$E = \dfrac{\rho}{3\varepsilon_0} r_1$$

从上面结果可知,均匀带电的球体内各点的电场强度 E 的大小正比于 r_1,E 的方向沿径向 $\overrightarrow{OP_1}$ 方向(若 $\rho<0$,则 E 沿 $\overrightarrow{P_1O}$ 方向).

(2) 球外任一点 P_2 的 E.

以 O 为球心,过 P_2 点作半径为 r_2 的球形高斯面 S_2,由高斯定理,可得

$$E \cdot 4\pi r_2^2 = \dfrac{1}{\varepsilon_0} q$$

即球外任一点的场强为

$$E = \dfrac{q}{4\pi\varepsilon_0 r_2^2}$$

E 的方向沿 $\overrightarrow{OP_2}$ 方向. 上面的结果表明:均匀带电球体外任一点的场强,和电荷全部集中在球心处的点电荷产生的场强一样.

均匀带电球体的 E-r 分布曲线如图 7-20 所示.

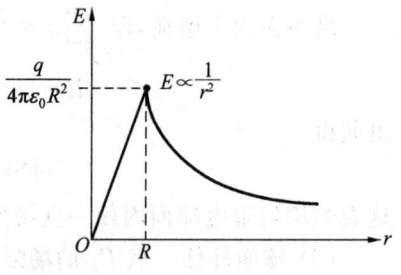

图 7-20　带电球体场强随距离的变化曲线

【**例 7-7**】 求无限长均匀带电直线外任一点的场强,其中电荷线密度为 λ.

解:由题可知,无限长均匀带电直线产生的电场强度分布具有轴对称性,E 的方向垂直于直线. 在以直线为轴的任一圆柱面上的各点场强大小都相等. 如图 7-21 所示,以直线为轴线,过场点 P 作半径为 r、高为 h 的圆柱形高斯面,上底为 S_1,下底为 S_2,侧面为 S_3.

则通过闭合曲面的电通量为

$$\Phi_e = \iint_S \boldsymbol{E} \cdot d\boldsymbol{S} = \iint_{S_1} \boldsymbol{E} \cdot d\boldsymbol{S} + \iint_{S_2} \boldsymbol{E} \cdot d\boldsymbol{S} + \iint_{S_3} \boldsymbol{E} \cdot d\boldsymbol{S}$$

由于在 S_1、S_2 上各面元 $d\boldsymbol{S} \perp \boldsymbol{E}$，所以前二项积分为零，又在 S_3 上 $\boldsymbol{E}$ 与 $d\boldsymbol{S}$ 方向一致，且 $\boldsymbol{E}$ 的大小相等，所以

$$\iint_S \boldsymbol{E} \cdot d\boldsymbol{S} = \iint_{S_1} \boldsymbol{E} \cdot d\boldsymbol{S} + \iint_{S_2} \boldsymbol{E} \cdot d\boldsymbol{S} + \iint_{S_3} \boldsymbol{E} \cdot d\boldsymbol{S} = E \cdot 2\pi rh$$

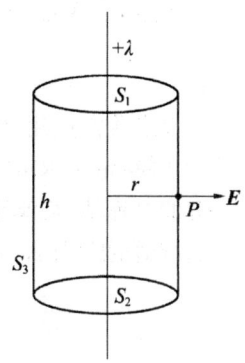

图 7-21 无限长均匀带电直线的电场

闭合曲面内所包围的电荷为 $\sum_{S_内} q = \lambda h$，由高斯定理，可得

$$E \cdot 2\pi rh = \frac{1}{\varepsilon_0} \lambda h$$

由此得

$$E = \frac{\lambda}{2\pi\varepsilon_0 r}$$

$\boldsymbol{E}$ 的方向由带电直线指向场点 P（若 $\lambda < 0$，则 $\boldsymbol{E}$ 由场点指向带电直线）.

【例 7-8】 无限大均匀带电平面，电荷面密度为 σ，求平面外任一点的场强.

解：由题意知，由于平面是无限大均匀带电平面，其产生的电场分布是关于平面对称的，场强方向垂直于平面，距平面两侧等距离处 E 的大小相等. 设 P 为场点，过 P 点作一底面平行于平面的关于平面对称的圆柱形高斯面，如图 7-22 所示. 由高斯定理，可得

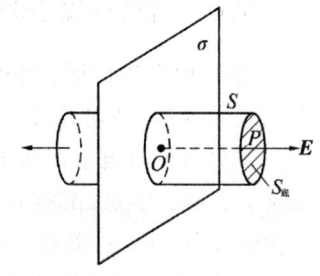

图 7-22 无限大带电平面的电场

$$\oint_S \boldsymbol{E} \cdot d\boldsymbol{S} = \int_{S_{左底面}} \boldsymbol{E} \cdot d\boldsymbol{S} + \int_{S_{右底面}} \boldsymbol{E} \cdot d\boldsymbol{S} + \int_{S_{侧面}} \boldsymbol{E} \cdot d\boldsymbol{S}$$

$$= E \int_{S_{左底面}} dS + E \int_{S_{右底面}} dS = 2ES$$

由于 $\sum_{S_内} q = \sigma S$，所以由高斯定理，可得

$$E \cdot 2S = \frac{1}{\varepsilon_0} \cdot \sigma S$$

从而

$$E = \frac{\sigma}{2\varepsilon_0}$$

结果表明：无限大均匀带电平面产生的电场是均匀电场，$\boldsymbol{E}$ 的方向垂直于平面，指向考察点（若 $\sigma < 0$，则 $\boldsymbol{E}$ 由考察点指向平面）.

利用本题结果可以得到两个带等量异号电荷的无限大平面的电场强度. 如图 7-23 所示，设两无限大平面的电荷面密度分别为 $+\sigma$ 和 $-\sigma$.

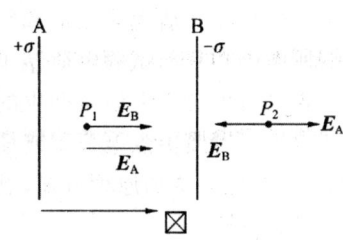

图 7-23 两无限大带电平面的电场

设 P_1 为两板内任一点，根据电场强度叠加原理，可得

$$\boldsymbol{E} = \boldsymbol{E}_A + \boldsymbol{E}_B$$

即

$$E = E_A + E_B = \frac{\sigma}{2\varepsilon_0} + \frac{\sigma}{2\varepsilon_0} = \frac{\sigma}{\varepsilon_0}$$

设 P_2 为 B 右侧任一点（也可取在 A 左侧），即有

$$E=E_A-E_B=\frac{\sigma}{2\varepsilon_0}-\frac{\sigma}{2\varepsilon_0}=0$$

上面我们应用高斯定理求出了几种特殊情况带电体产生的场强．从这几个例子可以看出，用高斯定理求解场强是比较简单的．但是在用高斯定理求场强时，要求带电体必须具有一定的对称性，使高斯面上的电场分布具有一定的对称性，只有在具有某种对称性时，才能选择合适的高斯面，从而很方便地计算出电场强度．

7.4 静电场的环路定理 电势

前面我们从电荷在电场中受力作用出发，研究了静电场的性质，并引入电场强度作为描述电场特性的物理量，且知道静电场是有源场．本节，我们将进一步从静电场力对电荷做功出发来研究描述静电场性质的物理量——电势．

7.4.1 静电场力的功

力学中引进了保守力和非保守力的概念．保守力的特征是其功只与始末两位置有关，而与路径无关．在保守力场中可以引进势能的概念．在此，我们研究一下静电力是否为保守力．

首先讨论点电荷产生电场的情况．如图 7-24 所示，点电荷 $+q$ 放置于 O 点，试验电荷 q_0 在点电荷所激发的电场中由 a 点移动到 b 点．在路径上任一点 c 处，任取一位移元 $\mathrm{d}\boldsymbol{l}$，静电场力 $\boldsymbol{F}$ 对 q_0 所做的功为

$$\mathrm{d}W=\boldsymbol{F}\cdot\mathrm{d}\boldsymbol{l}=q_0\boldsymbol{E}\cdot\mathrm{d}\boldsymbol{l}=q_0 E\cos\theta\mathrm{d}l$$

式中，θ 是 $\boldsymbol{E}$ 与 $\mathrm{d}\boldsymbol{l}$ 之间的夹角．由图 7-24 可知，$\mathrm{d}l\cos\theta=\mathrm{d}r$，于是得到

$$\mathrm{d}W=\frac{qq_0}{4\pi\varepsilon_0 r^2}\cos\theta\mathrm{d}l=\frac{qq_0}{4\pi\varepsilon_0 r^2}\mathrm{d}r$$

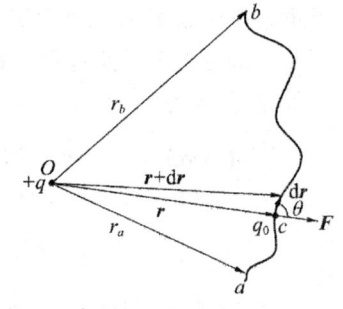

图 7-24 点电荷电场中电场力做功

当试验电荷 q_0 沿任意路径从 a 点移动到 b 点，电场力所做的功为

$$W=\int_a^b\mathrm{d}W=\frac{qq_0}{4\pi\varepsilon_0}\int_{r_a}^{r_b}\frac{1}{r^2}\mathrm{d}r=\frac{qq_0}{4\pi\varepsilon_0}\left[\frac{1}{r_a}-\frac{1}{r_b}\right] \tag{7-18}$$

式中，r_a 和 r_b 分别为起点 a 和终点 b 的位矢的模．可见，在点电荷的电场中，电场力对试验电荷所做的功只与试验电荷 q_0 的始末两位置有关，而与其路径无关．

再来看任意带电体系产生的电场的情况．

电场一般是由点电荷系或任意带电体激发的，而任意带电体可以分割成无限多个点电荷，根据电场的叠加原理可知，点电荷系的场强为各点电荷单独存在时，在该点产生的场强的矢量和，即

$$\boldsymbol{E}=\boldsymbol{E}_1+\boldsymbol{E}_2+\cdots$$

当试验电荷 q_0 沿任意路径从 a 点移动到 b 点，任意点电荷系的电场力所做的功为

$$W=\int\boldsymbol{F}\cdot\mathrm{d}\boldsymbol{l}=q_0\int_l\boldsymbol{E}\cdot\mathrm{d}\boldsymbol{l}=q_0\int_l\boldsymbol{E}_1\cdot\mathrm{d}\boldsymbol{l}+q_0\int_l\boldsymbol{E}_2\cdot\mathrm{d}\boldsymbol{l}+\cdots$$

上式中每一项均与路径无关,故它们的代数和也必然与路径无关.由此得出结论:在真空中,当试验电荷在静电场中移动时,静电场力对它所做的功,只与试验电荷的电荷量及起点和终点的位置有关,而与试验电荷所经过的路径无关.因而,静电场力也是保守力,静电场是保守场.

7.4.2 静电场的环路定理

静电场力所做的功与路径无关这一结论还可以表述成另一种形式.如图 7-25 所示,当试验电荷 q_0 从电场中的 a 点沿路径 acb 移动到 b 点,再沿路径 bda 返回 a 点,作用在试验电荷 q_0 上的静电场力在整个闭合路径上所做的功为

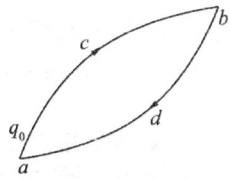

图 7-25 静电场的环路定理

$$W = q_0 \oint \boldsymbol{E} \cdot \mathrm{d}\boldsymbol{l} = q_0 \int_{acb} \boldsymbol{E} \cdot \mathrm{d}\boldsymbol{l} + q_0 \int_{bda} \boldsymbol{E} \cdot \mathrm{d}\boldsymbol{l}$$

由于

$$\int_{bda} \boldsymbol{E} \cdot \mathrm{d}\boldsymbol{l} = -\int_{adb} \boldsymbol{E} \cdot \mathrm{d}\boldsymbol{l}$$

且电场力做功与路径无关,即

$$q_0 \int_{acb} \boldsymbol{E} \cdot \mathrm{d}\boldsymbol{l} = q_0 \int_{adb} \boldsymbol{E} \cdot \mathrm{d}\boldsymbol{l} \tag{7-19}$$

所以

$$W = q_0 \oint \boldsymbol{E} \cdot \mathrm{d}\boldsymbol{l} = 0$$

又因为 $q_0 \neq 0$,所以

$$\oint \boldsymbol{E} \cdot \mathrm{d}\boldsymbol{l} = 0 \tag{7-20a}$$

根据矢量场的斯托克斯公式,有

$$\oint \boldsymbol{E} \cdot \mathrm{d}\boldsymbol{l} = \iint_S (\nabla \times \boldsymbol{E}) \cdot \mathrm{d}\boldsymbol{S}$$

可见场强沿任意闭合路径 L 的线积分,可以与该闭合环路 L 所包围的曲面 S 上场强的旋度 $\nabla \times \boldsymbol{E}$ 的通量联系起来,因此,由式(7-20a)可得

$$\iint_S (\nabla \times \boldsymbol{E}) \cdot \mathrm{d}\boldsymbol{S} = 0 \text{ 或 } \nabla \times \boldsymbol{E} = 0 \tag{7-20b}$$

式(7-20b)是式(7-20a)的微分形式,任何矢量沿闭合路径的线积分称为该矢量的环流,式(7-20b)和式(7-20a)表明,静电场中的环流等于零,这一结论称为**静电场的环路定理**.

静电场的环路定理表明,静电场的电场线不可能是闭合的,静电场是保守场、无旋场,静电场是有源场.静电场的这一性质决定了在静电场中可以引入电势的概念.

7.4.3 电势能

力学中,重力是保守力,可以引入重力势能的概念;弹性力是保守力,可以引入弹性势能的概念;同样,静电力也是保守力,可以引入电势能的概念.由于在保守力场中,保守力所做的功等于相应势能增量的负值,所以静电场力对电荷所做的功等于电势能增量的负值.

用 E_{pa} 和 E_{pb} 分别表示试验电荷在 a 点和 b 点的电势能,则试验电荷从 a 点移动到 b 点,静电场力做功为

$$W = \int_a^b q_0 \boldsymbol{E} \cdot \mathrm{d}\boldsymbol{l} = -(E_{pb} - E_{pa}) = E_{pa} - E_{pb} \qquad (7\text{-}21)$$

电势能与重力势能及弹性势能类似,是一个相对的量. 为确定电荷在电场中某点的电势能, 必须选一个参考点作为电势能的零点. 电势能的零点与其他势能零点一样, 也是可以任意选取的. 对于有限带电体, 一般选无限远处电势能为零, 选 $E_{pb}=0$, 令 b 点在无穷远, 由式 (7-21), 试验电荷 q_0 在 a 点处具有的电势能为

$$E_{pa} = q_0 \int_a^\infty \boldsymbol{E} \cdot \mathrm{d}\boldsymbol{l} \qquad (7\text{-}22)$$

这表明,**电荷 q_0 在电场中某点的电势能等于电荷 q_0 从该点移到无穷远处(或者电势能零点)电场力所做的功**.

在国际单位制中,电势能的单位为焦耳(J);还可以用电子伏特(eV)表示. 1eV 表示 1 个电子通过 1 伏特电势差时所获得的能量, $1\text{eV}=1.602\times10^{-19}\text{J}$.

7.4.4 电势 电势差

由于电势能的大小与试验电荷的电荷量 q_0 有关,因此电势能不能直接用来描述某一给定点电场的性质. 但是比值 $\dfrac{E_{pa}-E_{pb}}{q_0}$ 与 q_0 无关, 只决定于电场的性质及场点的位置, 所以将这个反映电场本身性质的物理量称为电势, 用 V 来表示, 即

$$V_a = \frac{E_{pa}}{q_0} = \int_a^\infty \boldsymbol{E} \cdot \mathrm{d}\boldsymbol{l} \qquad (7\text{-}23)$$

上式表明,电场中某点的电势,数值上等于放在该点的单位正电荷的电势能,或者说电场中某点的电势在数值上等于把单位正电荷从该点移到电势能零点时电场力所做的功.

由电势定义可知,电势是标量,有正有负,把单位正电荷从某点移到无穷远点时,若静电场力做正功,则该点的电势为正;若静电场力做负功,则该点的电势为负. 为确定电场中各点的电势,也必须选一个参考点作为电势零点. 电势零点的选择是任意的,可以根据研究问题的具体情况确定. 在具体计算中,当电荷分布在有限区域时,通常选择无穷远处的电势为零;在实际工作中,通常选择地面的电势为零. 但是对于"无限大"或"无限长"的带电体, 就不能将无穷远点作为电势零点,这时只能在有限的范围内选取某点为电势零点.

在国际单位制中,电势的单位是伏特,用符号 V 表示.

在静电场中,任意两点 a 和 b 之间的电势之差称为**电势差**,也叫**电压**,用 U_{ab} 表示. a、b 两点之间的电势差为

$$U_{ab} = V_a - V_b = \int_a^\infty \boldsymbol{E} \cdot \mathrm{d}\boldsymbol{l} - \int_b^\infty \boldsymbol{E} \cdot \mathrm{d}\boldsymbol{l} = \int_a^\infty \boldsymbol{E} \cdot \mathrm{d}\boldsymbol{l} + \int_\infty^b \boldsymbol{E} \cdot \mathrm{d}\boldsymbol{l} = \int_a^b \boldsymbol{E} \cdot \mathrm{d}\boldsymbol{l} \qquad (7\text{-}24)$$

即静电场中任意两点 a、b 之间的电势差,在数值上等于把单位正电荷从 a 点移到 b 点时静电场力所做的功.

引入电势差后,静电场力所做的功可以用电势差表示为

$$W = q_0 \int_a^b \boldsymbol{E} \cdot \mathrm{d}\boldsymbol{l} = q_0 U_{ab} = q_0(V_a - V_b) \qquad (7\text{-}25)$$

7.4.5 电势叠加原理

对带电荷量为 q 的点电荷电势,取无穷远处为电势零点,则由电势定义,可以得到电场

中任一点 a 的电势为

$$V_a = \int_a^\infty \boldsymbol{E} \cdot \mathrm{d}\boldsymbol{l} = \int_r^\infty \frac{q}{4\pi\varepsilon_0 r^2}\mathrm{d}r = \frac{q}{4\pi\varepsilon_0 r} \tag{7-26}$$

当电荷 q 为正电荷时,把单位正电荷从 a 点移到无穷远处时,静电场力做正功,所以电势为正值;当电荷 q 为负电荷时,把单位正电荷从 a 点移到无穷远处时,静电场力做负功,所以电势为负值.

设电场由 n 个点电荷 $q_1, q_2, \cdots, q_n$ 所组成的点电荷系产生,每个点电荷单独存在时产生的电场为 $\boldsymbol{E}_1, \boldsymbol{E}_2, \cdots, \boldsymbol{E}_n$. 由场强叠加原理,可知电场强度为

$$\boldsymbol{E} = \sum \boldsymbol{E}_i$$

由电势定义式(7-23),点电荷系电场中某点 a 的电势为

$$V_a = \int_a^\infty \boldsymbol{E} \cdot \mathrm{d}\boldsymbol{l} = \int_a^\infty \sum \boldsymbol{E}_i \cdot \mathrm{d}\boldsymbol{l} = \sum \int_a^\infty \boldsymbol{E}_i \cdot \mathrm{d}\boldsymbol{l} = \sum V_i \tag{7-27}$$

从式(7-27)可以看出:**点电荷系电场中某点 a 的电势,等于各点电荷单独存在时在该点的电势的代数和**. 这个结论称为静电场的**电势叠加原理**.

对连续分布带电体,可以把它分割为无穷多个电荷元 $\mathrm{d}q$,每个电荷元都可以看成点电荷,电荷元 $\mathrm{d}q$ 在电场中某点产生的电势为

$$\mathrm{d}V = \frac{\mathrm{d}q}{4\pi\varepsilon_0 r}$$

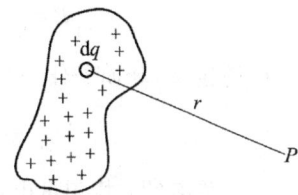

图 7-26　连续带电体的电势

根据电势叠加原理,连续分布带电体在该点的电势为这些电荷元电势之和,即

$$V = \int \frac{\mathrm{d}q}{4\pi\varepsilon_0 r} \tag{7-28}$$

积分区域遍及带电体所在的区域.

计算电势的方法有以下两种.

(1) 已知场强分布,由电势与电场强度的积分关系 $V_a = \int_a^b \boldsymbol{E} \cdot \mathrm{d}\boldsymbol{l} + V_b$ 来计算.

(2) 已知电荷分布,由电势的定义和电势叠加原理,利用公式 $V = \int_V \frac{\mathrm{d}q}{4\pi\varepsilon_0 r}$ 来计算.

由于电势是标量,积分是标量积分,所以计算电势要比计算电场强度简单得多.下面通过几个例子来说明电势的计算方法.

【例 7-9】　均匀带电圆环半径为 R,电荷为 q,求其轴线上任一点的电势.

解:如图 7-27 所示,取圆环轴线为 x 轴,圆心 O 为原点,在轴线上任取一点 P,其坐标为 x. 把圆环分成许多电荷元 $\mathrm{d}q$,每个电荷元视为点电荷,$\mathrm{d}q = \lambda \mathrm{d}l$,每个电荷元到场点的距离都为 $r = \sqrt{R^2 + x^2}$,电荷元在 P 点产生的电势为

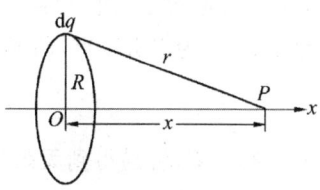

图 7-27　例 7-9 图

$$\mathrm{d}V_P = \frac{\mathrm{d}q}{4\pi\varepsilon_0 r} = \frac{\mathrm{d}q}{4\pi\varepsilon_0 \sqrt{R^2 + x^2}}$$

整个圆环在 P 点产生的电势为

$$V_P = \int dV_p = \int \frac{dq}{4\pi\varepsilon_0 \sqrt{R^2+x^2}} = \frac{q}{4\pi\varepsilon_0 \sqrt{R^2+x^2}}$$

当 $x=0$ 时，即圆环中心处的电势为

$$V_0 = \frac{q}{4\pi\varepsilon_0 R}$$

当 $x \gg R$ 时，$(R^2+x^2)^{\frac{1}{2}} \approx x$，所以

$$V_P = \frac{q}{4\pi\varepsilon_0 x}$$

相当于把圆环带电荷量集中在环心处的点电荷产生的电势.

【例 7-10】 一均匀带电球面，半径为 R，电荷为 q，求球面内外任一点的电势.

解：如图 7-28 所示，由于电荷分布具有球对称性，应用高斯定理，很容易求出电场强度分布为

$$\begin{cases} \boldsymbol{E}=0, & r<R \\ \boldsymbol{E}=\dfrac{q}{4\pi\varepsilon_0 r^3}\boldsymbol{r}, & r>R \end{cases}$$

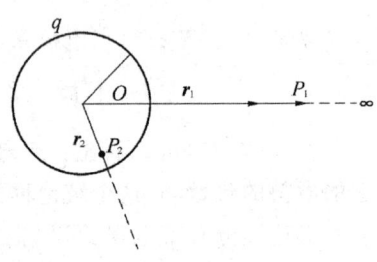

图 7-28 带电球面

由电势定义，球面外任一点 P_1 处电势为

$$V_{P_1} = \int_{r_1}^{\infty} \boldsymbol{E} \cdot d\boldsymbol{r} = \int_{r_1}^{\infty} E dr = \int_{r_1}^{\infty} \frac{q}{4\pi\varepsilon_0 r^2} dr = \frac{q}{4\pi\varepsilon_0 r_1}$$

结果表明：均匀带电球面外任一点电势，如同全部电荷都集中在球心的点电荷的电势一样.

根据电势定义式(7-23)，球面内任一点 P_2 处的电势为

$$V_{P_2} = \int_{r_2}^{\infty} \boldsymbol{E} \cdot d\boldsymbol{r} = \int_{r_2}^{R} \boldsymbol{E} \cdot d\boldsymbol{r} + \int_{R}^{\infty} \boldsymbol{E} \cdot d\boldsymbol{r}$$

$$= \int_{R}^{\infty} \boldsymbol{E} \cdot d\boldsymbol{r} = \int_{R}^{\infty} \frac{q}{4\pi\varepsilon_0 r^2} dr = \frac{q}{4\pi\varepsilon_0 R}$$

可见，球面内任一点电势与球面上电势相等.这是由于球面内任一点 $\boldsymbol{E}=0$，所以在球面内移动试验电荷时，电场力不做功，即电势差等于零，因此有上面的结论.

【例 7-11】 求无限长均匀带电直导线外任一点 P 处的电势，已知电荷线密度为 λ.

解：由于电荷分布不是有限分布，而是扩展到无限远处，因此就不能选择无限远处为电势零点.如图 7-29 所示，取电场中任一点 b（距直导线为 r_0）为电势零点，即 $V_{b(r=r_0)}=0$.则电场中任一点 P 的电势为

$$V = \int_{r}^{r_0} \boldsymbol{E} \cdot d\boldsymbol{l}$$

由高斯定理，容易得到无限长均匀带电直导线外任一点的场强为

$$E = \frac{\lambda}{2\pi\varepsilon_0 r}$$

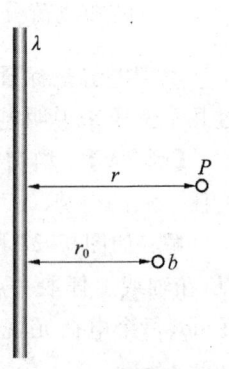

图 7-29 无限长均匀带电直导线

P 点的电势为

$$V = \int_{r}^{r_0} \boldsymbol{E} \cdot d\boldsymbol{l} = \int_{r}^{r_0} \frac{\lambda}{2\pi\varepsilon_0 r} dr = \frac{\lambda}{2\pi\varepsilon_0}(\ln r_0 - \ln r)$$

显然,当选择 $r_0=1\mathrm{m}$ 时,P 点电势有最简单的形式,且

$$V=-\frac{\lambda}{2\pi\varepsilon_0}\ln r$$

【例 7-12】 已知电荷 q 均匀地分布在半径为 R 的球体上,求空间各点的电势.

解:由高斯定理,可求出电场强度的分布为

$$E=\begin{cases}\dfrac{q}{4\pi\varepsilon_0 r^2},&r>R\\[2mm]\dfrac{qr}{4\pi\varepsilon_0 R^3},&r\leqslant R\end{cases}$$

方向沿径向. 可以通过积分公式 $V=\int_r^\infty \boldsymbol{E}\cdot\mathrm{d}\boldsymbol{l}$ 计算电势.

当 $r>R$ 时,有

$$V=\int_r^\infty\frac{q}{4\pi\varepsilon_0 r^2}\mathrm{d}r=\frac{q}{4\pi\varepsilon_0 r}$$

当 $r\leqslant R$ 时,有

$$V=\int_r^R\frac{qr}{4\pi\varepsilon_0 R^3}\mathrm{d}r+\int_R^\infty\frac{q}{4\pi\varepsilon_0 r^2}\mathrm{d}r=\frac{q(R^2-r^2)}{8\pi\varepsilon_0 R^3}+\frac{q}{4\pi\varepsilon_0 R}$$

7.5 等势面 电场强度与电势梯度的关系

下面我们讨论电场强度与电势之间的关系.

7.5.1 等势面

前面我们通过电场线形象地描绘了电场强度的分布情况,现在我们用另一种方法描绘电势分布.

在电场中,电势相等的点连接起来构成的曲面称为**等势面**.

例如,在距点电荷距离相等的点处电势是相等的,这些点构成的曲面是以点电荷为球心的球面. 可见点电荷电场中的等势面是一系列同心的球面,如图 7-30(a)所示.

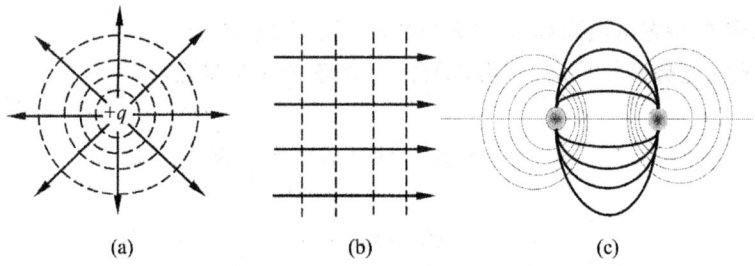

图 7-30 几种电场线与等势面

由前面的内容可知,电场线的疏密程度可用来表示电场的强弱,这里我们也可以用等势面的疏密程度来表示电场强度的强弱. 为此,对等势面的疏密做这样的规定:电场中任意两个相邻等势面之间的电势差相等. 根据这个规定,图 7-30 中画出了一些典型带电系统电场的等势面和电场线,图中实线表示电场线,虚线表示等势面. 从图中可以看出,等势面越密的

地方,电场强度越大.

现在我们来讨论电场中等势面的性质.

如图 7-31 所示,设点电荷 q_0 沿等势面从 a 点运动到 b 点,电场力做功为

$$W_{ab} = -(E_{pb} - E_{pa}) = -q_0(V_b - V_a) = 0$$

即得到结论:在静电场中,沿等势面移动电荷时,电场力不做功.

还可以证明在静电场中,电场线总是与等势面正交.

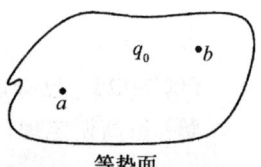

图 7-31 沿等势面电场力做功为零

如图 7-32 所示,设点电荷 q_0 自 a 沿等势面发生位移 $d\boldsymbol{l}$,电场力做功为

$$dW = q_0\boldsymbol{E} \cdot d\boldsymbol{l} = q_0 E dl \cos\theta$$

因为是在等势面上运动,所以 $dW = 0$,得到

$$q_0 E dl \cos\theta = 0$$

又因为 $q_0 \neq 0, E \neq 0, dl \neq 0$,所以有 $\cos\theta = 0$,即 $\theta = \dfrac{\pi}{2}$,所以电场线与等势面正交,$\boldsymbol{E}$ 垂直于等势面.

在实际应用中,由于电势差容易测量,可先测量电势分布,得到等势面,再根据等势面与电场线垂直的关系,画出电场线,从而对电场有一个定性的、直观的了解.

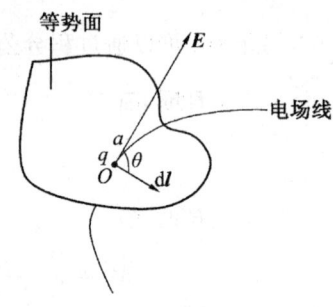

图 7-32 电场线与等势面正交

7.5.2 场强与电势的关系

电场强度和电势是描述电场性质的两个物理量,它们之间应有一定的关系.前面已学过,电场强度 $\boldsymbol{E}$ 与电势 V 之间有一种积分关系:

$$V_a - V_b = \int_a^b \boldsymbol{E} \cdot d\boldsymbol{l}$$

那么,$\boldsymbol{E}$、V 之间是否还存在着微分关系呢?这正是下面要研究的问题.如图 7-33 所示,设电场中有邻近的两等势面 V 和 $V + dV (dV > 0)$,P_1 和 P_2 分别为两等势面上的点.从 P_1 作等势面 V 的法线 $\boldsymbol{n}$,规定其指向电势增加的方向,法线与等势面 $V + dV$ 相交于 P_3 点,场强 $\boldsymbol{E}$ 的方向与法线 $\boldsymbol{n}$ 的方向相反.从 P_1 向 P_2 引一位移矢量 $d\boldsymbol{l}$,根据电势差的定义,并考虑到两个等势面非常接近,因此有

$$V - (V + dV) = \boldsymbol{E} \cdot d\boldsymbol{l} = E\cos\theta dl$$

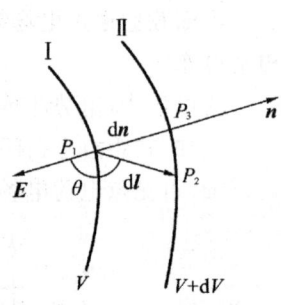

图 7-33 场强和电势的关系

即

$$-dV = E\cos\theta dl$$

设 $E_l = E\cos\theta$ 为场强在 $d\boldsymbol{l}$ 方向上的投影,则有

$$E_l = -\frac{dV}{dl} \tag{7-29}$$

上式表明:电场中某点的场强沿任意 $d\boldsymbol{l}$ 方向的投影,等于沿该方向电势函数的空间变化率的负值.

由于 $dl \geqslant dn$,所以有

$$\frac{dV}{dl} \leqslant \frac{dV}{dn}$$

即电势沿等势面法线方向的变化率最大.

这里引入电势梯度矢量的概念,令电势梯度

$$\text{grad}V = \nabla V = \frac{dV}{dn}\boldsymbol{n}$$

其大小等于电势在该点的最大空间变化率,电势梯度的方向沿等势面法向,指向电势增加的方向.

引入电势梯度概念后,有

$$\boldsymbol{E} = -\frac{dV}{dn}\boldsymbol{n} = -\text{grad}V = -\nabla V \tag{7-30}$$

式(7-30)表明,电场中任一点的场强 $\boldsymbol{E}$,数值上等于该点电势梯度的大小,即电势梯度的最大空间变化率,$\boldsymbol{E}$ 的方向与电势梯度的方向相反,即指向电势降低的方向.在直角坐标系中,有

$$E_x = -\frac{\partial V}{\partial x}, \quad E_y = -\frac{\partial V}{\partial y}, \quad E_z = -\frac{\partial V}{\partial z}$$

所以电场强度可表示为

$$\boldsymbol{E} = -\left(\frac{\partial V}{\partial x}\boldsymbol{i} + \frac{\partial V}{\partial y}\boldsymbol{j} + \frac{\partial V}{\partial z}\boldsymbol{k}\right) \tag{7-31}$$

如果给定电荷分布,我们可先求出电势 V,再利用 $\boldsymbol{E} = -\nabla V$ 求出电场强度 $\boldsymbol{E}$.需要注意的是,电场强度 $\boldsymbol{E}$ 取决于 V 的空间变化率,与 V 本身的值无关.在电势不变的空间内电场强度必为零.但在电势为零处,电场强度不一定为零;反之,在电场强度为零处,电势也不一定为零.

【例 7-13】 应用电势梯度概念求均匀带电细圆环轴线上一点的场强.

解:从例 7-9 可知,细圆环轴线上一点的电势为

$$V = \frac{q}{4\pi\varepsilon_0 (x^2 + R^2)^{\frac{1}{2}}}$$

式中,R 为圆环的半径.因而轴线上一点的场强为

$$E_x = -\frac{\partial V}{\partial x} = -\frac{\partial}{\partial x}\frac{q}{4\pi\varepsilon_0 (x^2 + R^2)^{\frac{1}{2}}} = \frac{qx}{4\pi\varepsilon_0 (x^2 + R^2)^{\frac{3}{2}}}$$

$$E_y = -\frac{\partial V}{\partial y} = 0$$

$$E_z = -\frac{\partial V}{\partial z} = 0$$

这与利用积分方法计算出的结果完全相同.

【例 7-14】 一均匀带电圆盘,半径为 R,电荷面密度为 σ. 试求:

(1) 圆盘轴线上任一点的电势;

(2) 由场强与电势关系求轴线上任一点的场强.

解:(1) 设 x 轴与圆盘轴线重合,原点在圆盘上.在圆盘上取以 O 为中心,半径为 r、宽为 dr 的圆环,圆环上所带电荷

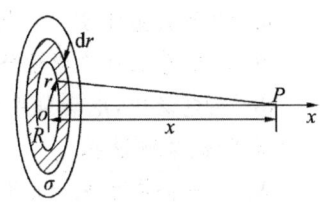

图 7-34 例 7-14 图

量为

$$dq = \sigma 2\pi r dr$$

则圆环在 P 点处产生的电势为

$$dV_P = \frac{dq}{4\pi\varepsilon_0 \sqrt{x^2+r^2}} = \frac{\sigma r dr}{2\varepsilon_0 \sqrt{x^2+r^2}}$$

整个圆盘在 P 点产生的电势为

$$V_P = \int dV_P = \int_0^R \frac{\sigma r dr}{2\varepsilon_0 \sqrt{x^2+r^2}}$$

$$= \frac{\sigma}{4\varepsilon_0} \int_0^R \frac{dr^2}{\sqrt{x^2+r^2}} = \frac{\sigma}{2\varepsilon_0} \sqrt{x^2+r^2} \Big|_0^R$$

$$= \frac{\sigma}{2\varepsilon_0} \left[\sqrt{x^2+R^2} - x \right]$$

(2) V_P 是 x 的函数,利用式(7-31),可求出场点 P 的电场强度在 x 方向的分量为

$$E_x = -\frac{\partial V}{\partial x} = -\frac{\sigma}{2\varepsilon_0} \left(\frac{2x}{2\sqrt{x^2+R^2}} - 1 \right) = \frac{\sigma}{2\varepsilon_0} \left(1 - \frac{x}{\sqrt{x^2+R^2}} \right)$$

$$E_y = E_z = 0$$

电场强度沿轴线方向,大小就等于 E_x,这一结果与例 7-4 中求得的结果一样.

复习题

一、思考题

1. 电荷量都是 q 的三个点电荷,分别放在正三角形的三个顶点上.试问:(1) 在这三角形的中心放一个什么样的电荷,就可以使这四个电荷都达到平衡(即每个电荷受其他三个电荷的库仑力之和都为零)? (2) 这种平衡与三角形的边长有无关系?

2. 根据点电荷场强公式 $E = \frac{q}{4\pi\varepsilon_0 r^2}$,当被考察的场点距源点电荷很近($r \to 0$)时,则场强趋近于无穷,这是没有物理意义的,对此应如何理解?

3. 在真空中有 A、B 两平行板,相对距离为 d,板面积为 S,其带电荷量分别为 $+q$ 和 $-q$,则这两板之间有相互作用力 f. 有人说,$f = \frac{q^2}{4\pi\varepsilon_0 d^2}$,又有人说,因为 $f = qE, E = \frac{q}{\varepsilon_0 S}$,所以 $f = \frac{q^2}{\varepsilon_0 S}$,试问这两种说法对吗?为什么?$f$ 到底应等于多少?

4. 高斯定理和库仑定律的关系如何?

5. 如果在封闭曲面 S 中,E 处处为零,能否肯定此封闭曲面一定没有包围静电荷?

6. 电场线能相交吗?为什么?

7. 如果通过闭合曲面 S 的电通量 Φ_e 为零,能否肯定曲面 S 上每一点的场强都等于零?

8. 在电场中,电场强度为零的点,电势是否一定为零?电势为零的点,电场强度是否一定为零?试举例说明.

9. 同一条电场线上的任意两点的电势是否相等?为什么?

二、计算及证明题

1. 两小球的质量都为 m,都用长为 l 的细绳挂在同一点,它们带有相同电荷量,静止时两线夹角为 2θ,如图 7-35 所示. 小球的半径和线的质量都可以忽略不计,求每个小球所带的电荷量.

2. 一电偶极子的电矩 $p=ql$,场点到电偶极子中心 O 点的距离为 r,矢量 r 与 l 的夹角为 θ,如图 7-36 所示,且 $r \gg l$. 试证:P 点的场强 E 在 r 方向上的分量 E_r 和垂直于 r 的分量 E_θ 分别为

$$E_r = \frac{p\cos\theta}{2\pi\varepsilon_0 r^3}, \quad E_\theta = \frac{p\sin\theta}{4\pi\varepsilon_0 r^3}$$

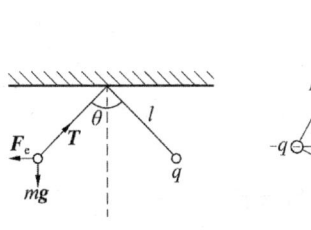

图 7-35 计算及证明题 1 图

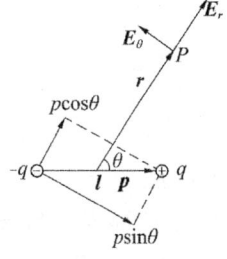

图 7-36 计算及证明题 2 图

3. 如图 7-37 所示,$l=15.0\text{cm}$ 的直导线 AB 均匀地分布着线密度 $\lambda=5.0\times10^{-19}\text{C}\cdot\text{m}^{-1}$ 的正电荷,试求:

(1) 在导线的延长线上与导线 B 端相距 $a=5.0\text{cm}$ 处 P 点的场强;

(2) 在导线的垂直平分线上与导线中点相距 $d_2=5.0\text{cm}$ 处 Q 点的场强.

4. 如图 7-38 所示,一个半径为 R 的均匀带电半圆环,电荷线密度为 λ,求环心 O 点处的场强.

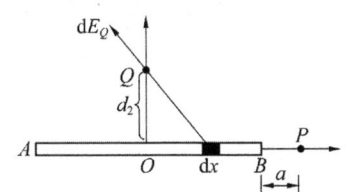

图 7-37 计算及证明题 3 图

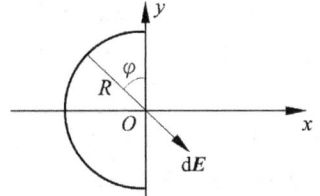

图 7-38 计算及证明题 4 图

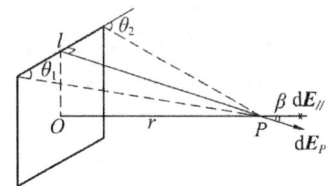

图 7-39 计算及证明题 5 图

5. 如图 7-39 所示,均匀带电的细线弯成正方形,边长为 l,总电荷量为 q.

(1) 求这正方形轴线上离中心为 r 处 P 点的场强 E;

(2) 证明:在 $r \gg l$ 处,E 相当于在 O 点的点电荷 q 在 r 处产生的场强.

6. (1) 点电荷 q 位于一边长为 a 的立方体中心,如图 7-40(a)所示,试求在该点电荷电场中穿过立方体的一个面的电通量.

(2) 如果该场源点电荷移动到该立方体的一个顶点上,这时穿过立方体各面的电通量是多少?

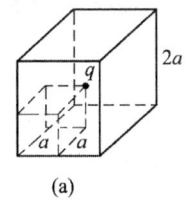

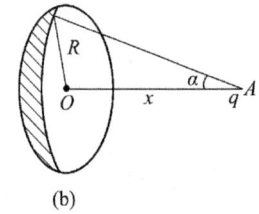

图 7-40 计算及证明题 6 图

*(3) 如图 7-40(b)所示,在点电荷 q 的电场中取半径为 R 的圆平面,q 在该平面轴线上的 A 点处,求通过圆平面的电通量($\alpha = \arctan\dfrac{R}{x}$).

7. 均匀带电球壳内半径为 6cm,外半径为 10cm,电荷体密度为 $2\times10^{-5}\text{C}\cdot\text{m}^{-3}$,求距球心 5cm、8cm 及 12cm 各点的场强.

8. 半径为 R_1 和 $R_2(R_2>R_1)$ 的两无限长同轴圆柱面,单位长度上分别带有电荷量 λ 和

一 λ. 试求 (1) $r<R_1$、(2) $R_1<r<R_2$、(3) $r>R_2$ 处各点的场强.

9. 两个无限大的平行平面都均匀带电，电荷面密度分别为 σ_1 和 σ_2，试求空间各处的场强.

10. 半径为 R 的均匀带电球体内的电荷体密度为 ρ，若在球内挖去一块半径 $r<R$ 的小球体，如图 7-41 所示. 试求两球心 O 与 O' 点的场强，并证明小球空腔内的电场是均匀的.

11. 一电偶极子由 $q=1.0\times10^{-6}$ C 的两个异号点电荷组成，两电荷间的距离 $d=0.2$ cm. 把这电偶极子放在 1.0×10^5 N·C^{-1} 的外电场中，求外电场作用于电偶极子上的最大力矩.

12. 两点电荷 $q_1=1.5\times10^{-8}$ C，$q_2=3.0\times10^{-8}$ C，相距 $r_1=42$ cm，要把它们之间的距离变为 $r_2=25$ cm，需做多少功？

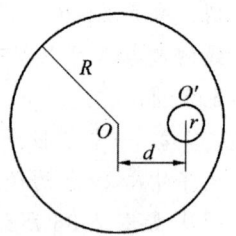

图 7-41 计算及证明题 10 图

13. 如图 7-42 所示，在 A、B 两点处放有电荷量分别为 $+q$、$-q$ 的点电荷，AB 间距离为 $2R$. 现将另一正试验点电荷 q_0 从 O 点经过半圆弧移到 C 点，求移动过程中电场力做的功.

14. 如图 7-43 所示，绝缘细线上均匀分布着线密度为 λ 的正电荷，两直导线的长度和半圆环的半径都等于 R. 试求环中心 O 点处的场强和电势.

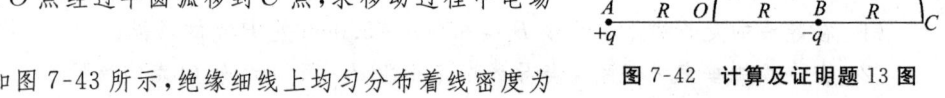

图 7-42 计算及证明题 13 图

15. 一电子绕一带均匀电荷的长直导线以 2×10^4 m·s^{-1} 的匀速率做圆周运动. 求带电直线上的电荷线密度（电子质量 $m_0=9.1\times10^{-31}$ kg，电子电荷量 $e=1.60\times10^{-19}$ C）.

16. 根据场强 E 与电势 V 的关系 $E=-\nabla V$，求：

(1) 点电荷 q 的电场；

(2) 总电荷量为 q、半径为 R 的均匀带电圆环轴上一点的场强；

(3) 电偶极子 $p=ql$ 在 $r\gg l$ 处的场强（图 7-44）.

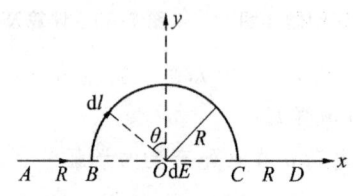

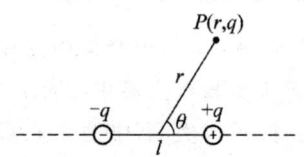

图 7-43 计算及证明题 14 图   图 7-44 计算及证明题 16 图

第 8 章

静电场中的导体与电介质

学习目标

- 掌握静电平衡的条件以及导体处于静电平衡时的电荷、电势、电场的分布.
- 了解电介质的极化机理,掌握电位移矢量和电场强度的关系.
- 掌握电介质中的高斯定理,并能利用其计算电介质中对称电场的电场强度.
- 掌握电容和电容器的概念,能计算常见电容器的电容.
- 理解电场能量和能量密度的概念,掌握电场能量的计算方法.

在上一章中,我们讨论的对象是真空中的静电场.实际上,静电场中总是存在着导体或电介质.置于电场中的导体或电介质,其上的电荷分布将发生变化,这种变化了的电荷分布反过来又会影响静电场的分布.本章研究的是静电场中的导体和电介质.本章的主要内容有:静电场中导体的性质,电介质的极化,有介质时的高斯定理,电容及电容器以及静电场的能量等.

8.1 静电场中的导体

导体处于静电场中时,最明显的特征是有静电感应现象发生.

8.1.1 静电感应 导体的静电平衡

导体内存在大量自由电子,当没有外电场时,导体中的自由电子在导体内部做无规则的热运动,导体中的正负电荷等量均匀分布,宏观上呈电中性.

当导体处于外电场 E_0 中时,导体中的自由电子受力后沿 $-E_0$ 方向运动,从而引起导体内电荷的重新分布.结果在导体一侧因电子的堆积而出现负电荷,在另一侧因相对缺少负电荷而出现正电荷.这就是**静电感应现象**,出现的电荷称为**感应电荷**.

静电感应是非平衡态问题,在静电学中,我们只讨论静电场与导体之间通过相互作用影响达到静电平衡状态以后电荷与电荷分布的问题.

如图 8-1 所示,在匀强电场中放入一金属导体块,在电场力的作用下,导体内部的自由电子将逆着电场的方向运动,使得导体的两个侧面出现等量异号的电荷.这些电荷将在导体的内部建立起一个附加电场,其场强 E' 与原来的场强 E_0 的方向相反.这样导体内部的总场强 E 便是 E_0 和 E' 的叠加.开始时,$E'<E_0$,导体内部的场强不为零,自由电子不断向左侧运动,使得 E' 增大.这个过程一直延续到 $E'=E_0$,即导体内部的合场强为零时为止.此时导体内的自由电子不再做定向运动,导体处于**静电平衡状态**.此时电场的分布也不随时间变化.

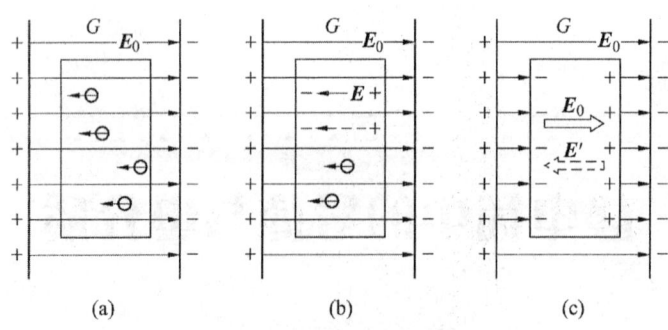

图 8-1 导体的静电平衡

当导体达到静电平衡状态时,必须满足以下两个条件.
可以用电场来表述导体静电平衡的条件:

(1) 导体内部任一点的场强处处为零(若不为零,则自由电子将做定向运动,即没有达到静电平衡状态).

(2) 导体表面附近处的场强方向都与导体的表面垂直.证明时用反证法,假设导体表面附近处的场强方向与导体表面不垂直,则电场强度沿表面有切向分量,自由电子在切向力的作用下,将沿导体表面有宏观定向运动,这样导体就未达到静电平衡状态.

导体静电平衡条件也可以用电势表示:

(1) 导体是等势体.这是由于导体内部任一点的场强为零,对于导体中的任何两点 P、Q,这两点间的电势差为

$$U_{PQ} = \int_P^Q \boldsymbol{E} \cdot \mathrm{d}\boldsymbol{l} = 0$$

所以,在静电平衡时,导体内任意两点间的电势是相等的,导体是**等势体**.

(2) 导体表面是等势面.证明方法类似,由于导体处于静电平衡状态时,导体表面附近处的场强方向都与导体表面垂直,导体表面任意两点 P、Q 之间的电势差为

$$U_{PQ} = \int_P^Q \boldsymbol{E} \cdot \mathrm{d}\boldsymbol{l} = \int_P^Q E\cos\frac{\pi}{2}\mathrm{d}l = 0$$

可知,导体表面上所有点的电势都相等,导体表面为**等势面**.

导体的静电平衡状态是由导体的电结构特征和静电平衡的要求决定的,与导体的形状无关.

8.1.2 静电平衡时导体上的电荷分布

导体处于静电平衡时,电荷分布在导体表面,其内部没有未抵消的净电荷.带电导体的电荷分布可以运用高斯定理来进行讨论.下面分几种情形讨论.

如图 8-2(a)所示,在处于静电平衡的导体内部作任意闭合高斯面 S,由于导体内部的场强处处为零,所以通过导体内部任意闭合高斯面的电场强度通量必为零,即

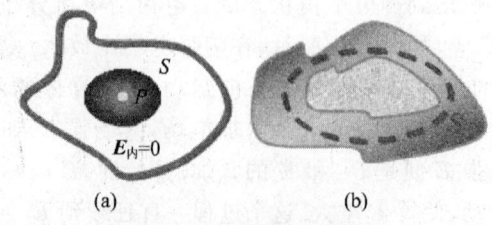

图 8-2 导体内无电荷

$$\oiint_S \boldsymbol{E} \cdot \mathrm{d}\boldsymbol{S} = \frac{1}{\varepsilon_0} \sum_i q_i = 0$$

因为高斯面是任意作出的,所以可得出如下结论:**在静电平衡时,导体所带的电荷只能分布在导体的表面上,导体内部没有净电荷**.

如果是空腔导体,且空腔导体内部无电荷,如图 8-2(b)所示,可以证明:静电平衡时,空腔内表面不带任何电荷.

上述性质也可用高斯定理证明.在导体内作高斯面 S,因静电平衡时,导体内部场强处处为零,所以导体内表面电荷的代数和为零.如内表面某处面电荷密度 $\sigma > 0$,则必有另一处 $\sigma < 0$,两者之间就必有电场线相连,即有电势差存在,这与导体内场强为零相矛盾.所以导体内表面处处 $\sigma = 0$.

若空腔内部有一电荷 $+q$,在导体内取一高斯面,则由静电平衡时,导体内部的场强为零,可知通过此高斯面的电场强度通量为零,因而高斯面所包围的电荷的代数和为零.由电荷守恒,可得空腔的内表面必有感应电荷 $-q$,而空腔的外表面有感应电荷 $+q$.

曲率半径相同的地方,电荷面密度一定相同.例如,对于一个金属球壳,内部有一电荷,内表面电荷分布不一定均匀,但外表面的电荷分布是均匀的.

下面讨论导体表面的电荷面密度与导体表面附近处场强的关系.设在导体表面取面积元 ΔS,当 ΔS 很小时,其上的电荷可当作均匀分布,设其电荷面密度为 σ,则面积元 ΔS 上的电荷量 $\Delta q = \sigma \Delta S$.围绕面积元 ΔS 作如图 8-3 所示的闭合圆柱面为高斯面,下底面处于导体中,场强为零,通过下底面的电场强度的通量为零;在侧面,场强或为零,或与侧面的法线垂直,所以通过侧面的

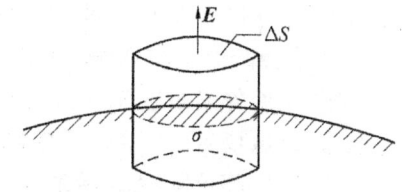

图 8-3　导体表面电荷与场强的关系

电场强度的通量也为零.故通过上底面的电场强度的通量就是通过高斯面的电场强度的通量.由高斯定理,得

$$\int_S \boldsymbol{E} \cdot \mathrm{d}\boldsymbol{S} = E\Delta S = \frac{\Delta q}{\varepsilon_0} = \frac{\sigma \Delta S}{\varepsilon_0}$$

所以有
$$E = \frac{\sigma}{\varepsilon_0} \tag{8-1}$$

式(8-1)表明,带电导体处于静电平衡时,导体表面之外附近空间处的场强,其数值与该处电荷面密度成正比,方向与导体表面垂直.电荷面密度大的地方,电场强度也大;电荷面密度小的地方,电场强度也小.当导体带正电时,电场强度的方向垂直于表面向外;当导体带负电时,电场强度的方向垂直于表面指向导体.应该注意的是,导体表面附近处的场强是所有电荷的贡献之和,而不只是该处表面上电荷产生的.

孤立导体(孤立导体是指其他导体或带电体都离它足够远,以至于其他导体或带电体对它的影响可以忽略不计)表面附近的场强也与电荷面密度成正比,并且场强大小与导体的形状有关:尖端附近场强较大,平坦的地方次之,凹进去的地方最弱,如图 8-4 所示.在导体尖端附近场强特别大,当场强达到一定的程度时,可以使空气分子电离,产生尖端放电现象.

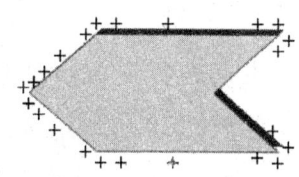

图 8-4　导体尖端放电

尖端放电会产生电晕放电,高压设备中尖端放电不仅浪费电能,还会损坏设备,引发事故. 为此,高压线路上所有导体表面尽量做成球形,并使导体表面尽可能地光滑.

尖端放电也有有用的一面,避雷针就是根据尖端放电的原理做成的. 在高大建筑物顶端安装一个金属棒,将金属线与埋在地下的一块金属板连接起来,利用金属棒的尖端放电,使云层所带的电荷和地上的电荷逐渐中和. 避雷针是防止雷击的重要设备.

8.1.3 空腔导体内外的静电场与静电屏蔽

静电平衡状态下,对空腔导体来说,不论是导体空腔本身带电还是导体处于外电场中,导体内部和空腔中的场强都为零. 表明可以利用空腔屏蔽外电场,使空腔内的物体不受外电场的影响,这个现象称为**静电屏蔽**.

也可以利用空腔导体来屏蔽内电场:一个空腔导体内部带有电荷,放在静电场中,导体内部的场强为零,则内表面上将感应异号电荷,外表面将感应同号电荷[图 8-5(a)]. 若把空腔外表面接地,则空腔外表面的电荷将和从地下来的电荷中和,空腔外面的电场也就消失了[图 8-5(b)]. 这样,空腔内的带电体对空腔外就不会产生任何影响. 但是若空腔外表面不接地,则在空腔外表面还有与空腔内表面等量异号的感应电荷,其电场对外界会产生影响.

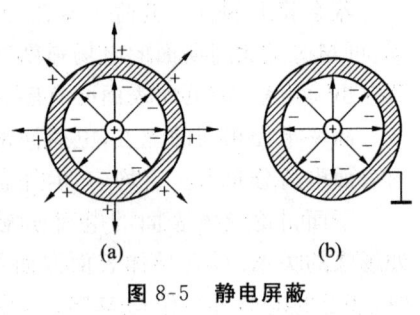

图 8-5 静电屏蔽

总之,空腔导体(无论接地与否)将使腔内空间不受外电场的影响,而接地空腔导体将使外部空间不受空腔内电场的影响,这就是静电屏蔽的原理. 例如,屏蔽服、屏蔽线、金属网等都是静电屏蔽的应用.

【例 8-1】 如图 8-6 所示,有一外半径为 R_1、内半径为 R_2 的金属球壳,其内有一同心的半径为 R_3 的金属球. 球壳和金属球所带的电荷量均为 q. 求两球体的电势分布.

解: 由于静电感应,球壳内表面上应均匀分布有电荷 $-q$,球壳外表面上应均匀分布有电荷 $2q$,以同心球面作为高斯面,根据高斯定理,可以求得空间各点的电场强度的分布如下:

当 $r < R_3$ 时 $\qquad E = 0$

当 $R_3 < r < R_2$ 时 $\qquad E = \dfrac{q}{4\pi\varepsilon_0 r^2}$

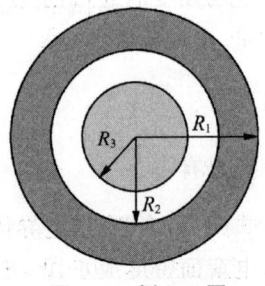

图 8-6 例 8-1 图

当 $R_2 < r < R_1$ 时 $\qquad E = 0$

当 $r > R_1$ 时 $\qquad E = \dfrac{2q}{4\pi\varepsilon_0 r^2} = \dfrac{q}{2\pi\varepsilon_0 r^2}$

由电势定义,球壳表面的电势为

$$V_{R_1} = \int_{R_1}^{\infty} \boldsymbol{E} \cdot \mathrm{d}\boldsymbol{r} = \int_{R_1}^{\infty} \frac{q}{2\pi\varepsilon_0 r^2} \cdot \mathrm{d}r = \frac{q}{2\pi\varepsilon_0 R_1}$$

球壳为等势体,电势为

$$V_{R_2} = V_{R_1} = \frac{q}{2\pi\varepsilon_0 R_1}$$

球体表面的电势为

$$V_{R_3} = \int_{R_3}^{\infty} \boldsymbol{E} \cdot \mathrm{d}\boldsymbol{r} = \int_{R_3}^{R_2} \boldsymbol{E} \cdot \mathrm{d}\boldsymbol{r} + \int_{R_2}^{\infty} \boldsymbol{E} \cdot \mathrm{d}\boldsymbol{r}$$
$$= \int_{R_3}^{R_2} \frac{q}{4\pi\varepsilon_0 r^2} \cdot \mathrm{d}\boldsymbol{r} + \int_{R_1}^{\infty} \frac{q}{2\pi\varepsilon_0 r^2} \cdot \mathrm{d}\boldsymbol{r} = \frac{q}{4\pi\varepsilon_0}\left(\frac{1}{R_3} - \frac{1}{R_2} + \frac{2}{R_1}\right)$$

球体为等势体,电势为

$$V_0 = \frac{q}{4\pi\varepsilon_0}\left(\frac{1}{R_3} - \frac{1}{R_2} + \frac{2}{R_1}\right)$$

【例 8-2】 如图 8-7 所示,在电荷 $+q$ 的电场中,放一不带电的金属球,从球心 O 到点电荷所在处的距离为 r.试问:(1) 金属球上净感应电荷 q' 有多少?(2) 这些感应电荷在球心 O 处产生的场强 E 为多少?

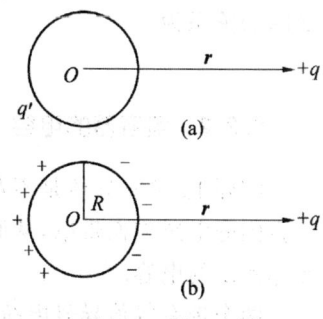

图 8-7 例 8-2 图

解:(1) $+q$ 在导体球面感应出电荷 $q'=0$.

(2) 由静电平衡条件可知,导体内电场强度处处为零,即球心 O 处场强 $\boldsymbol{E}_0 = 0$,而球心 O 处的场强应为 $+q$ 产生的电场 $\boldsymbol{E}_+$ 和感应电荷在 O 处产生的场强 $\boldsymbol{E}'$ 的矢量和,所以有

$$\boldsymbol{E}_+ + \boldsymbol{E}' = 0$$

得到

$$\boldsymbol{E}' = -\boldsymbol{E}_+ = \frac{q}{4\pi\varepsilon_0 r^3}\boldsymbol{r}$$

方向指向 $+q$.

(读者思考一下:选无穷远处电势为 0,则感应电荷在 O 处产生的电势为多少?导体球的电势为多少?)

8.2 电容与电容器

电容器是组成电路的基本元件之一,它能储存电荷和电能,在电工和电气设备中有广泛的应用.本节讨论电容、电容器以及电容器的连接.

8.2.1 孤立导体的电容

在真空中,一个带电荷量为 Q 的孤立导体,其电势与其所带的电荷量、形状和尺寸有关.例如,真空中的一个半径为 R、带电荷量为 Q 的孤立球形导体的电势为

$$V = \frac{Q}{4\pi\varepsilon_0 R}$$

从上式可以看出,当电势一定时,球的半径越大,则它所带的电荷量也越多,但其电荷量与电势的比值却是一个常量,只与导体的形状和大小有关.上述结果是由球形孤立导体得出的,但对非球形孤立导体也是如此.我们把孤立导体所带的电荷量与其电势的比值叫作孤立导体的**电容**,用 C 表示,即

$$C = \frac{Q}{V} \tag{8-2}$$

对于真空中的球形孤立导体,其电容为

$$C = \frac{Q}{V} = 4\pi\varepsilon_0 R$$

由上式可以得出,真空中的球形孤立导体的电容正比于球的半径,而与导体球带电与否无关.

在国际单位制中,电容的单位为法拉,以 F 表示,即

$$1\text{F} = \frac{1\text{C}}{1\text{V}}$$

在实用中,法拉(F)是非常大的单位,常用微法(μF)、皮法(pF)等作为电容的单位,它们之间的关系为

$$1\mu\text{F} = 10^{-6}\text{F},\ 1\text{pF} = 10^{-12}\text{F}$$

8.2.2 电容器的电容

实际上,孤立导体是不存在的,导体的周围总是存在其他导体,当有其他导体存在时,必然会因静电感应而带电,从而改变原来的电场,当然也要影响导体的电容.现在我们来讨论导体系统的电容.

两个带有等值异号电荷的导体所组成的系统,叫作**电容器**.电容器可以用来储存电荷和能量.

如图 8-8 所示,两个导体 A、B 放在真空中,它们所带的电荷量分别为 $+Q$、$-Q$,若它们的电势分别为 V_1、V_2,它们之间的电势差为 $V_1 - V_2$.实验和理论都证明,带电荷量 Q 与电势差 $V_1 - V_2$ 的比值对给定的电容器来说是一个常数,用 C 表示,即

$$C = \frac{Q}{V_1 - V_2} \tag{8-3}$$

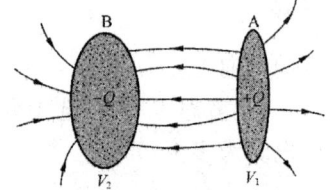

图 8-8 两个具有等值异号电荷的系统

我们把 C 定义为电容器的电容,电容器电容的大小取决于组成电容器的极板形状、大小、两极板的相对位置以及其间所充电介质的种类,而与电容器是否带电无关.

电容器是一个重要的电器元件.按形状分,有平板电容器、圆柱形电容器、球形电容器等;按介质分,有空气电容器、云母电容器、陶瓷电容器、纸质电容器、电解电容器等.在生产和科研中使用的各种电容器种类繁多,外形各不相同,但它们的基本结构是一致的.

在电子电路中,电容器起着通交流、隔直流的作用;电容器与其他元器件还可组成振荡器、时间延迟电路等.

8.2.3 电容器电容的计算

下面通过几个例子来讨论几种典型电容器电容的计算.

【例 8-3】 平行板电容器如图 8-9 所示,平行板电容器由两个彼此靠得很近的平行导体薄板 A、B 组成,设两极板的面积均为 S,极板间距离为 d($d \ll$ 极板的线度),极板间为真空.求此电容器的电容.

解:设两极板分别带有 $+q$、$-q$ 的电荷,于是极板上的电荷面密度 $\sigma = \frac{q}{S}$,两极板之间

的电场接近于匀强电场.由介质中的高斯定理,可得极板间的电场强度大小为

$$E = \frac{\sigma}{\varepsilon_0} = \frac{q}{\varepsilon_0 S}$$

场强的方向由 A 极板指向 B 极板,于是两极板之间的电势差为

$$V_A - V_B = \int_A^B \boldsymbol{E} \cdot \mathrm{d}\boldsymbol{l} = \frac{qd}{\varepsilon_0 S}$$

由电容定义,可得平行板电容器的电容为

$$C = \frac{q}{V_A - V_B} = \frac{\varepsilon_0 S}{d}$$

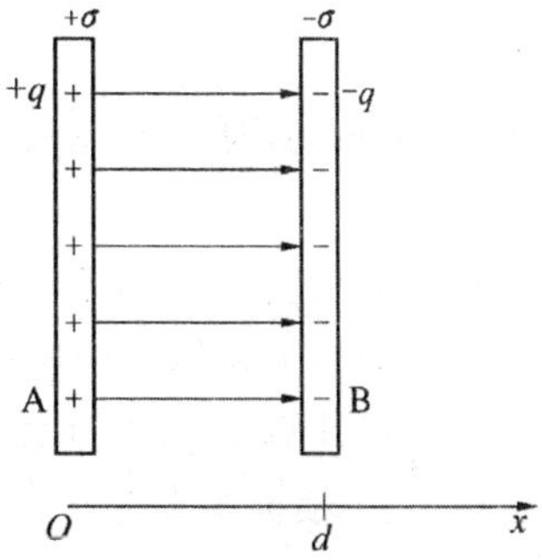

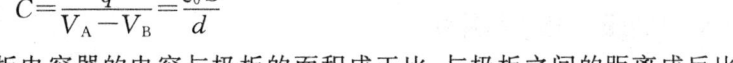

图 8-9 例 8-3 图

上式表明,平行板电容器的电容与极板的面积成正比,与极板之间的距离成反比.

【例 8-4】 圆柱形电容器是由两个同轴圆柱导体组成的,如图 8-10 所示.设两筒的半径分别为 R_A 和 R_B,且圆柱体的长度 l 比半径 R_B、R_A 大得多,因而两圆柱面之间的电场可以看成无限长圆柱面的电场.两柱面间为真空.求此圆柱形电容器的电容.

解:设内、外圆柱面分别带有 $+Q$、$-Q$ 的电荷,则柱面单位长度上的电荷线密度 $\lambda = \dfrac{Q}{l}$.由高斯定理可得,在两圆柱面之间距圆柱轴线为 r 处的电场强度大小为

$$E = \frac{\lambda}{2\pi\varepsilon_0 r} = \frac{Q}{2\pi\varepsilon_0 rl}$$

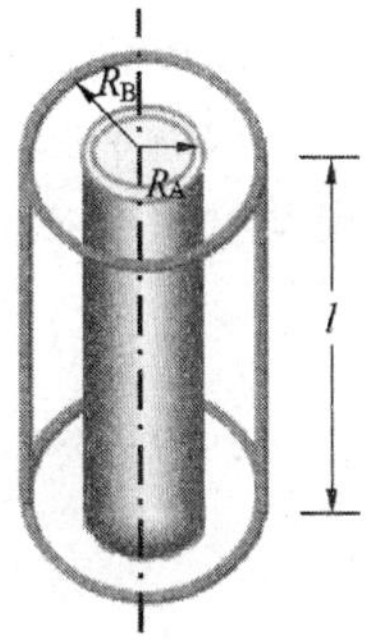

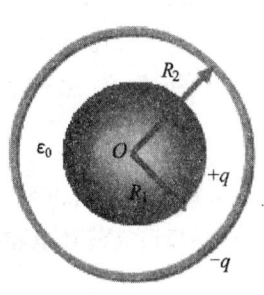

图 8-10 例 8-4 图

场强方向垂直于圆柱轴线,所以两圆柱面之间的电势差为

$$V_A - V_B = \int_{R_A}^{R_B} \boldsymbol{E} \cdot \mathrm{d}\boldsymbol{l} = \int_{R_A}^{R_B} \frac{Q}{2\pi\varepsilon_0 l} \frac{\mathrm{d}r}{r} = \frac{Q}{2\pi\varepsilon_0 l} \ln\frac{R_B}{R_A}$$

由电容定义,可得圆柱形电容器的电容为

$$C = \frac{Q}{V_A - V_B} = \frac{2\pi\varepsilon_0 l}{\ln\dfrac{R_B}{R_A}}$$

【例 8-5】 球形电容器由 A、B 两个同心导体球壳组成,如图 8-11 所示.设两球壳半径分别为 R_1 和 R_2,两球壳间为真空.求此球形电容器的电容.

解:设内、外球壳分别带有 $+Q$、$-Q$ 的电荷,由高斯定理可求得两导体球壳之间的电场强度为

$$E = \frac{Q}{4\pi\varepsilon_0 r^2}$$

图 8-11 例 8-5 图

场强方向沿径向,所以两球壳之间的电势差为

$$V_{R_1} - V_{R_2} = \int_{R_1}^{R_2} \boldsymbol{E} \cdot \mathrm{d}\boldsymbol{r} = \int_{R_1}^{R_2} \frac{Q}{4\pi\varepsilon_0 r^2} \mathrm{d}r = \frac{Q}{4\pi\varepsilon_0}\left(\frac{1}{R_1} - \frac{1}{R_2}\right)$$

由电容定义,可得球形电容器的电容为

$$C = \frac{Q}{V_{R_1} - V_{R_2}} = 4\pi\varepsilon_0 \left(\frac{R_1 R_2}{R_2 - R_1}\right)$$

当 $R_2 \to \infty$，即 $R_2 \gg R_1$ 时，有

$$C = 4\pi\varepsilon_0 R_1$$

上式即为孤立导体球的电容.

综合以上例题中电容的计算方法可以看出，电容器的电容与其上带电与否无关.

一般计算电容器的电容时有以下 4 个步骤：(1) 先假设电容器的两极板带有等量异号电荷；(2) 根据电荷分布，求出两极板之间的电场强度的分布；(3) 计算出两极板之间的电势差；(4) 再根据电容器电容的定义求得电容.

8.2.4 电容器的串联与并联

在实际应用中，现成的电容器不一定能适合实际的要求，如电容大小不合适，或者电容器的耐压能力不够等，因此常根据需要把几个电容器串联或并联起来使用.

如图 8-12 所示，当电容器串联时，每个电容器极板所带的电荷量相等，总电压为各电容器电压之和，即

$$U = U_1 + U_2 = \frac{Q}{C_1} + \frac{Q}{C_2} = \left(\frac{1}{C_1} + \frac{1}{C_2}\right)Q$$

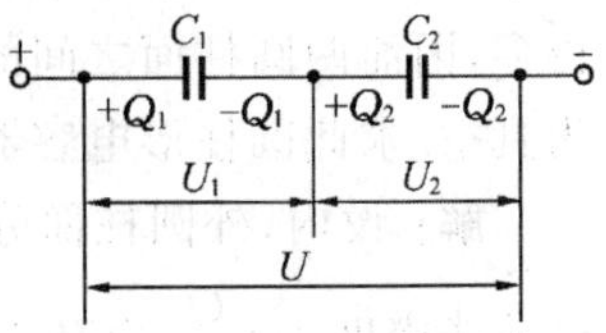

所以，电容器组的等效电容为

$$C = \frac{Q}{U} = \frac{1}{\frac{1}{C_1} + \frac{1}{C_2}}$$

图 8-12 电容器的串联

即

$$\frac{1}{C} = \frac{1}{C_1} + \frac{1}{C_2} \tag{8-4}$$

以上结果可推广到任意多个电容器的串联. **当几个电容器串联时，其等效电容的倒数等于几个电容器电容的倒数之和**. 等效电容小于任何一个电容器的电容，但由于总电压分配到了各个电容器上，所以可以提高电容器的耐压能力.

如图 8-13 所示，当电容器并联时，每个电容器两端的电势差相等，电容器组的总电荷为各电容器所带电荷之和，即

$$Q = Q_1 + Q_2 = C_1 U + C_2 U = (C_1 + C_2) U$$

由电容的定义，电容器组的等效电容为

$$C = \frac{Q}{U} = C_1 + C_2 \tag{8-5}$$

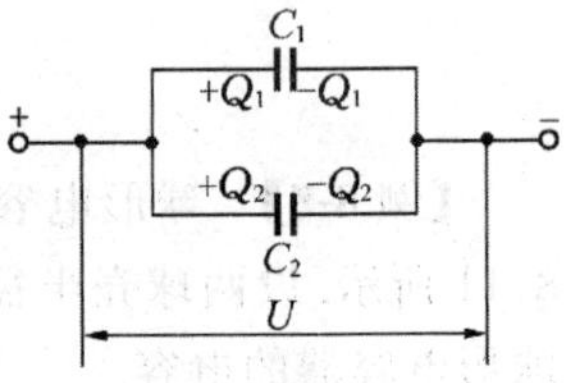

图 8-13 电容器的并联

以上结果可以推广到任意多个电容器的并联. **当几个电容器并联时，其等效电容等于几个电容器电容之和**. 并联使总电容增大.

8.3 静电场中的电介质

上一节讨论了静电场中的导体对电场的影响，本节将讨论电介质对电场的影响. 电介质是指不导电的物质，即绝缘体，内部没有可以移动的电荷.

本节主要内容有：电介质的极化，电极化强度矢量，介质中的静电场，有电介质时的高斯

定理.

8.3.1 电介质的极化

电介质分子中电子被原子核束缚得较紧密,在静电场中电介质中性分子中的正、负电荷仅产生微小的相对运动,达到静电平衡时,电介质内部的场强不为零.这是电介质与导体电性能的主要差别.

对于各向同性的电介质,按照分子内部电荷结构的不同,可把电介质分为两类.一类分子为**无极分子**,它们的分子正负电荷中心在无外电场时是重合的,如氢、甲烷、石蜡等.另一类分子为**有极分子**,它们的分子正负电荷中心在无外电场时是不重合的,有固定的电偶极矩,如水、有机玻璃、纤维素等.

将电介质放在均匀外电场中时,它的分子将受到电场的作用而发生变化.对无极分子来说,由于分子中的正、负电荷受到相反方向的电场力,因而正负电荷中心将发生微小位移,形成一个电偶极子,其电偶极矩排列方向大致与外电场方向相同,以至在电介质与外电场垂直的两个表面上分别出现正电荷和负电荷,如图 8-14(a)所示.这种电荷不能在电介质内自由移动,也不能脱离电介质而单独存在,所以把它们称为极化电荷或束缚电荷.这种在外电场作用下,电介质分子的电偶极矩排列方向趋于外电场方向,以致在电介质表面出现极化电荷的现象称为**电介质的极化**现象.无极分子电介质的极化是正负电荷中心发生位移形成的,称为**位移极化**.

有极分子电介质处在电场中时,介质中各分子的电偶极子都将受到外电场力矩的作用.在此力矩的作用下,电介质中的电偶极子将转向外电场的方向,如图 8-14(b)所示.由于分子的热运动,各分子电偶极子的排列不可能十分整齐.

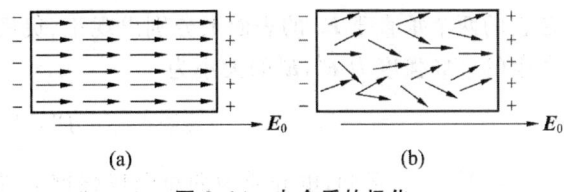

图 8-14 电介质的极化

但是,对于整个电介质来说,这种转向排列的结果,使电介质在垂直于电场方向的两个表面上,也将产生极化电荷.有极分子电介质的极化称为**取向极化**.

综上所述,虽然无极分子电介质和有极分子电介质受外电场影响的极化机理不相同,但是宏观效果是一样的,都表现为电介质的表面出现极化电荷.一般说来,外电场越强,极化现象越显著,电介质表面产生的极化电荷越多.

8.3.2 电极化强度矢量 电极化强度与极化电荷的关系

电介质被极化后,在电介质内任一体积元的分子电偶极矩的矢量和不等于零,它反映了电介质的极化程度.电介质的极化程度可用电极化强度矢量来描述.

在电介质内取一体积元 dV,dV 内有足够多的分子,这些分子的电偶极矩的矢量和 $\sum \boldsymbol{p}_i$ 与该体积元的比,表征了介质在该处的极化程度,这就是电极化强度矢量 $\boldsymbol{P}$,即

$$\boldsymbol{P} = \frac{\sum \boldsymbol{p}_i}{dV} \tag{8-6}$$

可以证明,电极化强度 $\boldsymbol{P}$ 通过介质内任意闭合曲面 S 的通量等于 S 面内所有极化电荷

的总和的负值,即

$$\oint_S \boldsymbol{P} \cdot d\boldsymbol{S} = -\sum q_i' \tag{8-7}$$

且电介质被极化后,在介质表面产生的极化电荷面密度 σ',等于该处电极化强度矢量在表面法线方向上的分量 P_n,即

$$\sigma' = \frac{dq'}{dS} = \boldsymbol{P} \cdot \boldsymbol{n} = P_n \tag{8-8}$$

当外电场不太强时,只是引起电介质的极化.在强电场中,电介质中的极化电荷在强电场力的作用下变成可以自由移动的电荷,电介质的绝缘性受到破坏,这种过程称为电介质的击穿.某种电介质所能承受的最大电场强度称为这种电介质的介电强度,也叫**击穿电场强度**.

8.3.3 电介质中的静电场

由于电介质在电场中将产生极化现象,极化后产生极化电荷,极化电荷反过来又将影响原来的电场.有电介质存在时的电场应该由电介质上的极化电荷和自由电荷共同决定.下面以充满各向同性均匀电介质的平行板电容器为例来讨论.

设平行板电容器的极板面积为 S,极板间距为 d,电荷面密度为 σ_0,放入电介质之前,极板间的电场强度大小 $E_0 = \frac{\sigma_0}{\varepsilon_0}$.当极板间充满各向同性的均匀电介质时,由于电介质的极化,在它的两个垂直于 $\boldsymbol{E}_0$ 的表面上分别出现正、负极化电荷,其极化电荷面密度为 σ',极化电荷产生的电场强度为 $\boldsymbol{E}'$,$\boldsymbol{E}'$ 的大小为

$$E' = \frac{\sigma'}{\varepsilon_0}$$

由图 8-15 可知,电介质中的总电场强度 $\boldsymbol{E}$ 为自由电荷产生的电场强度 $\boldsymbol{E}_0$ 和极化电荷产生的电场强度 $\boldsymbol{E}'$ 的矢量和,即

$$\boldsymbol{E} = \boldsymbol{E}_0 + \boldsymbol{E}' \tag{8-9}$$

由于 $\boldsymbol{E}_0$ 的方向与 $\boldsymbol{E}'$ 的方向相反,所以电介质中电场强度 $\boldsymbol{E}$ 的大小为

$$E = \frac{\sigma_0}{\varepsilon_0} - \frac{\sigma'}{\varepsilon_0} = \frac{1}{\varepsilon_0}(\sigma_0 - \sigma') \tag{8-10}$$

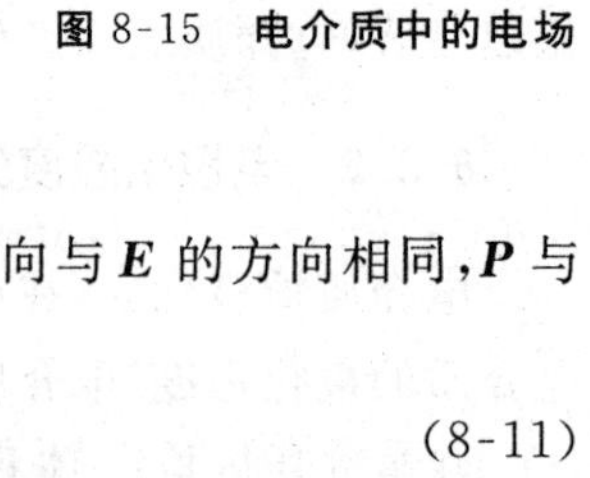

图 8-15 电介质中的电场

式(8-10)表明,电介质中的总电场强度 E 总是小于自由电荷产生的电场强度 E_0.

实验结果表明,对各向同性的电介质,电极化强度矢量 $\boldsymbol{P}$ 的方向与 $\boldsymbol{E}$ 的方向相同,$\boldsymbol{P}$ 与 $\boldsymbol{E}$ 在数值上成正比,即

$$\boldsymbol{P} = \chi_e \varepsilon_0 \boldsymbol{E} \tag{8-11}$$

式中,比例系数 χ_e 是与电介质有关的常数,称为**电介质的电极化率**.

由于 $\sigma' = P_n = P = \chi_e \varepsilon_0 E$,式(8-10)变为

$$E = \frac{\sigma_0}{\varepsilon_0} - \frac{\sigma'}{\varepsilon_0} = \frac{1}{\varepsilon_0}(\sigma_0 - \chi_e \varepsilon_0 E)$$

整理上式,得到

$$E = \frac{\sigma_0}{\varepsilon_0(1+\chi_e)} = \frac{E_0}{1+\chi_e}$$

令 $\varepsilon_r = 1+\chi_e$，则

$$E = \frac{E_0}{\varepsilon_r} \tag{8-12}$$

式(8-12)中 ε_r 称为相对电容率，是反映电介质极化特性的物理量. 式(8-12)表明，在充满各向同性均匀电介质的电场中任意一点的电场强度为自由电荷产生的电场强度的 $\frac{1}{\varepsilon_r}$ 倍.

8.3.4 有电介质时的高斯定理 电位移

前面已经讨论过真空中的高斯定理，现在将其推广到有电介质存在时的静电场，得到有电介质时的高斯定理.

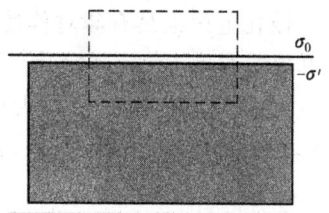

图 8-16 电介质中的高斯定理

为简单起见，还是以平行板电容器中充满各向同性的均匀电介质为例来讨论. 如图 8-16 所示，取一闭合的圆柱面作为高斯面，高斯面的两底面与极板平行，其中一个底面在电介质内，底面的面积为 S. 设极板上的自由电荷面密度为 σ_0，电介质表面上极化电荷面密度为 σ'，根据高斯定理，得

$$\oint_S \boldsymbol{E} \cdot \mathrm{d}\boldsymbol{S} = \frac{1}{\varepsilon_0}(Q_0 - Q') \tag{8-13}$$

式(8-13)中 Q_0 和 Q' 分别为高斯面内所包围的自由电荷和极化电荷：$Q_0 = \sigma_0 S, Q' = \sigma' S$.

考虑式(8-7)，极化电荷可用电极化强度来表示，于是式(8-13)变为

$$\oint_S \boldsymbol{E} \cdot \mathrm{d}\boldsymbol{S} = \frac{Q_0}{\varepsilon_0} - \oint_S \frac{1}{\varepsilon_0} \boldsymbol{P} \cdot \mathrm{d}\boldsymbol{S}$$

移项后得

$$\oint_S \left(\boldsymbol{E} + \frac{1}{\varepsilon_0}\boldsymbol{P}\right) \cdot \mathrm{d}\boldsymbol{S} = \frac{Q_0}{\varepsilon_0}$$

即

$$\oint_S (\varepsilon_0 \boldsymbol{E} + \boldsymbol{P}) \cdot \mathrm{d}\boldsymbol{S} = Q_0$$

令

$$\boldsymbol{D} = \varepsilon_0 \boldsymbol{E} + \boldsymbol{P} = \varepsilon_0 \boldsymbol{E} + \chi_e \varepsilon_0 \boldsymbol{E} = \varepsilon_0(1+\chi_e)\boldsymbol{E} = \varepsilon_0 \varepsilon_r \boldsymbol{E} = \varepsilon \boldsymbol{E} \tag{8-14}$$

$\boldsymbol{D}$ 称为**电位移矢量**，则可得到

$$\oint_S \boldsymbol{D} \cdot \mathrm{d}\boldsymbol{S} = Q_0 \tag{8-15}$$

式中，$\oint_S \boldsymbol{D} \cdot \mathrm{d}\boldsymbol{S}$ 为通过任意闭合曲面的电位移矢量通量. 式(8-15)虽然是从平行板电容器这一特例中得出的，但可以证明其对一般情况也是成立的.

有电介质时的高斯定理表述如下：在静电场中，通过任意闭合曲面的电位移矢量通量等于该闭合曲面所包围的自由电荷的代数和，与极化电荷无关. 其数学表达式为

$$\oint_S \boldsymbol{D} \cdot \mathrm{d}\boldsymbol{S} = \sum Q_{0i} \tag{8-16}$$

在国际单位制中电位移的单位为 $\mathrm{C \cdot m^{-2}}$.

求解电介质中的电场场强问题时，可先直接用式(8-16)求出 $\boldsymbol{D}$，然后根据式(8-14)的关

系式，求出 E 的分布．当然，只有对那些自由电荷和电介质的分布都具有对称性的情形，才可用有电介质时的高斯定理方便地求出电场强度的分布．

【例 8-6】 如图 8-17 所示，在半径为 R 的金属球外有一外半径为 R' 的同心均匀电介质层，其相对电容率为 ε_r，金属球带电荷量为 Q．试求：

(1) 电场强度的分布；

(2) 电势的分布．

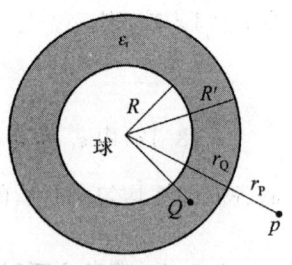

图 8-17　例 8-6 图

解：(1) 由题意知，自由电荷分布具有球对称性，电介质上的极化电荷也具有球对称性，因此，电介质中任一点的电位移 $\mathbf{D}$ 和电场强度 $\mathbf{E}$ 的方向均沿径向方向，距球心等距离处的各点，电位移 $\mathbf{D}$ 和电场强度 $\mathbf{E}$ 的大小均相等．于是可以作以球心为原点，以 r 为半径的球形高斯面 S，由电介质中的高斯定理，有

$$\oint_S \mathbf{D} \cdot \mathrm{d}\mathbf{S} = D \cdot 4\pi r^2 = \sum q_{0i}$$

由此得，在 $r < R$ 的球内，有

$$D \cdot 4\pi r^2 = 0, \quad D = 0$$

在 $r > R$ 的球外，有

$$D \cdot 4\pi r^2 = Q, \quad D = \frac{Q}{4\pi r^2}$$

由式(8-10)可得，在 $r < R$ 的球内，有

$$E = 0$$

在 $R < r < R'$ 的介质中，有

$$E = \frac{Q}{4\pi\varepsilon_0\varepsilon_r r^2}$$

在 $r > R'$ 的介质外，有

$$E = \frac{Q}{4\pi\varepsilon_0 r^2}$$

如果 $Q > 0$，$\mathbf{E}$ 沿半径向外；如果 $Q < 0$，$\mathbf{E}$ 沿半径向内．

(2) 由电势的定义，介质外任一点 P 的电势为

$$V_P = \int_{r_P}^{\infty} \mathbf{E} \cdot \mathrm{d}\mathbf{r} = \int_{r_P}^{\infty} E \mathrm{d}r = \int_{r_P}^{\infty} \frac{Q}{4\pi\varepsilon_0 r^2} \mathrm{d}r = \frac{Q}{4\pi\varepsilon_0 r_P}$$

介质内任一点 Q 的电势为

$$V_Q = \int_{r_Q}^{\infty} \mathbf{E} \cdot \mathrm{d}\mathbf{r} = \int_{r_Q}^{R'} \mathbf{E} \cdot \mathrm{d}\mathbf{r} + \int_{R'}^{\infty} \mathbf{E} \cdot \mathrm{d}\mathbf{r} = \int_{r_Q}^{R'} E \mathrm{d}r + \int_{R'}^{\infty} E \mathrm{d}r$$

$$= \int_{r_Q}^{R'} \frac{Q}{4\pi\varepsilon_0\varepsilon_r r^2} \mathrm{d}r + \int_{R'}^{\infty} \frac{Q}{4\pi\varepsilon_0 r^2} \mathrm{d}r$$

$$= \frac{Q}{4\pi\varepsilon_0\varepsilon_r}\left[\frac{1}{r_Q} - \frac{1}{R'}\right] + \frac{Q}{4\pi\varepsilon_0 R'} = \frac{Q}{4\pi\varepsilon_0}\left[\frac{1}{\varepsilon_r}\left(\frac{1}{r_Q} - \frac{1}{R'}\right) + \frac{1}{R'}\right]$$

金属球为等势体，其电势为

$$V_{球} = \int_R^{\infty} \mathbf{E} \cdot \mathrm{d}\mathbf{r} = \int_R^{R'} \mathbf{E} \cdot \mathrm{d}\mathbf{r} + \int_{R'}^{\infty} \mathbf{E} \cdot \mathrm{d}\mathbf{r} = \int_R^{R'} \frac{Q}{4\pi\varepsilon_0\varepsilon_r r^2} \mathrm{d}r + \int_{R'}^{\infty} \frac{Q}{4\pi\varepsilon_0 r^2} \mathrm{d}r$$

$$= \frac{Q}{4\pi\varepsilon_0 r}\left[\frac{1}{\varepsilon_r}\left(\frac{1}{R}-\frac{1}{R'}\right)+\frac{1}{R'}\right]$$

8.4 静电场的能量

电容器的基本功能是储存电荷,如果给电容器充电,电容器中就有了电场,因而电容器就储存了能量.这种能量是从哪里来的呢?

在电容器的充电过程中,外力克服静电力做功,把正电荷由带负电的负极板搬运到带正电的正极板,外力所做的功等于电容器的静电能.下面我们以带电电容器为例进行讨论.

如图 8-18 所示,平行板电容器正处于充电过程中,设在某时刻两极板上的电荷分别为 $+q(t)$ 和 $-q(t)$,两极板之间的电势差为 U,此时若继续把电荷 dq 从负极板移到正极板,则外力需克服静电力而做功,所做的功为

$$dW = U dq = \frac{q}{C} dq$$

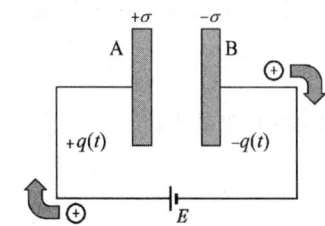

图 8-18 给电容器充电

若使电容器从开始时两极板不带电到两极板分别带有 $+Q$ 和 $-Q$ 电荷时,则外力所做的总功为

$$W = \int dW = \int_0^Q \frac{q}{C} dq = \frac{Q^2}{2C} \tag{8-17}$$

由于 $Q=CU$,所以上式可以写为

$$W = \frac{1}{2}\frac{Q^2}{C} = \frac{1}{2}QU = \frac{1}{2}CU^2 \tag{8-18}$$

式中,Q 为电容器极板上带的电荷,U 为两极板间的电势差. 由于外力所做的功全部变为电容器储存的能量,用 W_e 表示,于是电容器储存的能量为

$$W_e = \frac{Q^2}{2C} = \frac{1}{2}CU^2 = \frac{1}{2}QU \tag{8-19}$$

电容器不带电时,极板间没有静电场,电容器带电后,极板间就建立了电场,因此,可认为电容器储存的能量是电容器极板间电场的能量.

对于极板面积为 S、极板间距为 d 的平行板电容器,两个极板间充满了相对电容率为 ε_r 的电介质,电场所占的体积为 Sd,如果忽略边缘效应,两极板间的电场是均匀的,电容器储存的电场能量可以写为

$$W_e = \frac{1}{2}CU^2 = \frac{1}{2}\frac{\varepsilon_0\varepsilon_r S}{d}(Ed)^2 = \frac{1}{2}\varepsilon_0\varepsilon_r SE^2 d = \frac{1}{2}\varepsilon_0\varepsilon_r E^2 V$$

因此,单位体积内的电场能量为

$$w_e = \frac{1}{2}\varepsilon_0\varepsilon_r E^2 = \frac{1}{2}DE \tag{8-20}$$

式中,w_e 为电场单位体积的能量,称为**电场能量密度**.电场能量密度与电场强度的平方成正比.式(8-20)虽然是从平行板电容器这个特例得到的,但可以证明,对于任意电场,这个结论也是成立的.

在不均匀电场中,任取一体积元 dV,则体积元 dV 中储存的能量为

$$dW_e = w_e dV = \frac{1}{2}\varepsilon_0\varepsilon_r E^2 dV$$

所以整个电场储存的能量为

$$W_e = \int_V dW_e = \int_V \frac{1}{2}\varepsilon_0\varepsilon_r E^2 dV \qquad (8\text{-}21)$$

式中,积分遍布电场分布的区域.

【**例 8-7**】 球形电容器的内、外半径分别为 R_1 和 R_2,所带的电荷量分别为 $+Q$ 和 $-Q$. 若在两球之间充满相对电容率为 ε_r 的电介质,问此电容器具有的电场能量为多少?

解:若电容器两极板上电荷的分布是均匀的,则球壳间的电场是对称的. 由高斯定理,可求得球壳间的电场强度的大小为

$$E = \frac{Q}{4\pi\varepsilon_0\varepsilon_r r^2}$$

电场的能量密度为

$$w_e = \frac{1}{2}\varepsilon_0\varepsilon_r E^2 = \frac{Q^2}{32\pi^2\varepsilon_0\varepsilon_r r^4}$$

取半径为 r、厚为 dr 的球壳,其体积 $dV = 4\pi r^2 dr$. 所以此体积元内电场的能量为

$$dW_e = w_e dV = \frac{Q^2}{32\pi^2\varepsilon_0\varepsilon_r r^4} 4\pi r^2 dr = \frac{Q^2}{8\pi\varepsilon_0\varepsilon_r r^2} dr$$

所以电容器储存的总能量为

$$W_e = \int w_e dV = \int_{R_1}^{R_2} \frac{Q^2}{8\pi\varepsilon_0\varepsilon_r r^2} dr = \frac{Q^2}{8\pi\varepsilon_0\varepsilon_r}\left(\frac{1}{R_1} - \frac{1}{R_2}\right)$$

此外,还可以利用电容器储存能量公式(8-19)和球形电容器电容公式,同样可以得到以上结果,即

$$W = \frac{1}{2}\frac{Q^2}{C} = \frac{1}{2}\frac{Q^2}{\dfrac{4\pi\varepsilon_0\varepsilon_r R_1 R_2}{R_2 - R_1}} = \frac{Q^2}{8\pi\varepsilon_0\varepsilon_r}\left(\frac{1}{R_1} - \frac{1}{R_2}\right)$$

【**例 8-8**】 如图 8-19 所示,圆柱形电容器是由半径为 R_1 的导体圆柱和同轴的半径为 R_2 的导体圆筒组成的,圆柱面长度为 L,两个圆柱面之间充满了相对电容率为 ε_r 的电介质.

(1) 求当这两个圆柱面上所带电荷量分别为 $+Q$ 和 $-Q$ 时电容器上具有的电场能量;

(2) 由能量关系求此圆柱形电容器的电容.

解:(1) 由题已知,其电场分布是轴对称的,圆柱面单位长度的电荷线密度 $\lambda = \dfrac{Q}{L}$,由高斯定理知,介质内任一点 P 的电场强度的大小为

$$E = \frac{\lambda}{2\pi\varepsilon_0\varepsilon_r r}, \quad R_1 < r < R_2$$

取半径为 r、厚度为 dr、长度为 L 的薄圆筒为体积元,其体积 $dV = 2\pi r L dr$,薄圆筒储存的电场能量为

$$dW_e = w_e dV = \frac{1}{2}\varepsilon_0\varepsilon_r E^2 \cdot 2\pi r L dr$$

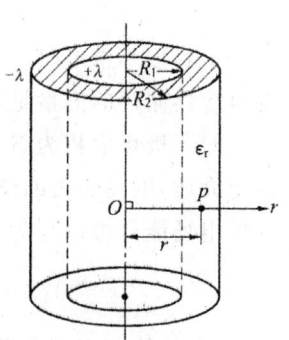

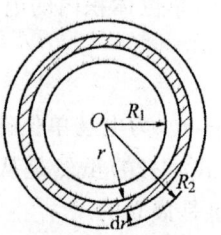

图 8-19 例 8-8 图

$$= \frac{1}{2}\varepsilon_0\varepsilon_r \frac{\lambda^2}{4\pi^2(\varepsilon_0\varepsilon_r)^2 r^2} \cdot 2\pi r L dr = \frac{\lambda^2 L}{4\pi\varepsilon_0\varepsilon_r r}dr$$

所以电容器上具有的电场能量为

$$W_e = \int w_e dV = \int_{R_1}^{R_2} \frac{\lambda^2 L}{4\pi\varepsilon_0\varepsilon_r r}dr = \frac{\lambda^2 L}{4\pi\varepsilon_0\varepsilon_r}\ln\frac{R_2}{R_1} = \frac{Q^2}{4\pi\varepsilon_0\varepsilon_r L}\ln\frac{R_2}{R_1}$$

（2）利用电容器储存能量公式(8-19)，得

$$W = \frac{1}{2}\frac{Q^2}{C} = \frac{Q^2}{4\pi\varepsilon_0\varepsilon_r L}\ln\frac{R_2}{R_1}$$

所以圆柱形电容器的电容为

$$C = \frac{2\pi\varepsilon_0\varepsilon_r L}{\ln\frac{R_2}{R_1}}$$

【例 8-9】 电荷 Q 均匀分布在半径为 R 的球体内，求带电球体的电场能量．

解：由高斯定理知，场强为

$$E = \begin{cases} \dfrac{Q}{4\pi\varepsilon_0 R^3}r, & r<R \\ \dfrac{Q}{4\pi\varepsilon_0 r^2}, & r>R \end{cases}$$

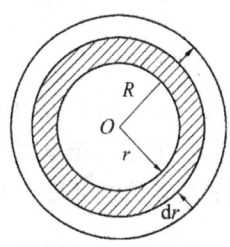

图 8-20 例 8-9 图

如图 8-20 所示，取体积元 dV，计算 dV 内的电场能量．在半径为 r 的球面上电场强度是相等的，厚度为 dr 的球壳体积 $dV = 4\pi r^2 dr$，在球壳内的能量为

$$dW_e = w_e dV = w_e 4\pi r^2 dr$$
$$= \frac{1}{2}\varepsilon_0 E^2 \cdot 4\pi r^2 dr = 2\pi\varepsilon_0 E^2 r^2 dr$$

由于球体内外电场强度分布不同，对之分段积分，就可求出全部电场中的能量为

$$W_e = \int_V w_e dV = \int_0^R 2\pi\varepsilon_0 \left(\frac{Q}{4\pi\varepsilon_0 R^3}r\right)^2 r^2 dr + \int_R^\infty 2\pi\varepsilon_0 \left(\frac{Q}{4\pi\varepsilon_0 r^2}\right)^2 r^2 dr$$
$$= \frac{Q^2}{8\pi\varepsilon_0 R^6}\int_0^R r^4 dr + \frac{Q^2}{8\pi\varepsilon_0}\int_R^\infty \frac{1}{r^2}dr = \frac{Q^2}{40\pi\varepsilon_0 R^6}R^5 + \frac{Q^2}{8\pi\varepsilon_0 R} = \frac{3Q^2}{20\pi\varepsilon_0 R}$$

8.5 *电容器的充放电

本节将讨论电容在充电和放电时的规律．

8.5.1 电容器充电

在如图 8-21 所示的电路中，电源电动势为 E，电容为 C，电阻为 R. $t=0$ 时，电容器上的电荷量 $q=0$. 开关 S 闭合，电源开始对电容器充电．开始时，电容器极板上无电荷，电容器两极板间电势差为零．随后，电荷在电容器极板上累积，极板间电势差增加，电阻两端电压随时间减小，充电电流相应逐渐减小．充电过程中，电容器极板电荷量 q、电势差 u 和电流 i 都是时间的函数．设顺时针方向为回路的正方

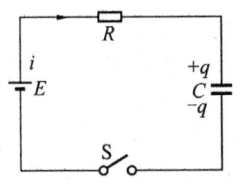

图 8-21 电容器的充电电路

向,沿回路绕行一周,回路上各电压降之和为零,得

$$iR + u - E = 0$$

由于 $i = \dfrac{dq}{dt}, u = \dfrac{q}{C}$,整理上式,可得

$$R\dfrac{dq}{dt} + \dfrac{q}{C} - E = 0$$

初始条件为 $q = 0$.利用分离变量法并积分,可得

$$\int_0^q \dfrac{dq}{q - CE} = -\int_0^t \dfrac{dt}{RC}$$

解得

$$q = CE(1 - e^{-\frac{t}{RC}})$$

上式对时间求导,可得电路中充电电流与时间的关系为

$$i = \dfrac{dq}{dt} = \dfrac{E}{R} e^{-\frac{t}{RC}}$$

式中,RC 反映充电过程的特征,称为该电路的**时间常数**.

电容器充电时,电容器上电荷和电路中的电流随时间的变化曲线如图 8-22 所示.

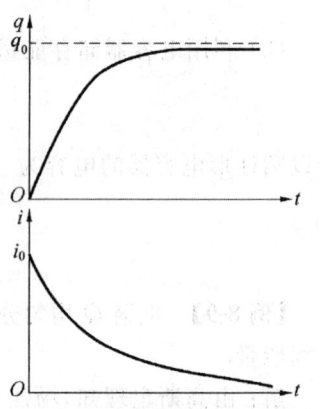

图 8-22 电容器充电时电荷和电流随时间变化的曲线

8.5.2 电容器放电

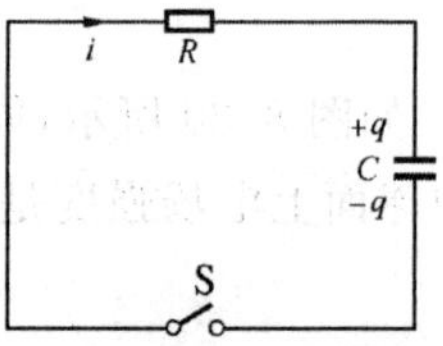

在如图 8-23 所示的电路中,$t = 0$ 时,电容器上的电荷量为 q_0.开关 S 闭合,电容器开始放电.放电过程中,电容器极板上的电荷量 q、电势差 u 和电流 i 都是时间的函数.设顺时针方向为回路的正方向,沿回路绕行一周,回路上各电压降之和为零,得

$$iR + u = 0$$

由 $i = \dfrac{dq}{dt}, u = \dfrac{q}{C}$,得

$$R\dfrac{dq}{dt} = -\dfrac{q}{C}$$

图 8-23 电容器的放电电路

初始条件为

$$q = q_0, \quad i = i_0$$

分离变量并积分,解出电容器上的电荷与时间的关系为

$$q = q_0 e^{-\frac{t}{RC}}$$

对上式求导,可得电路中电流与时间的关系为

$$i = -\dfrac{E}{R} e^{-\frac{t}{RC}}$$

上式中的负号表示放电电流的方向与设定的正方向相反.

复习题

一、思考题

1. 各种形状的带电导体中,是否只有球形导体内部场强为零?为什么?

2. 在一孤立导体球壳的中心放一点电荷,球壳内、外表面上的电荷分布是否均匀?如果点电荷偏离球心,情况如何?

3. 把一个带电物体移近一个导体壳,带电体单独在导体壳的腔内产生的电场是否为零?静电屏蔽效应是如何发生的?

4. 无限大均匀带电平面(面电荷密度为 σ)两侧场强 $E=\dfrac{\sigma}{2\varepsilon_0}$,而在静电平衡状态下,导体表面(该处表面面电荷密度为 σ)附近场强 $E=\dfrac{\sigma}{\varepsilon_0}$.为什么前者比后者小一半?

5. 有人说:"由于 $C=\dfrac{Q}{U}$,所以电容器的电容与其所带电荷成正比."请指出这句话的错误.如电容器两极板的电势差增加一倍,$\dfrac{Q}{U}$ 将如何变化?

6. 如果考虑平行板电容器的边缘场,那么其电容比不考虑边缘场时的电容是大还是小?

7. 为何高压电器设备的金属部件的表面要尽量不带棱角?

8. 自由电荷与极化电荷有哪些异同点?

二、计算及证明题

1. 证明:对于两个无限大的平行平面带电导体板(图 8-24)来说,
(1) 相向的两面上,电荷的面密度总是大小相等而符号相反;
(2) 相背的两面上,电荷的面密度总是大小相等而符号相同.

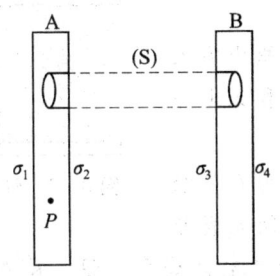

图 8-24 计算及证明题 1 图

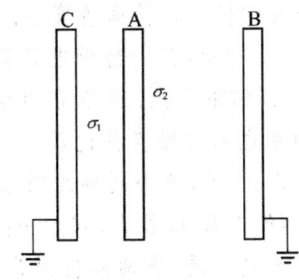

图 8-25 计算及证明题 2 图

2. 三个平行金属板 A、B、C 的面积都是 200cm^2,A 和 B 相距 4.0mm,A 与 C 相距 2.0mm.B、C 都接地,如图 8-25 所示.如果使 A 板带正电 3.0×10^{-7}C,略去边缘效应,问 B 板和 C 板上的感应电荷各是多少?以地面的电势为零,则 A 板的电势是多少?

3. 在一个无限大接地导体平板附近有一点电荷 Q,它与板面的距离为 d.求导体表面上各点的感应电荷面密度 σ.

4. 两个半径分别为 R_1 和 $R_2(R_1<R_2)$ 的同心薄金属球壳,现给内球壳带电 $+q$.
(1) 试求外球壳上的电荷分布及电势大小;

(2) 先把外球壳接地,然后断开接地线重新绝缘,计算此时外球壳的电荷分布及电势;

*(3) 再使内球壳接地,计算此时内球壳上的电荷以及外球壳上的电势的改变量.

5. 半径为 R 的金属球离地面很远,并用导线与地相连,在与球心相距 $d=3R$ 处有一点电荷 $+q$,试求金属球上的感应电荷的电荷量.

6. 有三个大小相同的金属小球,小球1、小球2带有等量同号电荷,相距甚远,其间的库仑力为 F_0.

(1) 用带绝缘柄的不带电小球3先后分别接触小球1、小球2后移去,试求小球1与小球2之间的库仑力;

(2) 小球3依次交替接触小球1、小球2很多次后移去,试求小球1与小球2之间的库仑力.

*7. 如图8-26所示,一平行板电容器两极板面积都是 S,相距为 d,分别维持电势 $U_A = U$, $U_B = 0$ 不变.现把一块带有电荷量 q 的导体薄片 C 平行地放在两极板正中间,薄片的面积也是 S,薄片 C 的厚度略去不计.求导体薄片 C 的电势.

8. 在半径为 R_1 的金属球之外包有一层外半径为 R_2 的均匀电介质球壳,电介质的相对介电常数为 ε_r,金属球带电 Q.试求:

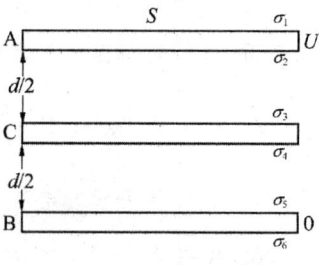

图 8-26 计算及证明题 7 图

(1) 电介质层内、外的场强;

(2) 电介质层内、外的电势;

(3) 金属球的电势.

9. 圆柱形电容器由半径为 R_1 的导线和与它同轴的导体圆筒构成,圆筒内半径为 R_2,长为 L,其间充满了相对介电常数为 ε_r 的电介质.设导线沿轴线单位长度上的电荷为 λ_0,圆筒上单位长度上的电荷为 $-\lambda_0$,忽略边缘效应.求:

(1) 介质中的电场强度 E、电位移 D 和极化强度 P;

(2) 介质表面的极化电荷面密度 σ'.

10. 如图8-27所示,在平行板电容器的一半容积内充入相对介电常数为 ε_r 的电介质.试求在有电介质部分和无电介质部分极板上自由电荷面密度的比值.

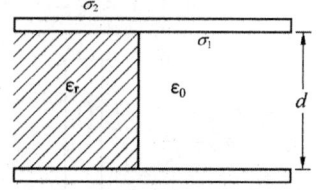

图 8-27 计算及证明题 10 图

11. 如图8-28所示,两个同轴的圆柱面,长度均为 l,半径分别为 R_1 和 R_2 ($R_2 > R_1$),且 $l \gg R_2 - R_1$,两柱面之间充有介电常数为 ε 的均匀电介质.当两圆柱面分别带等量异号电荷 Q 和 $-Q$ 时,求:

(1) 在半径 r 处 ($R_1 < r < R_2$),厚度为 dr,长为 l 的圆柱薄壳中任一点的电场能量密度和整个薄壳中的电场能量;

(2) 电介质中的总电场能量;

(3) 圆柱形电容器的电容.

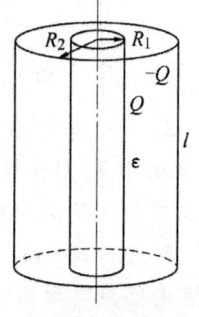

图 8-28 计算及证明题 11 图

12. 如图8-29所示,将两个电容器 C_1 和 C_2 充电到相等的电压 U 以后切断电源,再将某一电容器的正极板与另一电容器的负极板相连.试求:

(1) 每个电容器的最终电荷；
(2) 电场能量的损失.

13. 半径 $R_1=2.0$ cm 的导体球，外套有一同心的导体球壳，壳的内、外半径分别为 $R_2=4.0$ cm 和 $R_3=5.0$ cm，当内球带电荷量 $Q=3.0\times10^{-8}$ C 时，

(1) 求整个电场储存的能量；
(2) 如果将导体壳接地，计算储存的能量；
(3) 求此电容器的电容值.

14. 电容 $C_1=4\mu\text{F}$ 的电容器在 800 V 的电势差下充电，然后切断电源，并将此电容器的两个极板分别与原来不带电电容 $C_2=6\mu\text{F}$ 的两极板相连；求：

(1) 每个电容器极板所带的电荷量；
(2) 连接前后的静电场能.

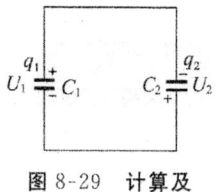

图 8-29 计算及证明题 12 图

第 9 章

恒定电流的磁场

学习目标

- 掌握恒定电流产生的条件,理解电流密度和电动势的概念.
- 掌握磁感应强度的概念,理解其矢量性.
- 理解毕奥-萨伐尔定律,学会利用其计算一些简单问题中的磁感应强度.
- 熟练掌握稳恒磁场的高斯定理和安培环路定理,理解用安培环路定理计算磁感应强度的条件和方法.
- 理解洛伦兹力和安培力的公式,能分析电荷(静止和运动)在均匀电场和磁场中的受力和运动.
- 了解磁矩的概念.
- 了解磁介质的磁化现象和磁化机理,了解磁场强度的概念以及在各向同性介质中磁场强度和磁感应强度的关系.
- 掌握磁介质中的安培环路定理,了解铁磁质的特性.

前面两章我们讨论了静止电荷产生的静电场的性质和规律,以及静电场中导体和电介质的性质.实际上,运动电荷在其周围不仅会产生电场,而且会产生磁场.稳恒电流产生的不随时间变化的磁场称为稳恒磁场.本章将讨论稳恒电流产生的磁场的性质和规律.虽然稳恒磁场与静电场的性质和规律不同,但在研究方法上有类似之处.因此,学习时注意和静电场对比,将有助于理解和掌握有关概念.

9.1 恒定电流

在学习稳恒磁场之前,首先要了解稳恒电流(即恒定电流)的概念.

9.1.1 电流 电流密度

电流是由电荷的定向运动形成的,形成电流的带电粒子称为载流子,它们可以是自由电子、质子、离子或运动的带电物体.

我们以金属为例,讨论电流的形成.金属可以认为是由自由电子和正离子组成的.正离子构成金属的晶格,而自由电子则在晶格之间做无规则的热运动.无外电场时,电子沿各方向运动的概率是相等的,电子热运动的平均速度为零,不形成电流.当导体两端存在电势差时,导体内部有电场存在,这时自由电子将受到与电场方向相反的作用力.因此每个电子除了原来不规则的热运动之外,还要在电场的反方向上附加一个运动——漂移运动.大量电子的漂移运动则表现为电子的定向运动,这样就形成了电流.

由带电物体做定向机械运动形成的电流,称为**运流电流**.我们讨论的是离子或自由电子相对于导体的定向运动,这种由离子或自由电子相对于导体做定向运动形成的电流称为**传导电流**.

传导电流形成的条件:

(1) 导体内有可移动的电荷即载流子;

(2) 导体两端有电势差.

在金属导体内,自由电子定向移动的方向是由低电势到高电势,但在历史上,人们把正电荷移动的方向定义为电流的方向,因而电流的方向与自由电子移动的方向是相反的.

常见的电流为沿导线流动的电流.为了描述电流的强弱,引入电流强度(简称电流)的概念,定义为:单位时间内通过导线任一横截面积的电荷量.电流用 I 表示,即

$$I=\frac{\Delta q}{\Delta t} \tag{9-1}$$

如果导线中的电流 I(大小、方向)不随时间改变,则称为**稳恒电流**,或称为**直流电**.当导线内的电流随时间变化时,瞬时电流 I 为

$$I=\frac{\mathrm{d}q}{\mathrm{d}t}$$

设在导体中自由电子的数密度为 n,电子的电荷量为 e,假定每个电子的漂移速度大小为 v,如图 9-1 所示,在导体内取面积元 ΔS,ΔS 与漂移速度垂直,则在时间间隔 $\mathrm{d}t$ 内,在长为 $\mathrm{d}l=v\mathrm{d}t$、横截面积为 ΔS 的圆柱体内的自由电子都要通过横截面积 ΔS,此圆柱体内的自由电子数为 $n\Delta S v\mathrm{d}t$,通过的电荷量 $\mathrm{d}q=ne\Delta S v\mathrm{d}t$,因而通过此导体 ΔS 的电流为

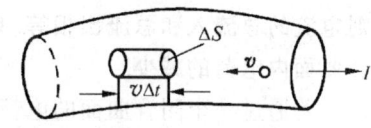

图 9-1 电流密度

$$\Delta I=\frac{\mathrm{d}q}{\mathrm{d}t}=\frac{ne\Delta S v\mathrm{d}t}{\mathrm{d}t}=ne\Delta S v$$

可见,导体中的电流强度正比于自由电子数密度和漂移速度的乘积.

电流强度是标量,在国际单位制中,其单位为安培,用 A 表示,即

$$1\mathrm{A}=1\mathrm{C/s}$$

电流 I 虽然可以描述单位时间内通过某导体横截面的电荷量,但它只能用于反映导体中通过某一截面的整体电流特征,不能反映电流通过该截面时截面上各点的情形.对于电流均匀沿导体流动的情形,电流在各点的分布是均匀的,引入电流强度的概念就可以了.但实际上,常常遇到在大块导体中产生的电流,如地质勘探中利用的大地中的电流、电解槽内电解液中的电流、气体放电时通过气体的电流等.为了描述导体内各处电流的分布情况,我们引入电流密度的概念.

电流密度是矢量,用 j 表示.电流密度的方向和大小规定如下:**导体中任一点电流密度的方向为该点电场强度的方向或正电荷运动的方向;电流密度的大小等于通过该点附近垂直于正电荷运动方向的单位面积的电流**,即

$$\boldsymbol{j}=\frac{\mathrm{d}I}{\mathrm{d}S}\boldsymbol{n} \tag{9-2}$$

式中,$\boldsymbol{n}$ 为沿 $\mathrm{d}S$ 法线方向的单位矢量.电流密度的单位为 $\mathrm{A/m}^2$.

由式(9-2)可得

$$dI = \boldsymbol{j} \cdot d\boldsymbol{S}$$

因而通过导体任意截面的电流为

$$I = \int dI = \iint_S \boldsymbol{j} \cdot d\boldsymbol{S} \tag{9-3}$$

式(9-3)表明,通过某一面积的电流强度就是通过该面积的电流密度的通量.在导体内各点,电流密度有不同的大小和方向,所以电流密度是矢量场,也称为电流场.与电场用电场线描述类似,电流场也可用电流线来描述.电流线的切线方向为电流密度的方向,电流线的密度即为电流密度的大小.通过任意一个闭合曲面的电流可表示为

$$I = \oiint_S \boldsymbol{j} \cdot d\boldsymbol{S} \tag{9-4}$$

根据电流密度的定义,上式表示净流出闭合曲面的电流,即单位时间内从闭合曲面向外流出的电荷.根据电荷守恒定律,在单位时间内通过闭合曲面向外流出的电荷,应等于此闭合曲面内单位时间所减少的电荷,即

$$\oiint_S \boldsymbol{j} \cdot d\boldsymbol{S} = -\frac{dQ_{内}}{dt} \tag{9-5}$$

式(9-5)称为**电流的连续性方程**.它表示,如果任意闭合曲面内的静电荷不发生变化,则电流的总流入和总流出相等.单位时间内通过闭合曲面向外流出的电荷等于此时间内闭合曲面内电荷的减少.

若通过一个闭合曲面的电流强度(或电流密度 $\boldsymbol{j}$ 穿过封闭曲面的通量)为零,即

$$I = \iint_S \boldsymbol{j} \cdot d\boldsymbol{S} \tag{9-6}$$

说明单位时间流入封闭曲面的正电荷等于单位时间流出封闭曲面的正电荷.该式又称为**恒定电流条件**,由此可以导出恒定电流电路中电流强度规则的节点电流方程,即**基尔霍夫第一方程**.

9.1.2 电源电动势

如图9-2所示,当两个电势不等的导体极板A、B用导线连接起来时,导线中就有电流.开始时,极板A和B分别带有正负电荷.在电场力的作用下,正电荷从极板A通过导线移到极板B,并与极板B上的负电荷中和,直到两极板间的电势差消失.此时导线中的电流就终止了.

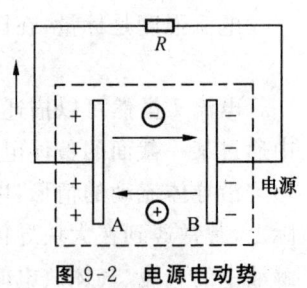

图9-2 电源电动势

要维持导体中有恒定的电流,就必须将正电荷不断地从负极板B移到正极板A上,并使两极板间维持正负电荷不变,这样两极板间就有恒定的电势差.显然要把正电荷从负极板B移到正极板A依靠静电力是不行的,必须有其他形式的力,使正电荷从负极板移到正极板,这种力称为**非静电力**.能够提供把正电荷从负极板移到正极板的非静电力的装置叫作**电源**.

电源有正负两个极,电势高的地方为正极,电势低的地方为负极,用导线连接两极时就形成了一个闭合回路.外电路上(电源以外的部分),在恒定电场作用下,电流从正极流向负

极;内电路上(电源以内的部分),在非静电力作用下,电流从负极流向正极.

电源的种类很多,不同类型的电源,其非静电力的本质不同,如在电解电池和蓄电池中,非静电力是化学作用;光电池中,非静电力是光能;发电机中,非静电力是电磁作用.

从能量角度来看,电源内部非静电力将正电荷从负极移到正极是需要反抗静电力做功的,这使得电荷的电势能增大了.电荷的电势能是由其他形式的能量转化而来的,如化学电池中化学能转化为电能,发电机中机械能转化为电能等.

对不同的电源,由于非静电力不同,把同样的电荷从负极移到正极非静电力做功是不同的,说明不同电源中电源转化能量的能力不同.为表述电源转化能量的本领,我们引入电动势的概念.因为非静电力只存在于电源内部,我们定义**电源电动势**为:**把单位正电荷从负极经电源内部移到正极时非静电力所做的功**,用 ε 表示.它反映了电源中非静电力做功的本领,如图 9-3 所示.

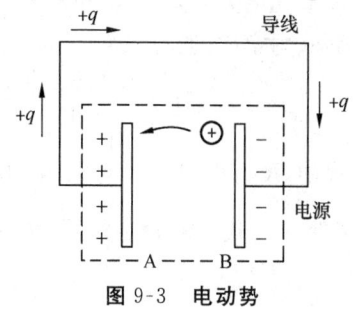

图 9-3 电动势

如果以 W_k 表示在电源内将正电荷 q 从负极经电源内部移到正极时非静电力做的功,则有

$$\varepsilon = \frac{W_k}{q} \tag{9-7}$$

从场的观点来看,可以把非静电力的作用看作是一种非静电场的作用.以 E_k 表示非静电场强,则它作用在电荷 q 的非静电力为

$$\boldsymbol{F}_k = q\boldsymbol{E}_k$$

电荷 q 从负极经电源内部移到正极时非静电力做的功为

$$W_k = \int_{-(电源内)}^{+} q\boldsymbol{E}_k \cdot \mathrm{d}\boldsymbol{l}$$

将上式代入式(9-7),可得

$$\varepsilon = \int_{-(电源内)}^{+} \boldsymbol{E}_k \cdot \mathrm{d}\boldsymbol{l} \tag{9-8}$$

电动势是标量,与电流一样也有方向,其方向为电源内部电势升高的方向,即从负极经电源内部到正极的方向规定为电动势的方向.电动势的单位为伏特.虽然电动势的单位与电势的单位相同,都是 V,但它们是两个完全不同的物理量.电动势与非静电力的功联系在一起,而电势则与静电力的功联系在一起.电动势的大小只取决于电源本身的性质,一定的电源具有一定的电动势,与外电路无关.

由于非静电力只存在于电源内部,则单位正电荷绕闭合电路一周时,非静电力对它所做的功仍然为 ε,即整个回路的总电动势为

$$\varepsilon = \oint_L \boldsymbol{E}_k \cdot \mathrm{d}\boldsymbol{l} \tag{9-9}$$

9.1.3 欧姆定律的微分形式

实验证明,通过一段导体中的电流 I 与其两端的电势差(V_1-V_2)成正比,这个规律对金属或电解液在相当大的电压范围内均成立,称为**欧姆定律**.数学表达式为

$$I = \frac{V_1 - V_2}{R} \tag{9-10}$$

R 称为导体的电阻. 由于电场强度与电势差有一定的关系,所以还可由式(9-9)得到电场强度与电势差之间的关系.

在导体中取一长为 dl、横截面积为 dS 的小圆柱体,圆柱体的轴线与电流流向平行. 设小圆柱体两端面上的电势分别为 V 和 $V+dV$,如图 9-4 所示. 根据欧姆定律,通过截面 dS 的电流为

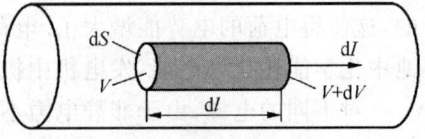

图 9-4 欧姆定律示意图

$$dI = \frac{V - (V + dV)}{R} = -\frac{dV}{R}$$

式中,R 为小圆柱体的电阻. 另由电阻定律可知,$R = \rho \dfrac{dl}{dS}$(ρ 为电阻率). 把上面这些量及 $dI = jdS$ 代入欧姆定律式,得

$$jdS = -\frac{dV}{R} = -\frac{1}{\rho}\frac{dV}{dl}dS$$

根据场强与电势的关系 $E = -\dfrac{dV}{dl}$,上式可以写成

$$j = \frac{E}{\rho} = \gamma E$$

式中,$\gamma = \dfrac{1}{\rho}$ 称为导体的电导率,由于电流密度 j 与电场强度 E 的方向相同,上式可写成矢量形式:

$$\boldsymbol{j} = \gamma \boldsymbol{E} \tag{9-11}$$

这就是欧姆定律的微分形式,它反映了导体中任一点处的电流密度与该点的场强之间的关系.

9.2 磁感应强度

前面我们学习静电场的内容时,引入了电场强度的概念. 与之对应,在稳恒磁场中,有磁感应强度的概念.

9.2.1 基本磁现象

我国是发现天然磁体最早的国家. 春秋战国时期,《吕氏春秋》一书中已有"磁石召铁"的记载. 公元前 250 年《韩非子·有度》中记载了"司南","司南"的勺形磁性指向器被认为是最早的磁性指南器具. 11 世纪沈括发明指南针,并发现地磁偏角. 12 世纪,我国已有关于指南针用于航海的记录. 磁铁矿石的成分为四氧化三铁(Fe_3O_4),此外还有人工制成的磁铁,如铁氧体是氧化铁(Fe_2O_3)与二价金属氧化物 CuO、ZnO、MnO 等的一种烧结物. 无论是天然磁铁还是人工磁铁,都能吸引铁(Fe)、钴(Co)、镍(Ni)等物质,这种性质称为**磁性**. 磁体上磁性最强的部分叫**磁极**. 一个磁体无论多小都有两个磁极,可以在水平面内自由转动的磁体,静止时总是一个磁极指向南方,另一个磁极指向北方,指向南的叫作南极(S 极),指向北的叫作北极(N 极). 磁极之间呈现同性磁极相互排斥、异性磁极相互吸引的现象.

把磁铁任意分割,每一小块都有南北两极,任意磁铁总是南北两极同时存在的,自然界中没有单独的 N 极与 S 极存在.

在历史上很长的一段时间内,电学与磁学的研究一直是彼此独立地发展的,直到 19 世纪 20 年代,人们才认识到电与磁之间的联系.

1820 年 4 月,丹麦物理学家奥斯特在讲课时发现,如果在直导线附近放置一枚小磁针,则当导线中有电流通过时,磁针将发生偏转.奥斯特随后又做了数月的研究,于 1820 年 7 月 21 日发表了他的研究结果.结果表明,电流周围存在着磁场,正是这种磁场导致了小磁针的偏转,从而揭示了电流与磁场的联系.奥斯特的论文发表后,在欧洲科学界引起了强烈的反响,当时许多著名的科学家,如安培、阿拉果、毕奥和萨伐尔等一大批科学家都投身于探索磁与电的关系之中. 1820 年 10 月 30 日法国物理学家毕奥和萨伐尔发表了长直导线通有电流时产生磁场的实验,并从数学上找出了电流元产生磁场的公式. 1821 年英国物理学家法拉第开始研究如何"把磁变成电",经过十年的努力,于 1831 年发现了电磁感应现象.

人们是逐渐认识到电与磁之间联系的,20 世纪初,由于科学技术的进步和原子结构理论的建立与发展,认识到磁场也是物质存在的一种形式,磁场力是运动电荷之间的一种作用力.此时,人们进一步认识到磁场现象起源于电荷的运动,磁场力就是运动电荷之间的一种相互作用力.磁现象与电现象之间有着密切的联系.从磁场的观点看,电流与电流、磁铁与磁铁、运动电荷与运动电荷之间的相互作用都是通过磁场来传递的,如图 9-5 所示.

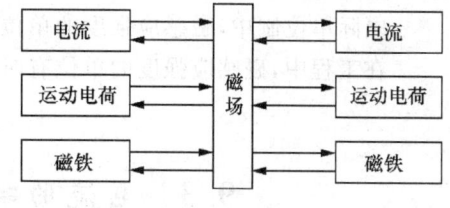

图 9-5 磁相互作用

安培首先利用分子电流假设解释了物质磁性的起因.安培认为一切磁现象都起源于电流.在磁性物质的分子中,存在着小的回路电流,称为**分子电流**,它相当于最小的基元磁体.物质的磁性决定这些分子电流对外磁效应的总和.如果这些分子电流毫无规则地取各种方向,它们对外界引起的磁效应就会互相抵消,整个物质就不会显磁性.当这些分子电流的取向出现某种有规则的排列时,就会对外界产生一定的磁效应,显示出物质的磁化状态.用近代的观点看,安培假说中的分子电流,可以看成是由分子中电子绕原子核的运动和电子与核本身的自旋运动产生的.

9.2.2 磁感应强度矢量

在静电场中,根据试验电荷在电场中的受力情况引入了电场强度 E 来描述电场的性质.运动电荷在磁场中要受到磁场力的作用,这个力的大小和方向与磁场的性质有关.在运动电荷的周围空间,除了产生电场外,还要产生磁场.运动电荷之间的相互作用是通过磁场进行的.与引入电场强度类似,通过研究磁场对运动试验电荷的作用力,引入描述磁场性质的物理量——磁感应强度 B.

如图 9-6 所示,电荷 q 以速度 v 通过磁场中某点,实验表明了以下结果:

(1) 运动电荷所受的磁场力不仅与运动电荷的

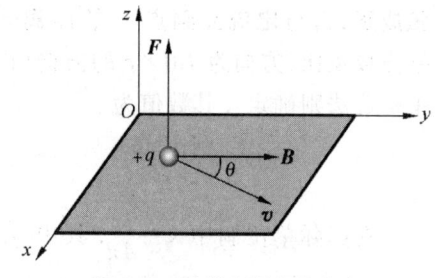

图 9-6 磁感应强度的定义

电荷量 q 和速度有关,而且还与运动电荷的运动方向有关,且磁场力总垂直于速度方向.

磁场中的任一点都存在一个特殊的方向,当电荷沿此方向或其反方向运动时所受的磁场力为零,与电荷本身的性质无关,而且这个方向就是自由小磁针在该点平衡时北极的指向.

(2) 在磁场中的任一点,当电荷沿与上述方向垂直的方向运动时,电荷所受到的磁场力最大,并且最大磁场力 F_{max} 与电荷 q 和速率 v 的乘积的比值是与 q、v 无关的确定值,比值 $\dfrac{F_{max}}{qv}$ 是位置的函数.

根据上述实验结果,为了描述磁场的性质,定义**磁感应强度 B** 的大小为运动试验电荷所受的最大磁场力 F_{max} 与运动电荷 q 和速率 v 的乘积的比值,即

$$B = \dfrac{F_{max}}{qv} \tag{9-12}$$

为以单位速率运动的单位正电荷所受到的磁场力. 磁感应强度 B 的方向为放在该点的小磁针平衡时 N 极的指向.

国际单位制中,磁感应强度的单位为特斯拉,用 T 表示,$1T = 1N \cdot A^{-1} \cdot m^{-1}$.

在工程中,磁感应强度的单位有时还用高斯,用符号 G 表示,它和 T 的关系为

$$1T = 10^4 G$$

9.3 电流的磁场 毕奥-萨伐尔定律

下面介绍载流导线电流产生的磁场.

9.3.1 毕奥-萨伐尔定律

在静电场中,计算任意带电体在空间某点的电场强度 E 时,可把带电体分成无限多个电荷元 dq,求出每个电荷元在该点产生的电场强度 dE,按场强叠加原理,就可以计算出载流导线在该点产生的电场强度 E. 与此类似,对于载流导线产生磁场的计算问题,也可把载流导线看成是由无限多个电流元 Idl 组成的,先求出每个电流元在该点产生的磁感应强度 dB,再按场强叠加原理,就可以计算出载流导线在该点产生的磁感应强度 B.

法国物理学家毕奥和萨伐尔等人在大量实验的基础上,总结出电流元 Idl 所产生的磁感应强度 dB 所遵循的规律,称为毕奥-萨伐尔定律.

如图 9-7 所示,任一电流元 Idl,在真空中任一点 P 产生的磁感应强度 dB 的大小与电流元的大小 Idl 成正比,与电流元 Idl 的方向和由电流元到点 P 的矢径 r 之间的夹角 θ 的正弦成正比,与电流元到点 P 的距离 r 的平方成反比,方向为 $Idl \times r$ 的方向(由右手螺旋法则确定). 其数值为

$$dB = k\dfrac{Idl\sin\theta}{r^2}$$

在国际单位制中 $k = \dfrac{\mu_0}{4\pi}$. 其中,$\mu_0 = 4\pi \times 10^{-7} N \cdot A^{-2}$,叫作真空磁导率.

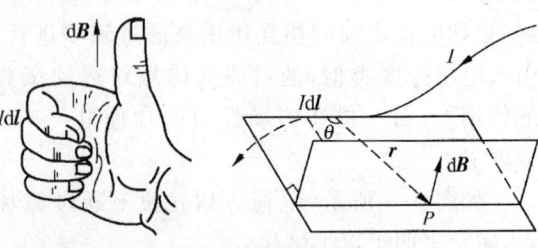

图 9-7 电流元的磁场

故

$$dB = \frac{\mu_0}{4\pi} \frac{Idl\sin\theta}{r^2} \quad (9\text{-}13)$$

写成矢量形式为

$$d\boldsymbol{B} = \frac{\mu_0}{4\pi} \frac{Id\boldsymbol{l} \times \boldsymbol{r}}{r^3}$$

或

$$d\boldsymbol{B} = \frac{\mu_0}{4\pi} \frac{Id\boldsymbol{l} \times \boldsymbol{e}_r}{r^2} \quad (9\text{-}14)$$

这就是**毕奥-萨伐尔定律**,其中 $\boldsymbol{e}_r = \dfrac{\boldsymbol{r}}{r}$ 为矢径 $\boldsymbol{r}$ 方向上的单位矢量. 任意载流导线在 P 点产生的磁感应强度 $\boldsymbol{B}$ 为

$$\boldsymbol{B} = \int d\boldsymbol{B} = \int \frac{\mu_0}{4\pi} \frac{Id\boldsymbol{l} \times \boldsymbol{r}}{r^3} \quad (9\text{-}15)$$

需要说明的是,毕奥-萨伐尔定律是在实验的基础上抽象出来的,不能由实验直接加以证明,但是由该定律出发得出的一些结果,却能很好地与实验符合,这就间接地证明了其正确性.

9.3.2 毕奥-萨伐尔定律的应用

应用毕奥-萨伐尔定律可以计算不同电流分布所产生磁场的磁感应强度. 解题一般步骤如下:

(1) 根据已知电流的分布与待求场点的位置,选取合适的电流元 $Id\boldsymbol{l}$.
(2) 根据电流的分布与磁场分布的特点来选取合适的坐标系.
(3) 根据所选择的坐标系,按照毕奥-萨伐尔定律写出电流元产生的磁感应强度 $d\boldsymbol{B}$.
(4) 由叠加原理求出整个载流导线在场点的磁感应强度 $\boldsymbol{B}$ 的分布.
(5) 一般说来,需要将磁感应强度的矢量积分变为标量积分,并选取合适的积分变量,来统一积分.

下面用毕奥-萨伐尔定律计算几个基本而又典型的载流导线电流产生的磁感应强度.

【**例 9-1**】 在长为 L 的载流导线中通有电流 I,求导线附近任一点的磁感应强度.

解:建立如图 9-8 所示的坐标系,在载流直导线上任取一电流元 Idz,由毕奥-萨伐尔定律得电流元在 P 点产生的磁感应强度大小为

$$dB = \frac{\mu_0}{4\pi} \frac{Idz\sin\theta}{r^2}$$

$d\boldsymbol{B}$ 的方向为垂直于电流元与矢径所决定的平面,垂直纸面向里,用 $\otimes$ 表示. 由于直导线上所有电流元在 P 点产生的磁感应强度 $d\boldsymbol{B}$ 方向相同,所以计算总磁感应强度的矢量积分就可归结为标量积分,即

$$B = \int dB = \int \frac{\mu_0}{4\pi} \frac{Idz\sin\theta}{r^2} \quad (9\text{-}16)$$

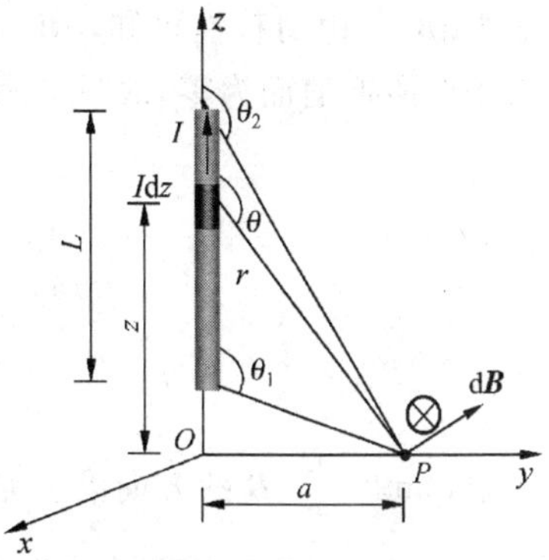

图 9-8 **长直导线的电场**

式中,z、r、θ 都是变量,必须统一到同一变量才能积分. 由图 9-8 可知

$$z = a\cot(\pi-\theta) = -a\cot\theta, \quad r = \frac{a}{\sin(\pi-\theta)} = \frac{a}{\sin\theta}$$

所以

$$dz = a\csc^2\theta d\theta = \frac{ad\theta}{\sin^2\theta}, \quad \frac{dz}{r^2} = \frac{d\theta}{a}$$

代入式(9-16)，可得

$$B = \int dB = \frac{\mu_0 I}{4\pi a}\int_{\theta_1}^{\theta_2}\sin\theta d\theta = \frac{\mu_0 I}{4\pi a}(\cos\theta_1 - \cos\theta_2)$$

讨论：

(1) 如果载流导线为无限长时，则 $\theta_1 = 0, \theta_2 = \pi$，有

$$B = \frac{\mu_0 I}{2\pi a}$$

由此可见，无限长载流直导线周围各点的磁感应强度的大小与各点到导线的距离成反比.

(2) 若 P 点处于距半无限长载流直导线一端为 a 处的垂面上，则因 $\theta_1 = \frac{\pi}{2}, \theta_2 = \pi$，而有

$$B = \frac{\mu_0 I}{4\pi a}$$

解题的关键：确定电流起点的 θ_1 和电流终点的 θ_2.

【例 9-2】 半径为 R 的载流圆线圈，电流为 I，求轴线上任一点 P 的磁感应强度 $\boldsymbol{B}$.

解：如图 9-9 所示，取 x 轴为线圈轴线，O 在线圈中心，电流元 Idl 在 P 点产生的 $d\boldsymbol{B}$ 大小为

$$dB = \frac{\mu_0}{4\pi}\frac{Idl\sin\theta}{r^2} = \frac{\mu_0 Idl}{4\pi r^2}$$

式中用到了 Idl 与 r 的夹角为 $90°$. 设 dl 垂直于纸面，则 $d\boldsymbol{B}$ 在纸面内. 将 $d\boldsymbol{B}$ 分成平行于 x 轴的分量 $d\boldsymbol{B}_{//}$ 与垂直于 x 轴的分量 $d\boldsymbol{B}_\perp$. 考虑与 Idl 在同一直径上的电流元 Idl' 在 P 点产生的磁场，其平行于 x 轴的分量为 $d\boldsymbol{B}_{//}'$，垂直于 x 轴的分

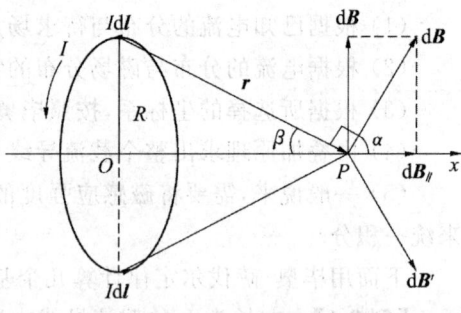

图 9-9 载流圆线圈的磁场

量为$d\boldsymbol{B}_\perp'$. 由对称性可知，$d\boldsymbol{B}_\perp$ 与 $d\boldsymbol{B}_\perp'$ 相抵消. 可见，线圈在 P 点产生的垂直于 x 轴的分量由于两两抵消而为零，故只有平行于 x 轴的分量. 即有

$$B_\perp = 0$$

$$B = B_{//} = \int_l dB\cos\alpha = \int_0^{2\pi R}\frac{\mu_0 Idl}{4\pi r^2}\cos\alpha$$

$$= \frac{\mu_0 I}{4\pi}\int_0^{2\pi R}\frac{dl}{r^2}\sin\beta = \frac{\mu_0 R^2 I}{2r^3} = \frac{\mu_0 R^2 I}{2(x^2+R^2)^{\frac{3}{2}}} \tag{9-17}$$

式中，$\sin\beta = \frac{R}{r}$，$\boldsymbol{B}$ 的方向沿 x 轴正向.

从式(9-17)可以得出在两种特殊位置时的磁感应强度：

(1) 在 $x = 0$ 处，则圆电流在圆心处的磁感应强度为

$$B = \frac{\mu_0 I}{2R}$$

(2) 当 $x \gg R$ 时,$(x^2+R^2) \approx x^2$,则在轴线上远离圆心处的磁感应强度为

$$B = \frac{\mu_0 R^2 I}{2x^3}$$

(3) 线圈左侧轴线上任一点 **B** 方向仍向右.如果线圈是 N 匝线圈紧靠在一起的,则

$$B = \frac{\mu_0 R^2 NI}{2(x^2+R^2)^{\frac{3}{2}}}$$

【例 9-3】 载流密绕直螺线管的磁场.如图 9-10 所示,已知管的长度为 L,导线中电流为 I,螺线管单位长度上有 n 匝线圈,求螺线管轴线上任一点的 **B**.

解:由于螺线管上线圈是密绕的,每匝线圈可近似当作闭合的圆形电流,于是轴线上任意一点 P 的磁感应强度 **B** 可以认为是 n 个圆电流在该点各自产生的磁感应强度的矢量和.现取轴线上一点为坐标原点 O,并以轴线为 Ox 轴.在距 O 点为 x 处取长为 $\mathrm{d}x$ 的一段,$\mathrm{d}x$ 上有线圈 $n\mathrm{d}x$ 匝,$\mathrm{d}x$ 段相当于一个圆电流,电流强度为 $In\mathrm{d}x$.因此,宽为 $\mathrm{d}x$ 的圆线圈产生的 $\mathrm{d}\boldsymbol{B}$ 的大小为

$$\mathrm{d}B = \frac{\mu_0}{2} \frac{R^2 \mathrm{d}I}{(R^2+x^2)^{\frac{3}{2}}} = \frac{\mu_0}{2} \frac{R^2 n I \mathrm{d}x}{(R^2+x^2)^{\frac{3}{2}}}$$

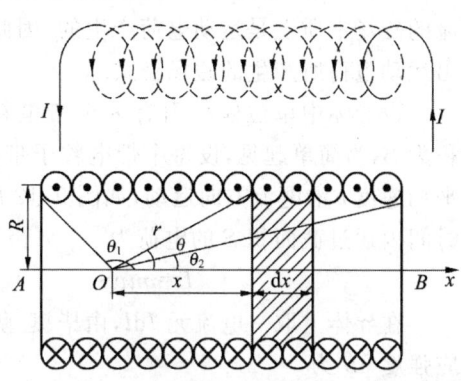

图 9-10 载流密绕直螺线管的磁场

由于各线圈在 P 点产生的 $\mathrm{d}\boldsymbol{B}$ 均向右,所以 P 点的总的磁感应强度 **B** 为

$$B = \int \mathrm{d}B = \int_{AB} \frac{\mu_0 R^2 nI}{2} \cdot \frac{\mathrm{d}x}{(x^2+R^2)^{\frac{3}{2}}}$$

$$= \frac{\mu_0 R^2 In}{2} \int_{AB} \frac{\mathrm{d}x}{(x^2+R^2)^{\frac{3}{2}}}$$

为了便于积分,引入新变量 θ,由图 9-10 可知

$$x = R\cot\theta, \quad \mathrm{d}x = -R\csc^2\theta \mathrm{d}\theta$$
$$r^2 = R^2 + x^2 = R^2 \csc^2\theta$$

代入上式,得

$$B = -\frac{\mu_0 nIR^2}{2} \int_{\theta_1}^{\theta_2} \frac{R\csc^2\theta \mathrm{d}\theta}{R^3 \csc^3\theta} = -\frac{\mu_0 nI}{2} \int_{\theta_1}^{\theta_2} \sin\theta \mathrm{d}\theta$$

$$= \frac{\mu_0 nI}{2}(\cos\theta_2 - \cos\theta_1)$$

讨论:

(1) 如果螺线管为"无限长"时,即当 $L \gg R$ 时,$\theta_1 = \pi$,$\theta_2 = 0$,所以

$$B = \mu_0 nI$$

结果表明,在无限长直螺线管内,轴线上的磁场是均匀的.

(2) 如果在"半无限长直螺线管"轴线上的端点处,$\theta_1 = \frac{\pi}{2}$,$\theta_2 = 0$,则有

$$B = \frac{1}{2}\mu_0 nI$$

即在半无限长直螺线管的端点处的磁感应强度恰好为内部磁感应强度的一半.

长直螺线管内轴线上磁感应强度分布如图 9-11 所示. 从图中可以看出,长直螺线管内中部的磁场可以看成是均匀的.

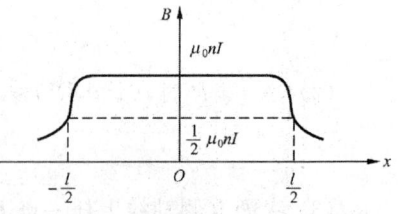

图 9-11 螺线管轴线上的磁场分布

9.3.3 运动电荷的磁场

我们知道,电流是一切磁现象的根源,而电流是由大量电荷做定向移动形成的,可见电流的磁场本质上是运动电荷产生的. 因此,我们可以从电流元所产生的磁场公式入手,推导出运动电荷所产生的磁场公式.

设导体中单位体积内有 n 个带电粒子,导体截面积为 S,为简单起见,设每个带电粒子带有电荷量 q,以平均速度 $\boldsymbol{v}$ 沿电流方向运动,如图 9-12 所示. 因而单位时间内通过截面积 S 的电荷为

$$I = qnvS \tag{9-18}$$

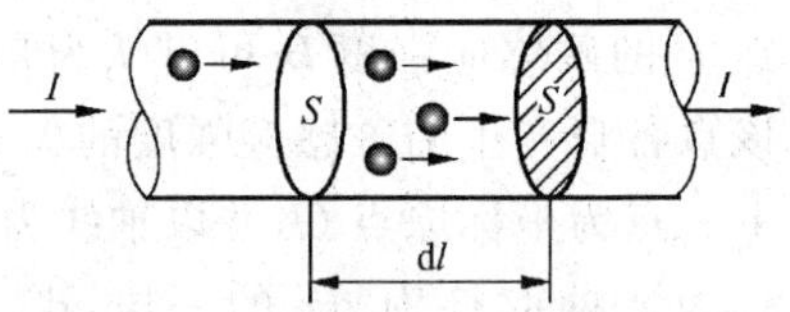

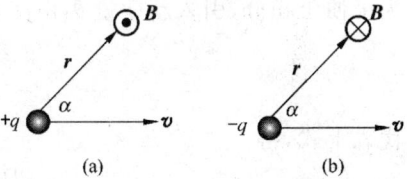

图 9-12 运动电荷的磁场

在导体上取一电流元 $Id\boldsymbol{l}$,由毕奥-萨伐尔定律可知,此电流元在空间某一点产生的磁感应强度 $d\boldsymbol{B}$ 为

$$d\boldsymbol{B} = \frac{\mu_0}{4\pi}\frac{Id\boldsymbol{l}\times\boldsymbol{r}}{r^3} = \frac{\mu_0}{4\pi}\frac{(qnvS)d\boldsymbol{l}\times\boldsymbol{r}}{r^3} \tag{9-19}$$

由于在电流元 $Id\boldsymbol{l}$ 内的带电粒子数 $dN = ndV = nSdl$,电流元 $Id\boldsymbol{l}$ 产生的磁感应强度 $d\boldsymbol{B}$ 就可看成是由这 dN 个运动电荷产生的,又因为 $Id\boldsymbol{l}$ 的方向与正电荷的运动方向相同,于是 $d\boldsymbol{B}$ 可以写为

$$d\boldsymbol{B} = \frac{\mu_0}{4\pi}\frac{qdN\,\boldsymbol{v}\times\boldsymbol{r}}{r^3}$$

于是,单个运动电荷产生的磁场为

$$\boldsymbol{B} = \frac{d\boldsymbol{B}}{dN} = \frac{\mu_0}{4\pi}\frac{q\,\boldsymbol{v}\times\boldsymbol{r}}{r^3} \tag{9-20}$$

$\boldsymbol{B}$ 的方向垂直于 $\boldsymbol{v}$ 与 $\boldsymbol{r}$ 所确定的平面,如图 9-13 所示.

当 $q>0$(正电荷)时,$\boldsymbol{B}$ 的方向为 $\boldsymbol{v}\times\boldsymbol{r}$ 方向;$q<0$(负电荷)时,$\boldsymbol{B}$ 的方向为 $\boldsymbol{v}\times\boldsymbol{r}$ 的相反方向.

图 9-13 正负运动电荷产生的磁场方向

9.4 磁通量 磁场的高斯定理

与电场中的电通量对应,在磁场中引入了磁通量的概念.

9.4.1 磁感线与磁通量

在静电场中,可以用电场线来形象地描述电场的分布情况;与此类似,在稳恒磁场中也

可以用磁感线来形象地描述磁场的分布情况.规定:(1)磁感线上任一点切线的方向即为磁感应强度 B 的方向;(2)磁感应强度 B 的大小可用磁感线的疏密程度表示.

图 9-14(a)、(b)、(c)所示分别是载流长直导线、圆电流、载流长螺线管等典型电流的磁感线分布示意图.

从图中可以看出,磁感线的绕行方向与电流流向都遵守右手螺旋法则,磁感线有以下特性:

(1)磁感线是环绕电流的无头尾的闭合曲线,没有起点和终点.这与静电场的电场线不同,原因在于正负电荷可以分离,而磁铁的两极不可分离,即没有磁单极子存在.

(2)任意两条磁感线不相交,这一性质与电场线相同.

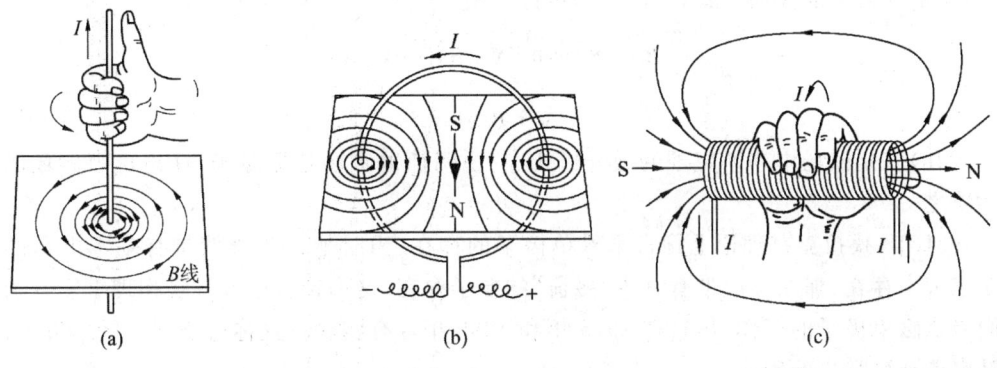

图 9-14　几种磁感线示意图

与电场中引入电通量概念相似,在磁场引入磁通量的概念.磁通量表示磁场中通过某一曲面的磁感线的数目,用 Φ_m 表示.

如图 9-15 所示,在曲面上取面元 dS,其单位法线矢量为 n,n 与磁感应强度 B 的夹角为 θ,通过面积元 dS 的磁通量为

$$d\Phi_m = BdS\cos\theta$$

通过有限曲面 S 的磁通量为

$$\Phi_m = \iint_S d\Phi_m = \iint_S BdS\cos\theta$$

或写为

$$\Phi_m = \iint_S \boldsymbol{B} \cdot d\boldsymbol{S} \qquad (9-21)$$

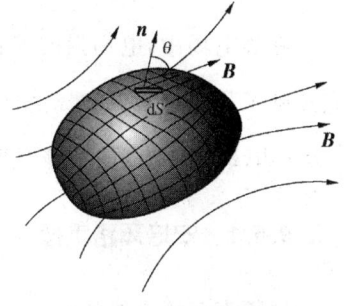

图 9-15　磁通量

与电通量一样,对闭合曲面,规定单位法线矢量 n 的方向垂直于曲面向外.磁感线从曲面内穿出时,磁通量为正($\theta < \frac{\pi}{2}$,$\cos\theta > 0$);磁感线从曲面外穿入时,磁通量为负($\theta > \frac{\pi}{2}$,$\cos\theta < 0$).

在国际单位制中,磁通量 Φ_m 的单位为韦伯,用符号 Wb 表示. $1\text{Wb} = 1\text{T} \cdot \text{m}^2$.

9.4.2 磁场的高斯定理

由于磁感线是闭合的,因此对任意闭合曲面来说,有多少条磁感线进入闭合曲面,就一定有多少条磁感线穿出该曲面,也就是说,通过任意闭合曲面的磁通量必等于零,即

$$\oint_S \boldsymbol{B} \cdot d\boldsymbol{S} = 0 \tag{9-22a}$$

这就是磁场中的**高斯定理**,与静电场的高斯定理相类似,但本质上不同. 在静电场中,有单独存在的正负电荷存在,因此通过任意闭合曲面的电通量可以不等于零;而在磁场中,由于不存在单独的磁单极子,所以通过任意闭合曲面的磁通量一定等于零. 和静电场的分析一样,由矢量分析中的高斯公式,式(9-21)可以写成

$$\oint_S \boldsymbol{B} \cdot d\boldsymbol{S} = \iiint_V (\nabla \cdot \boldsymbol{B}) \cdot dV = 0$$

即
$$\nabla \cdot \boldsymbol{B} = 0 \tag{9-22b}$$

式(9-22b)就是磁场中高斯定理的微分形式,它说明稳恒磁场是**无源场**,这是稳恒磁场的基本性质之一.

1931年,狄拉克在理论上预言了磁单极子的存在. 当时他认为既然带有基本电荷的电子在宇宙中存在,那么理应带有基本"磁荷"的粒子存在. 这一预言启发许多物理学家开始了他们寻找磁单极子的工作. 尽管在1975年和1982年曾有实验室宣称探测到了磁单极子,但都没有得到科学界的确认.

9.5 安培环路定理

在静电场中,电场强度 E 的环流(沿任一闭合回路的线积分)恒等于零,即 $\oint_L \boldsymbol{E} \cdot d\boldsymbol{l} = 0$,它反映了静电场是保守场的性质. 对于稳恒磁场,磁感应强度 B 沿任一闭合回路的线积分 $\oint_L \boldsymbol{B} \cdot d\boldsymbol{l}$($B$ 的环流)是否等于零呢?稳恒磁场是否为保守场呢?

9.5.1 安培环路定理

以长直载流导线的磁场为例,通过计算 $\oint_L \boldsymbol{B} \cdot d\boldsymbol{l}$,我们将看到它一般不为零.

如图9-16(a)所示,对长直载流导线,其周围的磁感线是一系列圆心在导线上且垂直于导线的平面内的同心圆. 磁感应强度 B 的大小为

$$B = \frac{\mu_0 I}{2\pi r}$$

式中,I 为长直载流导线的电流,r 为场点到导线的垂直距离.

在垂直于导线的平面内,过场点取

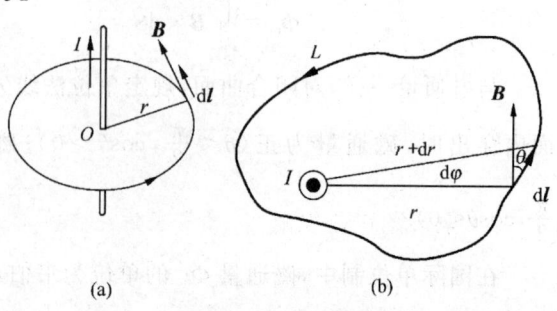

图 9-16 安培环路定理

一回路 L，绕行方向为逆时针方向. 如图 9-16(b)所示，在场点处取一线元 $\mathrm{d}\boldsymbol{l}$，$\mathrm{d}\boldsymbol{l}$ 与 $\boldsymbol{B}$ 之间的夹角为 θ，由于 $\mathrm{d}l\cos\theta\approx r\mathrm{d}\varphi$，则沿回路 L 磁感应强度 $\boldsymbol{B}$ 的环流为

$$\oint_L \boldsymbol{B} \cdot \mathrm{d}\boldsymbol{l} = \oint_L B\cos\theta \mathrm{d}l = \oint_L \frac{\mu_0 I}{2\pi r}\cos\theta \mathrm{d}l$$

$$= \frac{\mu_0 I}{2\pi r}\int_0^{2\pi r} \mathrm{d}\varphi = \mu_0 I \tag{9-23}$$

上式表明：**磁感应强度 $\boldsymbol{B}$ 沿任一闭合路径的线积分，等于该闭合路径所包围的电流的 μ_0 倍，这就是磁场的安培环路定理.**

当闭合路径反向绕行，即积分方向反向时，这时 $\mathrm{d}\boldsymbol{l}$ 与 $\boldsymbol{B}$ 之间的夹角为 $\pi-\theta$，$\mathrm{d}l\cos(\pi-\theta)\approx -r\mathrm{d}\varphi$，于是有

$$\oint_L \boldsymbol{B} \cdot \mathrm{d}\boldsymbol{l} = -\mu_0 I = \mu_0(-I) \tag{9-24}$$

当积分绕向与 I 的流向遵守右手螺旋法则时，式(9-23)中的电流 I 取正值；当积分绕向与 I 的流向遵守左手螺旋法则时，式(9-24)中的电流 I 取负值.

如果闭合路径不包围电流，可以证明

$$\oint_L \boldsymbol{B} \cdot \mathrm{d}\boldsymbol{l} = 0$$

式(9-23)和式(9-24)虽然是从无限长直载流导线这一特例的磁场中导出的，但是对闭合回路为任意形状且回路包围有任意电流的情况都是成立的.

如果闭合路径包围多个电流，因而有

$$\oint_L \boldsymbol{B} \cdot \mathrm{d}\boldsymbol{l} = \mu_0 \sum_i I_i \tag{9-25a}$$

式中，$I=\sum_i I_i$ 为闭合回路包围的电流的代数和，如图 9-17 所示.

利用矢量分析中的斯托克斯公式，若 S 是闭合路径 L 所包围的面积，则有

$$\oint_L \boldsymbol{B} \cdot \mathrm{d}\boldsymbol{l} = \iint_S (\nabla\times\boldsymbol{B}) \cdot \mathrm{d}\boldsymbol{S} = \mu_0 \sum_{(L内)} I_i = \mu_0 \iint_S \boldsymbol{j} \cdot \mathrm{d}\boldsymbol{S}$$

即

$$\nabla\times\boldsymbol{B} = \mu_0 \boldsymbol{j} \tag{9-25b}$$

式(9-25b)就是恒定磁场的安培环路定理的微分形式，其中 $\boldsymbol{j}$ 是电流密度矢量. 式(9-25a)和式(9-25b)说明恒定磁场是涡旋场（或有旋场）.

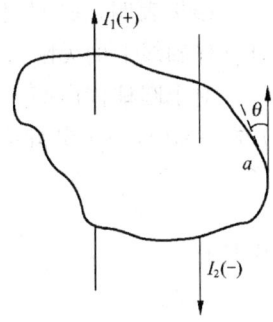

图 9-17 回路包围多个电流

为了更好地理解安培环路定理，有以下几点需要说明：

(1) 安培环路定理对于稳恒电流的任一形状的闭合回路均成立，反映了稳恒电流产生磁场的规律. 稳恒电流本身是闭合的，故安培环路定理仅适用于闭合的载流导线，而对于任意设想的一段载流导线则不成立.

(2) 电流的正负规定：若电流流向与积分回路的绕行方向满足右手螺旋关系，式中的电流取正值；反之，电流取负值.

(3) $\oint_L \boldsymbol{B} \cdot \mathrm{d}\boldsymbol{l}$ 只与闭合回路所包围的电流有关，但路径上磁感应强度 $\boldsymbol{B}$ 是闭合路径内

外电流分别产生的磁感应强度的矢量和.

(4) 磁场中 B 的环流一般不等于零,说明稳恒磁场与静电场不同,稳恒磁场是**非保守场**,不能引入与静电场中电势相对应的物理量.

9.5.2 安培环路定理的应用

【**例 9-4**】 求无限长均匀载流圆柱导体的磁场.设圆柱导体的半径为 R,电流为 I 并沿轴线方向.

解:由于电流分布有轴对称性,而且圆柱体很长,所以磁场对圆柱导体轴线同样是有对称性的.磁感线是在垂直于轴线平面内以该平面与轴线交点为圆心的一系列同心圆,如图 9-18 所示.因此可以选取通过场点 P 的圆作为积分回路,圆的半径为 r,使电流方向与积分回路绕行方向满足右手螺旋关系,在每一个圆周上 B 的大小是相同的,方向与每点的 $\mathrm{d}l$ 的方向相同,这时有 $B \cdot \mathrm{d}l = B\mathrm{d}l$. 对半径为 r 的环路,利用安培环路定理,有

$$\oint_L B \cdot \mathrm{d}l = \oint_L B \cdot 2\pi r = \mu_0 \sum_i I_i$$

对于圆柱体外部一点,闭合积分路径包围的电流 $\sum_i I_i = I$,可得

$$B = \frac{\mu_0 I}{2\pi r} \quad (r > R)$$

结果表明,在圆柱体外部,磁场分布与全部电流集中在圆柱导体轴线上的无限长直载流导线磁场分布相同.

对于圆柱体内部一点,闭合积分路径包围的电流为总电流 I 的一部分,由于电流均匀分布,所以得

$$I' = \sum_i I_i = \frac{I}{\pi R^2} \pi r^2 = \frac{r^2}{R^2} I$$

于是有

$$B = \frac{\mu_0}{2\pi r} \cdot \frac{r^2}{R^2} I = \frac{\mu_0 r I}{2\pi R^2} \quad (r < R)$$

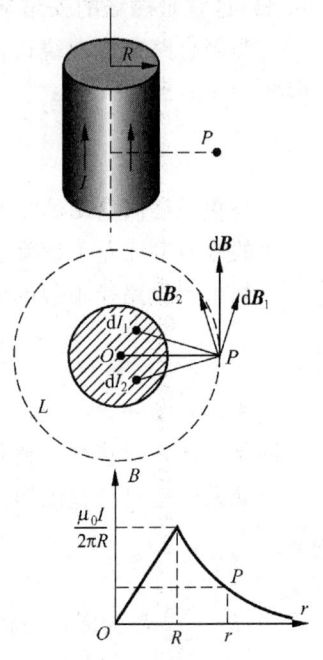

图 9-18 无限长均匀载流圆柱导体的磁场

结果表明,在圆柱体内部,磁感应强度 B 的大小与 r 成正比. B-r 曲线如图 9-18 所示.

【**例 9-5**】 求无限长直载流螺线管内的磁场分布.设此螺线管线圈中通有电流 I,单位长度密绕 n 匝线圈.

解:图 9-19 所示为一个密绕长直螺线管的一段,其单位长度匝数为 n,通过的电流为 I,管内的磁感应强度为 B,方向与轴线平行,大小相等,管内的磁场可视为均匀磁场.管外靠近管壁处磁感应强度为零.如图 9-19 所示,过管内一点作一矩形闭合回路 $abcda$,则磁感应强度 B 沿此回路积分为

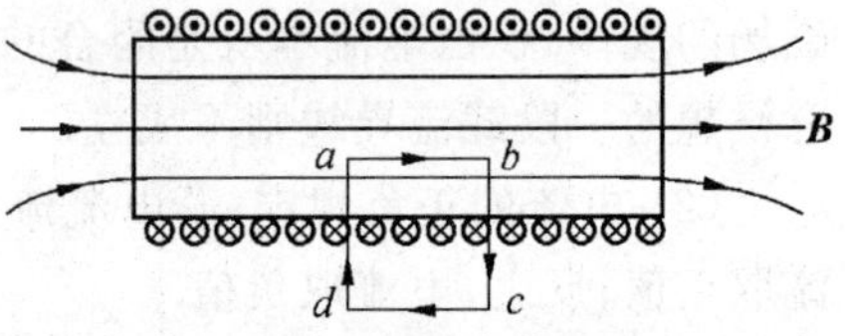

图 9-19 长直螺线管内的磁场

$$\oint_L \boldsymbol{B} \cdot \mathrm{d}\boldsymbol{l} = \int_{ab} \boldsymbol{B} \cdot \mathrm{d}\boldsymbol{l} + \int_{bc} \boldsymbol{B} \cdot \mathrm{d}\boldsymbol{l} + \int_{cd} \boldsymbol{B} \cdot \mathrm{d}\boldsymbol{l} + \int_{da} \boldsymbol{B} \cdot \mathrm{d}\boldsymbol{l}$$

在 cd 段,由于管外磁感应强度为零,所以 $\int_{cd} \boldsymbol{B} \cdot \mathrm{d}\boldsymbol{l} = 0$. 在 bc 和 da 段,一部分在管外,一部分在管内,虽然管内部分 $B \neq 0$,但 $\boldsymbol{B}$ 与 $\mathrm{d}\boldsymbol{l}$ 垂直,管外部分 $B = 0$,所以有

$$\int_{bc} \boldsymbol{B} \cdot \mathrm{d}\boldsymbol{l} = \int_{da} \boldsymbol{B} \cdot \mathrm{d}\boldsymbol{l} = 0$$

在 ab 段,磁感应强度为 $\boldsymbol{B}$,方向与轴线平行,大小相等,所以

$$\int_{ab} \boldsymbol{B} \cdot \mathrm{d}\boldsymbol{l} = B\overline{ab}$$

再根据安培环路定理,可得

$$\oint_L \boldsymbol{B} \cdot \mathrm{d}\boldsymbol{l} = \mu_0 \overline{ab} nI$$

比较两式,可得

$$B = \mu_0 nI$$

上式表明,无限长直螺线管内任一点的磁感应强度的大小与通过螺线管的电流和单位长度线圈的匝数成正比. 这一结论与用毕奥-萨伐尔定律计算结果相同,但更加简单.

【例 9-6】 求螺绕环内的磁感应强度,如图 9-20 所示,设环上密绕 N 匝线圈,线圈中通有电流为 I.

解: 如果螺绕环上导线绕得很密,则全部磁场都集中在环内,环内的磁感线是同心圆,圆心都在螺绕环的对称轴上. 由于有对称性,在同一磁感线上各点 $\boldsymbol{B}$ 的大小是相同的,方向沿圆的切线方向. 为求出环内离环心为 r 的场点 P 的磁感应强度,取过 P 点的半径为 r 的圆为积分路径 L,由安培环路定理,有

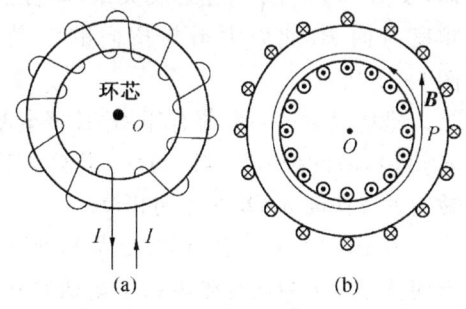

图 9-20 螺绕环内的磁场

$$\oint_L \boldsymbol{B} \cdot \mathrm{d}\boldsymbol{l} = B \oint_L \mathrm{d}l = B 2\pi r = \mu_0 \sum_i I_i$$

回路所包围的电流的代数和 $\sum_i I_i = NI$,所以得到

$$B = \frac{\mu_0 NI}{2\pi r}$$

$\boldsymbol{B}$ 的方向在纸面内垂直 OP. 从上面结果看出,不同半径 r 处 $\boldsymbol{B}$ 的大小不同,这一点与无限长直螺线管的情况是不同的.

设用 L 表示螺绕环中心线的周长时,则在此圆周上各点 $\boldsymbol{B}$ 的大小为 $B = \dfrac{\mu_0 NI}{L} = \mu_0 nI$,$n = \dfrac{N}{L}$ 为单位长度上的匝数.

如果螺绕环外半径与内半径之差远小于螺绕环中心线的半径时,则可认为螺绕环内部各点 $\boldsymbol{B}$ 的大小是相等的,即磁场是均匀磁场.

同应用高斯定理可以求电场强度类似,应用安培环路定理也可以求出某些有对称分布

的电流的磁感应强度分布. 计算的一般步骤如下:

(1) 根据电流分布的对称性分析磁场分布是否具有对称性.

(2) 过场点选取合适的闭合积分路径, 即在此闭合路径的各点磁感应强度 B 的大小应相等, 使得 B 的环流容易计算.

(3) 利用 $\oint_L \boldsymbol{B} \cdot \mathrm{d}\boldsymbol{l} = \mu_0 \sum_{L\text{内}} I_i$, 求出磁感应强度 B 的值.

9.6 带电粒子在电场与磁场中的运动

带电粒子在磁场中运动时要受到洛伦兹力的作用.

9.6.1 洛伦兹力

在均匀磁场 $\boldsymbol{B}$ 中, 运动电荷所带电荷量为 $+q$, 其速度为 $\boldsymbol{v}$, 由磁感应强度 $\boldsymbol{B}$ 的定义式可知 $\boldsymbol{v}$ 与 $\boldsymbol{B}$ 的关系式为

$$\boldsymbol{F} = q\boldsymbol{v} \times \boldsymbol{B} \tag{9-26}$$

这个力称为**洛伦兹力**, 洛伦兹力的大小为

$$F = qvB\sin\theta$$

式中, θ 为 $\boldsymbol{v}$ 与 $\boldsymbol{B}$ 之间的夹角, $\boldsymbol{F}$ 的方向垂直于 $\boldsymbol{v}$ 和 $\boldsymbol{B}$ 组成的平面, $\boldsymbol{v}$、$\boldsymbol{B}$ 和 $\boldsymbol{F}$ 满足右手螺旋关系, 即右手四指由 $\boldsymbol{v}$ 经小于 $180°$ 的角度弯向 $\boldsymbol{B}$, 此时大拇指指向的就是正电荷受力的方向, 如图 9-21 所示.

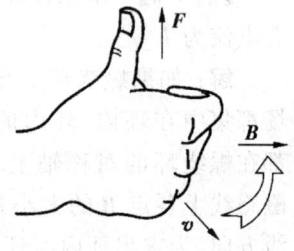

图 9-21 右手螺旋关系

磁场只对运动电荷有作用力. 洛伦兹力与电荷正负有关, 当 $q>0$ 时, 洛伦兹力的方向与 $\boldsymbol{v} \times \boldsymbol{B}$ 的方向相同; 当 $q<0$ 时, 洛伦兹力的方向与 $\boldsymbol{v} \times \boldsymbol{B}$ 的方向相反.

由于洛伦兹力的方向总是与运动电荷的方向垂直, 即 $\boldsymbol{F} \perp \boldsymbol{v}$, 因而洛伦兹力只改变带电粒子运动的方向, 而不改变其运动速度的大小, 故洛伦兹力对带电粒子不做功.

9.6.2 带电粒子在电磁场中的运动与应用

我们知道: 一个带电荷量为 q、质量为 m 的粒子, 在电场强度为 $\boldsymbol{E}$ 的电场中所受到的电场力 $\boldsymbol{F}_e = q\boldsymbol{E}$; 一个带电荷量为 q、质量为 m 的粒子, 以速度 $\boldsymbol{v}$ 进入磁感应强度为 $\boldsymbol{B}$ 的均匀磁场中, 它所受到的洛伦兹力 $\boldsymbol{F}_m = q\boldsymbol{v} \times \boldsymbol{B}$.

一般情况下, 带电粒子如果既在电场中又在磁场中运动时, 则带电粒子在电场和磁场中所受的力应为电场力和洛伦兹力的合力, 即

$$\boldsymbol{F} = \boldsymbol{F}_e + \boldsymbol{F}_m = q\boldsymbol{E} + q\boldsymbol{v} \times \boldsymbol{B} \tag{9-27}$$

下面讨论带电粒子在均匀磁场中运动的情形.

如果有一个带电粒子所带电荷量为 q, 质量为 m, 以初速度 $\boldsymbol{v}$ 进入磁感应强度为 $\boldsymbol{B}$ 的均匀磁场中, 根据 $\boldsymbol{v}$ 与 $\boldsymbol{B}$ 之间的方向关系, 我们分三种情况讨论带电粒子在磁场中的运动.

(1) 粒子的初速度 $\boldsymbol{v}$ 与磁场平行或反平行, 即 $\boldsymbol{v} \parallel \boldsymbol{B}$, 磁场对运动粒子的作用力 $\boldsymbol{F} = 0$, 带

电粒子做速度 v 的匀速直线运动,不受磁场的影响.

(2) 粒子的初速度 v 与磁场垂直,即 $v \perp B$,带电粒子所受的洛伦兹力的大小为 $F=qvB$,方向与速度 v 垂直,所以洛伦兹力只能改变速度的方向,不改变速度的大小.带电粒子进入磁场后,将做匀速圆周运动,洛伦兹力提供向心力,如图 9-22 所示.

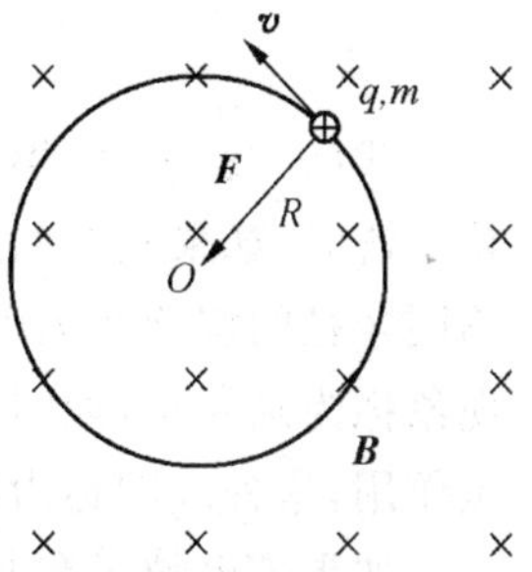

由牛顿第二定律,得

$$qvB = m\frac{v^2}{R}$$

所以圆轨道半径为

$$R = \frac{mv}{qB} \tag{9-28}$$

图 9-22 带电粒子在匀强磁场中做圆周运动

从式(9-28)可以看出,粒子运动半径 R 与带电粒子的速率成正比,与磁感应强度 B 的大小成反比.

粒子运动一周所需的时间,即回旋周期为

$$T = \frac{2\pi R}{v} = \frac{2\pi}{v}\frac{mv}{qB} = \frac{2\pi m}{qB} \tag{9-29}$$

带电粒子在单位时间内运行的周数,即频率为

$$f = \frac{1}{T} = \frac{qB}{2\pi m} \tag{9-30}$$

从式(9-29)和式(9-30)可以看出,回旋周期 T、频率 f 与带电粒子的速率和回旋半径无关.

(3) 带电粒子的速度 v 与磁场 B 之间的夹角为 θ 时,则可以把速度 v 分解为平行于磁感应强度 B 的分量 $v_{\parallel}$ 和垂直于磁感应强度 B 的分量 $v_{\perp}$,如图 9-23(a)所示,它们的大小分别为

$$v_{\parallel} = v\cos\theta, \quad v_{\perp} = v\sin\theta$$

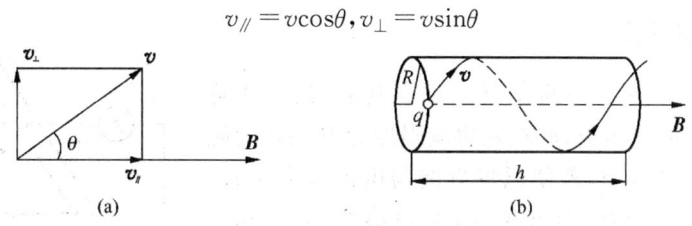

图 9-23 螺旋运动

若带电粒子在平行于磁场 B 的方向或其反方向运动,有 $F_{\parallel}=0$,则带电粒子做匀速直线运动;若带电粒子在垂直于磁场 B 的方向运动,有 $F_{\perp}=qvB\sin\theta$,则带电粒子在垂直于 B 的平面内做匀速圆周运动.

当两个分量同时存在时,带电粒子同时参与两个运动,结果粒子做螺旋线向前运动,轨迹是螺旋线.粒子的回转半径为

$$R = \frac{mv_{\perp}}{qB} \tag{9-31}$$

粒子的回旋周期为

$$T = \frac{2\pi R}{v_{\perp}} = \frac{2\pi m}{qB} \tag{9-32}$$

粒子回转一周前进的距离称为螺距,螺距为

$$h = v_{\parallel} T = \frac{2\pi m v_{\parallel}}{qB} \tag{9-33}$$

式(9-33)表明,螺距 h 与 $v_{\perp}$ 无关,只与 $v_{\parallel}$ 成正比.从磁场中某点发射一束很窄的带电粒子流时,如果它们的速率大小相近,则这些粒子沿磁场方向的 $v_{\parallel}$ 近似相等,尽管它们在做不同半径的螺旋线运动,但其螺距是近似相等的.每转一周,粒子又会重新汇聚在一起,这种现象称为磁聚焦,如图 9-24 所示.在实际中用得更多的是短线圈产生的非均匀磁场的磁聚焦作用,这种线圈称为磁透镜,它在电子显微镜中起了与透镜相类似的作用.

如果带电粒子在非均匀磁场中运动,则带电粒子进入磁场后,由于磁场不均匀,洛伦兹力的大小不断变化.尽管带电粒子不做匀速圆周运动,但带电粒子同样要做螺旋运动,只是回旋半径和螺距是不断变化的.当带电粒子向磁场较强的方向运动时,回旋半径较小.如图 9-25 所示,若粒子在非均匀磁场中所受洛伦兹力恒有一指向磁场较弱方向的分量阻碍其继续前进,可能使粒子前进的速度减小到零,并沿反方向运动,就像遇到反射镜一样,这种磁场称为磁镜.

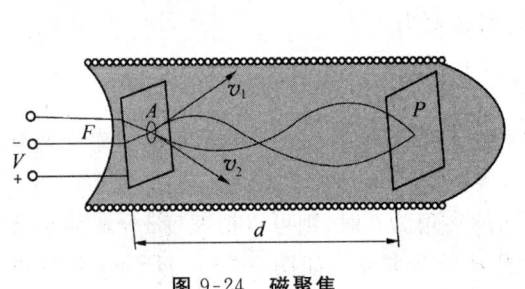

图 9-24 磁聚焦

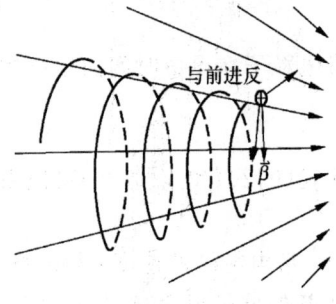

图 9-25 磁镜

9.6.3 霍尔效应

霍尔效应是 1879 年由霍尔首先观察到的.把一块宽度为 d、厚度为 b 的导体板,放在磁感应强度为 B 的均匀磁场中,导体板通有电流 I,若使磁场方向与电流方向垂直,则在导体板的横向两侧就会出现一定的电势差(图 9-26).这种现象叫**霍尔效应**,产生的电势差称为霍尔电势差.

实验表明,在磁场不太强时,霍尔电势差 U_H 与电流 I 和磁感应强度 B 的大小成正比,而与导体板的厚度 b 成反比,即

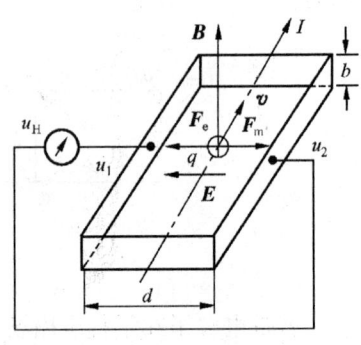

图 9-26 霍尔效应

$$U_H = R_H \frac{BI}{b} \tag{9-34}$$

式中,R_H 为比例系数,称为霍尔系数.

霍尔效应产生的原因是由于导体中的载流子(做定向运动的带电粒子)在磁场中受到洛伦兹力而发生横向漂移的结果.设载流子是正电荷,其定向运动方向与电流方向相同,载流子以平均速度 v 运动,则在磁场中载流子所受的洛伦兹力的大小为 $F_m = qvB$,洛伦兹力的方

向向右,载流子在洛伦兹力的作用下,电荷产生横向漂移,使图 9-26 中的右端面积累正电荷,左端面积累负电荷,在两端面之间产生一个由右指向左的电场 E.这样载流子还将受到电场力 F_e 的作用.电场力 F_e 的方向与洛伦兹力方向相反,阻碍载流子向右端面积累.当两端面电荷积累到一定的程度,使得 $F_m + F_e = 0$,就达到了平衡,此时两端面载流子停止积累,两端面上的电荷不再发生变化,于是两端面间产生了一个恒定的电势差.端面间的电场达到稳定,我们把这个电场称为霍尔电场,用 E_H 表示.

设载流子的电荷为 q,载流子做定向运动的平均速度大小为 v,磁感应强度大小为 B.当电场力与洛伦兹力平衡时,有

$$qE_H = qvB$$

所以有

$$E_H = Bv$$

用霍尔电压 U_H 表示,则

$$\frac{U_H}{d} = Bv \tag{9-35}$$

设单位体积内载流子数为 n,则根据电流的定义,有

$$I = nqvbd$$

则可得

$$v = \frac{I}{nqbd}$$

代入式(9-35),得霍尔电势差为

$$U_H = \frac{BI}{nqb} \tag{9-36}$$

上式与式(9-34)比较,可得霍尔系数为

$$R_H = \frac{1}{nq} \tag{9-37}$$

由上式可知,霍尔系数的正负取决于载流子的正负.故可利用霍尔电势差(或霍尔系数)的正负,判断半导体中载流子的正负.由于式(9-37)中各个量都可以由实验测定,从而可以确定霍尔系数,计算出载流子的浓度.

讨论:

(1) 若霍尔元件为导体,由于载流子浓度 n 很大,则由式(9-37)可见霍尔系数 R_H 很小,霍尔效应不明显.

(2) 若霍尔元件为电介质,由于载流子浓度 n 很小,则由式(9-37)可见霍尔系数 R_H 很大,但由式(9-34)知,$I = 0$,没有霍尔效应.

(3) 只有霍尔元件为半导体的情况,载流子浓度 n 适当,我们可以在实验中观察到明显的霍尔效应.

由以上的讨论,我们可以得出结论:霍尔元件只能用半导体材料制作.

霍尔效应在工业生产中有许多应用.根据霍尔效应,利用半导体材料制成多种霍尔元件,可以用来测量磁感应强度、电流和功率等.在半导体中,载流子浓度要小于金属电子的浓度,且容易受温度、杂质的影响,所以霍尔系数是研究半导体的重要方法之一.

1980 年,德国物理学家克利青在研究低温和强磁场下半导体的霍尔效应时,发现 U_H-B

的曲线出现台阶,而不为线性关系,这就是量子霍尔效应. 为此,克利青于 1985 年获得诺贝尔物理学奖. 崔琦和施特默等在对强磁场和超低温实验条件下的电子进行研究时,发现了分数量子霍尔效应,为此崔琦、施特默和劳克林获得 1998 年诺贝尔物理学奖.

9.7 磁场对载流导线的作用

导线中的电流是电子做定向运动形成的,当把载流导线置于磁场中时,运动的载流子要受到洛伦兹力的作用,所以载流导线在磁场中受到的磁场力本质上是在洛伦兹力作用下,导体中做定向运动的电子与金属导体中晶格上的正离子不断地碰撞,把动量传给了导体,从而使整个载流导体在磁场中受到磁场力的作用.

9.7.1 磁场对载流导线的作用力——安培力

如图 9-27(a)所示,在载流导线上取一电流元 Idl,此电流元与磁感应强度 B 之间的夹角为 φ,假设电流元中自由电子的定向漂移速度为 v,且 v 与磁感应强度 B 之间的夹角为 θ,则 $\theta = \pi - \varphi$.

电流元中的每一个自由电子受到的洛伦兹力的大小均为 $F_m = evB\sin\theta$. 由于电子带负电,这个力的方向为垂直纸面向里. 若电流元的截面积为 S,单位体积内的自由电子数为 n,则电流元中共有的电子数为 $nSdl$. 所以电流元所受的力为这些电子所受洛伦兹力的总和. 由于作用在每个电子上的力的大小及方向都相同,所以磁场作用于电流元上的力为

$$dF = nSdl \cdot F_m = nSdl \cdot evB\sin\theta$$

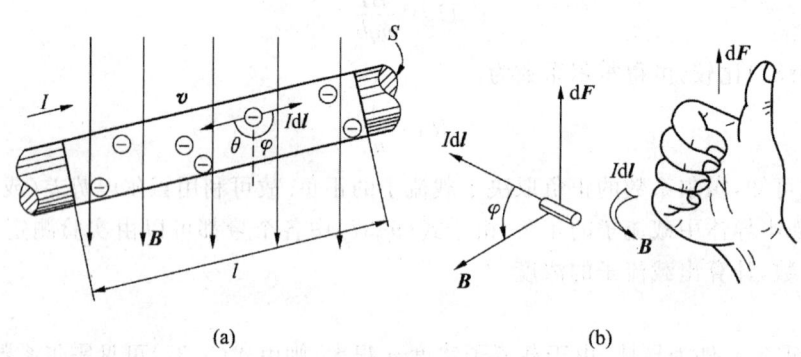

(a) (b)

图 9-27 安培力

又因为 $I = neSv$,所以得到

$$dF = IdlB\sin\theta$$

由于 $\theta = \pi - \varphi$,则 $\sin\theta = \sin(\pi - \varphi) = \sin\varphi$,因此

$$dF = IdlB\sin\varphi$$

把上式写成矢量形式:

$$d\boldsymbol{F} = Id\boldsymbol{l} \times \boldsymbol{B} \tag{9-38}$$

方向由右手螺旋法则来确定,如图 9-27(b)所示. 这就是磁场对电流元的作用力,称为**安培力**,式(9-38)为**安培定律**的数学表达形式.

利用安培定律可以计算任一段载流导线在磁场中受到的安培力. 有限长载流导线在磁

场中受到的安培力,等于磁场作用在各电流元上的安培力的矢量和,即

$$F = \int dF = \int_L I dl \times B \tag{9-39}$$

式中,B 为各电流元所在处的磁感应强度.

下面请看几个例子.

【例 9-7】 如图 9-28 所示,一段长为 L 的载流直导线置于磁感应强度为 B 的均匀磁场中,B 的方向在纸面内,电流流向与 B 的夹角为 θ,求导线所受的力.

解:取电流元 $I dl$,则电流元受到的安培力为

$$dF = I dl \times B$$

方向为垂直指向纸面,且导线上所有电流元受力方向相同. 整段导线受到的安培力为

$$F = \int dF = \int_L I dl \times B$$

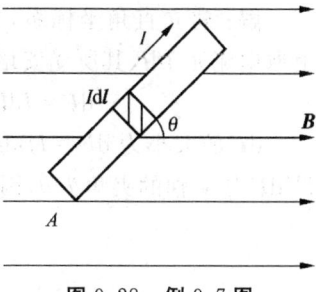

图 9-28 例 9-7 图

化为标量积分,力 F 的大小为

$$F = \int_A^B IB\sin\theta dl = \int_0^L IB\sin\theta dl = IBL\sin\theta$$

F 的方向垂直指向纸面.

当 $\theta = 0$ 时,$F = 0$;当 $\theta = \dfrac{\pi}{2}$ 时,$F = F_{\max} = BIL$.

以上是载流直导线在均匀磁场中的受力情况. 一般情况下,磁场是不均匀的,这可从下面例子中看到.

【例 9-8】 一无限长载流直导线 AB,电流为 I_1,在它的一侧有一长为 l 的有限长载流导线 CD,其电流为 I_2,AB 与 CD 共面,且 $CD \perp AB$,C 端距 AB 为 a. 求直导线 CD 受到的安培力.

解:如图 9-29 所示,取 x 轴与 CD 重合,原点在 AB 上. 由题意可知,载流导线 CD 处于一个非均匀场中,磁感应强度随位置变化,在 x 处 B 方向垂直纸面向里,大小为

$$B = \frac{\mu_0 I_1}{2\pi x}$$

在 CD 上距离 AB 为 x 处取电流元 $I_2 dx$,则其所受到的安培力为

$$dF = I_2 dx \times B$$

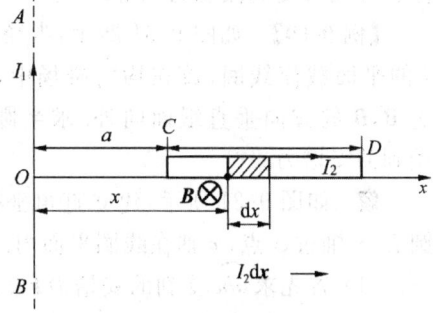

图 9-29 例 9-8 图

由于 CD 上各电流元受到的安培力方向相同,所以 CD 段受到的安培力 $F = \int dF$ 可简化为标量积分,CD 段受到安培力的大小为

$$F = \int dF = \int_a^{a+l} \frac{\mu_0 I_1}{2\pi x} I_2 dx = \frac{\mu_0 I_1 I_2}{2\pi} \ln\frac{a+l}{a}$$

F 的方向为沿纸面向上,即沿 BA 方向.

上面结果用矢量表示为

$$F = \frac{\mu_0 I_1 I_2}{2\pi} \ln\frac{a+l}{a} \boldsymbol{j}$$

【例 9-9】 一根形状不规则的载流导线,两端点的距离为 L,通有电流为 I,导线置于磁感应强度为 $\boldsymbol{B}$ 的均匀磁场中,磁感应强度 $\boldsymbol{B}$ 的方向垂直于导线所在平面.求作用在此导线上的磁场力.

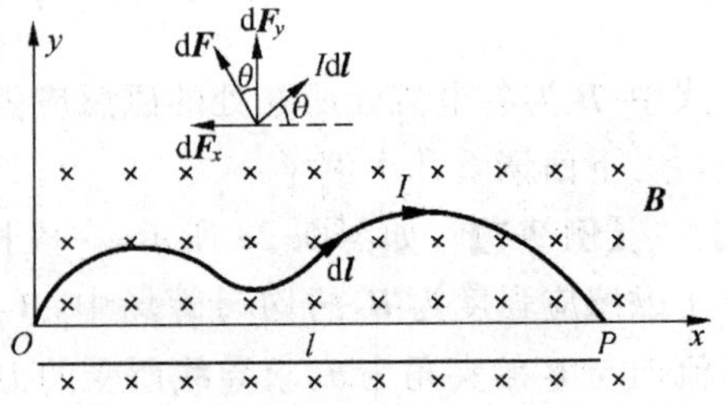

解: 建立直角坐标系,如图 9-30 所示,在导线上取电流元 $I\mathrm{d}l$,其所受安培力为

$$\mathrm{d}\boldsymbol{F} = I\mathrm{d}\boldsymbol{l} \times \boldsymbol{B}$$

图 9-30 例 9-9 图

$\mathrm{d}\boldsymbol{F}$ 的大小为 $\mathrm{d}F = IB\mathrm{d}l$,方向如图 9-30 所示.
设 $\mathrm{d}\boldsymbol{F}$ 与 y 轴的夹角为 θ,因而 $\mathrm{d}\boldsymbol{F}$ 在 x 方向和 y 方向的分力的大小分别为

$$\mathrm{d}F_x = \mathrm{d}F\sin\theta = BI\mathrm{d}l\sin\theta$$
$$\mathrm{d}F_y = \mathrm{d}F\cos\theta = BI\mathrm{d}l\cos\theta$$

因为

$$\mathrm{d}l\sin\theta = \mathrm{d}y, \mathrm{d}l\cos\theta = \mathrm{d}x$$

所以有

$$\mathrm{d}F_x = BI\mathrm{d}y, \mathrm{d}F_y = BI\mathrm{d}x$$

积分可得

$$F_x = \int_0^0 BI\mathrm{d}y = 0, F_y = \int_0^l BI\mathrm{d}x = BIl$$

故载流导线所受的磁场力的大小为 $F = BIl$,方向沿 y 轴方向.

用矢量表示为

$$\boldsymbol{F} = BIl\boldsymbol{j}$$

结果表明,在均匀磁场中,任意形状的载流导线所受的磁场力,与始点和终点相连的载流直导线所受的磁场力相等.

【例 9-10】 如图 9-31 所示,半径为 R、电流为 I 的平面载流线圈,放在均匀磁场中,磁感应强度为 $\boldsymbol{B}$,$\boldsymbol{B}$ 的方向垂直纸面向外.求半圆周 $\overset{\frown}{abc}$ 和 $\overset{\frown}{cda}$ 受到的安培力.

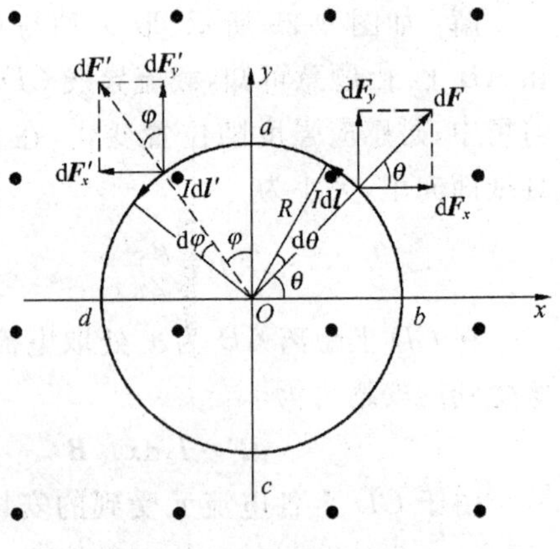

解: 如图 9-31 所示,建立直角坐标系,原点在圆心,y 轴过 a 点,x 轴在线圈平面内.

(1) 首先求 $\overset{\frown}{abc}$ 受到的安培力 $\boldsymbol{F}_{\overset{\frown}{abc}}$.

电流元 $I\mathrm{d}l$ 受到的安培力为

$$\mathrm{d}\boldsymbol{F} = I\mathrm{d}\boldsymbol{l} \times \boldsymbol{B}$$

$\mathrm{d}\boldsymbol{F}$ 的大小为

$$\mathrm{d}F = I\mathrm{d}lB\sin\frac{\pi}{2}$$

图 9-31 例 9-10 图

$\mathrm{d}\boldsymbol{F}$ 的方向为沿半径向外.因为 $\overset{\frown}{abc}$ 各处电流元受力方向不同(均沿各自半径向外),将 $\mathrm{d}\boldsymbol{F}$ 分解成 $\mathrm{d}\boldsymbol{F}_x$ 及 $\mathrm{d}\boldsymbol{F}_y$ 来进行叠加.

$$\mathrm{d}F_x = \mathrm{d}F\cos\theta = BI\mathrm{d}l\cos\theta$$

$$F_x = \int dF_x = \int_{\widehat{abc}} BI dl \cos\theta = \int_{-\pi/2}^{\pi/2} BI(Rd\theta)\cos\theta = 2BIR$$

$$dF_y = dF\sin\theta = BI dl \sin\theta$$

积分得

$$F_y = \int dF_y = \int_{\widehat{abc}} BI dl \sin\theta = \int_{-\pi/2}^{\pi/2} BI(Rd\theta)\sin\theta = 0$$

实际上,由受力的对称性,也可直接得知 $F_y = 0$, $\boldsymbol{F}_{\widehat{abc}} = 2BIR\boldsymbol{i}$.

(2) 求 $\boldsymbol{F}_{\widehat{cda}}$.

考虑电流元 $I d\boldsymbol{l}'$, 它受到的安培力为 $d\boldsymbol{F}' = I d\boldsymbol{l}' \times \boldsymbol{B}$, 大小为 $dF' = I dl' B \sin\dfrac{\pi}{2}$, 方向为沿半径向外. 与 $\widehat{abc}$ 求解方法相同,由于 $\widehat{cda}$ 上各电流元受力方向不同,也将 $d\boldsymbol{F}'$ 分解成 $d\boldsymbol{F}'_x$、$d\boldsymbol{F}'_y$.

$$dF'_x = -dF' \sin\varphi = -BI dl' \sin\varphi$$

$$F'_x = \int dF'_x = \int_{\widehat{cda}} -BI dl' \sin\varphi = \int_0^{\pi} -BI(Rd\varphi)\sin\varphi = -2BIR$$

$$dF'_y = dF' \cos\varphi = BI dl' \cos\varphi$$

$$F'_y = \int dF'_y = \int_{\widehat{cda}} BI dl' \cos\varphi = \int_0^{\pi} BI(Rd\varphi)\cos\varphi = 0$$

所以

$$\boldsymbol{F}_{\widehat{cda}} = -2BIR\boldsymbol{i}$$

讨论:

(1) 各电流元受力方向不同时,应先求出 dF_x 及 dF_y,之后再求 F_x 及 F_y.

(2) 分析导线受力的对称性. 如本题中,不用计算 F_y 和 F'_y 就能知道它们为 0.

(3) 由于 $\boldsymbol{F}_{\widehat{abc}} + \boldsymbol{F}_{\widehat{cda}} = 0$, 所以圆形平面载流线圈在均匀磁场中受力为 0.

推广上面结果可知,任意平面闭合线圈在均匀磁场中所受安培力为 0, 这样,可以让某些问题的计算得以简化.

9.7.2 载流线圈的磁矩 磁场对载流线圈的作用

如图 9-32 所示,在磁感应强度为 $\boldsymbol{B}$ 的匀强磁场中,有一刚性矩形载流线圈 $abcd$, 边长分别为 l_1 和 l_2, 线圈通过的电流为 I, 方向如图所示,磁感应强度 $\boldsymbol{B}$ 的方向沿水平方向,与线圈平面成 φ 角. 现分别求磁场对四个载流导线边的作用力. 由式(9-39),作用于导线 ab、cd 两边的磁场力大小为

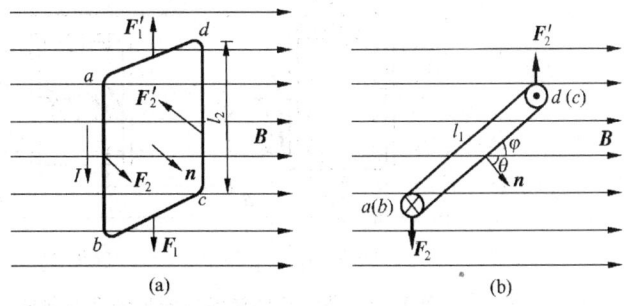

图 9-32 矩形载流线圈在磁场中所受的磁力矩

$$F_2 = BI l_2, \quad F'_2 = BI l_2$$

两者大小相等,方向相反,但作用线不在一条线上. 作用在导线 bc、ad 两边的受力情况为

$$F_1 = BI l_1 \sin\varphi$$

$$F'_1 = BIl_1\sin(\pi-\varphi) = BIl_1\sin\varphi$$

两者大小相等,方向相反,且在同一直线上,相互抵消,故对于线圈来说,它们合力矩为零. 而 F_2 与 F'_2 形成一个力偶,其力偶臂为 $l_1\cos\varphi$. 所以线圈所受的磁力矩为

$$M = F_2 l_1 \cos\varphi$$

又因为 $\theta = \dfrac{\pi}{2} - \varphi$,所以 $\cos\varphi = \sin\theta$,因此线圈所受的磁力矩为

$$M = F_2 l_1 \cos\varphi = BIl_2 l_1 \sin\theta = BIS\sin\theta \qquad (9\text{-}40)$$

式中,$S = l_1 l_2$ 是矩形线圈的面积,θ 是线圈法线 n(规定 n 的方向与线圈电流的方向之间满足右手螺旋关系,即四指与电流方向相同,大拇指方向即为法线方向,如图 9-33 所示)与磁感应强度 B 之间的夹角. 当线圈有 N 匝时,则线圈所受的磁力矩为

$$M = NBIS\sin\theta$$

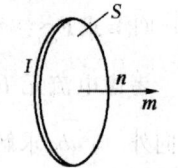

图 9-33 载流线圈的正法线

这里引入磁矩 m 的概念,定义线圈磁矩 $m = NIS n$,因此,引入磁矩后上式可以写成矢量形式:

$$\mathbf{M} = \mathbf{m} \times \mathbf{B} \qquad (9\text{-}41)$$

力矩 M 的大小为 $M = mB\sin\theta$,方向由磁矩 m 与 B 的矢量积确定.

式(9-41)虽然是从矩形线圈推导出来的,但可以证明对任意形状的平面载流线圈都成立.

下面分几种情况讨论:

(1) 如图 9-34(a)所示,当 $\theta = 0$ 时,线圈平面与磁场 B 垂直,线圈所受的磁力矩 $M = 0$,此时线圈处于稳定平衡状态.

(2) 如图 9-34(b)所示,当 $\theta = \dfrac{\pi}{2}$ 时,即线圈平面与磁场 B 平行,线圈所受的磁力矩最大,$M_{\max} = ISB$.

(3) 如图 9-34(c)所示,当 $\theta = \pi$ 时,线圈平面与磁场 B 垂直,线圈所受的磁力矩 $M = 0$,这时线圈处于不稳定平衡状态,即此时只要线圈稍受扰动,就不再回到原平衡位置.

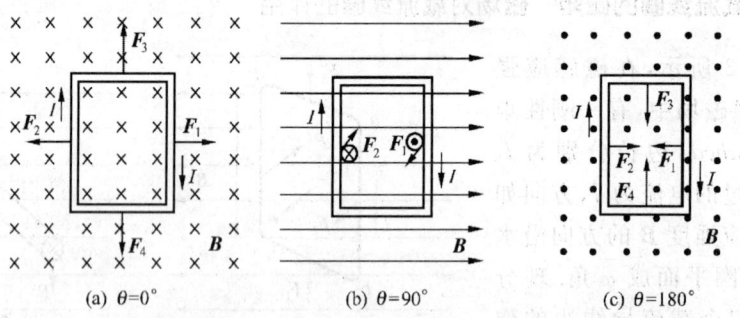

图 9-34 载流线圈法线方向与磁场方向成不同角度时所受的磁力矩

如果载流线圈处于非均匀强磁场中,线圈除受磁力矩作用外,还要受到安培力的作用,因此,线圈除了转动外,还有平动,向磁场强的地方移动.

磁电式电流计就是通过载流线圈在磁场中受磁力矩的作用发生偏转而制作的. 磁电式电流计的结构如图 9-35 所示. 在永久磁铁的两极和圆柱体铁芯之间的空气隙内,放一可绕

固定转轴 OO' 转动的铝制框架,框架上绕有线圈,转轴的两端各有一个旋丝,且在一端上固定一针.当电流通过线圈时,由于磁场对载流线圈的磁力矩作用,使指针跟随线圈一起发生偏转,从偏转角的大小,就可以测出通过线圈的电流.

在永久磁铁与圆柱之间空隙内的磁场是径向的,所以线圈平面的法线方向总是与线圈所在处的磁场垂直,因而线圈所受的磁力矩为

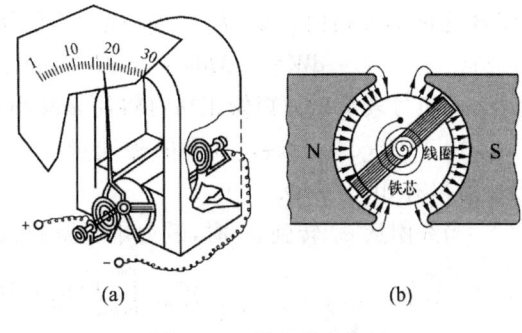

图 9-35 磁电式电流计

$$M = NBIS$$

当线圈转动时,旋丝卷紧,产生一个反抗力矩:

$$M' = \alpha\theta$$

式中,α 为游丝的扭转常数,θ 为线圈转过的角度.当线圈平衡时,有

$$M = NBIS = \alpha\theta$$

所以

$$I = \frac{\alpha}{NBS}\theta = k\theta$$

式中,$k = \dfrac{\alpha}{NBS}$ 为常量.根据线圈偏转角度 θ,就可以测出通过线圈的电流 I.

9.7.3 磁场力的功

载流导线或载流线圈在磁场力和磁力矩的作用下运动时,磁场力就要做功.下面从两个特例出发,导出磁场力做功的一般公式.

(1) 载流导线在磁场中运动时磁场力所做的功.

设在磁感应强度为 $\boldsymbol{B}$ 的均匀磁场中,有一载流闭合回路 $abcda$,其中 ab 长度为 l,可以沿 da 和 cb 滑动,如图 9-36 所示.设 ab 滑动时,回路中电流不变,则载流导线 ab 在磁场中所受的安培力 $\boldsymbol{F}$ 的大小为 $F = IBl$,方向向右,在 $\boldsymbol{F}$ 的作用下将向右运动,当由初始位置 ab 移动到位置 $a'b'$ 时,磁场力 $\boldsymbol{F}$ 所做的功为

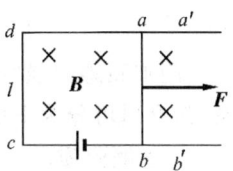

图 9-36 磁场力对载流导线所做的功

$$W = F\overline{aa'} = IBl\,\overline{aa'} = BI\Delta S = I\Delta\Phi$$

上式说明,当载流导线在磁场中运动时,若电流保持不变,磁场力所做的功等于电流乘以通过回路所包围面积内磁通量的增量,即磁场力所做的功等于电流乘以载流导线在移动中所切割的磁感线数.

(2) 载流线圈在磁场内转动时磁场力所做的功.

如图 9-37 所示,设载流线圈在均匀磁场中做顺时针转动,若设法使线圈中电流维持不变,线圈所受磁力矩大小 $M = BIS\sin\varphi$,当线圈转过小角度 $\mathrm{d}\varphi$ 时,使线圈法向 $\boldsymbol{n}$ 与磁感应强

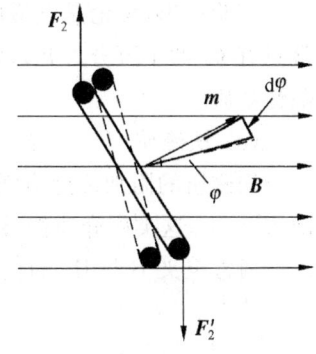

图 9-37 磁场力对载流线圈所做的功

度 B 之间的夹角由 φ 变为 $\varphi+\mathrm{d}\varphi$,磁力矩所做的元功为

$$\mathrm{d}W = -M\mathrm{d}\varphi = -BIS\sin\varphi\mathrm{d}\varphi = BIS\mathrm{d}(\cos\varphi) = I\mathrm{d}(BS\cos\varphi)$$

式中的负号表示磁力矩做正功时将使 φ 减小,$\mathrm{d}\varphi$ 为负值.

由于 $BS\cos\varphi$ 为通过线圈的磁通量,所以 $\mathrm{d}(BS\cos\varphi)$ 表示线圈转过 $\mathrm{d}\varphi$ 后磁通量的增量. 所以有 $\mathrm{d}W = I\mathrm{d}\Phi$.

当线圈从 φ_1 转到 φ_2 时,磁力矩所做的总功为

$$W = \int_{\Phi_1}^{\Phi_2} I\mathrm{d}\Phi = I(\Phi_2 - \Phi_1) = I\Delta\Phi$$

式中,Φ_1 和 Φ_2 分别为线圈在 φ_1 和 φ_2 时通过线圈的磁通量.

9.8 磁场中的磁介质

前面我们讨论的都是真空中运动电荷及电流所产生的磁场,而在实际磁场中,一般都存在着各种各样的磁介质. 与电场中的电介质由于极化而影响电场类似,磁场与磁介质之间也有相互作用. 处于磁场中的磁介质产生磁化,磁化的磁介质也会产生附加磁场,从而对原磁场产生影响.

9.8.1 磁介质

在磁场中与磁场发生相互作用,反过来影响原来磁场的物质称为磁介质. 实验表明,不同磁介质对磁场的影响是不同的. 设真空中某点的磁感应强度为 $\boldsymbol{B}_0$,磁介质由于磁化而产生的附加磁感应强度为 $\boldsymbol{B}'$,则磁介质中磁感应强度 $\boldsymbol{B}$ 为 $\boldsymbol{B}_0$ 和 $\boldsymbol{B}'$ 的矢量和,即

$$\boldsymbol{B} = \boldsymbol{B}_0 + \boldsymbol{B}' \tag{9-42}$$

附加磁感应强度 $\boldsymbol{B}'$ 的方向和大小随磁介质的不同而不同. 根据 $\boldsymbol{B}'$ 与 $\boldsymbol{B}_0$ 方向之间的关系,磁介质可分为下面三类:

(1) 顺磁质.

顺磁质的附加磁感应强度 $\boldsymbol{B}'$ 与 $\boldsymbol{B}_0$ 同向,使得 $B > B_0$,如氧、铝、铂、铬等.

(2) 抗磁质.

抗磁质的附加磁感应强度 $\boldsymbol{B}'$ 与 $\boldsymbol{B}_0$ 反同,使得 $B < B_0$,如铜、铋、氢等.

实验指出,无论是顺磁质还是抗磁质,附加磁感应强度 $\boldsymbol{B}'$ 的值要比 $\boldsymbol{B}_0$ 的值小得多(通常只有 $\boldsymbol{B}_0$ 的十万分之几),它对原来磁场的影响比较微弱,所以,顺磁质和抗磁质统称为弱磁性物质.

(3) 铁磁质.

铁磁质的附加磁感应强度 $\boldsymbol{B}'$ 与 $\boldsymbol{B}_0$ 同向,附加磁感应强度 $\boldsymbol{B}'$ 的值要比 $\boldsymbol{B}_0$ 的值大得多,即 $B' \gg B_0$. 这类磁介质能够显著地增强磁场,称为铁磁质,如铁、钴、镍及其合金等.

通常定义 B 与 B_0 的比值为该磁介质的相对磁导率,用 μ_r 表示,即

$$\mu_r = \frac{B}{B_0} \tag{9-43}$$

所以,对于顺磁质,$B > B_0$,$\mu_r > 1$;对于抗磁质,$B < B_0$,$\mu_r < 1$;对于铁磁质,$B \gg B_0$,$\mu_r \gg 1$.

9.8.2 磁介质的磁化 磁化强度

顺磁质和抗磁质的磁化特性决定于物质的微观结构.物质分子中任何一个电子都同时参与两种运动,即环绕原子核的轨道运动和电子本身的自旋运动.这两种运动都能够产生磁效应.电子轨道运动相当于一个圆电流,具有一定的轨道磁矩.电子自旋运动,也有自旋磁矩.一个分子中所有的电子轨道磁矩和自旋磁矩的矢量和称为分子的固有磁矩,可以看成是一个等效的圆形分子电流产生的.

研究表明,当没有外磁场时,抗磁质的分子磁矩为零,顺磁质的分子磁矩不为零(称为分子固有磁矩).但是,由于分子的热运动,这些分子电流的流向是杂乱无章的,在磁介质中的任一宏观体积中,分子磁矩相互抵消,如图 9-38(a)所示.因此,在无外磁场时,不论是抗磁质还是顺磁质对外都不显磁性.

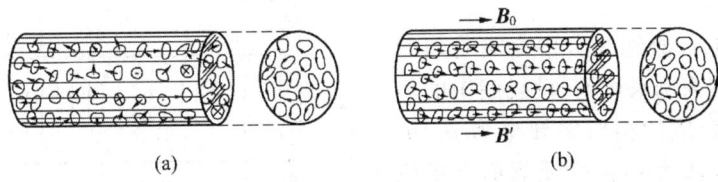

图 9-38 顺磁质中分子磁矩的取向

将磁介质放到磁场 B_0 中,磁介质将受到下面两种作用:

(1) 分子固有磁矩将受到外磁场 B_0 的磁力矩作用,使各个分子磁矩都有转向外磁场方向排列的趋势,这样各个分子磁矩将沿外磁场 B_0 方向产生附加的磁场 B',如图 9-39(b) 所示.

(2) 外磁场 B_0 将使各个分子固有磁矩发生变化,即对每一个分子产生一个附加的磁矩.可以证明,不论外磁场的方向如何,总是产生一个与外磁场方向相反的附加磁矩,结果会产生一个与外磁场方向相反的 B'.

顺磁质的分子固有磁矩不为零,加上外磁场 B_0 后,要产生与外磁场反向的附加分子磁矩.但是由于顺磁质的分子固有磁矩一般要比附加分子磁矩大得多,因而在顺磁质内可以忽略不计.所以,顺磁质在外磁场中的磁化主要取决于分子磁矩的转向作用,即顺磁质产生的附加磁场总是与外磁场的方向相同.

抗磁质的分子固有磁矩为零,在加上外磁场 B_0 后,分子磁矩的转向效应不存在,所以外磁场引起的附加磁矩是产生附加磁场的唯一原因.因而抗磁质产生的磁场总是与外磁场反向.

抗磁性是一切磁介质的特性,顺磁质也具有这种抗磁性,只不过,在顺磁质中,抗磁性的效应较顺磁性要小,因此,在研究顺磁质的磁化时,可以不考虑抗磁性.

由上面的讨论可以看出,磁介质的磁化实质上是分子磁矩的取向以及在外磁场作用下产生附加磁矩的作用.无论哪种作用,磁介质磁化后都产生了磁矩.因此可以用磁介质中单位体积内的分子磁矩的矢量和来描述磁介质磁化的程度,单位体积内的分子磁矩的矢量和称为**磁化强度**,用 M 表示.以 $\sum m_i$ 表示体积元 ΔV 体积内所有分子磁矩的矢量和,则有

$$M = \frac{\sum m_i}{\Delta V} \tag{9-44}$$

式中，ΔV 是体积元体积，m_i 是体积元内的第 i 个分子的磁矩．在国际单位制中，磁化强度的单位是 $A \cdot m^{-1}$．

9.8.3 磁介质中的安培环路定理　磁场强度

不论是顺磁质还是抗磁质，都有分子固有磁矩或附加磁矩，与这些磁矩相对应的，是等效的分子电流．在磁介质内部各点处的分子电流会相互抵消；而在磁介质表面上的分子电流没有抵消，它们方向都相同，相当于在表面上有一层表面流动的电流，这种电流称为**磁化电流**或**束缚电流**，一般用 I_s 表示．

在磁介质中，由于磁化作用而产生磁化电流，这时总的磁感应强度为传导电流产生的 B_0 和磁化电流产生的 B' 的矢量和．此时的安培环路定理应写为

$$\oint_L \boldsymbol{B} \cdot \mathrm{d}\boldsymbol{l} = \mu_0 \left(\sum I + \sum I_s \right) \tag{9-45}$$

我们以无限长直螺线管中充满均匀的各向同性顺磁质为例来讨论．设线圈中的传导电流为 I，磁介质的相对磁导率为 μ_r，单位长度线圈的匝数为 n，磁介质表面上单位长度的磁化电流为 nI'，取如图 9-39 所示的回路，设 $ab=1$，则式(9-43)可以写为

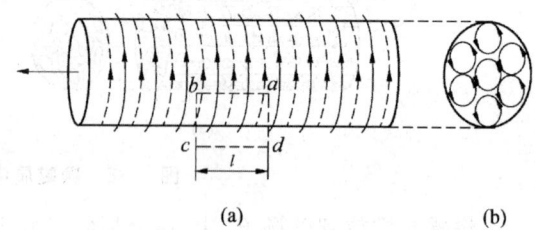

图 9-39　磁介质中的安培环路定理

$$\oint_L \boldsymbol{B} \cdot \mathrm{d}\boldsymbol{l} = \mu_0 n (I + I')$$

对长直螺线管，有

$$B_0 = \mu_0 n I, \quad B' = \mu_0 n I'$$

由式(9-42)和式(9-43)，有

$$\mu_0 n I + \mu_0 n I' = B = \mu_r B_0 = \mu_r \mu_0 n I = \mu n I \tag{9-46}$$

式中，$\mu = \mu_0 \mu_r$．将上式代入式(9-45)，有

$$\oint_L \boldsymbol{B} \cdot \mathrm{d}\boldsymbol{l} = \mu n I \tag{9-47}$$

令

$$\boldsymbol{H} = \frac{\boldsymbol{B}}{\mu} \tag{9-48}$$

式中，H 称为磁场强度，是表示磁场强弱与方向的物理量，是一个辅助量．在国际单位制中 H 的单位为 $A \cdot m^{-1}$．引入磁场强度 H 后，式(9-47)可以表示为

$$\oint_L \boldsymbol{H} \cdot \mathrm{d}\boldsymbol{l} = nI \tag{9-49}$$

因为 nI 为闭合回路所包围的传导电流的代数和，可改写为 $\sum_i I_i$．这样上式可改写成

$$\oint_L \boldsymbol{H} \cdot \mathrm{d}\boldsymbol{l} = \sum_i I_i \tag{9-50}$$

式(9-50)表明，**磁场强度沿任意闭合回路的线积分，等于该回路所包围的传导电流的代数和**．式(9-50)就是磁介质中的安培环路定理．虽然这一定理是通过长直螺线管这一特例导出的，但可以证明，它在一般情况下也是正确的．

由于 H 的环流只与闭合回路所包围的传导电流的代数和有关，与磁化电流及闭合回路

之外的传导电流无关,因此,计算有磁介质存在时的磁感应强度 **B** 时,一般方法是先利用式(9-50)求出 **H** 的分布,然后利用式(9-48)求出 **B** 的分布. 当然只有电流分布有一定的对称性时,**H** 才能方便地由磁介质中的安培环路定理求出.

9.9 铁 磁 质

铁磁质是一类性能特殊的磁介质,表现在它磁化后能产生很强的磁感应强度. 对顺磁质和抗磁质来说,其相对磁导率都近似等于1,而且一般不随外磁场而改变. 铁磁质的相对磁导率 $\mu_r \gg 1$,一般可以达到 $10^2 \sim 10^4$,而且随外磁场的变化而变化. 铁磁质常用于电机、电气设备、电子器件等.

9.9.1 磁质的磁化规律　磁滞回线

铁磁质 μ 很大,且 μ 值还随外磁场的变化而变化,即磁感应强度 B 与磁场强度 H 之间为非线性关系. 图 9-40 所示是铁磁质磁化时 B-H 曲线,从图中可以看出,随着磁场强度 H 的逐渐增加,B 开始时缓慢增加(01 段),随着 H 变大,B 急剧增大(12 段),然后 B 缓慢增加(23 段),最后更是缓慢地增加(34 段). 当到达 4 点后,再增加 H,B 几乎不再增加,达到饱和状态,相应的磁感应强度称为饱和磁感应强度. 从 0 到饱和状态的 B-H 曲线称为铁磁质的磁化曲线.

从图 9-40 的磁化曲线可以看出,铁磁质的 B 与 H 的关系不是线性的,根据 $\mu = \dfrac{B}{H}$,则铁磁质的磁导率 μ 不是常数,磁导率 μ 与 H 的关系如图 9-41 所示.

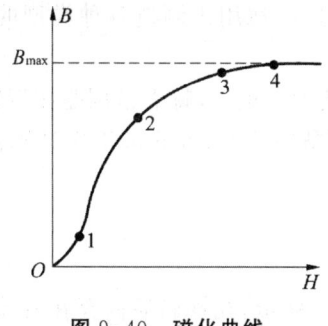

图 9-40　磁化曲线

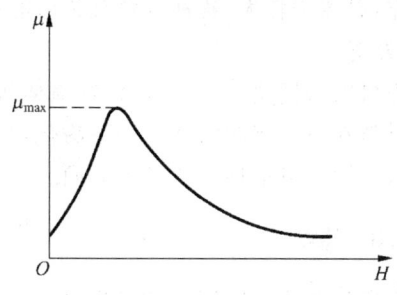

图 9-41　μ 与 H 的关系

当铁磁质的磁感应强度达到饱和状态后,如图 9-42 所示,逐渐减小 H,磁感应强度 B 并不沿起始磁化曲线 Oa 减少,并且,当 H 减小到零时,B 仍然保留一定的值 B_r,B_r 称为剩余磁化强度,这种现象称为磁滞现象,简称磁滞. 要消除剩磁,使铁磁质中的 B 减小到零,必须加一个反向磁场,当反向磁场增加到 H_c 时,B 才能减小到零,这时的反向磁场 H_c 称为矫顽力. 如果反向磁场继续增加,则铁磁质将反向磁化,直到饱和状态. 此后,若使反向磁场减弱,H 减小到零,然后又沿正方向增加,B-H 曲线形成一个闭合曲线,称为磁滞回线. 图 9-43 描述

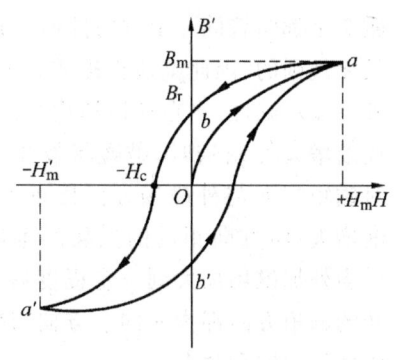

图 9-42　磁滞回线

的是不同铁磁质的磁滞回线.

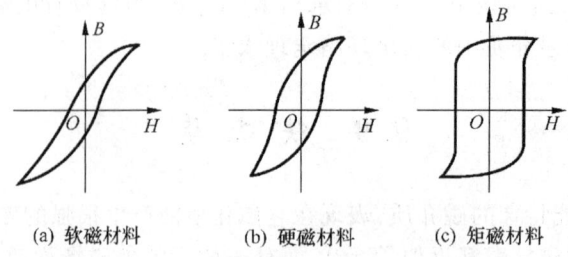

(a) 软磁材料　　(b) 硬磁材料　　(c) 矩磁材料

图 9-43　不同铁磁质的磁滞回线

磁滞是指磁感应强度 B 的变化落后于 H 的变化.铁磁质的磁滞现象会造成能量损失,这种损失的能量称为磁滞损耗.可以证明,铁磁质在缓慢磁化情况下,经历一次磁化过程损耗的能量,与磁滞回线所包围的面积成正比.

9.9.2　磁性材料的分类

实验证明,不同铁磁材料的磁滞回线有很大的不同.根据矫顽力的大小或磁滞回线的形状的不同,铁磁材料可分为软磁材料、硬磁材料和矩磁材料.

软磁材料如软铁、硅钢、坡莫合金等,特点是:材料的矫顽力小,容易磁化,也容易退磁.软磁材料的磁滞回线细而窄,所包围的面积小,因而磁滞损耗小,适用于交变磁场中,常用作变压器、继电器、电磁铁、电动机和发电机的铁芯等.

硬磁材料如碳钢、钕铁硼合金等,特点是:材料的矫顽力大,剩磁大.硬磁材料的磁滞回线粗而宽,磁滞损耗大.这种材料磁化后能保留很强的磁性,适用于制造各种类型的永久磁体、扬声器等.

矩磁材料如锰镁铁氧体、锂锰铁氧体等,磁滞回线接近于矩形,特点是剩磁接近饱和值.若矩磁材料在不同方向的外磁场下磁化,总是处于两种剩磁状态,因此可用作计算机的"记忆"元件,或用于自动控制技术等方面.

9.9.3　磁畴

铁磁质的起因可以用"磁畴"理论来解释.如图 9-44 所示,在铁磁质内存在着无数个自发磁化的小区域,称为磁畴,磁畴的体积约为 $10^{-12} \sim 10^{-9} \text{cm}^3$.在每个磁畴中,所有原子的磁矩全都向着同一个方向排列整齐,在未磁化的铁磁质中,由于热运动,各磁畴的磁矩取向是无规则的,因此整块铁磁质在宏观上对外不显示磁性.当在铁磁质内加外磁场并逐渐增大外磁场时,磁畴将发生变化,这时磁矩方向与外磁场方向接近的磁畴逐渐增大,而方向相反的磁畴逐渐减小.最后当外加磁场加大到一定程度后,所有磁畴的磁矩方向都指向同一方向,这时磁介质就达到饱和状态.

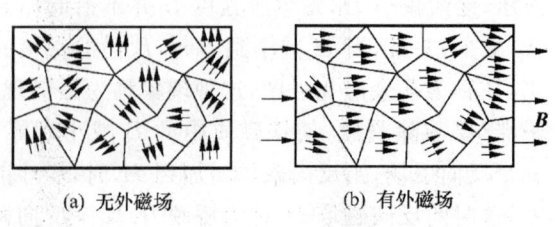

(a) 无外磁场　　(b) 有外磁场

图 9-44　磁畴

在外加磁场去除后,铁磁质将重新分裂为许多磁畴,但由于掺杂和内应力等原因,各磁畴之间存在摩擦阻力,使磁畴并不能恢复到原来杂乱排列的状态,因而表现出磁滞现象.当外磁场去除后,铁磁质仍能保留部分磁性.

当铁磁质的温度升高到某一临界温度时,分子热运动加剧,磁畴就会瓦解,从而使铁磁质的磁性消失,成为顺磁质,这个临界温度称为居里温度或居里点.

复习题

一、思考题

1. 在同一磁感线上,各点磁感应强度 B 的数值是否都相等?为何不把作用于运动电荷的磁场力方向定义为磁感应强度 B 的方向?

2. (1) 在没有电流的空间区域里,如果磁感线是平行直线,磁感应强度 B 的大小在沿磁感线和垂直它的方向上是否可能变化(即磁场是否一定是均匀的)?(2) 若存在电流,上述结论是否正确?

3. 用安培环路定理能否求一段有限长载流直导线周围的磁场?

4. 如图 9-45 所示,在载流长螺线管的情况下,导出其内部 $B=\mu_0 nI$,外部 $B=0$,所以在载流螺线管外面环绕一周的环路积分

$$\oint_L \boldsymbol{B}_{\text{外}} \cdot \mathrm{d}\boldsymbol{l} = 0$$

但从安培环路定理来看,环路 L 中有电流 I 穿过,环路积分应为

$$\oint_L \boldsymbol{B}_{\text{外}} \cdot \mathrm{d}\boldsymbol{l} = \mu_0 I$$

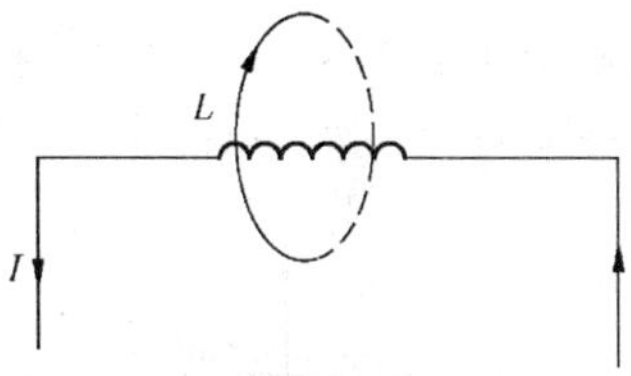

图 9-45 思考题 4 图

这是为什么?

5. 如果一个电子在通过空间某一区域时不偏转,能否肯定这个区域中没有磁场?如果它发生偏转,能否肯定这个区域中存在磁场?

6. 磁场是不是保守场?

7. 在无电流的空间区域内,如果磁感线是平行直线,那么磁场一定是均匀场.试证明之.

二、计算及证明题

1. 已知磁感应强度 $B=2.0\text{Wb}\cdot\text{m}^{-2}$ 的均匀磁场,方向沿 x 轴正方向,如图 9-46 所示.试求:

(1) 通过图中 $abOd$ 面的磁通量;

(2) 通过图中 $befO$ 面的磁通量;

(3) 通过图中 $aefd$ 面的磁通量.

2. 如图 9-47 所示,AB、CD 为长直导线,$\overset{\frown}{BC}$ 为圆心在 O 点的一段圆弧形导线,其半径为 R,若通以电流 I,求 O 点的磁感应强度.

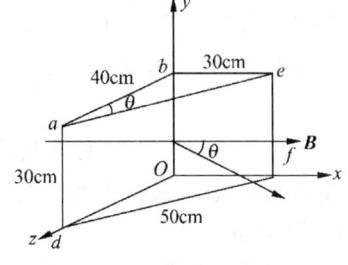

图 9-46 计算及证明题 1 图

3. 在真空中,有两根互相平行的无限长直导线 L_1 和 L_2,相距 0.1m,通有方向相反的电流,其中 $I_1=20\text{A}$,$I_2=10\text{A}$,如图 9-48 所示.A、B 两点与导线在同一平面内.这两点与导线

L_2 的距离均为 5.0cm. 试求 A、B 两点处的磁感应强度以及磁感应强度为零的点的位置.

4. 如图 9-49 所示,两根导线沿半径方向引向铁环上的 A、B 两点,并在很远处与电源相连,已知圆环的粗细均匀,求环中心 O 的磁感应强度.

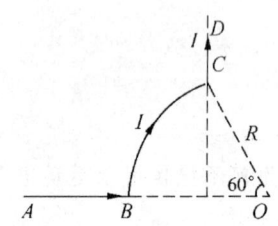

图 9-47　计算及证明题 2 图

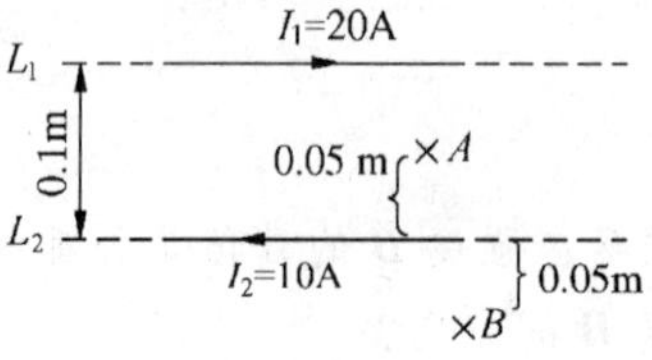

图 9-48　计算及证明题 3 图

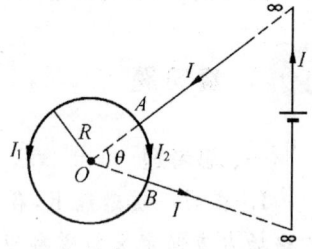

图 9-49　计算及证明题 4 图

5. 在半径 $R=1.0$cm 的无限长半圆柱形金属薄片中,有电流 $I=5.0$A 通过,且电流分布均匀,如图 9-50 所示. 试求圆柱轴线任一点 P 处的磁感应强度.

6. 如图 9-51 所示,氢原子处在基态时,它的电子可看作是在半径 $a=0.52\times10^{-8}$cm 的轨道上做匀速圆周运动,速率 $v=2.2\times10^8$cm·s^{-1}. 求电子在轨道中心所产生的磁感应强度和电子磁矩的值.

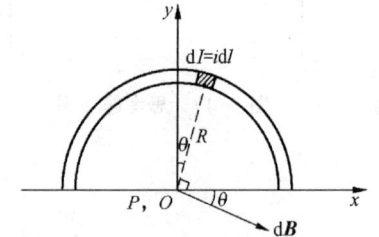

图 9-50　计算及证明题 5 图

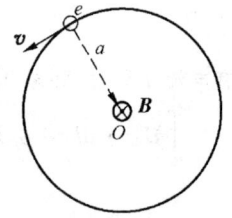

图 9-51　计算及证明题 6 图

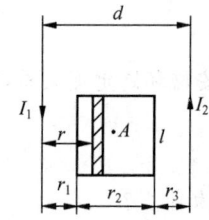

图 9-52　计算及证明题 7 图

7. 两平行长直导线相距 $d=40$cm,每根导线载有电流 $I_1=I_2=20$A,如图 9-52 所示. 求:

(1) 两导线所在平面内与两导线等距的一点 A 处的磁感应强度;

(2) 通过图中斜线所示面积的磁通量($r_1=r_3=10$cm, $l=25$cm).

8. 一根很长的铜导线载有电流 10A,设电流均匀分布,在导线内部作一平面 S,如图 9-53 所示. 试计算通过 S 平面的磁通量(沿导线长度方向取长为 1m 的一段进行计算). 铜的磁导率 $\mu=\mu_0$.

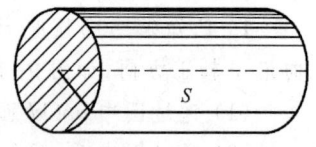

图 9-53　计算及证明题 8 图

9. 设图 9-54 中两导线中的电流均为 8A,对图示的三条闭合曲线 a、b、c,分别写出安培环路定理等式右边电流的代数和. 并讨论:

(1) 在各条闭合曲线上,各点的磁感应强度 B 的大小是否相等?

(2) 在闭合曲线 c 上各点的 B 是否为零?为什么?

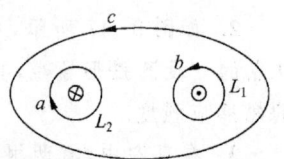

图 9-54　计算及证明题 9 图

10. 图 9-55 所示是一根很长的长直圆管形导体的横截面,

内、外半径分别为 a、b，导体内载有沿轴线方向的电流 I，且 I 均匀地分布在管的横截面上. 设导体的磁导率 $\mu \approx \mu_0$，试求导体内部各点（$a<r<b$）的磁感应强度的大小.

11. 一根很长的同轴电缆，由一导体圆柱（半径为 a）和一同轴的导体圆管（内、外半径分别为 b、c）构成，如图 9-56 所示. 使用时，电流 I 从一导体流去，从另一导体流回. 设电流都是均匀地分布在导体的横截面上，求：(1) 导体圆柱内（$r<a$）、(2) 两导体之间（$a<r<b$）、(3) 导体圆筒内（$b<r<c$）、(4) 电缆外（$r>c$）各点处磁感应强度的大小.

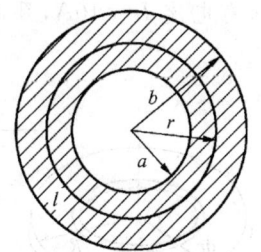 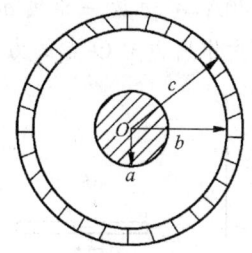 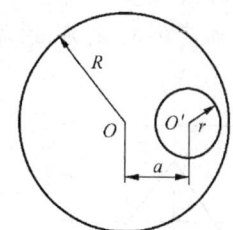

图 9-55　计算及证明题 10 图　　图 9-56　计算及证明题 11 图　　图 9-57　计算及证明题 12 图

12. 在半径为 R 的长直圆柱形导体内部，与轴线平行地挖一半径为 r 的长直圆柱形空腔，两轴间距离为 a，且 $a>r$，横截面如图 9-57 所示. 现在电流 I 沿导体管流动，电流均匀地分布在管的横截面上，而电流方向与管的轴线平行. 求：

(1) 圆柱轴线上的磁感应强度的大小；

(2) 空心部分轴线上的磁感应强度的大小.

13. 如图 9-58 所示，长直电流 I_1 附近有一等腰直角三角形线框 ABC，通以电流 I_2，二者共面. 求三角形 ABC 各边所受的磁场力.

14. 在磁感应强度为 B 的均匀磁场中，垂直于磁场方向的平面内有一段载流弯曲导线，电流为 I，如图 9-59 所示. 求其所受的安培力.

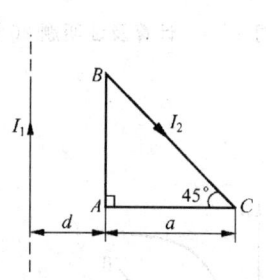 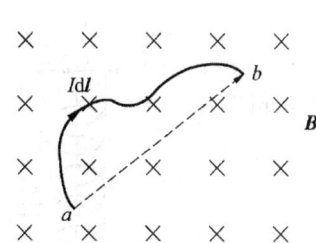 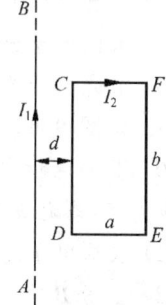

图 9-58　计算及证明题 13 图　　图 9-59　计算及证明题 14 图　　图 9-60　计算及证明题 15 图

15. 如图 9-60 所示，在长直导线 AB 内通以电流 $I_1=20\text{A}$，在矩形线圈 $CDEF$ 中通有电流 $I_2=10\text{A}$，AB 与线圈共面，且 CD、EF 都与 AB 平行. 已知 $a=9.0\text{cm}$，$b=20.0\text{cm}$，$d=1.0\text{cm}$，求：

(1) 导线 AB 的磁场对矩形线圈每边所作用的力；

(2) 矩形线圈所受的合力和合力矩.

16. 边长 $l=0.1\text{m}$ 的正三角形线圈放在磁感应强度 $B=1\text{T}$ 的均匀磁场中，线圈平面与磁场方向平行，如图 9-61 所示. 使线圈通以电流 $I=10\text{A}$，求：

(1) 线圈每边所受的安培力;
(2) 线圈对 OO' 轴所受的磁力矩大小;
(3) 从线圈平面与磁场平行位置转到线圈平面与磁场垂直位置时磁场力所做的功.

17. 一正方形线圈,由细导线做成,边长为 a,共有 N 匝,可以绕通过其相对两边中点的一个竖直轴自由转动.现在线圈中通有电流 I,并把线圈放在均匀的水平外磁场 B 中,线圈对其转轴的转动惯量为 J.求线圈绕其平衡位置做微小振动时的振动周期 T.

18. 一长直导线通有电流 $I_1=20\text{A}$,旁边放一导线 ab,其中通有电流 $I_2=10\text{A}$,且两者共面,如图 9-62 所示.求导线 ab 所受作用力对 O 点的力矩.

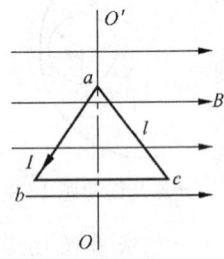
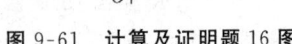

图 9-61 计算及证明题 16 图

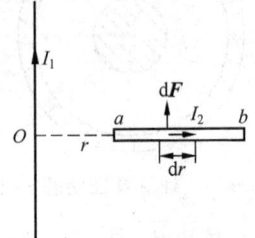

图 9-62 计算及证明题 18 图

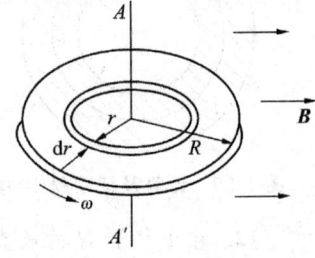

图 9-63 计算及证明题 19 图

19. 如图 9-63 所示,一平面塑料圆盘,半径为 R,表面带有电荷面密度为 σ 的电荷.假定圆盘绕其轴线 AA' 以角速度 $\omega(\text{rad}\cdot\text{s}^{-1})$ 转动,磁场 B 的方向垂直于转轴 AA'.试证磁场作用于圆盘的力矩的大小为 $M=\dfrac{\pi\sigma\omega R^4 B}{4}$.

20. 如图 9-64 所示,电子在 $B=70\times 10^{-4}\text{T}$ 的匀强磁场中做圆周运动,圆周半径 $r=3.0\text{cm}$.已知 B 垂直于纸面向外,某时刻电子在 A 点,速度 v 向上.
(1) 试画出此电子运动的轨道;
(2) 求此电子速度 v 的大小;
(3) 求此电子的动能 E_k.

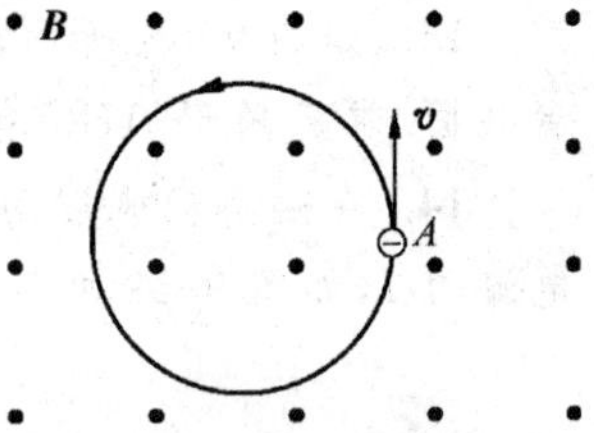

图 9-64 计算及证明题 20 图

21. 如图 9-65 所示,一电子在 $B=20\times 10^{-4}\text{T}$ 的磁场中沿半径 $R=2.0\text{cm}$ 的螺旋线运动,螺距 $h=5.0\text{cm}$.
(1) 求这电子的速度;
(2) 磁场 B 的方向如何?

22. 在霍尔效应实验中,一宽 1.0cm、长 4.0cm、厚 1.0×10^{-3}cm 的导体,沿长度方向载有 3.0A 的电流,当磁感应强度大小为 1.5T 的磁场垂直地通过该导体时,产生 1.0×10^{-5}V 的横向电压.试求:
(1) 载流子的漂移速度;
(2) 每立方米的载流子数目.

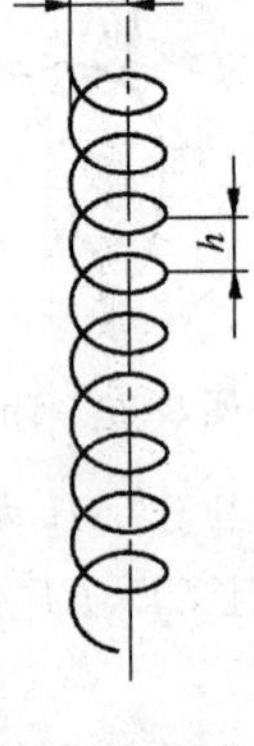

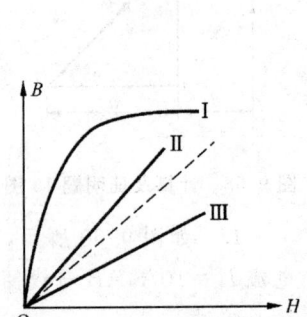

图 9-65 计算及证明题 21 图

图 9-66 计算及证明题 23 图

23. 图 9-66 中的三条线表示三种不同磁介质的 B-H 关系曲线,虚线是 $B=\mu_0 H$ 关系的曲线,试指出哪一条表示顺磁质？哪一条表示抗磁质？哪一条表示铁磁质？

24. 螺绕环中心周长 $L=10\text{cm}$,环上线圈匝数 $N=200$ 匝,线圈中通有电流 $I=100\text{mA}$.

(1) 当管内是真空时,求管中心的磁场强度 H 和磁感应强度 B_0；

(2) 若环内充满相对磁导率 $\mu_r=4200$ 的磁性物质,则管内的 B 和 H 各是多少？

(3)* 磁性物质内由导线中传导电流产生的 B_0 和由磁化电流产生的 B' 各是多少？

25. 螺绕环的导线内通有电流 20A,利用冲击电流计测得环内磁感应强度的大小为 $1.0\text{Wb}\cdot\text{m}^{-2}$,已知环的平均周长为 40cm,绕有导线 400 匝.试计算：

(1) 磁场强度；

(2) 磁化强度；

(3)* 磁化率；

(4)* 相对磁导率.

26. 一铁制的螺绕环,其平均圆周长 $L=30\text{cm}$,截面积为 1.0cm^2,在环上均匀绕有 300 匝导线,当绕组内的电流为 0.032A 时,环内的磁通量为 $2.0\times10^{-6}\text{Wb}$.试计算：

(1) 环内的平均磁通量密度；

(2) 圆环截面中心处的磁场强度.

第 10 章

电磁感应与电磁场

> **学习目标**
>
> - 熟练掌握法拉第电磁感应定律和楞次定律,并能熟练应用其来计算感应电动势,并判明该电动势的方向.
> - 理解动生电动势和感生电动势的本质,了解有旋场的概念.
> - 理解自感和互感的现象,能计算简单几何形状导体的自感和互感.
> - 了解磁场能量和磁能密度的概念,会计算均匀磁场和对称磁场的能量.
> - 了解位移电流和麦克斯韦电磁场的基本概念及麦克斯韦方程组积分形式的物理意义.

1820 年奥斯特发现了电流的磁效应.那么,能否利用磁效应产生电流呢?从 1822 年起,英国实验物理学家法拉第就开始对这一问题进行了大量的实验研究,终于在 1831 年发现了电磁感应现象,即利用磁场产生电流的现象.电磁感应现象的发现,在理论上,全面揭示了电与磁的联系,电磁感应定律也是麦克斯韦电磁理论的基本组成部分之一;在实践上,它为人类获取巨大而廉价的电能开辟了道路,标志着一场重大的工业和技术革命的到来.

本章首先讲述电磁感应现象的基本规律——电磁感应定律,然后讨论动生电动势和感生电动势,介绍在电工技术中常用到的自感、互感和磁场能量等问题,最后给出麦克斯韦方程组.

10.1 电磁感应定律

电磁感应现象的发现,在物理学历史上具有划时代的意义.从此,电和磁这两个相对独立的部分,组成了一个完整的学科——电磁学.

10.1.1 电磁感应现象

电流磁效应的发现,从一个侧面揭示了电与磁之间的关系.于是人们自然联想到,磁场是否可以产生电流?许多科学家对此进行了探索,法拉第是其中之一.

法拉第电磁感应现象大体上可通过两类实验来说明:(1) 磁铁与线圈有相对运动时,线圈中产生电流,如图 10-1 所示;(2) 当一个线圈中电流发生变化时,可在另一线圈中感应出电流,如图 10-2 所示.

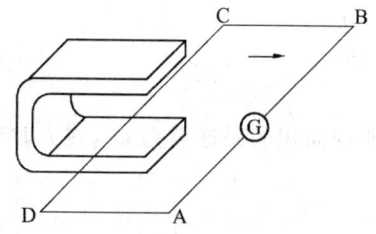

图 10-1 磁铁与线圈有相对运动时产生电流

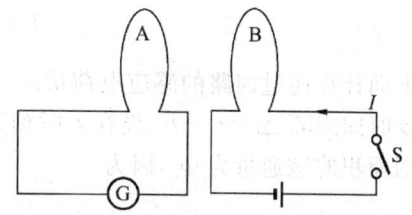

图 10-2 一线圈电流发生变化时另一线圈中感应出电流

所有电磁感应实验的结果分析均表明,当穿过闭合导体回路所包围面积的磁通量发生变化时,回路中就会产生电流,这种现象称为**电磁感应现象**,这种电流称为**感应电流**.

当穿过闭合导体回路所包围面积的磁通量发生变化时,回路中产生电流,说明在回路中产生了电动势,这种电动势称为**感应电动势**.

需要注意的是,如果线圈不是闭合的,虽然没有感应电流,但感应电动势仍然存在.所以,感应电动势比感应电流反映更本质的东西.

10.1.2 法拉第电磁感应定律

法拉第对电磁感应现象做了详细的分析,总结出如下结论:当穿过闭合回路所包围面积的磁通量发生变化时,不论这种变化是什么原因引起的,回路中就有感应电动势产生,并且感应电动势正比于磁通量对时间变化率的负值,即

$$\varepsilon_i = -\frac{d\Phi}{dt} \tag{10-1}$$

式(10-1)就是法拉第电磁感应定律的数学表达式.

感应电动势的大小等于磁通量对时间的变化率,式(10-1)中的负号反映了感应电动势的方向与磁通量变化之间的关系.在判断感应电动势的方向时,应先规定导体回路 L 的绕行方向,然后,按右手螺旋法则确定出回路所包围面积的正法线方向 n.若磁感应强度 B 与 n 的夹角小于 $90°$,则穿过回路面积的磁通量 $\Phi>0$;反之,若磁感应强度 B 与 n 的夹角大于 $90°$,则 $\Phi<0$.再根据 Φ 的变化情况,确定 $\frac{d\Phi}{dt}$ 的正负.如果 $\frac{d\Phi}{dt}>0$,根据式(10-1),则 $\varepsilon_i<0$,表示感应电动势的方向和回路 L 的绕行方向相反;反之,如果 $\frac{d\Phi}{dt}<0$,则 $\varepsilon_i>0$,表示感应电动势的方向和回路 L 的绕行方向相同,如图 10-3 所示.

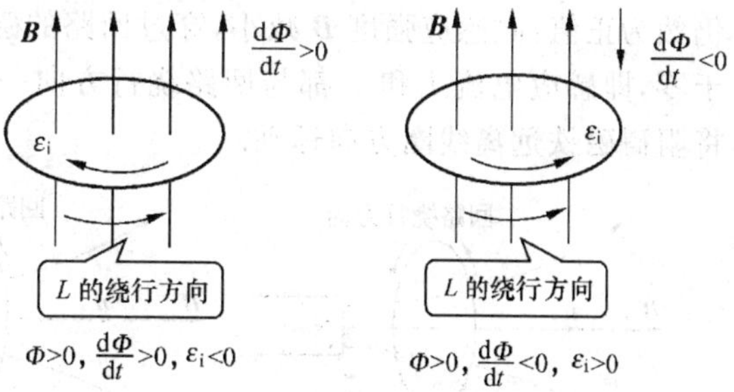

如果回路是由 N 匝密绕线圈组成的,而穿过每匝线圈的磁通量都等于 Φ,则通过 N 匝线圈的磁通量 $\Psi=N\Phi$. Ψ 称为磁链.则有

图 10-3 感应电动势的方向

$$\varepsilon_i = -\frac{d\Psi}{dt} = -N\frac{d\Phi}{dt} \tag{10-2}$$

如果闭合回路的电阻为 R,则回路中的感应电流为

$$I_i = \frac{\varepsilon_i}{R} = -\frac{1}{R}\frac{d\Phi}{dt} \tag{10-3}$$

下面计算通过回路的感应电荷量.

令时间间隔 $\Delta t = t_2 - t_1$,设在 t_1 时刻穿过回路所围面积的磁通量为 Φ_1,在 t_2 时刻穿过回路所围面积的磁通量为 Φ_2,因为

$$I = \frac{dq}{dt}$$

所以在 $\Delta t = t_2 - t_1$ 时间内,通过回路的感应电荷量为

$$q = \int_{t_1}^{t_2} I\,dt = \int_{\Phi_1}^{\Phi_2} -\frac{d\Phi}{R} = \frac{1}{R}(\Phi_1 - \Phi_2) \tag{10-4}$$

比较式(10-3)和式(10-4)可以看出,感应电流与回路中磁通量随时间的变化率有关;但是回路中的感应电荷量只与磁通量的变化量有关,而与磁通量随时间的变化率无关.

测出在某段时间中通过回路的感应电荷量,而且回路电阻为已知,则可求得在这段时间内通过回路所围面积的磁通量的变化.磁通计就是根据这个原理设计的.

10.1.3 楞次定律

1834 年,楞次在大量实验事实的基础上,总结出了判断感应电流方向的规律:**闭合回路中产生的感应电流的方向,总是使得它所激发的磁场阻碍引起感应电流的磁通量的变化**.这个规律称为**楞次定律**.

应用楞次定律判断感应电流的方向时,应该注意:(1) 回路绕行方向与回路正法线方向遵守右手螺旋法则;(2) 回路中感应电动势的方向与回路绕行方向一致时,感应电动势取正值,相反时取负值.

如图 10-4(a)所示,取回路的绕行方向为顺时针方向,各匝线圈的正法线 n 的方向与磁感应强度 B 的方向一致,因此穿过线圈的磁通量为正值.当磁铁移近线圈时,穿过线圈的磁通量增加.由式(10-1)得感应电动势 ε_i 小于零,感应电动势 ε_i 方向应与回路绕行相反,方向如图 10-4(a)所示.感应电流 I_i 与 ε_i 方向相同,感应电流产生的磁场的方向与磁铁磁场的方向相反,将阻碍磁铁向线圈运动.当磁铁远离线圈时,如图 10-4(b)所示,穿过线圈的磁通量仍然为正值,磁感应强度 B 减小,穿过回路的磁通量将减小,由式(10-1)得感应电动势 ε_i 大于零,即感应电流 I_i 和 ε_i 都与回路绕行方向一致,I_i 产生的磁场方向与磁体磁场方向相同,将阻碍磁铁远离线圈方向运动.

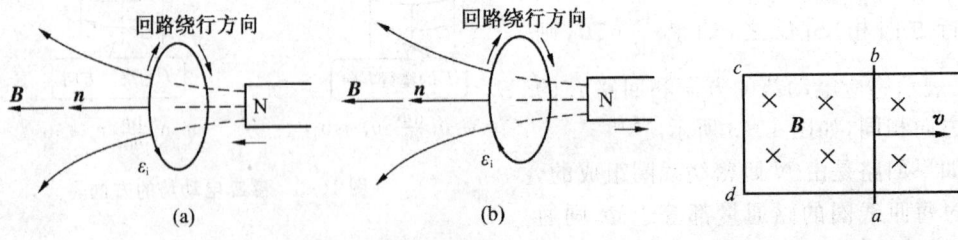

图 10-4 感应电动势方向的确定　　　图 10-5 导体切割磁感线

如图 10-5 所示,在闭合回路中,导线运动切割磁感线,回路绕行方向为 $abcda$,当 ab 向右滑动,即回路所围面积增大时,$\frac{d\Phi}{dt} < 0$,则 $\varepsilon_i = -\frac{d\Phi}{dt} > 0$,$I_i$ 和 ε_i 方向应与回路绕行方向一

致. 导线 ab 将受力 F_i 作用, 方向向左, 阻碍导线向右运动. 因此, 要移动导线, 外力就要做功, 这样就把其他形式的能量转变为感应电流通过回路时所放出的焦耳热.

楞次定律是能量守恒定律在电磁感应现象上的具体体现. 感应电流在闭合回路中流动时将释放焦耳热, 根据能量守恒定律, 这部分热量只能从其他形式的能量转化而来. 法拉第电磁感应定律中的负号, 正表明了感应电动势的方向和能量守恒定律之间的内在联系. 从前面的讨论可知, 把磁棒插入线圈或从线圈中拔出, 磁棒必须克服斥力或引力做机械功. 实际上, 正是这部分机械功转化成了感应电流所释放的焦耳热.

10.2 动生电动势

根据法拉第电磁感应定律我们知道, 只要穿过一个闭合回路的磁通量发生了变化, 在回路中就会有感应电动势产生. 但引起磁通量变化的原因可以不同, 分为两种情况: 一是导体或导体回路在恒定磁场中运动, 导体或导体回路内产生感应电动势, 这样产生的电动势称为**动生电动势**. 二是导体或导体回路不动, 由于磁场随时间变化, 穿过它的磁通量也会发生变化, 这样回路中也会产生感应电动势, 这种电动势称为**感生电动势**. 本节只讨论动生电动势.

如图 10-6 所示的矩形导体回路, 可动的边为长 l 的导体棒, 在磁感应强度为 B 的均匀磁场中以速度 v 向右运动, 且速度 v 与 B 的方向垂直. 某时刻, 穿过回路面积的磁通量为

$$\Phi = BS = Blx$$

当 ab 运动时, 回路所围面积扩大, 则回路中的磁通量发生变化, 由法拉第电磁感应定律可知, 回路中感应电动势的大小为

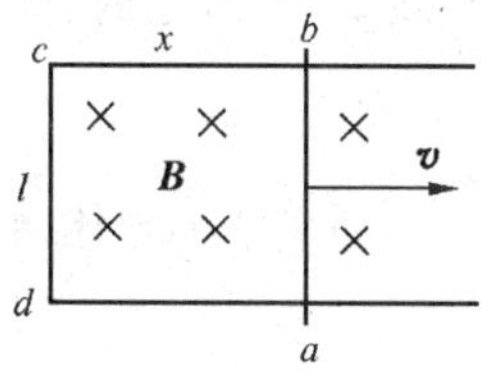

$$|\varepsilon_i| = \frac{d\Phi}{dt} = \frac{d(Blx)}{dt} = Bl\frac{dx}{dt} = Blv$$

图 10-6 动生电动势

由楞次定律可知感应电动势的方向为逆时针方向. 由于只有 ab 边运动, 其他边均不动, 动生电动势应归于导体棒 ab 的运动, 所以动生电动势集中于 ab 段内, 这一段可视为整个回路的电源. 棒 ab 中的动生电动势的方向由 a 指向 b, 棒上 b 点的电势高于 a 点的电势.

在前面的一章中我们已经知道, 电动势是非静电力作用的表现, 那么引起动生电动势的非静电力是什么呢?

当导体棒 ab 以速度 v 在磁场中运动时, 导体棒中的自由电子也以速度 v 随着棒一起向右运动, 因而每个自由电子所受的洛伦兹力为

$$F_m = -e v \times B$$

式中, $-e$ 为电子所带的电荷量, F_m 的方向为由 b 指向 a, 如图 10-7(a) 所示. 在洛伦兹力的作用下, 自由电子沿 $b \to a$ 方向运动, 即电流沿 $a \to b$ 方向. 自由电子运动的结果, 使棒 ab 两端出现了电荷积累, a 端带负电, b 端带正电. 这两种电荷在导体中产生自 b 指向 a 的静电场, 其电场强度为 E, 所以,

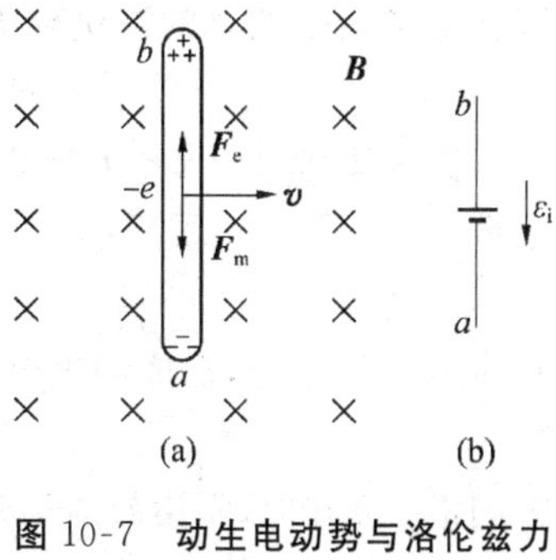

图 10-7 动生电动势与洛伦兹力

电子还要受到一个与洛伦兹力方向相反的静电力 $F_e = -eE$ 的作用, 此静电力随电荷的累积而增大, 当静电力的大小增大到等于洛伦兹力的大小, 即 $F_m = F_e$ 时, ab 两端保持稳定的电

势差. 这时,导体棒 ab 相当于一个有一定电动势的电源,如图 10-7(b) 所示. 洛伦兹力是使在磁场中运动的导体棒维持恒定电势差的根本原因,即洛伦兹力是非静电力. 若以 E_k 表示非静电场强,则有

$$E_k = \frac{F_m}{-e} = v \times B \tag{10-5}$$

由电动势的定义,可知在磁场中运动的导体棒 ab 上产生的动生电动势为

$$\varepsilon_i = \int_a^b E_k \cdot dl = \int_a^b (v \times B) \cdot dl \tag{10-6}$$

如图 10-7 所示,由于 v、B 和 dl 三者相互垂直,式(10-6)积分的结果为

$$\varepsilon_i = \int_0^l vB\,dl = Bvl$$

对于一个任意形状的导线,在非均匀磁场中做任意运动时,导线中的自由电子在随导线运动时,同样会受到洛伦兹力的作用,导线内就会有 E_k,且产生动生电动势,整个导线上的动生电动势应该是各导线元的动生电动势之和. 设导线 ab 中的一段导线元 dl 以速度 v 运动,则在导线元中产生的动生电动势为

$$d\varepsilon_i = E_k \cdot dl = (v \times B) \cdot dl$$

导线 ab 上产生的总的动生电动势为

$$\varepsilon_i = \int_a^b d\varepsilon_i = \int_a^b E_k \cdot dl = \int_a^b (v \times B) \cdot dl$$

如果整个导体回路 L 都在恒定磁场中运动,则闭合回路中产生的动生电动势为

$$\varepsilon_i = \oint_L d\varepsilon_i = \oint_L (v \times B) \cdot dl \tag{10-7}$$

通过导体在磁场中运动时产生动生电动势的原因可以看出,动生电动势是由于导体中自由电子受到洛伦兹力作用的结果. 如果导体与外电路组成闭合回路,则在闭合回路中将有感应电流,电动势要做功. 但是我们知道洛伦兹力与电荷运动方向垂直,对运动电荷不做功. 这里似乎就产生了矛盾. 这种情况可以通过下面的分析加以解释.

如图 10-8 所示,随同导线运动的自由电子,在洛伦兹力的作用下,以速度 u 沿导线运动,此时电子同时参与了两个运动,其合速度为 $v+u$,其中 v 为电子随导体运动的牵连速度,u 为电子相对导体的定向移动速度. 因此电子所受的总的洛伦兹力为

$$F = -e(v+u) \times B$$

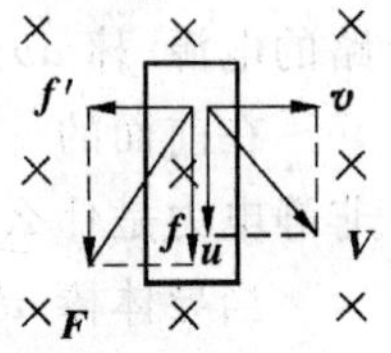

图 10-8 洛伦兹力不做功

因为 F 垂直于 $v+u$,所以总的洛伦兹力对电子不做功. 然而 F 的一个分力

$$f = -e(v \times B)$$

却对电子做正功,形成动生电动势;而另一个分力

$$f' = -e(u \times B)$$

方向沿 $-v$ 方向,阻碍导体运动,因而做负功. 可以证明两个分力所做功的代数和等于零. 因此,洛伦兹力本身并不提供能量,而只是传递能量,即外力克服阻力 f' 而做的功,通过另一分力转化为感应电流的能量,即把机械能转化为电能.

【例 10-1】 一根长度为 L 的铜棒,在磁感应强度为 B 的匀强磁场中以角速度 ω 在与磁

场方向垂直的平面上绕棒的一端 O 做匀速转动(图 10-9),试求铜棒两端之间产生的感应电动势的大小.

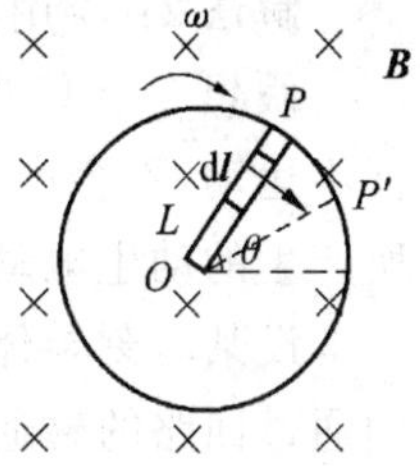

解:这是一个动生电动势问题,可以用动生电动势计算公式求解,也可以用法拉第电磁感应定律求解.

解法 1:按动生电动势计算公式求解.

在铜棒上距 O 为 l 处取一线元 $\mathrm{d}l$,其运动速度的大小为 $v=\omega l$,并且 $\boldsymbol{v}$、$\boldsymbol{B}$、$\mathrm{d}\boldsymbol{l}$ 互相垂直,则线元上的动生电动势为

$$\mathrm{d}\varepsilon_i = (\boldsymbol{v} \times \boldsymbol{B}) \cdot \mathrm{d}\boldsymbol{l} = Bv\mathrm{d}l = B\omega l\mathrm{d}l$$

图 10-9 例 10-1 图

整个铜棒上的总动生电动势为

$$\varepsilon_i = \int \mathrm{d}\varepsilon_i = \int_0^L B\omega l \, \mathrm{d}l = \frac{1}{2}B\omega L^2$$

电动势的方向为由 O 指向 P,表明 O 点电势低,P 点电势高.

解法 2:用法拉第电磁感应定律求解.

用法拉第电磁感应定律求解时,首先要求出磁通量.取任意扇形回路 $OPP'O$,设铜棒 OP 在 $\mathrm{d}t$ 时间内转过的角度为 $\mathrm{d}\theta$,扫过的扇形面积元 $\mathrm{d}S = \frac{1}{2}L^2\mathrm{d}\theta$,则通过扇形面积元的磁通量为

$$\mathrm{d}\Phi = B\mathrm{d}S = \frac{1}{2}BL^2\mathrm{d}\theta$$

由法拉第电磁感应定律,可得铜棒中的动生电动势为

$$\varepsilon_i = -\frac{\mathrm{d}\Phi}{\mathrm{d}t} = -\frac{1}{2}B\omega L^2$$

感应电动势的方向为由 O 指向 P.

推广:若将铜棒转为圆盘,则相当于无数根铜棒的并联.用此方法可形成一个圆盘发电机.

【**例 10-2**】 无限长直载流导线,电流为 I,长为 L 的导体棒 ab 与长直导线共面,导体棒 ab 以速率 v 沿平行于长直导线的方向运动,且与之垂直,如图 10-10 所示.a 端到长直导线的距离为 d.求导体棒 ab 中的动生电动势,并判断哪端电势较高.

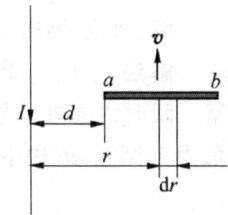

图 10-10 例 10-2 图

解:此题仍然可以用两种方法求解.

解法 1:在导体棒 ab 所在区域,长直导线在距其 r 处的磁感应强度 $\boldsymbol{B}$ 的大小为

$$B = \frac{\mu_0 I}{2\pi r}$$

$\boldsymbol{B}$ 的方向为垂直纸面向外.棒在非均匀磁场中运动.在导体棒 ab 上距长直导线 r 处取一线元 $\mathrm{d}r$,方向向右,因 $\boldsymbol{v} \times \boldsymbol{B}$ 方向也向右,所以该线元中产生的电动势为

$$\mathrm{d}\varepsilon_i = (\boldsymbol{v} \times \boldsymbol{B}) \cdot \mathrm{d}\boldsymbol{r} = vB\mathrm{d}r = \frac{\mu_0 Iv}{2\pi r}\mathrm{d}r$$

故导体棒 ab 上的总动生电动势为

$$\varepsilon_{ab} = \int \mathrm{d}\varepsilon_i = \int_d^{d+L} \frac{\mu_0 Iv}{2\pi r}\mathrm{d}r = \frac{\mu_0 Iv}{2\pi}\ln\frac{d+L}{d}$$

由于 $\varepsilon_{ab}>0$,表明电动势的方向由 a 指向 b,a 端电势低,b 端电势高.

解法 2:应用法拉第电磁感应定律求解.

假想一个 U 形导体框与 ab 组成一个闭合回路,先计算出回路的感应电动势,由于 U 形框不运动,不会产生动生电动势,因而,回路的总感应电动势就是导体棒 ab 在磁场中运动时所产生的动生电动势.

设某时刻导体棒 ab 到 U 形框底边的距离为 y,取顺时针方向为回路的正方向,则该时刻通过回路的磁通量为

$$\Phi = \int \boldsymbol{B} \cdot d\boldsymbol{S} = \int_d^{d+L} -\frac{\mu_0 I}{2\pi r} y\, dr = -\frac{\mu_0 I}{2\pi} y \ln\frac{d+L}{d}$$

回路中的电动势为

$$\varepsilon_i = -\frac{d\Phi}{dt} = -\frac{d}{dt}\left(-\frac{\mu_0 I}{2\pi} y \ln\frac{d+L}{d}\right) = \frac{\mu_0 I}{2\pi} v \ln\frac{d+L}{d}$$

$\varepsilon_i>0$,表示动生电动势方向与所选回路正方向相同,即沿顺时针方向,因此在导体棒 ab 上,电动势由 a 指向 b,b 端电势高. 这个结果与解法 1 完全相同.

【例 10-3】 如图 10-11 所示,$abcd$ 是一单匝线圈,它可以以固定转轴在磁极 N、S 所激发的均匀磁场(磁场方向由 N 指向 S)中匀速转动,转动角速度为 ω,试求 A、B 间的电动势.

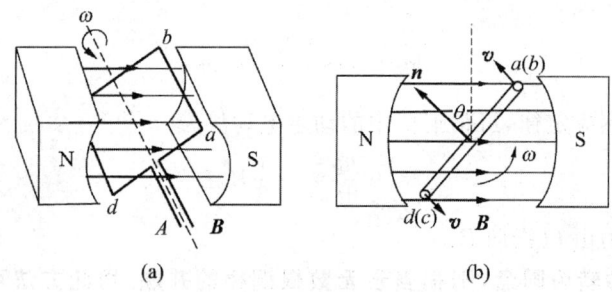

图 10-11 交流发电机原理

解:此题仍然可以用两种方法求解.

解法 1:设线圈 ab 和 cd 的边长为 l_1,bc 和 da 的边长为 l_2,则线圈的面积 $S = l_1 l_2$. 若在某一瞬时线圈处于如图 10-11(b) 所示的位置,此时线圈平面的法线方向 $\boldsymbol{n}$ 与竖直方向的夹角为 θ,则在 ab 边中产生的感应电动势为

$$\varepsilon_{ab} = \int_a^b (\boldsymbol{v} \times \boldsymbol{B}) \cdot d\boldsymbol{l} = \int_a^b vB\sin\left(\frac{\pi}{2}+\theta\right)dl = vBl_1\cos\theta$$

同理,则在 cd 边中产生的感应电动势为

$$\varepsilon_{cd} = \int_c^d (\boldsymbol{v} \times \boldsymbol{B}) \cdot d\boldsymbol{l} = \int_c^d vB\sin\left(\frac{\pi}{2}+\theta\right)dl = vBl_1\cos\theta$$

由于在线圈回路中这两个电动势方向相同,则整个回路中的感应电动势为

$$\varepsilon = \varepsilon_{ab} + \varepsilon_{cd} = 2vBl_1\cos\theta$$

设线圈的角速度为 ω,并取线圈平面处于水平位置时作为计时零点,则上式中的 v 和 θ 为

$$v = \frac{l_2}{2}\omega,\ \theta = \omega t$$

代入上式,得

$$\varepsilon = 2\frac{l_2}{2}\omega Bl_1\cos\omega t = BS\omega\cos\omega t$$

式中,B 为磁极间磁感应强度的大小.

解法 2:我们从穿过线圈的磁通量的变化来考虑,当线圈处于如图 10-11(b)所示的位置时,通过线圈的磁通量为

$$\Phi = BS\cos\left(\theta + \frac{\pi}{2}\right) = -BS\sin\theta = -BS\sin\omega t$$

则

$$\varepsilon = -\frac{\mathrm{d}\Phi}{\mathrm{d}t} = BS\omega\cos\omega t$$

两种方法计算的结果相同.

从计算的结果看,感应电动势随时间变化的曲线是余弦曲线,这种电动势叫作简谐交变电动势,简称交流电.

10.3 感生电动势

下面讨论由于磁场随时间变化而产生的电动势——感生电动势.

10.3.1 感生电场 感生电动势

一个闭合回路静止放置于磁场中,当磁场变化时,穿过它的磁通量要发生变化,这时在回路中产生感应电流,因而在闭合回路中产生感应电动势.这样产生的感应电动势称为感生电动势.由于导体回路静止,所以产生感生电动势的非静电力不可能是洛伦兹力.那么产生感生电动势的非静电力是什么?

英国著名物理学家麦克斯韦分析了一些电磁感应现象以后,提出了假设:变化的磁场在其周围空间要激发一种电场,这种电场称为感生电场或涡旋电场,它就是产生感生电动势的"非静电场".后来的大量实验证实了麦克斯韦假设的正确性.

以 E_k 表示感生电场,由电动势定义可知,由于磁场的变化,在一个导体回路 L 中产生的感生电动势为

$$\varepsilon_i = \oint_L \boldsymbol{E}_k \cdot \mathrm{d}\boldsymbol{l} \tag{10-8}$$

根据法拉第电磁感应定律,有

$$\varepsilon_i = \oint_L \boldsymbol{E}_k \cdot \mathrm{d}\boldsymbol{l} = -\frac{\mathrm{d}\Phi}{\mathrm{d}t} = -\frac{\mathrm{d}}{\mathrm{d}t}\iint_S \boldsymbol{B} \cdot \mathrm{d}\boldsymbol{S}$$

当导体回路不动,仅考虑磁场 $\boldsymbol{B}$ 随时间的变化时,则有

$$\varepsilon_i = \oint_L \boldsymbol{E}_k \cdot \mathrm{d}\boldsymbol{l} = -\frac{\mathrm{d}\Phi}{\mathrm{d}t}$$

即

$$\oint_L \boldsymbol{E}_k \cdot \mathrm{d}\boldsymbol{l} = -\frac{\mathrm{d}}{\mathrm{d}t}\iint_S \boldsymbol{B} \cdot \mathrm{d}\boldsymbol{S} = -\iint_S \frac{\partial \boldsymbol{B}}{\partial t} \cdot \mathrm{d}\boldsymbol{S} \tag{10-9}$$

式(10-9)中面积分区间 S 是以回路 L 为周界的曲面.式(10-9)表明,在变化的磁场中,

感生电场对任意闭合路径 L 的线积分等于这一闭合路径所包围的面积上的磁通量的变化率.

若闭合路径 L 的绕行方向与其所包围面积的正法线方向满足右手螺旋法则,则由式(10-9)可知,E_k 线的方向与 $\frac{\partial \boldsymbol{B}}{\partial t}$ 的方向之间满足左手螺旋法则,如图 10-12 所示.

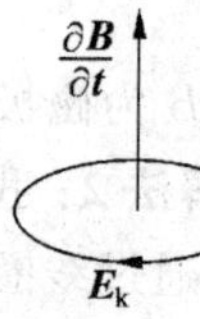

图 10-12 左手螺旋法则

感生电场与静电场的相同点是:对电荷都有作用力. 感生电场与静电场的不同之处是:一方面,场源不同,静电场的场源是静止电荷,而感生电场的场源是变化的磁场;另一方面,静电场的电场线起源于正电荷,终止于负电荷,不闭合,而感生电场的电场线是闭合的,感生电场不是保守场.

在一般情况下,空间的电场既有静电场,又有感生电场,空间总电场 E 是静电场 E_s 和感生电场 E_k 的叠加,即

$$E = E_s + E_k$$

而 $\oint_L E_s \cdot d\boldsymbol{l} = 0$,所以,由式(10-9)可得

$$\oint_L \boldsymbol{E} \cdot d\boldsymbol{l} = -\iint_S \frac{\partial \boldsymbol{B}}{\partial t} \cdot d\boldsymbol{S} \qquad (10\text{-}10)$$

式(10-10)是电磁学的基本方程之一.

【例 10-4】 一半径为 R 的长直螺线管内通以变化的电流,则磁感应强度也将随之变化.设磁感应强度 B 随时间以恒定速率 $\frac{\partial B}{\partial t}$ 变化,如图 10-13 所示,求涡旋电场的分布.

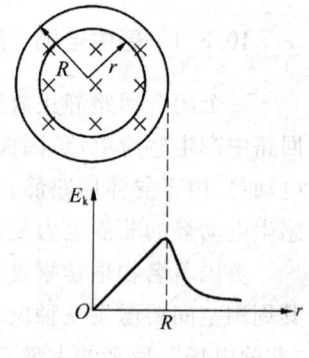

图 10-13 例 10-4 图

解:根据磁场分布的轴对称性及感生电场的电场线呈闭合曲线特点,可知回路上感生电场的电场线处在垂直于轴线的平面内,它们是以轴为圆心的一系列同心圆,同一同心圆上任一点的感生电场的 E_k 大小相等,并且方向必然与回路相切. 取以 r 为半径的圆形闭合回路 L,选取 L 的绕行方向为逆时针方向,则沿闭合回路 L 的 E_k 的线积分为

$$\oint_L \boldsymbol{E}_k \cdot d\boldsymbol{l} = E_k \cdot 2\pi r$$

当 $r < R$ 时,式(10-10)为

$$\oint_L \boldsymbol{E}_k \cdot d\boldsymbol{l} = \pi r^2 \frac{dB}{dt}$$

因此得到

$$E_k \cdot 2\pi r = \pi r^2 \frac{dB}{dt}$$

所以

$$E_k = \frac{r}{2} \frac{dB}{dt}$$

当 $r \geq R$ 时,回路面积上只有 πR^2 面积中有磁通量的变化,于是有

$$E_k \cdot 2\pi r = \pi R^2 \frac{dB}{dt}$$

所以得

$$E_k = \frac{R^2}{2r}\frac{dB}{dt}$$

E_k 随 r 的变化规律如图 10-13 所示.

10.3.2 *电子感应加速器

电子感应加速器是利用感生电场对电子加速的设备,其结构原理如图 10-14 所示.在电磁铁的两磁极间放一个真空室,电磁铁受交变电流激励,在两磁极间产生交变磁场.当磁场发生变化时,两极间任意闭合回路的磁通量发生变化,就会产生感生电场,射入其中的电子在感生电场的作用下就不断被加速,同时电子还要受到磁场的洛伦兹作用,使其在环形真空室内沿圆形轨道运动.为了使电子稳定在半径为 R 的圆形轨道上运动,则产生向心力的洛伦兹力应满足

$$evB_R = m\frac{v^2}{R}$$

即

$$B_R = \frac{mv}{eR}$$

式中,B_R 是电子轨道上的磁感应强度,R 为轨道半径,v 为电子的运动速度.

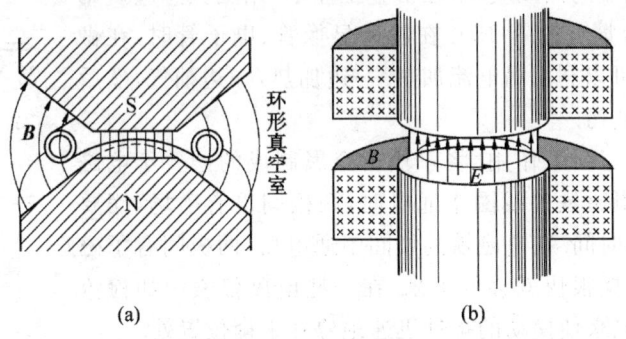

图 10-14 电子感应加速器

设轨道平面上的平均磁感应强度大小为 $\overline{B}$,则通过轨道面积的磁通量为

$$\Phi = \overline{B}S = \overline{B}\pi R^2$$

由式(10-10)可得

$$\oint_L \boldsymbol{E}_k \cdot d\boldsymbol{l} = E_k \cdot 2\pi R = -\frac{d\Phi}{dt} = -\pi R^2 \frac{dB}{dt}$$

所以得

$$E_k = -\frac{R}{2}\frac{d\overline{B}}{dt}$$

作用在电子上的切向力的大小为

$$eE_k = \frac{eR}{2}\frac{d\overline{B}}{dt}$$

根据牛顿第二定律,有

$$F_e = \frac{d}{dt}(mv) = \frac{d}{dt}(eRB_R) = eR\frac{dB_R}{dt}$$

所以

$$\frac{dB_R}{dt} = \frac{1}{2}\frac{dB}{dt}$$

即只要 $B_R = \frac{\overline{B}}{2}$，被加速的电子就可稳定在半径为 R 的圆形轨道上运动.

小型电子感应加速器可将电子加速几十万电子伏特，大型的电子感应加速器可将电子加速数百万电子伏特. 电子感应加速器是近代物理研究的重要装置，用加速后具有较高能量的电子束去轰击各种靶，可得到穿透能力很强的 X 射线. 利用这些 X 射线，可研究某些核反应和制备一些放射性同位素. 电子在加速时，由于要辐射能量，所以限制了加速能量的进一步提高.

10.3.3 *涡电流

前面讨论了变化的磁场在导体回路中产生感生电流的情形. 当大块导体在磁场中运动或者放在变化的磁场中时，由于感应电场的作用，导体中就会有感应电流产生，这种在大块导体内产生的感应电流称为**涡电流**，简称**涡流**. 由于导体的电阻率很小，涡电流可以很大，就会产生大量的热量.

可以利用涡电流的热效应，如在冶金工业中，用工频感应炉熔化活泼或难熔的金属（图 10-15）. 在制造显像管、电子管时，在做好后要抽气封口，可以利用涡电流加热. 一边加热，一边抽气，然后封口，避免氧化与沾污.

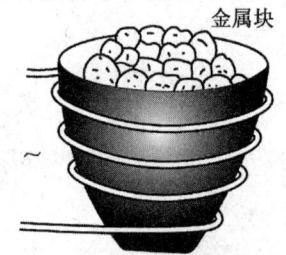

图 10-15 工频感应炉

涡电流还可以起阻尼作用. 将一块由金属制成的摆置于电磁铁的两极之间，当电磁铁的线圈未通电时，两极间没有磁场，摆要停下来需要很长的时间. 在电磁铁的线圈中通电后，两极间有了磁场，由于电磁阻尼，摆很快就会停下来. 在一些电磁仪表中如检流计，常利用电磁阻尼来使摆动的指针迅速地停在平衡位置处.

有时涡电流发热是有害的，在这些情况下要尽量减少涡电流. 如在变压器和电机中，铁芯都不是整块，而是由一片片彼此绝缘的硅钢片叠合而成的. 这样虽然穿过整个铁芯的磁通量不变，但对每一片来说，产生的感应电动势就小，涡电流就减小了. 减小涡电流的另一种方法是选用电阻率较高的材料做铁芯.

10.4 自感与互感

当一个导体回路中的电流发生变化时，此电流所产生的通过回路本身所围面积的磁通量也发生变化，从而此回路中会产生感应电动势，这种由于回路中的电流发生变化，而在自身回路中引起感应电动势的现象称为**自感现象**，产生的电动势称为**自感电动势**.

当一个线圈中的电流发生变化时，将在其周围空间产生变化的磁场，从而使在它附近的另一个线圈中产生感应电动势，这种现象称为**互感现象**，这种电动势称为**互感电动势**.

10.4.1 自感系数　自感电动势

设闭合回路中的电流为 I，根据毕奥-萨伐尔定律，电流 I 所产生磁场的磁感应强度与电流 I 成正比，因此穿过回路所围面积的磁链也与 I 成正比，即

$$\Psi_m = LI \tag{10-11}$$

式中，比例系数 L 称为回路的自感系数，简称自感，它取决于回路的几何形状、大小、线圈的匝数以及周围磁介质的磁导率.

在国际单位制中，自感的单位为亨利，用 H 表示.

由法拉第电磁感应定律，自感电动势为

$$\varepsilon_L = -\frac{d\Psi_m}{dt} = -\frac{d}{dt}(LI) = -L\frac{dI}{dt} - I\frac{dL}{dt}$$

如果回路的几何形状、大小、线圈匝数及周围介质的磁导率都不随时间变化，则 L 为一恒量，$\frac{dL}{dt} = 0$，因而

$$\varepsilon_L = -L\frac{dI}{dt} \tag{10-12}$$

式(10-12)中的负号是楞次定律的表示，即自感电动势将反抗回路中电流的变化，即电流增加时，自感电动势与原来的电流方向相反；电流减小时，自感电动势与原来的电流方向相同. 注意，自感电动势反抗的是电流的变化，而不是反抗电流本身.

在相同电流变化的条件下，回路的自感系数越大，产生的自感电动势越大，即阻碍作用越强，回路中的电流越不容易改变. 因而回路的自感有使回路的电流保持不变的性质，与力学中物体的惯性有些相似，故称为电磁惯性. 自感系数就是回路电磁惯性的量度.

【例 10-5】 有一长直螺线管，长为 l，横截面积为 S，线圈总匝数为 N，管中磁介质的磁导率为 μ. 试求其自感系数.

解：对于长直螺线管，当有电流 I 通过时，可以把管内的磁场看作是均匀的，管内磁感应强度的大小为

$$B = \mu n I = \frac{\mu N I}{l}$$

磁感应强度的方向与螺线管的轴线平行，因此穿过每匝线圈的磁通量为

$$\Phi = BS = \frac{\mu N I S}{l}$$

长直螺线管是由 N 匝圆线圈组成的，所以通过长直螺线管的磁链为

$$\Psi_m = N\Phi = \frac{\mu N^2 I S}{l}$$

由自感系数的定义，得螺线管的自感系数为

$$L = \frac{\Psi_m}{I} = \frac{\mu N^2 S}{l} = \mu n^2 V$$

式中，$V = Sl$，为螺线管的体积. 由上式可见，自感系数只与螺线管本身的形状、大小及周围磁介质有关，而与螺线管中的电流无关.

增大自感 L 的方法：增大单位长度的匝数，在螺线管中插入磁介质.

10.4.2 互感系数 互感电动势

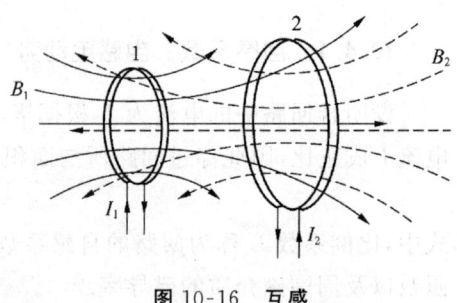

图 10-16 互感

如图 10-16 所示,设 Ψ_{21} 表示回路 1 中电流 I_1 激发的磁场在回路 2 中的磁链,当两个回路的形状、相对位置及周围介质的磁导率都不变时,根据毕奥-萨伐尔定律,Ψ_{21} 与 I_1 成正比,即

$$\Psi_{21} = M_{21} I_1 \quad (10\text{-}13)$$

式中,比例系数 M_{21} 称为回路 1 对回路 2 的互感系数,简称互感,它与线圈的几何形状、大小、匝数、回路的相对位置及周围介质的磁导率有关,与回路中的电流无关.

当电流 I_1 发生变化时,在回路 2 中产生的互感电动势为

$$\varepsilon_{21} = -\frac{\mathrm{d}\Psi_{21}}{\mathrm{d}t} = -M_{21}\frac{\mathrm{d}I_1}{\mathrm{d}t} \quad (10\text{-}14)$$

同理,回路 2 中的电流 I_2 激发的磁场在回路 1 中的磁链表示为 Ψ_{12},Ψ_{12} 与 I_2 成正比,即 $\Psi_{12} = M_{12} I_2$.

当电流 I_2 发生变化时,在回路 1 中产生的互感电动势为

$$\varepsilon_{12} = -\frac{\mathrm{d}\Psi_{12}}{\mathrm{d}t} = -M_{12}\frac{\mathrm{d}I_2}{\mathrm{d}t} \quad (10\text{-}15)$$

式中,M_{12} 称为回路 2 对回路 1 的互感系数. 理论与实验都证明,M_{21} 与 M_{12} 总是相等的,一般用 M 表示,即

$$M_{21} = M_{12} = M$$

式中,M 为两个回路间的互感系数,简称互感,M 与回路的几何形状、大小、匝数、回路的相对位置及周围介质的磁导率有关,在国际单位制中,M 的单位是亨利,用 H 表示.

互感现象在电子技术、电子测量等方面都有广泛的应用,如各种变压器利用互感现象可以把一个电路储存的能量或信号传递到另一个电路;有时互感也会带来电路间的相互干扰,在设计电路时要设法减小这种干扰.

【例 10-6】 如图 10-17 所示,一长直螺线管长为 l,横截面积为 S,密绕有 N_1 匝线圈,在其中部再绕 N_2 匝线圈,螺线管内磁介质的磁导率为 μ. 试计算这两个共轴螺线管的互感系数.

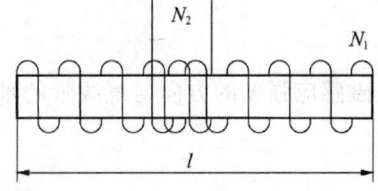

图 10-17 例 10-6 图

解:设长直螺线管 1 中通有电流 I_1,它所产生的磁感应强度的大小为

$$B_1 = \mu \frac{N_1}{l} I_1$$

电流 I_1 的磁场穿过螺线管 2 的磁链为

$$\Psi_{21} = N_2 B_1 S = \frac{\mu N_1 N_2}{l} I_1 S$$

根据互感系数的定义,可得

$$M = \frac{\Psi_{21}}{I_1} = \frac{\mu N_1 N_2}{l} S$$

【例 10-7】 如图 10-18 所示,两圆形线圈共面,半径分别为 R_1、R_2,且 $R_1 \gg R_2$,匝数分别为 N_1、N_2. 求互感系数.

解:设大线圈通有电流 I_1,在其中心处产生的磁感应强度 $\boldsymbol{B}$ 的大小为

$$B_1 = \frac{\mu_0 I_1 N_1}{2R_1}$$

因为 $R_1 \gg R_2$,所以小线圈可视为处于均匀磁场中,通过小线圈的磁链为

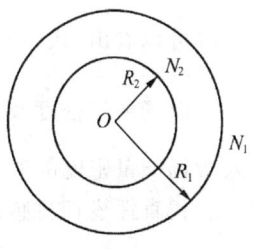

图 10-18 例 10-7 图

$$\Psi_{21} = N_2 B_1 S_2 = \frac{\mu_0 I_1 N_1 N_2}{2R_1} \pi R_2^2$$

由互感的定义 $M = \dfrac{\Psi_{21}}{I_1}$,有

$$M = \frac{\mu_0 N_1 N_2}{2R_1} \pi R_2^2$$

本题中如果用 $\Psi_{12} = MI_2$ 求解,由于求 Ψ_{12} 困难,则互感系数不易求出.

10.5 磁场的能量

与电场类似,凡存在磁场的地方必具有磁场能量. 研究图 10-19 所示的实验,当开关 S 合上后,由于存在自感电动势,回路中的电流要经历一个从零到稳定值的暂态过程. 与此同时,电流所激发的磁场也从零达到恒定分布. 在这个过程中,电源对外做功分为两个部分:一部分是为回路中产生的焦耳热提供能量而做功;另一部分则是为克服自感电动势提供能量而做功,这个功转化为线圈磁场的能量,即磁能.

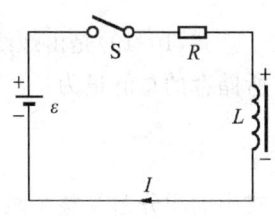

图 10-19 RL 回路

对于如图 10-19 所示的电路,根据欧姆定律,可得

$$\varepsilon - L\frac{\mathrm{d}I}{\mathrm{d}t} = RI \tag{10-16}$$

将式(10-16)两边同乘以 $I\mathrm{d}t$,则有

$$\varepsilon I\mathrm{d}t = LI\mathrm{d}I + RI^2\mathrm{d}t$$

积分得

$$\int_0^t \varepsilon I \mathrm{d}t = \int_0^I LI\mathrm{d}I + \int_0^t RI^2 \mathrm{d}t$$

这就是一个功能转换关系. 其中,$\int_0^t \varepsilon I \mathrm{d}t$ 是电源电动势所做的功,$\int_0^t RI^2 \mathrm{d}t$ 是回路中负载放出的焦耳热,$\int_0^I LI\mathrm{d}I$ 是电源反抗自感电动势所做的功,这部分功就等于线圈中储存的能量.

线圈储存的磁能为

$$W_\mathrm{m} = \int_0^I LI\mathrm{d}I = \frac{1}{2}LI^2 \tag{10-17}$$

可以看出，式(10-17)与第7章中电容器储存的电场能量 $W_e = \frac{1}{2}CU^2$ 类似.

电场能量密度 $w_e = \frac{1}{2}\varepsilon E^2$，表明电场能量是储存在电场中的. 对于磁场能量，也可以引入磁场能量密度的概念. 我们以长直螺线管为例来讨论.

长直螺线管自感系数为

$$L = \mu n^2 V$$

当螺线管中的电流为 I 时，利用式(10-17)，可得其磁能为

$$W_m = \frac{1}{2}LI^2 = \frac{1}{2}\mu n^2 V I^2$$

由于长直螺线管内的磁场 $B = \mu n I$，代入上式得

$$W_m = \frac{B^2}{2\mu} V$$

在螺线管内磁场是均匀分布的，因此螺线管内的磁场能量密度为

$$w_m = \frac{W_m}{V} = \frac{B^2}{2\mu} \tag{10-18}$$

对于各向同性均匀介质，由于 $B = \mu H$，上式又可以写成

$$w_m = \frac{B^2}{2\mu} = \frac{1}{2}\mu H^2 = \frac{1}{2}BH \tag{10-19}$$

式(10-19)是由螺线管这一特例导出的，但可以证明它是普遍成立的. 对于任意磁场，所储存的总能量为

$$W_m = \iiint_V w_m \mathrm{d}V = \iiint_V \frac{1}{2}BH \mathrm{d}V$$

式中的积分遍及整个磁场分布的空间.

【例 10-8】 用磁场能量的方法证明两个线圈互感系数相等，即 $M_{12} = M_{21}$.

证明：设两线圈最初状态为断路.

先接通线圈 1，使电流由 0 增大到 I_{10}，则线圈 1 中的磁能为 $\frac{1}{2}L_1 I_{10}^2$，其中 L_1 为线圈 1 的自感系数.

在接通线圈 1 后，再接通线圈 2，使其电流由 0 增大到 I_{20}，则其磁能为 $\frac{1}{2}L_2 I_{20}^2$，其中 L_2 为线圈 2 的自感系数.

由于线圈 2 接通时，线圈 1 中会产生互感电动势，为了保持线圈 1 中电流 I_{10} 不变，故线圈中必须有附加能量来克服这一互感电动势 $\varepsilon_{12} = M_{12}\frac{\mathrm{d}I_2}{\mathrm{d}t}$，其中 M_{12} 是线圈 2 对线圈 1 的互感系数，所以附加的磁能为

$$\int_0^t \varepsilon_{12} I_{10} \mathrm{d}t = \int_0^t M_{12} \frac{\mathrm{d}I_2}{\mathrm{d}t} I_{10} \mathrm{d}t = \int_0^{I_{20}} M_{12} I_{10} \mathrm{d}I_2 = M_{12} I_{10} I_{20}$$

故两线圈组成的系统中，总磁能为

$$W_m = \frac{1}{2}L_1 I_{10}^2 + \frac{1}{2}L_2 I_{20}^2 + M_{12} I_{10} I_{20} \qquad \text{①}$$

当先在线圈 2 中产生电流 I_{20}，后在线圈 1 中产生 I_{10} 时，按上述讨论，同样可得出

$$W_m = \frac{1}{2}L_1 I_{10}^2 + \frac{1}{2}L_2 I_{20}^2 + M_{21} I_{10} I_{20} \qquad ②$$

其中，M_{21} 为线圈 1 对线圈 2 的互感系数．因为系统的能量与电流的先后无关，比较①与②两式，可得 $M_{12} = M_{21}$．

10.6　位移电流　麦克斯韦电磁场理论

麦克斯韦于 1865 年，在前人的基础上总结了电磁学的全部定律，提出了有旋电场和位移电流的概念，并把全部电磁学规律概括成一组方程，即麦克斯韦方程组，建立了完整的电磁场理论，并预言了以光速传播的电磁波的存在．过后不久，赫兹便从实验中证实了这个预言，实现了电、磁、光的统一．本节介绍位移电流及麦克斯韦方程组．

10.6.1　位移电流　全电流定理

稳恒电流的磁场遵从安培环路定理：

$$\oint_L \boldsymbol{H} \cdot \mathrm{d}\boldsymbol{l} = \sum_i I_i$$

式中的电流是穿过以闭合曲线 L 为边界的任意曲面 S 的传导电流．对于非稳恒电流的情形，如在有电容器的电路中，传导电流不连续，即 I 是非稳恒电流，安培环路定理是否还适用呢？

如图 10-20 所示，在电容器放电过程中，导线中的电流 I 随时间而变化，这是一个不稳恒的过程．若在 A 板附近，取一个闭合回路 L，以 L 为边界作曲面 S_1 和 S_2，其中 S_1 与导线相交，而 S_2 穿过两极板之间，不与导线相交．当把安培环路定理应用于曲面 S_1 和 S_2 之上时，对于曲面 S_1 来说，由于传导电流穿过该面，所以有

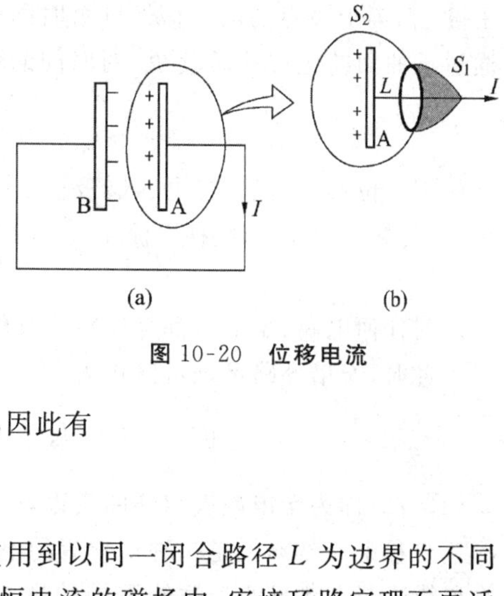

$$\oint_L \boldsymbol{H} \cdot \mathrm{d}\boldsymbol{l} = I$$

图 10-20　位移电流

而对于曲面 S_2 来说，则没有传导电流穿过该面，因此有

$$\oint_L \boldsymbol{H} \cdot \mathrm{d}\boldsymbol{l} = 0$$

结果表明，在非稳恒磁场中，把安培环路定理应用到以同一闭合路径 L 为边界的不同曲面时，得到不同的结果．上面的矛盾说明，在非稳恒电流的磁场中，安培环路定理不再适用，必须要寻找新的规律来代替它．

麦克斯韦认为上述矛盾的出现是由于传导电流的不连续，传导电流在电容器两极板间中断了．他注意到，在电容器充电（或放电）的情况下，电容器极板间虽无传导电流，但是电容器极板上的电荷是随时间不断变化的，因而在极板间存在随时间变化的电场．

以电容器放电为例，设平行板电容器极板的面积为 S，在某时刻，极板 A 上电荷为 q，极板上电荷面密度为 σ，导线中传导电流等于电容器极板上电荷对时间的变化率，即

$$I_c = \frac{dq}{dt}$$

而传导电流密度等于极板上电荷面密度对时间的变化率,即

$$j_c = \frac{d\sigma}{dt}$$

电容器两极板间无电流,对整个电路来说,传导电流不连续.

由第 8 章内容可知,两极板间的电位移矢量的大小 $D=\sigma$,所以穿过极板的电位移通量 $\Phi_D = DS = \sigma S$. 于是电位移通量 Φ_D 随时间的变化率为

$$\frac{d\Phi_D}{dt} = \frac{d(\sigma S)}{dt} = \frac{dq}{dt} = I \tag{10-20}$$

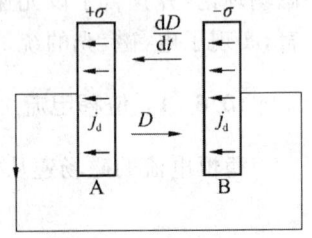

图 10-21 电流的连续性

由上式可知,电位移通量随时间的变化率 $\frac{d\Phi_D}{dt}$ 在数值上等于板内的传导电流.考虑方向,当放电时,极板上电荷面密度减少,两板间电场减小,$\frac{dD}{dt}$ 与场的方向相反,即 $\frac{dD}{dt}$ 与传导电流密度 j 的方向一致.因此,可以设想,如果以 $\frac{dD}{dt}$ 表示某种电流密度,那么它就可以代替两极板间中断了的传导电流密度,从而保持了电流的连续性,如图 10-21 所示.充电时的情况也可说明这一点,请读者自证.

于是,麦克斯韦提出位移电流的假设,位移电流定义为:通过电场中某一点的位移电流密度 j_d,等于该点的电位移矢量对时间的变化率,通过电场中某一曲面的位移电流 I_d 等于通过该曲面的电位移通量 Φ_D 对时间的变化率,即

$$j_d = \frac{dD}{dt}, \quad I_d = \frac{d\Phi_D}{dt} \tag{10-21}$$

引入位移电流后,在电容器极板处中断的传导电流就被位移电流接替,保持了电流的连续性.传导电流 I_c 和位移电流 I_d 之和称为全电流,用 I_S 表示,即

$$I_S = I_c + I_d$$

对任何电路,全电流都是保持连续的.

此时,安培环路定理可修正为

$$\oint_L \boldsymbol{H} \cdot d\boldsymbol{l} = I_S = I_c + \frac{d\Phi_D}{dt} = \iint_S \left(\boldsymbol{j}_c + \frac{d\boldsymbol{D}}{dt}\right) \cdot d\boldsymbol{S} \tag{10-22}$$

式(10-22)称为**全电流安培环路定理**,简称**全电流定理**.

位移电流本质上是一种变化着的电场,变化的电场可以激发磁场.应该注意,位移电流 I_d 和传导电流 I_c 是两个截然不同的概念,它们只是在产生磁场方面是等效的,故都称为电流,但在其他方面存在着根本的区别.首先,位移电流 I_d 与电场的变化率有关,与电荷运动无关;而传导电流则是电荷的定向运动.其次,传导电流在通过导体时会产生焦耳热,而位移电流则不会产生焦耳热.

【例 10-9】 如图 10-22 所示,半径 $R = 5.0$ cm 的两块圆板,构成平行板电容器,以匀

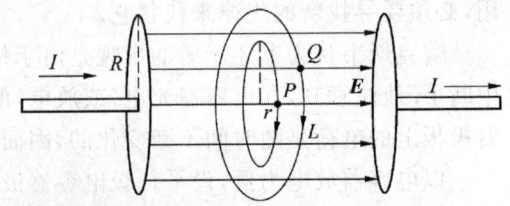

图 10-22 例 10-9 图

速充电使电容器极板间的电场强度的时间变化率 $\dfrac{dE}{dt}=2.0\times 10^{13}\,\text{V}\cdot\text{m}^{-1}\cdot\text{s}^{-1}$. 求：

(1) 两极板间的位移电流；

(2) 两极板间磁感应强度的分布及极板边缘的磁感应强度.

解：(1) 由式(10-21)，得两极板间的位移电流为

$$I_d = \frac{d\Phi_D}{dt} = S\frac{dD}{dt} = \pi R^2 \varepsilon_0 \frac{dE}{dt} = 1.4\,\text{A}$$

(2) 由于两极板间的电场对圆形平板具有轴对称性，所以磁场对两极板的中心连线也具有对称性. 以两极板中心连线为轴，在平行于平板的平面上作半径为 r 的圆形回路为积分回路，由对称性可知，在此积分回路上磁感应强度的大小相等，磁感线的方向沿回路的切线方向，且与电流的方向符合右手螺旋法则. 由全电流安培环路定理，得

$$\oint_L \boldsymbol{H} \cdot d\boldsymbol{l} = \frac{B}{\mu_0} 2\pi r = \frac{d\Phi_D}{dt} = \pi r^2 \varepsilon_0 \frac{dE}{dt}$$

所以

$$B = \frac{\mu_0 \varepsilon_0}{2} r \frac{dE}{dt}$$

当 $r=R$ 时

$$B = \frac{\mu_0 \varepsilon_0}{2} R \frac{dE}{dt} = 5.6 \times 10^{-6}\,\text{T}$$

结果表明，虽然位移电流已经很大，但它所产生的磁场是很弱的，在一般实验中不易测量到. 但是在超高频情况下，将会获得较强的位移电流产生的磁场.

10.6.2 麦克斯韦方程组的积分形式　电磁场

前面我们分别介绍了麦克斯韦涡旋电场和位移电流这两个假设. 涡旋电场假设指出除静止电荷产生的无旋电场外，变化的磁场产生涡旋电场；位移电流假设指出变化的电场和传导电流一样将产生涡旋磁场. 这两个假设揭示了电场和磁场之间的相互联系，即变化的电场和磁场不是彼此孤立的，而是相互联系、相互激发的，在变化的电场的空间必然存在变化的磁场，同样，在变化的磁场的空间也必然存在变化的电场，变化的电场与变化的磁场相互激发组成一个统一的整体，即电磁场.

前面几章我们研究了静电场和稳恒磁场，得到了下面的规律.

(1) 静电场的高斯定理：

$$\oiint_S \boldsymbol{D} \cdot d\boldsymbol{S} = q = \iiint_V \rho\,dV$$

(2) 静电场的环路定理：

$$\oint_L \boldsymbol{E} \cdot d\boldsymbol{l} = 0$$

(3) 磁场的高斯定理：

$$\oiint_S \boldsymbol{B} \cdot d\boldsymbol{S} = 0$$

(4) 稳恒磁场的安培环路定理：

$$\oint_L \boldsymbol{H} \cdot d\boldsymbol{l} = \sum_i I_i$$

对一般电磁场情况,在麦克斯韦引入涡旋电场和位移电流两个重要概念后,将静电场的环路定理改为

$$\oint_L \boldsymbol{E} \cdot \mathrm{d}\boldsymbol{l} = -\frac{\mathrm{d}\Phi}{\mathrm{d}t} = -\iint_S \frac{\partial \boldsymbol{B}}{\partial t} \cdot \mathrm{d}\boldsymbol{S}$$

将稳恒磁场的安培环路定理改为

$$\oint_L \boldsymbol{H} \cdot \mathrm{d}\boldsymbol{l} = I_S = \iint_S \left(\boldsymbol{j}_c + \frac{\mathrm{d}\boldsymbol{D}}{\mathrm{d}t}\right) \cdot \mathrm{d}\boldsymbol{S}$$

麦克斯韦还认为,静电场的高斯定理与稳恒磁场的高斯定理也可适用于一般的电磁场. 麦克斯韦把电场与磁场统一为电磁场,得到电磁场满足的基本方程,即

$$\oiint_S \boldsymbol{D} \cdot \mathrm{d}\boldsymbol{S} = q = \iiint_V \rho \mathrm{d}V \tag{10-23}$$

$$\oiint_S \boldsymbol{B} \cdot \mathrm{d}\boldsymbol{S} = 0 \tag{10-24}$$

$$\oint_L \boldsymbol{E} \cdot \mathrm{d}\boldsymbol{l} = -\frac{\mathrm{d}\Phi}{\mathrm{d}t} = -\iint_S \frac{\partial \boldsymbol{B}}{\partial t} \cdot \mathrm{d}\boldsymbol{S} \tag{10-25}$$

$$\oint_L \boldsymbol{H} \cdot \mathrm{d}\boldsymbol{l} = I_S = \iint_S \left(\boldsymbol{j}_c + \frac{\mathrm{d}\boldsymbol{D}}{\mathrm{d}t}\right) \cdot \mathrm{d}\boldsymbol{S} \tag{10-26}$$

这四个方程就是麦克斯韦方程组的积分形式.

下面简要说明方程组中各方程的物理意义.

(1) 式(10-23)是电场的高斯定理,说明电场强度与电荷的关系,穿过任意封闭曲面的电位移通量,等于该封闭曲面内自由电荷的代数和.

(2) 式(10-24)是磁场的高斯定理,说明磁感线都是闭合的,因此在任何磁场中,通过任意封闭曲面的磁通量总是等于零.

(3) 式(10-25)是法拉第电磁感应定律,说明变化的磁场和电场的联系.

(4) 式(10-26)是全电流安培环路定理,说明电流及变化的电场和磁场的联系.

麦克斯韦电磁场理论最卓越的成就,不仅在于全面揭示了电磁场的规律,而且预言了电磁波的存在,并证明了光是一种电磁波. 1887 年德国物理学家赫兹首先以实验证实了电磁波的存在. 麦克斯韦理论是物理学史上最伟大的成就之一,它奠定了经典电动力学的基础,也为无线电技术的进一步发展开辟了广阔的前景.

在实际应用中麦克斯韦方程组还必须考虑介质的实际情况,因此,加上三个物理方程作为麦克斯韦方程组的辅助方程. 在各向同性介质中,介质方程为

$$\boldsymbol{D} = \varepsilon_r \varepsilon_0 \boldsymbol{E}$$
$$\boldsymbol{B} = \mu_0 \mu_r \boldsymbol{H}$$
$$\boldsymbol{j} = \sigma \boldsymbol{E}$$

在非均匀介质中,还要考虑电磁场量在介质分界面上的边值关系,以及具体问题中的初值条件.

由电磁场量满足的边界条件和已知的初始条件,根据麦克斯韦方程组及三个辅助方程,就可确定介质中某一点在任一时刻的电磁场分布. 这正如牛顿运动定律能完全描述质点的动力学过程一样,麦克斯韦方程组能完全描述电磁场的动力学过程.

复习题

一、思考题

1. 在磁场变化的空间里,如果没有导体,那么,在这个空间是否存在电场,是否存在感应电动势?

2. 在电磁感应定律 $\varepsilon_i = -\dfrac{d\Phi}{dt}$ 中,负号的意义是什么?如何根据负号来确定感应电动势的方向?

3. 试证:平行板电容器的位移电流可写成 $I_d = C\dfrac{dU}{dt}$.式中,C 为电容器的电容,U 是电容器两极板的电势差.如果不是平行板电容器,以上关系还适用吗?

4. 如何设计一个自感较大的线圈?

5. 互感电动势与哪些因素有关?要在两个线圈间获得较大的互感,应该用什么办法?

6. 什么是位移电流?位移电流与传导电流有什么异同?

7. 如何理解"麦克斯韦电磁场四个积分方程是电磁场的基本积分方程"这一说法?

二、计算及证明题

1. 一半径 $r=10\text{cm}$ 的圆形回路放在 $B=0.8\text{T}$ 的均匀磁场中,回路平面与 B 垂直.当回路半径以恒定速率 $\dfrac{dr}{dt}=80\text{cm}\cdot\text{s}^{-1}$ 收缩时,求回路中感应电动势的大小.

2. 一对互相垂直的相等的半圆形导线构成回路,半径 $R=5\text{cm}$,如图 10-23 所示.均匀磁场 $B=80\times10^{-3}\text{T}$,$B$ 的方向与两半圆的公共直径(在 Oz 轴上)垂直,且与两个半圆构成相等的角 α.当磁场在 5ms 内均匀降为零时,求回路中的感应电动势的大小及方向.

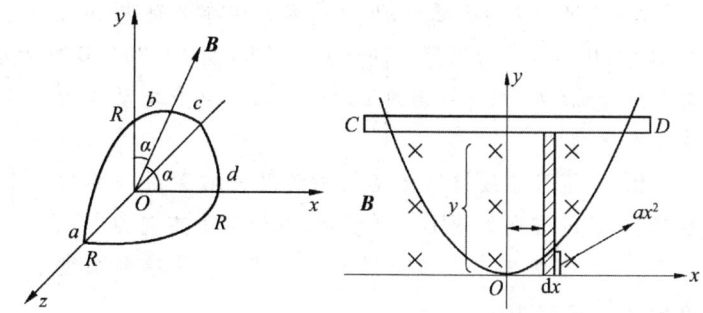

图 10-23 计算及证明题 2 图   图 10-24 计算及证明题 3 图

*3. 如图 10-24 所示,一根导线弯成抛物线形状,放在均匀磁场中,导线形状满足抛物线方程 $y=ax^2$.B 与 xOy 平面垂直,细杆 CD 平行于 x 轴并以加速度 a 从抛物线的底部向开口处做平动.求 CD 距 O 点为 y 处时回路中产生的感应电动势.

4. 如图 10-25 所示,载有电流 I 的长直导线附近,放一导体半圆环 MeN,与长直导线共面,且端点 MN 的连线与长直导线垂直.半圆环的半径为 b,环心 O 与导线相距 a.设半圆环以速度 v 平行于导线平移,求半圆环内感应电动势的大小和方向及 MN 两端的电压 $U_M - U_N$.

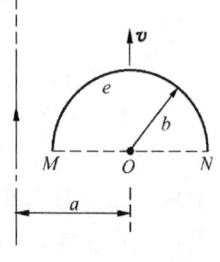

图 10-25 计算及证明题 4 图

5. 如图 10-26 所示,在两平行的无限长直载流导线的平面内有一矩形线圈. 两导线中的电流方向相反、大小相等, 且电流以 $\dfrac{\mathrm{d}I}{\mathrm{d}t}$ 的变化率增大, 求:

(1) 任一时刻线圈内所通过的磁通量;

(2) 线圈中的感应电动势.

6. 如图 10-27 所示, 用一根硬导线弯成半径为 r 的一个半圆. 令这半圆形导线在磁场中以频率 f 绕图中半圆的直径旋转. 整个电路的电阻为 R, 求感应电流的最大值.

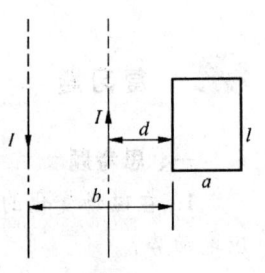

图 10-26 计算及证明题 5 图

7. 如图 10-28 所示, 长直导线通以电流 $I=5\mathrm{A}$, 在其右方放一长方形线圈, 两者共面. 线圈长 $b=0.06\mathrm{m}$, 宽 $a=0.04\mathrm{m}$, 线圈以速率 $v=0.03\mathrm{m}\cdot\mathrm{s}^{-1}$ 垂直于直线平移远离. 求 $d=0.05\mathrm{m}$ 时线圈中感应电动势的大小和方向.

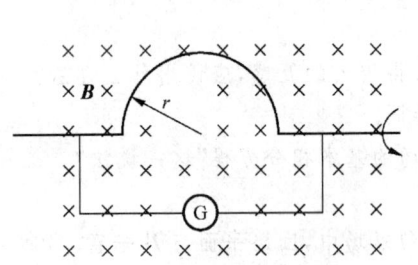 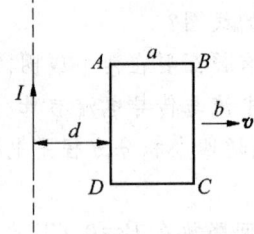 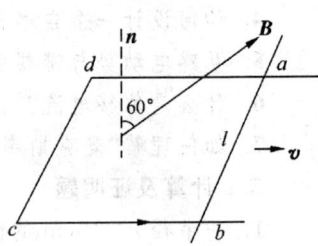

图 10-27 计算及证明题 6 图　　图 10-28 计算及证明题 7 图　　图 10-29 计算及证明题 8 图

8. 长度为 l 的金属杆 ab 以速率 v 在导电轨道 $abcd$ 上平行移动. 已知导轨处于均匀磁场 $\boldsymbol{B}$ 中, $\boldsymbol{B}$ 的方向与回路的法线成 $60°$ 角(图 10-29), $\boldsymbol{B}$ 的大小为 $B=kt$ (k 为常数). 设 $t=0$ 时杆位于 cd 处, 求任一时刻 t 导线回路中感应电动势的大小和方向.

9. 一矩形导线框以恒定的加速度向右穿过一均匀磁场区, $\boldsymbol{B}$ 的方向如图 10-30 所示. 取逆时针方向为电流正方向, 画出线框中电流与时间的关系(设导线框刚进入磁场区时 $t=0$).

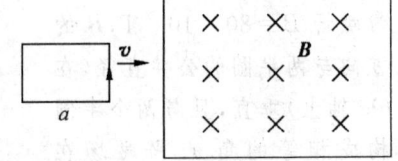

图 10-30 计算及证明题 9 图

10. 导线 ab 长为 l, 绕过 O 点的垂直轴以匀角速度 ω 转动, $aO=\dfrac{l}{3}$, 磁感应强度 B 平行于转轴, 如图 10-31 所示.

(1) 求 a、b 两端的电势差;

(2) a、b 两端哪一端电势高?

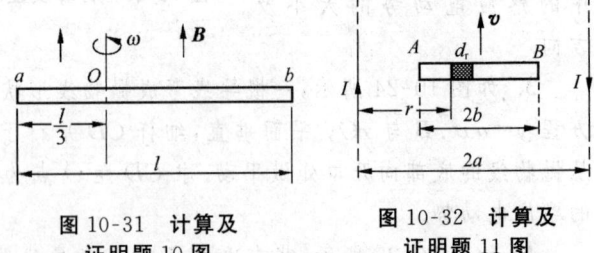

图 10-31 计算及证明题 10 图　　图 10-32 计算及证明题 11 图

11. 如图 10-32 所示, 长为 $2b$ 的金属杆位于两无限长直导线所在平面的正中间, 并以速度 $\boldsymbol{v}$ 平行于两直导线运动. 两直导线通以大小相等、方向相反的电流 I, 两导线相距 $2a$. 试求金属杆两端的电势差及其方向.

12. 磁感应强度为 $\boldsymbol{B}$ 的均匀磁场充满一半径为 R 的圆柱形空间, 一金属杆放在

图 10-33 中位置,杆长为 $2R$,其中一半位于磁场内,另一半位于磁场外.当 $\dfrac{\mathrm{d}B}{\mathrm{d}t}>0$ 时,求杆两端的感应电动势的大小和方向.

13. 半径为 R 的直螺线管中有 $\dfrac{\mathrm{d}B}{\mathrm{d}t}>0$ 的磁场,一任意闭合导线 $abca$,一部分在螺线管内绷直成 ab 弦,a、b 两点与螺线管绝缘,如图 10-34 所示.设 $ab=R$,试求闭合导线中的感应电动势.

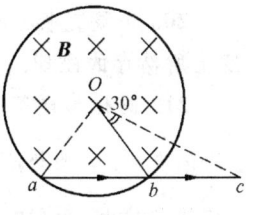

图 10-33 计算及
证明题 12 图

14. 如图 10-35 所示,在垂直于直螺线管管轴的平面上放置导体 ab 于其直径位置,另一导体 cd 在一弦上,导体均与螺线管绝缘.当螺线管接通电源的一瞬间管内磁场如图示方向.试求:

(1) a、b 两端的电势差;

(2) c、d 两点电势高低的情况.

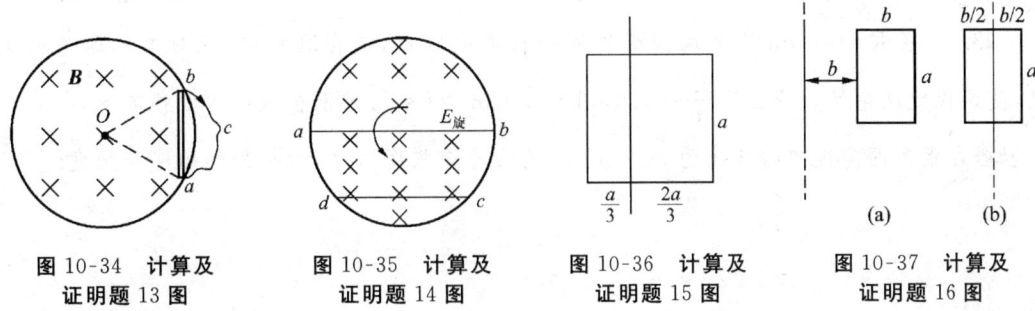

| 图 10-34 计算及 | 图 10-35 计算及 | 图 10-36 计算及 | 图 10-37 计算及 |
| 证明题 13 图 | 证明题 14 图 | 证明题 15 图 | 证明题 16 图 |

15. 一无限长直导线和一正方形线圈按图 10-36 所示放置(导线与线圈接触处绝缘).求线圈与导线间的互感系数.

16. 一矩形线圈长 $a=20\text{cm}$,宽 $b=10\text{cm}$,由 100 匝表面绝缘的导线绕成,放在一无限长直导线的旁边且与线圈共面,如图 10-37 所示.求图 10-37(a)和图 10-37(b)两种情况下线圈与长直导线间的互感.

17. 如图 10-38 所示,两根平行长直导线横截面的半径都是 a,中心相距为 d,两导线属于同一回路.设两导线内部的磁通可忽略不计.证明:这样一对长度为 l 的一段导线自感为

$$L=\dfrac{\mu_0 l}{\pi}\ln\dfrac{d-a}{a}$$

18. 两线圈顺串联后总自感为 1.0H,在它们的形状和位置都不变的情况下,反串联后总自感为 0.4H.试求它们之间的互感.

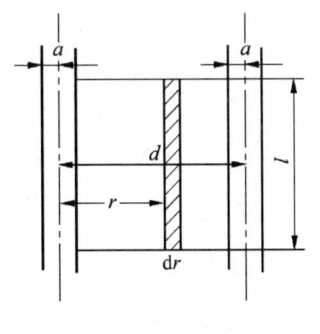

图 10-38 计算及
证明题 17 图

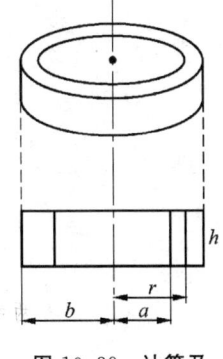

图 10-39 计算及
证明题 19 图

19. 一矩形截面的螺线环如图 10-39 所示,共有 N 匝.

(1) 求此螺线环的自感系数;

(2) 若导线内通有电流 I,环内磁能为多少?

20. 无限直长圆柱形导线,其截面各处的电流密度相等,总电流为 I. 求导线内部单位长度上所储存的磁能.

21. 圆柱形电容器内、外导体截面半径分别为 R_1 和 $R_2(R_1<R_2)$,中间充满介电常数为 ε 的电介质. 当两极板间的电压随时间的变化 $\dfrac{dU}{dt}=k$ 时(k 为常数),求介质内距圆柱轴线为 r 处的位移电流密度.

22. 如图 10-40 所示,设平行板电容器内各点的交变电场强度 $E=720\sin 10^5\pi t\,\mathrm{V\cdot m^{-1}}$,正方向向右.

(1) 求电容器中的位移电流密度;

(2) 当 $t=0$ 和 $t=\dfrac{1}{2}\times 10^{-5}\,\mathrm{s}$ 时,求电容器内距中心连线 $r=10^{-2}\,\mathrm{m}$ 的一点 P 处的磁场强度的大小及方向(不考虑传导电流产生的磁场).

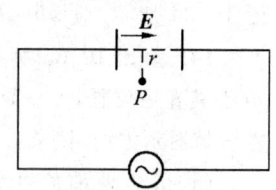

图 10-40 计算及证明题 22 图

23. 半径 $R=0.10\,\mathrm{m}$ 的两块圆板构成平行板电容器,放在真空中. 现对电容器匀速充电,使两极板间电场的变化率 $\dfrac{dE}{dt}=1.0\times 10^{13}\,\mathrm{V\cdot m^{-1}\cdot s^{-1}}$. 求两极板间的位移电流,并计算电容器内距离两圆板中心连线为 $r(r<R)$ 处的磁感应强度以及 $r=R$ 处的磁感应强度.

机械振动与机械波

　　在自然界中,到处都有振动存在.例如,一切发声体都在振动,机器的运转总伴随着振动,海浪的起伏以及地震也都是振动,晶体中的原子也都在不停地振动着.从广义上说,任何一个物理量随时间的周期性变化都可以叫作振动.振动的运动形式可以是机械运动、热运动、电磁运动等.对于不同的运动形式,振动的表现是不同的,但从振动的角度来看,这些运动的本质都是某一振动量随时间做周期性变化.本篇主要研究机械振动.

　　波是振动的传播.机械振动在弹性介质中进行传播的过程称为机械波,如水波、绳波、声波和地震波等.交变的电场与磁场在空间传播的过程称为电磁波,如光波、无线电波和X射线等.在微观领域中,对于原子、电子等一切的微观粒子也都具有波动的性质,相应的波称为物质波.波动是很常见的物理现象.各种波都有其独有的特性,但它们又有着相似的波动方程,都能产生反射、折射、干涉和衍射等现象.

第 11 章

机械振动

学习目标

- 掌握简谐运动的概念和描述简谐运动的各物理量的物理意义及其之间的关系.
- 掌握描述简谐运动的旋转矢量表示法,并能用于讨论和分析简谐运动的规律.
- 了解单摆和复摆的概念.
- 熟练掌握简谐运动的基本特征,能建立一维简谐运动的微分方程,能根据给定条件写出一维简谐运动的运动方程,并理解其物理意义.
- 掌握同方向、同频率简谐运动的合成规律,了解拍和相互垂直简谐运动合成的特点.
- 了解阻尼振动、受迫振动和共振的发生条件及规律.
- 了解电磁振荡的相关知识.

机械振动是一种最常见、最直观的振动.物体或物体的某一部分在一定位置附近来回往复的运动,称为**机械振动**.机械振动在生产和生活实际中普遍存在.例如,钟摆的运动、气缸中活塞的运动、心脏的跳动、行车时的颠簸以及发声物体的运动等.电路中的电流、电压,电磁场中的电场强度和磁场强度也都可能随时间做周期性变化,这种变化也是振动——电磁振动或电磁振荡.这种振动虽然和机械振动有本质的不同,但它们随时间变化的情况以及许多其他的性质在形式上都遵从相同的规律.

振动已广泛应用于建筑学、机械学、地震学、造船学、声学等领域,所以研究机械振动是学习其他形式的振动的基础.

本章将从最简单的振动——简谐运动入手,由简到繁地介绍旋转矢量法、阻尼振动、受迫振动、共振以及电磁振荡等内容.

11.1 简谐运动

在振动中,物体相对于平衡位置的位移随时间按正弦函数或余弦函数的规律变化,这种运动称为**简谐运动**,简称**谐振动**.简谐运动是最基本、最简单的振动.其他复杂的振动都可以看作是由若干个简谐运动合成的结果.下面将对简谐运动的运动规律进行研究.

如图 11-1 所示,一个劲度系数为 k 的轻质弹簧的一端固定,另一端系一质量为 m 的物体,将其置于光滑的水平面上,弹簧的质量和物体所受到的阻力可忽略不计.当弹簧为

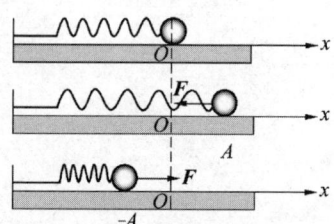

图 11-1 弹簧振子的简谐运动

原长 l_0 时,物体所受到的合力为零,此时物体处于平衡状态,所处的位置 O 为平衡位置. 若让物体向右略微移动后释放,由于弹簧被拉长,物体将受到一指向平衡位置的弹性力的作用,迫使物体向左做一变加速运动;当物体到达平衡位置 O 时,弹簧处于自然长度,物体所受的弹性力为零,速度达到最大;此后,由于惯性作用物体将继续向左运动,弹簧随之被压缩,但由于弹性力的方向还是指向平衡位置,物体将向左做变减速运动,一直到其速度为零为止;然后由于物体受到弹性力作用,将反向向右运动……物体将在平衡位置附近做往复运动. 这一包含弹簧和物体的振动系统叫作**弹簧振子**.

11.1.1 简谐运动的特征及其表达式

在图 11-1 中,取平衡位置 O 为坐标原点,水平向右为 Ox 轴正向. 根据胡克定律可知,物体所受到的弹性力 F 与物体偏离平衡位置的位移 x 成正比,即

$$F = -kx \tag{11-1}$$

式中,负号表示弹性力的方向与位移的方向相反,劲度系数 k 的大小取决于弹簧的固有性质(材料、形状以及大小等). 由牛顿第二定律,得

$$a = \frac{F}{m} = -\frac{k}{m}x$$

对于给定的弹簧振子,k 和 m 都是正值常量,令 $\omega^2 = \frac{k}{m}$,得

$$\frac{d^2 x}{dt^2} = -\omega^2 x \tag{11-2}$$

求解式(11-2),得

$$x = A\cos(\omega t + \varphi) \tag{11-3}$$

可知,弹簧振子做简谐运动.

式(11-2)为弹簧振子做简谐运动的动力学特征:物体加速度 a 与位移 x 的大小成正比,而与其方向相反.

式(11-3)为弹簧振子做简谐运动的运动学特征:物体离开平衡位置的位移 x 按余弦(或正弦)函数的规律随时间变化. 这里 A 和 φ 由初始条件来决定. 只要某运动能整理出形如式(11-2)或式(11-3)的方程,都可认为该运动为简谐运动.

将式(11-3)对时间求导,可得到简谐运动的速度为

$$v = \frac{dx}{dt} = -A\omega \sin(\omega t + \varphi) \tag{11-4}$$

将式(11-4)对时间求导,则可得简谐运动的加速度为

$$a = \frac{d^2 x}{dt^2} = -A\omega^2 \cos(\omega t + \varphi) \tag{11-5}$$

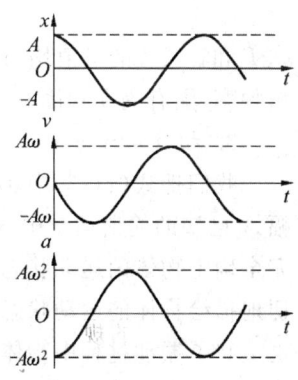

图 11-2 简谐运动的 x-t 图、v-t 图与 a-t 图

式(11-3)、式(11-4)与式(11-5)分别为做简谐运动的质点的位移、速度和加速度与时间 t 的关系式. 从图 11-2 中可以看出,位移、速度和加速度都随时间做周期性变化(图中取 $\varphi=0$).

11.1.2 振幅 周期和频率 相位

1. 振幅 A

式(11-3)中,A 表示质点离开平衡位置的最大位移的绝对值,或者质点运动范围的最大幅度,将其称为**振幅**. 同理,$A\omega$ 称为速度振幅,$A\omega^2$ 称为加速度振幅. 国际单位制中,振幅的单位是米(m),其量值由初始条件决定.

2. 周期 T

物体做一次完全振动所需要的时间称为**振动周期**,常用 T 表示,单位是秒(s). 根据此定义,则有物体在任意时刻 t 的运动状态和在时刻 $t+T$ 的运动状态完全相同,即

$$x = A\cos(\omega t + \varphi) = A\cos[\omega(t+T) + \varphi]$$

由于余弦函数的周期为 2π,得

$$T = \frac{2\pi}{\omega}$$

和周期密切相关的另一个物理量是**频率**,它是物体在单位时间内做完全振动的次数,用 ν 表示,单位是赫兹(Hz). 显然有

$$\nu = \frac{1}{T}$$

于是可得到 ω、T 和 ν 三者的关系为

$$\omega = 2\pi\nu = \frac{2\pi}{T} \tag{11-6}$$

从式(11-6)可以看出,ω 表示的是物体在 2π 时间内所做的完全振动的次数,称为振动的**角频率**,又称**圆频率**,单位为弧度每秒(rad/s).

对于弹簧振子的频率,有 $\omega = \sqrt{\dfrac{k}{m}}$,故其振动周期和频率分别为

$$T = 2\pi\sqrt{\frac{m}{k}}, \quad \nu = \frac{1}{2\pi}\sqrt{\frac{k}{m}}$$

ω、T 和 ν 三者的量值均由振动系统本身的固有属性所决定,与其他因素无关,故又称为固有角频率、固有周期和固有频率.

3. 相位 $\omega t + \varphi$

我们把式(11-3)中 $\omega t + \varphi$ 称为**相位**. φ 是 $t=0$ 时的相位,称为初相位. 在角频率 ω 和振幅 A 已知的简谐运动中,通过相位 $\omega t + \varphi$ 可确定物体的位移 x 和速度 v,即相位 $\omega t + \varphi$ 可以完全确定物体的运动状态. 表 11-1 列出了不同的相位和运动状态的关系. 可见,相位可以确切地描绘物体的运动状态,当相位变化为 2π 时,物体的运动状态完全相同,所以相位的变化也反映了振动过程中物体运动的周期性.

表 11-1 不同的相位和运动状态的关系

$\omega t + \varphi$	0	$\dfrac{\pi}{2}$	π	$\dfrac{3\pi}{2}$	2π
$x(t)$	A	0	$-A$	0	A
$v(t)$	0	$-\omega A$	0	ωA	0
$a(t)$	$-\omega^2 A$	0	$\omega^2 A$	0	$-\omega^2 A$

在实际中,经常用到的是两个具有相同频率的简谐运动的相位差,用来反映两简谐运动的步调差异.顾名思义,相位差就是指两个相位之差.设两个同频率的简谐运动的运动方程分别为

$$x_1 = A_1\cos(\omega t + \varphi_1)$$
$$x_2 = A_2\cos(\omega t + \varphi_2)$$

它们的相位差为

$$\Delta\varphi = (\omega t + \varphi_2) - (\omega t + \varphi_1) = \varphi_2 - \varphi_1$$

可见,任意时刻它们的相位差都等于它们的初相位之差.所以,对于同频率的两个简谐运动有确定的相位差.

若 $\Delta\varphi = 2k\pi$,则表示两振动的步调完全相同,称为两个振动**同相**.它们将同时通过平衡位置向同方向运动,同时到达同方向各自的最大位移处,如图 11-3(a)所示.

若 $\Delta\varphi = (2k+1)\pi$,则表示两振动的步调完全相反,称为两个振动**反相**.它们将同时通过平衡位置,但向相反方向运动,同时到达相反方向各自的最大位移处,如图 11-3(b)所示.

$\Delta\varphi$ 为其他值时,则表示两个振动不同相.常用相位超前或相位落后来描述,如图 11-3(c)所示.相位差 $\Delta\varphi < 0$,表示 x_1 的振动要超前于 x_2 的振动 $\Delta\varphi$ 的相位,或 x_2 的振动要落后于 x_1 的振动 $\Delta\varphi$ 的相位.

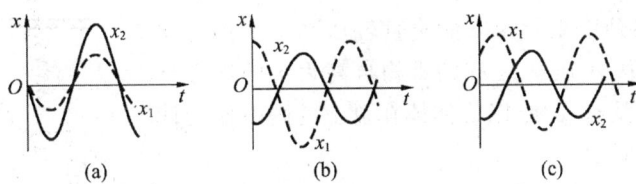

图 11-3 相位差的图示法

4. 常量 A 和 φ 的确定

在简谐运动方程 $x = A\cos(\omega t + \varphi)$ 中,角频率 ω 是由系统本身的固有性质决定的,那么在解微分方程时所引入的两个常量 A 和 φ 的量值又是由什么决定的呢?设振动的初始时刻(即 $t=0$ 时),物体相对于平衡位置的位移和速度分别为 x_0 和 v_0,代入式(11-3)和式(11-4),可得

$$x_0 = A\cos\varphi, \quad v_0 = -A\omega\sin\varphi$$

联立两式,可得

$$A = \sqrt{x_0^2 + \frac{v_0^2}{\omega^2}}, \quad \tan\varphi = -\frac{v_0}{\omega x_0} \tag{11-7}$$

上述结果表明,简谐运动方程中的 A 和 φ 是由初始条件决定的,且初相位 φ 的取值范围一般为 $0 \sim 2\pi$.

【例 11-1】 已知一个简谐振子的振动曲线如图 11-4 所示.

(1) 求与 a、b、c、d、e 状态相应的相位.

(2) 写出简谐运动的表达式.

解:(1) 由图可知,$A = 5$m.设质点的振动方程为

$$x = 5\cos(\omega t + \varphi)$$

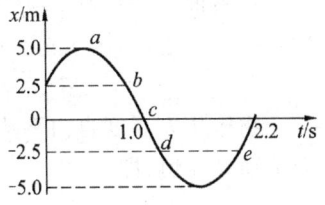

图 11-4 例 11-1 图

则
$$v = -5\omega\sin(\omega t + \varphi)$$

a 点时,$x=5$,$v=0$,代入上述表达式,可得相位为 0;同理,可得 b、c、d 和 e 点所对应的相位分别为 $\frac{\pi}{3}$、$\frac{\pi}{2}$、$\frac{2\pi}{3}$ 和 $-\frac{\pi}{3}$.

(2) 当 $t=0$ 时,有
$$x_0 = 5\cos\varphi = 2.5 \quad \text{①}$$
$$v_0 = -5\omega\sin\varphi > 0 \quad \text{②}$$

由式①得 $\varphi = \pm\frac{\pi}{3}$,由式②得 $\sin\varphi < 0$,故 $\varphi = -\frac{\pi}{3}$.

当 $t=1\text{s}$ 时,有
$$x_1 = 5\cos\left(\omega - \frac{\pi}{3}\right) = 0 \quad \text{③}$$
$$v_1 = -5\omega\sin\left(\omega - \frac{\pi}{3}\right) < 0 \quad \text{④}$$

联立式③和式④,解得 $\omega = \frac{5}{6}\pi$,则质点做简谐运动的表达式为
$$x = 5\cos\left(\frac{5}{6}\pi t - \frac{\pi}{3}\right)$$

【**例 11-2**】 在劲度系数为 k 的竖直轻质弹簧下端悬挂一质量为 m_0 的盘子,一质量为 m 的重物自高为 h 的地方自由下落,掉在盘上,没有反弹.以物体掉在盘上的瞬时作为计时起点,如图 11-5 所示.

(1) 试证明该系统做简谐运动.
(2) 求该系统的角频率、振幅和初相位.

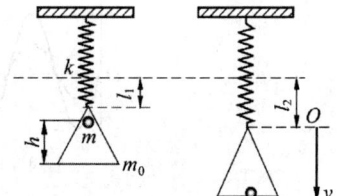

图 11-5 例 11-2 图

解:(1) 设在空盘静止时,弹簧的伸长量为 l_1,即 $m_0 g = kl_1$;物体和盘整个系统达到平衡时,弹簧的伸长量为 l_2,即 $(m_0+m)g = kl_2$,同时取该位置为坐标原点 O,竖直向下为 y 轴正向.

某一时刻,振动系统的位移为 y 时,所受的力为
$$F = (m_0+m)g - k(y+l_2) = -ky$$

显然,该运动符合简谐运动的动力学特征,故系统的振动为简谐运动.

(2) 振动系统的角频率为
$$\omega = \sqrt{\frac{k}{m+m_0}}$$

振幅和初相位可由初始条件决定.

$t=0$ 时,$y_0 = -(l_2 - l_1)$,又 $m_0 g = kl_1$,$(m_0+m)g = kl_2$,故初始位置为
$$y_0 = -\frac{mg}{k}$$

物体从 h 高度自由下落到盘上,速度 $v_0 = \sqrt{2gh}$,物体与盘子发生非弹性碰撞,竖直方向上动量守恒,即
$$mv_0 = (m+m_0)u_0$$

则初始速度为

$$u_0 = \frac{m}{m+m_0}v_0 = \frac{m}{m+m_0}\sqrt{2gh}$$

代入公式,得

$$A = \sqrt{y_0^2 + \left(\frac{u_0}{\omega}\right)^2} = \frac{mg}{k}\sqrt{1 + \frac{2kh}{(m+m_0)g}}$$

$$\varphi = \arctan\left(\frac{-u_0}{\omega y_0}\right) + \pi = \arctan\sqrt{\frac{2kh}{(m+m_0)g}} + \pi$$

所以

$$y = A\cos(\omega t + \varphi) = \frac{mg}{k}\sqrt{1 + \frac{2kh}{(m+m_0)g}}\cos\left(\sqrt{\frac{k}{m+m_0}}\,t + \arctan\sqrt{\frac{2kh}{(m+m_0)g}} + \pi\right)$$

注意:初始时刻小球速度方向竖直向下,位移为负值,则初相位为第三象限的角度.

11.2 简谐运动的旋转矢量表示法

前面我们分别用数学表达式法和振动图像来描述简谐运动,下面介绍一种更直观更为方便的描述方法——旋转矢量法.

如图 11-6 所示,在平面内作一坐标轴 Ox,由原点 O 作矢量 $\boldsymbol{A}$,其大小等于简谐运动的振幅 A,$\boldsymbol{A}$ 在平面内以角速度 ω 绕 O 点逆时针匀速转动,那么矢量 $\boldsymbol{A}$ 就称为旋转矢量.设 $t=0$ 时,$\boldsymbol{A}$ 与 Ox 轴的夹角为 φ;t 时刻,矢量 $\boldsymbol{A}$ 的端点在 x 轴上的投影点 P 的坐标为

$$x = A\cos(\omega t + \varphi)$$

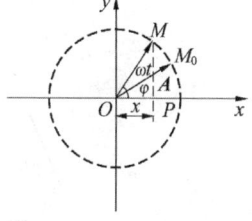

图 11-6 旋转矢量图

可见,当矢量 $\boldsymbol{A}$ 做匀速旋转时,其端点在 x 轴上的投影点 P 的运动与简谐运动的运动规律相同.由简谐运动的旋转矢量图可以看出,$\boldsymbol{A}$ 旋转一周,相当于简谐运动的一个振动周期.所以,每一个简谐运动都可以用相应的旋转矢量来表示.

为了更好地展现简谐运动的规律,我们将旋转矢量图和位移-时间图像对应起来分析.如图 11-7 所示,取 $\varphi_0 = 0$,$t=0$ 时矢量 $\boldsymbol{A}$ 的矢端为 M_0 点,相位为 0,在 x-t 图中对应正的最大位移处;经过 $\dfrac{T}{4}$ 后,矢量 $\boldsymbol{A}$ 的矢端为 M_1 点,相位为 $\dfrac{\pi}{2}$,在 x-t 图中对应平衡位置,且速度方向为负向;经过 $\dfrac{3T}{4}$ 后,矢量 $\boldsymbol{A}$ 的矢端为 M_3 点,相位为 $\dfrac{3\pi}{2}$,在 x-t 图中对应平衡位置,且速度方向为正向;经过 T 后,矢量 $\boldsymbol{A}$ 的矢端为 M_4 点,相位为 2π,在 x-t 图中对应正的最大位移处.可见矢量 $\boldsymbol{A}$ 旋转一周后,相位变化了 2π,对简谐运动来说为一个周期的时间.

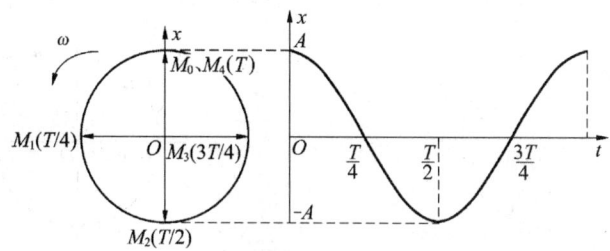

图 11-7 旋转矢量图和简谐运动的 x-t 图

借助于旋转矢量法,我们还可获得简谐运动的速度矢量和加速度矢量. 如图 11-8 所示,M 点的速率为 ωA,在任一时刻 t,速度矢量在 Ox 轴上的投影为

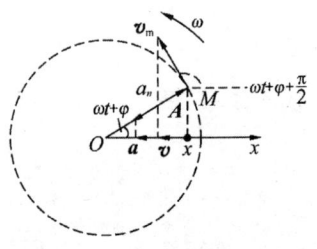

$$v = A\omega \cos\left(\omega t + \varphi + \frac{\pi}{2}\right) = -A\omega \sin(\omega t + \varphi)$$

这正是物体做简谐运动的速度表达式. M 点的加速率为 $\omega^2 A$,方向指向原点,在任一时刻 t,加速度矢量在 Ox 轴上的投影为

图 11-8 旋转矢量图中的速度和加速度

$$a = -A\omega^2 \cos(\omega t + \varphi)$$

这正是物体做简谐运动的加速度表达式.

可见,旋转矢量法可以很直观地描述简谐运动. 但是应注意的是:引进旋转矢量 A 来描述简谐运动,并不意味着做简谐运动的物体本身在旋转.

前面我们通过相位差来比较两简谐运动的步调差异. 用旋转矢量图进行比较则更为直观. 图 11-9 所示为不同相位的两个简谐运动,A_1 和 A_2 的夹角为相位差 $\Delta\varphi$,且 x_2 的振动相位比 x_1 的振动相位超前 $\Delta\varphi$. 当 $\Delta\varphi = 0$ 时,两振动同向,如图 11-10(a)所示;当 $\Delta\varphi = \pi$ 时,两振动反向,如图 11-10(b)所示.

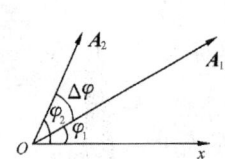

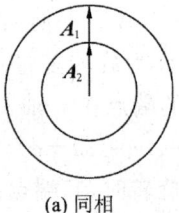
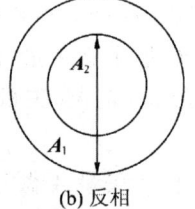

图 11-9 两个简谐运动的相位差　　　　图 11-10 两个简谐运动的旋转矢量图

【例 11-3】 一水平弹簧振子做简谐运动,振幅为 A,周期为 T. (1) $t = 0$ 时,$x_0 = \dfrac{A}{2}$,且向 x 轴正方向运动;(2) $t = 0$ 时,$x_0 = -\dfrac{A}{\sqrt{2}}$,且向 x 轴负方向运动. 分别写出弹簧振子在这两种情况下的初相位.

解:设振动方程为

$$x = A\cos(\omega t + \varphi_0)$$

(1) 运用旋转矢量法,如图 11-11 所示,由 $x_0 = \dfrac{A}{2}$,可得到

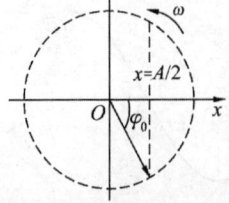
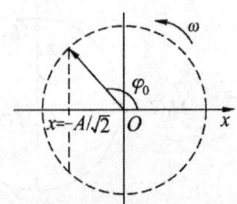

图 11-11　例 11-3(1)图　　　　　图 11-12　例 11-3(2)图

$$\varphi_0 = -\frac{\pi}{3} \text{ 或 } \varphi_0 = \frac{\pi}{3}$$

又振子向正方向运动,故 $\varphi_0 = -\dfrac{\pi}{3}$.

(2) 同理,运用旋转矢量法,如图 11-12 所示,可得 $\varphi_0 = \dfrac{3\pi}{4}$.

11.3 几种常见的简谐运动

弹簧振子是一种理想运动模型.实际的振动大多比较复杂,弹簧振子受到的回复力可能是重力、拉力或浮力等性质的力.下面讨论两个实际振动问题——单摆和复摆.

11.3.1 单摆

一根质量可忽略且长度为 l 的细线,上端固定,下端系一轻质小球,细线的长度不会发生变化,小球可看作是质点.小球在小角度运动过程中忽略空气阻力,即形成单摆,如图 11-13 所示.

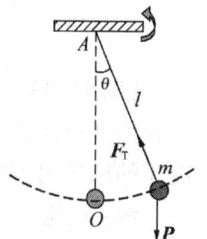

图 11-13 单摆

设小球的平衡位置为 O,当细线与竖直方向成 θ 角时,小球受到重力和拉力的作用.小球只能沿着圆弧运动,其切线方向 $F = mg\sin\theta$,因 θ ($<5°$)很小,故 $\sin\theta \approx \theta$,根据牛顿第二定律,有

$$ml\frac{d^2\theta}{dt^2} = -mg\sin\theta \approx -mg\theta$$

即

$$\frac{d^2\theta}{dt^2} = -\frac{g}{l}\theta \quad (11\text{-}8)$$

式中,负号表示力的方向与所规定的方向相反.令 $\omega^2 = \dfrac{g}{l}$,式(11-8)又可写为

$$\frac{d^2\theta}{dt^2} = -\omega^2\theta$$

解得

$$\theta = \theta_m \cos(\omega t + \varphi)$$

即单摆在摆角很小时,其运动过程中的动力学和运动学特征满足简谐运动,因此单摆运动可以看作是简谐运动,振动的周期为

$$T = 2\pi\sqrt{\frac{l}{g}} \quad (11\text{-}9)$$

式(11-9)表明单摆的振动周期和振幅无关,它取决于系统本身的属性,即取决于摆线的长度和重力加速度.故可由式(11-9),利用单摆长度和周期,测量某地的重力加速度.

11.3.2 复摆

如图 11-14 所示,一任意形状的物体可绕转轴 O 在竖直平面内转动,将其拉开一个微小角度后释放,若阻力和摩擦力忽略不计,物体将绕轴 O 做微小的自由摆动,这样的装置称为复摆.设物体的质量为 m,复摆对轴 O 的转动惯量为 J,质心 C 到 O 轴的距离为 l.

设某一时刻,复摆偏离平衡位置的角度为 θ,且 θ 很小,有 $\sin\theta \approx \theta$. 由

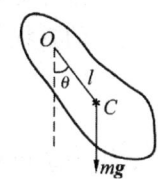

图 11-14 复摆

转动定律,得

$$M = -mgl\sin\theta = J\alpha = J\frac{d^2\theta}{dt^2}$$

即
$$-mgl\theta = J\frac{d^2\theta}{dt^2} \tag{11-10}$$

式中,负号表示力矩的方向与角位移的方向相反;J 和 mgl 为常量.若令 $\omega^2 = \frac{mgl}{J}$,则有

$$\frac{d^2\theta}{dt^2} = -\omega^2\theta$$

可见,当摆角很小时,复摆的运动可以看作是简谐运动,其周期为

$$T = \frac{2\pi}{\omega} = 2\pi\sqrt{\frac{J}{mgl}} \tag{11-11}$$

式(11-11)为我们提供了一种测量物体对转轴的转动惯量的方法.

【例 11-4】 一质量为 m、直径为 D 的塑料圆柱体一部分进入密度为 ρ 的液体中,另一部分浮在液面上,如果用手轻轻向下按动圆柱体,放手后圆柱体将上下振动,圆柱体表面与液体的摩擦力忽略不计.试证明该系统做简谐运动,并求振动周期.

解:以圆柱体平衡时的顶端为坐标原点,向下为正方向,建立 Ox 坐标轴,如图 11-15 所示.假设平衡时圆柱体排开液体的体积为 V,则 $\rho V g = mg$,若圆柱体向下移动一微小距离 x,其所受合力为

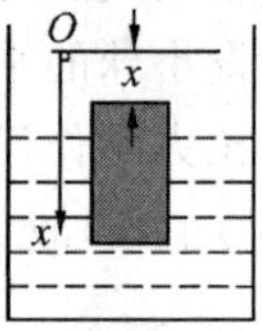

$$F = mg - \left[V + \pi\left(\frac{D}{2}\right)^2 x\right]\rho g = -\pi\rho g\left(\frac{D}{2}\right)^2 x$$

根据牛顿第二定律,有

$$F = ma = -\pi\rho g\left(\frac{D}{2}\right)^2 x$$

图 11-15　例 11-4 图

整理,得

$$a = -\pi\rho g\left(\frac{D}{2}\right)^2\frac{x}{m} = -\omega^2 x$$

式中,$\omega = \frac{D}{2}\sqrt{\frac{\pi\rho g}{m}}$,即圆柱体振动的加速度与位移大小成正比,而方向与位移的方向相反.因此,圆柱体做简谐运动.其振动周期为

$$T = \frac{2\pi}{\omega} = \frac{4}{D}\sqrt{\frac{\pi m}{\rho g}}$$

11.4　简谐运动的能量

物体做简谐运动时,既有动能,也有势能.以弹簧振子为例,振动过程中振子的位移 x 和速度 v 的方程分别为

$$x = A\cos(\omega t + \varphi)$$
$$v = -A\omega\sin(\omega t + \varphi)$$

若以弹簧原长为势能零点,t 时刻,系统的动能 E_k 和势能 E_p 分别为

$$E_k = \frac{1}{2}mv^2 = \frac{1}{2}m\omega^2 A^2 \sin^2(\omega t + \varphi) \tag{11-12}$$

$$E_p = \frac{1}{2}kx^2 = \frac{1}{2}kA^2 \cos^2(\omega t + \varphi) \tag{11-13}$$

式(11-12)和式(11-13)说明,系统的动能和势能随时间 t 做周期性的变化,变化频率是弹簧振子的两倍.当弹簧振子通过平衡位置时,动能达到最大,势能为零;当弹簧振子通过最大位移时,势能达到最大,动能为零.从图 11-16 中(这里取 $\varphi=0$)可以看到,在运动过程中,动能和势能相互转化,系统的总能量为

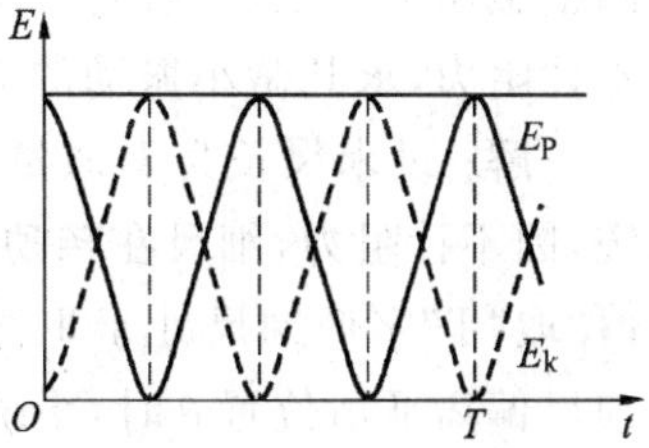

$$E = E_k + E_p = \frac{1}{2}m\omega^2 A^2 = \frac{1}{2}kA^2 \tag{11-14}$$

图 11-16 弹簧振子的能量和时间关系曲线

式(11-14)说明系统的总能量是一恒定值.这是因为在振动过程中,系统受到的回复力为保守力,故系统总的机械能守恒.总的机械能 E 与振幅 A 平方成正比,振动的振幅越大,系统的总机械能越大.这一结论对所有的简谐运动都具有普遍意义.

在忽略阻力时,系统的总能量是常量,则有

$$\frac{d(E_k + E_p)}{dt} = \frac{d}{dt}\left(\frac{1}{2}mv^2 + \frac{1}{2}kx^2\right) = 0$$

即

$$mv\frac{dv}{dt} + kx\frac{dx}{dt} = 0$$

又 $v = \frac{dx}{dt}, \frac{dv}{dt} = \frac{d^2x}{dt^2}$,故

$$\frac{d^2x}{dt^2} + \frac{k}{m}x = 0$$

上面的分析表明,在具体问题中,可以通过能量守恒推导简谐运动的运动学方程以及振动周期和频率等.

【**例 11-5**】 一弹簧振子做简谐运动,当其偏离平衡位置的位移大小是振幅的 $\frac{1}{4}$ 时,其动能占总能量的多少?在什么位置时,其动能和势能相等?

解:(1)
$$E_p = \frac{1}{2}kx^2$$

将 $x = \frac{1}{4}A$ 代入上式,得

$$E_p = \frac{1}{2}k\left(\frac{1}{4}A\right)^2 = \frac{1}{16}\left(\frac{1}{2}kA^2\right)$$

$$E_k = \frac{1}{2}kA^2 - E_p = \frac{15}{16}\left(\frac{1}{2}kA^2\right)$$

即动能占总能量的 $\frac{15}{16}$.

(2)
$$E_p = \frac{1}{2}kx^2 = \frac{1}{2}\left(\frac{1}{2}kA^2\right)$$

当 $x=\pm\dfrac{\sqrt{2}}{2}A$ 时,振子的动能和势能相等.

【例 11-6】 如图 11-17 所示,一密度均匀的"T"字形细尺,由两根金属米尺组成,若它可绕通过 O 点且垂直纸面的水平轴转动,不计阻力,求其微小振动的周期.

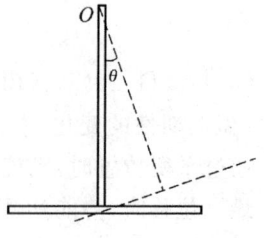

图 11-17 "T"字形细尺

解: 设米尺长为 l,质量为 m,以地球和"T"字形细尺为研究系统,因不计阻力,细尺在转动过程中,只有重力做功,系统机械能守恒.取"T"字形细尺处于平衡位置时系统的势能为零,当"T"字形细尺偏离平衡位置 θ 时,系统的动能和势能分别为

$$E_k = \frac{1}{2} J \left(\frac{d\theta}{dt}\right)^2$$

$$E_p = mg\frac{l}{2}(1-\cos\theta) + mgl(1-\cos\theta) = \frac{3}{2}mgl(1-\cos\theta)$$

由平行轴定理,得

$$J = \frac{1}{3}ml^2 + \left(\frac{1}{12}ml^2 + ml^2\right) = \frac{17}{12}ml^2$$

则

$$E = E_k + E_p = \frac{1}{2}\frac{17}{12}ml^2\left(\frac{d\theta}{dt}\right)^2 + \frac{3}{2}mgl(1-\cos\theta) = 常量$$

将上式对时间求导,有

$$\frac{17}{12}ml^2\frac{d\theta}{dt}\frac{d^2\theta}{dt^2} + \frac{3}{2}mgl\sin\theta\frac{d\theta}{dt} = 0$$

"T"字形细尺做的是微小振动,则 $\sin\theta \approx \theta$,代入上式,得

$$\frac{d^2\theta}{dt^2} + \frac{18}{17}\frac{g}{l}\theta = 0$$

故系统做的是角频率 $\omega = \sqrt{\dfrac{18}{17}\dfrac{g}{l}}$ 的简谐运动,其振动周期为

$$T = 2\pi\sqrt{\frac{17}{18}\frac{l}{g}} = 2 \times 3.14 \times \sqrt{\frac{17 \times 1}{18 \times 9.8}}\,\text{s} = 1.95\,\text{s}$$

11.5 简谐运动的合成

在实际问题中,某一种振动往往是由好几个振动合成的.例如,在凹凸不平的路面上行驶的小汽车,车轮相对地面在振动,车身相对车轮也在振动,而车身相对地面的振动就是这两个振动的合振动.在车厢中的人坐在垫子上,当车身振动时,人便参与两个振动,一个是人对车身的振动,另一个是车身对地的振动.现在的汽车通过巧妙设计减震系统,可以使车身相对地面的振动不至于太剧烈.下面对几种简单的振动合成进行分析.

11.5.1 两个同方向、同频率简谐运动的合成

设某质点同时参与两独立的同方向、同频率的简谐运动,任一时刻 t,质点在两简谐运动中的位移分别为

$$x_1 = A_1\cos(\omega t + \varphi_1), \quad x_2 = A_2\cos(\omega t + \varphi_2)$$

其中，A_1、A_2 与 φ_1、φ_2 分别表示两个简谐运动的振幅与初相位，角频率均为 ω. 质点的合振动的位移 x 就是这两个位移的代数和，即

$$x = x_1 + x_2 = A_1\cos(\omega t + \varphi_1) + A_2\cos(\omega t + \varphi_2) \tag{11-15}$$

我们可利用三角函数公式得到合成结果，其合振动仍是频率为 ω 的简谐运动：

$$x = A\cos(\omega t + \varphi)$$

其中，

$$A = \sqrt{A_1^2 + A_2^2 + 2A_1 A_2 \cos(\varphi_2 - \varphi_1)}, \quad \tan\varphi = \frac{A_1\sin\varphi_1 + A_2\sin\varphi_2}{A_1\cos\varphi_1 + A_2\cos\varphi_2}$$

即同方向、同频率的简谐运动的合成振动仍为简谐运动，其频率与分振动频率相同，合振动的振幅、相位则由两分振动的振幅及初相位决定.

另外，我们也可以利用旋转矢量法来获得合成结果. 如图 11-18 所示，取坐标轴 Ox，$t=0$ 时刻，两个振动的旋转矢量 $\boldsymbol{A}_1$ 和 $\boldsymbol{A}_2$ 与坐标轴的夹角分别为 φ_1 和 φ_2，两个矢量以相同的角速度转动，故它们之间的角度保持恒定，则合矢量的大小也保持恒定，且以同样的角速度转动. 任意时刻 t，合矢量 $\boldsymbol{A}$ 在 x 轴上的投影为 $x = x_1 + x_2$. 在 $\triangle OMM_1$ 中，合振动的振幅 A 用余弦定理即可求得，在 $\triangle OMP$ 中，可求得初相位的正切值.

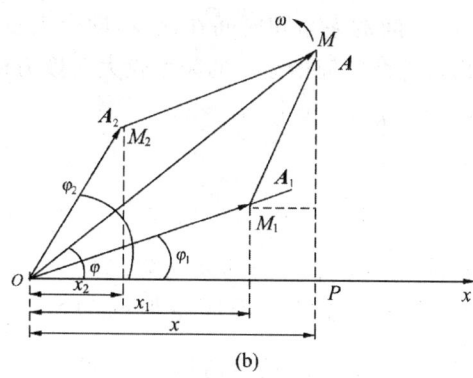

图 11-18 用旋转矢量法求振动的合成

下面我们讨论合振动的振幅与两分振动相位差之间的关系.

(1) 相位差 $\Delta\varphi = \varphi_2 - \varphi_1 = 2k\pi$ $(k=0, \pm 1, \pm 2, \cdots)$，表明这两个振动在任意时刻运动状态都是相同的，即步调是一致的.

此时 $\cos(\varphi_2 - \varphi_1) = 1$，则振幅 A 达到最大，即 $A_{\max} = A_1 + A_2$.

(2) 相位差 $\Delta\varphi = \varphi_2 - \varphi_1 = (2k+1)\pi$ $(k=0, \pm 1, \pm 2, \cdots)$，表明这两个振动在任意时刻运动状态都是相反的，即步调是相反的.

此时 $\cos(\varphi_2 - \varphi_1) = -1$，则振幅 A 达到最小，即 $A_{\min} = |A_1 - A_2|$.

(3) 其他情况，振幅 A 介于 $A_1 + A_2$ 和 $|A_1 - A_2|$ 之间.

若 $\Delta\varphi = \varphi_2 - \varphi_1 > 0$，则表明振动 2 的相位比振动 1 的相位超前 $\Delta\varphi$；若 $\Delta\varphi = \varphi_2 - \varphi_1 < 0$，则表明振动 2 的相位比振动 1 的相位落后 $\Delta\varphi$.

【例 11-7】 两质点做同方向、同频率的简谐运动，它们的振幅相等，当质点 1 在 $x_1 = \dfrac{A}{2}$

处向左运动时,质点 2 在 $x_2=\dfrac{A}{2}$ 处向右运动,试用矢量图示法求两质点的相位差.

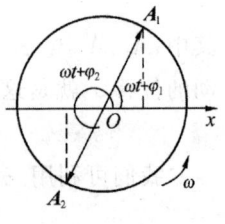

图 11-19 例 11-7 图

解:设两质点的运动方程为
$$x_1=A\cos(\omega t+\varphi_1), \quad x_2=A\cos(\omega t+\varphi_2)$$
设旋转矢量 $\boldsymbol{A}_1$ 描述质点 1,旋转矢量 $\boldsymbol{A}_2$ 描述质点 2. 如图 11-19 所示,可得
$$\omega t+\varphi_1=2k\pi+\dfrac{\pi}{3}, \quad \omega t+\varphi_2=2k\pi+4\dfrac{\pi}{3}$$
则两质点的相位差为 $(\omega t+\varphi_2)-(\omega t+\varphi_1)=\pi$,两者反相.

11.5.2 两个同方向、不同频率简谐运动的合成 拍

当质点同时参与两个同方向、不同频率的简谐运动时,设两简谐运动的振动表达式为
$$x_1=A_1\cos(2\pi\nu_1 t+\varphi_1), \quad x_2=A_2\cos(2\pi\nu_2 t+\varphi_2)$$
它们的相位差为
$$\Delta\varphi=2\pi(\nu_2-\nu_1)t+(\varphi_2-\varphi_1)$$
即相位差 $\Delta\varphi$ 随时间而改变,合振动不再是简谐运动,而是比较复杂的周期运动. 在旋转矢量图上表现为合矢量 $\boldsymbol{A}_1$ 和 $\boldsymbol{A}_2$ 之间的夹角随时间在改变,即合矢量 $\boldsymbol{A}$ 的大小和旋转角速度都在不断地变化. 现在,我们讨论两个简谐运动的频率较大又极为接近的情况. 为简化计算,这里取 $A_1=A_2=A$,$\varphi_1=\varphi_2=\varphi$,且 $|\nu_2-\nu_1|\ll\nu_1+\nu_2$.

合振动的位移为
$$x=x_1+x_2=2A\cos\left(2\pi\dfrac{\nu_2-\nu_1}{2}t\right)\cos\left(2\pi\dfrac{\nu_2+\nu_1}{2}t+\varphi\right) \tag{11-16}$$

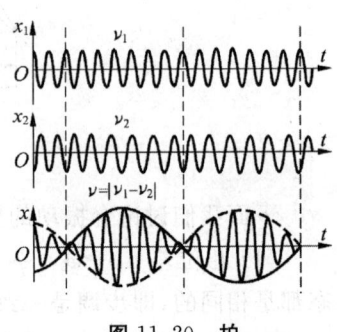

图 11-20 拍

因 $|\nu_2-\nu_1|\ll\nu_1+\nu_2$,则第一项因子的周期要比第二项因子的周期大,因此,我们可以把合振动看成是振幅为 $\left|2A\cos 2\pi\dfrac{\nu_2-\nu_1}{2}t\right|$、频率为 $\dfrac{\nu_2+\nu_1}{2}\approx\nu_1\approx\nu_2$ 的简谐运动. 这里合振动的振幅随时间按照余弦函数缓慢地由 $2A$ 变化到 0,再由 0 变化到 $2A$,做周期性变化. 如图 11-20 所示为两个分振动和合振动的图形. 当两个分振动的相位相同时,合振幅最大;当两个分振动的相位相反时,合振幅最小. 这种频率较大而频率之差很小的两个同方向简谐运动合成时,所产生的合振幅时而加强时而减弱的现象称为"拍".

我们把合振幅从一次极大到相邻极大所需的时间称为拍的周期,合振幅变化的频率称为拍频. 根据余弦函数的周期性,得
$$\left|2A\cos\left(2\pi\dfrac{\nu_2-\nu_1}{2}t\right)\right|=\left|2A\cos\left(2\pi\dfrac{\nu_2-\nu_1}{2}t+\pi\right)\right|=\left|2A\cos\left[2\pi\dfrac{\nu_2-\nu_1}{2}\left(t+\dfrac{1}{\nu_2-\nu_1}\right)\right]\right|$$
则拍的周期为 $T=\dfrac{1}{\nu_2-\nu_1}$,拍频为 $\nu=\nu_2-\nu_1$.

拍现象有着许多重要的应用. 例如,双簧管悠扬的颤音,就是利用同一音的两个簧片的

振动频率有微小差别而产生的;通过与标准音叉比较,可对钢琴进行调音.拍现象在无线电技术和卫星跟踪等方面有着重要的应用.

11.5.3 两个相互垂直、同频率简谐运动的合成

设两个同频率的简谐运动分别在 x 轴和 y 轴上,其振动方程为

$$x = A_1\cos(\omega t + \varphi_1), \quad y = A_2\cos(\omega t + \varphi_2)$$

由上两式消掉时间参量 t,可得到质点的运动轨迹为

$$\frac{x^2}{A_1^2} + \frac{y^2}{A_2^2} - \frac{2xy}{A_1 A_2}\cos(\varphi_2 - \varphi_1) = \sin^2(\varphi_2 - \varphi_1) \tag{11-17}$$

(1) 若 $\varphi_2 - \varphi_1 = 0$,式(11-17)为

$$y = \frac{A_2}{A_1}x$$

说明此时质点的运动轨迹是一条通过坐标原点的直线,斜率为 $\frac{A_2}{A_1}$.如图 11-21(a)所示.在任一时刻 t,质点离开原点的位移为

$$s = \sqrt{x^2 + y^2} = \sqrt{A_1^2 + A_2^2}\cos(\omega t + \varphi) \tag{11-18}$$

式(11-18)说明合振动仍为简谐运动,且圆频率为 ω,振幅为 $\sqrt{A_1^2 + A_2^2}$.

(2) 若 $\varphi_2 - \varphi_1 = \pi$,式(11-17)变为

$$y = -\frac{A_2}{A_1}x$$

说明此时质点的运动轨迹是一条通过坐标原点的直线,斜率为 $-\frac{A_2}{A_1}$.与情况(1)相同,合振动仍为简谐运动,如图 11-21(b)所示.

(3) 若 $\varphi_2 - \varphi_1 = \pm\frac{\pi}{2}$,式(11-18)为

$$\frac{x^2}{A_1^2} + \frac{y^2}{A_2^2} = 1$$

此时质点的运动轨迹是一个以坐标轴为长短轴的正椭圆,合振动不再是简谐运动.如图 11-21(c)、(d)所示,可以认为图 11-21(c)是右旋椭圆运动,图 11-21(d)是左旋椭圆运动.

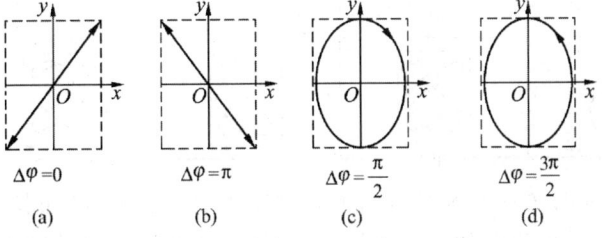

图 11-21 两个相互垂直的同频率简谐运动的合成

综上所述,只有当两个相互垂直的同频率的简谐运动同相或反相时,其合振动才是简谐运动.其他的情况,合振动的运动不再是简谐运动,其轨迹将是不同方位的椭圆.图 11-22所示为两个相互垂直的同频率、不同相位差的简谐运动的合成运动轨迹.

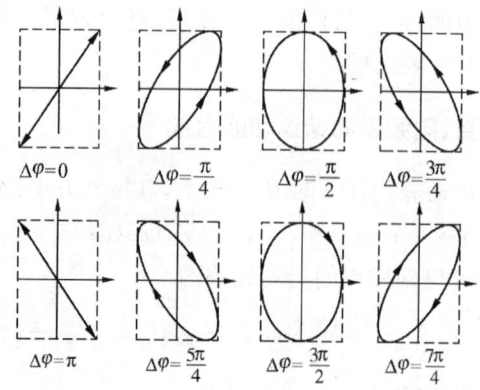

图 11-22 两个相互垂直的同频率、不同相位差的简谐运动的合成运动轨迹

当一个质点同时参与了两个振动方向相互垂直的频率不同的简谐运动时,合成的振动一般是较复杂的.其运动轨迹不能形成稳定的曲线.如果两个互相垂直的振动其频率成整数比,合振动的轨迹是稳定的曲线,运动也具有周期性,曲线的形状和分振动的频率比、初相位有关,得到的图形称为李萨如图形.表 11-2 和表 11-3 分别给出了频率比为 1∶1、1∶2、1∶3 和 2∶3 的简谐运动的合成.

表 11-2 简谐运动的合成(一)

频率比	$\varphi_2-\varphi_1=0$	$\varphi_2-\varphi_1=\dfrac{\pi}{4}$	$\varphi_2-\varphi_1=\dfrac{\pi}{2}$	$\varphi_2-\varphi_1=\dfrac{3\pi}{4}$	$\varphi_2-\varphi_1=\pi$
1∶1					
1∶2					
1∶3					

表 11-3 简谐运动的合成(二)

频率比	$\varphi_2-\varphi_1=0$	$\varphi_2-\varphi_1=\dfrac{\pi}{8}$	$\varphi_2-\varphi_1=\dfrac{\pi}{4}$	$\varphi_2-\varphi_1=\dfrac{3\pi}{8}$	$\varphi_2-\varphi_1=\dfrac{\pi}{2}$
2∶3					

在示波器上,在垂直方向与水平方向上同时输入两个振动,已知其中一个频率,则可根据所成图形与已知标准的李萨如图形比较,得知另一个未知振动的频率.在无线电技术中,可用李萨如图形来测量未知频率.

11.5.4 多个同方向、同频率简谐运动的合成

现在我们讨论沿 x 轴多个同频率简谐运动的合成.此时 N 个振动具有相同方向、相同

频率、相同振幅,且相位差依次恒为 $\Delta\varphi$,即

$$x_1 = A_0\cos\omega t$$
$$x_2 = A_0\cos(\omega t + \Delta\varphi)$$
$$x_3 = A_0\cos(\omega t + 2\Delta\varphi)$$
$$\cdots$$
$$x_N = A_0\cos(\omega t + (N-1)\Delta\varphi)$$

由旋转矢量法知,其合振动仍然是角频率为 ω 的简谐运动,合振动的振幅矢量 $\boldsymbol{A}$ 等于各分矢量的矢量和. 设合振动的运动方程为 $x = A\cos(\omega t + \varphi)$,其旋转矢量图如图 11-23 所示. 在图中作 $\boldsymbol{A}_1$ 和 $\boldsymbol{A}_2$ 的垂直平分线,两者相交于 P 点,其夹角为 $\Delta\varphi$,则 $\angle OPB = \Delta\varphi$,$\angle OPQ = N\Delta\varphi$,等腰三角形中的 $\overline{OQ}$ 就是合振幅的 A 的大小:

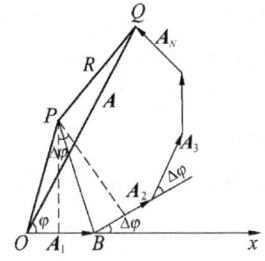

图 11-23 N 个同方向同频率的等幅简谐运动的合成

$$A = 2\,\overline{OP}\sin\frac{N\Delta\varphi}{2} \tag{11-19}$$

将 $\overline{OP} = \dfrac{\frac{1}{2}A_0}{\sin\dfrac{\Delta\varphi}{2}}$ 代入式(11-19),得合振动的振幅大小为

$$A = \frac{A_0\sin\dfrac{N\Delta\varphi}{2}}{\sin\dfrac{\Delta\varphi}{2}}$$

合振动的初相位为

$$\varphi = \angle POB - \angle QOB = \frac{1}{2}(\pi - \Delta\varphi) - \frac{1}{2}(\pi - N\Delta\varphi) = \frac{N-1}{2}\Delta\varphi$$

故合振动的表达式为

$$x = A_0\frac{\sin\dfrac{N\Delta\varphi}{2}}{\sin\dfrac{\Delta\varphi}{2}}\cos\left(\omega t + \frac{N-1}{2}\Delta\varphi\right)$$

11.6 阻尼振动 受迫振动 共振

前面所讨论的简谐运动是一种理想情形,运动中只有回复力的作用,不考虑任何阻力,也不对外做功,系统中没有能量输出和输入,总的能量守恒,振幅保持不变,我们称之为**无阻尼自由振动**. 实际的振动系统总会受到外界的阻力作用或系统向外辐射能量,若是振动系统受到阻力作用,系统将克服阻力做功,能量逐渐减少,振幅逐渐减小,这种振幅随时间而减小的振动称为**阻尼振动**,如单摆的摆动.

11.6.1 阻尼振动

阻尼振动的能量逐渐减少,一种是由于摩擦阻力的作用使振动系统的能量逐渐转化为热运动的能量,这种振动称为摩擦阻尼. 如单摆摆动,系统的阻力作用使得摆的机械能转化为空气的内能,能量逐渐减少,振幅也会逐渐减小. 另一种是由于振动系统引起周围物质的

振动,使能量以波的形式向外辐射,这种振动称为辐射阻尼.如琴弦发出声音,是由于其受到空气的阻力要消耗能量,同时也以波的形式向外辐射能量.

本小节只讨论振动系统受摩擦阻力的情形.一般来说,振动时所受的摩擦阻力,往往考虑的是介质的黏滞阻力.实验指出,在物体运动速度较小的情况下,物体受到的阻力与速度大小成正比,若用 f_r 表示阻力,则

$$f_r = -\gamma v = -\gamma \frac{dx}{dt} \tag{11-20}$$

式中,负号表示力的方向与速度的方向相反,比例系数 γ 为阻力系数,它与物体的形状、大小和周围介质的性质有关.

以弹簧振子为例,将其放在油中或较黏稠液体中缓慢运动时,弹簧振子将受到阻力作用.如图 11-24 所示,根据牛顿第二定律,有

$$m\frac{d^2 x}{dt^2} = -kx - \gamma \frac{dx}{dt} \tag{11-21}$$

令 $\omega_0^2 = \frac{k}{m}$,$\beta = \frac{\gamma}{2m}$,则式(11-21)为

$$\frac{d^2 x}{dt^2} + 2\beta \frac{dx}{dt} + \omega_0^2 x = 0 \tag{11-22}$$

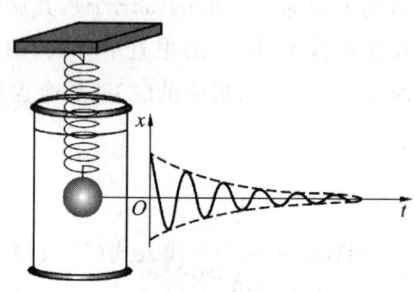

图 11-24　弹簧振子在黏稠液体中的振动

式中,β 称为阻尼因子,表征阻尼的强弱,它与系统本身的质量和介质的阻力系数有关;ω_0 是振动系统的固有角频率,由系统本身的性质决定.

当阻尼较小,即 $\beta < \omega_0$ 时,式(11-22)的解为

$$x = A_0 e^{-\beta t} \cos(\omega t + \varphi) \tag{11-23}$$

式中,A_0 和 φ 为积分常数,可由初始条件决定.$\omega = \sqrt{\omega_0^2 - \beta^2}$,称为阻尼振动的角频率.图 11-25 所示为阻尼振动的位移随时间变化的曲线,此时的振动不是严格意义上的周期运动,它的振幅 $A_0 e^{-\beta t}$ 随时间做指数衰减,阻尼越大,衰减得越快,通常这种振动称为准周期振动,这种情形称为欠阻尼.振幅衰减的周期为

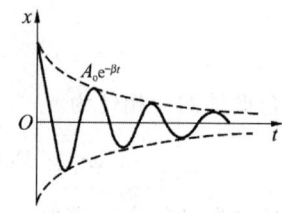

图 11-25　阻尼振动的 x-t 曲线

$$T = \frac{2\pi}{\omega} = \frac{2\pi}{\sqrt{\omega_0^2 - \beta^2}}$$

若阻尼很大,即 $\beta > \omega_0$ 时,式(11-23)的解为

$$x = C_1 e^{-(\beta - \sqrt{\beta^2 - \omega_0^2})t} + C_2 e^{-(\beta + \sqrt{\beta^2 - \omega_0^2})t}$$

式中,C_1 和 C_2 是常数,由初始条件决定.随着时间的变化,弹簧振子的位移单调地减小,且该运动不是周期的,也不是往复的.若将物体偏离平衡位置而后释放,物体慢慢地回到平衡位置停下来,这种情形称为过阻尼.

若阻尼介于前二者之间,即 $\beta = \omega_0$ 时,式(11-23)的解为

$$x = (C_1 + C_2 t) e^{-\beta t}$$

式中,C_1 和 C_2 是常数,由初始条件决定.若将物体偏离平衡位置而后释放,物体受到的阻尼较过阻尼小时,则物体将很

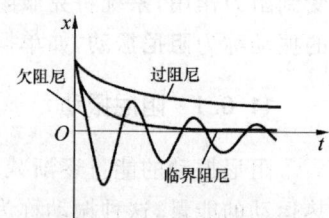

图 11-26　三种阻尼的比较

快回到平衡位置并停下来,这时振子恰好从准周期振动变为非周期振动,这种状态称为**临界阻尼**. 图 11-26 所示为上面几种阻尼的位移-时间曲线.

在工程技术设备中,经常通过阻尼来控制系统的振动. 例如,精密天平、灵敏电流计和心电图机等,在使用过程中往往希望其指针尽快到达平衡位置,设计时就会让系统处在临界阻尼状态下工作,以节约时间、便于测量.

11.6.2 受迫振动

阻尼总是客观存在的,振动系统受到阻尼作用最终会停止振动. 为使振动持续不断地进行,必须对系统施加一周期性外力. 在周期性的外力作用下,系统产生的振动称为**受迫振动**,这个周期性的外力称为驱动力. 受迫振动也称强迫振动. 例如,跳水运动员在跳板上行走时跳板所发生的振动、录音机耳机中膜片的振动、机器运转时引起的基座的振动等,都是受到外界驱动力作用所产生的受迫振动.

设驱动力为 $F\cos\omega_P t$,则受迫振动的方程可写为

$$m\frac{d^2 x}{dt^2} = -kx - C\frac{dx}{dt} + F\cos\omega_P t \tag{11-24}$$

令 $\omega_0 = \sqrt{\dfrac{k}{m}}$, $2\beta = \dfrac{C}{m}$, $f = \dfrac{F}{m}$,则式(11-24)又可写为

$$\frac{d^2 x}{dt^2} + 2\beta\frac{dx}{dt} + \omega_0^2 x = f\cos\omega_P t \tag{11-25}$$

在阻尼较小的情况下,式(11-25)的解为

$$x = A_0 e^{-\beta t}\cos(\omega t + \varphi) + A\cos(\omega_P t + \psi)$$

式中,等式右边的第 1 部分是阻尼振动,第 2 部分为等幅振动. 一段时间后,阻尼振动的振幅衰减到可以近似为零,此时系统将达到稳定状态,系统将以角频率 ω_P 做等幅振动,其振动表达式为

$$x = A\cos(\omega_P t + \psi) \tag{11-26}$$

整个受迫振动过程中,系统一方面因为阻尼振动而损失能量;另一方面外界通过驱动力对系统做功,不断对系统补充能量. 如果补充的能量正好弥补了由于阻尼所引起的振动能量的损失,振动就得以维持并会达到稳定状态. 系统所做等幅振动的振幅和初相位与系统的初始条件无关,而依赖于系统的性质、阻尼的大小和驱动力的特征. 将式(11-26)代入式(11-25),计算得到系统达到稳定状态时的振幅和相位分别为

$$A = \frac{f}{\sqrt{(\omega_0^2 - \omega_P^2)^2 + 4\beta^2 \omega_P^2}} \tag{11-27}$$

$$\tan\psi = -\frac{2\beta\omega_P}{\omega_0^2 - \omega_P^2} \tag{11-28}$$

11.6.3 共振

图 11-27 所示为不同阻尼时,振幅 A 和驱动力的角频率 ω_P 之间的关系曲线. 可以看出:阻尼越小,振幅 A 越大,驱动力的角频率 ω_P 越接近固有角频率 ω_0,受迫振动的振幅 A 越大,当 ω_P 为某一特定值时,振幅 A 出现极大值. 我们把 ω_P 为某一特定值时,受迫振动的振幅达到最大值的现象称为**共振**. 共振时驱动力的角频率称为共振角频率,用 ω_r 来表示. 将式(11-28)对 ω_P 求

导,令其一阶导数为零,即

$$\frac{dA}{d\omega_P} = \frac{d}{d\omega_P}\left(\frac{f}{\sqrt{(\omega_0^2-\omega_P^2)^2+4\beta^2\omega_P^2}}\right)=0$$

$$\frac{1}{2}\frac{f}{[(\omega_0^2-\omega_P^2)^2+4\beta^2\omega_P^2]^{\frac{3}{2}}}(-4\omega_0^2\omega_P+4\omega_P^3+8\beta^2\omega_P)=0$$

可得共振角频率为

$$\omega_r = \sqrt{\omega_0^2-2\beta^2} \qquad (11\text{-}29)$$

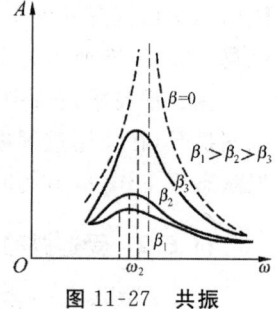

图 11-27 共振

将 ω_r 值代入式(11-27)中,可得共振时的振幅为

$$A = \frac{f}{2\beta\sqrt{\omega_0^2-\beta^2}}$$

共振现象普遍存在于机械、化学、力学、电磁学、光学、分子、原子物理学、工程技术等几乎所有的科技领域.如一些乐器利用共振来发出响亮、悦耳动听的乐曲;收音机通过电磁共振来进行选台;核磁共振可应用于医学诊断、原子核无反冲的共振 γ 吸收.在某些情况下,共振也可能造成危害.当军队或火车过桥时,整齐的步伐或车轮对铁轨接头处的撞击会对桥梁产生周期性的驱动力,如果驱动力的频率接近桥梁的固有频率,致使桥梁的振幅显著增大,以致桥梁发生断裂.又如机器运转时,零部件的运动会产生周期性的驱动力,如果驱动力的频率接近机器本身或支持物的固有频率,就会发生共振,使机器受到损坏.

因此,在需要利用共振时,应使驱动力的频率接近或等于振动物体的固有频率;而在需要防止共振时,应尽量使驱动力的频率与物体的固有频率不同.由式(11-29)可知,避免共振的方法有:破坏驱动力的周期性,或改变系统的固有频率或驱动力的频率,或改变系统的阻尼等.

11.7 电磁振荡

在电路中,电荷和电流以及与之相联系的电场和磁场周期性地发生变化,同时,其电场能和磁场能在储能元件中不断转换,这个现象称为**电磁振荡**.例如,在由电容和电感组成的电路中,电流的大小和方向周期性地变化,电容器极板上的电荷也周期性地变化;相应地,电容内储存的电场能和电感内储存的磁场能不断地相互转换.由于开始时储存的电场能或磁场能既无损耗又无电源补充能量,电流和电荷的振幅都不会衰减,这种往复的电磁振荡称为无阻尼自由电磁振荡,相应的振荡频率称为电路的固有频率.

11.7.1 振荡电路 无阻尼自由电磁振荡

在图 11-28 所示的电路中,将开关 S 向右合上,使电容器充电到 Q_0 后,再立即将开关 S 向左合上,使电容器和自感线圈接通,这时,电路中就会形成电磁振荡.这种由电容器和自感线圈串联而成的振荡电路,称为 LC 电路.我们可将该振荡过程与弹簧振子的振动过程做一比较,来说明电磁振荡是如何产生的.

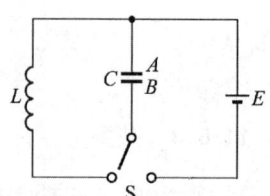

图 11-28 LC 电磁振荡电路

如图 11-29(a)所示,在电容器放电之前瞬间,电路中没有电流,电场的能量全部集中于电容器两极板间.当电容器放电时,电流在自感线圈中激起磁

场,根据电磁感应,又在自感线圈中激起感应电动势,以反抗电流的增大.于是,电路中的电流将逐渐增大到最大值,两极板上的电荷也相应地逐渐减少为零.放电结束时,两极板间的电场能量全部转换为线圈中的磁场能量,电路中的电流达到最大值,如图 11-29(b)所示.由于线圈的自感作用,又要对电容器做反方向的充电,使得下极板带正电、上极板带负电.电流逐渐减弱为零,两极板上的电荷逐渐增加到最大值.这时,磁场能量又全部转换为电场能量,如图 11-29(c)所示.然后,电容器又通过线圈放电,使电路中的电流逐渐增大,此时电流方向与原来相反,电场能量又转换成为磁场能量,如图 11-29(d)所示.此后,电容器又被充电,回复到原状态,如图 11-29(e)所示,完成了一个完全的振荡过程.

在整个过程中,电磁振荡中的电荷与电流对应弹簧振子的位移和速度,电容器带电后所产生的电势差,对应于弹簧振子在振动时弹簧伸长或缩短所产生的弹性

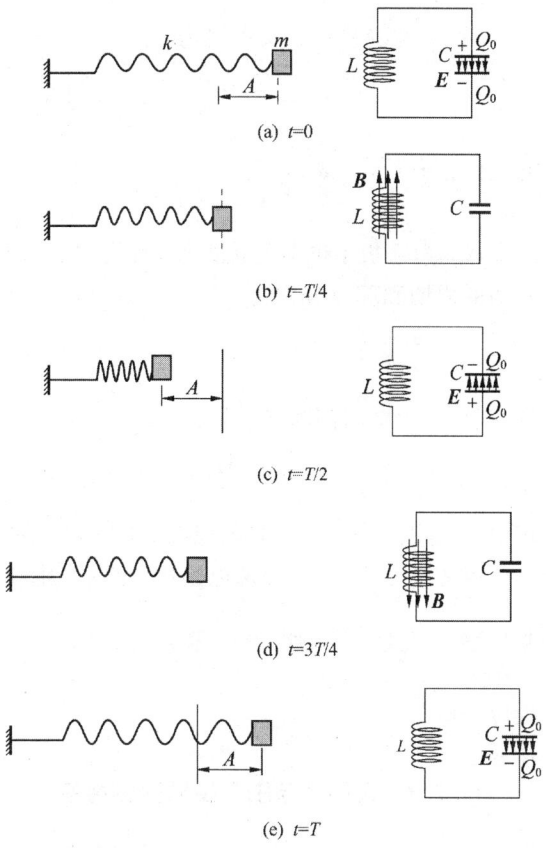

图 11-29 无阻尼自由电磁振荡

力,线圈的自感作用对应于弹簧振子的惯性作用.从能量方面考虑,电场能量与弹性势能相对应,而磁场能量与动能相对应.因此,弹簧振子振动达到最大位移处,对应着电容器中的电场能量达到最大值,而线圈中的磁场能量为零;当弹簧振子振动到平衡位置时,对应着线圈中的磁场能量达到最大值,而电容器中的电场能量为零.

11.7.2 无阻尼自由电磁振荡的振荡方程

电磁振荡电路中的电荷和电流随时间做周期性的变化,为了获得其变化规律,下面对无阻尼自由电磁振荡电路进行定量分析.在图 11-30 中,设某一时刻,电容器极板上的电荷量为 q,电路中的电流为 i,由欧姆定律,得

$$-L\frac{di}{dt}=V_A-V_B=\frac{q}{C} \quad (11\text{-}30)$$

由于 $i=\dfrac{dq}{dt}$,代入上式,得

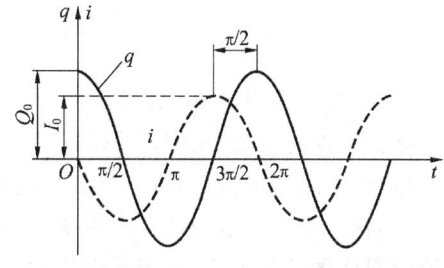

图 11-30 无阻尼自由振荡中的电荷和电流随时间的变化

$$\frac{d^2q}{dt^2}=-\frac{1}{LC}q$$

(11-31)

令 $\omega^2 = \dfrac{1}{LC}$，式(11-31)又可写为

$$\dfrac{d^2 q}{dt^2} = -\omega^2 q$$

解此微分方程，可得

$$q = Q_0 \cos(\omega t + \varphi) \tag{11-32}$$

式中，Q_0 为极板上电荷的最大值，称为电荷振幅；φ 为振荡的初相位；ω 为振荡的角频率. 振荡的周期和频率分别为

$$T = 2\pi \sqrt{LC}, \nu = \dfrac{1}{2\pi\sqrt{LC}}$$

将式(11-32)对时间求导，可得

$$i = \dfrac{dq}{dt} = -\omega Q_0 \sin(\omega t + \varphi) = I_0 \cos\left(\omega t + \varphi + \dfrac{\pi}{2}\right) \tag{11-33}$$

式中，i 为电路中任一时刻的电流；$I_0 = \omega Q_0$ 为电流的最大值，称为电流振幅.

由上述分析可知：振荡电路中，电荷和电流都在做等幅的简谐运动. 振动的频率由线圈的自感 L 和电容器的电容 C 来决定，且 $\omega = \sqrt{\dfrac{1}{LC}}$. 从图 11-30 还可看出，电流的相位比电荷相位超前 $\dfrac{\pi}{2}$.

11.7.3 无阻尼自由电磁振荡的能量

设任一时刻 t，电容器极板上的电荷量为 q，相应的电场能量为

$$E_e = \dfrac{q^2}{2C} = \dfrac{Q_0^2}{2C} \cos^2(\omega t + \varphi) \tag{11-34}$$

该 t 时刻的电流为 i，线圈内的磁场能量为

$$E_m = \dfrac{1}{2} L i^2 = \dfrac{1}{2} L I_0^2 \sin^2(\omega t + \varphi)$$

$$= \dfrac{1}{2} \dfrac{1}{\omega^2 C}(\omega^2 Q_0^2) \sin^2(\omega t + \varphi) = \dfrac{Q_0^2}{2C} \sin^2(\omega t + \varphi) \tag{11-35}$$

则 LC 振荡电路中的总能量为

$$E = E_e + E_m = \dfrac{1}{2} L I_0^2 = \dfrac{Q_0^2}{2C} \tag{11-36}$$

显然，在无阻尼 LC 振荡电路中，电场能量和磁场能量随时间做周期性变化，但是总的电磁能量保持不变. 无阻尼 LC 振荡电路只是一种理想化模型. 我们知道，实际的电路都会有电阻，电阻是耗散性元件，电能只能单向地转换为热能，电路中的电磁能会有一定的耗散. 另外，振荡过程中电磁能也会以电磁波的形式向外辐射出去. 此时，振荡过程中的电荷和电流随时间做减幅振荡. 这里不做详细介绍，读者可参阅相关书籍.

【例 11-8】 一振荡电路，已知 $C = 0.025 \mu F$，$L = 1.015 H$，电路中电阻可忽略不计，电容器上电荷最大值 $Q_0 = 2.5 \times 10^{-6} C$.

(1) 写出电路接通后，电容器两极板间的电势差随时间变化的方程和电路中电流随时间变化的方程；

(2) 写出电场能量、磁场能量及总能量随时间变化的方程;

(3) 求 $t=\dfrac{T}{8}$ 时电容器两极板间的电势差、电路中的电流、电场能、磁场能.

解：(1) 由题意知，振荡电路的角频率 $\omega=\sqrt{\dfrac{1}{LC}}=2000\pi$，$Q_0=2.5\times10^{-6}\text{C}$，$\varphi=0$，则电路中任一时刻两极板上的电荷为

$$q=Q_0\cos(\omega t+\varphi)=2.5\times10^{-6}\cos(2000\pi t)\text{C}$$

则两极板间的电势差为

$$U=\dfrac{q}{C}=100\cos(2000\pi t)\text{V}$$

电路中的电流为

$$i=\dfrac{\mathrm{d}q}{\mathrm{d}t}=-5\times10^{-3}\pi\sin(2000\pi t)\text{A}$$

(2) 电容器中两极板间的电场能量为

$$E_\text{e}=\dfrac{q^2}{2C}=\dfrac{Q_0^2}{2C}\cos^2\omega t=1.25\times10^{-4}\cos^2(2000\pi t)\text{J}$$

线圈中的磁场能量为

$$E_\text{m}=\dfrac{Q_0^2}{2C}\sin^2(\omega t+\varphi)=1.25\times10^{-4}\sin^2(2000\pi t)\text{J}$$

电路中的总能量为

$$E=E_\text{e}+E_\text{m}=\dfrac{Q_0^2}{2C}=1.25\times10^{-4}\text{J}$$

(3) 将 $t=\dfrac{T}{8}$ 代入上面各式，可得电容器两极板间的电势差、电路中的电流、电场能、磁场能分别为 $U=70.7\text{V}$，$i=-1.11\times10^{-2}\text{A}$，$E_\text{e}=6.25\times10^{-5}\text{J}$，$E_\text{m}=0$.

11.8 *非线性系统的振动　混沌

由前面知识可知，当单摆做小角度摆动时，可近似看作做简谐运动，单摆可看作是一个线性系统. 当单摆以大角度摆动时，其运动又会有什么特点呢?

11.8.1 非线性系统的振动

设单摆的摆线长为 l，小球质量为 m，小球受到重力和摆线的拉力，如图 11-31 所示. 根据牛顿第二定律，有

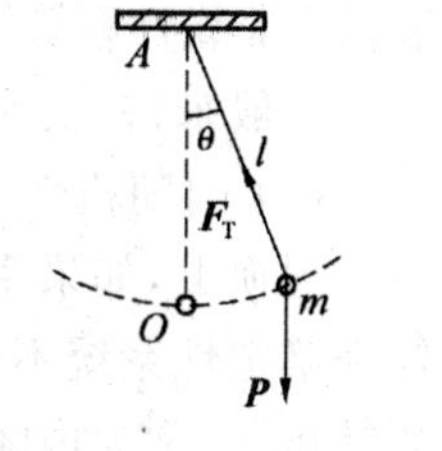

$$ml\dfrac{\mathrm{d}^2\theta}{\mathrm{d}t^2}=-mg\sin\theta$$

令 $\omega^2=\dfrac{g}{l}$，则有

图 11-31　大角度摆的单摆

$$\dfrac{\mathrm{d}^2\theta}{\mathrm{d}t^2}+\omega^2\sin\theta=0 \qquad(11\text{-}37)$$

由于 $\sin\theta = \theta - \dfrac{\theta^3}{3!} + \dfrac{\theta^5}{5!} - \cdots$，故式(11-37)可近似为

$$\dfrac{d^2\theta}{dt^2} + \omega^2\theta - \omega^2\dfrac{\theta^3}{6} = 0 \qquad (11\text{-}38)$$

显然，现在单摆是一个非线性系统，其振动不再是简谐运动，而是一种更为复杂的振动。

下面我们换个角度来分析单摆的运动，这里引入相图的概念。所谓相图，就是位移和速度所构成的二维平面。相图上每一点(即相点)描述的是系统在任一时刻的运动状态，系统的所有运动状态就是整个相图。其运动路径曲线称为相轨道。

图 11-32(a)所示为无阻尼单摆振动的相图，由于振动过程中能量是守恒的，所以其相轨道是一个特定的椭圆。图 11-32(b)所示为弱阻尼单摆的相图，相轨道是一个螺旋线，最终静止在原点，这是由于受到阻尼的作用。图 11-32(c)所示为某一驱动力存在时，阻尼受迫振

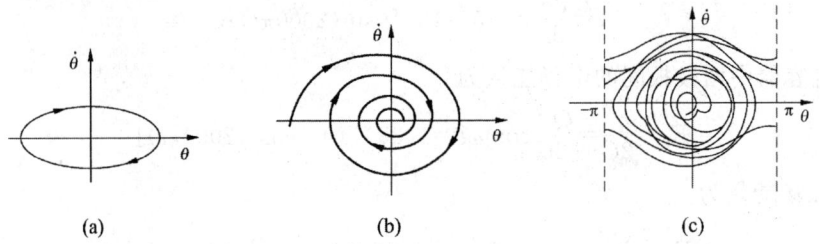

图 11-32　单摆的相图

动单摆在 $(-\pi, \pi)$ 区间的相图，系统进入随机运动状态，整个过程变得完全混乱了，即系统的运动已经无法预料，改变系统的初始条件，可能会出现更复杂的运动。我们把这种现象称为**混沌**。混沌现象是非线性系统所特有的。

11.8.2　混沌

"混沌"译自英文"Chaos"，原意是紊乱、无序和无规律。它是确定性的非线性动力学系统本身产生的不规则的宏观时空行为。科学家将其定义为：混沌是指发生在确定性系统中的貌似随机的不规则运动。一个确定性理论描述的系统，其行为却表现为不确定性——不可重复、不可预测，这就是混沌现象。进一步研究表明，混沌是非线性动力学系统的固有特性，是非线性系统普遍存在的现象。牛顿确定性理论能够完美处理的多为线性系统，而线性系统大多是由非线性系统简化而来的。因此，在现实生活和实际工程技术问题中，混沌是无处不在的！

一般来讲，混沌系统具有如下所述三个关键要素。

(1) 内随机性。

习惯上，如果系统的某个状态可能出现，也可能不出现，我们认为该系统具有随机性。若这个确定性系统不受外来干扰，它自身不会出现随机性，称为外随机性；而由系统自身产生的随机性，称为内随机性。混沌理论表明，当确定性系统具有稍微复杂的非线性时，就会在一定控制参数范围内产生内随机性。如湍流中的旋涡、闪电的分支路径、流行病的消长、股市的升降、心脏的纤颤、精神病行为、城镇空间分布及规模与数量等级等。

(2) 对初始条件的敏感依赖性。

1972 年 12 月 29 日，美国麻省理工学院教授、混沌学开创人之一的 E.N. 洛伦兹在美国科学发展学会第 139 次会议上发表了题为《蝴蝶效应》的论文，提出一个貌似荒谬的论断：一

只蝴蝶翅膀在巴西拍打能使美国得克萨斯州产生一个龙卷风,并由此提出了天气的不可准确预报性. 这一论断称为"蝴蝶效应". 蝴蝶效应是混沌学理论中的一个概念. 它反映了系统的长期行为对初始条件的敏感性依赖,即输入端微小的差别会迅速放大到输出端. 蝴蝶效应在经济生活中比比皆是:人行道上摆满自行车,导致行人走上车行道,又导致一次车祸,又导致交通中断几小时,又导致一连串的误事……对初始条件的敏感依赖性是混沌系统的典型特征.

(3) 非规则的有序.

混沌是有序和无序的统一. 确定性的非线性系统的控制参量按一定方向变换,当达到某一临界状态时,就会出现混沌这种非周期性运动体制. 其行为体现出混沌内部的不同层次上的结构具有相似性. 美国科学家费根鲍姆(M. J. Feigenbaun)通过两种完全不同的反馈函数 $x_{n+1}=\mu x_n(1-x_n)$ 和 $x_{n+1}=\mu\sin x_n$ 的迭代计算,即取一个数作为输入,产生的另一个数作为输出,再将前次的输出作为输入,如此反复迭代计算. 当 μ 值较小时,结果趋向一个定数;当 μ 超过某值时,其轨迹出现分岔. 通过对其内在规则的研究,他得出了两个反映自然及本质的新的普适常量

$$费根鲍姆 \delta 常量 = 4.66920160910299 09\cdots$$
$$费根鲍姆 \alpha 常量 = 2.50290787509589 28\cdots$$

其中,第 1 个常量表示的是相邻两个分岔间距之间的倍数关系,第 2 个常量表示的是相邻两个分岔宽度之间的倍数关系. 两个普适常量说明了混沌中的有序性是存在的,而且可以定量地加以研究.

混沌现象不是偶然的、个别的事件,而是普遍存在于宇宙间各种各样的宏观及微观系统中的,万事万物,莫不混沌. 混沌理论就是研究混沌的特征、实质、发生机制以及探讨如何描述、控制和利用混沌的新科学. 混沌学已经渗透到物理学、化学、生物学、生态学、气象学、经济学、社会学等诸多领域,与其他各门科学互相促进、互相依靠,由此派生出许多交叉学科,如混沌气象学、混沌经济学、混沌数学等. 混沌学不仅极具研究价值,而且具有现实应用价值,能直接或间接创造财富. 曾有科学家预言,混沌将是继相对论、量子力学之后的第三次科学革命.

复习题

一、思考题

1. 劲度系数分别为 k_1 和 k_2 的两根弹簧,与质量为 m 的小球按如图 11-33 所示的两种方式连接,试说明它们的振动是否为简谐运动,并分别求出它们的振动周期.

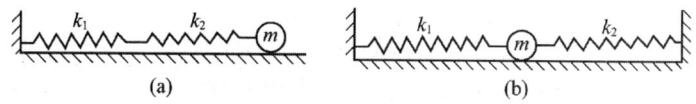

图 11-33 思考题 1 图

2. 说明下列运动是否为简谐运动:
(1) 拍皮球时球的上下运动;
(2) 如图 11-34 所示,一个小球沿着半径很大的光滑凹球面往返滚动,小球所经过的弧线很短;

图 11-34 思考题 2 图

(3) 竖直悬挂的轻质弹簧的下端系一重物,把重物从静止位置拉下一段距离(在弹簧的弹性限度内),然后放手任其运动(忽略阻力影响).

3. 伽利略曾提出和解决了这样一个问题:一根线挂在又高又暗的城堡中,看不见它的上端而只能看见它的下端. 如何测量此线的长度?

4. 一物体做简谐运动,振动的频率越高,则物体的运动速度越大,这种说法对吗?

5. 周期为 T、最大摆角为 α_0 的单摆在 $t=0$ 时刻分别处于如图 11-35 所示的状态,若以向右方向为正,写出它们的振动表达式.

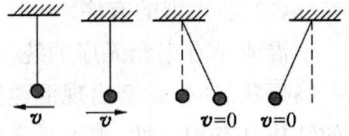

图 11-35 思考题 5 图

6. 三个完全相等的单摆,在下列各种情况下,它们的周期是否相同? 如不相同,哪个大? 哪个小?

(1) 第 1 个单摆在教室里,第 2 个单摆在匀速前进的火车上,第 3 个单摆在匀加速水平前进的火车上;

(2) 第 1 个单摆在匀速上升的升降机中,第 2 个单摆在匀加速上升的升降机中,第 3 个单摆在匀减速上升的升降机中;

(3) 第 1 个单摆在地球上,第 2 个单摆在绕地球的同步卫星上,第 3 个单摆在月球上.

7. 在理想的情况下,弹簧振子的振动是简谐运动,但实际上(如果观察的时间较长的话)弹簧振子的振动是阻尼振动,问振动的频率是否因为有阻尼而不断改变?

8. 小孩荡秋千属于什么运动?

9. 什么是拍? 什么情况下会产生拍现象? 拍频等于什么?

10. 受迫振动的频率和振幅与哪些因素有关?

11. "受迫振动达到稳定时,其运动学方程可写为 $x=A\cos(\omega t+\varphi)$,其中 A 和 φ 由初始条件决定,ω 即为驱动力的频率." 这句话是否正确?

12. 汽车车厢和下面的弹簧可视为一沿竖直方向运动的弹簧振子. 当有乘客时,其固有频率会有怎样的变化?

13. 在 LC 电磁振荡中,电场能量和磁场能量是怎样交替转换的?

14. 为什么只含有电阻和电容的电路或只含有电阻和自感线圈的电路都不可能产生电磁振荡? 试从能量观点说明.

二、选择题

1. 一弹簧振子竖直悬挂在电梯内,当电梯静止时,振子的谐振频率为 ν,现使电梯以加速度 a 向上做匀加速运动,则其简谐运动的频率将( ).

(A) 不变 (B) 变大
(C) 变小 (D) 如何变化不能确定

2. 一简谐运动的速度 v 和时间 t 的关系曲线如图 11-36 所示,则振动的初相位为( ).

(A) $\dfrac{\pi}{6}$ (B) $\dfrac{\pi}{3}$

(C) $\dfrac{2}{3}\pi$ (D) $\dfrac{5}{6}\pi$

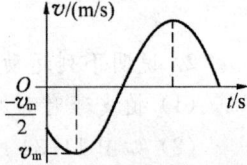

图 11-36 选择题 2 图

3. 两个质点各自做简谐运动,它们的振幅相同、周期相同. 第 1

个质点的振动方程为 $x_1 = A\cos(\omega t + \alpha)$. 当第 1 个质点从相对于其平衡位置的正位移处回到平衡位置时,第 2 个质点恰好在正最大位移处.则第 2 个质点的振动方程为( ).

(A) $x_2 = A\cos(\omega t + \alpha + \frac{1}{2}\pi)$ (B) $x_2 = A\cos(\omega t + \alpha - \frac{1}{2}\pi)$

(C) $x_2 = A\cos(\omega t + \alpha - \frac{3}{2}\pi)$ (D) $x_2 = A\cos(\omega t + \alpha + \pi)$

4. 一弹簧振子总能量为 E,如果简谐运动的振幅增加为原来的 2 倍,重物质量增加为原来的 4 倍,则总能量变为原来的( )倍.

(A) 2   (B) 4   (C) $\frac{1}{2}$ (D) $\frac{1}{4}$

5. 如图 11-37 所示为两个简谐运动的 x-t 曲线,若这两个简谐运动可叠加,则合振动的初相位为( ).

(A) 0   (B) $\frac{3}{2}\pi$

(C) π (D) $\frac{1}{2}\pi$

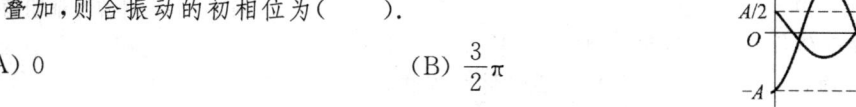

图 11-37 选择题 5 图

三、计算及证明题

1. 质量为 10g 的小球与轻质弹簧组成的系统,按

$$x = 0.5\cos(8\pi t + \frac{\pi}{3})\text{m}$$

的规律振动,式中 t 以 s 为单位.

(1) 求振动的角频率、周期、振幅、初相位、速度及加速度的最大值;

(2) 求 $t = 1\text{s}、2\text{s}、10\text{s}$ 的相位;

(3) 分别画出位移、速度、加速度与时间的关系曲线.

2. 一质量为 m 的平底船,其平均水平截面积为 S,吃水深度为 h,如不计水的阻力,求此船在竖直方向的振动周期.

3. 一质量为 m、直径为 D 的塑料圆柱体一部分浸入密度为 ρ 的液体中,另一部分浮在液面上,如果用手轻轻地向下按动圆柱体,放手后圆柱体将上下振动.试证明该振动为简谐运动,并求出振动周期(圆柱体表面与液体的摩擦力忽略不计).

4. 如图 11-38 所示,在横截面积为 S 的 U 形管中有适量的液体,液体总长度为 l,质量为 m,密度为 ρ.问液面上下起伏的自由振动是不是简谐运动? 如果是,频率是多少(忽略液体和管壁间的摩擦)?

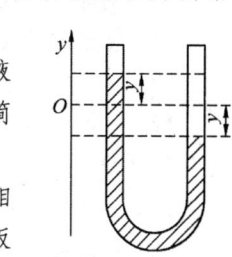

图 11-38 计算及证明题 4 图

5. 如图 11-39 所示,一块均匀的长木板质量为 m,对称地平放在相距 $l = 20\text{cm}$ 的两个滚轴上.滚轴的转动方向如图所示,滚轴表面与木板间的摩擦因数 $\mu = 0.5$.现使木板沿水平方向移动一段距离后释放.证明此后木板将做简谐运动并求其周期.

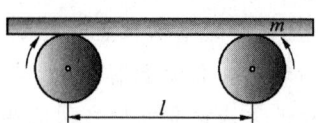

图 11-39 计算及证明题 5 图

6. 劲度系数分别为 k_1 和 k_2 的两根弹簧和质量为 m 的物体相连,如图 11-40 所示,试求该振动系统的振动周期.

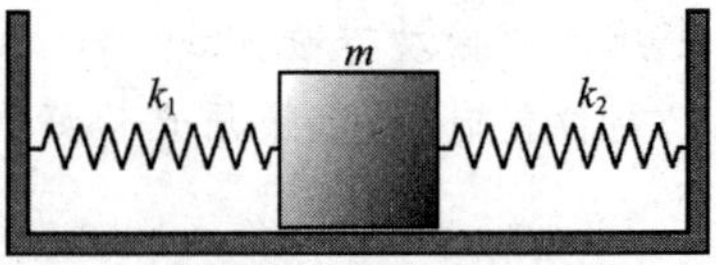

图 11-40 计算及证明题 6 图

7. 如图 11-41 所示,一劲度系数为 k 的轻质弹簧的一端固定,另一端用细绳与质量为 m 的物体 B 连接,细绳跨过固定于桌边的定滑轮 P 上,物体 B 悬于细绳下端,定滑轮 P 为均质圆盘,其半径为 R,质量为 M. 证明:物体 B 在运动时做简谐运动,并求其角频率. 所有摩擦阻力均不计.

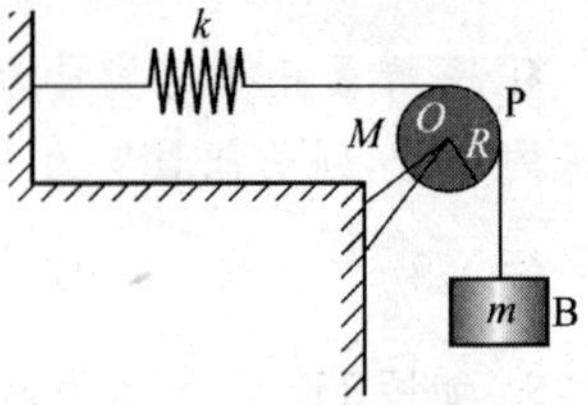

图 11-41 计算及证明题 7 图

8. 一单摆摆线长为 100cm,摆球质量 $m=10.0$g,开始时处于平衡位置.

(1) 若给摆球一个向右的水平冲量 $10.0 \text{g} \cdot \text{cm} \cdot \text{s}^{-1}$,如果以撞击的时刻为计时起点,求单摆的运动方程;

(2) 若冲量的方向向左,其他条件不变,求单摆的运动方程.

9. 一简谐运动的运动规律为 $x=10\cos\left(8t+\dfrac{\pi}{4}\right)$ (SI),若计时起点提前 0.5s,其运动学方程如何表示?欲使其初相位为零,计时起点应提前或推迟多少?

10. 一质量为 10g 的物体沿 x 方向做简谐运动,其振幅 $A=20$cm,周期 $T=4$s,$t=0$ 时物体的位移为 -10cm,且向负 x 方向运动. 试求:

(1) $t=1$s 时物体的位移;

(2) 物体第 1 次运动到 $x=10$cm 处的时间;

(3) 物体第 2 次运动到 $x=10$cm 处的时间;

(4) 物体第 1 次运动到 $x=10$cm 处的速度和加速度.

11. 如图 11-42 所示,一质点在一直线上做简谐运动,选取该质点向右运动通过 A 点时作为计时起点($t=0$),经过 2s 后质点第 1 次经过 B 点,再经过 2s 后质点第 2 次经过 B 点. 若已知该质点在 A、B 两点具有相同的速率,且 $\overline{AB}=10$cm,试求:

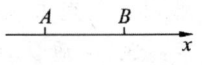

图 11-42 计算及证明题 11 图

(1) 质点的振动方程;

(2) 质点在 A 点(或 B 点)的速率.

12. 一轻质弹簧在 60N 的拉力下伸长了 0.3m,现把质量为 4kg 的物体悬挂在弹簧的下端并使之静止,再把物体向下拉 0.1m,然后释放物体并开始计时. 试求:

(1) 物体的振动方程;

(2) 物体在平衡位置上方 0.05m 时弹簧对物体的拉力;

(3) 物体从第 1 次越过平衡位置时刻起到它运动到上方 0.05m 处所需要的最短时间.

13. 如图 11-43 所示,两个振子Ⅰ、Ⅱ各自沿平行于 x 轴的直导轨做同频率、同振幅的简谐运动,并且它们的平衡位置都在 x 轴的原点 O 处. 当它们每次沿相反方向彼此通过同一位置坐标 x 时,它们的位移大小均为它们振幅的一半. 试用旋转矢量法计算它们之间的相位差.

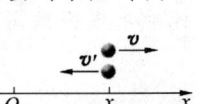

图 11-43 计算及证明题 13 图

14. 如图 11-44 所示,劲度系数 $k=312$N/m 的轻质弹簧,一端固定,另一端连接一质量 $M=0.3$kg 的物体,放在光滑的水平面上,物体 M 上面放一质量 $m=0.2$kg 的物体,两物体间的最大静摩擦因数 $\mu=0.5$. 求两物体间无相对滑动时系统振动的最大能量.

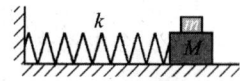

图 11-44 计算及证明题 14 图

15. 质量为 10g 的物体做简谐运动,其振幅为 24cm,周期为 4s. 当 $t=0$ 时,位移为 24cm. 试求:

(1) $t=0.5$s 时物体所在的位置;

(2) $t=0.5$s 时物体所受力的大小和方向;

(3) 由起始位置运动到 $x=12$cm 处所需的最短时间;

(4) 在 $x=12$cm 处物体的速度、动能、势能和总能量.

16. 手持一块平板,平板上放一质量为 0.5kg 的砝码,现使平板在竖直方向上做简谐运动,其频率为 2Hz,振幅为 0.04m.

(1) 位移为最大时砝码对平板的压力为多大?

(2) 以多大振幅振动时,会使砝码脱离平板?

(3) 如果振动频率加大 1 倍,则砝码随板一起振动的振幅上限为多少?

17. 如图 11-45 所示为两个简谐运动的 x-t 曲线,试分别写出其简谐运动方程.

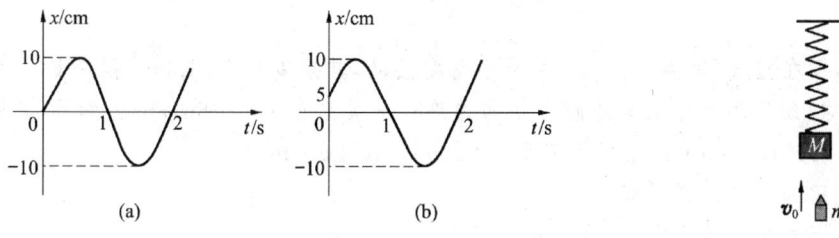

图 11-45　计算及证明题 17 图　　　图 11-46　计算及证明题 18 图

18. 一弹簧振子由劲度系数为 k 的弹簧和质量为 M 的物体组成,将弹簧一端与顶板相连,如图 11-46 所示,开始时物体静止,一颗质量为 m、速度为 v_0 的子弹由下而上射入物体,并留在物体中. 试求:

(1) 振子以后的振动振幅与周期;

(2) 物体从初始位置运动到最高点所需的时间.

19. 有两个同方向、同频率的简谐运动,其合振动的振幅为 0.20m,其相位与第 1 个振动的相位差为 $\dfrac{\pi}{6}$. 已知第 1 个振动的振幅为 0.173m,求第 2 个振动的振幅以及第 1 个、第 2 个振动的相位差.

20. 三个同方向、同频率的简谐运动,其振动方程分别为

$$x_1=0.08\cos\left(314t+\dfrac{\pi}{6}\right)$$

$$x_2=0.08\cos\left(314t+\dfrac{\pi}{2}\right)$$

$$x_3=0.08\cos\left(314t+\dfrac{5\pi}{6}\right)$$

试求:

(1) 合振动的圆频率、振幅、初相位及振动方程;

(2) 合振动由初始位置运动到 $x=\dfrac{\sqrt{2}}{2}A$ 所需最短时间(A 为合振动振幅).

21. 有两个同方向的简谐运动,它们的振动方程分别为
$$x_1=0.05\cos\left(10t+\dfrac{3\pi}{4}\right)(\text{SI}),\quad x_2=0.06\cos\left(10t+\dfrac{\pi}{4}\right)(\text{SI})$$
试求:

(1) 它们的合振动的振幅和初相位;

(2) 若另有一振动 $x_3=0.07\cos(10t+\varphi)$,当 φ 为何值时,x_1+x_3 的振幅达到最大? 当 φ 为何值时,x_1+x_3 的振幅达到最小?

22. 一质量为 0.1kg 的质点同时参与相互垂直的两个振动,其振动方程分别为
$$x=0.06\cos\left(\dfrac{\pi}{3}t+\dfrac{\pi}{3}\right)(\text{SI}),\quad y=0.03\cos\left(\dfrac{\pi}{3}t-\dfrac{\pi}{3}\right)(\text{SI})$$
试求:

(1) 质点运动的轨道方程,并画出图形,指明是左旋还是右旋;

(2) 质点在任一位置所受作用力的大小.

23. 某弱阻尼振动初始振幅为 3cm,经过 10s 后振幅变为 1cm. 经过多长时间,振幅变为 0.3cm?

24. 有一单摆在空气(室温为 20℃)中做小角度摆动,其摆线长 $l=1.0\text{m}$,摆锤是一半径 $r=0.5\text{cm}$ 的铅球. 设作用于球的黏滞阻力 f 与速度 v 的关系为 $f=-6\pi\eta rv$. 已知 20℃时空气的黏度 $\eta=1.78\times10^{-5}\text{Pa}\cdot\text{s}$,铅球的密度 $\rho=2.65\times10^3\text{kg}\cdot\text{m}^{-3}$.

(1) 写出此摆的运动微分方程;

(2) 求摆球固有角频率、阻尼因子和摆动周期;

(3) 求摆球能量减少 10% 所需的时间.

25. 一弹簧振子系统,物体的质量 $m=1.0\text{kg}$,弹簧的劲度系数 $k=900\text{N/m}$,系统振动时受到阻尼作用,其阻尼因子 $\beta=10.0\text{s}^{-1}$. 为了使振动持续,现加一周期性外力 $F=100\cos30t(\text{SI})$ 作用. 试求:

(1) 振子达到稳定状态时的振动角频率;

(2) 若外力的角频率可以改变,则当其值为多少时系统会出现共振现象? 其共振振幅为多少?

26. 由一个电容 $C=4.0\mu\text{F}$ 的电容器和一个自感 $L=10\text{mH}$ 的线圈组成的 LC 电路,当电容器上电荷的最大值 $Q_0=6.0\times10^{-5}\text{C}$ 时开始做无阻尼自由振荡. 试求:

(1) 电场能量和磁场能量的最大值;

(2) 当电场能量和磁场能量相等时电容器上的电荷量.

第 12 章

机 械 波

学习目标

- 掌握描述简谐波的各物理量的意义及各量间的关系.
- 理解机械波产生的条件,掌握由已知质点的简谐运动方程得出平面简谐波波函数的方法;理解波函数的物理意义;理解波的能量传播特征及能流、能流密度的概念.
- 了解惠更斯原理和波的叠加原理,理解波的相干条件,能应用相位差和波程差分析相干波叠加后振幅加强和减弱的条件.
- 掌握驻波的概念,理解驻波的形成条件,了解驻波和行波的区别.
- 了解多普勒效应及其产生的原因.

波动是很常见的现象.振动的传播过程称为波动.机械振动在弹性介质中进行传播的过程称为机械波,如水波、绳波、声波和地震波等.交变的电场与磁场在空间传播的过程称为电磁波,如光波、无线电波和 X 射线等.在微观领域中,原子、电子等一切微观粒子也都具有波动的性质,相对应的波称为物质波.对于各种波动,虽然它们的本质不同,但是总具有一些共同特征,如都有类似的波动表达式,而且都伴随能量的传播,可以发生反射、折射、干涉和衍射现象.

本章着重讨论机械波的主要特征和基本规律.从最简单的平面简谐波出发,得到有关波的特征和规律,其他复杂的波形可认为是由这些简谐波组成的.

12.1 机械波的一般概念

机械波是机械振动在介质中的传播.机械波形成的首要条件是有能做机械振动的物体作为波源,其次还要有能够传播振动的弹性介质.为了具体说明机械波在传播时质点运动的特点,现以绳波为例进行介绍,其他形式的机械波与此类似.

12.1.1 机械波产生的条件

绳波是一种简单的机械波,在日常生活中,我们拿起一根绳子的一端进行抖动,就可以看见绳子上出现一个波形在传播,如果连续不断地进行周期性上下抖动,就形成了绳波.

把绳分成许多小部分,每一小部分都看成一个质点,相邻两个质点间存在弹力的相互作用.第一个质点在外

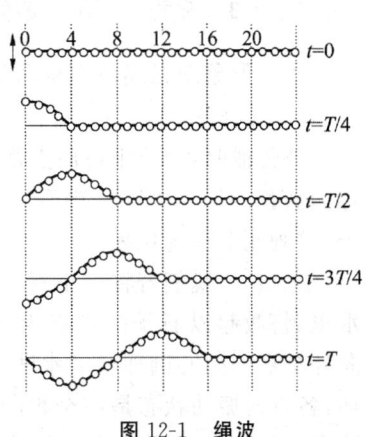

图 12-1 绳波

力作用下振动后就会带动第二个质点振动,只是第二个质点的振动要落后前者.这样,前一个质点的振动带动后一个质点的振动,依次带动下去,振动也就完成了向远处的传播,从而形成绳波,如图 12-1 所示.

由此,我们可以发现,介质中的每个质点,在波传播时,都只做简谐运动(可以是上下,也可以是左右),机械波可以看成是"振动"这种运动形式的传播,但质点本身不会沿着波的传播方向移动,质点"随波逐流"的现象不会发生.

12.1.2 横波与纵波

随着机械波的传播,介质中的质点只在平衡位置附近做振动,并不随波前进.根据质点的振动方向和波的传播方向之间的关系,可以把机械波分为横波和纵波两类.

在波动中,质点的振动方向与波的传播方向相垂直的波,叫作**横波**.绳波是常见的横波,如图 12-1 所示.在横波中,凸起的最高处称为波峰,凹下的最低处称为波谷.

质点的振动方向与波的传播方向相平行的波,叫作**纵波**.如我们将一根长弹簧水平放置,其一端固定,在另一端用手压缩或拉伸一下,使其端部沿弹簧的长度方向振动.由于弹簧各部分之间弹性力的作用,端部的振动带动了其相邻部分的振动,而相邻部分又带动它附近部分的振动,因而弹簧各部分将相继振动起来.沿着传播方向纵波表现为疏密相间,其中质点分布最密集的地方称为密部,质点分布最稀疏的地方称为疏部,如图 12-2 所示.

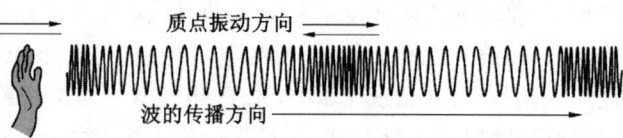

图 12-2 纵波

横波传播时,使得介质产生切向形变.只有固体介质切变时才能产生切向弹性力,故横波只能在固体中传播,而纵波则可以在固体、液体和气体中传播.常见的声波是纵波,可以在空气、水中传播,也可以在固体中传播.还有一些波形成原因较复杂,如水面波,由于水面上各质点受到重力和表面张力共同作用,使得它沿着椭圆轨道运行,既有横向运动,也有纵向运动.所以水波既不是横波,也不是纵波.

12.1.3 波面 波前 波线

为了形象地描述波在空间的传播情况,引入下面几个物理概念.

1. 波面

波传播时,介质中各质点都在各自平衡位置附近振动.由振动相位相同的点组成的面,称为波面.某一时刻的波面可以有任意多个,常画几个作为代表.

生活中,我们若将一小石子扔进宁静的水里,将激起以石子落水点为圆心,一个个向外扩展的同心圆环状的水波.沿每一个圆环,各点的振动状态是完全相同的.同理,声波中空气分子振动相位相同的各点将构成

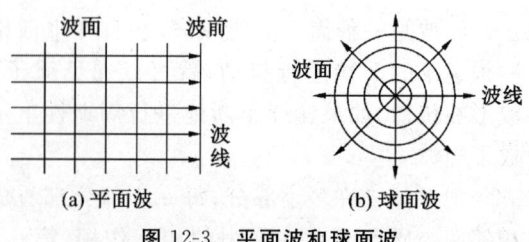

图 12-3 平面波和球面波

以声源为球心的同心球面,这些面就是波面,如图 12-3(b)所示.

2. 波前

某一时刻,最前方的波面称为波前,如图 12-3(a)所示.

3. 波线

沿波的传播方向画一条带箭头的线,称为波线.

在各向同性的均匀介质中,波线总是与波面垂直.对于平面波,波线是相互平行的,如图 12-3(a)所示.对于球面波,波线为由点波源发出的沿半径方向的直线,如图 12-3(b)所示.

4. 波长 波的周期和频率 波速

除了上述概念以外,描述波的传播还需要知道波长、周期(或频率)、波速等概念,这些概念合成波传播的要素,如图 12-4 所示.

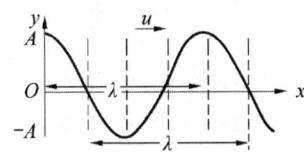

图 12-4 波的要素

(1) 波长.

同一波线上两个相邻的振动状态相同点之间的距离,称为**波长**,常用 λ 来表示,单位是米(m).波长体现了波的空间周期性.例如,在横波中,波长等于相邻"波峰—波峰"的长度或相邻"波谷—波谷"的长度;在纵波中,波长等于相邻"密部—密部"或相邻"疏部—疏部"的长度.

(2) 周期和频率.

介质中任一质点完成一次全振动所需要的时间称为波的**周期**,常用 T 来表示.周期体现了波的时间周期性.

对于介质中任一质点单位时间里完成全振动的次数称为波的频率,常用 ν 来表示,单位是赫兹(Hz).频率是周期的倒数,即 $\nu=\dfrac{1}{T}$.

在波的传播过程中,波源振动一个周期,沿波线方向传播一个完整的波形,所以波的周期和频率等同于波源的周期和频率,波在不同的介质中传播时,它的周期和频率是不变的.

(3) 波速.

单位时间里振动状态所传播的距离称为**波速**,常用 u 来表示,单位是米/秒(m/s).波速体现了振动状态在介质中传播的快慢程度.对于不同的介质,波速是不同的.对于弹性波而言,波速的大小取决于介质的特性.例如,声波在空气中的传播速度为 334.8m/s(22℃),在水中为 1440m/s.表 12-1 给出了不同介质中的声速.

表 12-1 不同介质中的声速

介质	温度/K	声速/(m/s)	介质	温度/K	声速/(m/s)
空气(1atm)	273	331	冰	273	5100
空气(1atm)	293	343	水	293	1460
氢(1atm)	273	1270	铝	293	5100
玻璃	273	5500	黄铜	293	3500
花岗岩	273	3950			

波长、周期(频率)和波速是描述波动的重要物理量,有如下关系式:

$$u = \nu\lambda = \frac{\lambda}{T} \qquad (12\text{-}1)$$

式中,通过"波速"这一概念将波的空间周期性和时间周期性联系到一起.它表明,质点每完成一次完全振动,波就向前移动一个波长的距离.式(12-1)适用于所有的波.

机械波的波速取决于传播介质的弹性和惯性.下面介绍几个在各向同性的均匀介质中的波速公式.

① 固体中的波速:

$$u = \sqrt{\frac{G}{\rho}}\text{(横波)}, \quad u = \sqrt{\frac{Y}{\rho}}\text{(纵波)}$$

式中,G 和 Y 分别为介质的切变弹性模量和杨氏弹性模量,ρ 为介质的质量密度.

② 绳或线上横波的波速:

$$u = \sqrt{\frac{T}{\rho}}$$

式中,T 为绳或弦中的张力,ρ 为单位长度的绳或弦的质量.

③ 液体和气体中纵波的波速:

$$u = \sqrt{\frac{B}{\rho}}$$

式中,B 为介质的容变弹性模量,ρ 为介质的密度.

对于理想气体,根据分子动力学和热力学,可得

$$u = \sqrt{\frac{\gamma R T}{M_{\text{mol}}}} = \sqrt{\frac{\gamma p}{\rho}}$$

式中,γ 为气体的比热容比,R 为普适常量,p 为气体的压强,T 为热力学温度,M_{mol} 为气体的摩尔质量,ρ 为气体的密度.

【例 12-1】 一列横波沿直线向右传播,某时刻在介质中形成的波动图像如图 12-5(a)所示.试画出当质点 a 第一次回到负向最大位移时在介质中形成的波动图像.

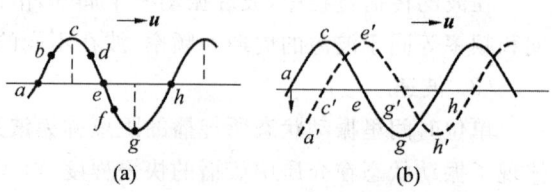

图 12-5 例 12-1 图

分析:由于此时质点 a 位于平衡位置,波向右传播,则质点 a 的速度的方向向下,当它第一次到达负向最大位移处时,相当于经过 $\frac{1}{4}$ 周期.原来处于峰、谷的质点正好回到平衡位置,原来处于平衡位置的质点分别到达正向或负向最大位移处.这样依次画出它们在新的时刻的位置,连成光滑曲线即得新的波形图,如图 12-5(b)所示.

【例 12-2】 频率为 2000Hz 的机械波,以 1200m/s 的速度在介质中传播,由 A 点传播到 B 点,两点之间的距离为 0.3m,质点振动的振幅为 2cm.

(1) 求 B 点的振动落后于 A 点的时间及相位;
(2) 两点之间的距离相当于多少个波长?
(3) 求振动速度的最大值.

解：由题意知，$T=\frac{1}{2000}\text{s}, \lambda=uT=\frac{1200}{2000}\text{m}=0.6\text{m}$.

(1) $\Delta t=\frac{x_B-x_A}{u}=\frac{0.3}{1200}\text{s}=\frac{1}{2}T$，故 $\Delta\varphi=\pi$.

(2) $\Delta x=0.3\text{m}=\frac{1}{2}\lambda$，即两点之间的距离为半个波长.

(3) $v_{\max}=A\omega=0.02\times2\pi\times2000\text{m/s}=251.2\text{m/s}$.

注意：振动速度和传播速度不同，即 $v\neq u$.

12.2 平面简谐波的波函数

波动是介质中大量质点参与的一种集体运动. 如何定量地描述一个波动过程？沿着传播方向各质点的位移和时间又有什么样的联系？一般情况下的波是很复杂的，本节讨论最简单的情况，即波源做简谐运动、所引起的介质各点也做简谐运动而形成的波，这种波称为简谐波. 任何一种复杂的波都可以表示为若干简谐波的合成. 波面为平面的简谐波称为平面简谐波，如图 12-6 所示.

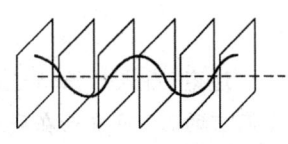

图 12-6 简谐波

12.2.1 平面简谐波的波函数

设有一平面简谐波，以速度 u 在均匀无吸收的介质中传播. 如图 12-7 所示，取任一波线为 x 轴，O 点为原点. t 时刻 O 点处质点的振动表达式为

$$y_O=A\cos(\omega t+\varphi) \qquad (12-2)$$

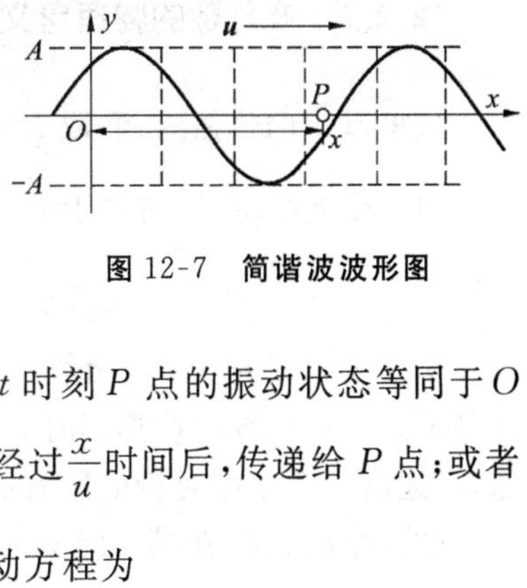

图 12-7 简谐波波形图

式中，A 是振幅，ω 是圆频率，φ 是初相位.

现在，我们考虑距 O 点为 x 处一点 P 点的振动，显然，t 时刻 P 点的振动状态等同于 O 点在 $\left(t-\frac{x}{u}\right)$ 时刻的状态，即 O 点在 $t-\frac{x}{u}$ 时刻的振动状态经过 $\frac{x}{u}$ 时间后，传递给 P 点；或者说 O 点的相位超前于 P 点的相位 $\frac{2\pi x}{\lambda}$. 故 t 时刻 P 点的振动方程为

$$y_P=A\cos\left[\omega\left(t-\frac{x}{u}\right)+\varphi\right]$$

因 P 点为任意的，所以任一点的振动方程为

$$y=A\cos\left[\omega\left(t-\frac{x}{u}\right)+\varphi\right] \qquad (12-3)$$

式(12-3)表示的是任一质点在 t 时刻的位移，也就是描述平面简谐波的波动方程，也称为波函数.

若我们知道的是任一点 M 的振动方程为

$$y_M=A\cos(\omega t+\varphi)$$

同理，可得平面简谐波的波函数方程为

$$y=A\cos\left[\omega\left(t-\frac{x-x_M}{u}\right)+\varphi\right] \qquad (12-4)$$

式(12-3)和式(12-4)是以不同的参考点来求解波动方程的,虽然得到的结果形式上有所差异,但是对于每一个质点,振动表达式是完全一致的.

因为 $\omega = \dfrac{2\pi}{T} = 2\pi\nu$, $\lambda = uT$, 式(12-3)又可写为

$$y = A\cos\left(\omega t - \dfrac{2\pi x}{\lambda} + \varphi\right) = A\cos\left[2\pi\left(\dfrac{t}{T} - \dfrac{x}{\lambda}\right) + \varphi\right]$$

$$= A\cos\left[2\pi\left(\nu t - \dfrac{x}{\lambda}\right) + \varphi\right]$$

将式(12-3)对时间求导,即得任一质点在 t 时刻的振动速度和加速度:

$$v = \dfrac{\partial y}{\partial t} = -\omega A\sin\left[\omega\left(t - \dfrac{x}{u}\right) + \varphi\right]$$

$$a = \dfrac{\partial^2 y}{\partial t^2} = -\omega^2 A\cos\left[\omega\left(t - \dfrac{x}{u}\right) + \varphi\right]$$

注意:质点的振动速度 v 和波速 u 是两个完全不同的概念:振动速度 v 是对于某一质点而言的,不同质点在同一时刻 v 是不一样的;波速 u 是相对于介质而言的.

若平面简谐波在无吸收的均匀介质中沿 x 轴负向传播,同理可得其波函数表达式为

$$y = A\cos\left[\omega\left(t + \dfrac{x}{u}\right) + \varphi\right]$$

12.2.2 波函数的物理含义

这里以正向传播为例,取 $\varphi = 0$,分析波函数 $y = A\cos\left(\omega t - \dfrac{2\pi x}{\lambda}\right)$ 的物理意义.

(1) 若 x 给定. 这时对于某一点 $x = x_0$,有振动方程:

$$y = A\cos\left(\omega t - \dfrac{2\pi x_0}{\lambda}\right)$$

位移 y 只是时间 t 的函数,上式描述的是 x_0 处质点在不同时刻偏离平衡位置的位移,如图 12-8 所示,相当于给该质点录像,描述出它在不同时刻的所有振动状态.

(2) 若 t 一定. 在某一时刻 $t = t_0$ 时,有

$$y = A\cos\left(\omega t_0 - \dfrac{2\pi x}{\lambda}\right)$$

图 12-8 位移一定时的波形图

此时,振动位移 y 是位置坐标 x 的函数. 波函数所描述的是在 t_0 时刻波线上所有质点偏离各自平衡位置的位移. 如图 12-9 所示,相当于 t_0 时刻所有质点的集体照.

(3) 若 x 和 t 都在变化. y、x 和 t 有如下关系:

$$y = A\cos\left(\omega t - \dfrac{2\pi x}{\lambda}\right)$$

上式表示的是波线上所有质点在不同时刻的位移变化. 如图 12-10 所示,实线表示 t_1 时刻的波形,经过 Δt 时间后(即 t_2 时刻),各

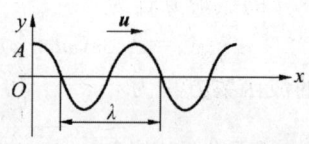

图 12-9 时间一定时的波形图

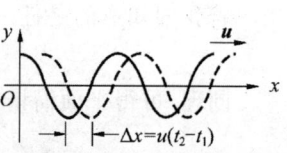

图 12-10 波的传播

个质点的位移和 t_1 时刻的位移不同,如图中虚线所示. 从图中可以看出, Δt 时间内, 沿着传播方向, 整个波形向前移动了 $\Delta x = u\Delta t$ 的距离, 即波的传播可以看作是波形以速度 u 向前传播.

【例 12-3】 一平面简谐波 $t=0$ 时的波形如图 12-11 所示, 已知 $u=20\text{m/s}, \nu=2\text{Hz}, A=0.1\text{m}$.

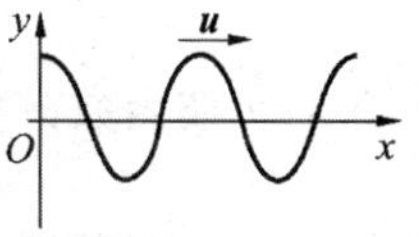

(1) 写出波的波函数表达式;

(2) 求距 O 点 2.5m 和 5m 处质点的振动方程;

(3) 求二者与 O 点的相位差及二者之间的相位差.

图 12-11 例 12-3 图

解: (1) 以 O 点为研究对象, 由图可知, 初始时刻有

$$y_O = A\cos\varphi_0 = 0$$

$$v_O = -A\sin\varphi_0 < 0$$

故 $\varphi_0 = \dfrac{\pi}{2}$, 则 O 点的振动方程为

$$y_O = A\cos\left(\omega t + \dfrac{\pi}{2}\right)$$

波函数表达式为

$$y = A\cos\left[\omega\left(t - \dfrac{x}{u}\right) + \dfrac{\pi}{2}\right] = 0.1\cos\left[4\pi\left(t - \dfrac{x}{20}\right) + \dfrac{\pi}{2}\right]$$

(2) 将 $x_1 = 2.5\text{m}$ 和 $x_2 = 5\text{m}$ 分别代入上式, 得

$$y_{2.5} = 0.1\cos\left[4\pi\left(t - \dfrac{2.5}{20}\right) + \dfrac{\pi}{2}\right]$$

$$y_5 = 0.1\cos\left[4\pi\left(t - \dfrac{5}{20}\right) + \dfrac{\pi}{2}\right]$$

(3) $x_1 = 2.5\text{m}$ 处与 O 点的相位差为

$$-2\pi\dfrac{x}{\lambda} = -2\pi\dfrac{2.5}{10} = -\dfrac{\pi}{2}$$

$x_2 = 5\text{m}$ 处与 O 点的相位差为

$$-2\pi\dfrac{x}{\lambda} = -2\pi\dfrac{5}{10} = -\pi$$

即 x_1 要滞后于 O 点相位 $\dfrac{\pi}{2}$, x_2 要滞后于 O 点相位 π. x_1 和 x_2 之间的相位差为

$$-2\pi\dfrac{x_1 - x_2}{\lambda} = -2\pi\dfrac{-2.5}{10} = \dfrac{\pi}{2}$$

即 x_1 比 x_2 的相位超前 $\dfrac{\pi}{2}$.

【例 12-4】 一列机械波沿 x 轴正向传播, $t=0$ 时刻的波形如图 12-12 所示, 已知波速为 $10\text{m}\cdot\text{s}^{-1}$, 波长为 2m. 求:

(1) 波动方程;

(2) P 点的振动方程及振动曲线;

(3) P 点的坐标;

(4) P 点回到平衡位置所需的最短时间.

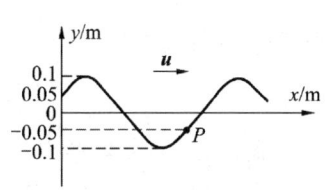

图 12-12 例 12-4 图

解：由图可知，$A=0.1\text{m}$，$t=0$ 时，$y_0=\dfrac{A}{2}$，$v_0<0$，故 $\varphi=\dfrac{\pi}{3}$.

由题意知，$\lambda=2\text{m}$，$u=10\text{m}\cdot\text{s}^{-1}$，则 $\nu=\dfrac{u}{\lambda}=\dfrac{10}{2}\text{Hz}=5\text{Hz}$，故 $\omega=2\pi\nu=10\pi$.

(1) 波函数方程为 $y=0.1\times\cos\left[10\pi\left(t-\dfrac{x}{10}\right)+\dfrac{\pi}{3}\right]\text{m}$.

(2) 由图可知，$t=0$ 时，$y_P=-\dfrac{A}{2}$，$v_P<0$，故 $\varphi_P=-\dfrac{4\pi}{3}$，则 P 点的振动方程为 $y_P=0.1\cos\left(10\pi t-\dfrac{4}{3}\pi\right)$.

(3) 因 $10\pi\left(t-\dfrac{x}{10}\right)+\dfrac{\pi}{3}\bigg|_{t=0}=-\dfrac{4}{3}\pi$，解得 $x=\dfrac{5}{3}\text{m}=1.67\text{m}$.

(4) 根据(2)的结果可作出旋转矢量图，如图 12-13 所示，则由 P 点回到平衡位置应经历的相位差为 $\Delta\varphi=\dfrac{\pi}{3}+\dfrac{\pi}{2}=\dfrac{5}{6}\pi$，所需最短时间为 $\Delta t=\dfrac{\Delta\varphi}{\omega}=\dfrac{\frac{5\pi}{6}}{10\pi}\text{s}=\dfrac{1}{12}\text{s}$.

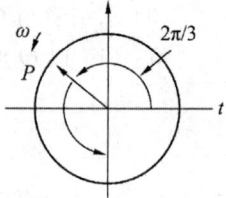

图 12-13　旋转矢量图

12.3　波的能量　能流密度

我们知道，机械波在弹性介质中传播时，介质中的每一个质元都在各自的平衡位置附近振动，所以这些质元具有一定的振动动能；同时，各质元之间要发生相对形变，从而又具有一定的弹性势能. 现以纵波为例，简单介绍传播过程中波的动能、势能以及总的能量的变化规律.

12.3.1　波的能量

以细棒中的纵波为例，如图 12-14 所示，取细棒的左端为原点 O，向右方向为 x 轴的正向，设平面纵波以波速 u 沿 Ox 轴正向传播，其波函数表达式为

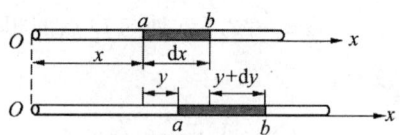

图 12-14　细棒中的纵波

$$y=A\cos\omega\left(t-\dfrac{x}{u}\right) \tag{12-5}$$

设棒的横截面积为 S，质量密度为 ρ，距原点 O 为 x 处取一长为 dx 的质元 ab，则质元的体积 $dV=Sdx$，质量 $dm=\rho Sdx$，当波传播到这个质元时，其振动速度为

$$v=\dfrac{dy}{dt}=-\omega A\sin\omega\left(t-\dfrac{x}{u}\right)$$

则质元的振动动能为

$$dE_k=\dfrac{1}{2}v^2 dm=\dfrac{1}{2}(\rho dV)A^2\omega^2\sin^2\omega\left(t-\dfrac{x}{u}\right) \tag{12-6}$$

同时，质元发生形变，两端点 a 和 b 的位移分别为 y 和 $y+dy$，即质元被拉长了 dy. 根据胡克定律，有 $F=kdy$，又根据杨氏弹性模量定义，得质元发生形变产生的弹性回复力为

$$F=YS\dfrac{dy}{dx}$$

式中,Y 是杨氏弹性模量,其值随材料而异,$\dfrac{\mathrm{d}y}{\mathrm{d}x}$ 是质元在回复力 F 作用下的变化率,所以

$$k = \dfrac{YS}{\mathrm{d}x}$$

则质元的形变势能为

$$\mathrm{d}W_\mathrm{p} = \dfrac{1}{2}k\,(\mathrm{d}y)^2 = \dfrac{1}{2}\dfrac{YS}{\mathrm{d}x}(\mathrm{d}y)^2 = \dfrac{1}{2}YS\,\mathrm{d}x\left(\dfrac{\mathrm{d}y}{\mathrm{d}x}\right)^2 \tag{12-7}$$

由式(12-5)得

$$\dfrac{\mathrm{d}y}{\mathrm{d}x} = \dfrac{A\omega}{u}\sin\omega\left(t - \dfrac{x}{u}\right) \tag{12-8}$$

将式(12-8)和 $u = \sqrt{\dfrac{Y}{\rho}}$ 代入式(12-7),得质元的形变势能为

$$\mathrm{d}E_\mathrm{p} = \dfrac{1}{2}YS\,\mathrm{d}x\dfrac{A^2\omega^2}{u^2}\sin^2\omega\left(t - \dfrac{x}{u}\right)$$

$$= \dfrac{1}{2}(\rho\,\mathrm{d}V)A^2\omega^2\sin^2\omega\left(t - \dfrac{x}{u}\right) \tag{12-9}$$

故质元的总能量为

$$\mathrm{d}E = \mathrm{d}E_\mathrm{k} + \mathrm{d}E_\mathrm{p} = (\rho\,\mathrm{d}V)A^2\omega^2\sin^2\omega\left(t - \dfrac{x}{u}\right) \tag{12-10}$$

从上面的结论可以得知:在波的传播过程中,每一个质元的动能和势能都随时间 t 做周期性变化,且在任意时刻两者都是相等的,同时达到最大,同时达到最小.在平衡位置时,质元的速度最大,动能达到最大,则势能也达到最大;在最大位移处,质元的动能为零,势能也为零.即波动中,每一个质元的能量是不守恒的,它不是独立地做简谐运动,它与相邻的质元间有着相互作用,该质元不断地从后方介质获得能量,又不断地将能量释放到前方的介质,所以说波动过程就是能量的传递过程.例如,炸弹爆炸时,在弹片射程以外的建筑物上的玻璃窗,能够在声波的作用下碎裂;又如利用超声波可以加工材料.这些都表明波动过程伴随着能量的传播.

我们把介质中单位体积中波的能量称为波的能量密度,它可以精确地描述介质中的能量分布,常用 w 来表示,即

$$w = \dfrac{\mathrm{d}E}{\mathrm{d}V} = \rho A^2\omega^2\sin^2\omega\left(t - \dfrac{x}{u}\right) \tag{12-11}$$

即对于介质中任一点,波的能量密度随时间做周期性的变化.能量密度在一个周期内的平均值称为平均能量密度,常用 $\overline{w}$ 来表示,即

$$\overline{w} = \dfrac{1}{T}\int_0^T w\,\mathrm{d}t = \dfrac{1}{T}\int_0^T \rho A^2\omega^2\sin^2\omega\left(t - \dfrac{x}{u}\right)\mathrm{d}t = \dfrac{1}{2}\rho A^2\omega^2 \tag{12-12}$$

即对于一定的介质,波的平均能量密度与介质的密度、振幅和角频率有关.

12.3.2 能流 能流密度

波动中的能量的传播,犹如能量在介质中流动一样.我们将 P 定义为能流.设想取一个垂直于波的传播方向(即波速 u 的方向)的面积 S,如图 12-15 所示.在单位时间内通过 S 的能量 P 等于体积 uS 中的

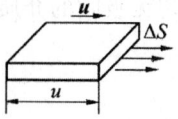

图 12-15 波的能量推导用图

能量,即
$$P = wu\Delta S$$

因为单位体积内的平均能量(即平均能量密度)为$\overline{w}$,因此,在单位时间内平均通过面积S的能量为

$$\overline{P} = \overline{w}u\Delta S \tag{12-13}$$

在单位时间内通过垂直于波传播方向的单位面积上的平均能量,称为能流密度,常以I表示,单位为W·m^{-2},即

$$I = \frac{\overline{P}}{\Delta S} = \overline{w}u = \frac{1}{2}\rho A^2 \omega^2 u \tag{12-14}$$

能流密度是波强弱的一种量度,因而也称为波的强度.能流密度越大,单位时间内通过垂直于波传播方向的单位面积的能量越多,波就越强.例如,声音的强弱取决于声波的能流密度(**声强**)的大小,光的强弱决定于光波的能流密度(称为光强度)的大小.

下面以平面波和球面波为例,讨论不同的波在传播过程中振幅的特点.

1. 平面波

设在均匀无吸收的介质中传播平面简谐波的波函数表达式为

$$y = A\cos\omega\left(t - \frac{x}{u}\right)$$

如图12-16所示,沿着垂直于传播方向取两个面积相等的平面S,由定义可知通过两个平面的平均能流分别为

$$\overline{P}_1 = I_1 S = \frac{1}{2}\rho\omega^2 A_1^2 uS$$

$$\overline{P}_2 = I_2 S = \frac{1}{2}\rho\omega^2 A_2^2 uS$$

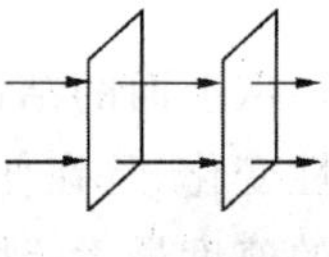

图 12-16 平面波的
能量推导用图

显然,若通过两个平面的平均能流是相等的,则振幅保持不变.即对于平面简谐波在均匀无吸收的介质中传播时将保持振幅不变.

2. 球面波

一点波源在均匀介质中振动,该振动沿各个方向的传播速度是相等的,形成球面波.如图12-17所示,以波源为球心,半径分别为r_1、r_2,作两个同心球,这两个球面就是波面.则在单位时间内通过这两个球面的平均能量(即平均能流)分别为

$$\overline{P}_1 = I_1 S = \frac{1}{2}\rho\omega^2 A_1^2 u \cdot 4\pi r_1^2$$

$$\overline{P}_2 = I_2 S = \frac{1}{2}\rho\omega^2 A_2^2 u \cdot 4\pi r_2^2$$

图 12-17 球面波的
能量推导用图

根据定义可知,若通过两个平面的平均能流是相等的,则$A_1 r_1 = A_2 r_2$,即球面简谐波在均匀无吸收的介质中传播时,某点的振幅与其离波源的距离成反比.所以球面波的波函数为

$$y = \frac{A}{r}\cos\left[\omega\left(t - \frac{r}{u}\right) + \varphi\right]$$

12.4 惠更斯原理 波的衍射 反射与折射

我们知道,波在均匀的各向同性介质中传播时,波速、波面及波前的形状不变,波线也保持为直线,波的传播方向也保持不变. 如图 12-18 所示,波在水面上传播时,只要沿途不遇到什么障碍物,波前的形状总是相似的,当波遇到障碍物(如小孔)时,其波面的形状和传播方向都发生了改变. 惠更斯原理提供了一种便捷的方法来解释这种现象. 在其他的波动现象中,如波的反射、折射和衍射等,惠更斯原理也有着重要的意义.

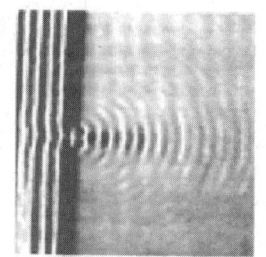

图 12-18 水波

12.4.1 惠更斯原理

惠更斯(Christiaan Huygens,1629—1695,图 12-19),荷兰物理学家、天文学家、数学家. 他善于把科学和理论研究结合起来,透彻地解决问题,因此在摆钟的发明、天文仪器的设计、弹性体碰撞和光的波动理论等方面都有突出成就.

当波在弹性介质中传播时,介质中任一点 O 的振动,都会引起邻近其他质点的振动,该点就可以看作是最新的波源. 惠更斯在总结了许多实验的基础上,提出了一条新的理论,被称为**惠更斯原理**:介质中波阵面上每一个点(有无数个)都可以看成是发出球面子波的新波源,经过一定时间后,这些子波的包络面就构成下一时刻的波面.

图 12-19 惠更斯

根据惠更斯原理,我们就可以解释平面波的波面是如何形成的. 如图 12-20(a)所示,一平面简谐波以速度 u 向前传播,t 时刻波面为 S_1,依据惠更斯原理,S_1 面上的任一点都可以作为子波波源,以各点为中心,$u\Delta t$ 为半径,可画出许多半球形子波,这些子波的波前的包络面就是 $t+\Delta t$ 时刻的波面 S_2,且 S_2 是和 S_1 平行的平面,相距为 $u\Delta t$. 同理,对于球面波或其他形式的波,根据惠更斯原理,用同样的方式也可画出 $t+\Delta t$ 时刻的波面 S_2,如图 12-20(b)和图 12-20(c)所示.

对于任何波动过程,惠更斯原理都是适用的. 它不仅适用于机械波,也适用于电磁波. 无论波是在均匀介质还是在非均匀介质、是在各向同性介质还是在各向异性介质中传播,惠更斯原理都适用.

12.4.2 波的衍射

波在传播过程中遇到障碍物时,能绕过障碍物的边缘而继续传播,这种偏离原来的直线传播的现象称作**波的衍射**. 衍射是波的特有现象,一切波都能发生衍射. 例如,声波可以绕过门窗,无线电波可绕过高山,这些都是波的衍射现象. 用惠更斯原理很容易解释这一现象. 如图 12-20(d)所示,当平面波到达某障碍物上的一狭缝时,狭缝的宽度与波长差不多,缝上每一点可看成是发射球面子波的新波源,这些子波的包络面就是新的波面. 从图中可以看出,新的波面不再是平面,靠近狭缝边缘处,波面弯曲,即波绕过障碍物继续前进. 实验证明:只有当障碍物的尺寸跟波长相差不多或者比波长更小时,才能观察到明显的衍射现象. 波的衍射在光学部分有具体的介绍.

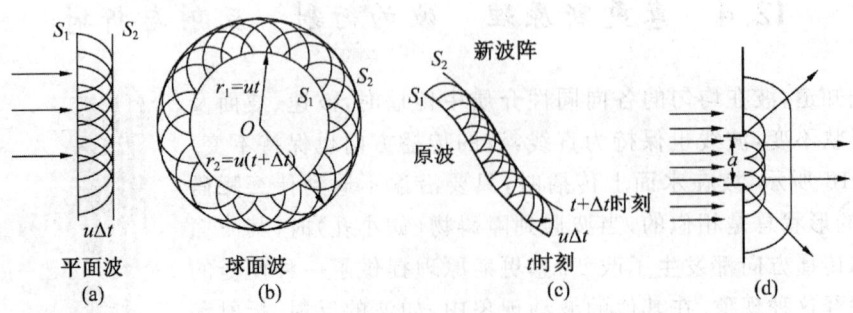

图 12-20 波面和波线

12.4.3 波的反射与折射

波传播到两种介质的分界面时,一部分从界面上返回原介质,形成反射波;另一部分进入另一种介质,形成折射波.下面用惠更斯原理分析波反射和折射时的特点.

1. 反射现象

如图 12-21(a)所示,一平面波以波速 u_1 入射到两种介质的界面 AB_3 上,$t=t_0$ 时刻,入射波的波前为 AA_3,随后,波面上 A_1,A_2,…各点先后到达界面上 B_1,B_2,…各点,在 $t=t_0+\Delta t$ 时刻,点 A_3 到达点 B_3.

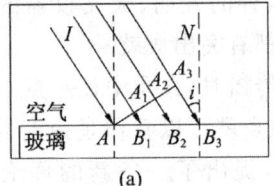
(a)

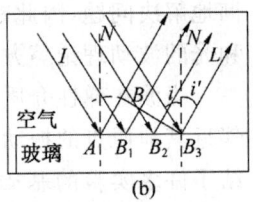
(b)

图 12-21 波的反射

这里我们取 $AB_1=B_1B_2=B_2B_3$,在 $t_0+\Delta t$ 时刻,A、B_1、B_2 各点所发射的球面子波与图面的交线分别是半径为 $u_1\Delta t$、$\dfrac{2u_1\Delta t}{3}$、$\dfrac{u_1\Delta t}{3}$ 的圆弧,如图 12-21(b)所示.这些圆弧的包络面显然是过 B_3 点与这些圆弧相切的直线 B_3B,则过 B_3B 直线并与图面相垂直的平面就是反射波的波面,作波面的垂线,即为反射线.

从图 12-21 中可以看出,入射线、反射线和界面法线都在同一平面内,且有两个直角三角形是全等的,$i=i'$,即入射角等于反射角.这就是波的反射定律.

2. 折射现象

同理,用惠更斯原理也可解释波的折射定律,读者可以自己分析.注意,折射波和入射波在不同的介质中传播时,波速是不同的,这不同于反射现象.

从上面的分析可知,在解释波的传播方向问题上,惠更斯原理较直观和形象.但是对于子波的强度分布,以及子波为什么不向后传播,惠更斯原理并没有提到,因此它有一定的局限性.后来菲涅耳对其做了重要补充,解决了波的强度分布问题,这就是惠更斯-菲涅尔原理.相关内容将在光学部分作详细介绍.

12.5 波的叠加原理 波的干涉

介质中同时存在几列波时,每一列波的传播情况以及介质中的每一个质元的运动情况又将如何？下面我们对这种情况进行简单介绍.

1. 波的叠加原理

平静的水面上两个石子所激起的水波,当它们彼此相遇之后又分开,仍能各自保持原有的波形;播放着音乐的房间里,同时又有人在谈话,我们仍能分辨出音乐和每个人的谈话.大量事实证明,几列波在介质中同时传播时有如下特点:

(1) 各波源所激发的波可以在同一介质中独立地传播,它们相遇后再分开,其传播情况(频率、波长、传播方向、周期等)与未遇时相同,互不干扰,就好像其他波不存在一样.

(2) 在相遇区域里各点的振动是各个波在该点所引起的振动的矢量和.

我们把这一规律称为**波的叠加原理**.波的叠加原理只适用于线性波,即振幅较小的波.若波的振幅较大(或者说波的强度较大),此时波不再是线性波,波的叠加原理就不再适用了.例如,爆炸产生的冲击波在介质中传播时,相遇波之间有相互作用,叠加原理不再适用.

2. 波的干涉

当两列波在介质中传播且相遇时,由波的叠加原理知,相遇区间各点的振动为两列波在该点所引起的振动的矢量和.如果两列波叠加后,使某些区域的振动加强,某些区域的振动减弱,而且振动加强的区域和振动减弱的区域相互隔开,这种现象叫作**波的干涉**.图 12-22 所示为水波的干涉.当两列波满足频率相同、振动方向相同、相位相同或相位差恒定时,就能形成稳定的干涉图像.能产生干涉现象的两列波称为相干波,相应的波源称为相干波源.

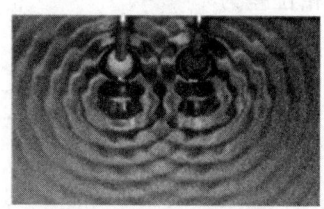

图 12-22　水波的干涉

设有两个相干波源 S_1 和 S_2 产生的波,在介质中相遇产生干涉现象,如图 12-23 所示.设波源的振动方程分别为

$$y_1 = A_1\cos(\omega t + \varphi_1), \quad y_2 = A_2\cos(\omega t + \varphi_2)$$

式中,ω 为圆频率,A_1、A_2 分别为两波源的振幅,φ_1、φ_2 分别为两波源的初相位.两列波在同一介质中传播,相遇后发生叠加.这里我们考察相遇点 P(图 12-24)的振动情况.

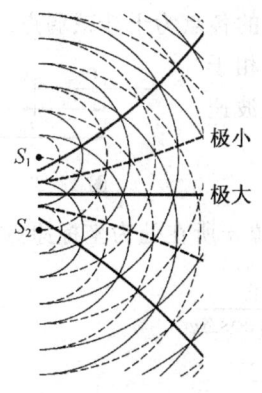

图 12-23　波的干涉

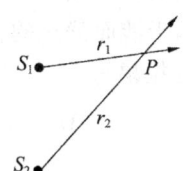

图 12-24　波的干涉推导用图

由两波源的振动,可写出 P 点的两个分振动为

$$y_{1P} = A_1\cos\left(\omega t + \varphi_1 - 2\pi\frac{r_1}{\lambda}\right)$$

$$y_{2P} = A_2 \cos\left(\omega t + \varphi_2 - 2\pi \frac{r_2}{\lambda}\right)$$

从上两式可以看出,这是两个同方向、同频率的简谐运动的叠加.根据前面的知识,可知 P 点的合振动还是简谐运动,为

$$y_P = y_{1P} + y_{2P} = A\cos(\omega t + \varphi)$$

且合振动的初相位为

$$\tan\varphi = \frac{A_1 \sin\left(\varphi_1 - \frac{2\pi r_1}{\lambda}\right) + A_2 \sin\left(\varphi_2 - \frac{2\pi r_2}{\lambda}\right)}{A_1 \cos\left(\varphi_1 - \frac{2\pi r_1}{\lambda}\right) + A_2 \cos\left(\varphi_2 - \frac{2\pi r_2}{\lambda}\right)}$$

振幅为

$$A = \sqrt{A_1^2 + A_2^2 + 2A_1 A_2 \cos\Delta\varphi}$$

相位差为

$$\Delta\varphi = \varphi_2 - \varphi_1 - 2\pi \frac{r_2 - r_1}{\lambda}$$

当 $\Delta\varphi = 2k\pi (k=0, \pm 1, \pm 2, \pm 3, \cdots)$ 时,合振幅最大,$A_{max} = A_1 + A_2$,这些点的振动最强,称为干涉加强.

当 $\Delta\varphi = (2k+1)\pi (k=0, \pm 1, \pm 2, \pm 3, \cdots)$ 时,合振幅最小,$A_{min} = |A_1 - A_2|$,这些点的振动最弱,称为干涉减弱.

当 $\Delta\varphi$ 为其他值时,合振幅介于 $A_1 + A_2$ 和 $|A_1 - A_2|$ 之间.

若 $\varphi_1 = \varphi_2$,即两波源的初相位相同,$\Delta\varphi = -2\pi \frac{r_2 - r_1}{\lambda}$,$P$ 点的振动完全取决于两波源到达 P 点的波程差,若用 $\delta = r_2 - r_1$ 表示波程差,上两式变为

$$\delta = r_2 - r_1 = k\lambda \text{ 时}, k = 0, \pm 1, \pm 2, \pm 3, \cdots \text{干涉加强}$$

$$\delta = r_2 - r_1 = (2k+1)\frac{\lambda}{2} \text{ 时}, k = 0, \pm 1, \pm 2, \pm 3, \cdots \text{干涉减弱}$$

上两式表明当两相干波源的初相位相同时,在两列波相遇的空间,波程差满足半波长偶数倍的各点为干涉加强点,波程差满足半波长的奇数倍的各点为干涉减弱点.

【例 12-5】 如图 12-25 所示,相距 $l = 30$m 的两个相干波源 a 和 b,振动频率为 100Hz,b 超前于 a 的相位为 π,波速为 400m/s,设两波源的振幅均为 A.试求:

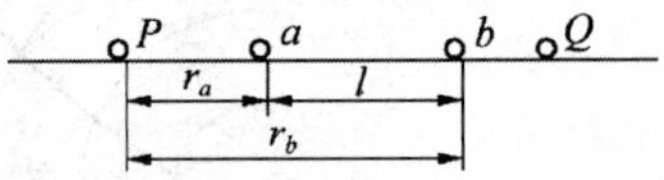

(1) a、b 连线外侧的任一点 P 和 Q 的合振幅;

(2) a、b 连线上因干涉而静止的各点的坐标(取波源 a 所在处为坐标原点).

图 12-25 例 12-5 图

解:(1) P 点的合振幅为

$$A_P = \sqrt{A_1^2 + A_2^2 + 2A_1 A_2 \cos\Delta\varphi} \quad ①$$

式中

$$\Delta\varphi = \varphi_b - \varphi_a - 2\pi \frac{r_b - r_a}{\lambda} \quad ②$$

由题意知,$\varphi_b - \varphi_a = \pi, r_b - r_a = 30$m,$\lambda = \frac{u}{\nu} = 4$m,代入式②,求得 $\Delta\varphi = -14\pi$.

将 $\Delta\varphi$ 代入式①,即得 $A_P = 2A$.

对于 Q 点的合振幅,计算方法完全相同,可得 $A_Q = 2A$.

(2) 由以上讨论可知，a、b 两外侧的合振幅都是 $2A$. 因此，因干涉而静止的各点应在 a、b 之间，其位置应满足：

$$\Delta \varphi = (2k+1)\pi$$

又

$$\Delta \varphi = \pi - \frac{2\pi}{\lambda}[(30-x)-x]$$

式中，x 为任一点的坐标，取上述两式相等，即得 $x = 2k+15$ $(0 \leqslant x \leqslant 30)$，取 $k=0, \pm 1, \pm 2, \cdots$，得所求坐标为 $x = 1\text{m}, 3\text{m}, 5\text{m}, \cdots, 29\text{m}$.

12.6 驻 波

在海岸和海湾内，海波（前进波）遇到海岸时便反射回来，形成反射波，它与前进波互相干涉，便形成波形不再推进的波浪. 即同一介质中，频率和振幅均相同、振动方向一致、传播方向相反的两列波叠加后形成的波称为**驻波**. 驻波是一种特殊的干涉现象. 乐器中的管、弦和膜的振动都是由驻波形成的振动.

12.6.1 驻波方程

如图 12-26 所示，虚线和实线分别表示沿着 x 轴正向和反向传播的简谐波，粗实线表示两列波叠加的结果. 设 $t=0$ 时，两个简谐波的波形刚好重合，其合成波的波形则表现为在各点振动加强；$t = \frac{T}{4}$ 时，两列波分别向右、向左传播了 $\frac{\lambda}{4}$，则合成波为一振幅为零的直线；$t = \frac{T}{2}$ 时，其合成波的波形和 $t=0$ 时的波形相同，唯方向相反；$t = \frac{3T}{4}$ 时，其波形

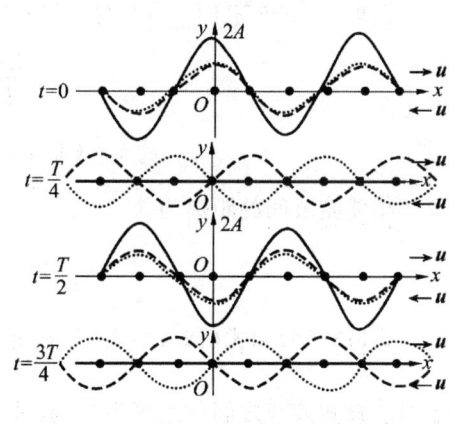

图 12-26 驻波的形成

和 $t = \frac{T}{4}$ 的波形完全一样；$t=T$ 时的波形则和 $t=0$ 时的波形一样. 这样在空间上表现为分段振动，形成驻波.

设沿 x 轴正反方向传播的两相干波的波函数表达式分别为

$$y_1 = A\cos 2\pi \left(\frac{t}{T} - \frac{x}{\lambda}\right), \quad y_2 = A\cos 2\pi \left(\frac{t}{T} + \frac{x}{\lambda}\right)$$

则合成波方程为

$$y = y_1 + y_2 = A\left[\cos 2\pi\left(\frac{t}{T} - \frac{x}{\lambda}\right) + \cos 2\pi\left(\frac{t}{T} + \frac{x}{\lambda}\right)\right]$$

$$= \left(2A\cos\frac{2\pi}{\lambda}x\right)\cos\frac{2\pi}{T}t$$

从上式可知，对于两振幅相同、沿相反方向传播的相干波叠加后，不同位置的质点都在做同频率、不同振幅的简谐运动. 振幅大小由 $\left|2A\cos\frac{2\pi}{\lambda}x\right|$ 决定. 故严格地讲，驻波实质上是一种振动，不是机械波，没有波形的向前传播，振动相位和能量均没有传播.

下面讨论驻波的振动特点.

1. 振幅分布

各质元的振幅由 $\left|2A\cos\dfrac{2\pi}{\lambda}x\right|$ 确定,且呈现周期性变化.振幅最大的点称为波腹,振幅最小的点称为波节.

振幅 $\left|2A\cos\dfrac{2\pi}{\lambda}x\right|_{\max}=2A$ 时,得波腹的坐标位置为

$$\dfrac{2\pi}{\lambda}x=k\pi$$

$$x=k\dfrac{\lambda}{2}\ (k=0,\pm1,\pm2,\cdots)$$

相邻波腹间的距离为

$$\Delta x=x_{k+1}-x_k=\dfrac{\lambda}{2} \tag{12-15}$$

振幅 $\left|2A\cos\dfrac{2\pi}{\lambda}x\right|_{\min}=0$ 时,得波节的坐标位置为

$$\dfrac{2\pi}{\lambda}x=(2k+1)\dfrac{\pi}{2}$$

$$x=(2k+1)\dfrac{\lambda}{4}\ (k=0,\pm1,\pm2,\cdots)$$

相邻波节间的距离为

$$\Delta x=x_{k+1}-x_k=\dfrac{\lambda}{2} \tag{12-16}$$

式(12-15)和式(12-16)表明,相邻的波腹之间和相邻的波节之间的距离均为 $\dfrac{\lambda}{2}$,而相邻的波腹和波节之间的距离为 $\dfrac{\lambda}{4}$,驻波的这一特征也提供了一种测量波长的方法.

2. 相位分布

驻波表达式不同于波动表达式,因子 $\cos\dfrac{2\pi}{T}t$ 与质元的位置无关,只与时间 t 有关,似乎任一时刻所有质点都具有相同的相位,所有质点都是同步振动.其实,因子 $\cos\dfrac{2\pi}{\lambda}x$ 可正可负,在波节处为零,在波节两边符号相反.因此,在驻波中,**两波节之间的各点有相同的相位,它们同时通过相同方向的平衡位置,同时达到相同方向的最大位移.同一波节两侧的各点相位是相反的,振动步调完全相反**,同时以相反速度达到平衡位置,同时沿相反方向达到最大位移.所以,驻波中没有相位的传播.

12.6.2 半波损失

如图 12-27 所示实验,弦线的一端系在一个固定的音叉 A 上,弦线通过定滑轮 P,另一端系着一质量为 m 的物体,使得弦线拉紧,不同的 m 可以改变弦线内张力,可以实现波速调

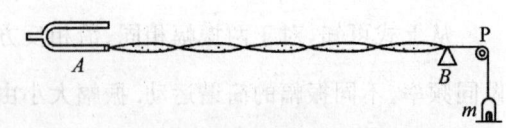

图 12-27 驻波实验

节,从而在弦线上得到不同波长的驻波.B 为一支点,使得弦线在该点不能振动.当音叉振动时,弦线左端自 A 有一向右传播的入射波,当入射波传到 B 点时,在该点发生反射,形成自 B 向左传播的反射波,入射波和反射波在同一弦线上沿着相反方向传播,在弦线上互相叠加形成驻波.且在支点 B(即波在固定端)反射时,只能形成波节.若弦线在 B 点可自由振动,此时 B 点为自由端,波在此反射时,会在反射点形成波腹.在第一种情况中,反射点 B 形成波节,说明入射波和反射波在该点的振动状态相反,相位差为 π,即反射波在该点的相位较入射波突变了 π,相当于损失(或增加)了半个波长的波程.我们把这种现象称为相位突变 π,有时又称为半波损失.

一般情况下,波从一均匀介质向另一均匀介质传播时,在两介质的界面会发生反射现象.对于入射波和反射波,在反射点的振动状态取决于两介质的性质以及入射角的大小.研究证实,对于弹性波,通常定义介质的密度 ρ 与波速 u 的乘积 ρu 较大的介质为**波密介质**,ρu 较小的介质为**波疏介质**.若波从波疏介质垂直入射到波密介质界面上,相对于入射波在反射点的相位,反射波在反射点的相位有 π 的突变,在反射点形成波节;当波从波密介质垂直入射到波疏介质界面上,入射波和反射波在反射点的相位完全相同,在反射点形成波腹,如图 12-28 所示.

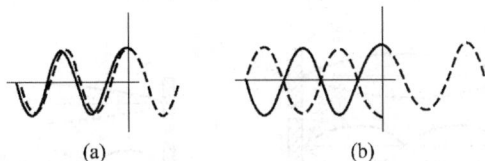

图 12-28 入射波和反射波在反射点的相位情况

12.6.3 驻波的能量

现在以图 12-26 为例,考查驻波的能量.

当介质中所有质点到达平衡位置时,介质的形变为零,故势能为零,这时驻波的能量全部为动能.因驻波表达式 $y=\left(2A\cos\dfrac{2\pi}{\lambda}x\right)\cos\dfrac{2\pi}{T}t$,则各质点的振动速度为

$$v=\left(-\dfrac{2\pi}{T}\right)\left(2A\cos\dfrac{2\pi}{\lambda}x\right)\sin\dfrac{2\pi}{T}t$$

可以看出,当 $\left|\cos\dfrac{2\pi}{\lambda}x\right|_{\max}=1$ 时,质点的速度最大,即在波腹处的质点的动能最大,故此时驻波的能量主要集中在波腹附近.

当介质中各质点的位移达到最大值时,各质点的速度为零,动能为零,这时驻波的能量是势能,除了波节外,其他的质点都偏离平衡位置,有着不同程度的形变.在波节附近,介质的相对形变最大,势能最大,故此时驻波的能量主要集中在波节附近.

对于介质的其他振动情况,动能和势能同时存在,且能量不断地从波腹附近转移到波节附近,再由波节附近转移到波腹附近,动能和势能不断转换.因为形成驻波的两列相干波的振幅相同,传播方向相反,故合成波的平均能流密度为零,即驻波的能量没有定向的传播,这是驻波和行波的一个重要区别.

12.6.4 振动的简正模式

驻波在各种乐器中有着广泛的应用,弦乐器、管乐器和打击乐器等的发声原理都是因为驻波的形成.当弦线的两端固定时,不是任何频率的波都可在弦线上形成驻波,因为固定端为驻波的波节,故弦线的长度 l 必须等于半波长的整数倍,如图 12-29(a)所示,即

$$l = n\frac{\lambda_n}{2} \quad (n=1,2,\cdots)$$

这时才可形成驻波,其中 λ_n 为波长.若传播速度为 u,则相对应的振动频率为

$$\nu_n = n\frac{u}{2l} \quad (n=1,2,\cdots)$$

式中,$n=1$ 时,ν_1 称为基频,其他的频率 ν_n 依次称为二次、三次……n 次谐频.我们把由上式决定的各种频率的驻波,称为弦振动的简正模式.

对于管乐器(如双簧管、小号等),可能一端固定,另一端自由(或是两端全是自由端).根据前面的分析,固定端为波节,自由端为波腹,如图 12-29(b)所示,管内的空气柱振动形成的驻波的频率须满足

$$\nu_n = \frac{(2n-1)u}{4l} \quad (n=1,2,\cdots)$$

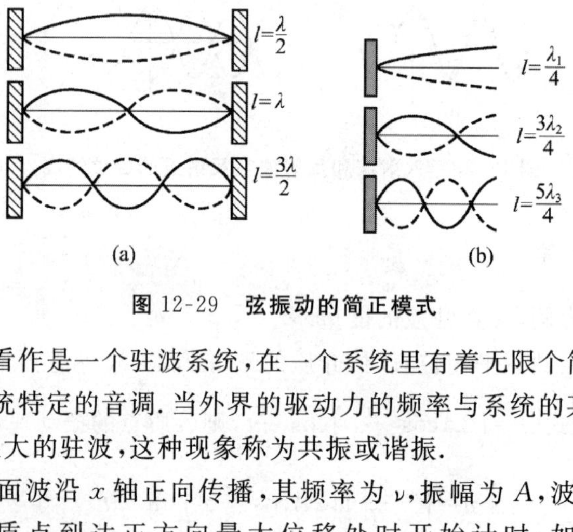

图 12-29 弦振动的简正模式

每种乐器都可以看作是一个驻波系统,在一个系统里有着无限个简正模式,每个简正模式的频率都反映了系统特定的音调.当外界的驱动力的频率与系统的某个频率相同时,系统将被激发,产生振幅很大的驻波,这种现象称为共振或谐振.

【例 12-6】 一平面波沿 x 轴正向传播,其频率为 ν,振幅为 A,波速为 u.当 O 点处质点到达正方向最大位移处时开始计时,如图 12-30 所示.

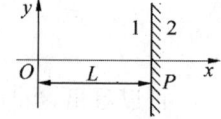

图 12-30 例 12-6 图

(1)试建立沿 x 轴正向传播的波动方程.

(2)当波传播到 P 点(两介质的分界面上的点)时发生反射,已知介质 1 相对于介质 2 为波疏介质.假设反射波与入射波的振幅相等,试写出反射波的波动方程.

(3)试写出驻波方程以及波节和波腹的位置坐标.

(4)设 L 与波长之比为 100,试判断 $Q\left(x=\dfrac{L}{2}\right)$ 点的合振动是加强还是减弱.

解:(1)当 $t=0$ 时,入射波在 O 点的振动为

$$y_{10} = A\cos\varphi = A$$

故 $\varphi=0$，O 点的振动方程为
$$y_O = A\cos 2\pi\nu t$$
则入射波的波动方程为
$$y_1 = A\cos 2\pi\nu\left(t - \frac{x}{u}\right)$$

(2) 入射波在 P 点的振动为
$$y_{1P} = A\cos 2\pi\nu\left(t - \frac{L}{u}\right)$$

在 P 点发生反射，且介质 1 相对于介质 2 为波疏介质，故应考虑半波损失．反射波在 P 点的振动为
$$y_{2P} = A\cos 2\pi\nu\left(t - \frac{L}{u} + \pi\right)$$

反射波的波动方程为
$$y_2 = A\cos 2\pi\nu\left(t - \frac{L}{u} + \pi + \frac{x-L}{u}\right) = A\cos 2\pi\nu\left(t + \frac{x-2L}{u} + \pi\right)$$

(3) 驻波方程：
$$\begin{aligned} y &= y_1 + y_2 = A\cos 2\pi\nu\left(t - \frac{x}{u}\right) + A\cos 2\pi\nu\left(t + \frac{x-2L}{u} + \pi\right) \\ &= 2A\cos\left[2\pi\nu\left(\frac{x-L}{u}\right) + \frac{\pi}{2}\right]\cos\left[2\pi\nu\left(t - \frac{L}{u}\right) + \frac{\pi}{2}\right] \\ &= 2A\sin 2\pi\nu\left(\frac{x-L}{u}\right)\sin 2\pi\nu\left(t - \frac{L}{u}\right) \end{aligned}$$

波节的坐标位置为 $\left|\sin 2\pi\nu\left(\frac{x-L}{u}\right)\right| = 0$，得
$$x = \frac{ku}{2\nu} + L \quad (k=0, \pm 1, \pm 2, \cdots)$$

波腹的坐标位置为 $\left|\sin 2\pi\nu\left(\frac{x-L}{u}\right)\right| = 1$，得
$$x = \frac{(2k+1)u}{4\nu} + L \quad (k=0, \pm 1, \pm 2, \cdots)$$

(4) 将 $x = \frac{L}{2}$，$\frac{L}{\lambda} = 100$ 代入驻波方程，得
$$\begin{aligned} y_Q &= -2A\sin\left(\pi\nu\frac{100\lambda}{u}\right)\sin 2\pi\nu\left(t - \frac{L}{u}\right) \\ &= -2A\sin(100\pi)\sin 2\pi\nu\left(t - \frac{L}{u}\right) = 0 \end{aligned}$$

故 Q 点干涉相消．

12.7 多普勒效应

生活中，当疾驰的火车鸣笛而来时，我们可以听到汽笛的声调变高；当它鸣笛而去时，我们听到汽笛的声调变低．这种由于波源或观察者相对于介质运动，或两者均相对于介质运

动,从而使波的频率或接收到的频率发生变化或两者均变化的现象,称为**多普勒效应**.多普勒效应是奥地利物理学家克里斯琴·约翰·多普勒(Christian Johann Doppler)于1842年首先提出的.多普勒现象不限于声波.图 12-31 所示为水波的多普勒效应.当波源在水中向右运动时,在波源运动的前方波面被挤压,波长变短;而在波源运动的后方,波面相互远离,波长变长.

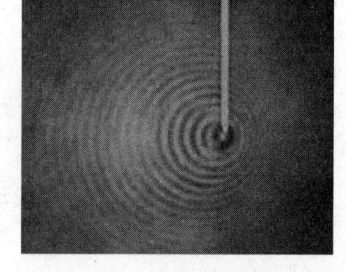

图 12-31 水波的多普勒效应

下面分几种情况分析多普勒效应,假定波源与观察者在同一直线上运动.

(1) 波源 S 相对于介质静止,观察者 O 相对于介质以速度 v_O 运动.

如图 12-32 所示,S 点表示点波源,ν 为波源的频率,波以速度 u 向着观察者 O 传播,同心圆表示波面,两相邻的波面间的距离为一个波长.当观察者 O 向着波源运动时,单位时间内,波传播距离为 u,即在 O 点的波面向右传播了 u 的距离,同时,观察者又相对于介质向左运动了 v_O 的距离,故单位时间内观察者接收的完整波数是 $u+v_O$ 距离内的波,或者说,观察者所接收到的频率为

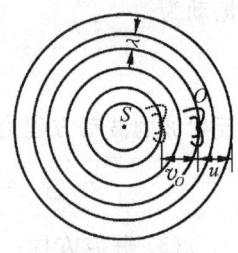

图 12-32 观察者向着波源运动

$$\nu' = \frac{u+v_O}{\lambda} = \frac{u+v_O}{u}\nu \tag{12-17}$$

式(12-17)表明,当波源相对于介质静止时,观察者接收到的频率比波源的频率高.

同理,当观察者背离波源运动时,可通过分析得到观察者接收到的频率为

$$\nu' = \frac{u-v_O}{\lambda} = \frac{u-v_O}{u}\nu$$

显然,这时观察者接收到的频率要低于波源的频率.

(2) 观察者 O 不动,波源 S 相对于介质以 v_S 运动.

如图 12-33 所示,观察者 O 相对于介质不动,波源 S 向着观察者 O 运动.在介质中波源以球面波的形式向四周传播,经过一个周期 T 后,波源向前移动了一段距离 $v_S T$,即下一个波面的球心向右移动了距离 $v_S T$,这段时间内,由于波源的运动,则传播一个完整的波形所需时间变短了,或者说介质中的波长变小了,如图 12-34 所示,实际波长为

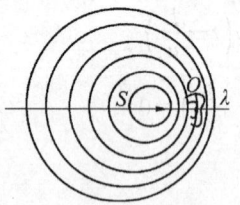

图 12-33 波源向着观察者运动

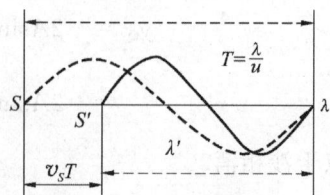

图 12-34 多普勒效应

$$\lambda' = \lambda - v_S T = \frac{u-v_S}{\nu}$$

因此,观察者接收到的频率就是波的频率 ν':

$$\nu' = \frac{u}{\lambda - v_S T} = \frac{u}{u - v_S}\nu \qquad (12\text{-}18)$$

显然,观察者接收到的频率是波源的频率的 $\frac{u}{u-v_S}$ 倍,即 $\nu' > \nu$. 同理,当波源背离观察者运动时,观察者接收到的频率 ν' 为

$$\nu' = \frac{u}{\lambda + v_S T} = \frac{u}{u + v_S}\nu$$

这时观察者接收到的频率要低于波源的频率.

(3) 波源与观察者同时相对介质运动 (v_S, v_O).

根据前面的分析,当观察者运动时,观察者接收到的频率与波源的频率的关系为

$$\nu'' = \frac{u \pm v_O}{u}\nu$$

当波源运动时,介质中波的频率为

$$\nu' = \frac{u}{u \mp v_S}\nu''$$

故观察者所接收到的频率为

$$\nu' = \frac{u \pm v_O}{u \mp v_S}\nu \qquad (12\text{-}19)$$

式中,观察者和波源同时相向运动时,v_O 前取正号,v_S 前取负号;观察者和波源同时背向运动时,v_O 前取负号,v_S 前取正号.

如果波源与观察者不在二者连线上运动,如图 12-35 所示,只需将速度在连线上的分量代入上述公式即可. 当波源和观察者沿着它们的垂直方向运动时,是没有多普勒效应的.

当飞机作为波源飞行时的 v_S 大于波速 u,由式(12-18)可知,地面上的观察者将接收到 $\nu' < 0$,式(12-18)将不再适用. 地面观察者会先看到飞机无声地飞过,然后才听到轰轰巨响. 即此时,任一时刻波源本身将超过它所发出的波前,又波前是最前方的波面,其前方没有任何的波动,所有的波前只能被挤压而聚集在一圆锥面上,波的能量高度集中,如图 12-36 所示,这种波称为冲击波. 如炮弹超音速飞行、核爆炸等,在空中都会激发冲击波.

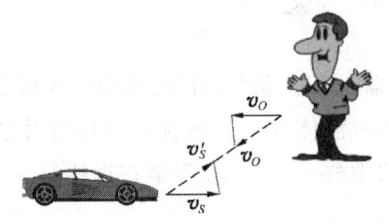

图 12-35　波源与观察者不在二者连线上

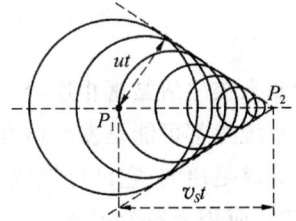

图 12-36　冲击波

多普勒效应有着许多应用,如在交通上可用于监测车辆的速度. 当雷达发送器发出的电磁波到达正在行驶的车辆时,车既是运动着的接收器,也是运动的波源. 它可使雷达波反射、重新返回到接收器. 在医学上,可利用超声波的多普勒效应来测量人体血管内血液的流速等. 另外,多普勒效应也可用于贵重物品、机密室的防盗系统,还可用于卫星跟踪系统等.

在天体物理学中,多普勒效应也有着许多重要应用. 例如,用这种效应可以确定发光天体是向着地球、还是背离地球而运动,运动速率有多大. 通过对多普勒效应所引起的天体光

波波长偏移的测定,发现所有进行这种测定的星系光波波长都向长波方向偏移,这就是光谱线的多普勒红移,从而可以确定所有星系都在背离地球运动.这一结果成为宇宙演变的所谓"宇宙大爆炸"理论的基础."宇宙大爆炸"理论认为,现在的宇宙是从大约150亿年以前发生的一次剧烈的爆发活动演变而来的,此爆发活动称为"宇宙大爆炸"."大爆炸"以其巨大的力量使宇宙中的物质彼此远离,它们之间的空间在不断增大,因而原来占据的空间在膨胀,也就是整个宇宙在膨胀,并且现在还在继续膨胀着.

【例 12-7】 利用多普勒效应可以监测汽车行驶的速度.现有一固定波源,发出频率为 $\nu=100\mathrm{kHz}$ 的超声波,当汽车迎着波源行驶时,与波源安装在一起的接收器接收到从汽车反射回来的超声波频率 $\nu'=110\mathrm{kHz}$,已知空气中的声速为 $u=300\mathrm{m/s}$.求汽车行驶的速度.

解: 设汽车行驶速度为 v,波源发出的超声波的频率为 ν,因为波源不动,汽车接收的频率为

$$\nu_1=\frac{u+v}{u}\nu$$

当波从汽车表面反射回来时,汽车作为波源向着接收器运动,汽车发出的频率即是它接收到的频率 ν_1,而接收器作为观察者接收到的频率为

$$\nu'=\frac{u}{u-v}\nu_1$$

联立两式,求解得 $v=\frac{\nu'-\nu}{\nu'+\nu}u=\frac{110\times10^3-100\times10^3}{110\times10^3+100\times10^3}\times330\mathrm{m/s}=15.7\mathrm{m/s}$.

【例 12-8】 A、B两船沿相反方向行驶,航速分别为30m/s和60m/s.已知A船上的汽笛频率为500Hz,空气中声速为340m/s,求B船上的人听到A船汽笛的频率.

解: 设A船上汽笛为波源,B船上的人为接收者,代入公式,得

$$\nu_\mathrm{B}=\frac{u-v_O}{u+v_S}\nu_S=\frac{340-60}{340+30}\times500\mathrm{Hz}=452\mathrm{Hz}$$

即B船上的人听到汽笛的频率变低了.

12.8 *声 波

声音和人类生活紧密相连,扬声器、各种乐器、雨滴、刮风、随风飘动的树叶以及人和动物的发音系统等都可能是发出声音的声源体.当声源体发生振动就会引起四周空气振荡,这种振荡方式就是声波.它已经形成了一门独立的学科——声学.声学在近代科学中具有重要的意义,广泛应用于各个领域.

我们通常所说的声波,指的是频率为20~20000Hz,能引起人类听觉效果的声波,故又称为可闻声波.当频率低于20Hz时,称为次声波;当频率高于20000Hz时,称为超声波.

12.8.1 声波

声波作为纵波,它可在固体、液体和气体中进行传播(注:在真空状态中声波就不能传播了).声波能产生干涉、衍射、反射和折射等现象,具有一般波动所共有的特征.

声波的平均能流密度称为声强,它是人耳所能感觉到的声音强弱的量度,用 I 表示,即

$$I = \frac{1}{2}\rho u A^2 \omega^2$$

由此可见,声强与角频率和振幅的平方成正比.

一般来说,人的听觉存在一定的声强范围,低于这个范围下限的声波不能引起听觉,而高于这个范围上限的声波使人感到不舒服,甚至引起疼痛感.听觉声强范围的下限称为听觉阈,听觉声强范围的上限称为痛觉阈.听觉阈和痛觉阈都与声波的频率有关.图 12-37 中上、下两条曲线分别表示痛觉阈和听觉阈随频率的变化,这两条曲线之间的区域就是听觉区域.

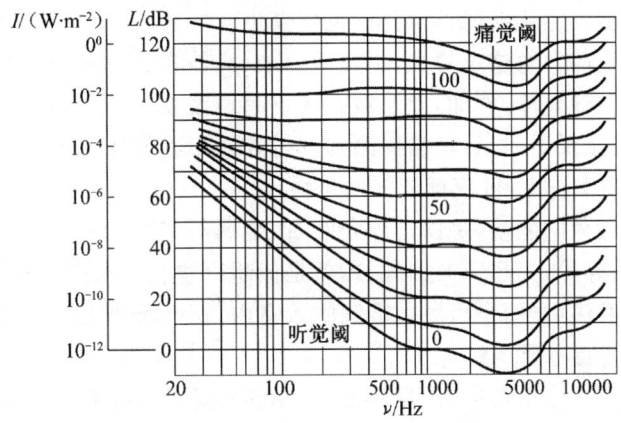

图 12-37 声波

日常生活中能听到的声强范围很大,人刚好听到 1000 Hz 声音的最低声强为 $10^{-12}\,\text{W/m}^2$,最高声强为 $1\,\text{W/m}^2$,最高声强和最低声强之间可达 12 个数量级.用声强这个物理量来比较声音强弱很不方便.因此我们引入声强级来比较介质中各点声波的强度,取最低声强 $10^{-12}\,\text{W/m}^2$ 作为标准声强 I_0,声强 I 与标准声强 I_0 之比的对数称为声强 I 的声强级,记为 L,即

$$L = 10\lg\frac{I}{I_0} \tag{12-20}$$

其单位为贝尔(B)或分贝(dB).表 12-2 列出了常见的一些声音的声强、声强级和响度.可以看出,人耳感觉到的声音响度与声强级有着一定的联系,声强级越高,人耳感觉越响.

表 12-2 几种声音的声强、声强级和响度

声源	声强/(W/m²)	声强级/dB	响度
聚焦超声波	10^9	210	
炮声	1	120	震耳
钉机	10^{-2}	100	
车间机器声	10^{-4}	80	响
闹市	10^{-5}	70	
正常谈话	10^{-6}	60	正常
室内收音机轻轻放音	10^{-8}	40	轻
耳语	10^{-10}	20	
树叶沙沙声	10^{-11}	10	极轻
听觉阈(如正常的呼吸声)	10^{-12}	0	

12.8.2 超声波

频率高于 20000 Hz 的声波称为"超声波". 由于其频率高、波长短, 超声波有着许多不同于一般声波的性能. 超声波的这些特性广泛应用于医学、军事、工业、农业等领域. 下面对超声波的特性及应用作一简单介绍.

(1) 超声波在传播时, 方向性强, 能量易于集中.

超声波的波长较短, 只有几厘米, 甚至千分之几毫米. 超声波和光波一样, 可沿直线传播, 易定向发射, 能够发生反射、折射现象, 也能聚焦.

利用超声波的定向发射这个特性, 制成了声呐(声波雷达), 可对水中目标进行探测、定位、跟踪、识别、通信、导航等. 例如, 渔船载有水下超声波发生器, 它可向各个方向发射超声波, 超声波遇到鱼群会反射回来, 渔船探测到发射波就知道鱼群的位置了.

(2) 超声波的频率较大, 可获得较强的声强.

超声波可传递很大的能量, 足以击碎金刚石、金属等坚硬的物体. 工业上, 常用来切割、焊接、钻孔、清洗、粉碎等. 如超声波加湿器, 就是把超声波通入水罐中, 剧烈的振动会使罐中的水破碎成许多小雾滴, 再用小风扇把雾滴吹入室内, 就可增加室内空气湿度.

(3) 超声波穿透能力强.

超声波在液体和固体中传播时, 衰减很小, 能够穿透几十米厚的固体. 利用超声波的穿透能力和反射情况, 可以制成超声波探伤仪, 用来对金属混凝土制品、塑料制品、水库堤坝等进行探伤. 医学上也常用来探测病变.

12.8.3 次声波

频率低于 20 Hz 的声波称为次声波. 虽然次声波看不见, 听不见, 但它无处不在. 自然界中, 海上风暴、火山爆发、大陨石落地、海啸、电闪雷鸣、波浪击岸、水中漩涡、空中湍流、龙卷风、磁暴、极光等都可能伴有次声波产生. 人类活动中, 诸如核爆炸、导弹飞行、火炮发射、轮船航行、汽车急驰、高楼和大桥摇晃, 甚至像鼓风机、搅拌机、扩音喇叭等也都能产生次声波.

次声波的应用逐渐受到人们的注意. 目前次声波的应用主要有以下几个方面.

(1) 预测自然灾害性事件.

例如, 利用仿生学, 依照水母的耳朵结构制成了水母耳预报仪, 监测风暴发出的次声波, 可提前 15 小时预测台风的方位和强度. 利用类似方法, 也可预报火山爆发、雷暴等自然灾害.

(2) 为人类生产服务.

如通过测定人和其他生物的某些器官发出的微弱次声波的特性, 可进一步了解人体或其他生物相应器官的活动情况. 研制出的"次声波诊疗仪", 它可以检查人体器官工作是否正常.

(3) 服务于农林业.

如利用次声波刺激植物生长.

(4) 服务于国防建设.

通过建立次声波服务站, 可探测分析世界各处的核爆炸、火箭发射等重大军事动态. 在边防检查上, 次声探测仪可以探测是否有人混在车辆行李中出入边境.

次声波在介质中传播时, 可谓无声无息, 难以被人察觉, 且只伤害人员, 不会造成环境污染.这一特点已引起各国的军事专家的高度注意,一些国家已经开始研制次声波武器,专家预测,次声波武器将成为未来战场上的"无声杀手".

12.9 *平面电磁波

从麦克斯韦的电磁场理论可知:空间某区域有交变的电场,则在其周围空间就会产生交变的磁场,而交变的磁场又会在其周围空间引起新的交变的电场.这样,交变的电场和磁场并不局限于空间某一区域,而要由近及远向周围空间传播开去,形成电磁波.

12.9.1 电磁波的产生与传播

电磁波的实质就是变化的电磁场在空间的传播.由前面电磁学部分的知识可知,在 LC 振荡电路产生振荡电流的过程中,其电场和磁场都发生周期性变化,对应的电场能和磁场能主要在电路内互相转化,而且电路中没有持续不断的能量供给,电阻 R 会有能量损耗,所以辐射出去的能量很少,不能用来有效地发射电磁波.

要想有效地发射电磁波,首先必须要有一个适当的波源,我们可以把 LC 电路接在电子管或晶体管上,组成振荡器,以获得源源不断的能量.除此之外,LC 振荡电路必须具有如下特点:

(1) 振荡频率足够高.

我们知道,电磁波在单位时间内辐射的能量与频率的四次方成正比.即振荡频率越高,发射电磁波的本领越大.LC 电路中振荡频率 $\nu = \dfrac{1}{2\pi\sqrt{LC}}$,所以必须减小电路中的 L 和 C,以获得足够高的频率 ν.

(2) 电路必须开放.

LC 振荡电路运用了电容与电感的储能特性,其电场和电能都集中在电容元件中,磁场和磁能都集中在自感线圈中,要有效地把电磁场的能量传播出去,必须把电场和磁场分散到尽可能大的空间.

为了把电磁波有效地发射出去,我们对 LC 电路按如图 12-38(a)、(b)、(c)、(d) 的顺序进行了改造,逐渐增大电容器板间的距离,减小极板的面积,同时减小自感线圈的匝数,最后振荡电路甚至可以演化成为一条导线.当电流在其中往复振荡时,两端出现正负交替的等量异号电荷.这样的电路称为振荡电偶极子,或称偶极振子.由于 L 和 C 减小,振荡频率增大,同时使得电场和磁场扩展到外部空间.所以振荡电偶极子可以有效地把电磁波发射出去.电视台的天线就是这种类型的偶极振子,如图 12-39 所示.

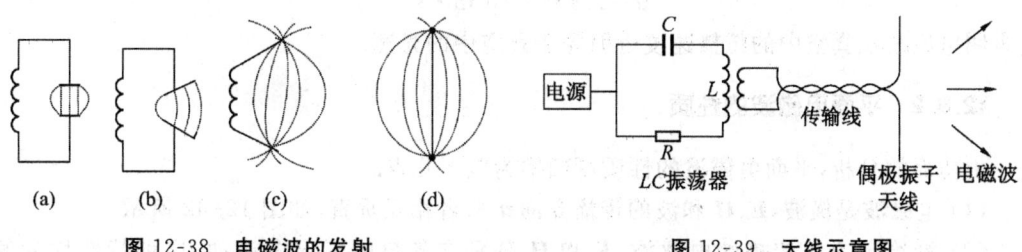

图 12-38 电磁波的发射   图 12-39 天线示意图

我们知道，机械波必须借助于介质传播，没有介质，机械波是无法传播的.例如，声波在真空中就不能传播.那么电磁波在空间传播是否也需要介质呢？我们设想，空间某处有一交变电流，它将在其周围空间激发涡旋磁场，该磁场也是交变的，在其周围空间又会激发涡旋电场，这样涡旋电场和涡旋磁场互相激发，在空间形成电磁波.图 12-40 为电磁波沿一维空间传播的示意图.电磁波之所以可以在空间传播，是因为变化的电场激发涡旋磁场，变化的磁场激发涡旋电场.电磁波的传播是不需要介质的，在真空中也可以传播，例如，太阳发射的光通过真空到达地球，人造卫星可以通过宇宙空间将无线电波发回地球.

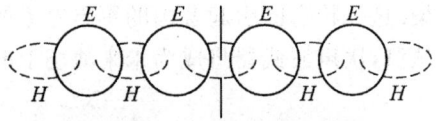

图 12-40　电磁波沿一维空间传播的示意图

下面以振荡电偶极子为例，说明电磁波的产生与传播.如图 12-41 所示，设电偶极子的中心为原点，电偶极矩 p_0 的方向为极轴的方向，$p = p_0 \cos\omega t$，在半径为 r 的球面上任取一点 M，且矢径 r 与极轴方向成 θ 角.计算结果表明，M 点的 E、H 和 r 三个矢量互相垂直，且遵守右手螺旋法则.该点的电场强度和磁场强度数值分别为

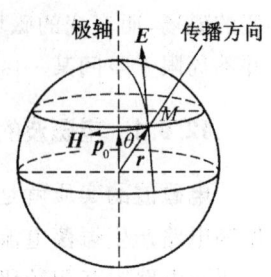

图 12-41　电磁波的产生与传播

$$E(r,t) = \frac{\mu p_0 \omega^2 \sin\theta}{4\pi r} \cos\omega\left(t - \frac{r}{u}\right) \tag{12-21}$$

$$H(r,t) = \frac{\sqrt{\varepsilon\mu}\, p_0 \omega^2 \sin\theta}{4\pi r} \cos\omega\left(t - \frac{r}{u}\right) \tag{12-22}$$

在远离电偶极子的地方，振荡电偶极子辐射的球面波可看作是平面波，式(12-21)和式(12-22)又可写为

$$E = E_0 \cos\omega\left(t - \frac{r}{u}\right)$$

$$H = H_0 \cos\omega\left(t - \frac{r}{u}\right)$$

通过式(12-21)和式(12-22)可以看出，E 和 H 具有相同的频率，而且两者的相位也是相同的.任一时刻，对空中任一点，有

$$\sqrt{\varepsilon}\, E = \sqrt{\mu}\, H$$

因电磁波的传播速度与介质的电容率和磁导率有关，即

$$u = \frac{1}{\sqrt{\varepsilon\mu}}$$

真空中，$\varepsilon = \varepsilon_0 = 8.854 \times 10^{-12}\,\text{F} \cdot \text{m}^{-1}$，$\mu = \mu_0 = 4\pi \times 10^{-7}\,\text{H} \cdot \text{m}^{-1}$，代入上式，得

$$u = 2.998 \times 10^8\,\text{m} \cdot \text{s}^{-1}$$

这表明电磁波在真空中的传播速度近似等于真空中的光速.

12.9.2　平面电磁波的性质

由前面的分析，平面电磁波的性质可归纳为以下几点.

(1) 电磁波是横波，E、H 和波的传播方向 u 三者相互垂直，如图 12-42 所示.

(2) 沿给定方向传播的电磁波，E 和 H 分别在各自的平面内振动，这种特性称为偏振性.

(3) **E** 和 **H** 始终同相位,且 **E** 和 **H** 的幅值成比例. 任一时刻,对空间的任一点,有

$$\sqrt{\varepsilon}E = \sqrt{\mu}H$$

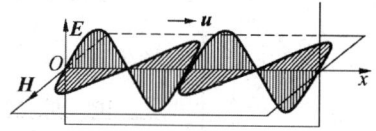

图 12-42 **E**、**H** 和波的传播方向

(4) 电磁波的传播速度 $u = \dfrac{1}{\sqrt{\varepsilon\mu}}$,在真空中电磁波的传播速度等于光速.

12.9.3 电磁波的能量

电磁波是横波,在传播过程中,伴随着能量的传播. 这种以电磁波形式传播出去的能量称为**辐射能**. 辐射能的传播方向和速度就是电磁波的传播方向和速度. 在电磁场空间内,电场和磁场都具有一定的能量,它们的能量密度分别为

$$w_e = \frac{1}{2}\varepsilon E^2$$

$$w_m = \mu H^2$$

故电磁波的能量密度 w 为

$$w = w_e + w_m = \frac{1}{2}(\varepsilon E^2 + \mu H^2)$$

则单位时间内通过垂直于传播方向单位面积的能量,即电磁波的能流密度 S(又称为辐射强度)为

$$S = wu = \frac{u}{2}(\varepsilon E^2 + \mu H^2) \tag{12-23}$$

将 $u = \dfrac{1}{\sqrt{\varepsilon\mu}}$ 和 $\sqrt{\varepsilon}E = \sqrt{\mu}H$ 代入上式(12-23),得

$$S = EH$$

由于能量总是向前传播的,和波的传播方向一致,所以能流密度也是矢量. 且 **E**、**H** 和 **S** 三者互相垂直,遵守右手螺旋法则,可用矢量表示为

$$\boldsymbol{S} = \boldsymbol{E} \times \boldsymbol{H} \tag{12-24}$$

S 也称为**坡印廷矢量**. **S** 的方向就是电磁波的传播方向.

将式(12-21)和式(12-22)代入式(12-24)中,可得振荡电偶极子辐射电磁波的能流密度为

$$S = EH = \frac{\sqrt{\varepsilon\mu^3}\, p_0^2 \omega^4 \sin^2\theta}{16\pi^2 r^2}\cos^2\omega\left(t - \frac{r}{u}\right)$$

12.9.4 电磁波谱

1888 年,赫兹应用电磁振荡的方法验证了电磁波的存在. 此后人们又进行了很多实验,不仅证实了光波是一种电磁波,而且发现了更多形式的电磁波. 1895 年伦琴发现了 X 射线,1896 年贝克勒尔发现了 γ 射线. 实践证明,它们也都属于电磁波. 虽然各种电磁波在真空中的传播速度都等于光速,但是由于波长不同,它们的特性有着很大的差别. 为了便于比较,我们将各种电磁波按照频率或波长的顺序排列成谱,称为电磁波谱,如图 12-43 所示.

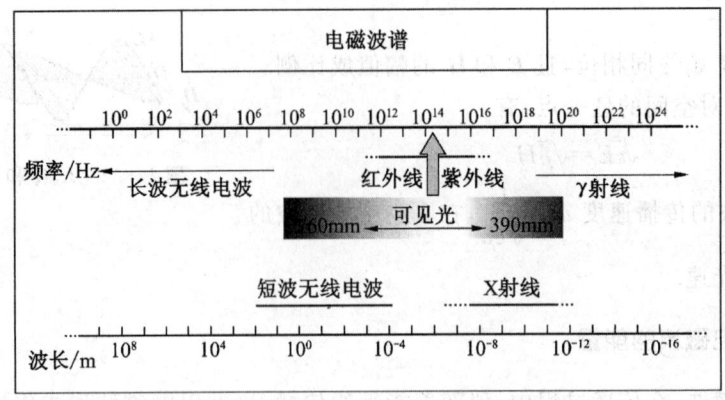

图 12-43 电磁波谱

1. 无线电波

一般的无线电波是由电磁振荡通过天线发射的,波长为 $0.1cm \sim 3\times10^4 m$. 其间又分为长波、中波、中短波、短波、米波和微波. 表 12-3 列出了各种无线电波的范围和用途.

表 12-3 各种无线电波的范围和用途

名称	长波	中波	中短波	短波	米波	微波		
						分米波	厘米波	毫米波
波长	30000~3000m	3000~200m	200~50m	50~10m	10~1m	1~0.1m	0.1~0.01m	0.01~0.001m
频率	10~100kHz	100~1500kHz	1.5~6MHz	6~30MHz	30~300MHz	300~3000MHz	3000~30000MHz	30000~300000MHz
主要用途	远洋长距离通信和导航	航海、航空定向和无线电广播	电报通信、无线电广播	无线电广播、电视通信	调频无线电广播、电视广播、无线电导航	电视、雷达、无线电导航和其他专门用途		

2. 红外线

红外线主要由炽热物体辐射产生,波长为 $760 \sim 6\times10^5 nm$,具有显著的热效应,能透过**浓雾或较厚的气层,且不易被吸收**.生产上,常用红外线来烘烤物体和食物等.国防上,坦克、舰艇等通过红外雷达、红外通信定向发射红外波,在夜间或浓雾天气时,可通过红外线接收器接收这些信号,还可利用红外线侦察敌情.

3. 可见光

可见光是能引起人眼视觉的电磁波,波长为 $400 \sim 760 nm$,又称为光波. 不同颜色的光就是不同频率的电磁波. 白光是所有可见光的复合光.

4. 紫外线

紫外线波长为 $5 \sim 400 nm$,具有较强的杀菌能力,会引起强的化学作用,还会使照相底片感光. 物体的温度很高时就会辐射紫外线. 太阳光和汞灯中有大量的紫外线.

5. X 射线

X 射线波长为 $0.04 \sim 5 nm$,具有较强的穿透能力,可使照相底片感光、荧光屏发光. 医学上,广泛应用于透视和病理检查;工业上,可用来检查金属零件内部的缺陷和分析晶体结构等.

6. γ 射线

γ 射线波长在 0.04nm 以下,是从放射性原子核中发射出来的,其能量和穿透能力较强,可用于金属探伤和研究原子核的结构等. 医疗上,研制的 γ 刀可用于治疗癌症,切除肿瘤.

复习题

一、思考题

1. 在月球表面两个宇航员要相互传递信息,他们能通过对话进行吗?

2. 波动和振动有什么区别和联系?具备什么条件才能形成机械波?

3. 关于波长有如下说法,试说明它们是否正确.

(1) 同一波线上,相位差为 2π 的两个质点之间的距离;

(2) 在一个周期内波所传播的距离;

(3) 在同一波线上相邻的振动状态相同的两点之间的距离;

(4) 两个相邻波峰(或波谷)之间的距离,或两个相邻密部(或疏部)对应点间的距离.

4. 如何理解波速和振动速度?

5. 用手抖动张紧的弹性绳的一端,手抖得越快,幅度越大,波在绳上传播得越快;又弱又慢地抖动,传播得较慢,对不对?为什么?

6. 波动方程 $y=A\cos\left[\omega(t-\dfrac{x}{u})+\varphi\right]$ 中 y、A、ω、u、x、φ 的意义是什么? $\dfrac{x}{u}$ 的意义是什么?如果将波动方程写为 $y=A\cos\left[\omega t-\dfrac{\omega x}{u}+\varphi\right]$,式中 $\dfrac{\omega x}{u}$ 的意义是什么?

7. 有人认为波从 O 点传播到任一点 P,则 P 点比 O 点振动的时刻晚 $\dfrac{x}{u}$,因而 O 点在 t 时刻的相位要在 $t+\dfrac{x}{u}$ 时刻才能在 P 点出现,因此波沿 x 轴正方向传播的波的表达式应为

$$y=A\cos\omega\left(t+\dfrac{x}{u}\right)$$

你认为如何?

8. 若一平面简谐波在均匀介质中以速度 u 传播,已知 A 点的振动表达式为 $y=A\cos\left(\omega t+\dfrac{\pi}{2}\right)$,试分别写出如图 12-44 所示的波动表达式以及 B 点的振动表达式.

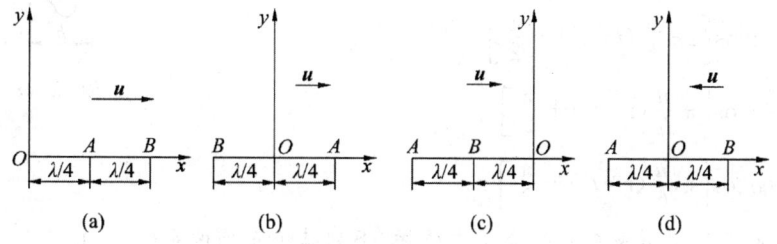

图 12-44 思考题 8 图

9. 弹性波在介质中传播时,对于一个质元来说,它的动能和势能与自由弹簧振子的情

况有何不同？总的机械能有何不同？为什么说这反映了波在传播能量？

10. 俗话说"隔墙有耳",你是如何理解的?

11. 如图 12-45 所示,如果你家住在大山右侧,广播台和电视台都在山左侧,听广播和看电视哪一个会更容易接收?试解释其原因.

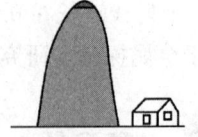

图 12-45　思考题 11 图

12. 两列波的频率相同,相位差恒定,但是振动方向并不相同,这两列波相遇时是否会产生干涉现象?

13. 两列振幅相同的相干波在空间相遇时,干涉加强处振幅为一列波振幅的 2 倍,而波的强度为一列波强度的 4 倍,却不是两列波强度的和.这是否违背能量守恒定律?

14. 驻波有什么特点?驻波是波吗?试举出驻波和行波不同的地方.

15. 我国古代有一种称为"鱼洗"的铜面盆,如图 12-46 所示,盆地雕刻着两条鱼,在盆中放水,用手轻轻摩擦盆边两环,就能在两条鱼的嘴上方激起很高的水柱.试解释这一现象.

图 12-46　思考题 15 图

16. 如何理解半波损失?

17. 若观察者与波源均保持静止,但正在刮风,问有无多普勒效应?

18. 如果你在做操时,头顶有飞机飞过,你会发现在做向下弯腰和向上直起的动作时听到飞机的声音音调不同,这是为什么?何时听到的音调高一些?

19. 当你在湖面荡双桨时,不远处有一高速机动船驶过,你会有何感觉?

二、选择题

1. 一列横波沿绳子向右传播,某时刻波形如图 12-47 所示.此时绳上 A、B、C、D、E、F 6 个质点(　　).

(A) 它们的振幅相同

(B) 质点 D 和 F 的速度方向相同

(C) 质点 A 和 C 的速度方向相同

(D) 从此时算起,质点 B 比 C 先回到平衡位置

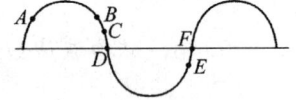

图 12-47　选择题 1 图

2. 一平面简谐波以速度 u 沿 x 轴正方向传播,在 $t=t'$ 时波形曲线如图 12-48 所示,则坐标原点 O 的振动方程为(　　).

(A) $y=a\cos\left[\dfrac{u}{b}(t-t')+\dfrac{\pi}{2}\right]$

(B) $y=a\cos\left[2\pi\dfrac{u}{b}(t-t')-\dfrac{\pi}{2}\right]$

(C) $y=a\cos\left[\pi\dfrac{u}{b}(t+t')+\dfrac{\pi}{2}\right]$

(D) $y=a\cos\left[\pi\dfrac{u}{b}(t-t')-\dfrac{\pi}{2}\right]$

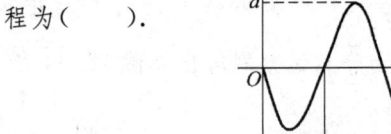

图 12-48　选择题 2 图

3. 一平面简谐机械波在弹性介质中传播,下列结论正确的是(　　).

(A) 介质质元的振动动能增大时,其弹性势能减小,总机械能守恒

(B) 介质质元的振动动能和弹性势能都在做周期性变化,但两者相位不相同

(C) 介质质元的振动动能和弹性势能的相位在任一时刻都相同,但两者数值不同
(D) 介质质元在其平衡位置处弹性势能最大

4. 两相干波源 S_1 和 S_2 相距 $\dfrac{\lambda}{4}$,S_1 的相位比 S_2 的相位超前 $\dfrac{\pi}{2}$,如图 12-49 所示,在两波源的连线上 S_1 外侧一点 P,两列波引起的合振动的相位差为( ).

图 12-49 选择题 4 图

(A) 0　　　(B) π　　　(C) $\dfrac{\pi}{2}$　　　(D) $\dfrac{3\pi}{2}$

5. 当波源以速度 v 向静止的观察者运动时,测得频率为 ν_1;当观察者以速度 v 向静止的波源运动时,测得频率为 ν_2.下列结论正确的是( ).

(A) $\nu_1 < \nu_2$　　　(B) $\nu_1 = \nu_2$
(C) $\nu_1 > \nu_2$　　　(D) 要视波速大小决定 ν_1、ν_2 大小

三、计算及证明题

1. 一列横波沿着绳传播,其波动方程为
$$y = 0.05\cos(10\pi t - 4\pi x) \quad (\text{SI})$$
(1) 求波的振幅、波速、频率和波长;
(2) 求绳上各点振动时的最大速度和最大加速度;
(3) 求 $x = 0.2$ m 处质点在 $t = 1$ s 时的相位,此相位是原点处质点在哪一时刻的相位? 这一相位在 $t = 1.25$ s 时到了哪一点?

2. 一沿 x 轴负方向传播的平面简谐波在 $t = 0$ 时的波形曲线如图 12-50 所示.
(1) 说明在 $t = 0$ 时图中 a、b、c、d 各点的运动趋势;
(2) 画出 $t = \dfrac{3}{4}T$ 时的波形曲线;
(3) 画出 b、c、d 各点的振动曲线;
(4) 如 A、λ、ω 已知,写出此波的表达式.

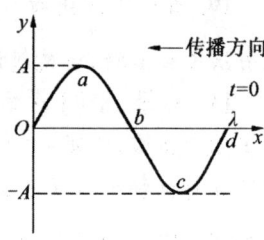

图 12-50 计算及证明题 2 图

3. 如图 12-51 所示,已知 $t = 0$ 和 $t = 0.5$ s 时的波形曲线分别如图中曲线(a)和(b)所示.波沿 x 轴正方向传播,试根据图中给出的条件,求:
(1) 波动方程;
(2) P 点的振动方程.

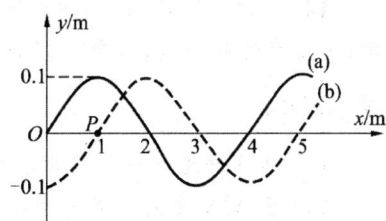

图 12-51 计算及证明题 3 图

4. 设某声波是平面简谐波,频率为 500 Hz,波速为 340 m/s,空气密度 $\rho = 1.29$ kg/m,此波到达人耳的振幅为 10^{-6} m.求人耳中的平均能量密度和平均能流密度.

5. 一个点波源在各向同性的不吸收能量的均匀介质中发出功率为 1.0 W 的球面波.求距离波源 1.0 m 处的波的强度.

6. 如图 12-52 所示是干涉型消声器的原理图,利用这一结构可以消除噪声.当发动机排气噪声波经过管道的 A 点时,分成两路而在 B 点相遇,声波因干涉而相消.如果要消除频率

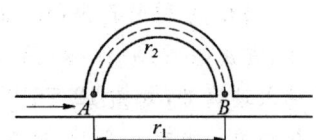

图 12-52 计算及证明题 6 图

为 300Hz 的发动机排气噪声,图中弯道与直管长度差 $\Delta r = r_2 - r_1$ 至少应为多少?(设声速为 340m/s)

7. 如图 12-53 所示,一平面波 $y = 2\cos 600\pi \left(t - \dfrac{x}{330}\right)$ (SI),传到 A、B 两个小孔上,A、B 相距 $d = 1\text{m}$,$AP \perp AB$. 若从 A、B 传出的子波到达 P 点,两列波叠加刚好发生在第一次减弱处,求 $\overline{AP}$.

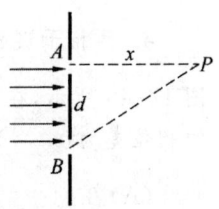

图 12-53 计算及证明题 7 图

8. 同一介质中有两个平面简谐波波源做同频率、同方向、同振幅的振动. 两列波相对传播,波长为 8m. 波线上 A、B 两点相距为 20m. 一列波在 A 处为波峰时,另一列波在 B 处相位为 $-\dfrac{\pi}{2}$,求 AB 连线上因干涉而静止的各点的位置.

9. 一弦线上驻波为

$$y = 3.00 \times 10^{-2}(\cos 1.6\pi x)\cos 550\pi t$$

(1) 若将此驻波看作传播方向相反的两列波叠加而成,求两波的振幅及波速;

(2) 求相邻波节之间的距离;

(3) 求 $t = 3.00 \times 10^{-3}$ s 时位于 $x = 0.625$ m 处质点的振动速度.

10. 在绳上传播的入射波表达式为 $y_1 = A\cos\left(\omega t + 2\pi \dfrac{x}{\lambda}\right)$,入射波在 $x = 0$ 处绳端反射,反射端为自由端,设反射波不衰减,求驻波表达式.

11. 如图 12-54 所示,一角频率为 ω、振幅为 A 的平面简谐波沿 x 轴正方向传播,设在 $t = 0$ 时该波在原点 O 处引起的振动使媒质元由平衡位置向 y 轴的负方向运动. M 是垂直于 x 轴的波密媒质反射面,已知 $OO' = \dfrac{7\lambda}{4}$,$PO' = \dfrac{\lambda}{4}$($\lambda$ 为该波波长),设反射波不衰减. 试求:

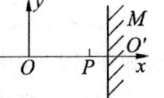

图 12-54 计算及证明题 11 图

(1) 入射波与反射波的表达式;

(2) P 点的振动方程.

12. 如图 12-55 所示,O 处有一振动方程为 $y = A\cos\omega t$ 的平面波源,产生的波沿 x 轴正、负方向传播. MN 为波密介质的反射面,距波源 $\dfrac{3}{4}\lambda$. 试求:

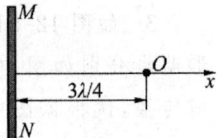

图 12-55 计算及证明题 12 图

(1) 波源所发射的波沿波源 O 左右传播的波动方程;

(2) 在 MN 处反射波的波动方程;

(3) 在 O 到 MN 区域内所形成的驻波方程以及波节和波腹的位置;

(4) $x > 0$ 区域内合成波的方程.

13. 可利用孔脱(Kundt)法测定气体中的声速,方法如下:一细棒,其中部夹住,一端有盘 D 伸入玻璃管,如图 12-56 所示. 管中撒有软木屑,管的另一端有活塞 P,使棒纵向振动,移动活塞位置直至软木屑形成波节和波腹图案(在声压波腹处木屑形成凸峰). 若已知棒中纵波的频率为 ν,相邻波腹间的平均距离为 d,管内气体中的声速为 u. 试证:$u = 2\nu d$.

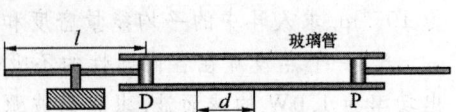

图 12-56 计算及证明题 13 图

14. 在一根线密度 $\rho=10^{-3}$ kg/m 和张力 $F=10$N 的弦线上,有一列沿 x 轴正方向传播的简谐波,其频率 $\nu=50$Hz,振幅 $A=0.04$m. 已知弦线上离坐标原点 $x_1=0.5$m 处的质点在 $t=0$ 时刻的位移为 $+\dfrac{A}{2}$,且沿 y 轴负方向运动. 当传播到 $x_1=10$m 固定端时,波被全部反射. 试写出:

(1) 入射波和反射波的波动表达式;

(2) 入射波与反射波叠加的合成波在 $0 \leqslant x \leqslant 10$ 区间内波腹和波节处各点的坐标;

(3) 合成波的平均能流.

15. 过节播放钟声的钟是一种气流扬声器,它发声的总功率为 2×10^4W. 这声音传到 12km 远的地方还可以听到. 设空气不吸收声波能量,且声波按球形波计算,这声音传到 12km 处的声强级是多大?

16. 装于海底的超声波探测器发出一束频率为 30kHz 的超声波,被迎面驶来的潜水艇反射回来,反射波与原来的波合成后,得到频率为 241Hz 的拍,求潜水艇的速率. 设超声波在海水中的传播速度为 1500m/s.

17. 正在报警的警钟,每隔 0.5s 钟响一声,一声接一声地响着,有一个人正在以 60km/h 的速度向警钟行驶的火车中,问这个人在 1min 内听到几响?

18. 设空气中声速为 330m/s,一列火车以 30m/s 的速度行驶,机车上汽笛的频率为 600Hz. 一静止的观察者在机车的正前方和机车驶过其身边后所听到的声音的频率分别为多少?如果观察者以速度 10m/s 与这列火车相向运动,在上述两个位置,他听到的声音频率分别为多少?

19. 一广播电台的辐射功率为 10kW,假定辐射场均匀分布在以电台为中心的半球面上.

(1) 求距离电台 $r=10$km 处的坡印廷矢量的平均值;

(2) 若在上述距离处的电磁波可看作平面波,求该处的电场强度和磁场强度的振幅.

20. 太阳能电池是直接把光能转变为电能的一种装置,它的电流是由太阳光对半导体 p-n 结的电场区内原子的作用而产生的. 现有一块太阳能电池板,它的尺寸为 58cm×53cm. 当正对太阳时,此电池板能产生 14V 的电压,并可提供 2.7A 的电流. 已知太阳对垂直于光线的面积的辐射能流密度为 1.35×10^3 W/m^{-2},试求此电池板利用太阳能的效率.

21. 真空中有一平面电磁波的电场表达式如下:

$$E_x=0, E_y=60\times10^{-2}\cos\left[2\pi\times10^8\left(t-\dfrac{x}{c}\right)\right], E_z=0$$

试求:

(1) 电磁波的波长、频率;

(2) 该电磁波的传播方向;

(3) 磁场强度的大小和方向;

(4) 坡印廷矢量.

波动光学

  人类超过80%的信息都是通过眼睛获得的.而光就是指人类肉眼能够感知的特定波长的一部分电磁波.所以光学也成为人类最早研究的学科之一.作为物理学发展中的最重要的分支之一,光学经历了2000多年的发展历史.我国最早对于光学的研究出现于公元前400多年的"墨经".随着研究的逐渐深入,人们对光学的理解也更加系统.到了17世纪,爆发了关于光本质问题的大争论.这就是"微粒学说"和"波动学说"之间的较量,两种学说都有着广泛的理论和实验的支持,一时间难分伯仲.到了19世纪初,干涉、衍射和偏振等现象被发现,波动学说逐渐占了上风.这就是本篇所要介绍的主要内容.当然,后来发现黑体辐射和光电效应等现象又证实了光的量子性,人们对于光本质的认识又向前迈了一大步,即承认了光的波粒二象性,相关的理论形成了量子光学.

  本篇主要介绍干涉、衍射和偏振现象以及其中的波动学说理论基础.其中的一些理论和技术已经在应用领域得到了广泛的发展,而光学的一些理论也可以扩展到其他的电磁波波段.

第 13 章

光 的 干 涉

学习目标

- 理解光发生干涉的条件及获得相干光的方法.
- 掌握光程的概念以及光程差和相位差的关系,理解在什么情况下的反射光有相位跃变(即半波损失).
- 掌握分析杨氏双缝干涉条纹的方法,理解薄膜等厚干涉(包括劈尖和牛顿环)条纹的位置及特点,了解薄膜等倾干涉的特点.
- 了解迈克耳孙干涉仪的工作原理.

13.1 光源 单色性 光程 相干光

在研究光的干涉之前,先来学习关于光的一些基本概念.

13.1.1 光源

所有温度高于绝对零度的物体都具有能够向外辐射能量的能力. 物体靠加热保持一定温度使内能不变而持续辐射能量,称为热辐射. 也有一些物体是靠外部能量激发而产生辐射,如光致辐射(日光灯中 Hg 蒸气发射紫外光使管壁上的荧光物质发出可见荧光)、化学辐

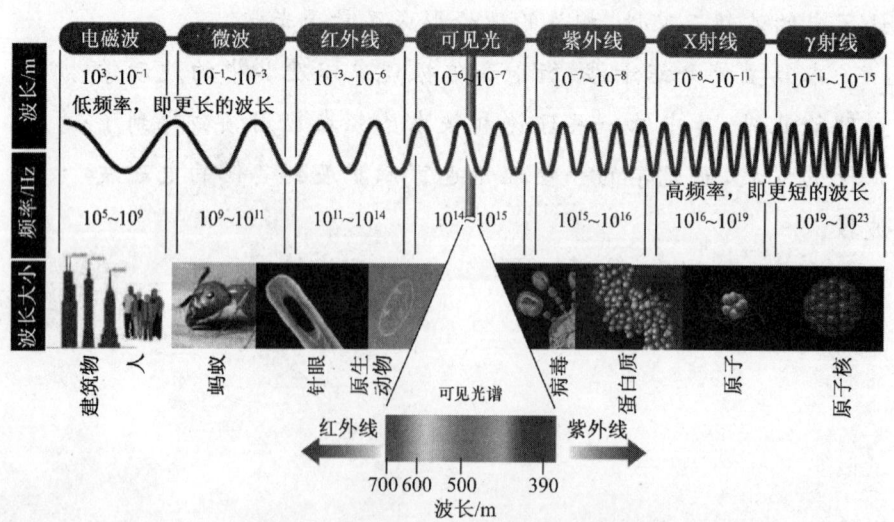

图 13-1 电磁波与可见光的波长分布

射(磷在空气中氧化发光)、电致辐射(气体放电中的辉光放电现象)等.这几种辐射都是以电磁波的形式向外发出能量的,人的肉眼可以感知其中波长为 312~1050nm 的电磁波.通常把波长在 390~770nm 的电磁波称为可见光,而把波长大于 770nm 的电磁波称为红外光,把小于 390nm 的电磁波称为紫外光,如图 13-1 所示.一般情况下把能够发射光波的物体统称为**光源**.

大部分的光源发光的原理是由于原子或分子在吸收了外界能量后处于激发态,而激发态并不稳定,原子或分子就会自发跃迁回到基态或较低的激发态.整个过程持续的时间大约为 $10^{-9} \sim 10^{-8}$ s.同时原子或分子会向外辐射频率一定、振动方向一定、长度一定的电磁波,如图 13-2 所示.光源所发出的光波,是由光源中原子或分子所发射的大量的有限长度的电磁波组成的.这些电磁波称为**波列**.对于普通光源,即使同一个原子发射的波列,相互之间都是相互独立的.所以各个波列的振动、频率、振动和长度都不尽相同.目前,激光光源是已知光源中能够满足相干条件的一种光源.

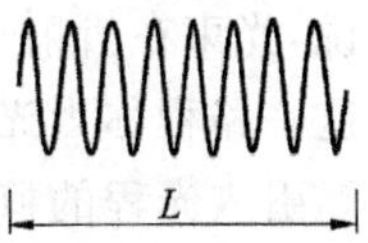

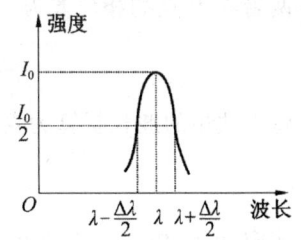

图 13-2 波列

13.1.2 光源单色性

由于在确定的介质中光波传播的速度是确定的,所以已知频率和波长其中之一就可以确定另外一个.通常称具有单一波长的光波为**单色光**.严格的单色光是不存在的,任何光源所发出的光波都对应一定的波长范围.在这样一个范围内,不同波长所对应的强度是不同的.以光波波长为横坐标、强度为纵坐标,就可以得到**光谱分布曲线**,如图 13-3 所示.对于某一光源,光谱分布曲线对应波长范围越窄,其单色性越好.通常以半高全宽来表示光源单色性的好坏,即当谱线中心强度为 I_0 时,以强度为 $\left(\dfrac{I_0}{2}\right)$ 处对应的宽度来评价单色性.如图 13-3 所示,半高全宽 $\Delta\lambda$ 的值越小,单色性越好;反之,单色性越差.常见的热辐射光源如白炽灯等单色性就较差.而汞灯、钠光灯等单色性较好,半高全宽可以达到 $10^{-3} \sim$ 0.1nm;激光器的半高全宽则能达到 10^{-9}nm,甚至更小.

图 13-3 光谱分布曲线

13.1.3 光程与光程差

光束在同一种介质中传播的时候,利用传播过程中两点间的距离很容易就可以算出光束在该两点处的相位差.若光束在空气中从 A 点传播到 B 点,AB 两点间的距离为 l,则光束在 AB 两点处的相位差可以写为

$$\Delta\varphi = \dfrac{l}{\lambda} \cdot 2\pi$$

当光束在不同介质中传播时,由于不同介质的折射率不同,在介质中波长也不同,因此无法直接利用长度进行相位差的计算.为了解决这个问题,可以引入光程和光程差的概念.

设有一频率为 ν、真空中波长为 λ 的光在折射率为 n 的介质中传播,光在介质中的传播速度为 $\dfrac{c}{n}$,其中 c 为真空中的光速.由于在不同介质中传播不会引起频率的变化,所以可以求出介质中光的波长:

$$\lambda' = \frac{c}{n\nu} = \frac{\lambda}{n}$$

若在介质中光束所传播的几何距离为 l，其引起的相位差为

$$\Delta\varphi = \frac{l}{\lambda'} 2\pi = n \frac{l}{\lambda} 2\pi$$

显然，在介质中传播引起的相位差是在真空中传播同样距离引起的相位差的 n 倍。反过来说，光束在折射率为 n 的介质中传播 l 的距离，相当于其在真空中传播了 nl 的路程，可以把这一路程称为**光程**.

引入光程的概念，就可以将所有介质中的传播过程都折算成在真空中的传播过程，从而可较为方便地进行计算.

如图 13-4 所示，假设光源 S_1 和 S_2 为频率为 ν 的光源，它们的初始相位也相同，两束光分别经历折射率为 n_1 和 n_2 的介质，经历路程 r_1 和 r_2 到达空间某点 P 并相遇.

可以写出两束光在 P 点的振动：

$$E_{1P} = E_{10} \cos 2\pi \left(\nu t + \frac{r_1}{\lambda_1} \right)$$

$$E_{2P} = E_{20} \cos 2\pi \left(\nu t + \frac{r_2}{\lambda_2} \right)$$

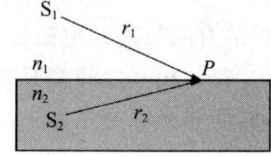

图 13-4　光程与光程差

两者在 P 点的相位差为

$$\Delta\varphi = \frac{2\pi r_2}{\lambda_2} - \frac{2\pi r_1}{\lambda_1}$$

将上式中的波长折算为真空中的波长，有

$$\Delta\varphi = \frac{2\pi n_2 r_2}{\lambda_0} - \frac{2\pi n_1 r_1}{\lambda_0} = \frac{2\pi}{\lambda_0}(n_2 r_2 - n_1 r_1)$$

式中，$n_2 r_2$ 和 $n_1 r_1$ 两项正是两束光的光程，而两者之差值决定了相位之差，称为**光程差**，常用 δ 表示. 因此相位差和光程差之间的关系可以写为

$$\Delta\varphi = \frac{\delta}{\lambda_0} 2\pi$$

式中，λ_0 为光束在真空中的波长.

下面举例说明直接利用光程差进行计算的过程. 设一束波长为 λ 的平面光垂直照射到同一平面上的两个狭缝 S_1 和 S_2 上，其中透过 S_1 的光经路程 r_1 照射到 P 点，透过 S_2 的光则经一块折射率为 n、长度为 d 的晶体照射到 P 点，走过的总路程为 r_2，如图 13-5 所示. 试求 P 点相遇时两束光的相位差.

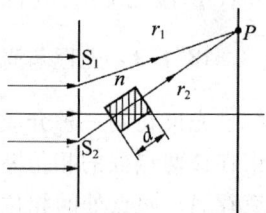

图 13-5　光程与光程差

由于是平面光垂直照射到 S_1 和 S_2 上，所以两束光有相同的初始相位. 直接利用光程差进行计算：

$$\delta = (r_2 - d) + nd - r_1$$

相位差为

$$\Delta\varphi = \frac{\delta}{\lambda} 2\pi = \frac{2\pi}{\lambda}[(r_2 - r_1) + (n-1)d]$$

可见直接利用光程差求解相位差的过程较为简便.

需要说明的是,在光的干涉和衍射中常用到透镜.透镜成像时,像点是亮点,说明光线是同相叠加,即在焦点处各光线是同相位的.如图13-6(a)所示,a、b、c三束光线垂直入射时,光线a在透镜中的路程较短,射出透镜照射到焦点的路程较长,而光线b在透镜中的路程较长,射出透镜照射到焦点的路程较短,最终照射到焦点时光程是相等的.在如图13-6(b)和图13-6(c)的情况下也是一样的.因此可以得出结论,**使用透镜不会产生附加的光程差**.

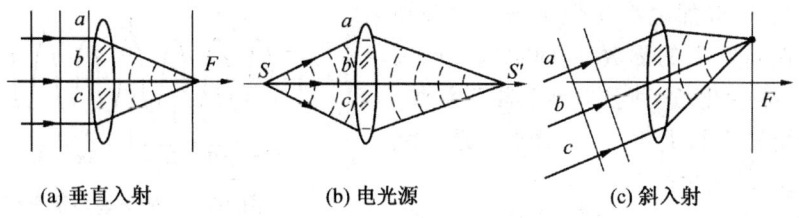

(a) 垂直入射　　(b) 电光源　　(c) 斜入射

图 13-6　透镜不引起附加光程差

13.1.4　光的相干现象

在讨论机械波时已经说明,两列机械波相遇,在振动频率相同、振动方向相同和具有固定相位差的前提下能够发生干涉现象.其实,当两束光波相互叠加并满足上述条件时,也能够发生干涉现象.

如前所述,光是以电磁波形式传播的.电场强度矢量用 E 表示,磁场强度矢量用 B 表示.研究表明,对人眼或探测器起作用的主要为其中的电矢量 E.因此,也把电矢量 E 称为**光矢量**.下面就围绕光矢量来讨论光的相干现象.

设两束单色光光矢量振动方向相同,且频率 $\omega_1=\omega_2=\omega$,其光矢量分别为 E_1 和 E_2,数值表达式为

$$E_1=E_{10}\cos(\omega_1 t+\varphi_{10})$$
$$E_2=E_{20}\cos(\omega_2 t+\varphi_{20})$$

当两束光叠加时,合成的光矢量的值为

$$E=E_1+E_2=E_0\cos(\omega t+\varphi_0)$$

式中,

$$E_0^2=E_{10}^2+E_{20}^2+2E_{10}E_{20}\cos\Delta\varphi$$
$$\varphi_0=\arctan\frac{A_1\sin\varphi_{10}+A_2\sin\varphi_{20}}{A_1\cos\varphi_{10}+A_2\cos\varphi_{20}}$$
$$\Delta\varphi=\varphi_{20}-\varphi_{10}$$

在观测时间内,平均光强

$$\overline{I}\propto\overline{E_0^2}=E_{10}^2+E_{20}^2+2E_{10}E_{20}\overline{\cos\Delta\varphi}$$

若光矢量为 E_1 和 E_2 的光源是两个相互独立的普通光源,在观测时间足够长(对于光矢量的振动频率来讲很容易满足)时,$\Delta\varphi$ 取到 $0\sim 2\pi$ 中任何值的概率都是相同的,所以有 $\overline{\cos\Delta\varphi}=0$.从而

$$\overline{E_0^2}=E_{10}^2+E_{20}^2$$

以光强来表示,则有

$$I=I_1+I_2$$

上式表明，两束光叠加后光强 I 等于两束光分别照射时的光强 I_1 和 I_2 之和，这种叠加称为**非相干叠加**。

若 E_1 和 E_2 所发出的光在叠加的位置具有固定的相位差，即 $\Delta\varphi$ 为恒定常量，则叠加后的光强为

$$I = I_1 + I_2 + 2\sqrt{I_1 I_2}\cos\Delta\varphi \tag{13-1}$$

这种情况下，叠加之后光强 I 不仅为叠加前两束光光强 I_1 和 I_2 的函数，同时也随着两束光的相位差 $\Delta\varphi$ 变化，这种叠加称为**相干叠加**。假设两束光光强 I_1 和 I_2 不变，则叠加后总光强 I 随相位差 $\Delta\varphi$ 的变化如图 13-7 所示。

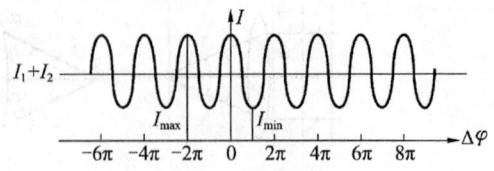

图 13-7　相干叠加及光强分布

当 $\Delta\varphi = \pm 2k\pi (k=0,1,2,\cdots)$ 时，$\cos\Delta\varphi = 1$。代入式(13-1)，得

$$I = I_1 + I_2 + 2\sqrt{I_1 I_2}$$

此时，两束光合成的光强值最大，称为**干涉相长**。

当 $\Delta\varphi = \pm(2k+1)\pi (k=0,1,2,\cdots)$ 时，$\cos\Delta\varphi = -1$。代入式(13-1)，得

$$I = I_1 + I_2 - 2\sqrt{I_1 I_2}$$

此时，两束光合成的光强值最小，称为**干涉相消**。

通过上述分析可以知道，同机械波的振动叠加原理相同，只有当两束光满足相干条件，即频率相同、振动方向相同和具有固定的相位差的时候才能够发生光的干涉现象。能够满足上述条件的光称为**相干光**。然而，对于普通光源，即使是同一光源所发射出来的光也是由无数的波列组成的。这些波列相互之间是独立的，因此无法满足干涉所需的三个条件。

通过分束的方法能够从普通光源处获得相干光。其基本的思想是，将光源上同一点处发出的光分开，其中一束光中的每个波列都能够在另一束光中找到同一个原子同一次发射出的对应波列，因此这两束光能够满足相干条件。通过这一原理获得相干光的具体方法通常有两种：分波阵面法和分振幅法。由同一波阵面上取出两点作为光源得到两束光的方法称为**分波阵面法**，如杨氏双缝干涉等实验就用了这种方法。当一束光投射到两种介质的界面上，经过透射和反射，将光分为两束或多束的方法，称为**分振幅法**，如牛顿环等实验就用了这种方法。

13.2　双缝干涉

双缝干涉所需要的相干光是由分波阵面法得到的。

13.2.1　杨氏双缝干涉实验

1801 年，英国医生托马斯·杨(T. Young)向英国皇家学会报告了其研究的光的波动学说论文及他所做的干涉实验。虽然当时并没有得到学会的认可，但这也无法阻挡其成为光的波动理论最早的实验证据。

杨氏实验采用分波阵面法，其实验装置如图 13-8(a)所示。S、S_1、S_2 分别为三个狭缝。当

单色光源经过狭缝 S 形成线光源,在与其距离很近的位置有狭缝 S_1 和 S_2,且它们与 S 的距离相等. 根据惠更斯原理,线光源 S 发射的光经过两狭缝后形成线光源 S_1 和 S_2. 由于两个线光源由同一光源 S 形成,所以满足振动频率相同、振动方向相同和相位差固定(为零)的相干条件,即线光源 S_1 和 S_2 为相干光源. 在两狭缝前放一屏幕 P,则屏幕上将出现明暗相间的干涉条纹,如图 13-8(b)所示.

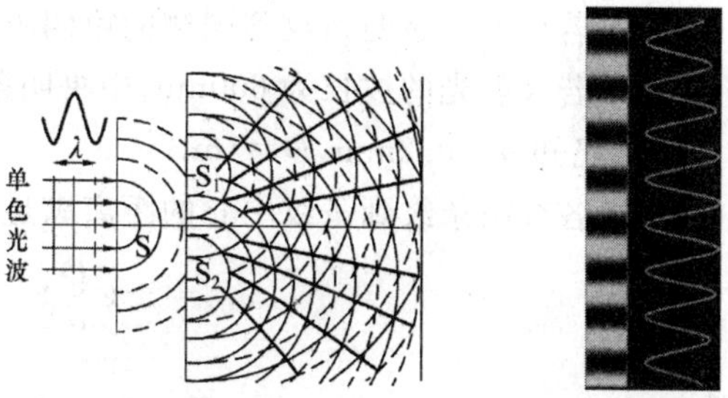

(a) 双缝干涉　　(b) 干涉条纹

图 13-8　杨氏双缝干涉实验

13.2.2　干涉条纹的分布

下面对杨氏双缝实验进行定量分析. 设相干光源 S_1、S_2 之间的距离为 d,S_1、S_2 的中点为 O. 屏幕与 S_1、S_2 所在平面相平行且距离为 D,屏幕中心为 O',连线 OO' 垂直于屏幕. 在屏幕上任取一点 P,P 点到 S_1、S_2 的距离分别为 r_1、r_2,如图 13-9 所示.

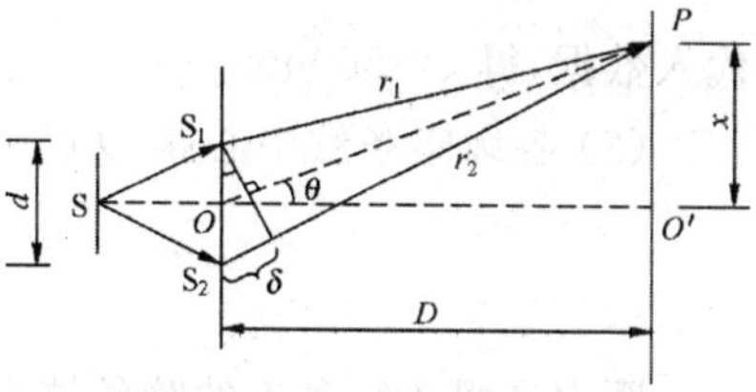

图 13-9　干涉条纹的分布

设从 S_1、S_2 发出的光到达 P 点时的光程差为 δ,则有

$$\delta = r_2 - r_1$$

点 P 到屏幕中心 O' 的距离为 x,直线 PO 与 OO' 之间的夹角为 θ. 在通常的观察情况下 $D \gg x, D \gg d$,即 θ 的值很小,所以可由几何关系得

$$\delta = r_2 - r_1 \approx d\sin\theta \approx d\tan\theta = d \cdot \frac{x}{D}$$

由振动叠加理论可以得知,当振动频率相同、振动方向相同时,合成振幅由相位差决定. 若相位差 $\delta = d \cdot \frac{x}{D} = \pm k\lambda$,则 P 点处将为明条纹,即各级明条纹中心到 O 点的距离 x 满足:

$$x_{\pm k} = \pm k \frac{D}{d} \lambda \quad (k=0,1,2,3,\cdots) \tag{13-2}$$

式中的 k 对应的一系列值对应了不同级次的明条纹. 当 $k=0$ 时,所对应的明条纹为零级明条纹,也称为中央明条纹. 其他各条条纹,如 $k=1, k=2, \cdots$ 依次分别称为第一级明条纹、第二级明条纹等.

若相位差 $\delta = d \cdot \frac{x}{D} = \pm(2k+1)\frac{\lambda}{2}$,则 P 点处为暗条纹,即各级暗条纹中心距 O 点距离 x 满足:

$$x_{\pm k} = \pm(2k+1)\frac{D}{2d}\lambda \quad (k=0,1,2,3,\cdots) \tag{13-3}$$

由式(13-2)和式(13-3)可知,无论是明条纹之间的间距,还是暗条纹之间的间距,它们都是相等的,且与波长 λ 成正比.

【例 13-1】 以单色光垂直照射到相距为 0.2mm 的双缝上,双缝与屏幕的垂直距离为 1m.

(1) 若从第一级明条纹到同侧的第四级明条纹间的距离为 7.5mm, 求单色光的波长;
(2) 若入射光的波长为 600nm, 中央明条纹中心到最邻近的暗条纹中心的距离是多少?

解: 已知 $d=0.2$mm, $D=1$m.

(1) 各级明条纹到条纹中心的距离满足:

$$x_{\pm k} = \pm k \frac{D}{d}\lambda \quad (k=0,1,2,3,\cdots)$$

则

$$\Delta x_{14} = x_4 - x_1 = \frac{D}{d}(k_4 - k_1)\lambda$$

即

$$\lambda = \frac{d}{D}\frac{\Delta x_{14}}{(4-1)}$$

代入数据, 得 $\lambda = 500$nm.

(2) 各级暗条纹中心距 O 点的距离 x 满足:

$$x_{\pm k} = \pm (2k+1)\frac{D}{2d}\lambda \quad (k=0,1,2,3,\cdots)$$

距中央明条纹最近的暗条纹为第零级暗条纹, 有 $x_0 = \frac{D}{2d}\lambda = 1.5$mm.

【例 13-2】 用白光做双缝干涉实验时, 能观察到几级清晰可辨的彩色光谱?

解: 用白光照射时, 除中央明条纹为白光外, 两侧形成内紫外红的对称彩色光谱. 当 k 级红色明条纹位置 $x_{k红}$ 大于 $k+1$ 级紫色明条纹位置 $x_{(k+1)紫}$ 时, 光谱就发生重叠.

据前述内容, 有

$$x_{k红} = k\frac{D}{d}\lambda_红$$

$$x_{(k+1)紫} = (k+1)\frac{D}{d}\lambda_紫$$

由 $x_{k红} = x_{(k+1)紫}$ 的临界情况, 可得

$$k\lambda_红 = (k+1)\lambda_紫$$

将 $\lambda_红 = 760$nm, $\lambda_紫 = 400$nm 代入, 得 $k=1.1$. 因为 k 只能取整数, 所以应取 $k=1$. 这一结果表明: 在中央白色明条纹两侧, 只有第一级彩色光谱是清晰可辨的.

13.3 薄膜干涉

日常生活中存在着许多干涉现象. 例如, 水面上的油膜在太阳光的照射下呈现出五彩缤纷的美丽图像, 儿童吹起的肥皂泡在阳光下也显出五光十色的彩色条纹, 还有许多昆虫的翅膀在阳光下也能显现彩色的花纹等. 这一系列的现象是由于光波经薄膜的两个表面反射后再次相遇时相互叠加而形成的, 称为**薄膜干涉**. 薄膜干涉分为等倾干涉和等厚干涉, 下面将分别进行介绍.

13.3.1 等倾干涉

在介绍薄膜干涉之前, 首先需要了解半波损失和附加光程差的概念. 所谓半波损失, 就是当光从折射率较小的介质(光疏介质)射向折射率较大的介质(光密介质)并在界面上发生

反射时,反射光相对于入射光有相位突变 π,由于相位差 π 与光程差 $\frac{\lambda}{2}$ 相对应,相当于反射光多走了半个波长的光程,故这种现象称为**半波损失**,多走的光程差称为**附加光程差**. 半波损失仅存在于当光从光疏介质射向光密介质时的反射光中,折射光没有半波损失.而当光从光密介质射向光疏介质时,反射光也没有半波损失. 对于薄膜干涉,在满足薄膜折射率大于两侧介质折射率或薄膜折射率小于两侧介质折射率时($n_1 < n_2$ 且 $n_3 < n_2$ 或 $n_1 > n_2$ 且 $n_3 > n_2$),将需要考虑附加光程差.

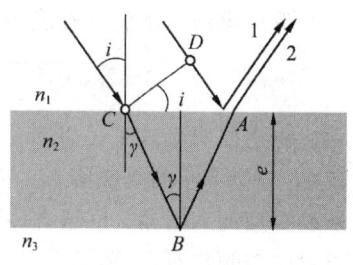

图 13-10　等倾干涉

如图 13-10 所示,一束平行光入射到厚度为 e 的均匀透明薄膜表面上,将有一部分光在上表面上发生反射,另一部分光在下表面上发生反射并透射出上表面. 虽然光线在薄膜内部会发生多次反射,但是由于其强度是逐渐减小的,所以,这里只考虑在下表面发生一次反射时的干涉情况. 设光线在上表面上 A 点处发生反射形成光线 1,光线由 C 点入射,在下表面 B 点反射形成光线 2,两束光线在 A 点处叠加.

设光线在上表面的入射角为 i,在下表面的入射角为 γ,B 点附近薄膜厚度为 e,薄膜介质及两侧介质的折射率分别为 n_2、n_1 和 n_3. 则光线 1 和光线 2 在 A 点相遇时的光程差为

$$\delta = n_2(\overline{AB} + \overline{BC}) - n_1 \overline{AD} + \delta' \tag{13-4}$$

式中,δ' 为附加光程差,由几何关系,得

$$\overline{AB} = \overline{BC} = \frac{e}{\cos\gamma}$$

$$\overline{AD} = \overline{AC} \cdot \sin i = 2e \cdot \tan\gamma \cdot \sin i$$

则光程差为

$$\delta = \frac{2n_2 e}{\cos\gamma} - \frac{2n_1 e \cdot \sin\gamma \cdot \sin i}{\cos\gamma} + \delta'$$

将折射定律 $n_1 \sin i = n_2 \sin\gamma$ 代入上式,得

$$\delta = 2n_2 e \cos\gamma + \delta' \tag{13-5}$$

或

$$\delta = 2e\sqrt{n_2^2 - n_1^2 \sin^2 i} + \delta' \tag{13-6}$$

由式(13-6)可见,对于等厚度的均匀薄膜,光程差与入射角 i 有关. 当以相同角度入射时,光线具有固定的光程差,对应恒定的相位差,进而满足相干条件. 因倾角不同而形成的一系列的明暗相间的条纹,每一条纹都对应了某一固定的倾角,这种干涉称为**等倾干涉**.

观察等倾干涉的装置如图 13-11 所示,光源 S 发出的光入射到薄膜表面,在薄膜上下两个表面发生反射,反射光经焦距为 f 的聚焦透镜 L 会聚到位于焦平面的屏幕上. 以相同倾角 i 入射到薄膜表面的光线应在同一圆锥面上,其反射光在屏

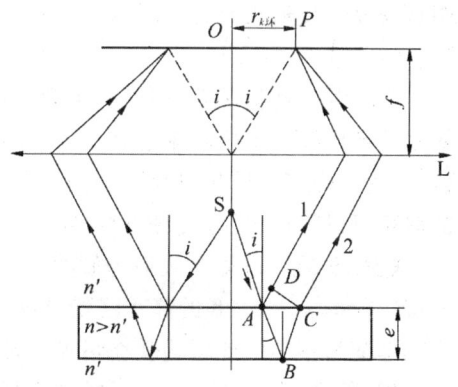

图 13-11　等倾干涉观察装置

幕上会聚到同一个圆周上. 因此,整个干涉图样是由一系列明暗相间的同心圆环组成的.

形成等倾干涉明条纹的条件是

$$\delta = 2e\sqrt{n_2^2 - n_1^2 \sin^2 i} + \delta' = k\lambda \quad (k=0,1,2,3,\cdots)$$

形成等倾干涉暗条纹的条件是

$$\delta = 2e\sqrt{n_2^2 - n_1^2 \sin^2 i} + \delta' = (2k+1)\frac{\lambda}{2} \quad (k=0,1,2,3,\cdots)$$

由上面两个式子可以看出,随着入射角 i 增大,光程差 δ 减小,对应干涉的级次降低. 在等倾干涉条纹中,半径越小的条纹对应的入射角 i 也越大,对应的级次也越低. 条纹之间的间距也与倾角有关,倾角越大,条纹的间距越小;反之越大,如图 13-12 所示.

实际观察等倾条纹的时候,也经常使用面光源,这里不再解释.

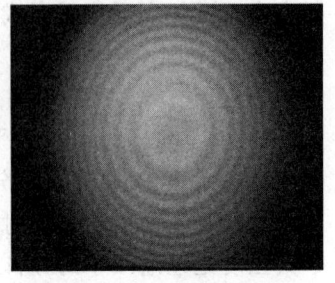

图 13-12 等倾干涉条纹

上述讨论适合于单色光的等倾干涉分布. 对于非单色光的等倾干涉,每一个波长都按照上述规律在屏幕上分布,所以看到的是彩色条纹的图样.

利用等倾干涉原理可以制造增透膜和高反膜. 图 13-13 所示为增透膜,当光垂直入射时,薄膜两表面反射光的光程差等于 $2n_2 e$,通常设计增透膜的折射率满足 $n_1 < n_2 < n_3$,此时在上下两个表面都会产生附加光程差 $\frac{\lambda}{2}$,故而不存在附加相位差. 要使透射增加,必须让反射光相消,而发生干涉相消的条件为

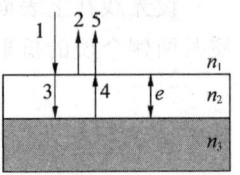

图 13-13 增透膜

$$2n_2 e = (2k+1)\frac{\lambda}{2} \quad (k=0,1,2,3,\cdots) \tag{13-7}$$

因此,要使膜达到增透的目的就必须满足上式. 膜的最小厚度为当 $k=0$ 时,$e = \frac{\lambda}{4n_2}$.

在镀膜工艺中,通常把 ne 称为薄膜的**光学厚度**. 镀膜时控制厚度 e,使之满足式(13-7),可以增加对应波长的透射率. 与其相近的波长,透射率也得到一定的增强,但是无法达到最强. 这种增透膜的应用十分广泛,日常较为常见的是应用于照相机镜头、光学眼镜的镜片等. 这些器件的增透膜通常选用人眼最为敏感的波长 550nm 的光作为主波长. 因此,在白光下观察薄膜的反射光时,波长距离 550nm 越远,光的反射率越高. 一般好的照相机镜头呈现蓝紫色就是这个原因.

在另外一些情况下,则要求光学器件具有较高的反射率. 例如,在激光器中形成谐振腔的全反射镜就要求反射率达到 99% 以上. 通过控制薄膜光学厚度的方法,也可以设计高反膜,以达到提高发射率的目的. 此时,要求在薄膜两个表面的反射光满足干涉相长条件,必要的时候可以使用多层高反膜的结构.

【**例 13-3**】 已知人眼最为敏感的波长 $\lambda = 550$nm,照相机镜头折射率 $n_3 = 1.5$,其上涂一层折射率 $n_2 = 1.38$ 的氟化镁增透膜,光线垂直入射. 若反射光干涉相消的条件中取 $k=1$,膜的厚度为多少?此增透膜在可见光范围内有无增反(空气折射率为1)?

解:因为 $n_1 < n_2 < n_3$,所以反射光经历两次半波损失. 反射光干涉相消的条件是

$$2n_2 e = \frac{(2k+1)\lambda}{2}$$

代入 k 和 n_2,求得

$$e = \frac{3\lambda}{4n_2} = \frac{3 \times 550 \times 10^{-9}}{4 \times 1.38}\text{m} = 2.989 \times 10^{-7}\text{m}$$

此膜对反射光干涉相长的条件为

$$2n_2 e = k\lambda$$
$$k=1, \lambda_1 = 825\text{nm}$$
$$k=2, \lambda_2 = 412.5\text{nm}$$
$$k=3, \lambda_3 = 275\text{nm}$$

因可见光波长范围为 390~700nm,所以,波长为 412.5nm 的可见光有增反.

【例 13-4】 一油轮漏出的油(折射率 $n_1 = 1.20$)污染了某海域,在海水($n_2 = 1.30$)表面形成一层薄薄的油污.问:

(1) 如果太阳位于海域正上空,一直升机的驾驶员从机上向正下方观察,他所正对的油层厚度为 460nm,则他将观察到油层呈什么颜色?

(2) 如果一潜水员潜入该区域水下,并向正上方观察,看到的油层又呈什么颜色?

解:(1) 驾驶员看到的是反射光,设光程差为 δ_r 时反射增强,根据薄膜干涉的推论,有

$$\delta_r = 2n_1 e = k\lambda$$

即当波长 λ 满足:

$$\lambda = \frac{2n_1 e}{k} \quad (k=1,2,3,\cdots)$$

时,反射增强. k 取不同值时,有

$$k=1, \lambda = 2n_1 e = 1104\text{nm}$$
$$k=2, \lambda = n_1 e = 552\text{nm}$$
$$k=3, \lambda = \frac{2}{3}n_1 e = 368\text{nm}$$
$$\cdots$$

可见,只有当 $k=2$ 时,绿色的光反射增强,所以驾驶员将看到绿色.

(2) 潜水员看到的是透射光,设光程差为 δ_t 时透射增强,根据薄膜干涉的推论,透射光若要干涉相长,需

$$2n_1 e = (2k+1)\frac{\lambda}{2} \quad (k=0,1,2,3,\cdots)$$

同理,有

$$k=0, \lambda = \frac{2n_1 e}{\frac{1}{2}} = 2208\text{nm}$$

$$k=1, \lambda = \frac{2n_1 e}{\frac{3}{2}} = 736\text{nm}$$

$$k=2, \lambda = \frac{2n_1 e}{\frac{5}{2}} = 441.6\text{nm}$$

$$k=3, \lambda=\frac{2n_1 e}{\frac{7}{2}}=315.4\text{nm}$$

...

可见,$k=1$ 时的红色光(736nm)和 $k=2$ 时的紫色光(441.6nm)透射光增强,所以潜水员将看到紫红色的光.

13.3.2 等厚干涉

等倾干涉是在薄膜厚度均匀的前提下发生的干涉现象,下面讨论薄膜厚度不均匀时的干涉现象. 如图 13-14 所示,一束平行光入射到厚度不均匀的薄膜表面,A 点入射的光在下表面 C 点反射,经 B 点透射出来,形成光线 1. 照射在 B 点的光线经反射形成光线 2.

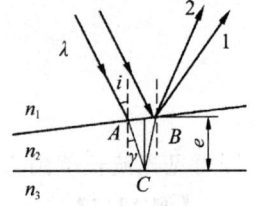

图 13-14 等厚干涉

由于薄膜厚度不均匀,光线 1 和 2 并不平行,其相位差也难以确定. 但是,在薄膜很薄的前提下,AB 两点的距离很短,所以可近似认为该处厚度 e 相等. 因此,可以利用计算等倾条纹的光程差的方法,得

$$\delta\approx 2n_2 e\cos\gamma+\delta'=2e\sqrt{n_2^2-n_1^2\sin^2 i}+\delta'$$

由上式可知,当入射角 i 不变时,光程差同薄膜厚度有关. 对于厚度连续变化的薄膜,将会在薄膜表面产生一系列干涉条纹,称为等厚干涉条纹. 等厚干涉条纹上同一条纹表示薄膜的同一厚度.

若只考虑垂直入射的情况,即 $i=\gamma=0$ 时,光线 1 和 2 的光程差可以表示为

$$\delta=2n_2 e+\delta'$$

此时,明暗条纹出现的条件为

$$\delta=2n_2 e+\delta'=\begin{cases}2k\dfrac{\lambda}{2} & (k=1,2,3,\cdots \text{ 明条纹})\\(2k+1)\dfrac{\lambda}{2} & (k=0,1,2,\cdots \text{ 暗条纹})\end{cases}$$

日常生活中看到油膜在日光照耀下展现的五彩花纹就是等厚干涉条纹. 实验室常用劈尖实验和牛顿环实验来观察等厚干涉条纹.

首先介绍劈尖干涉实验. 如图 13-15(a) 所示,两块平行玻璃板,一端相接触,另一端夹一纸片. 此时,两片玻璃间便形成楔形空气薄膜,称为空气劈尖,接触的交线称为棱边. 平行于棱边的线上各点空气劈尖厚度是相等的. 入射光垂直入射于玻璃片时,将在劈尖上下两个表面上反射,形成相干光 1 和相干光 2,如图 13-15(b) 所示.

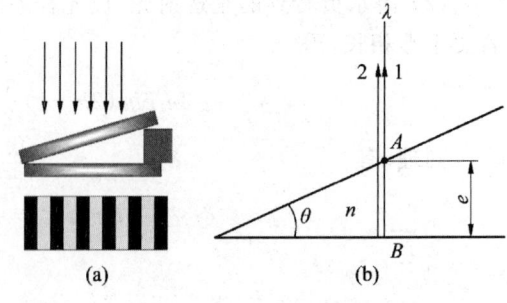

图 13-15 劈尖等厚干涉

由于空气的折射率($n=1$)小于玻璃折射率,所以,空气劈尖上下表面发生的反射将形成附加的光程差,因此

$$\delta=2e+\frac{\lambda}{2}$$

因此,空气劈尖产生明暗条纹的条件为

$$\delta=2e+\frac{\lambda}{2}=\begin{cases} k\lambda & (k=1,2,3,\cdots \quad 明条纹) \\ (2k+1)\frac{\lambda}{2} & (k=0,1,2,\cdots \quad 暗条纹) \end{cases} \quad (13\text{-}8)$$

可见,当劈尖厚度 e 恰好满足明条纹的条件时,将发生干涉相长,这时能够观察到与棱边相平行的明条纹.同样,劈尖厚度 e 恰好满足暗条纹的条件时,将发生干涉相消,这时能够观察到与棱边相平行的暗条纹.式(13-8)中 k 取 0 时,光程差为 $\frac{\lambda}{2}$,对应于暗条纹,实验也证实了这一推论,从而进一步证实了半波损失现象的存在.

如图 13-16 所示,两玻璃夹角(即劈尖的)角度为 θ,则任意相邻两条明条纹或任意相邻两条暗条纹的间距 L 满足:

$$L=\frac{\Delta e}{\sin\theta}=\frac{\lambda}{2\sin\theta} \quad (13\text{-}9)$$

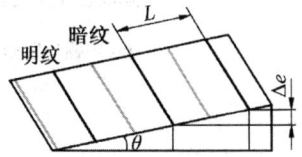

图 13-16　劈尖的条纹间距

显然,劈尖明暗条纹的间距相等,并且随 θ 值的变化而变化. θ 值越大,干涉条纹越密;反之,干涉条纹越疏.当 θ 值很大时,干涉条纹无法分开,所以劈尖干涉实验只能在角度很小的劈尖上进行.

式(13-9)可以变形为

$$\lambda=2L\sin\theta \quad \text{或} \quad \sin\theta=\frac{\lambda}{2L}$$

因此,对于某一劈尖(θ 值一定),若能测出其条纹间距 L,就能得到入射光的波长.或者对于某一单色光(λ 值一定),若能测出其在劈尖上干涉产生的条纹间距,就能得到劈尖的夹角.

工程技术上常通过劈尖实验来测量细丝的直径或薄片的厚度.例如,把金属丝夹在两块平玻璃之间,形成劈尖,此时用单色光垂直照射,就可得到等厚干涉条纹.测出干涉条纹的间距,就可以算出金属丝的直径.

劈尖实验也可以用来检测物体表面平整度.例如,一块标准玻璃片加一块平整度待检的玻璃片,两玻璃片一端接触,另一端垫上薄纸片,形成空气劈尖.如果待检查平面是一理想平面,干涉条纹将为互相平行的直线.被检验平面与理想平面的任何光波长数量级的差别,都将引起干涉条纹的弯曲,由条纹的弯曲方向和程度可判定被检验表面在该处的局部偏差情况.

牛顿环实验也是等厚干涉的典型实验.如图 13-17(a)所示,将一平凸透镜放在一个平面玻璃片上,将形成四周较厚、向中心逐渐变薄的空气薄层.当平行光垂直入射时,可以观测到如图 13-17(b)所示的干涉图样.图样中心为一暗斑,四周为明暗相间的同心圆环状条纹.所产生的环状条纹是由于干涉形成的,称为**牛顿环**.

牛顿环为等厚干涉条纹,下面来讨论牛顿环的条纹分布规律.设平凸透镜曲率半径为 R,距中心 O 为 r 处的空气膜厚度为 e,则明暗条纹与厚度 e 之间的关系应满足:

$$\delta=2e+\frac{\lambda}{2}=\begin{cases} k\lambda & (k=1,2,3,\cdots \quad 明条纹) \\ (2k+1)\frac{\lambda}{2} & (k=0,1,2,\cdots \quad 暗条纹) \end{cases} \quad (13\text{-}10)$$

由几何关系可得

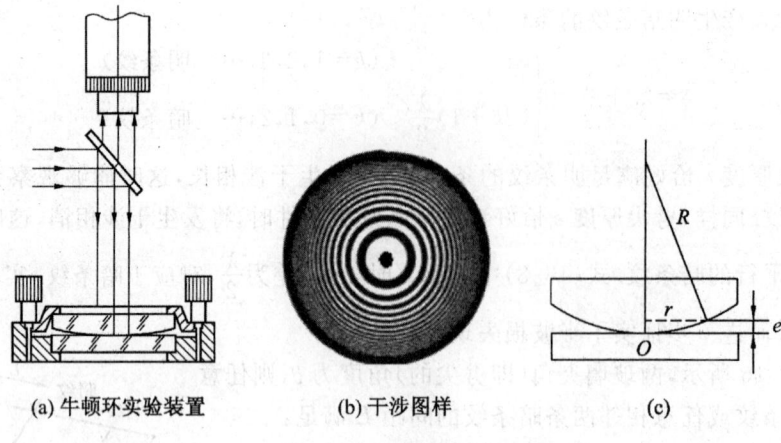

(a) 牛顿环实验装置　　(b) 干涉图样　　(c)

图 13-17　牛顿环实验

$$(R-e)^2+r^2=R^2$$

由于空气厚度 e 通常远远小于平凸透镜曲率半径 R，所以可将上式展开，略去其中高阶小项，可得

$$e=\frac{r^2}{2R}$$

代入式(13-10)，得

$$r=\begin{cases}\sqrt{\left(k-\dfrac{1}{2}\right)R\lambda} & (k=1,2,3,\cdots\quad\text{明环})\\ \sqrt{kR\lambda} & (k=0,1,2,\cdots\quad\text{暗环})\end{cases}$$

由上式可知，随着级数 k 的增大，干涉条纹之间的间距变小．条纹中心($k=0$)为一暗斑，这是由半波损失引起的附加光程差造成的．

【例 13-5】　波长为 680nm 的平行光照射到 $L=12$cm 长的两块玻璃片上，两玻璃片的一边相互接触，另一边被厚度 $D=0.048$mm 的纸片隔开．试问：在这 12cm 长度内会呈现多少条暗条纹？

解：劈尖暗条纹的条件为

$$2e+\frac{\lambda}{2}=(2k+1)\frac{\lambda}{2}\quad(k=0,1,2,\cdots)$$

则在纸片处，有

$$2D+\frac{\lambda}{2}=(2k+1)\frac{\lambda}{2}$$

得

$$k=\frac{2D}{\lambda}=141.2$$

由于 k 只能取整数，k 取 $0,1,2,\cdots,141$，所以可以看到 142 条暗条纹．

【例 13-6】　图 13-18 所示为测量油膜折射率的实验装置．在平面玻璃片 G 上放一折射率为 n_2 的油滴，并展开成圆形油膜．波长 $\lambda=$

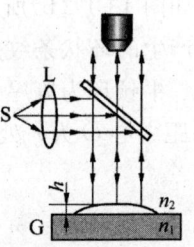

图 13-18　例 13-6 图

600nm 的单色光垂直入射，从反射光中可观察到油膜所形成的干涉条纹.已知玻璃的折射率 $n_1=1.50$，油膜的折射率 $n_2=1.20$. 求当油膜中心最高点与玻璃片的上表面相距 $h=8.0\times10^2$ nm 时，干涉条纹是如何分布的？可看到几条明条纹？明条纹所在处的油膜厚度为多少？

解：条纹为同心圆，由于 $n_1>n_2$，且皆大于空气折射率，所以不考虑半波损失，明条纹的条件为

$$\delta=2n_2e_k=k\lambda \quad (k=0,1,2,\cdots)$$

可得各级明条纹与对应油膜厚度 e 之间满足下列关系：

$$e_k=k\frac{\lambda}{2n_2} \quad (k=0,1,2,\cdots)$$

代入不同的 k 值，有

$$k=0, \ e_0=0$$
$$k=1, \ e_1=250\text{nm}$$
$$k=2, \ e_2=500\text{nm}$$
$$k=3, \ e_3=750\text{nm}$$
$$k=4, \ e_4=1000\text{nm}$$

油膜厚度 $h=8.0\times10^2$ nm，所以可以看到 4 条明条纹.

【例 13-7】 牛顿环实验中采用某单色光，借助于低倍测量显微镜测得由中心往外数第 k 级明环的半径 $r_k=3.0\times10^{-3}$ m，k 级往上数第 16 个明环半径 $r_{k+16}=5.5\times10^{-3}$ m，平凸透镜的曲率半径 $R=2.50$m. 求单色光的波长.

解：明环半径公式为

$$r_k=\sqrt{\frac{(2k-1)R\lambda}{2}}$$

则 k 级往上数第 16 个明环半径为

$$r_{k+16}=\sqrt{\frac{[2\times(k+16)-1]R\lambda}{2}}$$

根据牛顿环透镜曲率半径和明条纹之间的关系，得

$$r_{k+16}^2-r_k^2=16R\lambda$$

代入数值，得

$$\lambda=\frac{(5.5\times10^{-3})^2-(3.0\times10^{-3})^2}{16\times2.50}\text{nm}=531.3\text{nm}.$$

13.4 迈克耳孙干涉仪

1881 年，为了研究光速问题，迈克耳孙（A. A. Michelson，1852—1931）根据光干涉相关原理设计了迈克耳孙干涉仪. 现在常见的许多干涉仪都是以迈克耳孙干涉仪为基础衍生而成的，其在物理学发展史上扮演了重要的角色.

13.4.1 迈克耳孙干涉仪

迈克耳孙干涉仪实物图如图 13-19(a)所示，其由两块平面镜 M_1 和 M_2、两块玻璃片 G_1

和 G_2 组成,如图 13-19(b)所示.玻璃片 G_1 上镀有一层半透半反光学薄膜,平面镜 M_1 和 M_2 相互垂直,并与 G_1 和 G_2 成 45°角.当光束入射时,经玻璃片 G_1 照射在光学薄膜上,在薄膜上光束被分为两部分,一部分透射,得到光束 1,一部分反射得到光束 2.

光束 1 经 G_2 在平面镜 M_1 上反射,并再次经 G_2 照射到光学薄膜上,在薄膜上发生反射,得到光束 $1'$.光束 2 经 G_1 在平面镜 M_2 上反射,并再次经 G_1 照射到光学薄膜上,在薄膜上发生透射得到光束 $2'$,光束 $1'$ 和 $2'$ 相重叠.

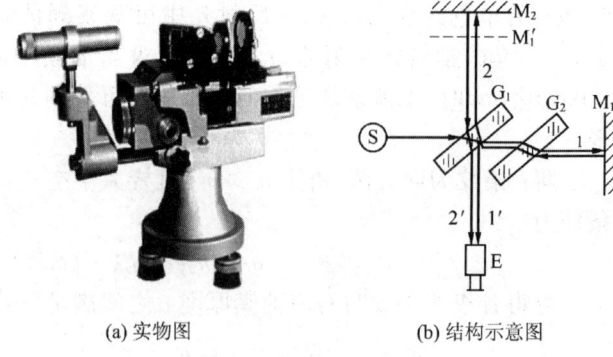

(a) 实物图　　(b) 结构示意图

图 13-19　迈克耳孙干涉仪

在这里之所以加入玻璃片 G_2,是因为光束 2 在传播过程中 3 次经过玻璃片 G_1,而光束 1 只经过 G_1 一次,为了补偿光束 1 不足的光程差,所以加入 G_2,于是也把 G_2 称为补偿玻璃.因此,在考虑补偿玻璃后,将干涉的效果看作是由 M_1 的虚像 M_1' 和 M_2 之间所夹空气膜形成的薄膜干涉.

若两个平面镜呈一定的倾角,则相当于 M_1' 和 M_2 间夹了一个空气劈尖,条纹为等厚干涉条纹.此时移动平面镜 M_2,相当于改变空气劈尖厚度,条纹也会随之移动.设已知入射光的波长为 λ,则每当有一条条纹移过,表示平面镜的 M_2 移动了 $\frac{\lambda}{2}$ 的距离.根据条纹移动的方向,可以判断平面镜 M_2 的移动方向.所以,利用迈克耳孙干涉仪,可在已知单色光波长的情况下测量位移,或在已知位移的情况下测量单色光的波长.

若两个平面镜严格地垂直,即 M_1' 和 M_2 平行,此时条纹为等倾干涉条纹.此时移动平面镜 M_2,相当于改变薄膜的厚度,条纹也会随之变化.

迈克耳孙干涉仪作为一种用来观察各种干涉现象及相关变化下条纹移动情况的仪器,是许多近代干涉仪器的原型.一些测量长度、谱线波长的设备也运用了迈克耳孙干涉仪的相关原理.

13.4.2 *迈克耳孙-莫雷实验

1887 年,为了测量地球相对于"以太"的运动,迈克耳孙与莫雷(E. W. Morley,1838—1923)一起设计了迈克耳孙-莫雷实验.该实验将干涉仪安装在很重的石质平台上,将装置浮于水银面上,使之可以平稳地转动,如图 13-20 所示.为了增加光路,干涉仪中设计了多面镜子进行多次反射.

根据以太学说的观点,以太"绝对静止",而世间万物相对以太运动,光在以太中传播的速率是 c.因此,固定在地球上的干涉仪将与地球一起,相对以太以速度 u 运动,而以太相对地球以速度 $-u$ 运动.在 M 到 M_1 路程上光速为 $c+u$,回程时光速为 $c-u$,光束返回所需时间为

$$t_1 = \frac{d}{c+u} + \frac{d}{c-u} = \frac{2d}{c} \cdot \frac{1}{1-\left(\frac{u}{c}\right)^2}$$

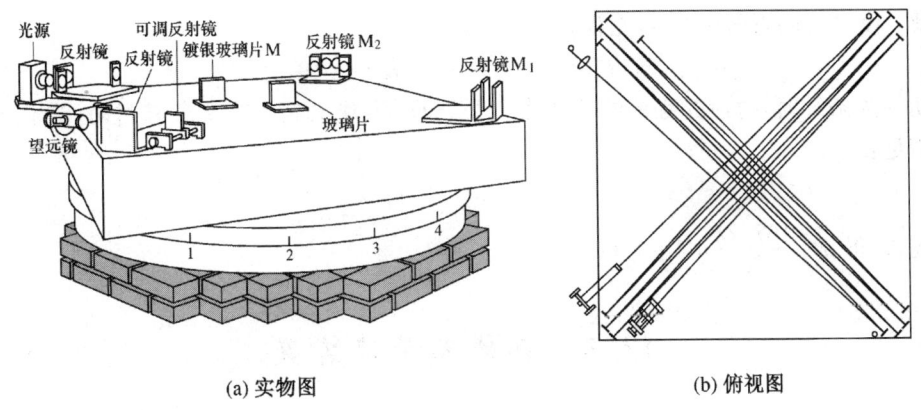

(a) 实物图   (b) 俯视图

图 13-20 迈克耳孙-莫雷实验

沿 MM_2M 运动的一束光波,在由 M 到 M_2 的往返路程上按照以太假设,光速都是 $\sqrt{c^2-u^2}$,M 到 M_2 往返所需时间为

$$t_2=\frac{d}{\sqrt{c^2-u^2}}=\frac{2d}{c}\cdot\frac{1}{\sqrt{1-\left(\frac{u}{c}\right)^2}}$$

两束光波进入被探测器或人眼接收的时间差 $\Delta t=t_1-t_2$,相应的光程差为

$$\delta=c\Delta t=c(t_1-t_2)=2d\left\{\left[1-\left(\frac{u}{c}\right)^2\right]^{-1}-\left[1-\left(\frac{u}{c}\right)^2\right]^{-\frac{1}{2}}\right\}$$

设 $u\ll c$,将方括号中的量展开,略去高次项,可得

$$\delta=2d\left\{\left[1+\left(\frac{u}{c}\right)^2+\cdots\right]-\left[1+\frac{1}{2}\left(\frac{u}{c}\right)^2+\cdots\right]\right\}=2d\left[\frac{1}{2}\left(\frac{u}{c}\right)^2\right]=d\left(\frac{u}{c}\right)^2$$

然后整个干涉仪转过 $90°$,上述两条光路的位置互相交换,时间差 Δt 改变符号,光程差也改变,进而观察到的干涉条纹位置应发生移动.实验的时候,迈克耳孙和莫雷一面旋转实验装置,一面观察干涉条纹的移动,转过 $90°$ 后,光程差变化 2δ,相应条纹应移动 $\frac{2\delta}{\lambda}$ 根,于是得

$$\Delta N=\frac{2\delta}{\lambda}=\frac{2d}{\lambda}\left(\frac{u}{c}\right)^2$$

在迈克耳孙-莫雷的试验中,令 $d=11\mathrm{m},\lambda=5.9\times10^{-7}\mathrm{m}$,假定 u 为地球的轨道速率,则 $\frac{u}{c}=10^{-4}$,干涉仪转过 $90°$,条纹应该移动的数目为

$$\Delta N=\frac{2d}{\lambda}\left(\frac{u}{c}\right)^2=\frac{2\times11}{5.9\times10^{-7}}(10^{-4})^2\approx0.4$$

实验所用干涉仪的精度可观察到 0.01 根条纹的移动,因此,0.4 根条纹的移动完全可以观察出.但是和预想不同的是,在地球上不同地方进行这一实验都没有观察到干涉条纹的移动,从而验证了以太学说是站不住脚的.而若根据爱因斯坦的相对论,认为在不同的路径上光速都为 c,实验结果就可以合理地被解释.

【例 13-8】 在迈克耳孙干涉仪的两臂中分别引入 $10\mathrm{cm}$ 长的玻璃管 A、B,其中一个抽成真空,另一个在充以一个大气压空气的过程中观察到 107.2 条条纹移动,使用的单色光的波长为 $546\mathrm{nm}$.求空气的折射率.

解：设空气的折射率为 n，光程差

$$\delta = 2nl - 2l = 2l(n-1)$$

每移动一条条纹时，对应光程差的变化为一个波长，当观察到 107.2 条移过时，光程差的改变量满足：

$$2l(n-1) = 107.2\lambda$$

代入波长，得 $n = \dfrac{107.2\lambda}{2l} + 1 = 1.0002927$.

13.5 分波面干涉装置

杨氏双缝实验是分波面干涉的典型实验，除此之外，菲涅尔双面镜、菲涅尔双棱镜、劳埃德镜和比耶对切透镜等也都是分波面干涉的实验装置，它们通过同一光源的反射或折射得到干涉光.

13.5.1 菲涅尔双面镜

如图 13-21 所示，菲涅尔双面镜由两个平面镜 M_1 和 M_2 组成，它们一端靠在一起并且夹角很小．缝光源 S 发出的光，经两平面镜反射后沿不同方向照向屏幕．其中从两个平面镜反射的光可看作是由两个虚光源 S_1 和 S_2 发射的，这两个虚光源发出的光是由同一光源 S 分波面得到的，所以是相干的．因此，虚光源发出的光交叠的光场内将发生干涉，可以看到与杨氏双缝实验类似的干涉条纹.

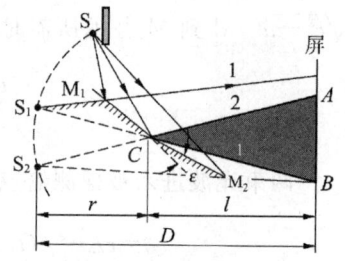

图 13-21　菲涅尔双面镜

13.5.2 菲涅尔双棱镜

如图 13-22 所示，菲涅尔双棱镜由两块底面相合、顶角很小且相等的薄三棱镜构成．点光源 S 发出的光，经两个棱镜折射后分成两束，沿不同方向照向屏幕．同样，可以将两束光看作是由两个虚光源 S_1 和 S_2 发射的，这两个虚光源发出的光是由同一光源 S 分波面得到的，所以也是相干的．因此，虚光源发出的光在交叠的光场内将发生干涉，可以看到干涉条纹．菲涅尔棱镜实验也可以使用缝光源，其干涉条纹与杨氏双缝实验相似.

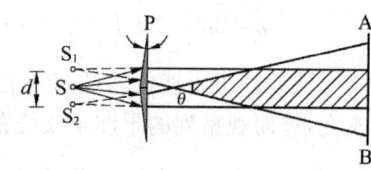

图 13-22　菲涅尔双棱镜

13.5.3 劳埃德镜

劳埃德镜相对于前两种干涉装置结构更加简单，如图 13-23 所示，劳埃德镜只需要一块平面镜 M．缝光源 S_1 置于与平面镜 M 较远并与平面镜所在平面较近的位置．S_1 发射的光经平面镜反射射向屏幕 AB，这束光可以看作是从虚光源 S_2 射出的．光源 S_1 和虚光源 S_2 发出的光由同一光源 S 分波面得到，所以是相干的．屏幕 AB 上两束光交叠的光场中可以看到干涉条纹.

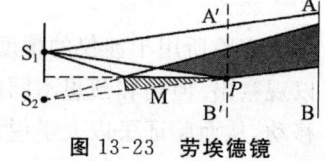

图 13-23　劳埃德镜

利用劳埃德镜同样可以证明半波损失现象的存在．将屏幕向平面镜 M 移动直到其接触

到平面镜,可以观察到接触点的干涉条纹为暗点. 这是由于反射光中存在附加光程差,导致接触点处相位相差 $\frac{\pi}{2}$.

使用不同材质的材料,劳埃德镜能够在较宽的谱线范围内实现分波面干涉. 比如,X 射线采用晶体做镜面,可见光使用光滑电解质板,微波使用金属导线线栅,对于无线波,使用水面和电离层都可以.

13.5.4 比耶对切透镜

如图 13-24 所示,将一个透镜切开,在切开的两块透镜中间夹一片黑纸,使两部分沿着垂直于光轴的方向分开,这就是比耶对切透镜. 在光轴上设一个缝光源,将在透镜另一侧形成两个实像,这两个实像可以看作两个缝光源 S_1 和 S_2. 两个缝光源发出的光在交叠的光场内将发生干涉,可以看到与杨氏双缝实验类似的干涉条纹.

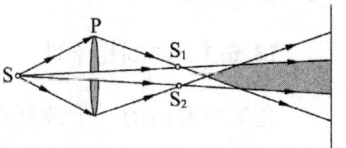

图 13-24 比耶对切透镜

【**例 13-9**】 如图 13-25 所示,距离湖面 $h=1\text{m}$ 处有一电磁波接收器位于 C,当一射电星从地平面渐渐升起时,接收器断续地检测到一系列极大值. 已知射电星所发射的电磁波的波长为 40.0cm,求第一次测到极大值时,射电星的方位与湖面所成的角度.

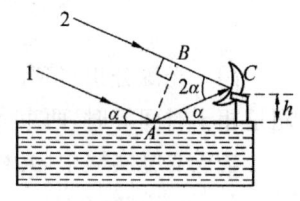

图 13-25 例 13-9 图

解:入射到水面的电磁波应考虑附加光程差,所以光程差为

$$\delta = AC - BC + \frac{\lambda}{2} = AC(1-\cos 2\alpha) + \frac{\lambda}{2}$$

根据几何关系,有

$$AC = \frac{h}{\sin\alpha}$$

光程差可以表示为

$$\delta = \frac{h}{\sin\alpha}(1-\cos 2\alpha) + \frac{\lambda}{2}$$

卫星检测到极大值,说明干涉相长,波程差

$$\delta = k\lambda$$

可得角度须满足:

$$\sin\alpha = \frac{(2k-1)\lambda}{4h}$$

取 $k=1$,则

$$\alpha_1 = \arcsin\frac{\lambda}{4h}$$

代入数值,得 $\alpha_1 = \arcsin\dfrac{40.0\times 10^{-2}}{4\times 1} = 5.74°$.

13.6　时间相干性　条纹可见度

前文已经介绍,光源发射出来的光线通过分波阵面或分振幅法能够发生干涉,也介绍了只有同一个波列分裂的两部分再次相遇时才能满足相干条件.因此,必须保证所分开的两束光线的光程差小于波列的长度,才能使同一波列的两部分在空间相遇.

13.6.1　时间相干性

光源所发出的一个波列在介质中传播时,把传播一个波列的时间 t_0 称为**相干时间**,把传播一个波列所需的光程称为**相干长度**.若光源波列长度为 l_0,在折射率为 n 的介质中传播时,相干长度 L_0 为 nl_0,相干时间 t_0 则可以表示为

$$t_0 = \frac{L_0}{c} = \frac{nl_0}{c}$$

同一光源分束得到的两束光线,分束后传播的光程差超过相干长度 L_0 或者经历的时间超过相干时间 t_0 时,两束光不能产生干涉现象.这一性质称为光的**时间相干性**.

杨氏双缝实验中,光程差表示为

$$\delta \approx d\sin\theta \approx d \cdot \frac{x}{D}$$

因此,要保证满足时间相干性的要求,就必须尽量减小双缝之间的距离 d 或增加双缝与屏幕之间的距离 D.同时也可以解释为什么干涉条纹主要集中在屏幕中心附近(x 应取较小值).这就是双缝干涉实验要求 $D \gg x, D \gg d$ 的原因之一.

对于迈克耳孙干涉仪,之所以要加入玻璃片 G_2,也是防止两束光的光程差大于相干长度,从而无法满足时间相干的要求,导致不能看到干涉条纹.

13.6.2　条纹可见度

用普通单色光源进行双缝干涉,所观察到的干涉条纹在中央明条纹附近较为清晰,而远离中央明条纹的将逐渐模糊直至消失.在实验过程中可以发现,要得到更为清晰的干涉条纹,必须将狭缝的距离开得很窄,若开得宽,条纹将会模糊.

通常用**可见度**来定量描述条纹的清晰程度,其定义为:**干涉图像中明条纹的最大强度 $I_{\max}$ 和相邻暗条纹的最小强度 $I_{\min}$ 两者差值与和值的比值**,即

$$V = \frac{I_{\max} - I_{\min}}{I_{\max} + I_{\min}} \tag{13-11}$$

$I_{\max}$ 和 $I_{\min}$ 两者之差值越大,则可见度 V 越大,条纹越清晰;反之,两者值相近时,条纹则难以辨认.

从光强的角度分析,若强度为 I_1 和 I_2 的两束相干光在空间某点叠加,相遇位置光程差为 $\Delta\varphi$.当发生干涉时,光强分布为

$$I = I_1 + I_2 + 2\sqrt{I_1 I_2}\cos\Delta\varphi$$

这两束光在不同位置相遇时的光程差 $\Delta\varphi$ 值不同,造成了光强的空间分布,如图 13-26 所示.不难看出,干涉条纹有着恒定的背景 $I_1 + I_2$,变化幅度为 $2\sqrt{I_1 I_2}$.

因此，可见度 V 可以表示为

$$V = \frac{I_{\max} - I_{\min}}{I_{\max} + I_{\min}} = \frac{4\sqrt{I_1 I_2}}{2(I_1 + I_2)} = \frac{2\sqrt{I_1 I_2}}{I_1 + I_2}$$

(13-12)

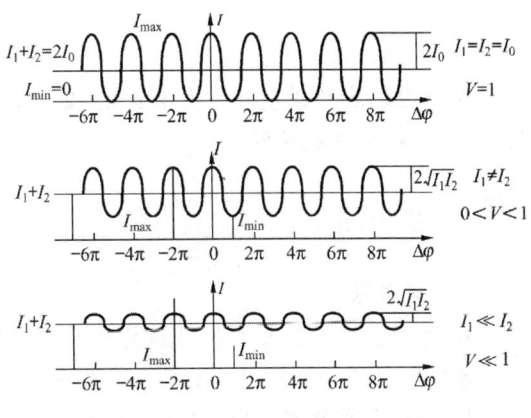

根据式(13-12)，可以得出可见度 V 与光强 I_1、I_2 的关系. 如图 13-26 所示，I_1、I_2 的值越接近，条纹的可见度越大，可以观测到的条纹越清晰；反之，则可见度降低，条纹也难以辨认.

另外，影响条纹可见度的因素除了光强之外，光源单色性和光源的线度也对可见度有所影响.

图 13-26　干涉条纹的可见度

单色光源是一种理想的情况，实际上光源都有一定的谱线宽度. 为了分析光源非单色性对干涉条纹可见度的影响，假设一种较为简单的情况，即谱线中心波长为 λ，谱线宽度为 $\Delta\lambda$，各波长对应的光谱强度相等. 由于不同波长光波之间并不相干，因此，此时视场内应为在各个波长各自形成干涉条纹的基础上进行的非相干叠加，如图 13-27 所示.

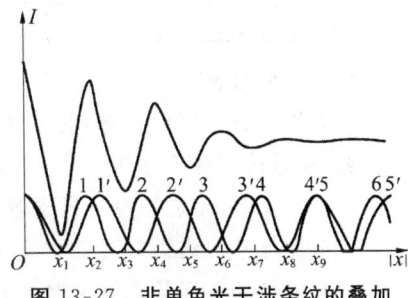

图 13-27　非单色光干涉条纹的叠加

各波长的零级干涉条纹是重合的（在 $x=0$ 处），其他的各级条纹则逐渐展开. 实际上，由式(13-2)可得到各级条纹之间的间距为

$$x = \frac{D}{d}\lambda$$

因此，波长较长的光波干涉条纹的位置要比波长较短的光波同一级干涉条纹的位置远一些，而且随着级数增大，同一级条纹位置之间的距离越来越长. 如图 13-27 所示，当波长较长的某一级干涉条纹位置和波长较短的下一级干涉条纹相重叠的时候，条纹无法被分辨. 因此，设波长 $\lambda + \frac{\Delta\lambda}{2}$ 的光波第 k 级明条纹恰好同波长 $\lambda - \frac{\Delta\lambda}{2}$ 的光波第 $k+1$ 级明条纹重合，代入式(13-2)，可得

$$k\frac{D}{d}\left(\lambda + \frac{\Delta\lambda}{2}\right) = (k+1)\frac{D}{d}\left(\lambda - \frac{\Delta\lambda}{2}\right)$$

解上式，得

$$k = \frac{\lambda}{\Delta\lambda} - \frac{1}{2}$$

由于通常谱线半宽远小于波长，即 $\Delta\lambda \ll \lambda$，所以上式的 $\frac{1}{2}$ 可以忽略，因此干涉条纹重叠级数为

$$k \approx \frac{\lambda}{\Delta\lambda}$$

其对应的光程差 δ 可以写成

$$\delta = \frac{\lambda^2}{\Delta\lambda}$$

通常也把该光程差称为**相干长度**. 显然,光源的单色性越好(Δλ 就越小),相干长度越长,光源的相干性就越好.

复习题

一、思考题

1. 两盏独立的钠光灯发出相同频率的光照射到同一点时,两束光叠加之后能否产生干涉现象? 若以同一盏钠光灯的两个不同部分作为光源,照射到同一点时,结果又如何?

2. 在杨氏双缝实验中,为什么采用白光作光源引起的干涉条纹比单色光引起的干涉条纹要多?

3. 在杨氏双缝实验中,下述情况能否看到干涉条纹?
(1) 使用同样频率的两个单色光源分别照射双缝;
(2) 使用白色照明光源,其中一个狭缝前放置红色滤光片,另一个狭缝前放置绿色滤光片;
(3) 使用白色照明光源,将一块蓝色的滤光片放置在双缝前面.

4. 在杨氏双缝干涉实验中,下述情况将引起干涉条纹怎样的变化?
(1) 将 532nm 波长的激光光源换成 589nm 的钠光灯;
(2) 将屏幕向远离双缝的方向移动;
(3) 将单缝向双缝的方向移动;
(4) 将双缝实验装置浸入水中;
(5) 将两缝的距离靠近.

5. 吹肥皂泡时,随着肥皂泡的体积变大,肥皂泡将呈现出颜色;当肥皂泡快要破裂时,膜上将呈现出黑色,这是为什么?

6. 为什么在观察窗户上的玻璃时没有看到干涉现象?

7. 在劈尖干涉实验中,若将劈尖上方的玻璃向上平移,干涉条纹将发生怎样的变化? 若增大劈尖的角度呢?

8. 在劈尖干涉实验中,劈尖上方玻璃为标准平板玻璃,下方为待测样品,看到如图 13-28 所示的条纹图样,请问样品的表面为什么会发生弯曲?

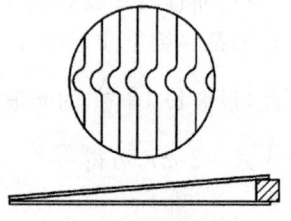

图 13-28 思考题 8 图

9. 在牛顿环实验中,将平凸透镜向上移动,则看到的条纹会发生怎样的变化? 为什么?

二、选择题

1. 单色平行光垂直照射在薄膜上,经上下两表面反射的两束光发生干涉,如图 13-29 所示. 若薄膜的厚度为 e, $n_1 < n_2$ 且 $n_3 < n_2$, λ_1 为入射光在 n_1 中的波长,则两束反射光的光程差为( ).

(A) $2n_2 e$ (B) $2n_2 e - \dfrac{\lambda_1}{2n_1}$

(C) $2n_2 e - \dfrac{\lambda_1 n_1}{2}$ (D) $2n_2 e - \dfrac{\lambda_1 n_2}{2}$

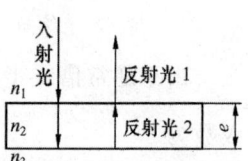

图 13-29 选择题 1 图

2. 如图 13-30 所示，$n_1 > n_2 > n_3$，则两束反射光在相遇点的相位差为( )．

(A) $\dfrac{4\pi n_2 e}{\lambda}$ (B) $\dfrac{2\pi n_2 e}{\lambda}$

(C) $\dfrac{4\pi n_2 e}{\lambda} + \pi$ (D) $\dfrac{2\pi n_2 e}{\lambda} - \pi$

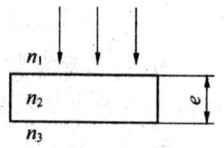

图 13-30　选择题 2 图

3. 如图 13-31 所示，S_1、S_2 为两个相干点光源，它们到 P 点的距离分别为 r_1 和 r_2，S_1 至 P 点的路径垂直穿过一块厚度为 t_1、折射率为 n_1 的介质板，S_2 至 P 点的路径垂直穿过厚度为 t_2、折射率为 n_2 的另一介质板，其余部分可看作真空，这两条路径的光程差等于( )．

(A) $(r_2 + n_2 t_2) - (r_1 + n_1 t_1)$

(B) $[r_2 + (n_2-1)t_2] - [r_1 + (n_1-1)t_1]$

(C) $(r_2 - n_2 t_2) - (r_1 - n_1 t_1)$

(D) $n_2 t_2 - n_1 t_1$

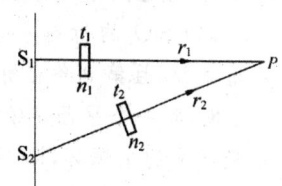

图 13-31　选择题 3 图

4. 如图 13-32 所示，两个直径有微小差别的彼此平行的滚柱之间的距离为 L，夹在两块平晶的中间，形成空气劈形膜．当单色光垂直入射时，产生等厚干涉条纹．如果滚柱之间的距离 L 变小，则在 L 范围内干涉条纹的( )．

(A) 数目减少，间距变大

(B) 数目不变，间距变小

(C) 数目增加，间距变小

(D) 数目减少，间距不变

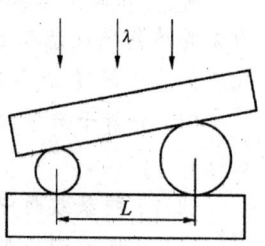

图 13-32　选择题 4 图

5. 在双缝干涉实验中，屏幕 E 上的 P 点处是明条纹．若将缝 S_2 盖住，并在 S_1、S_2 连线的垂直平分面处放一高折射率介质反射面 M，如图 13-33 所示，则此时( )．

(A) P 点处仍为明条纹

(B) P 点处为暗条纹

(C) 不能确定 P 点处是明条纹还是暗条纹

(D) 无干涉条纹

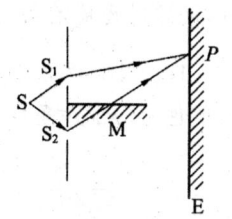

图 13-33　选择题 5 图

三、计算题

1. 在杨氏双缝干涉实验中，用波长 $\lambda = 589.3$ nm 的钠灯作光源，屏幕距双缝的距离 $d' = 800$ nm，问：

(1) 当双缝间距 1mm 时，两相邻明条纹中心间距是多少？

(2) 假设双缝间距为 10mm，两相邻明条纹中心间距又是多少？

2. 在杨氏双缝干涉实验装置中，屏幕到双缝的距离 D 远大于双缝之间的距离 d，对于钠黄光（$\lambda = 589.3$ nm）产生的干涉条纹，相邻两条明条纹的角距离（即相邻两明条纹对双缝处的张角）为 $0.200°$．用什么波长的光，可以使这个双缝装置所测得的相邻两条纹的角距离比用钠黄光测得的角距离大 10%？

3. 在杨氏双缝干涉实验中，采用的单色光光源波长为 550nm．若用一片晶体挡在其中一条狭缝上,发现零级条纹移动到原先的第 7 条明条纹的位置,求此晶体的厚度.

4. 白光垂直照射到空气中一厚度为 380nm 的肥皂水膜上,若肥皂水的折射率为 1.33,试问水膜表面呈现什么颜色?

5. 例 13-3 增透膜例子中,为了增加透射率,求氟化镁膜的最小厚度.已知空气 $n_1=1.00$,氟化镁 $n_2=1.38$,$\lambda=550$nm.

6. 使用单色光来观察牛顿环,测得某一明环的直径为 3.00mm,在它外面第 5 个明环的直径为 4.60mm,所用平凸透镜的曲率半径为 1.03m,求此单色光的波长.

7. 在生产半导体元件时,为了测定硅片上 SiO_2 薄膜的厚度,将该膜的一端腐蚀成劈尖状.已知 SiO_2 的折射率 $n=1.46$,用波长 $\lambda=589.3$nm 的钠光照射后,观察到劈尖上出现 9 条暗条纹,且第 9 条在劈尖斜坡上端点 M 处,Si 的折射率为 3.42.试求 SiO_2 薄膜的厚度.

8. 将一个平凸透镜的顶点和一块平晶玻璃接触,用某波长的单色光垂直照射,观察反射光形成的牛顿环,测得中央暗条纹向外第 k 个暗条纹的半径为 r_1.将透镜和玻璃板浸入某种折射率小于玻璃的液体中,测得第 k 个暗条纹的半径为 r_2.求该液体的折射率.

9. 一柱面平凹透镜 A,曲率半径为 R,放在平玻璃片 B 上,如图 13-34 所示.现用波长为 λ 的单色平行光自上方垂直往下照射,观察 A 和 B 间空气薄膜反射光的干涉条纹.若空气膜的最大厚度 $d=2\lambda$.

(1) 分析干涉条纹的特点(形状、分布、级次高低),作图表示明条纹;

(2) 求明条纹距中心线的距离;

(3) 共能看到多少条明条纹?

(4) 若将玻璃片 B 向下平移,条纹如何移动?若玻璃片移动了 $\frac{\lambda}{4}$,问这时还能看到几条明条纹?

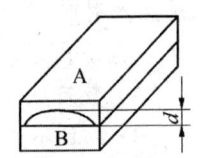

图 13-34 计算题 9 图

10. 利用迈克耳孙干涉仪可测量单色光的波长,当 M_2 移动距离 $d=0.3220$mm 时,测得某单色光的干涉条纹移过 $N=752$ 条.试求该单色光的波长.

第 14 章

光 的 衍 射

学习目标

- 了解惠更斯-菲涅尔原理及其对光的衍射现象的定性解释.
- 了解用半波带法分析单缝夫琅禾费衍射条纹分布规律的方法,会分析缝宽及波长对衍射条纹分布的影响.
- 掌握光栅衍射公式,能够确定光栅衍射谱线的位置,理解缺级现象的物理意义,会分析光栅常数及波长对光栅衍射谱线分布的影响.
- 了解衍射对光学仪器分辨能力的影响.

与干涉一样,衍射也是光的波动性的典型特征. 因此,研究光的衍射特性,有助于更好地了解光的波动性质.

14.1 惠更斯-菲涅尔原理

菲涅尔在惠更斯原理上加入了新的假设,从而可以解释光衍射时发生的现象. 我们先从这些现象入手.

14.1.1 光的衍射现象

同机械波和电磁波能够发生衍射现象一样,光因其具有波动性,也能够发生衍射现象. 当光遇到与其波长相近的障碍物时,能够绕开障碍物向前传播,这就是**光的衍射**. 图 14-1 所示为当光分别遇到(a) 圆孔、(b) 圆盘、(c) 方孔、(d) 狭缝时所产生的衍射条纹.

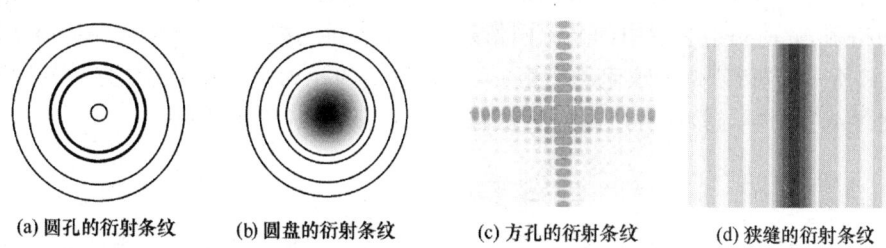

(a) 圆孔的衍射条纹　　(b) 圆盘的衍射条纹　　(c) 方孔的衍射条纹　　(d) 狭缝的衍射条纹

图 14-1　衍射条纹

14.1.2 惠更斯-菲涅尔原理

利用惠更斯原理可以定性地解释光的衍射现象,但在解释衍射条纹分布时遇到了困难.

菲涅尔在惠更斯原理的基础上,提出了一个新的假定:**波在传播的过程中,从同一波阵面上各点发出的子波,在空间某一点相遇时产生相干叠加**. 这一假设发展了惠更斯原理,更好地解释了衍射的过程,称为**惠更斯-菲涅尔原理**.

菲涅尔还给出了光线传播时振幅的变化规律. 如图 14-2 所示,某一波阵面 S 上一面元 dS 发出的子波在波阵面前方某点 P 所引起的光振动的振幅大小与面元 dS 的面积成正比,与面元到 P 点的距离 r 成反比,并且随面元法线与 r 间的夹角 θ 增大而减小. 因此,计算整个波阵面上所有面元发出的子波在 P 点引发的光振动的总和,就可以得到 P 点处的光强.

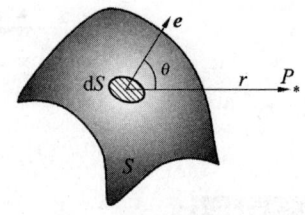

图 14-2 惠更斯-菲涅尔原理

设 $t=0$ 时刻波阵面上各点相位为零,则波阵面上某面元 dS 发出的光经时间 t 照射在 P 点处引起的振动为

$$dE = CK(\theta)\frac{dS}{r}\cos\left(\omega t - \frac{2\pi r}{\lambda}\right) \tag{14-1}$$

式中,C 为比例系数;$K(\theta)$ 为一随法线与 r 夹角 θ 变化而变化的函数,称为**倾斜因子**,其值随着 θ 的增大而缓慢减小. 菲涅尔指出,沿法线方向传播的子波振幅最大,即 $\theta=0$ 时 $K(\theta)$ 取最大值. 同时,由于光线无法向后传播,因此当 $\theta \geqslant \frac{\pi}{2}$ 时,$K(\theta)$ 应为零. 而 dS 在 P 点引起振动的相位则与两者之间的光程有关.

整个波阵面在 P 点引起的振动就可以写为

$$E(P) = \int_S \frac{CK(\theta)}{r}\cos\left(\omega t - \frac{2\pi r}{\lambda}\right)dS \tag{14-2}$$

这就是惠更斯-菲涅尔原理的数学表达式. 一般的衍射问题都可利用它来解决. 然而式(14-2)的计算是较为复杂的,简单的情况下可以求解,对于较为复杂的情况则需要利用计算机进行数值运算.

14.1.3 菲涅尔衍射与夫琅禾费衍射

观察衍射现象的实验装置一般都是由光源、衍射屏和接收屏三部分组成的. 通常把衍射分为菲涅尔衍射和夫琅禾费衍射. **菲涅尔衍射**是指光源按照一定发散角度入射到衍射屏上时产生的衍射,此时衍射装置中的光源同衍射屏或衍射屏与接收屏之间的距离为有限远,如图 14-3(a)所示. 若衍射是**夫琅禾费衍射**时,光源发出的光为平行光,此时衍射装置中的光源同衍射屏或衍射屏与接收屏之间的距离为无限远,如图 14-3(b)所示.

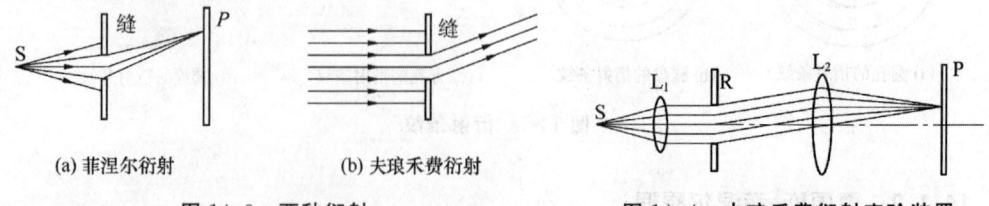

(a) 菲涅尔衍射　　(b) 夫琅禾费衍射

图 14-3 两种衍射　　　　　图 14-4 夫琅禾费衍射实验装置

由于夫琅禾费衍射对于理论和实际应用都十分重要,而且其实验装置(图 14-4)和分析

计算都较为简便,因此后面的内容主要介绍夫琅禾费衍射.

14.2 单缝衍射

作为一种基本的衍射现象,单缝衍射反映了光的衍射的基本特征和实质.

14.2.1 单缝夫琅禾费衍射

单缝夫琅禾费衍射的实验装置如图 14-5 所示,线光源 S 发射的光,经焦平面上的透镜聚焦形成平行光束,该平行光束经狭缝 G 形成缝光源,根据惠更斯-菲涅尔原理,该缝光源为相干光源.该缝光源发射的光经透镜聚焦后,在屏幕上形成明暗相间的条纹.

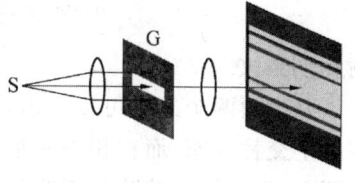

图 14-5 单缝夫琅禾费衍射实验

实验观测到的单缝夫琅禾费衍射条纹的中央为明条纹,两侧条纹宽度逐渐减小,条纹的间距逐渐增加.通常使用菲涅尔半波带法来解释单缝夫琅禾费衍射条纹分布规律.

14.2.2 单缝衍射的条纹空间分布

如图 14-6 所示,狭缝 AB 的宽度为 a,光线经过狭缝后沿不同的方向进行传播,其中某一传播方向与屏幕(屏幕与狭缝所在平面本身)法线之间的夹角为 θ,称为**衍射角**.沿衍射角 θ 传播的光线经透镜聚焦后,将在屏幕上 P 点叠加.

此时,条纹的明暗与缝的两个边缘 A、B 处光线到达 P 点时的光程差 δ 有关,光程差 δ 可以写成:

$$\delta = a\sin\theta$$

根据惠更斯-菲涅尔原理,可以将同一波阵面分割成许多等面积的小波阵面,每一个波阵面都可以看作是相干光源.在单缝夫琅禾费衍射中,可将狭缝处的波阵面分割成多个条状波阵面带,使每个波阵面带上下两边缘发出的光在屏上 P 处的光程差为 $\frac{\lambda}{2}$,此带称为**半波带**,如图 14-7 所示.

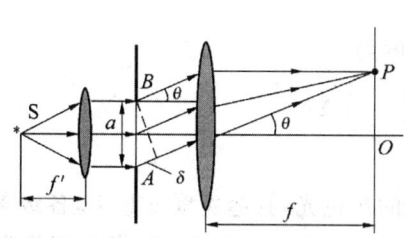

图 14-6 单缝夫琅禾费衍射条纹空间分布

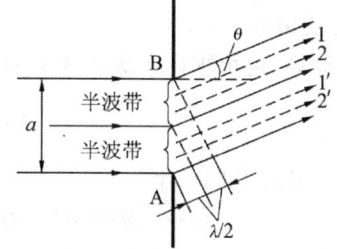

图 14-7 半波带

由于透镜并不能引起附加的光程差,因此当相邻两个半波带发射的光线在屏幕上相叠加时,所有光线对应的相位差均为 π,因此能够相互抵消.于是,要判断屏幕上 P 点处条纹是明还是暗,只需分析 P 点对应半波带的情况即可.

对应于某一衍射角 θ,总光程差 δ 为偶数个半波长时,能够分为偶数个半波带,在屏幕上

P 点形成暗条纹；总光程差 δ 为奇数个半波长时，能够分为奇数个半波带，在屏幕上 P 点形成明条纹，即当

$$a\sin\theta = \pm 2k \cdot \frac{\lambda}{2} \quad (k=1,2,3,\cdots) \tag{14-3}$$

时为暗条纹；当

$$a\sin\theta = (2k+1) \cdot \frac{\lambda}{2} \quad (k=\pm 1, \pm 2, \pm 3, \cdots) \tag{14-4}$$

时为明条纹。

从上面两个式子可以看出，明暗条纹在空间上交替分布。而在相邻明暗条纹之间的位置上，为衍射角波阵面不能分割为整数倍的半波带，所以其亮度在明暗条纹之间，且其强度也是不均匀的，称为次极大，如图 14-8 所示。

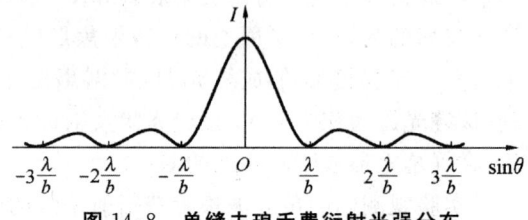

图 14-8 单缝夫琅禾费衍射光强分布

可见，中央明条纹处强度最大，两侧明条纹处强度逐渐减小，这是由于随着衍射角 θ 的增大，狭缝处波阵面分割成的半波带数量越来越多，对应波阵面面积也越来越小的缘故。

通常把 $k=\pm 1$ 时两条暗条纹中心对应的角度称为中央明条纹的**角宽度**。对于暗条纹，$k=1$ 时对应的衍射角为 θ_1，称为**半角宽度**，可以写成

$$\theta_1 = \arcsin \frac{\lambda}{a}$$

当 θ_1 很小时，有

$$\theta_1 \approx \frac{\lambda}{a}$$

$2\theta_1$ 即中央明条纹所对应的**角宽度**，为

$$\theta_0 = 2\theta_1 \approx 2\frac{\lambda}{a}$$

于是可得中央明条纹的宽度为

$$\Delta x_0 = 2f \cdot \tan\theta_1 \approx 2f \cdot \theta_1 = 2f \cdot \frac{\lambda}{a} \propto \frac{\lambda}{a}$$

式中，f 为透镜的焦距。

通过计算，也可求出各级次极大对应的宽度为

$$\Delta x = f \cdot \frac{\lambda}{a} = \frac{1}{2}\Delta x_0$$

为中央明条纹宽度的一半。

式(14-3)和式(14-4)说明，对于特定波长的单色光，狭缝宽度 a 越大，各级条纹对应的 θ 角越小，即各级条纹将向中心靠拢。若 a 值较大（$a \gg \lambda$）时，各级衍射条纹将聚在一起形成一条亮线。这是从单缝射出的平行光束沿直线传播所引起的，也就是几何光学中描述的光沿直线传播的现象。此时由于障碍物的尺寸远大于光的波长，衍射现象不明显。

需要说明的是，上面的描述都是在单色光的情况下做出的。当入射光为白光的时候，从狭缝发射出各种波长的光到达屏幕中央的光程差相同，所以在屏幕中央看到的是白色的明条纹。中央明条纹两侧，由式(14-3)和式(14-4)所示，$\sin\theta$ 同 λ 成正比。所以，不同波长的同

一级明条纹会略微错开分布.每一级明条纹中,靠近中心的为波长最短的紫色条纹,最远的为波长最长的红色条纹.

【例 14-1】 将波长为 632.8nm 的光垂直入射到宽为 0.3mm 的狭缝上,进行单缝衍射实验,狭缝后设置一个焦距为 30cm 的透镜.求衍射条纹中央明条纹的宽度.

解：根据单缝衍射特点,相邻两条暗条纹之间的距离即为明条纹的宽度,暗条纹公式为

$$a\sin\theta = \pm 2k \cdot \frac{\lambda}{2} \quad (k=1,2,3,\cdots)$$

中央明条纹两侧为 k 取值 1 时对应的暗条纹,得

$$a\sin\theta \approx a\theta = \pm\lambda$$

因此,中央明条纹对应的半角宽度为

$$\theta = \frac{\lambda}{a}$$

所以中央明条纹的宽度 W 为

$$W = 2f\tan\theta \approx \frac{2\lambda}{a}f$$

代入数值,得 $W = 1.266\text{mm}$.

14.2.3 *单缝衍射的光强计算

通常使用振幅矢量法来计算单缝衍射的光强.

如图 14-9 所示,将单缝衍射实验中缝 AB 处的波阵面分割成 N 个等大的波阵面元,每个小面元相当于子波的波源.由于面元的宽度较小,可以认为子波沿衍射角 θ 到达屏幕上某点处的振幅相等,设为 ΔA.相邻两个面元发出的子波到达屏幕上时光程差 δ' 为

$$\delta' = \frac{a\sin\theta}{N}$$

对应的相位差为

$$\Delta\varphi = \frac{2\pi}{N\lambda}a\sin\theta$$

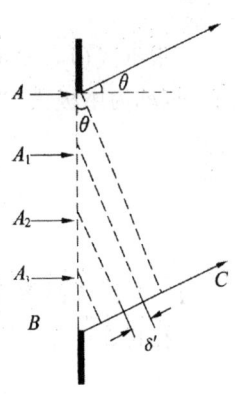

图 14-9 单缝衍射条纹光强的计算

根据惠更斯-菲涅尔原理,各个子波叠加的振动合振幅等于每个子波振幅矢量的合成,也就是 N 个频率相同、振幅相同、相位差依次增加 $\Delta\varphi$ 的振动矢量的合成,即

$$\mathbf{A} = \mathbf{A}_1 + \mathbf{A}_2 + \mathbf{A}_3 + \cdots = \sum_{i=1}^{N}\mathbf{A}_i$$

也可以按照多边形法则作图求得,如图 14-10 所示.

合成振幅 A 为

$$A = \Delta A \frac{\sin N\frac{\Delta\varphi}{2}}{\sin\frac{\Delta\varphi}{2}}$$

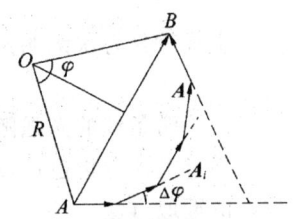

图 14-10 振动矢量合成

通常 $\Delta\varphi$ 值较小,所以有 $\sin\frac{\Delta\varphi}{2} = \frac{\Delta\varphi}{2}$,故

$$A = \Delta A \frac{\sin N \frac{\Delta\varphi}{2}}{\frac{\Delta\varphi}{2}} = \Delta A N \frac{\sin N \frac{\Delta\varphi}{2}}{N \frac{\Delta\varphi}{2}}$$

引入 $u = N \frac{\Delta\varphi}{2} = \frac{\pi a \sin\theta}{\lambda}$，则

$$A = \Delta A N \frac{\sin u}{u}$$

当 $\theta = 0$ 时，$u = 0$，$\frac{\sin u}{u} = 1$，有 $A = A_0 = N\Delta A$，即中央明条纹中心处振幅为 A_0，因此任意一点的振幅为

$$A = A_0 \frac{\sin u}{u}$$

光强也可以写成

$$I = I_0 \left(\frac{\sin u}{u}\right)^2 \tag{14-5}$$

式(14-5)表明，随着衍射角的变化，屏幕上各点光强相对于中央明条纹光强的变化关系.

根据式(14-5)可得，当 $\theta = 0$ 时，单缝衍射条纹的强度最大为 I_0，此处为中央明条纹的中心，也称为主极大. 当

$$u = \pm k\pi \quad (k = 1, 2, 3, \cdots)$$

即

$$a\sin\theta = \pm 2k \cdot \frac{\lambda}{2} \quad (k = 1, 2, 3, \cdots) \tag{14-6}$$

时，$I = 0$，即为暗条纹的中心位置.

在相邻两个条纹的中心位置为次级的明条纹. 由

$$\frac{d}{du}\left(\frac{\sin u}{u}\right) = 0$$

可以求得 $\tan u = u$，解此方程可以求得

$$a\sin\theta = \pm 1.43\lambda, \pm 2.46\lambda, \cdots$$

上式就是各次级明条纹的位置. 对应的各次级明条纹的强度满足

$$I_0 = 0.471 I_0, 0.0165 I_0, \cdots$$

即各次级明条纹的光强随着级次的增大而迅速减小.

通过上述分析也可以发现，由半波带法得到的条纹位置相当准确，说明半波带法是一种较好的近似方法.

14.3 圆孔衍射

下面讨论另外一种衍射——圆孔衍射.

14.3.1 圆孔衍射

如图 14-11 所示，如果将单缝夫琅禾费衍射中的狭缝换成圆孔，同样可以看到衍射现

象.此时在透镜的焦平面上的中央将出现亮斑,周围是以亮斑为圆心、明暗交替的环状条纹.

圆孔衍射条纹的中央亮斑称为**爱里斑**.设圆孔衍射中,圆孔直径为 D,透镜的焦距为 f,使用波长为 λ 的单色光入射,爱里斑的直径为 d,对应透镜光心的张角为 2θ,如图 14-12 所示.

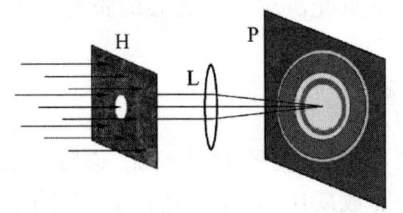

图 14-11 圆孔夫琅禾费衍射实验

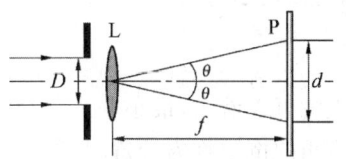

图 14-12 爱里斑的计算

通过计算可以得到

$$\theta \approx \sin\theta = 0.61\frac{\lambda}{d} = 1.22\frac{\lambda}{D} \tag{14-7}$$

因此,可以得到爱里斑的直径 d 表示为

$$d = 2\theta f = 2.44\frac{\lambda}{D}f$$

也就是说,单色光波长 λ 越大,或圆孔直径 D 越小,衍射现象越明显;反之,当圆孔直径 D 非常大 $\left(\frac{\lambda}{D} \ll 1\right)$ 时,衍射现象就可以忽略,此时就为几何光学所描述的"光沿直线传播"现象.

14.3.2 光学仪器的分辨能力

受到衍射现象的影响,光学仪器存在着分辨能力的问题.从波动光学的角度来看,点光源所发出的光经过仪器的圆孔或狭缝之后,能够发生衍射现象.即点光源所发射出来的光经透镜系统所成的像将不再是一个点,而是一组弥散的衍射条纹.若两个点光源的距离很近,而形成的衍射光斑又比较大,就很容易重叠在一起很难分辨开来.

两个非相干点光源经光学系统所成的像如图 14-13 所示.当其中一个点光源的爱里斑中心恰好与另一个点光源的爱里斑的边缘重合时,可认为两个光源恰好能够分辨,如

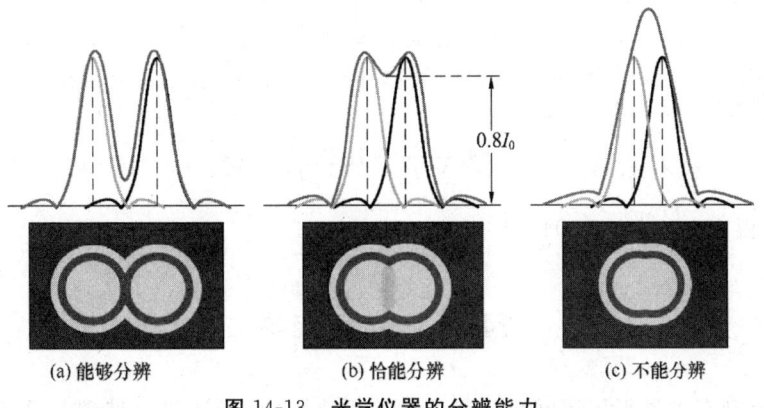

图 14-13 光学仪器的分辨能力

图 14-13(b)所示.此时,两个衍射图样相重叠部分的中心光强为单个点光源爱里斑的 0.8 倍.若点光源的爱里斑之间的距离更远,则认为两个点光源能够被光学仪器所分辨,如图 14-13(a)所示.反之,若两个点光源的爱里斑之间的距离更近,则认为两个点光源不能被光学仪器所分辨,如图 14-13(c)所示.这种判断两个点光源能否被人眼或者光学仪器所分辨的判断方法称为**瑞利判据**.把恰好能够分辨的情况下点光源对透镜光心的张角 θ_0 称为**最小分辨角**,可以表示为

$$\theta_0 = 1.22 \frac{\lambda}{D}$$

由上式可以看出,最小分辨角与波长 λ 成正比,与光仪孔径 D 成反比.通常把光学仪器最小分辨角的倒数称为**分辨率**,所以分辨率与波长 λ 成反比,与光仪孔径 D 成正比.这也就是天文望远镜上采用大直径(最大的反射式望远镜的孔径能够达到10m)透镜的原因.

当然,上述讨论是在两个点光源非相干的前提下进行的,若点光源为相干光,则应先考虑干涉效应.

显微镜同望远镜有所不同.由于显微镜的焦距较短,通常把被观测的物体放在物镜的焦距之外,经物镜形成放大实像后再经目镜放大.通常用最小分辨距离来表示显微镜的分辨极限,表示为

$$\Delta y = \frac{0.61\lambda}{n\sin u}$$

式中,n 为物方折射率,u 为孔径对物点张角的一半,$n\sin u$ 称为显微镜的数值孔径.因此,显微镜的分辨能力表示为

$$R = \frac{1}{\Delta y} = \frac{n\sin u}{0.61\lambda}$$

上式表明,要提高显微镜的分辨本领,应该减小光波的波长 λ,或增加物方折射率 n,从而增大显微镜的数值孔径.电子显微镜就是利用电子束的波动性,通过加高压的方法使电子束的波长达到 0.1nm 的数量级,从而提高分辨率的.而高倍率的显微镜经常使用油浸镜头,就是通过在载物片和物镜之间滴一滴油,使数值孔径增大到 1.5nm 左右,从而使分辨的最小距离减小.通常显微镜的数值孔径总是小于 1.

【**例 14-2**】 在迎面驶来的汽车上,两盏前灯相距 1.2m.试问汽车离人多远的地方,眼睛才可能分辨这两盏前灯?假设夜间人眼瞳孔直径为 5.0mm,入射光波长 $\lambda = 550.0$nm.

解:根据瑞利判据,最小分辨角为

$$\theta_0 = 1.22 \frac{\lambda}{D}$$

当角度很小时,有

$$\theta_0 = \frac{\Delta x}{l} = 1.22 \frac{\lambda}{D}$$

代入数值,可得 $l = \frac{D\Delta x}{1.22\lambda} = 8.94 \times 10^3$ m.

14.4 光栅衍射

若玻璃上刻有大量平行等间距且等宽度的刻痕,平行光透过该玻璃时会产生特殊的衍

射现象.这种刻有大量平行等间距刻痕的光学器件称为**光栅**.刻痕一般刻在玻璃或石英上,刻痕不透光,光线能够透过没有刻痕的地方,这种光栅称为透射光栅.也可把刻痕刻在反射界面上,如镜面或金属表面,这种光栅称为反射光栅.常见的光栅在很窄的宽度往往可以刻有很多条刻痕,如在 1mm 的宽度里有几百甚至上千条刻痕.

当光束垂直入射到透射光栅上时,每条透光的部分都相当于一个狭缝.光栅衍射相当于衍射和干涉同时作用的结果.因为光透过这些狭缝时将会发生衍射,并通过透镜在前方的屏幕上产生衍射条纹;与此同时,来自不同狭缝的光也会发生相干叠加.下面我们讨论光栅衍射条纹的分布.

如图 14-14 所示,若光栅相邻两条刻痕之间透光的部分宽度为 a,一条刻痕的宽度为 b,则把它们的和 $(a+b)=d$ 称为光栅常数.

从干涉的角度出发,若从两相邻狭缝发出的光束之间光程差为波长的整数倍,即相位差为 2π 的整数倍时,在屏幕上叠加,将会干涉相长,产生明条纹.所以,产生干涉明条纹的条件为

$$(a+b)\sin\theta = \pm k\lambda \quad (k=0,1,2,3,\cdots) \quad (14\text{-}8)$$

或

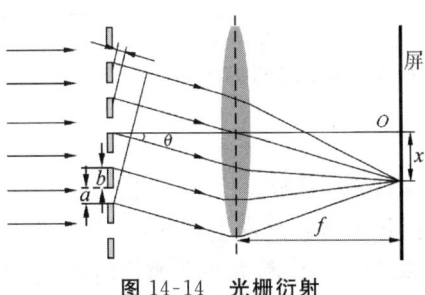

图 14-14 光栅衍射

$$\frac{2\pi(a+b)\sin\theta}{\lambda} = \pm 2k\pi \quad (k=0,1,2,3,\cdots) \tag{14-9}$$

式(14-9)称为**光栅方程**,满足光栅方程的明条纹称为**主明条纹**或**主极大**.

在两相邻主极大之间,会有暗条纹和次级的明条纹,这些条纹可以用振动合成的方法进行解释.

产生暗条纹的条件是参与叠加的振动矢量能够组成一个闭合的多边形,如图 14-15 所示.

当光栅有 N 条狭缝时,满足暗条纹的条件为

$$N\Delta\varphi = \pm 2m\pi \quad (m=1,2,3,\cdots)$$

需要注意的是,m 取值时并不能包括 N 或 N 的整数倍.相位差 $\Delta\varphi$ 可以表示为

$$\Delta\varphi = \frac{2\pi(a+b)\sin\theta}{\lambda}$$

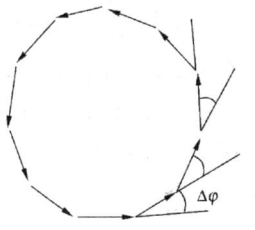

图 14-15 多峰振动合成形成暗条纹

于是可以得到产生暗条纹的条件为

$$(a+b)\cdot\sin\theta = \frac{\pm m}{N}\lambda$$

式中,m 的取值为 $m=1,2,3,\cdots,(N-1),(N+1),\cdots,(2N-1),(2N+1),\cdots$. 从条纹的位置来看,在两个相邻的主极大之间,会有 $N-1$ 条暗条纹.

既然在相邻的两个主极大之间有 $N-1$ 条暗条纹,那么,除了主极大的明条纹之外,在暗条纹之间一定还存在着 $N-2$ 条明条纹.但是实际上,这些条纹是振动没有完全抵消的较暗的条纹,其亮度是主极大的几十分之一,因此不是很明显.这些条纹称为**次级明条纹**或**次极大**.由于光栅的条纹数很多,且次极大的强度很低,所以通常观察到的光栅衍射条纹是由亮度较大而宽度较窄的主极大明条纹,以及存在于主极大之间由次极大和暗条纹构成的亮

度很低的背景构成的.

根据前面的分析可知,光栅衍射条纹是由每条狭缝的衍射光相互干涉形成的,也就是说,必须先有衍射光才能形成干涉,这也就是通常称为"光栅衍射"而不是"光栅干涉"的原因.在单缝衍射中已经分析过,当狭缝衍射角满足一定条件时,衍射光将形成暗条纹.当发生光栅衍射时,若衍射角满足单缝衍射的暗纹条件[式(14-3)]的同时,又满足光栅衍射的主极大的条件[式(14-9)],将只能形成暗条纹.这种现象称为**缺级现象**.联立两式

$$\frac{2\pi(a+b)\sin\theta}{\lambda} = \pm 2k\pi \quad (k=0,1,2,3,\cdots)$$

$$a\sin\theta = \pm 2k' \cdot \frac{\lambda}{2} \quad (k'=1,2,3,\cdots)$$

所以在缺级处,有

$$\frac{a+b}{a} = \frac{k}{k'} \tag{14-10}$$

即若光栅常数 $a+b$ 与光栅的缝宽 a 的比值可以化为整数之间的比值时,就会发生缺级现象.例如,若 $a+b$ 与 a 的比值为 $4:1$,则在 k 取值 $4,8,12,\cdots$ 时发生缺级,此时将无法观测到这些级次的主极大,如图 14-16 所示.

利用光栅衍射时衍射条纹的衍射角与波

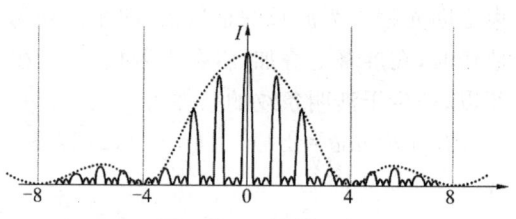

图 14-16 缺级现象

长有关,且具有主极大条纹亮度较高而宽度较窄的特点,可以用光栅来制成光谱仪,其结构如图 14-17 所示.光源发出的光进入光谱仪狭缝后,经透镜转换为平行光入射到光栅 G 上,此时可使用光电倍增管或 CCD 等探测器来检测不同角度的光信号,最后按照角度和波长之间的关系,就可以计算出不同波长对应的光强度,即光谱数据.

若入射光为单色光,根据其各级主极大衍射角的不同就可计算出其波长.若入射光为复色光,由于不同波长的光同一级主极大(零级除外)对应的衍射角不同,所以可以将入射光按照波长分开,形成**光栅光谱**,如图 14-18 所示.但是需要注意的是,对应于较高级次的光栅衍射光谱中的波长较长的部分可能会和下一级次的波长较短的部分重合.

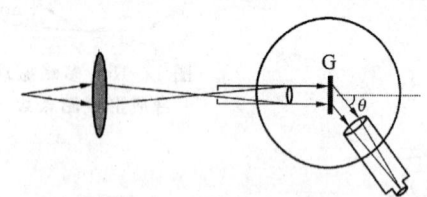

图 14-17 光谱仪结构

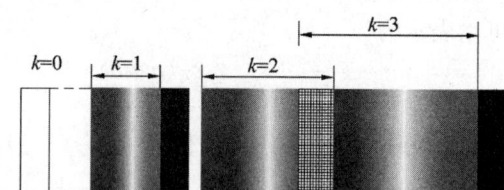

图 14-18 衍射光谱

光谱分析的应用较为广泛.比如,利用不同成分物体发出的光谱波长和强度特征,可以对物体中所含有的成分及其数量进行分析;或者通过光谱分析来确定物体的状态,如温度等.

【例 14-3】 在光栅衍射实验中,采用每厘米有 5000 条缝的衍射光栅,光源采用波长为 590.3nm 的钠光灯,试回答下列问题:

(1) 若光线垂直入射,可以看到衍射条纹的第几级谱线?一共能看到几条条纹?

(2) 若光线以 $i=30°$ 角入射,最多可看到第几级谱线?共有几条条纹?

(3) 实际上钠光灯的光谱是由峰值波长 $\lambda_1=589.0\text{nm}$ 和 $\lambda_2=589.6\text{nm}$ 的两条谱线组成的,求正入射时最高级条纹中此双线分开的角距离及在屏上分开的线距离.设光栅后透镜的焦距为 2m.

解：(1) 根据光栅方程：
$$(a+b)\sin\theta = \pm k\lambda \quad (k=0,1,2,3,\cdots)$$

得
$$k = \pm\frac{a+b}{\lambda}\sin\theta$$

按题意知,光栅常数为
$$a+b = \frac{1\times10^{-2}}{5000}\text{m} = 2\times10^{-6}\text{m}$$

当衍射角大于 90°时,将无法看到衍射条纹,所以 k 可能的最大值对应于 $\sin\theta=1$,代入数值,得 $k=\frac{2\times10^{-6}}{589.3\times10^{-9}}=3.4$,因 k 只能取整数,故取 $k=3$,即垂直入射时能看到第 3 级条纹.

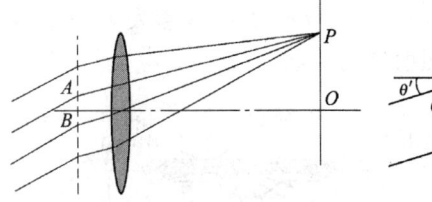

图 14-19 例 14-3 图

(2) 如图 14-19 所示,平行光以 θ' 角入射时,光程差的计算公式应做适当的调整. 在衍射角的方向上,光程差为
$$\delta = BD - AC = (a+b)\sin\theta - (a+b)\sin\theta' = (a+b)(\sin\theta - \sin\theta')$$

由此可得斜入射时的光栅方程为
$$(a+b)(\sin\theta - \sin\theta') = k\lambda \quad (k=0,\pm1,\pm2,\cdots)$$

同理,k 可能的最大值对应于
$$\sin\theta = \pm 1$$

在 O 点上方观察到的最大级次为 k_1,取 $\theta=90°$,得
$$k_1 = \frac{(a+b)(\sin 90°-\sin 30°)}{\lambda} = \frac{2\times10^{-6}(1-0.5)}{589.3\times10^{-9}} = 1.70$$

取 $k_1=1$.而在 O 点下方观察到的最大级次为 k_2,取 $\theta=-90°$,得
$$k_2 = \frac{(a+b)[\sin(-90°)-\sin 30°]}{\lambda} = \frac{(a+b)(-1-0.5)}{589.3\times10^{-9}} = -5.09$$

取 $k_2=-5$.所以斜入射时,总共有 -5、-4、-3、-2、-1、0、$+1$ 共 7 条明条纹.

(3) 对光栅公式两边取微分,有
$$(a+b)\cos\theta_k\text{d}\theta_k = k\text{d}\lambda$$

波长为 λ 及 $\lambda+\text{d}\lambda$、第 k 级的两条纹分开的角距离为
$$\text{d}\theta_k = \frac{k}{(a+b)\cos\theta_k}\text{d}\lambda$$

如问题(1)所得,当光线正入射时,最大级次为第 3 级,相应的角位置 θ_3 为
$$\theta_3 = \sin^{-1}\left(\frac{k\lambda}{a+b}\right) = \sin^{-1}\left(\frac{3\times589.3\times10^{-9}}{2\times10^{-6}}\right) = 62°7'$$

对于波长 $\lambda_1=589.0\text{nm}$ 和 $\lambda_2=589.6\text{nm}$ 的两条谱线,有
$$\text{d}\theta_3 = \frac{3}{2\times10^{-6}\times\cos 62°7'}(589.6-589.0)\times10^{-9}\text{rad} = 1.93\times10^{-9}\text{rad}$$

钠双线分开的线距离 $fd\theta_3 = 2 \times 1.93 \times 10^{-3}\text{m} = 3.86\text{mm}$.

14.5 *X 射线衍射

1895 年伦琴发现,受到高速电子撞击的金属靶能够发出一种穿透能力很强的辐射,称为 X 射线或伦琴射线.图 14-20 所示是 X 射线管的结构原理图,整个 X 射线管包在真空玻璃管中.在阴极和阳极(也称为对阴极)两端加上高压之后,电子从阴极溢出并在电压作用下做加速运动,以较高动能撞击到阳极上,产生 X 射线.

X 射线本质上也是一种电磁波,其波长为 0.1nm 数量级.观察 X 射线的光栅衍射现象必须使用光栅常数更小的光栅.1912 年劳厄提出一种 X 射线光栅衍射的实验方法.劳厄实验装置如图 14-21 所示,X 射线管发射的 X 射线经铅屏准直后入射到晶体上,在晶体上散射,然后照射到底片上.

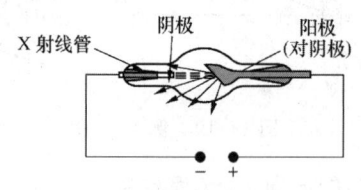

图 14-20 X 射线管

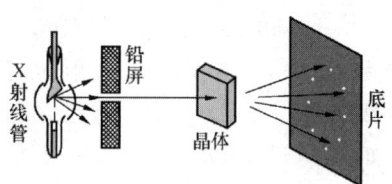

图 14-21 劳厄实验装置

劳厄法利用了晶体是一组有规则排列微粒的特点.当 X 射线照射在晶体上面时,组成晶体的每一个微粒相当于一个子波的中心,向各方向发出子波.这些子波相干叠加,从而使得沿某些方向的传播光束加强,进而在底片上形成斑点,称为**劳厄斑**.通过对劳厄斑进行分析计算,就可以推断出晶体的结构.

1931 年,布拉格父子提出了一种解释 X 射线的衍射方法,并做出了定量的计算.布拉格父子将晶体结构简化成由一系列彼此相互平行的原子组成的.如图 14-22 所示,当 X 射线照射到晶体上时,在原子上发生反射,从而形成子波波源.

设晶面之间的距离为 d,称为晶面间距.当一束单色平行 X 射线以角度 θ 入射到晶面上时,将在各层的原子上发生反射,相邻两层原子发生反射时的光程差 δ 为

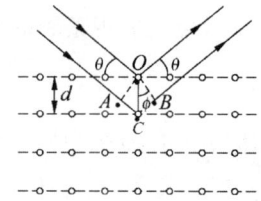

图 14-22 布拉格反射

$$\delta = AC + BC = 2d\sin\theta$$

形成亮点的条件为

$$2d\sin\theta = k\lambda \quad (k=0,1,2,\cdots)$$

上式称为**布拉格公式**,满足上述条件的入射角称为布拉格角.

因此,在已知晶体的具体结构时,利用 X 射线衍射可以计算入射 X 射线的波长;或者在已知 X 射线波长时,可测定晶体的晶格结构.以此为基础的 X 射线光谱分析等相关技术在很多领域得到了应用.

复习题

一、思考题

1. 衍射现象和干涉现象有什么不同？

2. 光波和无线电波同为电磁波，为什么无线电波能够绕过大山或建筑物，而光波则不能？

3. 在单缝夫琅禾费衍射中，下列情况将导致衍射条纹发生什么样的变化？

（1）单缝沿着垂直透镜光轴的方向上下移动；

（2）单缝沿着透镜光轴的方向前后移动；

（3）单缝的宽度变窄；

（4）入射光的波长变长.

4. 若将单缝夫琅禾费衍射的整个装置浸入水中，调整屏幕使其保持在焦平面上，则衍射条纹将发生怎样的变化？

5. 单缝衍射和光栅衍射有什么不同？为什么光栅衍射的强度更强一些？

6. 衍射光栅的刻痕为什么要非常密集？刻痕之间为什么需要具有相同的距离？

7. 光栅衍射的光谱和棱镜光谱有什么不同？

二、选择题

1. 根据惠更斯-菲涅尔原理，若已知光在某时刻的波阵面为 S，则 S 的前方某点 P 的光强决定于波阵面 S 上所有面积元发出的子波各自传到 P 点的（　　）．

(A) 振动振幅之和　　　　　　(B) 光强之和

(C) 振动振幅之和的平方　　　(D) 振动的相干叠加

2. 波长为 λ 的单色平行光垂直入射到一狭缝上，若第 1 级暗纹的位置对应的衍射角为 $\theta = \pm \dfrac{\pi}{6}$，则缝宽的大小为（　　）．

(A) $\dfrac{\lambda}{2}$　　　(B) λ　　　(C) 2λ　　　(D) 3λ

3. 对某一定波长的垂直入射光，衍射光栅的屏幕上只能出现零级和 1 级主极大，欲使屏幕上出现更高级次的主极大，应该（　　）．

(A) 换一个光栅常数较小的光栅　　(B) 换一个光栅常数较大的光栅

(C) 将光栅向靠近屏幕的方向移动　(D) 将光栅向远离屏幕的方向移动

4. 波长 $\lambda = 550\,\text{nm}(1\,\text{nm}=10^{-9}\,\text{m})$ 的单色光垂直入射到光栅常数 $d = 2 \times 10^{-4}\,\text{cm}$ 的平面衍射光栅上，可能观察到的光谱线的最大级次为（　　）．

(A) 2　　　(B) 3　　　(C) 4　　　(D) 5

5. 设光栅平面、透镜均与屏幕平行，当入射的平行单色光从垂直于光栅平面入射变为斜入射时，能观察到的光谱线的最高级次 k（　　）．

(A) 变小　　(B) 变大　　(C) 不变　　(D) 其改变无法确定

三、计算及证明题

1. 一束波长 $\lambda = 500\,\text{nm}$ 的平行光垂直照射在一个单缝上，$a = 0.5\,\text{mm}$，$f = 1\,\text{m}$．在屏幕上离中央亮纹中心 $x = 3.5\,\text{mm}$ 处的 P 点为一亮纹．

(1) 求 P 点处亮纹的级数;

(2) 从 P 点看,对该光波而言,狭缝处的波阵面可分割成几个半波带?

2. 毫米波雷达发出的波束比常用的雷达波束窄,这使得毫米波雷达不易受到反雷达导弹的袭击.

(1) 有一毫米波雷达,其圆形天线直径为 55cm,发射频率为 220GHz 的毫米波,计算其波束的角宽度.

(2) 将此结果与普通船用雷达发射的波束的角宽度进行比较,设船用雷达波长为 1.57cm,圆形天线直径为 2.33m.

3. 某单色光源波长未知,但发现其单缝衍射的第 3 级明条纹恰好与波长为 532nm 的激光的第 2 级明条纹位置重合,求这一光波的波长.

4. 利用单缝衍射的原理可以进行位移等物理量的测量.把需要测量位移的对象和一标准直边相连,同另一固定的标准直边形成一单缝,这个单缝宽度变化能反映位移的大小.如果中央明条纹两侧的正、负第 k 级暗(明)条纹之间距离的变化为 $\mathrm{d}x_k$,证明:

$$\mathrm{d}x_k = -\frac{2k\lambda f}{a^2}\mathrm{d}a$$

式中,f 为透镜的焦距,$\mathrm{d}a$ 为单缝宽度的变化($\mathrm{d}a \ll a$).

5. 直径为 2mm 的氦氖激光束射向月球表面,其波长为 632.8nm.已知月球和地面的距离为 $3.84\times10^8\text{m}$.试求:

(1) 在月球上得到的光斑的直径有多大?

(2) 如果该激光束经扩束器扩展成直径为 2m 的光束,则在月球表面上得到的光斑直径将为多大?在激光测距仪中,通常采用激光扩束器,这是为什么?

6. 人眼在正常照度下的瞳孔直径约为 3mm,而在可见光中,人眼最敏感的波长为 550nm,问:

(1) 人眼的最小分辨角有多大?

(2) 若物体放在距人眼 25cm(明视距离)处,则两物点间距为多大时才能被分辨?

7. 一束平行光垂直入射到某个光栅上,该光束有两种波长 $\lambda_1=440\text{nm}$,$\lambda_2=660\text{nm}$.实验发现,两种波长的谱线(不计中央明条纹)第 2 级明条纹重合于衍射角 $\varphi=60°$ 的方向上,求此光栅的光栅常数 d.

8. 单色光垂直入射到每毫米刻有 600 条刻线的光栅上,如果衍射条纹第 1 级谱线对应的角度为 $20°$,试问:该单色光的波长是多少?其衍射条纹的第 2 级谱线的位置在何处?

9. 使用白光光源(波长范围为 $380\sim760\text{nm}$)进行光栅衍射实验,选用的光栅每毫米刻有 400 条刻痕.试问:此光栅光可以产生多少个完整光谱?

10. 使用白光垂直照射在每毫米有 650 条刻痕的平面光栅上,求其第 3 级光谱的张角.

11. 试设计一个平面透射光栅,使得该光栅能将某种光的第 1 级衍射光谱展开 $20.0°$ 角的范围,该光栅的光栅常数为多少?设光波波长范围为 $430\sim680\text{nm}$.

12. 试设计一光栅,要求:

(1) 能分辨钠光谱的 $5.890\times10^{-7}\text{m}$ 和 $5.896\times10^{-7}\text{m}$ 的第 2 级谱线;

(2) 第 2 级谱线衍射角 $\theta \leqslant 30°$,请计算光栅常数;

(3) 第 3 级谱线缺级,请计算光栅常数.

第 15 章

光 的 偏 振

学习目标

- 理解自然光与偏振光的区别.
- 掌握马吕斯定律和布儒斯特定律.
- 了解双折射现象.
- 了解线偏振光的获得方法和检验方法.

根据光的电磁理论,光矢量(即电矢量)的振动方向与光的传播方向相互垂直. 但是,与光的传播方向相垂直的是一个平面,在这个平面上,光矢量有着不同的振动特性. 有些光的光矢量沿着某一个特定方向振动,有一些则在各个方向上的振动是相同的,还有一些光的光矢量振动方向没有明显的规律. 若光矢量沿某一个特定方向运动,这种现象称为**光的偏振现象**. 在机械振动中偏振现象是一种只有横波才具有的现象. 偏振光在很多方面得到应用和发展.

15.1 自然光　偏振光

当光矢量只沿着垂直于其传播方向的某一个特定方向振动时,这样的光称为**线偏振光**. 通常把振动方向和传播方向组成的平面称为振动平面. 显然线偏振光的振动平面是一个固定的平面,所以有时也把线偏振光称为**平面偏振光**.

普通光源发出的光是由无数原子或分子发出的. 虽然每一个原子或分子发出的某一个波列振动方向是固定的,相当于线偏振光,但是原子发出的不同波列之间是相互独立的,其振动方向没有规律可循,更不用说光源中其他原子或分子发出的波列. 所以在宏观上观察,任何一个方向的振动都不会比其他方向有优势,即整个光矢量的振动在各个方向上的分布是均匀的,每个方向上的振幅可以看作相同,如图 15-1(a)所示. 这种没有偏振特点的光称为**自然光**,也称自然偏振光.

如图 15-1(b)所示,为了更方便地表示自然光,通常任意取垂直于光传播方向且相互垂直的两个方向,沿这两个方向将光矢量分解开来,把自然光总的振动转化成相互垂直两个方向的振动. 根据自然光的特点,这两个振动必然是沿着相互独立、等振幅、相互垂直的方向振动. 于是,光束被分解成两束相互独立、等强度、光矢量振动方向相互垂直的线偏振光. 两束线偏振光的强度均等于自然光强度的一半. 在光的偏振性的研究中,通常用短线段表示平行于纸面的振动,用圆点表示垂直于纸面的振动,用单位长度上短线段或圆点的多少表示各自振动的强度大小. 因此,自然光可以表示为图 15-1(c).

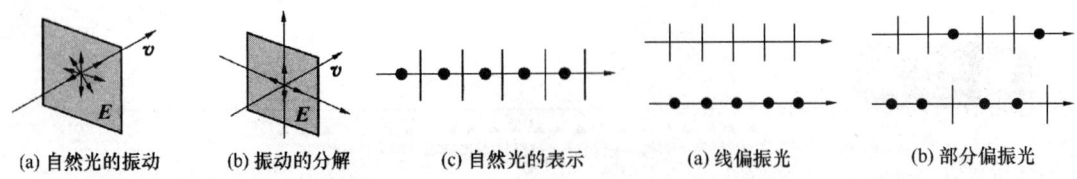

(a) 自然光的振动　　(b) 振动的分解　　(c) 自然光的表示　　　　(a) 线偏振光　　　　(b) 部分偏振光

图 15-1　自然偏振光及其表示　　　　　　　图 15-2　线偏振光和部分偏振光的表示

通过一些特殊的方法，可以将自然光两个分量中的一个消除，使自然光变为线偏振光.也可只消除自然光一个振动分量的一部分，此时光束在两个振动方向上的分量强度不再相等，称为**部分偏振光**. 线偏振光和部分偏振光的表示如图 15-2 所示.

15.2　偏振片　马吕斯定律

下面介绍一下如何由自然光获得偏振光.

15.2.1　偏振片

从自然光获得偏振光，这样的过程称为**起偏**. 完成这样工作的光学器件称为**起偏器**. 最常见的起偏器之一就是**偏振片**. 偏振片用特殊物质（如硫酸金鸡钠碱）制成，使其能够对某一方向的光振动产生强烈的吸收，而让与之相垂直方向的振动最大限度地透过. 通常把偏振片透光的方向称为偏振片的**偏振化方向**或**透振方向**.

自然光垂直入射到偏振片上，只有沿着偏振化方向的光分量能够通过，透射出来的光强度等于自然光的一半，如图 15-3 所示.

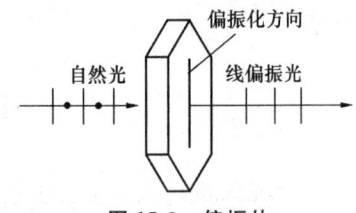

图 15-3　偏振片

偏振片也可用于检偏. 在垂直于偏振光的传播方向上加入偏振片，如果线偏振光的振动方向与偏振片的偏振化方向相同，则偏振光能够最大限度地透过偏振片；若线偏振光的振动方向与偏振片的偏振化方向相垂直，则光线不能够透过偏振片；线偏振光的振动方向与偏振片的偏振化方向成一定角度时，只有部分偏振光透过偏振片. 因此，根据一束光沿不同角度透过偏振片后的情况就可以判断该光是否为偏振光.

15.2.2　马吕斯定律

如图 15-4 所示，设自然光振幅为 A_0，光强为 I_0，经偏振片 P_1 后获得线偏振光，该线偏振光振幅为 A_1，光强为 I_1. 根据上文分析，$I_0 = 2I_1$. 线偏振光再经偏振片 P_2，其中偏振片 P_1

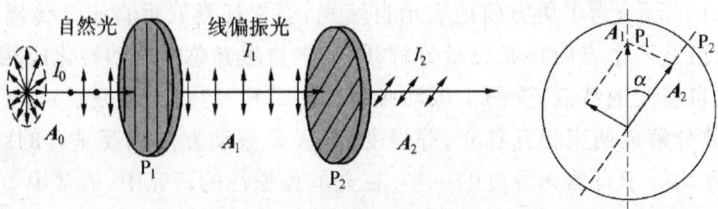

图 15-4　马吕斯定律

和 P_2 的偏振化方向夹角为 α，透射出 P_2 的光振幅为 A_2，光强为 I_2.

由于偏振片只允许平行于其偏振化方向的振动通过，所以有
$$A_2 = A_1 \cos\alpha$$
于是可以得出 I_1、I_2 之间的关系为
$$I_2 = I_1 \cos^2\alpha \tag{15-1}$$

式(15-1)表明，当线偏振光从偏振片透射出去后，光强与线偏振光振动方向和偏振片偏振化方向之间夹角余弦值的平方成正比，这一关系由马吕斯于 1808 年发现，所以又称为**马吕斯定律**.

所以，可以得出结论：当两偏振片的偏振化方向平行，即 $\alpha = 0$ 或 $\alpha = \pi$ 时，光强最大，等于入射光强；当两偏振片的偏振化方向相垂直时，即 $\alpha = \dfrac{\pi}{2}$ 或 $\alpha = \dfrac{3\pi}{2}$ 时，光强最小，等于零.

【**例 15-1**】 使自然光通过两个偏振化方向成 60° 角的偏振片，透射光强为 I. 若在这两个偏振片之间再插入另一偏振片，其偏振化方向与前两个偏振片均成 30° 角，则透射光强为多少？

解：设自然光光强为 I_0，通过第一片偏振片后光强为
$$I_1 = \frac{1}{2} I_0$$
通过第二片偏振片后光强为
$$I_2 = I_1 \cos^2 60° = \frac{1}{2} I_0 \cos^2 60° = \frac{1}{8} I_0 = I$$
若再插入一片偏振片，则通过第三片偏振片后的光强为
$$I_3' = I_1 \cos^2 30° = \frac{1}{2} I_0 \cos^2 30° = \frac{3}{8} I_0$$
通过第三片偏振光的光再通过第二片偏振片后的光强为
$$I_2' = I_3' \cos^2 30° = \frac{9}{32} I_0 = \frac{9}{4} I$$
所以透射光强 $I_2' = \dfrac{9}{4} I$.

15.3 反射光和折射光的偏振规律

实验表明，当自然光在折射率不同的两种介质上发生反射和折射的时候，反射光和折射光都是部分偏振光. 下面详细说明.

一束自然光以入射角 i 入射到两种物质的交界面上，两种物质的折射率分别为 n_1 和 n_2. 光束的一部分会在交界面上发生反射，反射角也为 i，另一部分发生折射，设折射角为 γ. 若把所有光束的振动都分解为平行于纸面和垂直于纸面两个方向的振动，其中平行于纸面的振动用短线段表示，垂直于纸面的振动用圆点表示，短线段和圆点的多少代表光强度的强弱. 如图 15-5 所示，通过偏振片检验，可以发现反射光中垂直振动的部分比平行振动的部分强，折射光中垂直振动的部分比平行振动的部分弱. 也就是说，反射光和折射光都将成为部分偏振光.

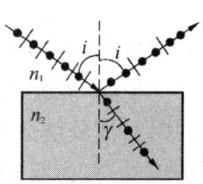

图 15-5 自然光的反射和折射

实验还指出,如果使入射角 i 连续变化,反射光和折射光的偏振化程度都会随之变化. 当入射角等于某一特定角度 i_0 时,反射光中只有垂直于传播平面方向的振动,而平行于传播平面方向的振动为零,这一规律称为**布儒斯特定律**,是由布儒斯特于 1815 年发现的. 这一特殊的入射角 i_0 称为**起偏角**或**布儒斯特角**,如图 15-6 所示. 此时有

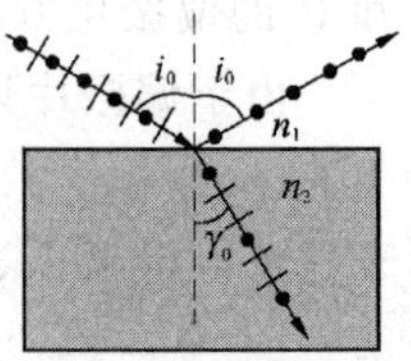

$$\tan i_0 = \frac{n_2}{n_1} \tag{15-2}$$

图 15-6 入射角为布儒斯特角

式(15-2)就是布儒斯特定律的数学表达式.

根据折射定律,有

$$\frac{\sin i_0}{\sin \gamma_0} = \frac{n_2}{n_1}$$

入射角为起偏角 i_0 时,有

$$\tan i_0 = \frac{n_2}{n_1}$$

所以

$$\sin \gamma_0 = \cos i_0$$

即

$$\gamma_0 + i_0 = \frac{\pi}{2} \tag{15-3}$$

也就是说,当入射角为起偏角 i_0 时,反射光和折射光相互垂直. 根据光的可逆性,当入射光以 γ_0 角从折射率为 n_2 的介质入射于界面时,此 γ_0 角也为布儒斯特角.

因此,假设自然光从空气入射到折射率为 1.5 的玻璃上,布儒斯特角为 56.3°;若从玻璃入射到空气中,布儒斯特角为 33.7°. 若从空气入射到折射率为 1.33 的水面上,布儒斯特角为 53.1°.

15.4 双折射

与在各向同性介质中传播不同,光在各向异性晶体中传播时会发生一种特殊现象——双折射.

15.4.1 双折射现象

通常,一束光照射到两种物质的交界面上发生折射时,只会观察到一束折射光,并遵循折射定律:

$$n_1 \sin i = n_2 \sin \gamma$$

式中,i 为入射角,γ 为折射角,n_1、n_2 分别为两种物质的折射率.

但是,若光入射到一些特殊的物质(如方解石晶体)表面上时,可以观察到折射光沿着不同的角度分解成两束,如图 15-7 所示. 这种现象是由晶体的各向异性造成的,称为**双折射**,能够产生双折射现象的晶体称为**双折射晶体**.

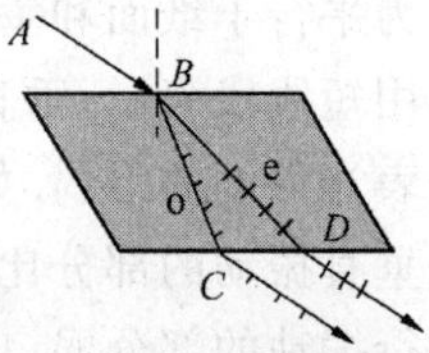

实验表明,当入射光沿着不同的方向入射时,其中一束折射光始终遵循折射定律,这部分光称为**寻常光(o 光)**;另一部分光则不遵循折射定律,其传播速度随着入射光方向的变化而变化,这部分光称为**非常光(e 光)**. 实验证明,o 光和 e 光都是线偏振光.

图 15-7 双折射现象

15.4.2 光轴 主平面

光入射到双折射晶体表面并沿着某一个方向入射时,可以发现:晶体的内部总存在一个确定的方向,沿着这个方向传播时,寻常光和非寻常光并没有分开,即此时不发生双折射现象.这一方向称为晶体的**光轴**.

以方解石晶体为例,方解石晶体有 6 面棱体和 8 个顶点,如图 15-8 所示.其中以 A、B 为顶点的各个角都是 102°,连接这两个顶点引出的直线就是光轴的方向.任何平行于该方向的直线都可以看作光轴.有的晶体只有一个光轴,称为**单轴晶体**;有的晶体有两个光轴,称为**双轴晶体**.在晶体中,把包含光轴和任一已知光线所组成的平面称为**主平面**.o 光的振动方向垂直于 o 光的主平面,e 光的振动方向则平行于 e 光的**主平面**.通常 o 光和 e 光的主平面成一定角度,但是夹角较小,所以,一般可以认为 o 光和 e 光的振动方向是相互垂直的.

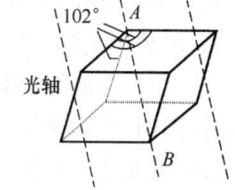

图 15-8 方解石晶体

15.4.3 双折射现象的解释

根据惠更斯原理,波阵面上任何一点可以看作子波波源.在各向同性的介质中,点光源沿各个方向传播的速率相同,所以子波的波阵面为球面波.在双折射晶体中,通常寻常光和非寻常光的传播速度不同.其中,寻常光在晶体中沿着各方向传播的速度相同,所以其子波的波阵面为球面;而非寻常光在晶体中沿各方向传播的速度不同,其中只有沿着光轴的方向传播时,非寻常光和寻常光的传播速度才是相同的,在垂直光轴的方向上,非寻常光和寻常光的传播速度差别最大.

对于有些晶体,o 光和 e 光沿垂直光轴的方向传播时,e 光的传播速度要小于 o 光的传播速度,即 $v_e < v_o$,这种晶体称为**正晶体**;也有一些晶体,o 光和 e 光沿垂直光轴的方向传播时,e 光的传播速度要大于 o 光的传播速度,即 $v_e > v_o$,这种晶体称为**负晶体**.无论是正晶体还是负晶体,e 光的子波波阵面都是旋转椭球面,而 o 光子波波阵面为球面.由于沿着光轴方向,o 光和 e 光的传播速度都相同,所以 o 光和 e 光相切于光轴,如图 15-9 所示.

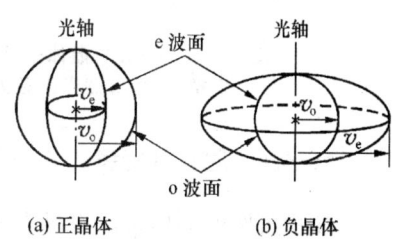

图 15-9 子波波阵面

根据折射率的定义,寻常光(o 光)的折射率 $n_o = \dfrac{c}{v_o}$,为由晶体材料决定的常数.而非寻常光(e 光)沿各方向的传播速度不同,所以不存在一般意义上的折射率,为与寻常光对应起见,通常把光速与非寻常光沿垂直于光轴方向传播速率之比称为**非寻常光的主折射率**,即 $n_e = \dfrac{c}{v_e}$. 如前所述,对于正晶体,有 $n_e > n_o$;对于负晶体,有 $n_e < n_o$.常见晶体的 n_e、n_o 如表 15-1 所示.

表 15-1 几种晶体中 o 光和 e 光的主折射率

晶 体	n_o	n_e	晶 体	n_o	n_e
方解石	1.658	1.486	电气石	1.669	1.638
菱铁矿	1.875	1.635	白云石	1.681	1.500
石英	1.544	1.553	冰	1.309	1.313

下面利用惠更斯原理解释双折射现象.

可以将光入射分为三种情况.

(1) 光轴平行于晶体表面,自然光垂直入射. 如图 15-10 所示,平行自然光垂直入射到晶体表面时,寻常光和非寻常光并不能分开,但是由于晶体内传播速度不同,进入晶体之后,两种光在同一点处的相位并不同.

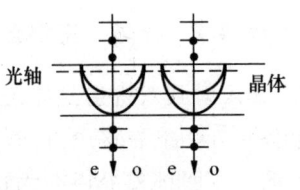

图 15-10 光轴平行于晶体表面,平行自然光垂直入射

(2) 光轴与晶体表面有一定夹角,平行自然光垂直入射. 如图 15-11 所示,平行自然光垂直入射到晶体表面并进入晶体继续传播. 自 A 点和 B 点入射的光的波阵面如图 15-11 所示,作直线交寻常光波阵面,将 A、B 两点与对应的交点连接,得寻常光的传播方向. 同理,作直线交非寻常光波阵面,将 A、B 两点与对应的交点连接,得非寻常光的传播方向.

(3) 平行自然光斜入射. 如图 15-12 所示,平行自然光以入射角 i 入射到晶体表面 A 点并进入晶体继续传播,进入晶体经历 Δt 时间后,两束光的子波波阵面如图 15-12 所示. 此时自然光中的另一束恰好入射到晶体表面 B 点,自该点引两直线分别相切于自然光和非自然光的波阵面,连接 A 点和两交点所得两条直线就是寻常光和非寻常光的传播方向.

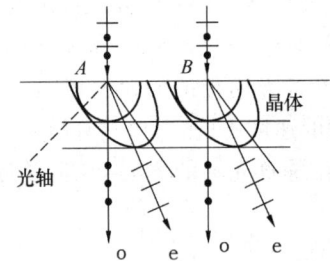

图 15-11 光轴与晶体表面有一定夹角,平行自然光垂直入射

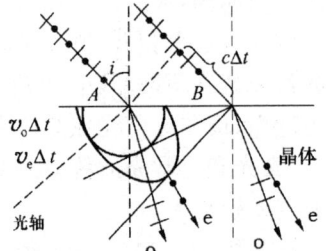

图 15-12 平行自然光斜入射

15.4.4 尼科耳棱镜

使用较厚的晶体可以将寻常光和非寻常光分得更开. 但是实际上,由于常见的天然晶体的厚度都非常薄,很难将两种光分开,所以通常使用尼科耳棱镜等偏振器件. 尼科耳棱镜可以使一束光透射,另一束光反射. 尼科耳棱镜可以当作起偏器使用,也可以当作检偏器使用.

两块经特殊加工而成的方解石晶体,使用特殊的树胶材料粘在一起,形成的长方形柱状棱镜就是尼科耳棱镜,如图 15-13(a)所示.

如图 15-13(b)所示,自然光从尼科耳棱镜的端面上入射进入晶体后分为两束,一束为寻常光,一束为非寻常光. 由于方解石晶体中寻常光的折射率为 1.658,非寻常光的主折射率 1.486,而尼科耳棱镜使用的树胶折射率为 1.55,所以当光束照到方解石和树胶的界面时,寻常光的入射角超过临界角而发生全反射,而非寻常光则透射过树胶. 最终寻常光照射到 BC 底面被涂黑的部分吸收,而非寻常光自透镜的另一个端面射出.

除了尼科耳棱镜外,沃拉斯顿棱镜等也是由光轴相互垂直的两块方解石晶体黏合而成的,如图 15-14 所示,沃拉斯顿棱镜可获得两束分得很开的线偏振光.

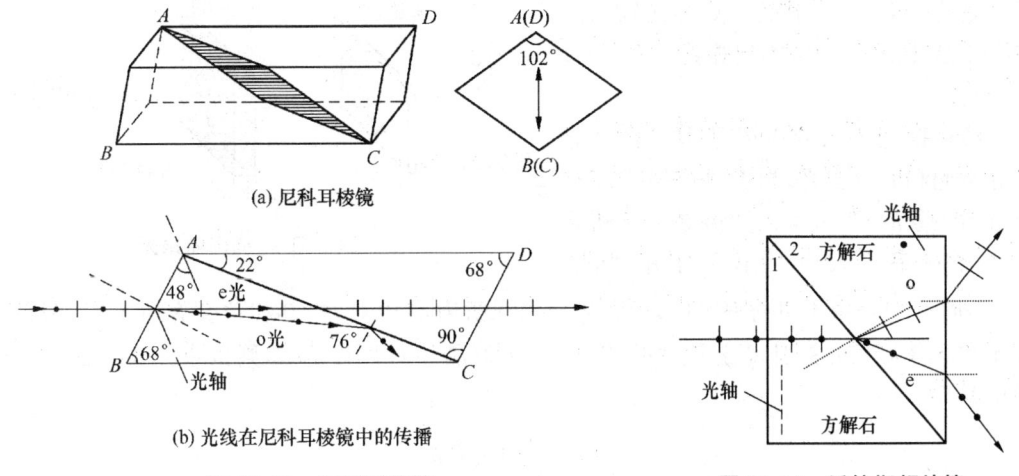

(a) 尼科耳棱镜

(b) 光线在尼科耳棱镜中的传播

图 15-13 尼科耳棱镜

图 15-14 沃拉斯顿棱镜

【例 15-2】 两尼科耳棱镜晶体主截面间的夹角由 30°转到 45°.
（1）当入射光是自然光时，求转动前后透射光的强度之比；
（2）当入射光是线偏振光时，求转动前后透射光的强度之比.

解：从尼科耳棱镜出射的为振动面在主截面内的线偏振光.主截面即偏振化方向.
（1）入射光为自然光，当夹角为 30°时，有

$$I = \frac{I_0}{2}\cos^2 30° = \frac{3}{8}I_0$$

当夹角为 45°时，有

$$I' = \frac{I_0}{2}\cos^2 45° = \frac{1}{4}I_0$$

得 $\dfrac{I}{I'} = \dfrac{3}{2}$.

（2）入射光为线偏振光，当夹角为 30°时，有

$$I = I_0 \cos^2 30° = \frac{3}{4}I_0$$

当夹角为 45°时，有

$$I' = I_0 \cos^2 45° = \frac{1}{2}I_0$$

所以 $\dfrac{I}{I'} = \dfrac{3}{2}$.

15.5 椭圆偏振光与圆偏振光

椭圆偏振光和圆偏振光是两种特殊的偏振光.

15.5.1 椭圆偏振光与圆偏振光

如图 15-15 所示，当一束单色自然光垂直透过偏振片 P_1 后，透射光将变成线偏振光，其偏振方向同偏振片 P_1 的偏振化方向一致.这时在光路中加入双折射晶片 C，使所得的线偏

振光垂直入射,双折射晶片 C 的光轴方向平行于晶体表面且与线偏振光偏振方向成 α 角.

线偏振光进入双折射晶体中也会分为寻常光和非寻常光.根据惠更斯原理对双折射现象的解释,可以知道寻常光和非寻常光在垂直入射时不会分开,如图

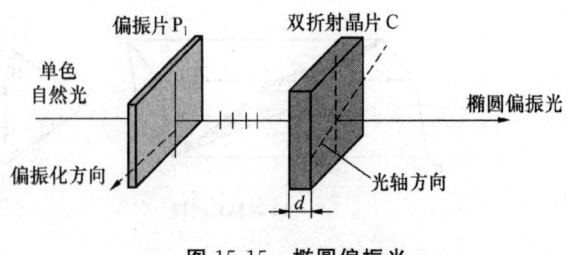

图 15-15 椭圆偏振光

15-10 所示.但是由于折射率不同,两种光射出双折射晶片 C 时,其相位会有所不同.假设寻常光和非寻常光的折射率分别为 n_o 和 n_e,双折射晶片 C 厚度为 d,则两束光透过晶片后的相位差为

$$\Delta\varphi = \frac{2\pi}{\lambda} d |n_o - n_e|$$

如果晶片的厚度 d 恰好能使相位差 $\Delta\varphi = k\pi$,则寻常光和非寻常光叠加之后仍为线偏振光.若 $\Delta\varphi \neq k\pi$,则两束光叠加之后形成的振动轨迹为一个椭圆形,这样的光称为**椭圆偏振光**.

双折射晶片 C 的光轴方向决定了寻常光和非寻常光的振幅.两种光的振幅可以分别表示为

$$A_o = A\sin\alpha, \quad A_e = A\cos\alpha$$

因此,如果两种光的振幅相同,即当 $\alpha = \frac{\pi}{4}$,且相位差 $\Delta\varphi = \frac{\pi}{2}$ 或 $\Delta\varphi = \frac{3\pi}{2}$ 时,叠加后形成的振动轨迹为一个圆形,这样的光称为**圆偏振光**.

15.5.2 四分之一波片

根据上述分析,要获得圆偏振光,晶片的厚度应使 o 光和 e 光产生 $\frac{\pi}{2}$ 的相位差,即

$$\Delta\varphi = \frac{2\pi}{\lambda} d |n_o - n_e| = \frac{\pi}{2}$$

由此可以得出

$$d = \frac{\lambda}{4|n_o - n_e|}$$

或写成两种光之间光程差的形式:

$$\delta = d|n_o - n_e| = \frac{\lambda}{4}$$

即如果选择晶片的厚度使寻常光和非寻常光的相位差 $\Delta\varphi = \frac{\pi}{2}$,可以让寻常光和非寻常光在晶片中的光程差为四分之一个波长.满足上述条件的晶片称为**四分之一波片**.使用这种波片可以使两种光在晶片中的相位差为 $\frac{\pi}{2}$,若同时能够满足 $\alpha = \frac{\pi}{4}$,则透射出来的光为圆偏振光,否则仍为椭圆偏振光.应该注意的是,四分之一波片是针对某一特定波长而言的,若使用其他波长的光则不能达到相同效果.

除了四分之一波片外,有些情况下也使用二分之一波片.这种波片使寻常光和非寻常光的相位差 $\Delta\varphi = \pi$.因此,线偏振光垂直入射到该波片上透射出来时仍为线偏振光.

15.5.3 偏振光的干涉

椭圆偏振光中寻常光和非寻常光源于同一束光,所以两种光具有相干性.如图 15-16(a)所示,若在椭圆偏振光的后面再加一个偏振片 P_2,使光束垂直入射到其表面.保持偏振片 P_2 同偏振片 P_1 的偏振化方向相互垂直.

两种光通过偏振片 P_2 时,只有平行于 P_2 偏振化方向的光才能通过.所以,可以只考虑两种光在 P_2 偏振化方向上的分量,即只考虑在偏振化方向的振动分量.最终寻常光和非寻常光透过偏振片 P_2 后的振动不仅具有相同的频率和恒定的相位差,而且振动的方向也相同,因此两束光满足相干条件.

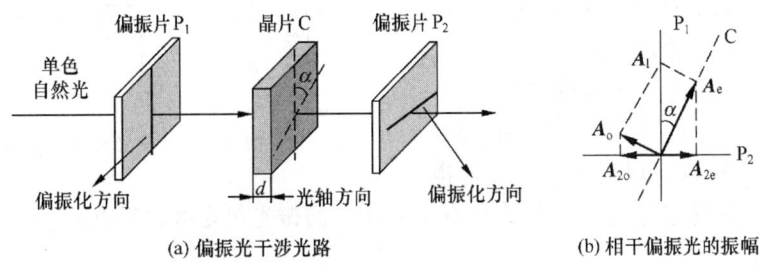

(a) 偏振光干涉光路　　　(b) 相干偏振光的振幅

图 15-16　偏振光的干涉

两束光在 P_2 偏振化方向上的振幅分量如图 15-16(b)所示,有

$$A_{2o} = A_o \cos\alpha = A_1 \sin\alpha \cdot \cos\alpha$$
$$A_{2e} = A_e \sin\alpha = A_1 \sin\alpha \cdot \cos\alpha$$

因此,最终两束光不仅满足相干条件,而且振幅也是相等的.两束光之间除了要考虑与晶片厚度 d 有关的相位差外,还存在一个附加的相位差 π,所以相位差可以写为

$$\Delta\varphi = \frac{2\pi}{\lambda} d |n_o - n_e| + \pi$$

要使干涉相长,必须满足条件:

$$\Delta\varphi = \frac{2\pi}{\lambda} d |n_o - n_e| + \pi = 2k\pi \quad (k = 1, 2, 3, \cdots)$$

即当晶片的厚度 d 满足

$$d = \frac{(2k-1)}{2|n_o - n_e|} \lambda \quad (k = 1, 2, 3, \cdots)$$

时,干涉相长.

要使干涉相消,必须满足条件:

$$\Delta\varphi = \frac{2\pi}{\lambda} d |n_o - n_e| + \pi = (2k-1)\pi \quad (k = 1, 2, 3, \cdots)$$

即当晶片的厚度 d 满足

$$d = \frac{k}{|n_o - n_e|} \lambda \quad (k = 1, 2, 3, \cdots)$$

时,干涉相消.

由上式可以看出,干涉条件与入射光的波长有关,当采用的单色光波长不同时,产生的干涉效果也会不同.若使用白色自然光入射,当晶片厚度一定时,不同波长的光干涉效果不

同,所以视场中将会出现一定的色彩,这种现象称为**色偏振**.色偏振现象在实际生活上有着较为广泛的应用,如可用来鉴别矿石的种类.

15.6 *旋光现象

旋光现象是阿喇果于 1811 年发现的一种偏振现象,其特征是当偏振光通过某些透明的介质时,偏振光的振动面将以光传播的方向为轴旋转一定的角度,具有这种特性的物质称为**旋光物质**.常见的石英晶体、食糖溶液和酒石酸溶液都是较强的旋光物质.

如图 15-17 所示,自然光透过偏振片 P_1 后生成线偏振光,线偏振光射到正交偏振片 P_2 上时将不能透过 P_2.此时,将厚度为 d 的石英晶体 C 置于两偏振片之间,可以观察到有光透过 P_2.如果以光传播的方向为轴旋转 P_2,可以发现当旋转到一定角度之后,就没有光透过了.这说明,透过石英晶体的偏振光仍是线偏振光,只不过其偏振化方向发生了变化.

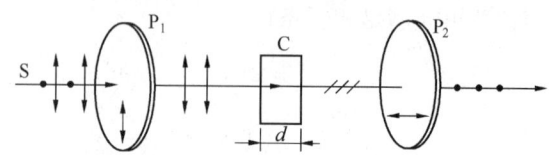

图 15-17 旋光现象实验装置

进一步的实验表明,有的旋光物质可以使偏振光的偏振化方向沿顺时针方向旋转,这种物质称为**右旋光物质**;有的旋光物质可以使偏振光的偏振化方向沿逆时针方向旋转,这种物质称为**左旋光物质**.

当选用厚度不同的旋光物质时,旋转的角度也不同.当选用厚度为 d 的旋光物质时,旋转角度 θ 为

$$\theta = \alpha d$$

式中,α 称为旋光率,与具体选用的旋光物质及入射光的波长有关.如果使用 1mm 厚的石英晶体片,可以使波长 405nm 的紫光旋转 $45.9°$,使波长 589nm 的钠黄光旋转 $21.7°$.

食糖溶液、松节油等液体也具有旋光特性,其旋转的角度与液体的厚度 l、旋光率 α 以及物质的浓度有关.图 15-18 所示为工业生产中测定糖溶液浓度使用的糖量计示意图,其中糖溶液被夹在两个玻璃片之间,当液体中食糖的浓度发生变化时,偏振片 P_2 的透射光也会发生变化,旋转 P_2 可以测出旋转的角度:

$$\theta = \alpha l \Delta \rho$$

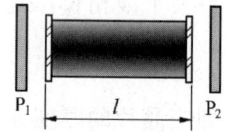

图 15-18 糖量计装置

式中,$\Delta \rho$ 为食糖浓度的变化量.这种分析方法称为"量糖术",在工业生产过程中常有使用.

使用人工的方法也可以产生旋光性,其中最常见的是磁致旋光现象,通常称为法拉第旋光效应.图 15-19 所示为磁致旋光实验装置,其中电磁铁中间的样品为玻璃、二硫化碳等物质.

对于给定的样品,旋转角与样品的长度 l 和磁感应强度 B 的大小成正比,即

$$\theta = VlB$$

式中,V 叫作费尔德常量.

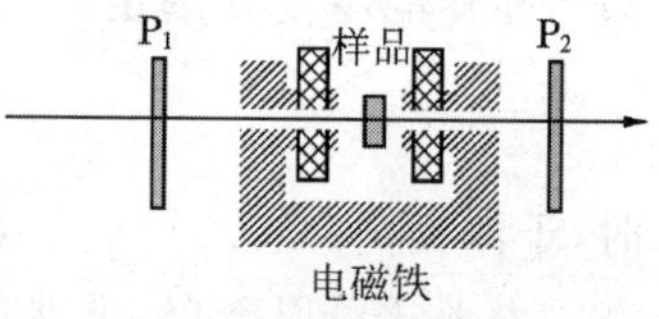

图 15-19 磁致旋光实验装置

复习题

一、思考题

1. 两个偏振片 P_1 和 P_2 平行放置,一束自然光垂直入射并依次通过两个偏振片.若分别以光线为轴旋转两个偏振片,观察出射光强的变化.问:

(1) 当只旋转偏振片 P_1 时,光强如何变化?请绘出其变化曲线.

(2) 当只旋转偏振片 P_2 时,光强如何变化?请绘出其变化曲线.

2. 三个偏振片 P_1、P_2 和 P_3 依次平行放置,其中 P_1 和 P_3 的偏振化方向互相垂直,一束自然光垂直入射,依次通过三个偏振片.问:若以光线为轴旋转偏振片 P_2,则从 P_3 出射的光强如何变化?请绘出其变化曲线.

3. 偏振特性不同的光自空气中分别沿起偏角 i_0 和非起偏角 i 入射到空气和水的界面,如图 15-20 所示.试绘出反射光线和折射光线的偏振方向.

4. 若阳光入射到平静湖面上的反射光为完全偏振光,请问太阳与地平线的夹角是多大?其反射光的电矢量的振动方向如何?

5. 现有三个光源分别能够发出自然光、线偏振光和部分偏振光.问:如何通过实验来分辨这三种光源?

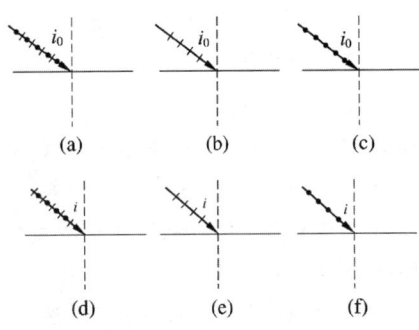

图 15-20 思考题 3 图

6. 怎样分辨波片和四分之一波片?

7. 试设计三种使偏振光的振动面转过 90° 的方法.

二、选择题

1. 在双缝干涉实验中,使用单色自然光,在屏上形成干涉条纹.若在两缝后放一个偏振片,则(   ).

(A) 干涉条纹的间距不变,但明条纹的亮度加强

(B) 干涉条纹的间距不变,但明条纹的亮度减弱

(C) 干涉条纹的间距变窄,且明条纹的亮度减弱

(D) 无干涉条纹

2. 一束光是自然光和线偏振光的混合光,让它垂直通过一偏振片,若以此入射光束为轴旋转偏振片,测得透射光强度最大值是最小值的 5 倍,那么入射光束中自然光与线偏振光的光强比值为(   ).

(A) $\dfrac{1}{2}$ (B) $\dfrac{1}{3}$ (C) $\dfrac{1}{4}$ (D) $\dfrac{1}{5}$

3. 一束光强为 I_0 的自然光,相继通过三个偏振片 P_1、P_2、P_3 后,出射光的光强 $I = \dfrac{I_0}{8}$.已知 P_1 和 P_3 的偏振化方向相互垂直.若以入射光线为轴,旋转 P_2,要使出射光的光强为零,P_2 最少要转过的角度为(   ).

(A) 30°   (B) 45°   (C) 60°   (D) 90°

4. 一束自然光自空气射向一块平板玻璃（图 15-21），设入射角等于布儒斯特角 i_0，则在界面 2 的反射光（　　）.

(A) 是自然光

(B) 是线偏振光且光矢量的振动方向垂直于入射面

(C) 是线偏振光且光矢量的振动方向平行于入射面

(D) 是部分偏振光

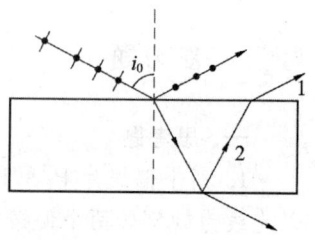

图 15-21　选择题 4 图

5. 自然光以 60° 的入射角照射到某两介质交界面时，反射光为完全线偏振光，则可知折射光为（　　）.

(A) 完全偏振光，且折射角是 30°

(B) 部分偏振光，且只在该光由真空入射到折射率为 $\sqrt{3}$ 的介质时折射角是 30°

(C) 部分偏振光，但须知两种介质的折射率才能确定折射角

(D) 部分偏振光，且折射角是 30°

三、计算题

1. 自然光通过两个平行放置且偏振化方向成 60° 角的偏振片，透射光强为 I_2. 今在这两个偏振片之间再插入另一偏振片，它的偏振化方向与前两个偏振片均成 30° 角，则透射光强为多少？

2. 一束自然偏振光和线偏振光的混合光垂直入射到一偏振片上时，发现透射光同偏振片的方向有关，沿光线为轴旋转偏振片，透射光强最强时为最弱时的 5 倍，问：自然光的光强是线偏振光的多少倍？

3. 通常使用起偏角测定不透明电介质的折射率. 如测得珐琅表面釉质的起偏角为 58°，试求它的折射率.

4. 如图 15-22 所示，一块折射率 $n=1.50$ 的平面玻璃浸在水中，已知一束光入射到水面上时，反射光是完全偏振光. 若要使玻璃表面的反射光也是完全偏振光，则玻璃表面与水平面的夹角 θ 应是多大？

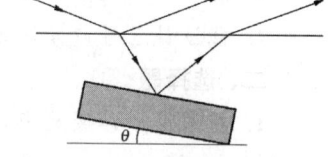

图 15-22　计算题 4 图

5. 使用方解石晶体制作适用钠光灯（波长 589.3nm）和汞灯（波长 456.1nm）光源的四分之一波片，求波片的最小厚度.

6. 两平行放置的偏振片的偏振化方向一致，在两偏振片之间放置一个垂直于光轴的石英晶片（石英晶片对钠黄光的旋光率为 21.7°/mm）. 问：钠光灯垂直入射时，晶片的厚度为多少时光线不能通过？

7. 将方解石切割成一个 60° 的正三角形，光轴方向垂直于棱镜的正三角形截面. 自然光的入射角为 i，而 e 光在棱镜内的折射线与镜底边平行，如图 15-23 所示，求入射角 i，并在图中画出 o 光的光路. 已知 $n_e=1.49, n_o=1.66$.

8. 图 15-24 所示的沃拉斯顿棱镜是由两个 45° 的方解石棱镜组成的，光轴方向如图所示. 以自然光入射，求两束出射光线间的夹角和振动方向. 已知 $n_e=1.49, n_o=1.66$.

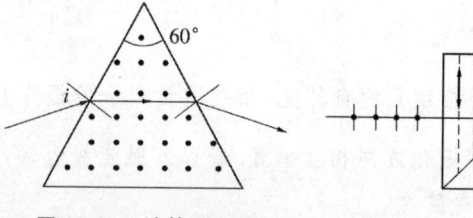

图 15-23　计算题 7 图

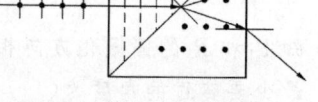

图 15-24　计算题 8 图

第6篇 近代物理

19世纪末,经典物理学理论已经发展到相当完备的阶段,几个主要分支——力学、热力学、分子动理论、电磁学以及光学,都已经建立了完整的理论体系,在应用上也取得了巨大成果,其主要标志是:物体的机械运动在其速度远小于光速的情况下,严格遵守牛顿力学的规律;电磁现象总结为麦克斯韦方程组;光现象有光的波动理论,最后也归结为麦克斯韦方程组;热现象有热力学和统计物理的理论.当时多数物理学家认为,物理学的重要定律均已找到,伟大的发现不会再有了,理论已相当完善了,以后的工作无非是在提高实验精度和理论细节上做些补充和修正,使常数测得更精确而已.然而,这些经典理论并不能完美地解释迈克耳孙-莫雷实验和黑体辐射这两朵物理学天空中的"小小乌云".正是这两朵乌云揭开了物理学革命的序幕:一朵乌云诞生了相对论,另一朵乌云则诞生了量子力学.这两个理论发展成了近代物理学的两个重要支柱.本篇主要介绍关于相对论基础和量子物理的一些初步知识.

第 16 章

相对论基础

学习目标

- 了解迈克耳孙-莫雷实验.
- 理解狭义相对论的两条基本原理,掌握洛伦兹变换式.
- 理解同时的相对性、长度收缩和时间延缓的概念,掌握狭义相对论的时空观.
- 掌握狭义相对论中质量、动量与速度的关系,以及质量与能量间的关系.

本章主要介绍高速情况下的洛伦兹变换式以及狭义相对论的时空观.

16.1 狭义相对论的基本原理 洛伦兹变换式

经典力学认为在所有的惯性系中,时间和空间都不依靠其他条件而独立存在,即时间和空间都是绝对的.我们从第 1 章的伽利略坐标变换中看出,在所有相互做匀速直线运动的惯性系中,对于描写机械运动的规律来说是完全等价的.这种观点一直持续到 19 世纪末,直到被实验证实其具有局限性.这些实验就是寻找"以太"的实验.值得一提的是,这个结果是建立在寻找"以太"失败的基础上.试图寻找"以太"的实验很多,其中以迈克耳孙和莫雷所做的迈克耳孙-莫雷实验最为著名.

16.1.1 迈克耳孙-莫雷实验

要了解迈克耳孙-莫雷实验,先得从认识"以太"开始.当麦克斯韦预言了电磁波的存在,以及赫兹通过实验确认了电磁波的存在之后,光作为电磁波的一部分,在理论和实验上也得到了证实,但其传播方式引起了广泛争议.从第 12 章我们知道,机械波的传播需要弹性介质.因此,在早期,人们认为光的传播也需要一种弹性介质.于是为了不和伽利略变换相矛盾,假想有这样一种介质存在:这种介质充满了整个空间,即使在真空里面也存在,并且可以渗透到一切物体的内部,透明且密度很小,并具有高弹性,这种假想的介质称为"以太".并且把"以太"作为绝对静止的参考系,即在"以太"参考系中,光的速度在各个方向都是相同的,凡是相对于这个绝对静止参考系的运动都叫作绝对运动,以区别我们前面知道的相对运动,其速度即为绝对速度.并且断言,当时的新生事物——电磁场理论只在"以太"参考系中成立,电磁波在"以太"参考系中各个方向的速率均为光速 c.根据以上观点,当时的科学家们设计了各种装置来寻找这种绝对静止的参考系.因为按照当时的理论,既然"以太"完全静止,地球相对于"以太"的速度就应当是地球的绝对速度,利用光在各个方向上传播速度的不同,就可以测出地球的绝对速度.

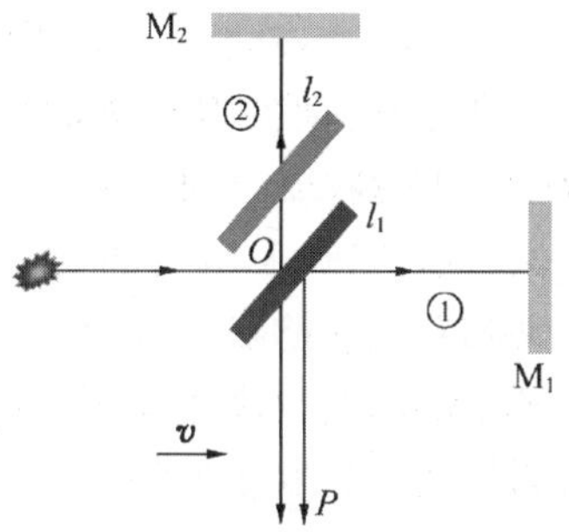

1887年，迈克耳孙和莫雷在克里夫兰的卡思应用科学学校进行了非常仔细的实验.图16-1所示为当时的实验装置示意图.但他们并没有看到预期的结果，后来迈克耳孙和莫雷又将实验场地和条件不断变换，并进行了多次实验，但是结果始终令人失望，"以太"并不存在（详见本书第13章内容）.

图16-1 迈克耳孙干涉仪示意图

就这样，原本验证"以太"存在的实验却否定了"以太"的存在，迈克耳孙-莫雷实验是物理学史上最有名的"失败的实验"，结果令人震惊.但是从某种意义上讲，这又是一个成功的实验，因为这个重大的否定性实验，动摇了经典物理学的基础.正是在这个条件下，狭义相对论的理论诞生了.值得一提的是，迈克耳孙（图16-2）在光谱研究和气象学方面取得了出色成果，1907年，迈克耳孙因研制精密光学仪器而获得了诺贝尔物理学奖.

图16-2 迈克耳孙　　图16-3 爱因斯坦

16.1.2 狭义相对论的基本原理

1905年，一名在瑞士小城伯尔尼专利局供职的、留着一头乱蓬蓬头发的、由专利局的试用人员转为正式三级技术员仅半年的26岁的小公务员，提出了狭义相对论的两条基本原理.这个年轻人就是阿尔伯特·爱因斯坦（图16-3）.

这两条足以颠覆、摧毁经典物理学王朝的基本理论如下：

（1）**相对性原理**：物理定律在所有惯性参考系中都具有相同的表达形式，换句话说，所有惯性参考系对于描述物理定律都是等价的.

（2）**光速不变原理**：真空中的光速是常量，它与光源或观察者的运动状态无关，即不依赖于惯性系的选择.

可以看出，爱因斯坦的相对性原理是对伽利略相对性原理的发展，伽利略相对性原理只局限于力学定律，而爱因斯坦相对性原理则把这一等价性发展到力学、电磁学等一切自然规律上去.这样，也就推翻了"以太"假说.另外，爱因斯坦的相对性原理提出光速不变原理，即真空中的光速为一恒量，与惯性系的运动状态没有关系；而按照伽利略相对性原理，光速与观察者和光源的相对运动有关.事实是检验真理的唯一标准.1964至1966年，位于日内瓦附近法国与瑞士边界的欧洲核子物理实验室通过一系列实验，直接验证了光速不变的原理：在同步加速器中产生的π^0介子以$0.99975c$的速度高速飞行，并在飞行中发生衰变，辐射出能量为6×10^{19} eV的光子，测得光子的速度仍是光速c.

16.1.3 洛伦兹坐标变换式

迈克耳孙-莫雷实验作为物理史上最有名的"失败的实验"，致使"以太"这个概念作为绝对运动的代表、经典物理学和经典时空观的基础，被无情地否定，那就意味着整个物理世界马上会轰然崩塌.自牛顿以来，经典物理学所到之处势如破竹，其统治地位让多数人不敢怀疑,于是人们提出了许多折中的办法,荷兰物理学家洛伦兹(Hendrik Antoon Lorentz)为了弥合经典物理学所出现的缺陷,于 1904 年提出了一种假说,认为物体在运动的方向上会发生长度的收缩,从而使得"以太"的相对运动速度无法被测量到,这使得以太的概念得以继续保留. 现在看来,前半部分是正确的,但是其理论基础却是不合理的. 1905 年,爱因斯坦在狭义相对论的基础上,导出了一套新的坐标变换式,用以代替伽利略坐标变换式. 其论点和洛伦兹的观点一致,但是却用相对论的思想来加以解释. 为了纪念洛伦兹,所以这套变换式仍叫作洛伦兹坐标变换式.

如图 16-4 所示,设有两个惯性系 S 和 S',$t=0$ 时,两惯性系的原点重合. 两惯性系沿着 xx' 轴相互做匀速直线运动. 设 S' 系相对 S 系的速度为 $\boldsymbol{v}$. 某时刻在点 P 发生了一个事件,在 S 系中测得点 P 的坐标和时间为 (x,y,z,t),而在 S' 系中测得的坐标和时间为 (x',y',z',t'). 我们知道,在伽利略坐标变换里面,$t=t'$,即时间是绝对的. 但是在狭义相对论中,这条原则不再成立. 按照狭义相对论的相对性原理以及光速不变原理,可导出此事件在两个惯性参考系中的空间和时间坐标 (x,y,z,t) 和 (x',y',z',t') 之间的变换式为

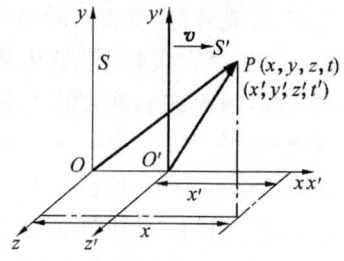

图 16-4 洛伦兹变换图

$$\begin{cases} x' = \dfrac{x-vt}{\sqrt{1-\beta^2}} \\ y' = y \\ z' = z \\ t' = \dfrac{t-\dfrac{vx}{c^2}}{\sqrt{1-\beta^2}} \end{cases} \quad (16\text{-}1)$$

和

$$\begin{cases} x = \dfrac{x'+vt'}{\sqrt{1-\beta^2}} \\ y = y' \\ z = z' \\ t = \dfrac{t'+\dfrac{vx'}{c^2}}{\sqrt{1-\beta^2}} \end{cases} \quad (16\text{-}2)$$

式中,$\beta = \dfrac{v}{c}$,c 为光速. 式(16-1)和式(16-2)分别叫作**洛伦兹变换的正变换**和**逆变换**. 可以看出,在洛伦兹变换式里面,时间 t 和 t' 都不再是绝对存在的,而是依赖于其空间坐标和两个惯性系之间的相对速度. 这与牛顿力学里面的伽利略坐标变换截然不同.

当 $v \ll c$ 时,即 $\beta = \dfrac{v}{c}$ 趋近于零时,两个惯性系之间做低速相对运动,此时的洛伦兹坐标变换式就可以转化为伽利略坐标变换式. 可以看出,洛伦兹坐标变换式包含了伽利略坐标变换式,在低速和高速的情况下普遍适应. 另外,当 $v > c$ 时,洛伦兹坐标变换式就没有意义了. 因此,真空中的光速为物体运动速度的极限. 现代物理实验的例子也验证了这一观点. 但是,

随着科学的发展,能否发现运动速度高于光速的物体呢?如果确实存在这样的物体,那对于我们将来的意义将不言而喻,在那种情况下的坐标变换又将如何呢?

16.2 相对论速度变换式

上一节介绍了洛伦兹坐标变换式,本节将学习相对论的速度变换式.同样,它也可以取代伽利略速度变换式.

仍然以图16-4为例,两个惯性系 S 和 S', S' 系相对于 S 系以速度 v 沿着 xx' 轴运动. $t=0$ 时,两惯性系的原点重合.我们考察一下点 P 在两个惯性系中的运动速度,设其在 S 中的速度为 $u(u_x, u_y, u_z)$,而在 S' 中的速度为 $u'(u_x', u_y', u_z')$.

按照速度的定义, S 系中的速度为

$$u_x = \frac{dx}{dt}, u_y = \frac{dy}{dt}, u_z = \frac{dz}{dt}$$

在 S' 系中的速度为

$$u_x' = \frac{dx'}{dt'}, u_y' = \frac{dy'}{dt'}, u_z' = \frac{dz'}{dt'}$$

从式(16-1)可以看出

$$dx' = \frac{dx - vdt}{\sqrt{1-\beta^2}}$$

$$dt' = \frac{dt - \frac{v}{c^2}dx}{\sqrt{1-\beta^2}}$$

所以可得

$$u_x' = \frac{dx'}{dt'} = \frac{dx - vdt}{dt - \frac{v}{c^2}dx} = \frac{u_x - v}{1 - \frac{v}{c^2}u_x}$$

同样可得

$$u_y' = \frac{dy'}{dt'} = \frac{u_y\sqrt{1-\beta^2}}{1 - \frac{v}{c^2}u_x}$$

$$u_z' = \frac{dz'}{dt'} = \frac{u_z\sqrt{1-\beta^2}}{1 - \frac{v}{c^2}u_x}$$

即

$$\begin{cases} u_x' = \dfrac{u_x - v}{1 - \dfrac{v}{c^2}u_x} \\ u_y' = \dfrac{u_y\sqrt{1-\beta^2}}{1 - \dfrac{v}{c^2}u_x} \\ u_z' = \dfrac{u_z\sqrt{1-\beta^2}}{1 - \dfrac{v}{c^2}u_x} \end{cases} \quad (16\text{-}3)$$

式(16-3)叫作相对论速度变换式,或者叫作洛伦兹速度变换式.

同样可得其逆变换式为

$$\begin{cases} u_x = \dfrac{u_x' + v}{1 + \dfrac{v}{c^2}u_x'} \\ u_y = \dfrac{u_y'\sqrt{1-\beta^2}}{1 + \dfrac{v}{c^2}u_x'} \\ u_z = \dfrac{u_z'\sqrt{1-\beta^2}}{1 + \dfrac{v}{c^2}u_x'} \end{cases} \quad (16\text{-}4)$$

同样可以看出,当 $v \ll c$ 时,上式可以转化为伽利略速度变换式,即相对论速度变换式包含伽利略速度变换式.另外,相对论速度变换式很好地遵循了光速不变原理.举个例子,一束沿着 xx' 轴运动的光对 S' 的速度为 c,即 $u_x' = c$,则根据相对论速度变换公式,可以计算出光对 S 系的速度为

$$u_x = \frac{u_x' + v}{1 + \dfrac{v}{c^2}u_x'} = \frac{c + v}{1 + \dfrac{v}{c^2}c} = c$$

也就是说,光对于任意惯性系 S 和 S' 速度都是相等的.即使在 $v_x = c$ 的极限情况下,光速仍然为 c.

【**例 16-1**】 设想一飞船以 $0.90c$ 的速度在地球上空飞行,如果这时从飞船上沿速度方向抛出一物体,物体相对飞船的速度为 $0.90c$.问:从地面上看,物体速度多大?

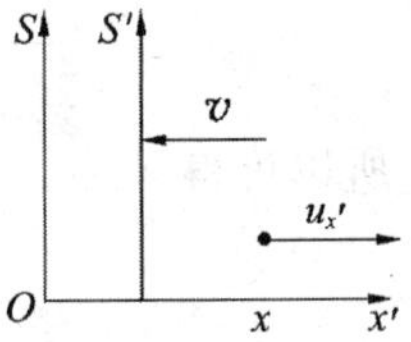

解:由题意,选地面参考系为 S 系,飞船参考系为 S' 系,如图 16-5 所示.

则 $v = 0.90c, u_x' = 0.90c$.

所以,按照相对论速度变换式,可得

$$u_x = \frac{u_x' + v}{1 + \dfrac{v}{c^2}u_x'} = \frac{0.90 + 0.90}{1 + 0.90 \times 0.90}c = 0.994c$$

图 16-5 例 16-1 图

16.3 狭义相对论的时空观

按照经典物理,时间是绝对的,即在某个惯性系里面某个时间发生的事件,在另外一个与之做相对匀速直线运动的惯性系里观察,是同时发生的;而长度等也是绝对的.但是相对论认为,时间是相对的,空间也是相对的,与所选择的惯性系有关.

16.3.1 关于"同时"的相对性

我们经常涉及"同时"这一概念.在 S 系中同时发生了两个事件,被 S 中的观察者同时发现,也会被 S' 系中的观察者同时发现.例如,在站台上的人和在火车上的人看见火车上发生了某个事件是同时的.在日常生活经验中,这两件事情发生的时候我们表的指针都在同

一位置,其合理性也被生活经验所检验.但是,在高速情况下,以相对论的基本假设为基础,在一个惯性系中同时发生的事件,在另一惯性系中则不一定是同时发生的.这就是"同时"的相对性.

我们看一个理想情况下的例子.如图 16-6 所示,一列高速行进的火车(请注意"高速"二字,是指其速度接近光速)的车头 B' 和车尾 A' 分别放置信号接收器,而中点 M' 放置光信号发生器.选择地面为 S 系,火车为 S' 系.

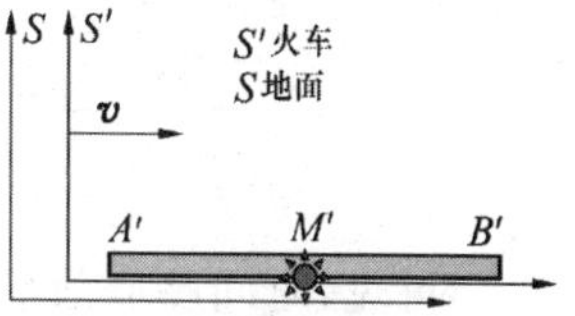

图 16-6 "同时"的相对性用图

火车在行进中,由 M' 点向两侧发射一光信号,由于光速不变,而 $A'M'=B'M'$,所以 A' 和 B' 同时接收到光信号,即 A' 接收光信号的事件 1 和 B' 接收光信号的事件 2 对于 S' 系是同时发生的.而在地面上,即 S 系的观察者看来,尽管光速不变,但是由于 A' 迎着光信号,所以应比 B' 早接收到光,即事件 1、2 对于 S 不是同时发生的.

下面我们证明一下.设 S' 系中两个事件同时发生,其时空坐标分别为 (x_1', t_1') 和 (x_2', t_2'),则可知,在 S' 系中观测,有 $\Delta t'=t_2'-t_1'=0$.而在 S 系中观测,其时空坐标分别为 (x_1, t_1) 和 (x_2, t_2).按照洛伦兹变换式,可得

$$t_1 = \frac{1}{\sqrt{1-\beta^2}}\left(t_1' + \frac{v}{c^2}x_1'\right), \quad t_2 = \frac{1}{\sqrt{1-\beta^2}}\left(t_2' + \frac{v}{c^2}x_2'\right)$$

因为有 $t_2'-t_1'=0, x_2'-x_1'\neq 0$,所以有 $\Delta t=t_2-t_1\neq 0$.

因此,可以得出结论:对于 S' 系来说异地同时发生的事件,对 S 系则是非同时发生的.

曾经有一个经典的犯罪问题,站台上两个人 A 和 B 相互开枪射击,枪击的火花恰好被两列相向经过的列车中部的旅客看见.调查中法官是否可以根据旅客的证词判定谁先开枪呢?

假如 A、B 同时开枪,那么根据同时相对性,两位旅客的证词应该正好相反.假如 A、B 中一人看到另一人开枪后才开枪,那么根据同时相对性,两位旅客的证词是否相反?法官该如何判定呢?读者不妨自己思考一下.

16.3.2 时间延缓

在狭义相对论中,两个事件发生的时间间隔和一个持续事件的过程间隔也不是绝对的.设在 S 系中某地坐标为 x 处发生了一个持续事件,在 S 系中观测,其起始时刻为 t_1,结束时刻为 t_2,所经历的时间 $\Delta t=t_2-t_1$.而在 S' 系中观测,其经历的时间 $\Delta t'=t_2'-t_1'$.根据洛伦兹变换式,可得

$$\Delta t' = t_2' - t_1' = \frac{t_2-\frac{vx}{c^2}}{\sqrt{1-\beta^2}} - \frac{t_1-\frac{vx}{c^2}}{\sqrt{1-\beta^2}}$$

$$= \frac{t_2-t_1}{\sqrt{1-\beta^2}} = \frac{\Delta t}{\sqrt{1-\beta^2}}$$

(16-5)

从上式可以看出,$\Delta t' > \Delta t$,即对于同一过程,在 S' 系中所记录的时间间隔要大于在 S 系中所记录的时间间隔.由于 S' 系是运动的,也就是说,运动的时钟变慢了,这就是**时间延缓**效应,或者叫作**时间膨胀**效应.

【例 16-2】 飞机以 $v=9\times 10^3$ m/s 的速率相对于地面匀速飞行. 飞机上的钟走了 5.00s, 地面上的钟经过了多少时间?

解: 由题意可知, $\Delta t'=5.00$s,

$$\Delta t = \frac{\Delta t'}{\sqrt{1-\frac{v^2}{c^2}}} = \frac{5}{\sqrt{1-\left(\frac{9\times 10^3}{3\times 10^8}\right)^2}} \text{s} = 5.000000002\text{s}$$

可见, 时间膨胀效应虽然是存在的, 但是由于我们受到目前的科技手段的限制, 所能观测到的时间膨胀的值是很小的.

请读者思考: 有一对双胞胎甲和乙, 甲留在地球上, 乙乘宇宙飞船周游太空, 若干年后, 乙返回地球, 双胞胎重逢时哪一个更年轻呢?

16.3.3 长度收缩

与时间膨胀一样, 在狭义相对论中, 长度的测量也是随着参考系而变化的, 并且在运动参考系中, 长度会收缩.

为简单起见, 设在 S 系中沿 x 轴固定一物体, 在 S 系中测量其长度 $l=x_2-x_1$; 而在 S' 系中某时刻 t' 测量, 其长度 $l'=x_2'-x_1'$. 按照洛伦兹变换式, 可以写出

$$l = x_2 - x_1 = \frac{1}{\sqrt{1-\beta^2}}(x_2'+vt') - \frac{1}{\sqrt{1-\beta^2}}(x_1'+vt')$$
$$= \frac{x_2'-x_1'}{\sqrt{1-\beta^2}} = \frac{l'}{\sqrt{1-\beta^2}} \tag{16-6}$$

即从运动参考系中测得的沿速度方向的物体长度 l', 比在与物体相对静止的参考系中测得的长度要短, 这个效应就是**长度收缩效应**. 但是在和相对速度垂直的方向上长度则没有这个变化, 因为按照洛伦兹变换式, 有 $y'=y$ 和 $z'=z$.

16.3.4 相对性与绝对性

我们先看一个很有意思的例子, 一列高速穿越隧道的列车, 列车静止长度等于隧道长度, 车头将出洞时在隧道入口和出口同时出现雷击, 问列车能躲过雷击吗?

地面上的人认为, 车长缩短, 不会被雷击; 列车上的人认为, 隧道缩短, 列车会被雷击. 究竟哪一个说法正确呢? 对地面这个参考系来说, 雷击是同时异地事件, 列车长度小于隧道静止长度, 所以列车能躲过雷击. 对列车这个运动的参考系, 按照"同时"的相对性, 可知雷击不是同时发生的, 出口处雷击在先, 此时车头仍在隧道内; 而入口处雷击较迟, 此时车尾又已进入洞内, 所以结果也是能躲过雷击.

可见, 利用不同参考系, 对运动过程的(时空)描述不同, 这是相对的. 但是事实的结论是一致的, 是绝对的!

16.4 狭义相对论的动力学基础

在经典力学中, 牛顿第二定律 $F=ma$ 认为物体质量是不变的, 牛顿运动方程对于伽利略变换来说是不变的; 但是在狭义相对论中, 牛顿运动方程对洛伦兹变换不是不变的. 在高

速运动的情况下,物体的质量将改变.我们知道洛伦兹变换在低速的情况下会转换为伽利略变换,我们也需要找到一个新的方程,使之适应于高速情况,而且在低速情况下可以转换为牛顿运动方程.

16.4.1 相对论力学的基本方程

由于动量守恒定律是自然界普遍规律之一,因此,在狭义相对论中,根据动量守恒定律和相对论的速度变换式,可以证明,物体的质量不是不变的,而是根据速度而变化的,运动时的质量和静止时的质量之间存在如下关系:

$$m = \frac{m_0}{\sqrt{1 - \frac{v^2}{c^2}}} \tag{16-7}$$

式中,m 是物体对观测者有相对速度 v 时测得的质量;m_0 是物体在相对静止的惯性系中测得的质量,叫作静止质量.可以看出,当速度 v 趋近于零时,物体的质量约等于静止质量.式(16-7)揭示了运动和质量的不可分割性.由式(16-7)可知,在相对论中,物体的动量表达式为

$$\boldsymbol{p} = m\boldsymbol{v} = \frac{m_0 \boldsymbol{v}}{\sqrt{1 - \frac{v^2}{c^2}}} \tag{16-8}$$

此时,相对论力学的动力学方程为

$$\boldsymbol{F} = \frac{\mathrm{d}}{\mathrm{d}t} \left[\frac{m_0}{\sqrt{1 - \frac{v^2}{c^2}}} \boldsymbol{v} \right] \tag{16-9}$$

从上式可以看出,当速度 v 趋近于零时,式(16-9)可以转换为牛顿第二定律的微分形式 $\boldsymbol{F} = m_0 \dfrac{\mathrm{d}\boldsymbol{v}}{\mathrm{d}t}$.一般来说,宏观物体由于其运动速度有限,因此几乎看不出其质量的变化;而对于质子、中子等微观粒子,当其速度被加速到接近光速时,其质量的变化会很明显.例如,当电子被加速到 $v = 0.98c$ 时,其质量

$$m = \frac{m_0}{\sqrt{1 - 0.98^2}} \approx 5 m_0$$

16.4.2 质量与能量的关系

下面将学习著名的爱因斯坦质能关系式.

设有一质量为 m_0 的质点从静止开始,在变力作用下,沿 x 轴做一维运动,根据动能定理,当质点有元位移 $\mathrm{d}x$ 时,有

$$E_\mathrm{k} = \int_0^x F_x \mathrm{d}x = \int_0^x \frac{\mathrm{d}p}{\mathrm{d}t} \mathrm{d}x = \int_0^p v \mathrm{d}p$$

又知 $\mathrm{d}(pv) = p\mathrm{d}v + v\mathrm{d}p$,所以上式可变形为

$$E_\mathrm{k} = pv - \int p\mathrm{d}v = \frac{m_0 v^2}{\sqrt{1 - \frac{v^2}{c^2}}} - \int_0^v \frac{m_0 v}{\sqrt{1 - \frac{v^2}{c^2}}} \mathrm{d}v$$

对上式等号右面第二项积分后,可得

$$E_k = \frac{m_0 v^2}{\sqrt{1-\frac{v^2}{c^2}}} + m_0 c^2 \sqrt{1-\frac{v^2}{c^2}} - m_0 c^2 = \frac{m_0 c^2}{\sqrt{1-\frac{v^2}{c^2}}} - m_0 c^2$$

而 $\dfrac{m_0}{\sqrt{1-\frac{v^2}{c^2}}} = m$,所以得

$$E_k = mc^2 - m_0 c^2 \tag{16-10}$$

式(16-10)为相对论的动能表达式.式中 $m_0 c^2$ 叫作物体的静止能量,而把 mc^2 叫作物体运动时的能量.我们分别用 E_0 和 E 表示,于是有

$$E_0 = m_0 c^2, E = mc^2 \tag{16-11}$$

式(16-11)称为**质能关系式**.

质能关系指出,物质的质量和能量之间有密切的联系.惯性质量的增加和能量的增加相联系,能量的改变必然导致质量的相应变化.若物体有 Δm 的质量变化,则必伴随着 $\Delta E = (\Delta m)c^2$ 的能量变化,这是相对论的又一极其重要的推论.

16.4.3 动量与能量的关系

在经典物理里面,认为质量是不变的.在第3章的学习中,我们知道,动量和能量有如下关系:

$$E_k = \frac{1}{2}mv^2 = \frac{p^2}{2m}$$

根据狭义相对论原理,在高速情况下,质量不再是不变量,所以动量和能量的关系也不再如同上式那么简单.此时动量和能量分别写作:

$$p = mv = \frac{m_0 v}{\sqrt{1-\frac{v^2}{c^2}}}, E = mc^2 = \frac{m_0 c^2}{\sqrt{1-\frac{v^2}{c^2}}}$$

其中,后者是根据狭义相对论的质能关系式得出的.

上面两个式子联立之后,消掉变量 v,可以得到狭义相对论动量和能量的关系式:

$$E^2 = p^2 c^2 + m_0^2 c^4 = E_0^2 + p^2 c^2 \tag{16-12}$$

式(16-12)揭示了动量和能量的不可分割性.它对于洛伦兹变换式是不变的.在低速情况下,对于动能为 E_k 的粒子,$m \approx m_0$,它可以转化为 $E_k = \dfrac{p^2}{2m}$;而对于高速运动的粒子,由于其能量 E 要远远大于其静止能量 E_0,则式(16-12)可以近似地写作 $E \approx pc$.对于频率为 ν 的光子,其能量为 $h\nu$,于是可以得到

$$p = \frac{E}{c} = \frac{h\nu}{c} = \frac{h}{\lambda}$$

从而验证了在光学中学到的知识:光子的动量和光的波长成反比.

【例16-3】 已知质子和中子的质量分别为 $M_p = 1.000728 \text{u}$,$M_n = 1.000866 \text{u}$.当两个质子和两个中子组成一氦核 $^4_2 \text{He}$ 时,实验测得它的质量 $M_A = 4.00120 \text{u}$,试计算形成一个氦核时放出的能量($1\text{u} = 1.660 \times 10^{-27} \text{kg}$).

解:两个质子和两个中子组成氦核之前,总质量为

$$M = 2M_p + 2M_n = 4.003188 \text{u}$$

而从实验测得氦核质量 M_A 小于质子和中子的总质量 M,差额 $\Delta M = M - M_A$ 为原子核的质量亏损. 对于 ${}_2^4\text{He}$ 核,有

$$\Delta M = M - M_A = 0.001988\text{u} = 0.001988 \times 1.660 \times 10^{-27} \text{kg}$$

根据 $\Delta E = (\Delta m)c^2$ 可知,当质子和中子组成原子核时,将有大量的能量放出,该能量就是原子核的结合能. 所以形成一个氦核时放出的能量为

$$\Delta E = 0.001988 \times 1.660 \times 10^{-27} \times (3 \times 10^8)^2 \text{J} = 2.97 \times 10^{-13} \text{J}$$

复习题

一、思考题

1. 陈述狭义相对论的两条基本原理.

2. 光速是否真的是一个极限情况?

3. 伽利略坐标变换式和狭义相对论中洛伦兹坐标变换式的关系是什么?

4. 简述经典力学相对性原理与狭义相对性原理的区别.

5. 对某观察者来说,发生在某惯性系中同一地点、同一时刻的两个事件,对于相对该惯性系做匀速直线运动的其他惯性系中的观察者来说,它们是否同时发生?在某惯性系中同一时刻、不同地点发生的两个事件,它们在其他惯性系中是否同时发生?

6. 关于下列说法,哪些是正确的?

(1) 所有惯性系对物理规律都是等价的;

(2) 在任何惯性系中,真空中光的速度与光的频率、光源的运动状态无关;

(3) 在任何惯性系中,光在真空中沿任何方向的传播速度都相同.

7. 原子质量亏损与原子能的释放有什么关系?

8. 乘坐飞机出行的旅客在下飞机后是否需要对手表时间进行修正?

9. 两个标准时钟,分别放置于两个惯性系 A、B 中,分别从 A、B 两个惯性系观察时钟走得快慢的情况,会得出什么结论?为什么?

10. 什么条件下粒子的动能可以认为等于 $\frac{1}{2}mv^2$?

11. 下列说法是否正确?

(1) 一切运动物体相对于观察者的速度都不能大于真空中的光速;

(2) 质量、长度、时间的测量结果都是随物体与观察者的相对运动状态而改变的;

(3) 在一惯性系中发生于同一时刻、不同地点的两个事件在其他一切惯性系中也都同时发生;

(4) 惯性系中的观察者观察一个与他做匀速相对运动的时钟时,会看到该时钟比与他相对静止的相同的时钟走得慢些.

二、选择题

1. 设有一门宽为 l,今有一固有长度为 $l_0(l_0 > l)$ 的水平细杆,在门外贴近的平面内沿其长度方向匀速运动,若站在门外的观察者认为此杆的两端可同时被拉进此门,则该杆相对于门的运动速度 v 至少为( ).

(A) $v = c\sqrt{1-\dfrac{l^2}{l_0^2}}$ (B) $v = c\sqrt{1-\dfrac{l_0^2}{l^2}}$

(C) $v = c\sqrt{1-\dfrac{l}{l_0}}$ (D) $v = c\sqrt{l-\dfrac{l^2}{l_0^2}}$

2. 一飞船相对于地面以速度 v 做匀速直线运动，某时刻位于飞船头部的宇航员向尾部发出一个光信号，经过时间 Δt（飞船上的时钟）后，被尾部的接收器收到，则由此可知飞船的固有长度为（   ）.

(A) $c\Delta t$ (B) $v\Delta t$

(C) $c\Delta t\left(1-\dfrac{v^2}{c^2}\right)^{\frac{1}{2}}$ (D) $\dfrac{v\Delta t}{(1-v^2/c^2)^{1/2}}$

3. 边长为 a 的正方形薄板静止于惯性系 S 的 xOy 平面内，且两边分别与 x 轴、y 轴平行. 今有惯性系 S' 以 $0.8c$（c 为真空中的光速）的速度相对于 S 系沿 x 轴做匀速直线运动，则从 S' 系测得薄板的面积为（   ）.

(A) $0.6a^2$ (B) $0.8a^2$ (C) a^2 (D) $\dfrac{a^2}{0.6}$

4. c 为真空中的光速，某时刻某地发生两件事，静止位于该地的甲测得时间间隔为 4s，若相对于甲做匀速直线运动的乙测得时间间隔为 5s，则乙相对于甲的运动速度为（   ）.

(A) $\dfrac{4}{5}c$ (B) $\dfrac{3}{5}c$ (C) $\dfrac{2}{5}c$ (D) $\dfrac{1}{5}c$

5. 质子在加速器中被加速，当其动能为静止能量的 4 倍时，其质量为静止质量的（   ）.

(A) 4 倍   (B) 5 倍   (C) 6 倍   (D) 8 倍

三、计算及证明题

1. 在惯性系 S 中，相距 $\Delta x = 5\times 10^6$ m 的两地两事件时间间隔 $\Delta t = 10^{-2}$ s，在相对 S 系沿 x 轴正向匀速运动的 S' 系中测得这两事件是同时发生的. 求 S' 系中发生这两事件的地点间距 $\Delta x'$.

2. π^+ 介子是一种不稳定的粒子，在其自身参考系中测得其平均寿命为 2.6×10^{-8} s.

(1) 如果 π^+ 介子相对于实验室以 $0.8c$ 的速度运动，那么实验室坐标系中测得其寿命为多长？

(2) π^+ 介子在衰变前运动了多长距离？

3. 一原子核以 $0.5c$ 的速度离开一观察者，原子核在它运动方向上向前发射一电子，该电子相对于核有 $0.8c$ 的速度. 此原子核又向后发射了一光子指向观察者. 对静止观察者来讲，

(1) 电子具有多大的速度？

(2) 光子具有多大的速度？

4. 在 S 系中观察到的两事件发生在空间同一地点，第二事件发生在第一事件以后 2s. 在另一相对 S 系运动的 S' 系中观察到第二事件是在第一事件 3s 之后发生的，求在 S' 系中测量两事件之间的位置距离.

5. 某人测得一根静止棒长度为 l，质量为 m，于是求得棒的线密度 $\rho = \dfrac{m}{l}$. 假定棒以速度

v 沿棒长方向运动,此人再测此棒的线密度应为多少?若棒在垂直于长度方向上运动,它的线密度又为多少?

6. 地球上一观察者,看见一飞船 A 以 2.5×10^3 m/s 的速度从他身边飞过,另一飞船 B 以速度 2.0×10^8 m/s 跟随 A 飞行. 求:

(1) A 上的乘客看到 B 的相对速度;

(2) B 上的乘客看到 A 的相对速度.

7. 设 m_0 为电子的静止质量,一观察者测出电子质量为 $2m_0$,问电子速度为多少?

8. 静止质量为 m_0、带电荷量为 q 的粒子,其初速为零,在均匀电场 E 中被加速.

(1) 经过时间 t 后它所获得的速度是多少?

(2) 如果不考虑相对论效应,它的速度又是多少?

(3) 这两个速度间有什么关系?试讨论之.

9. 在什么速度下粒子的动量比非相对论动量大两倍?在什么速度下的动能等于它的静止能量?

10. 质量为 m_0 的一个受激原子,静止在参考系 S 中,因发射一个光子而反冲,原子的内能减少了 ΔE,而光子的能量为 $h\nu$. 试证: $h\nu=\Delta E\left(1-\dfrac{\Delta E}{2m_0c^2}\right)$.

第 17 章

量子物理

学习目标

- 了解斯忒藩-玻耳兹曼定律、维恩位移定律以及经典物理理论在说明热辐射的能量按频率分布曲线时所遇到的困难,理解普朗克量子假设.
- 了解经典物理理论在说明光电效应的实验规律时所遇到的困难,理解爱因斯坦光量子假设,并掌握其方程.
- 掌握康普顿散射效应的实验规律以及光子理论对这个效应的解释;理解光的波粒二象性.
- 理解氢原子光谱的实验规律和玻尔的氢原子理论.
- 了解德布罗意假设;了解实物粒子的波粒二象性;理解描述物质波动性的物理量,如波长和频率;理解描述粒子性的物理量以及动量和能量之间的关系.
- 了解一维坐标动量不确定关系.
- 了解波函数及其统计解释;了解一维定态的薛定谔方程以及量子力学中用薛定谔方程处理一维无限深势阱等微观物理问题的方法.

本章将介绍近代物理.近代物理是在牛顿经典物理的基础上建立起来的,其最初目的是为了解释经典物理不能解释的问题.1900 年,普朗克为了解决经典物理在解释黑体辐射方面遇到的困难,引入能量子这一概念,标志着量子理论的诞生.此后,光量子的概念、光电效应、康普顿效应、玻尔的氢原子理论、德布罗意波、不确定度关系、薛定谔方程等概念陆续问世.1926 年,在薛定谔提出波动力学概念后,波动力学与海森堡、波恩的矩阵力学一起统一为量子力学.量子力学提出后,比较系统地解决了一系列在经典物理中被认为解释不了的问题.

由于系统地介绍量子物理要涉及较深的内容和烦琐的数学计算,按照本课程的要求以及篇幅的限制,我们只能沿着量子物理发展的历史,介绍量子物理一些基础性的知识和重要结论.

17.1 黑体辐射 普朗克的量子假设

量子物理发展之初首先是从黑体辐射问题上得到突破的.量子物理之前,由于受到经典物理的影响,人们普遍认为能量是连续的、不可分割的.直到 1900 年,普朗克才解决了黑体辐射问题.下面,先介绍黑体和黑体辐射的概念.

17.1.1 黑体 黑体辐射

任何物体,在任何的时候都要向外以电磁波的形式辐射能量,这种现象叫作**热辐射**,辐射的能量叫作**辐射能**. 热辐射的本质是物体中的原子、分子等受到热激发,因此,温度不同时,物体的辐射能的波长也不一样. 图 17-1 所示为人体在某温度下辐射能量的情况.

我们把单位时间内温度为 T 的物体单位面积上发射的波长在 λ 到 $\lambda+\mathrm{d}\lambda$ 范围内的辐射能量 $\mathrm{d}M_\lambda(\lambda,T)$ 与波长间隔 $\mathrm{d}\lambda$ 的比值叫作**单色辐出度**,用 $M(\lambda,T)$ 表示. 即

$$M(\lambda,T)=\frac{\mathrm{d}M_\lambda(\lambda,T)}{\mathrm{d}\lambda} \tag{17-1}$$

单色辐出度是波长 λ 和温度 T 的函数,反映了不同温度物体辐射能按波长分布的情况. 单位时间内,从物体单位面积上所发射的各种波长的总辐射能,称为物体的**辐射出射度**,简称**辐出度**. 即

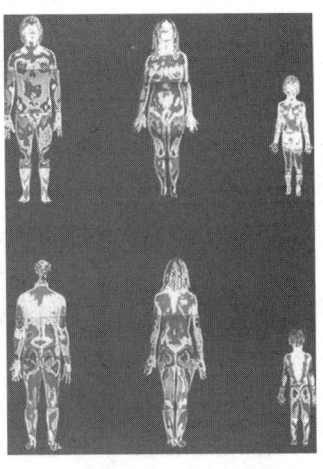

图 17-1 人体辐射

$$M(T)=\int_0^\infty M(\lambda,T)\mathrm{d}\lambda \tag{17-2}$$

从式(17-2)可以看出,辐出度包含了全部波长,因此辐出度只是物体温度的函数.

物体在向外辐射能量的同时,还吸收其他物体辐射的能量. 换言之,其他物体辐射的能量到达该物体时,除一部分要被界面反射掉外,其余的能量将被吸收. 当辐射和吸收的能量恰好相等时称为热平衡,此时物体的温度恒定不变.

实验表明,如果一个物体吸收其他物体辐射的本领强时,向其他物体辐射能量的本领也越强;反之亦然. 表明好的辐射体也是好的吸收体. 但是,在实际情况中,没有哪种物体能全部吸收外界辐射的能量. 通常人们认为吸收性最好的煤烟也只能吸收外界辐射的百分之九十几. 为了研究物体的辐射,我们假设存在一种理想物体,它能将外界辐射到其表面的能量完全吸收,这种假想的物体称为**绝对黑体**,简称**黑体**,如图 17-2 所示. 当然,黑体只是一种理想情况,真实的黑体是不存在的. 但是,我们可以让物体的性质尽可能和黑体靠近,比如用一些不透明

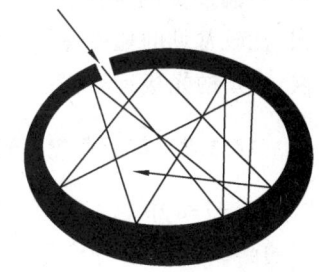

图 17-2 黑体模型

的材料制成带小孔的形状不规则的空腔,小孔的孔径比整个空腔的线度要小得多,这样,从小孔进入空腔的来自外界的辐射能,在空腔内经过腔壁的多次反射,由于每次反射都伴随着吸收,所以经多次反射后,经由小孔出去的辐射能已经很小,可以忽略不计. 这种空腔可近似看作黑体. 研究黑体辐射的规律是了解一般物体热辐射性质的基础. 此时,在某个温度下,由小孔发射出来的辐射能,就可以看作是黑体的辐射,即黑体在此温度下的辐出度.

17.1.2 黑体辐射的实验定律

在一定温度下,黑体的单色辐出度和波长有一定的关系,而单色辐出度的最大值随着温度的变化而发生变化. 19 世纪末期,科学家们对黑体的这一性质进行了深入研究,得出了一系列的理论,其中以斯忒藩-玻耳兹曼定律和维恩位移定律最有代表性.

1. 斯忒藩(J. Stefan)-玻耳兹曼(L. Boltzmann)定律

1879 年,奥地利物理学家斯忒藩通过实验,得出了表征黑体的总辐出度和温度之间关

系的曲线,并根据曲线总结出一条定律.1884年玻耳兹曼也得出了同样的结论,所以叫作**斯忒藩-玻耳兹曼定律**,其内容为:黑体的辐出度 $M(T)$ 和黑体的热力学温度 T 的四次方成正比,即

$$M(T)=\sigma T^4 \tag{17-3}$$

式中,$\sigma=5.67\times 10^{-8}$ W·m^{-2}·K^{-4},叫作斯忒藩-玻耳兹曼常量.本定律只适用于黑体.斯忒藩得出了黑体的单色辐出度和波长之间的关系曲线,如图17-3所示,曲线下的面积即为黑体在此温度下的总辐出度.

2. 维恩位移定律

德国物理学家维恩(W. Wien)于1893年得出了反映热力学温度 T 和最大单色辐出度所对应的波长 λ_m 之间关系的定律,称为**维恩位移定律**.其内容为:**热辐射的峰值波长随着温度的增加而向着短波方向移动**.其数学表达式为

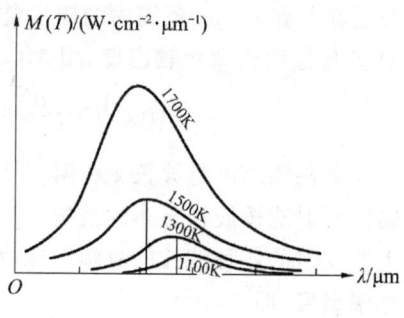

图 17-3 黑体的辐出度按波长分布曲线

$$T\lambda_m=b \tag{17-4}$$

式中,$b=2.897\times 10^{-3}$ m·K.

这两个定律反映了黑体辐射的一些性质.比如,温度不太高的物体的辐射能量的波长较长,而温度高的物体辐射能量的波长较短.这一结论被广泛应用于军事、宇航、工业等范围内.比较常见的如夜视仪.另外,见过冶铁过程的读者也能有感性的认识,当温度不太高的时候,火炉的光接近红色;当温度升高时,火炉的光则呈蓝色.

17.1.3 普朗克量子假设 普朗克黑体辐射公式

图17-3中的曲线是实验得到的结果,此后的很多科学家们试图从理论上找到与之相对应的函数表达式,他们尽管付出了相当大的努力,但是由于都是站在经典物理的角度上,所以最终都失败了.有一些甚至得出了与实验结果相去甚远的结论,其中以维恩公式和瑞利-金斯公式最具有代表性.下面我们分别来看一下.

1893年,维恩得出的维恩公式为

$$M(T)=C_1\lambda^{-5}e^{-\frac{C_2}{\lambda T}} \tag{17-5}$$

式中,C_1 和 C_2 为两个常数.维恩公式在短波处与实验曲线啮合得很好,但是在波长较长的地方却相差迥异.此后的1900至1905年,瑞利(L. Rayleigh)和金斯(J. H. Jeans)经过努力,按照经典理论,也得出了一个理论公式,称为瑞利-金斯公式,其表达式为

$$M(T)=C_3\lambda^{-4}T \tag{17-6}$$

式中,C_3 为常量.瑞利-金斯公式在波长较长的地方与实验曲线啮合得很好,但在短波区,按此公式,当波长趋近于零时,$M(T)$ 将趋近于无穷大.显然这一结果是荒谬的,史称"紫外灾难".实验的结果显而易见,但无法找到与之对应的理论支持,这不能不说是个很悲哀的结果.一时之间,消极的气氛弥漫着整个物理学界,物理学晴朗天空中"飘浮着两朵乌云",其中一朵指的是寻找以太失败的例子,另一朵指的就是这个事件.

这时,天才的德国科学家普朗克(Max Planck,图17-4)出现了,他在总结前人失败的经

验后,他认为对待此类问题不能用经典的理论进行假设,而必须从另外一个角度进行思考,于是普朗克提出了一个全新的假设:**辐射黑体中电子的振动可以看作谐振子,这些谐振子可以吸收和辐射能量,但是对于这些谐振子来说,它们的能量不再像经典物理学所允许的可具有任意值,而是分立的. 相应的能量是某一最小能量ε(称为能量子)的整数倍**. 于是他引进了一个新的物理量,叫作普朗克常量,用 h 表示,对于振动频率为 ν 的谐振子来说,其最小能量为

$$\varepsilon = h\nu \tag{17-7}$$

其他谐振子的能量只能是 $h\nu$ 的整数倍,即

$$\varepsilon = nh\nu \tag{17-8}$$

图 17-4　普朗克

式中, $h = 6.6260755 \times 10^{-34}$ J·s, n 为正整数,称为量子数. 可以看出,对于能量子来说,其频率 ν 越大,能量越大.

在引进普朗克常量后,普朗克将维恩公式和瑞利-金斯公式衔接起来,得到了一个新的公式,称为普朗克公式,其表达式为

$$M_\lambda(T) = 2\pi hc^2 \lambda^{-5} \frac{1}{e^{\frac{hc}{\lambda kT}} - 1} \tag{17-9a}$$

或者用频率表示:

$$M_\nu(T) = \frac{2\pi h\nu^3}{c^2} \frac{1}{e^{\frac{h\nu}{kT}} - 1} \tag{17-9b}$$

当波长很短或者温度较低时,普朗克公式可以转化为维恩公式;而在波长很长或者温度较高时,普朗克公式又可以转化为瑞利-金斯公式. 并且还可以从普朗克公式推导斯忒藩-玻耳兹曼定律及维恩位移定律.

通过图 17-5 可以看出,普朗克公式与实验结果符合得很好.

能量子的概念是非常新奇的,它冲破了传统经典物理的概念,揭示了微观世界中一个重要规律,开创了物理学的一个全新领域. 由于普朗克发现了能量子,对建立量子理论做出了卓越贡献,因此,他于 1918 年获得了诺贝尔物理学奖. 但是需要补充的是,普朗克后来长时间内还在为这种与经典物理格格不入的观念深感不安,只是在经过十多年的努

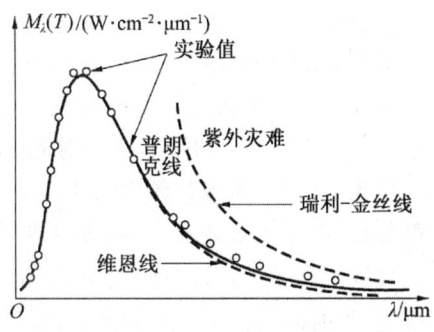

图 17-5　各种理论和实验结果比较图

力证明任何复归于经典物理的企图都以失败而告终之后,他才坚定地相信 h 的引入确实反映了新理论的本质.

17.2　光电效应　爱因斯坦光子理论

普朗克能量子理论的提出,使得许多用经典物理理论解决不了的问题迎刃而解,爱因斯坦也是能量子理论的受益者. 1905 年,爱因斯坦发展了普朗克能量子的理论,提出了光量子的概念,从而对光电效应进行了合理的解释.

17.2.1 光电效应的实验规律

光电效应是由德国科学家鲁道夫·赫兹于1887年首先发现的。图17-6所示为光电效应实验装置示意图。

通过实验可以发现，若 K 接的是电源负极，A 接的是电源正极，当波长较短的可见光或紫外光照射到某些金属 K 表面上时，则会发现电路中有电流通过，即金属中的电子会从金属表面逸出，并在两板之间的加速电势差作用下，从 K 到达 A，在电路中形成电流 I，这种电流叫作**光电流**，这种现象叫作**光电效应**，逸出的电子叫作**光电子**。可以看出，致使光电子逸出的能量来自入射光中。

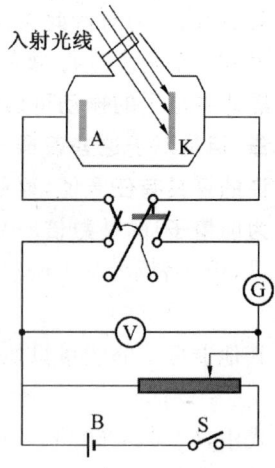

图 17-6　光电效应装置图

实验还表明，在一定强度的单色光照射下，光电流随加速电势差的增加而增大，但当加速电势差增加到一定量值时，光电流达饱和值 I_H，如果增加光的强度，相应的 I_H 也增大。I_H 叫作**饱和电流**。显然，单位时间内，受光照的金属板释放出来的电子数和入射光的强度成正比。

当将 K 接电源正极、A 接电源负极时，此时，K 和 A 之间有反向的电势差，当反向电势差的绝对值为某个值 U_0 时，由金属板 K 表面释放出的具有最大速度（即具有最大动能）v_m 的电子也刚好不能到达阳极，此时光电流便降为零，这时，此外加反向电势差 U_0 称为**遏止电势差**。实验表明，遏止电势差与光强度无关。但是可以看出，遏止电势差 U_0 和 v_m 以及电子最大动能之间存在如下关系：

$$E_{kmax} = \frac{1}{2}mv_m^2 = eU_0 \tag{17-10}$$

此外，对于某种金属，只有当入射光的频率大于某一数值时，才会有电子逸出，即有光电流存在，这一数值用 ν_0 表示，叫作光电效应的**红限**，也叫**截止频率**。当入射光的频率小于 ν_0 时，不管照射光的强度多大，都不会产生光电效应。而当其频率大于 ν_0 时，无论入射光的强度如何，都会有光电流产生。从入射光开始照射直到金属释放出电子的这段时间很短，不超过 10^{-9} s，这与入射光的强度没有关系，可以说，光电效应是"瞬时的"，几乎没有弛豫时间。图17-7所示为铯和钠的遏制电势差与频率的关系，可见遏止电势差与入射光的频率存在线性关系。

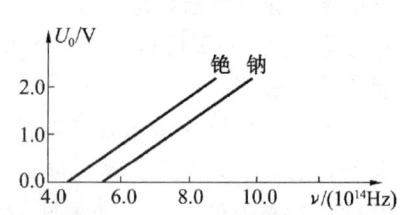

图 17-7　遏止电势差与频率的关系

17.2.2 爱因斯坦光子理论

光电效应被发现后，当时的科学家们试图用经典物理中光的波动说来解释它，但都失败而归。因为按照光的波动说，光电子的初动能应取决于入射光的光强，即取决于光的振幅，而不取决于光的频率，只要光的强度足够大，就会有足够的光电子逸出金属表面；而实际情况是，如果入射光的频率小于红限时，无论其强度多大，都不会产生光电效应。另外，按照经典物理中波动光学的理论，电子需要积累足够的能量后才能从金属表面逸出，这就需要一个时间，但是实验表明，从光的入射到光电子的逸出，中间的时间间隔极短，几乎是同时发生的。

这些问题横亘在大家面前,成为经典物理无法穿越的鸿沟.

此时,伟大的爱因斯坦在普朗克能量子理论的基础上赋予了光新的内容,提出了**光量子的假设**:光在空间传播时,也具有粒子性.一束光是一束以光速 c 运动的粒子流,这些粒子称为光量子,简称为光子,每一光子的能量为

$$\varepsilon = h\nu \tag{17-11}$$

式中,h 为普朗克常量.

爱因斯坦认为,光强取决于单位时间内通过单位面积的光子数 N.单色光的光强是 $Nh\nu$.当频率为 ν 的光照射在金属表面时,光子的能量可以被电子吸收,电子只要吸收一个光子就会获得 $\varepsilon = h\nu$ 的能量,当 ν 足够大时,电子即可从金属表面逸出,所以无须时间的累积.设使电子从金属表面逸出所做的功为 W,称为逸出功,此时电子具有最大初动能 $\frac{1}{2}mv^2$,对应的速度为最大初速度.按照能量守恒定律,则有

$$h\nu = \frac{1}{2}mv^2 + W \tag{17-12}$$

式(17-12)叫作**爱因斯坦光电效应方程**.

当光子的频率为 ν_0 时,电子的初动能为零,此时 ν_0 即为红限,$h\nu_0 = W$,因此可得 $\nu_0 = \frac{W}{h}$.从光电效应方程可以看出,只有当 $h\nu > W$,即 $\nu > \nu_0$ 时才会产生光电效应.当 $\nu > \nu_0$ 时,随着光强增大,则光子数增加,金属在相同时间内所能吸收的光子数增多,所以释放的光电子越多,光电流也越大.

爱因斯坦凭借光子假说成功地说明了光电效应的实验规律,并于1921年获得了诺贝尔物理学奖.

17.2.3 光的波粒二象性

光子不仅具有能量,而且具有质量和动量.其质量可由相对论的质能公式求得,即

$$m = \frac{\varepsilon}{c^2} = \frac{h\nu}{c^2} \tag{17-13}$$

光子的动量为

$$p = mc = \frac{h\nu}{c} = \frac{h}{\lambda} \tag{17-14}$$

结合光子的能量 $\varepsilon = h\nu$,可以看出,表征粒子性的物理量(能量和动量)与表征波动性的物理量(波长和频率)很好地结合了起来,而连接它们的桥梁就是普朗克常量 h.可见,光在具有波动性的同时还具有粒子性,光的这种性质叫作光的**波粒二象性**.光的衍射、干涉等为光的波动性的表征,而光电效应以及我们将要学到的康普顿效应所表征的则是光的粒子性.

【**例 17-1**】 波长 $\lambda = 4.0 \times 10^{-7}$ m 的单色光照射到金属铯上,铯原子红限频率 $\nu_0 = 4.8 \times 10^{14}$ Hz,求铯所释放的光电子的最大初速度.

解:由爱因斯坦光电效应方程,有

$$h\nu = \frac{1}{2}mv^2 + W$$

利用关系 $\nu = \frac{c}{\lambda}$,$W = h\nu_0$,代入已知数据,得最大初速度 $v = 6.50 \times 10^5$ m/s.

17.2.4 光电效应的应用

光电效应应用非常广泛,光电管就是应用最普遍的一种光电器件.

光电管的类型很多,图 17-8(a)所示是其中的一种.玻璃泡里的空气已经抽出,有的管里充有少量的惰性气体(如氩、氖、氦等).管的内半壁涂有逸出功小的碱金属作为阴极 K,管内另有一阳极 A.使用时按照图 17-8(b)所示那样把它连在电路里,当光照射到光电管的阴极 K 时,阴极发射电子,电路里就产生电流.光电管不能受强光照射,否则容易老化失效.光电管产生的电流很弱,应用时可以用放大器把它放大.

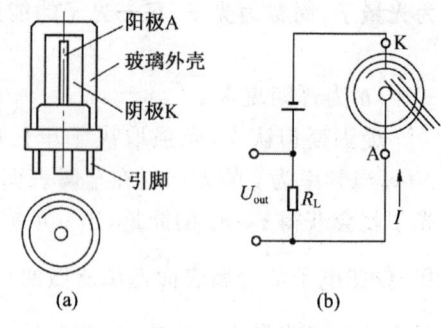

图 17-8 光电管

我们之所以能够看到声音和影像完全配合一致的有声电影,也是因为有了光电管.在影片摄制完成后,要进行录音.录音时通过专门的设备使声音的变化转变成光的变化,从而把声音的"像"摄制在影片的边缘上,形成宽窄变化的暗条纹,这就是影片边上的音道.放映电影时,利用光电管把"声音的照片"还原成声音.方法是:在电影放映机中用强度不变的极窄的光束照射音道,由于影片上各处的音道宽窄不同,所以在影片移动的过程中,通过音道的光的强度也就不断变化;变化的光射向光电管时,在电路中产生变化的电流,把电流放大后,通过喇叭就可以把声音放出来.

另外,根据光电效应的原理还可以做成光控继电器,用于自动控制等方面.

17.3 康普顿效应

图 17-9 所示为康普顿散射的实验装置示意图,由 X 光管发射出一束 X 射线,经过光阑后投射到散射物质上(散射物质一般是石墨),用 X 光检测器可以探测到不同散射角所对应的 X 射线的波长和相对强度.

1923 年,美国物理学家康普顿(图 17-10)在研究波长为 λ_0 的 X 射线通过实物发生散射的实验时,发现了一个新的现象,即散射光中除了有原波长为 λ_0 的 X 射线外,还产生了波长 $\lambda > \lambda_0$ 的 X 射线,这种现象称为**康普顿效应**.我国物理学家吴有训也曾为康普顿散射实验做出了杰出的贡献.

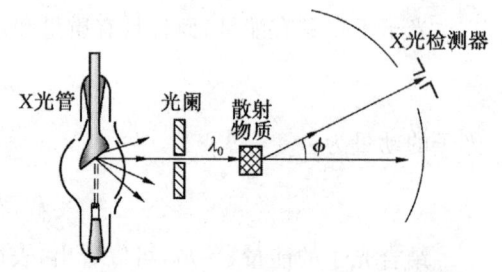

图 17-9 康普顿散射实验装置示意图

同时,在实验中还发现了下列具体现象.

(1) 波长的增量 $\Delta\lambda = \lambda - \lambda_0$ 随散射角 ϕ 而异:当散射角增大时,波长的偏移也随之增加,而且随着散射角的增大,原波长的谱线强度减小,而新波长的谱线强度增大,如图 17-11 所示.

(2) 在同一散射角下,对于所有散射物质,波长的增量 $\Delta\lambda$ 都相同,

图 17-10 康普顿

但原波长的谱线强度随散射物质原子序数的增大而增加,新波长的谱线强度则随之减小.

用经典电磁理论来解释康普顿效应遇到了困难,因为根据经典电磁波理论,电磁波通过物质时,物质中带电粒子将做受迫振动,其频率等于入射光的频率,所以它所发射的散射光频率应等于入射光频率.但是实验的结果不是如此,光的波动理论无法解释康普顿效应.

康普顿借助于爱因斯坦的光子理论,认为康普顿效应是光子和自由电子做弹性碰撞的结果,从光子与电子碰撞的角度对此实验现象进行了圆满的解释.

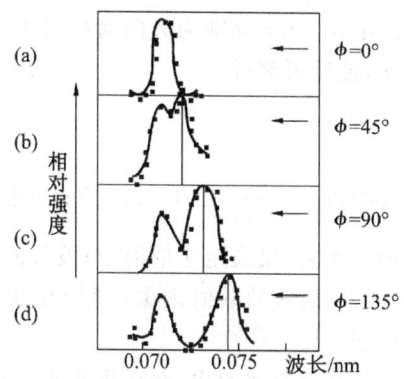

图 17-11　康普顿散射和散射角的关系

在前面学习动量守恒的时候我们知道,碰撞中交换的能量和碰撞的角度有关,所以在康普顿散射中,频率 ν 的改变和散射角有关,即波长的改变和散射角有关.若光子和外层电子相碰撞,光子将与电子发生能量交换并在此后沿着某个方向行进,这个方向就是康普顿散射的方向;光子的能量有一部分传给电子,散射光子的能量减少,即散射光子的频率减小,于是**散射光的波长大于入射光的波长**.若光子和束缚很紧的内层电子相碰撞,光子将与整个原子**交换能量**,由于光子质量远小于原子质量,根据碰撞理论,碰撞前后光子能量几乎不变,波长不变.

下面定量分析康普顿散射.如图 17-12 所示,设有一频率为 ν_0 的光子与电子发生碰撞.碰撞前设电子是自由并且是静止的,光子具有能量 $h\nu_0$ 和动量 $\dfrac{h\nu_0}{c}\boldsymbol{e}_0$,碰撞后光子发生散射,其方向与原来方向呈角度 φ,此时,光子的能量和动量分别为 $h\nu$ 和 $\dfrac{h\nu}{c}\boldsymbol{e}$. 在这里,$\boldsymbol{e}_0$ 和 $\boldsymbol{e}$ 分别为沿光子运动方向的单位矢量.在碰撞后,原先静止的电子也将沿某方向飞出.碰撞前,电子是静止的,其能量为 m_0c^2,动量为零;碰撞后,电子能量变为 mc^2,动量为 $m\boldsymbol{v}$.其中 m_0 为电子的静止质量,$m=\dfrac{m_0}{\sqrt{1-\left(\dfrac{v}{c}\right)^2}}$ 为电子的质量.

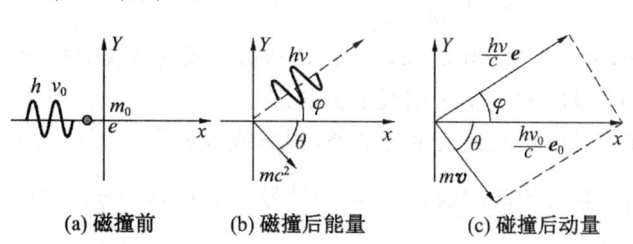

(a) 碰撞前　　(b) 碰撞后能量　　(c) 碰撞后动量

图 17-12　光子和静止的自由电子的碰撞

由能量守恒,可得

$$h\nu_0+m_0c^2=h\nu+mc^2$$

由动量守恒,可得

$$\dfrac{h\nu}{c}\boldsymbol{e}+m\boldsymbol{v}=\dfrac{h\nu_0}{c}\boldsymbol{e}_0$$

式中，e_0 和 e 分别为碰撞前后光子运动方向上的单位矢量，并且有 $e_0 \cdot e = \cos\varphi$. 上两式联立，最后可解得

$$\Delta\lambda = \lambda - \lambda_0 = \frac{2h}{m_0 c}\sin^2\frac{\varphi}{2} = 2\lambda_C \sin^2\frac{\varphi}{2} \tag{17-15}$$

式中，$\lambda_C = \frac{h}{m_0 c} = 2.43 \times 10^{-12}$ m，叫作**电子的康普顿波长**. 式(17-15)表明，波长改变与散射物质无关，仅决定于散射角；波长的改变随散射角增大而增加.

X 射线的散射现象，理论与实验符合得很好，康普顿效应为光的量子性提供了有力证据.

在这个实验里，起作用的不仅是光子的能量，还有它的动量，康普顿散射实验继爱因斯坦用光量子说解释光电效应（只涉及光子的能量）后，对光的量子说做了进一步的肯定.

【**例 17-2**】 在康普顿散射中，若入射光子与散射光子的波长分别为 λ 和 λ'，求反冲电子获得的动能 E_k.

解：根据能量守恒定律，有

$$m_0 c^2 + h\nu = mc^2 + h\nu'$$

则

$$E_k = mc^2 - m_0 c^2 = h\nu - h\nu' = \frac{hc}{\lambda} - \frac{hc}{\lambda'} = \frac{hc(\lambda' - \lambda)}{\lambda \lambda'}$$

17.4 氢原子光谱　玻尔的氢原子理论

早期的原子发光光谱是从氢原子光谱开始的，因此，本节先介绍关于氢原子光谱的内容.

17.4.1 近代关于氢原子光谱的研究

1885 年，瑞士数学家巴尔末(J. J. Barlmer)首先将氢原子光谱的可见光范围内的波长规律做了总结：

$$\lambda = B\frac{n^2}{n^2 - 2^2} \quad (n = 3, 4, 5, 6, \cdots) \tag{17-16a}$$

式中，$B = 365.47$ nm，为一常量. 当 $n = 3, 4, 5, 6, \cdots$ 时，上式的波长分别对应着氢原子光谱中在可见光范围内的 $H_\alpha, H_\beta, H_\gamma, H_\delta \cdots$ 谱线的波长.

在光谱学中，除了可以用波长表示光谱外，频率或者波数也可以用来表示光谱. 波数的意义是：单位长度内所包含的波的数目，一般用符号 $\tilde{\nu}$ 表示，$\tilde{\nu} = \frac{1}{\lambda}$. 这样，上式也可写成

$$\tilde{\nu} = \frac{1}{\lambda} = \frac{4}{B}\left(\frac{1}{2^2} - \frac{1}{n^2}\right) \quad (n = 3, 4, 5, 6, \cdots) \tag{17-16b}$$

上述两个公式称为**巴尔末公式**.

1890 年，瑞典物理学家里德伯(J. R. Rydberg)将巴尔末公式进行了整理，他将巴尔末公式中的数字 2 用其他数字代替，得到

$$\tilde{\nu} = R\left(\frac{1}{k^2} - \frac{1}{n^2}\right) \quad (k = 1, 2, 3, \cdots; n = k+1, k+2, k+3, \cdots) \tag{17-17}$$

式中,$R=\dfrac{4}{B}=1.096776\times 10^7\,\text{m}^{-1}$,称为里德伯常量. 这样,氢原子光谱的其他谱线也可以用式(17-17)表示出来,不光有可见光谱线,还有处于红外和紫外区域内的谱线,它们分属不同的谱线系,如表 17-1 所示.

表 17-1　氢原子的谱线系

k、n 取值	所属谱线系	发现年代	谱线波段
$k=1, n=2, 3, \cdots$	莱曼系	1914 年	紫外区
$k=2, n=3, 4, \cdots$	巴尔末系	1885 年	可见光区
$k=3, n=4, 5, \cdots$	帕邢系	1908 年	红外区
$k=4, n=5, 6, \cdots$	布拉开系	1922 年	红外区
$k=5, n=6, 7, \cdots$	普丰德系	1924 年	红外区
$k=6, n=7, 8, \cdots$	哈夫莱系	1953 年	红外区

氢原子光谱系规律的发现,揭示了原子内部结构存在着规律性,从而也为揭示其他原子规律打下了基础. 这期间,科学家们又陆续发现了碱金属等其他元素原子的光谱也存在着类似的规律,自此,微观世界向人们打开了大门.

17.4.2　玻尔的氢原子理论及其缺陷

在揭示了原子光谱的一系列规律后,人们开始对原子的具体结构开始了研究,曾经建立了不少的模型,其中英籍新西兰物理学家卢瑟福(E. Rutherford,图 17-13)于 1911 年建立的模型得到了大多数人的认可. 卢瑟福原子模型是这样的:原子中的全部正电荷和几乎全部质量都集中在原子中央一个很小的

图 17-13　卢瑟福

图 17-14　玻尔

体积内,称为原子核,原子中的电子在核的周围绕核转动. 但是问题随之产生了,电子在绕核转动的过程中应该向外发射电磁波,其频率应该和电子绕核转动的频率相等;由于能量辐射,系统的能量将逐渐减少,频率也应该不断地连续减小,按照这个理论,原子光谱应该是连续的;而且,由于能量的减小,电子将最终落到原子核上,最终整个原子结构将会垮塌. 困难再一次横亘在科学家们面前.

为了解决上述困难,科学家们再一次想到了求助于量子理论. 1913 年,丹麦物理学家玻尔(N. Bohr,图 17-14)在卢瑟福原子模型的基础上,提出了三条假设.

(1) 定态假设.

原子系统只能处在一系列不连续的能量状态,在这些状态中,电子虽然做加速运动,但并不辐射电磁波,这些状态称为原子的稳定状态(简称定态),并各自具有一定的能量.

(2) 频率条件.

当原子从一个能量为 E_k 的定态跃迁到另一个能量为 E_i 的定态时,就要发射或吸收一个频率为 ν_{ik} 的光子,并且

$$h\nu_{ik} = |E_k - E_i| \qquad (17\text{-}18)$$

上式称为**玻尔频率公式**.

(3) 量子化条件.

在电子绕核做圆周运动中,其稳定状态必须满足电子的角动量 L 的大小等于 $\dfrac{h}{2\pi}$ 的整数倍的条件,即

$$L = n\frac{h}{2\pi} \quad (n=1,2,3,\cdots) \qquad (17\text{-}19)$$

上式叫作**角动量量子化条件**,简称**量子化条件**,h 为普朗克常量,n 为主量子数.

按照上述假设,玻尔认为,当氢原子的电子围绕原子核做圆周运动时,其向心力为氢原子的原子核与核外电子之间的库仑力,根据电子绕核做圆周运动的模型及角动量量子化条件可以计算出氢原子处于各定态时的电子轨道半径.

因为

$$\frac{mv^2}{r} = \frac{e^2}{4\pi\varepsilon_0 r^2}$$

以及

$$L = mvr = n\frac{h}{2\pi} \quad (n=1,2,3,\cdots)$$

可得

$$r = n^2 \left(\frac{\varepsilon_0 h^2}{\pi m e^2}\right)$$

考虑到半径 r 是和各定态相对应的,所以可以用 r_n 代替 r. 设 r_n 为原子中第 n 个稳定状态轨道的半径,于是上式可以写成

$$r_n = n^2 \left(\frac{\varepsilon_0 h^2}{\pi m e^2}\right) (n=1,2,3,\cdots) \qquad (17\text{-}20)$$

当 $n=1$ 时,即可得到氢原子核外电子的最小稳定轨道半径,$r_1 = 0.529 \times 10^{-10}$ m,称为**玻尔半径**. 从式(17-20)也可以看出,其他核外电子的轨道半径不能连续变化,只能取某些特定的数值. 电子轨道半径与量子数的平方成正比. 用此方法得到的数值与其他方法得到的数值是一致的. 另外,核外电子绕核运动的轨道半径不是等间距的,内层轨道分布较密,外层轨道分布较疏.

当氢原子电子在核外轨道上运动时,原子核与电子组成的系统的能量为系统的静电能和电子动能之和. 设无穷远处的静电势能为零,电子所在的轨道半径为 r_n,则可计算出氢原子系统的能量 E_n 为

$$E_n = \frac{1}{2}mv_n^2 + \left(-\frac{e^2}{4\pi\varepsilon_0 r_n}\right)$$

将轨道半径公式代入上式,得

$$E_n = -\frac{1}{n^2}\left(\frac{me^4}{8\varepsilon_0^2 h^2}\right) = -\frac{13.6}{n^2}\text{eV} \quad (n=1,2,3,\cdots) \qquad (17\text{-}21)$$

可以看出,受 n 取值所限,原子系统的能量也是不连续的,即量子化的,这种量子化的能量称为**能级**. $n=1$ 时,$E_1 = -13.6$ eV,叫作氢原子的基态能级. $n>1$ 时的各稳定态称为**激发态**. 原子的能级间隔规律正好与轨道半径间隔规律相反:低能级间的间隔较疏,高能级间的

间隔较密. 当 $n \to \infty$ 时, $r_n \to \infty$, $E_n \to 0$, 电子不受核的束缚而脱离原子核成为自由电子,能级趋于连续,此时原子处于电离状态. 因此,各级轨道上的能量为负值,而各级轨道的电离能为正值. 能级和半径一样,与用其他方法得出的值符合得也非常好. 图 17-15 所示标出了氢原子的能级图.

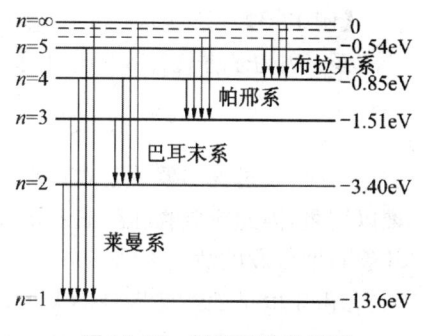

图 17-15 氢原子的能级图

人们早在了解原子内部结构之前就已经观察到了气体光谱,不过那时候无法解释为什么气体光谱只有几条互不相连的特定谱线,玻尔的氢原子理论正确地指出了原子能级的存在,提出了定态和角动量量子化的概念,并正确地解释了氢原子及类氢离子光谱规律. 但是玻尔理论基础还是建立在经典物理基础之上,是半经典半量子理论,既把微观粒子看成是遵守经典力学的质点,保留了经典的确定性轨道,同时,又赋予它们量子化的特征. 布拉开曾经评价道:玻尔理论"好像在星期一、三、五应用经典理论,而在星期二、四、六应用量子理论",理论的结构缺乏逻辑的统一性,这是玻尔理论局限性的根源. 另外,玻尔理论无法解释比氢原子更复杂的原子,对谱线的强度、宽度、偏振等一系列问题无法处理. 要圆满地解释原子光谱的全部规律,必须完全摒弃经典理论,代之以一种新的理论,即量子力学.

17.5 德布罗意波 实物粒子的波粒二象性

17.5.1 德布罗意波

我们知道,光具有"波粒二象性",光的波动性包括光的干涉、衍射等,而光的粒子性被爱因斯坦提出后由光电效应、康普顿散射等所证实. 1924 年,正在攻读博士学位的路易斯·德布罗意提出了自己的设想:和光一样,实物粒子也具有波粒二象性. 按照德布罗意的构思,一个质量为 m、速度为 v 的匀速运动的粒子,具有能量 E 和动量 p(粒子性),同时也具有波长 λ 和频率 ν(波动性),与光子性质一样,它们之间也靠普朗克常量连接起来:

$$E = h\nu, \quad p = mv = \frac{h}{\lambda} \tag{17-22}$$

于是,对粒子来说,若其静止质量为 m_0、速度为 v,则与该粒子相联系的单色波的波长和频率为

$$\lambda = \frac{h}{p} = \frac{h}{mv} = \frac{h}{m_0 v}\sqrt{1-\left(\frac{v}{c}\right)^2}, \quad \nu = \frac{E}{h} = \frac{mc^2}{h} = \frac{m_0 c^2}{h\sqrt{1-\left(\frac{v}{c}\right)^2}} \tag{17-23}$$

式(17-23)称为**德布罗意公式**,德布罗意把实物粒子具有的波称为"相波". 后人为了纪念他,也称其为"德布罗意波";薛定谔则称之为"物质波". 若 $v \ll c$,则 $m = m_0$,德布罗意波的波长可以直接写作

$$\lambda = \frac{h}{p} = \frac{h}{m_0 v} \tag{17-24}$$

【例 17-3】 计算 $m=0.01\text{kg}$、$v=300\text{m/s}$ 的子弹的德布罗意波的波长.

解：因为子弹飞行速度远小于光速，故有

$$\lambda = \frac{h}{p} = \frac{h}{mv} = \frac{6.63 \times 10^{-34}}{0.01 \times 300} = 2.21 \times 10^{-34}\text{m}$$

可见，经过德布罗意公式计算出来的宏观物体的德布罗意波的波长很小，甚至小到实验难以测量，因此宏观物体仅表现出粒子性. 而微观物质，如动能为 200eV 的电子，经过计算，其德布罗意波的波长 $\lambda = 8.67 \times 10^{-2}\text{nm}$，可以看出，此波长数量级与 X 射线波长的数量级相当. 由于电子的线度本身也很小，因此其德布罗意波就不能忽略了.

17.5.2 德布罗意波的实验证明

德布罗意的理论一经提出，立刻引起了轩然大波. 假如说当时全世界只有一个人支持德布罗意的话，他就是爱因斯坦. 德布罗意的导师朗之万对自己弟子的大胆见解无可奈何，出于"挽救失足青年"的良好愿望，他把论文交给爱因斯坦点评. 但是爱因斯坦马上予以了高度评价，称德布罗意"揭开了大幕的一角". 整个物理学界在听到爱因斯坦的评论后大吃一惊，这才开始全面关注德布罗意的工作. 事实是检验真理的唯一标准，没有让大家等待多久，实验很快证实了德布罗意理论的正确性.

1927 年，美国纽约的贝尔电话实验室，戴维逊 (C. J. Davisson) 和革末 (L. H. Germer) 做了一个有关电子的实验，即用一束电子流轰击一块金属镍. 实验要求金属的表面绝对纯净，但是不幸的是，实验由于某种原因发生了爆炸，致使镍的表面被空气迅速氧化. 戴维逊和革末只能决定，重新净化金属表面，将实验从头来过. 当时，去除氧化层最好的办法就是对金属进行高热加温，但是在加热之后，原本由许多块小晶体组成的镍融合成了一块大晶体. 当实验重新进行，电子通过镍块后，戴维逊和革末却看到了 X 射线衍射图案的景象！然而现场只有电子，并没有 X 射线. 人们终于发现，在某种情况下，电子可以表现出如 X 射线般的纯粹波动性质来，即电子具有波动性，从而证实了德布罗意公式的正确性.

戴维逊-革末实验装置如图 17-16 所示，电子枪发射的一束电子经过加速电压的加速后，垂直到达镍晶体的光滑表面上，电子束在晶面上被散射，之后进入电子探测器，电流可由电流计测得. 实验中加速电压 $U=54\text{V}$. 当散射角 $\theta=50°$ 时，电子束电流的强度出现了一个极大值，如图 17-17 所示. 显然其具有衍射特征，属于波动的范畴，而不能用粒子学说来加以解释.

下面用衍射的观点来解释一下.

如图 17-18 所示，设晶体中原子排列规则，晶格常数为 d，λ 为电子的德布罗意波波长，则相邻晶面间散射线的波程差满足干涉加强的条件为 $2d\sin\frac{\theta}{2}\cos\frac{\theta}{2} = k\lambda$，即 $d\sin\theta = k\lambda$.

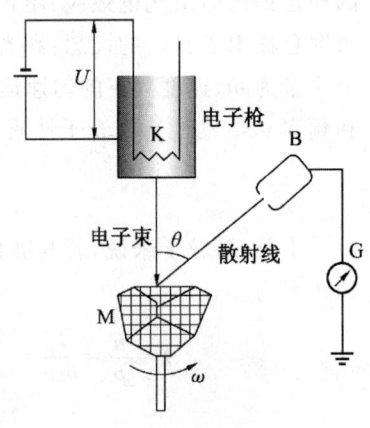

图 17-16 戴维逊-革末实验装置图

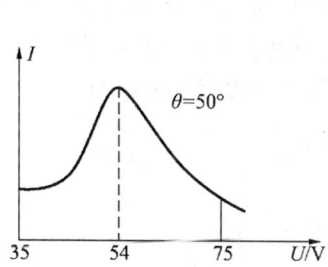
图17-17 当散射角 $\theta=50°$ 时的电流与加速电压曲线

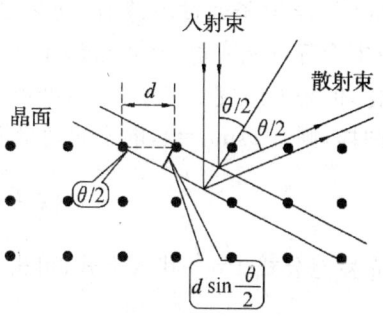
图17-18 电子束干涉加强示意图

在速度不太大时,按照德布罗意公式 $\lambda=\dfrac{h}{mv}$,以及电子加速公式,可得

$$d\sin\theta = kh\sqrt{\dfrac{1}{2emU}}$$

因为镍晶体的晶格常数 $d=2.15\times10^{-10}$ m,现将其以及 e、m、h、U 的数值代入上式,可得

$$\sin\theta = 0.777k$$

因为 k 只能取整数,所以 k 只能取 1,此时出现极大,$\theta\approx51°$,与实验中 $\theta\approx50°$ 出入很小. 戴维逊-革末实验第一次证实了德布罗意公式的正确性. 更多的证据也接踵而来. 同年,G. P. 汤姆逊也通过实验进一步证明了电子的波动性. 他利用实验数据算出的电子行为,与德布罗意的预言吻合得天衣无缝.

戴维逊和 G. P. 汤姆逊也因此分享了 1937 年诺贝尔物理学奖,而"物质波"概念的创始人德布罗意也因为其贡献于 1929 年获得诺贝尔物理学奖. 值得一提的是,G. P. 汤姆逊是 J. J. 汤姆逊的儿子,J. J. 汤姆逊由于发现了电子而获得 1906 年的诺贝尔物理学奖.

17.6 不确定度(测不准)关系

众所周知,对于一个宏观物体来说,可以用其坐标和速度来描述其运动状态. 例如,一个被抛起的篮球,若知道了它某时刻的坐标以及速度,那么就可以确定它的轨迹,即任何时刻它的运动状态都是确定的. 也可以用动量来代替速度,这对于描述物体运动状态是等价的. 但是,这些描述宏观物体的物理量在描述微观粒子运动状态时遇到了困难. 下面以电子的单缝衍射为例说明.

如图 17-19 所示,电子通过单缝衍射后在屏上形成明暗相间的条纹,中央为主极大明条纹.

问题随之而来,问题一:当单个电子通过单缝时,电子究竟是从宽度为 d 的单缝上的哪一点通过的呢?这个问题我们无法准确回答,我们只能说电子确实通过了单缝,但电子通过单缝时的

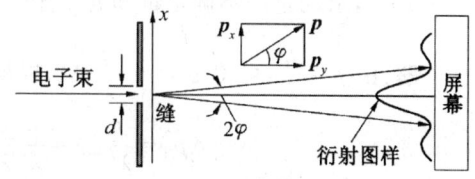
图17-19 电子单缝衍射说明不确定度关系

准确坐标 x 是不能明确知道的. 电子通过缝时,在缝上任意一点通过的可能性都有. 如果用 Δx 表示电子通过缝时其坐标可能出现的范围,则有 $\Delta x=b$,称其坐标的不确定度范围为 b.

问题二：电子通过单缝时,动量是确定的吗？从图 17-19 可以看出,从衍射角 $-\varphi$ 到 $+\varphi$ 范围内都可能有电子的分布,即电子速度的方向将发生改变.电子的动量大小虽然未发生变化,但是方向发生了变化,不再是确定的,而是限制在某衍射角的范围内.若只考虑一级衍射图样,则有 $b\sin\varphi=\lambda$,电子的动量沿 x 方向分量的不确定度范围为

$$\Delta p_x = p\sin\varphi = p\frac{\lambda}{b}$$

将德布罗意公式 $\lambda=\dfrac{h}{p}$ 代入上式,可得

$$\Delta p_x = \frac{h}{b}$$

即 $b\Delta p_x=h$,考虑到坐标的不确定度关系 $\Delta x=b$,则有

$$\Delta x \Delta p_x = h$$

考虑到电子除了一级衍射之外还有其他衍射级次,所以上式应该改写为

$$\Delta x \Delta p_x \geqslant h \tag{17-25}$$

上式就是动量和坐标的不确定度关系式(或测不准关系).

1927 年,德国物理学家海森堡(W. Heisenberg,图 17-20),提出了不确定度关系.

不确定度关系式说明用经典物理学量——动量、坐标来描写微观粒子行为时将会受到一定的限制,因为**微观粒子不可能同时具有确定的动量及位置坐标**,不确定的根源是"波粒二象性",这是微观粒子的根本属性.对宏观粒子,因 h 很小,$\Delta x\Delta p_x$ 乘积趋近于零,可视为位置和动量能同时准确测量.而对于微观粒子,h 不能忽略,Δx、Δp_x 不能同时具有确定值,此时,只有从概率统计角度去认识其运动规律,所以在量子力学中,将用波函数来描述微观粒子,不确定关系是量子力学的基础.

图 17-20 海森堡

对于微观粒子,其能量及时间之间也有下面的不确定度关系：

$$\Delta E \Delta t \geqslant h$$

式中,ΔE 表示粒子能量的不确定量,Δt 表示粒子处于该能态的平均时间.

引申出去,若定义两个量的相乘积与 h 有相同量纲的物理量为共轭量,则可以证明：凡是共轭的量都满足不确定度关系.

【例 17-4】 波长为 400nm 的平面光波沿 x 轴的正方向传播,若波长的相对不确定量为 $\dfrac{\Delta\lambda}{\lambda}=10^{-6}$,求动量的不确定量和光子坐标的最小不确定量.

解：由 $p=\dfrac{h}{\lambda}$,可得 $\Delta p=-\dfrac{h}{\lambda^2}\Delta\lambda$,根据题意,知动量的不确定量为

$$|\Delta p|=\frac{h}{\lambda^2}\Delta\lambda=\frac{h}{\lambda}\frac{\Delta\lambda}{\lambda}=1.66\times10^{-33}\,\text{kg}\cdot\text{m}\cdot\text{s}^{-1}$$

由不确定度关系 $\Delta x\Delta p\geqslant h$,得光子坐标的最小不确定量 $\Delta x\geqslant\dfrac{h}{\Delta p}=0.4\,\text{m}$.

【例 17-5】 设原子的线度约为 10^{-10} m,试求原子中电子速度的不确定量.

解：由题意知,原子的动量 $\Delta p_x=m\Delta v_x$,原子中电子位置的不确定量范围为 $\Delta r\approx 10^{-10}$ m,

由不确定度关系式,得

$$\Delta v_x \geqslant \frac{h}{m\Delta r} = \frac{6.63 \times 10^{-34}}{9.11 \times 10^{-31} \times 10^{-10}} \text{m/s} = 7.3 \times 10^6 \text{m/s}.$$

根据玻尔理论,可估算出氢原子中电子的轨道运动速度约为 10^6 m/s,可见速度的不确定量与速度大小的数量级基本相同.因此,原子中电子在任一时刻没有完全确定的位置和速度,也没有确定的轨道,不能看成经典粒子,波动性十分显著,必须考虑不确定度关系.

17.7 波函数 薛定谔方程

对于宏观物体来说,描述其运动状态只考虑其粒子性就足够了,但是对于微观粒子来说,由于具有波粒二象性,所以仅仅考虑其粒子性是远远不够的,而必须考虑其波动性.本节将从描述其运动状态的波函数入手,介绍量子力学中的基本方程——**薛定谔方程**.

17.7.1 波函数

对于微观粒子,在表现粒子性的同时,也表现出波动性.在描述微观粒子的运动状态方面,牛顿运动方程已不再适用,因此必须研究微观粒子的波动性.下面从一维自由粒子的波函数入手来探讨一下.

设一列沿 x 轴正向传播、频率为 ν 的平面简谐波,由前面的知识可知,其波函数为

$$y = A\cos 2\pi \left(\nu t - \frac{x}{\lambda}\right)$$

现将上式写成复数形式:

$$y = A e^{-i2\pi(\nu t - \frac{x}{\lambda})}$$

把德布罗意公式 $\nu = \dfrac{E}{h}$,$\lambda = \dfrac{h}{p}$ 代入上式中,可得

$$y = A e^{-i\frac{2\pi}{h}(Et - px)}$$

对于动量为 p、能量为 E 的一维自由微观粒子,根据德布罗意假设,其物质波的波函数相当于单色平面波,在这里,我们为了把描述自由粒子的平面物质波和一般的波动区别开,一般用 ψ 来代替 y,这样,上式便可写成

$$\psi(x, t) = \psi_0 e^{-i\frac{2\pi}{h}(Et - px)} \tag{17-26a}$$

或者

$$\psi(x, t) = \psi_0 e^{-i2\pi(\nu t - \frac{x}{\lambda})} \tag{17-26b}$$

式(17-26)用来表述与微观粒子相联系的物质波,该函数表达式 ψ 称为物质波的**波函数**.

物质波的物理意义可以通过与光波的对比来阐明.

我们知道,光强正比于振幅的平方,所以光发生衍射时,光的强度大,则代表光波振幅的平方大.但是从粒子性的观点来看,光强大代表光子在该处出现的概率大.对于物质波,以电子衍射为例,某时刻某处强度大,代表波函数振幅的平方大,也代表单个粒子在该处出现的概率大.在某一时刻,在空间某处,微观粒子出现的概率正比于该时刻、该地点波函数的平方.即 t 时刻粒子出现在空间某点 r 附近体积元 dV 中的概率,与波函数的平方及 dV 成正

比.由于波函数 ψ 为复数,而概率为正实数,所以,波函数的平方 ψ^2 和 dV 的乘积应该写作

$$|\psi|^2 dV = \psi\psi^* dV$$

这里 ψ^* 为 ψ 的共轭复数. $|\psi|^2$ 称为**概率密度**,表示在某一时刻在某点处单位体积内粒子出现的概率.与机械波、电磁波等不同,德布罗意波是一种概率波.讨论单个微观粒子的德布罗意波是没有意义的,德布罗意波反映出来的是一种统计意义.由于粒子要么出现在空间某个区域,要么出现在空间其他区域,所以某时刻粒子在整个空间中存在的概率为 1,即**满足归一化条件**:

$$\iiint |\psi|^2 dV = 1 \tag{17-27}$$

满足上式的波函数叫作归一化波函数.

【**例 17-6**】 做一维运动的粒子被束缚在 $0 < x < a$ 的范围内,已知其波函数 $\psi(x) = A\sin\left(\dfrac{\pi x}{a}\right)$. 试求:

(1) 常数 A;

(2) 粒子在 $0 \sim \dfrac{a}{2}$ 区域出现的概率;

(3) 粒子在何处出现的概率最大?

解: (1) 由归一化条件得 $\displaystyle\int_0^a A^2 \sin^2\left(\dfrac{\pi x}{a}\right) dx = 1$, 所以有 $A = \sqrt{\dfrac{2}{a}}$.

(2) 粒子的概率密度为

$$|\psi(x)|^2 = \dfrac{2}{a}\sin^2\dfrac{\pi x}{a}$$

则在 $0 < x < \dfrac{a}{2}$ 区域内,粒子出现的概率为

$$\int_0^{\frac{a}{2}} |\psi(x)|^2 dV = \dfrac{2}{a}\int_0^{\frac{a}{2}} \sin^2\dfrac{\pi x}{a} dx = \dfrac{1}{2}$$

(3) 概率最大的位置应满足

$$\dfrac{d|\psi(x)|^2}{dx} = 0$$

解之,得

$$\dfrac{2\pi x}{a} = k\pi \quad (k = 0, \pm 1, \pm 2, \pm 3, \cdots)$$

因 $0 < x < a$,故得 $x = \dfrac{a}{2}$,即 $x = \dfrac{a}{2}$ 处粒子出现的概率最大.

17.7.2 薛定谔方程

下面介绍量子力学的基本方程——薛定谔方程.奥地利物理学家薛定谔(E. Schrödinger,图 17-21)在吸收了德布罗意的思想后,决定把物质波的概念应用到原子体系的描述中去,最后,薛定谔从经典力学的哈密顿-雅可比方程出发,利用变分法和德布罗意公式,求出了一个非相对论的波动方程,这个方程就是薛定谔方程.如同牛顿运动方程在经典力

图 17-21 薛定谔

学中一样,薛定谔方程也不能由其他原理公式推导,只能依靠实践来证明.因此,在这里介绍的是建立薛定谔方程的思路.

下面,我们沿着伟人的足迹,看一下薛定谔方程的产生过程.

设有一自由粒子,其质量为 m,动量为 p,能量 $E=E_k=\frac{1}{2}mv_x^2=\frac{1}{2m}p^2$,沿着 x 轴运动.则其波函数为

$$\psi(x,t)=\psi_0 e^{-i\frac{2\pi}{h}(Et-px)}$$

将上式对 x 取二阶偏导,对 t 取一阶偏导后,得到

$$\frac{\partial^2 \psi}{\partial x^2}=-\frac{4\pi^2 p^2}{h^2}\psi$$

和

$$\frac{\partial \psi}{\partial t}=-\frac{i2\pi}{h}E\psi$$

整合上两式,可得

$$-\frac{h^2}{8\pi^2 m}\frac{\partial^2 \psi}{\partial x^2}=i\frac{h}{2\pi}\frac{\partial \psi}{\partial t} \tag{17-28}$$

式(17-28)叫作一维运动自由粒子含时的薛定谔方程.

若粒子不是自由的,而是限制在势场中,则粒子除了上面具有的动能外,还具有势能 E_p ($E_p=E_p(x,t)$),即

$$E=\frac{1}{2m}p^2+E_p$$

将上式代入 $\frac{\partial^2 \psi}{\partial x^2}=-\frac{4\pi^2 p^2}{h^2}\psi$ 及 $\frac{\partial \psi}{\partial t}=-\frac{i2\pi}{h}E\psi$ 中,则可得

$$-\frac{h^2}{8\pi^2 m}\frac{\partial^2 \psi}{\partial x^2}+E_p\psi=i\frac{h}{2\pi}\frac{\partial \psi}{\partial t} \tag{17-29}$$

式(17-29)叫作**一维运动粒子含时的薛定谔方程**.若 $E_p=0$,则上式可转化为式(17-28).因此,式(17-28)只是式(17-29)表述的一种特殊情况.

还有一种情况存在:若势能只是坐标的函数,而与时间无关,即 $E_p=E_p(x)$,则可将 $\psi(x,t)=\psi_0 e^{-i\frac{2\pi}{h}(Et-px)}$ 分解为坐标函数和时间函数的乘积:

$$\psi(x,t)=\psi_0 e^{-i\frac{2\pi}{h}(Et-px)}=\psi_0 e^{\frac{i2\pi px}{h}}e^{-\frac{i2\pi Et}{h}}=\phi(x)\varphi(t) \tag{17-30}$$

其中

$$\phi(x)=\psi_0 e^{\frac{i2\pi px}{h}}$$

将式(17-30)代入式(17-29)中,可得**在势场中一维运动粒子定态的薛定谔方程**:

$$\frac{d^2 \phi}{dx^2}+\frac{8\pi^2 m}{h^2}(E-E_p)\phi(x)=0 \tag{17-31}$$

之所以称为定态,是因为函数 ϕ 只是坐标的函数,而与时间无关.另外,粒子在势场中的势能和总的能量也只是坐标的函数,不随时间的变化而变化.

上面所述的是一维的情况,若粒子在三维空间中运动,此时 $\phi=\phi(x,y,z)$,势能为 $E_p=E_p(x,y,z)$,则可将式(17-31)推广,得

$$\frac{\partial^2 \phi}{\partial x^2}+\frac{\partial^2 \phi}{\partial y^2}+\frac{\partial^2 \phi}{\partial z^2}+\frac{8\pi^2 m}{h^2}(E-E_p)\phi=0$$

这里，我们引进拉普拉斯算子 $\nabla^2 = \frac{\partial^2}{\partial x^2} + \frac{\partial^2}{\partial y^2} + \frac{\partial^2}{\partial z^2}$，则上式可以写为

$$\nabla^2 \phi + \frac{8\pi^2 m}{h^2}(E - E_p)\phi = 0 \tag{17-32}$$

式(17-32)为一般形式的**薛定谔方程**.

薛定谔方程一经得出，便得到了全世界物理学家的好评．普朗克称之为"划时代的工作"，爱因斯坦评价道："……您的想法源自真正的天才．""您的量子方程已经迈出了决定性的一步．"……薛定谔从德布罗意那里得到灵感而建立的方程通俗形象，简明易懂，标志着量子力学的诞生.

17.8 一维无限深势阱问题

前面我们学习了薛定谔方程的内容，本节介绍薛定谔方程在具体情况下的应用.

17.8.1 一维无限深势阱

首先，了解一下无限深势阱的概念：若质量为 m 的粒子不是自由的，而是被保守力场限制在某个范围内，势能十分稳定，粒子就像处于一口井里，从中出来非常困难．为了计算简单，就称这种情况下粒子处于势阱中，若势阱为无限深，则称之为无限深势阱．下面要讨论的是一维无限深势阱.

一维无限深势阱的势能满足下式描述的边界条件：

$$E_p = \begin{cases} 0, & 0 < x < a \\ \infty, & x \leq 0, x \geq a \end{cases}$$

其势能曲线如图 17-22 所示.

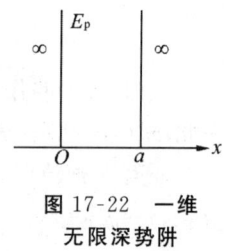

图 17-22 一维无限深势阱

从上式可以看出，粒子只能在 $0 < x < a$ 的范围内活动，其边界为无限高的势阱壁．按照经典理论，处于无限深势阱中的粒子，其能量可以取任意的有限值，另外粒子处于此宽度为 a 的势阱中各处的概率是相等的．但是，由前面的讨论所知，量子力学显著区别于经典理论，在量子力学看来，上述问题的结论是否与经典理论的一致呢？下面应用薛定谔方程来求解这些问题.

在势阱边界处，粒子要受到无限大指向阱内的力，表明粒子不能越出势阱，即粒子在势阱外的概率为 0．我们只研究势阱内的粒子.

已知粒子在势阱内的势能与时间无关，因此可利用一维定态薛定谔方程．粒子在一维无限深势阱中的薛定谔方程为

$$\frac{d^2\psi}{dx^2} + \frac{8\pi^2 m}{h^2} E\psi = 0$$

若令

$$k^2 = \frac{8\pi^2 m}{h^2} E \tag{17-33}$$

则上式可化为

$$\frac{d^2\psi}{dx^2}+k^2\psi=0$$

可以看出,上式的形式类似简谐运动方程,因此可写出其通解为

$$\psi(x)=A\sin(kx+B)$$

代入一维势阱的边界条件,得

$$\psi(0)=A\sin B=0$$
$$\psi(a)=A\sin ka=0$$

所以

$$\psi(x)=A\sin kx$$

考虑到势阱壁上的波函数单值且连续,解上式,可得

$$B=0$$
$$ka=n\pi \quad (n=1,2,3,\cdots)$$

即

$$k=\frac{n\pi}{a} \quad (n=1,2,3,\cdots)$$

将其代入式(17-33)中,可求得势阱中粒子的能量为

$$E_n=\frac{n^2h^2}{8ma^2} \quad (n=1,2,3,\cdots) \tag{17-34}$$

可以看出,粒子在势阱中的能量不是连续的,而是取与量子数 n 有关的分立值,即一维无限深势阱中粒子的能量是量子化的. 粒子的最小能量不等于零,其值为 $E_1=\frac{h^2}{8ma^2}$,也称为**基态能**或**零点能**.

由于粒子被限制在一维无限深势阱中,因此,按照归一化条件,粒子出现在 $0\leqslant x\leqslant a$ 这个区间内的概率是1,即

$$\int_0^a |\psi(x)|^2 dx = 1$$

将 $\psi(x)=A\sin kx$ 代入,得

$$\int_0^a A^2\sin^2 kx\, dx = \int_0^a A^2\sin^2\frac{n\pi}{a}x\, dx = 1$$

可解得

$$A=\sqrt{\frac{2}{a}}$$

即可得到波函数的表达式

$$\psi(x)=\sqrt{\frac{2}{a}}\sin\frac{n\pi}{a}x \tag{17-35}$$

这样,粒子在势阱中的概率密度为

$$|\psi(x)|^2=\frac{2}{a}\sin^2\frac{n\pi}{a}x \tag{17-36}$$

可以看出,对于粒子在势阱中出现的概率问题,量子力学也得出了与经典理论迥然不同的结果.

图17-23描述的是一维无限深势阱中粒子的波函数和概率密度. 可以看出,对于粒子,出现在各处的概率与量子数 n 有关,$n=1$ 时,粒子出现的概率主要集中在势阱的中部. 随着

n 的增大,粒子出现在其他各处的概率开始大起来.并且随着 n 的增大,概率密度分布曲线的峰值个数开始增多;随着 n 的继续增大,峰值之间的距离也随之减小;当 n 很大时,其距离就缩得很小,彼此非常靠近,量子概率分布就可认为接近经典分布.

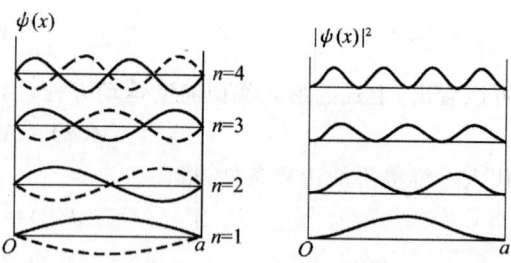

图 17-23 一维无限深势阱中的波函数和概率密度

17.8.2 一维势垒 隧道效应

下面了解与势阱相对的概念——势垒.
若粒子处于某空间中,满足

$$E_p(x) = \begin{cases} 0, & x<0, x>a \\ E_{p0}, & 0<x<a \end{cases}$$

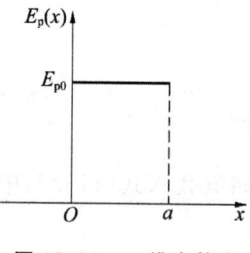

图 17-24 一维方势垒

我们称粒子处于一维势垒中.势垒一般是方形的,如图 17-24 所示.

当粒子处于 $x<0$ 的区域内,能量 $E<E_{p0}$ 时,从经典理论来看,粒子不可能跨过势垒进入 $x>a$ 的区域.但用量子力学分析,粒子可能进入上述区域,不是跨越,而是有一定概率穿透势垒.即粒子的能量虽不足以超越势垒,但在势垒中似乎有一个隧道,能使少量粒子穿过而进入 $x>a$ 的区域.人们形象地称此现象为**隧道效应**.

事实表明,量子力学是正确的.

隧道效应的本质来源于微观粒子的波粒二象性,这已为许多实验所证实.1981 年宾尼希和罗雷尔利用电子的隧道效应制成了扫描隧道显微镜(STM),可观测固体表面原子排列的状况.1986 年宾尼希又研制了原子力显微镜.这些都是量子力学知识的产物.正如一位伟人所说:科学技术是第一生产力.

17.9 量子力学中的氢原子问题

前面介绍了玻尔的氢原子理论是有局限性的,一方面它使用了量子化的标准,另一方面它和经典理论有着千丝万缕的联系.下面将介绍量子力学是如何处理玻尔理论曾经处理过的氢原子问题的.

17.9.1 氢原子的薛定谔方程

氢原子中,电子的势能函数为

$$E_p = -\frac{e^2}{4\pi\varepsilon_0 r}$$

式中,r 为电子离原子核的距离.由于电子与原子核相比要小很多,因此可以假设原子核是静止的(类似太阳和地球的关系).

代入定态薛定谔方程式(17-32)中,得

$$\nabla^2\psi + \frac{8\pi^2 m}{h^2}\left(E + \frac{e^2}{4\pi\varepsilon_0 r}\right)\psi = 0 \tag{17-37}$$

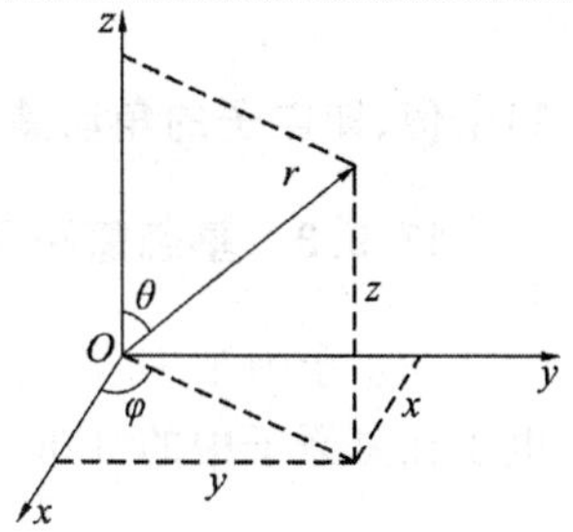

考虑到势能是 r 的函数,方便起见,可利用球坐标求解,即用球坐标(r,θ,φ)代替直角坐标(x,y,z),如图 17-25 所示. 因为

$$x = r\sin\theta\cos\varphi$$
$$y = r\sin\theta\sin\varphi$$
$$z = r\cos\theta$$

将它们代入式(17-37)中,可得

$$\frac{1}{r}\frac{\partial}{\partial r}\left(r^2\frac{\partial\psi}{\partial r}\right) + \frac{1}{r^2\sin\theta}\frac{\partial}{\partial\theta}\left(\sin\theta\frac{\partial\psi}{\partial\theta}\right) + \frac{1}{r^2\sin^2\theta}\frac{\partial^2\psi}{\partial\varphi^2}$$
$$+ \frac{8\pi^2 m}{h^2}\left(E + \frac{e^2}{4\pi\varepsilon_0 r}\right)\psi = 0 \tag{17-38}$$

图 17-25 直角坐标和球坐标

对式(17-38)用分离变量法求解,设

$$\psi(r,\theta,\varphi) = R(r)\Theta(\theta)\Phi(\varphi)$$

式中,$R(r)$、$\Theta(\theta)$、$\Phi(\varphi)$分别只是 r、θ、φ 的单值函数.

经过一系列数学运算后,可得

$$\frac{\mathrm{d}^2\Phi}{\mathrm{d}\varphi^2} + m_l^2\Phi = 0 \tag{17-39}$$

$$\frac{m_l^2}{\sin^2\theta} - \frac{1}{\Theta\sin\theta}\frac{\mathrm{d}}{\mathrm{d}\theta}\left(\sin\theta\frac{\mathrm{d}\Theta}{\mathrm{d}\theta}\right) = l(l+1) \tag{17-40}$$

$$\frac{1}{R}\frac{\mathrm{d}}{\mathrm{d}r}\left(r^2\frac{\mathrm{d}R}{\mathrm{d}r}\right) + \frac{8\pi^2 m r^2}{h^2}\left(E + \frac{e^2}{4\pi\varepsilon_0 r}\right) = l(l+1) \tag{17-41}$$

上面三个式子中出现的 m_l 和 l 为新引进的常数. 接下来将对上述三个方程的解进行分析(因为求解过程十分复杂,所以将其省略,只看与其解有关的一些结果).

17.9.2 量子化与量子数

求解式(17-39)、式(17-40)和式(17-41),就能得到一些量子化的特性.

在求解式(17-41)时,可求得

$$E = -\frac{1}{n^2}\left(\frac{me^4}{8\varepsilon_0^2 h^2}\right)$$

可以看出,能量也是量子化的,因此上式可写作

$$E_n = -\frac{1}{n^2}\left(\frac{me^4}{8\varepsilon_0^2 h^2}\right) \quad (n=1,2,3,\cdots) \tag{17-42}$$

式中,n 称为**主量子数**. 按照此方法得出的氢原子的能量与玻尔理论得到的结果是一致的.

在解方程式(17-40)和式(17-41)时,可得氢原子中电子的角动量为

$$L = \sqrt{l(l+1)}\frac{h}{2\pi} \tag{17-43}$$

式中,$l=0,1,2,3,\cdots,n-1$,l 称为**角量子数**. 可见,氢原子中电子的角动量也是量子化的.

此外,当氢原子置于外磁场中,角动量 L 在空间取向只能取一些特定的方向,L 在外磁场方向的投影必须满足量子化条件:

$$L_z = m_l \frac{h}{2\pi} \tag{17-44}$$

式中,$m_l = 0, \pm 1, \pm 2, \cdots, \pm l$,称为**磁量子数**. 对于一定的角量子 l,磁量子数 m_l 可取$(2l+$

1)个值,即电子的角动量在空间的取向有$(2l+1)$个可能性.

17.9.3 基态氢原子的电子分布概率

在量子力学中,没有经典物理中"轨道"的概念,而代之以"空间分布概率".因此要知道电子在氢原子中的分布,必须要知道定态波函数,其对应着一组量子数:

$$\psi_{n,l,m_l} = R_{n,l}(r)\Theta_{l,m_l}(\theta)\Phi_{m_l}(\varphi) \tag{17-45}$$

式中,$R_{n,l}(r)$ 称为径向函数.

而电子出现在原子核周围的概率密度为

$$|\psi_{n,l,m_l}|^2 = |R_{n,l}(r)\Theta_{l,m_l}(\theta)\Phi_{m_l}(\varphi)|^2$$

对于任意给定的体积元 $\mathrm{d}V = r^2\sin\theta\mathrm{d}r\mathrm{d}\theta\mathrm{d}\varphi$,电子出现的概率为

$$|\psi|^2\mathrm{d}V = |R|^2|\Theta|^2|\Phi|^2 r^2\sin\theta\mathrm{d}r\mathrm{d}\theta\mathrm{d}\varphi \tag{17-46}$$

若令沿径矢的概率密度为 ρ,则电子出现在距核 $r \sim r+\mathrm{d}r$ 范围内的概率为

$$\rho\mathrm{d}r = |R|^2 r^2 \mathrm{d}r \int_0^\pi |\Theta|^2 \sin\theta\mathrm{d}\theta \int_0^{2\pi} |\Phi|^2 \mathrm{d}\varphi$$

由归一化条件可知,$\rho\mathrm{d}r = |R|^2 r^2 \mathrm{d}r$ 和 $\int_0^\infty \rho\mathrm{d}r = \int_0^\infty |R|^2 r^2 \mathrm{d}r = 1$.

氢原子处于基态时,主量子数 $n=1$,角量子数 $l=n-1=0$,式(17-41)的解为

$$R = Ce^{-\frac{r}{r_1}}$$

结合前式,可得基态径向波函数为 $R(r) = \left(\dfrac{4}{r_1^3}\right)^{\frac{1}{2}} e^{-\frac{r}{r_1}}$.

17.10 *电子的自旋 多电子原子中的电子分布

类似于行星除了围绕恒星公转外,行星自身还存在自转现象一样,电子除了在轨道上围绕原子核做转动外,其本身还存在一种自旋运动,如图 17-26 所示.

17.10.1 电子的自旋

电子的自旋假说是由荷兰科学家乌伦贝克(G. E. Uhlenbeck)和古兹密特(S. A. Goudsmit)在 1925 年提出来的.他们把电子绕自身轴线的转动称为**自旋**.由自旋产生的磁矩 μ_s 称为自旋磁矩,由自旋产生的角动量 S,其方向与磁矩方向相反.自旋磁矩的大小与自旋角动量的大小成正比.

图 17-26 电子的自旋

实验表明,电子的自旋也是量子化的:自旋磁矩处在外磁场时,沿磁场方向的分量 μ_{sz} 只有两个值存在;而自旋角动量 S_z 沿着磁场方向也只有两个值存在.

设电子的自旋角动量大小为

$$S = \frac{h}{2\pi}\sqrt{s(s+1)} \tag{17-47}$$

其在外磁场方向的分量为

$$S_z = \frac{h}{2\pi}m_s \tag{17-48}$$

式中，s 为自旋量子数，m_s 为自旋磁量子数，且 m_s 的取值与 m_l 一样，也只能取 $2s+1$ 个值. 实验表明，自旋角动量在外磁场方向的投影 S_z 只能有两种取值. 于是有 $2s+1=2$. 可得 $s = \frac{1}{2}$，$m_s = \pm \frac{1}{2}$，也可得出自旋角动量以及其沿外磁场投影方向的值为

$$S = \sqrt{\frac{3}{4}} \frac{h}{2\pi} = \frac{\sqrt{3}h}{4\pi} \tag{17-49}$$

$$S_z = \pm \frac{1}{2} \cdot \frac{h}{2\pi} \tag{17-50}$$

17.10.2 多电子原子中的电子分布

在量子力学范围内研究原子，总结前面知识可知，原子中电子的状态是由 4 个量子数 n、l、m_l 和 m_s 决定的.

(1) 主量子数 n：$n=1,2,3,\cdots$. n 大体上决定电子在原子中的能量.

(2) 角量子数 l：$l=0,1,2,\cdots,n-1$. l 决定电子绕核运动的角动量 $L = \frac{h}{2\pi}\sqrt{l(l+1)}$.

(3) 磁量子数 m_l：$m_l = 0, \pm 1, \pm 2, \cdots, \pm l$. m_l 决定电子绕核运动角动量的空间取向.

(4) 自旋磁量子数 m_s：$m_s = \pm \frac{1}{2}$. m_s 决定电子自旋角动量的空间取向.

研究多电子原子中电子的分布应该以上述 4 个量子数为参考. 另外，还需遵循以下两个原理.

1. 泡利不相容原理

泡利指出：在一个原子系统内，不可能有两个或者两个以上的电子具有相同的状态，也就是说，不可能具有相同的四个量子数，这就是泡利不相容原理. 根据此原理，原子中具有相同主量子数 n 的电子数目为

$$N_n = \sum_{n=0}^{n-1} 2(2l+1) = 2n^2 \tag{17-51}$$

1916 年，柯塞耳提出一个观点，他认为围绕原子核运动的电子组成了许多壳层. n 相同的电子属于同一壳层，n 相同而 l 不同的电子组成了分壳层. 对应的 $n=1,2,3,\cdots$ 的壳层即是我们中学化学上所讲的 K，L，M，N，O，P，$\cdots$.

据泡利不相容原理，对于某一支壳层，对应的量子数为 n 和 l，即处于该支壳层的电子具有相同的能量和角动量数值，但其磁量子数可取共 $2l+1$ 种可能值，对每一个 m_l 值又有两种 m_s 值. 因此，在同一支壳层上可容纳的电子数 $N_l = 2(2l+1)$.

2. 能量最小原理

当原子处于正常状态时，每个电子趋向占有能级最低的空间，即原子中的电子尽可能地占据未被填充的最低能级，这一结论叫作能量最小原理.

【例 17-7】 分别计算量子数 $n=2$、$l=1$ 和 $n=2$ 的电子的状态数.

解： 对 $n=2$、$l=1$ 的电子，可取 $m_l = -1, 0, +1$ 种状态，对每一种 m_l，又可取 $m_s = \frac{1}{2}$，$-\frac{1}{2}$. 故总的状态数为 $3 \times 2 = 6$.

对于 $n=2$ 的电子，l 可取 0 和 1。当 $l=0$ 时，$m_l=0$，$m_s=\frac{1}{2}$，$-\frac{1}{2}$，所以 $l=0$ 时有两种状态。因此，共有状态数 $2+6=8$ 个。

复习题

一、思考题

1. 为什么人们夏天喜欢穿浅颜色的衣服，而冬天喜欢穿深颜色的衣服？
2. 为什么从远处看建筑物的窗户总是黑色的？
3. 若一物体的绝对温度减为原来的一半，它的总辐射能减少多少倍？
4. 用可见光能观测到康普顿效应吗？为什么？
5. 什么是光的波粒二象性？
6. 玻尔的氢原子理论中，势能为负值，但是其绝对值比动能大，其意义是什么？
7. 若玻尔的氢原子理论中，原子内部粒子间的万有引力不能忽略，则会出现什么情况？
8. 为什么说不确定度关系与实验技术的改进无关？从不确定度关系推出"微观粒子的运动状态是无法确定的"这一说法是否正确？
9. 玻尔的氢原子基态图像与薛定谔的氢原子基态图像之间有什么异同？
10. 查阅有关"薛定谔的猫"问题并谈谈自己的感受。

二、选择题

1. 所谓"黑体"指的就是这样的一种物体，即（　　）。
   (A) 不能反射任何可见光的物体
   (B) 不能发射任何电磁辐射的物体
   (C) 能够全部吸收外来的任何电磁辐射的物体
   (D) 完全不透明的物体

2. 下面 4 个图中（图 17-27），（　　）能正确反映黑体单色辐出度 $M_\lambda(T)$ 随 λ 和 T 的变化关系，已知 $T_1 < T_2$。

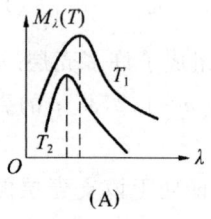(A) 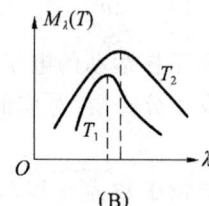(B) 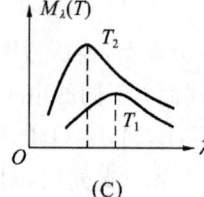(C) 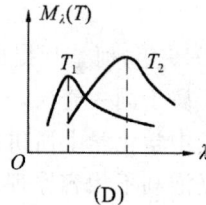(D)

图 17-27　选择题 2 图

3. 光电效应和康普顿效应都包含有电子与光子的相互作用过程。下列理解正确的是（　　）。
   (A) 两种效应中电子与光子两者组成的系统都服从动量守恒定律和能量守恒定律
   (B) 两种效应都相当于电子与光子的弹性碰撞过程
   (C) 两种效应都属于电子吸收光子的过程
   (D) 光电效应是吸收光子的过程，而康普顿效应则相当于光子和电子的弹性碰撞过程
   (E) 康普顿效应是吸收光子的过程，而光电效应则相当于光子和电子的弹性碰撞过程

4. 已知氢原子从基态激发到某一定态所需能量为 10.19eV，当氢原子从能量为

—0.85eV 的状态跃迁到上述定态时,所发射的光子的能量为( ).

(A) 2.56eV (B) 3.41eV (C) 4.25eV (D) 9.95eV

5. 若 α 粒子(电荷为 2e)在磁感应强度为 B 的均匀磁场中沿半径为 R 的圆形轨道运动,则 α 粒子的德布罗意波的波长为( ).

(A) $\dfrac{h}{2eRB}$ (B) $\dfrac{h}{eRB}$ (C) $\dfrac{1}{2eRBh}$ (D) $\dfrac{1}{eRBh}$

三、计算及证明题

1. 将星球看成黑体,测量它的辐射峰值波长 λ_m,利用维恩位移定律便可估计其表面温度,这是估测星球表面温度的方法之一. 如果测得某两星球的 λ_m 分别为 $0.35\mu m$ 和 $0.29\mu m$,试计算它们的表面温度.

2. 在黑体加热过程中,其单色辐出度的峰值波长由 $0.75\mu m$ 变化到 $0.40\mu m$,问:总辐出度改变为原来的多少倍?

3. 黑体的温度 $T_1=6000K$,问:$\lambda_1=0.35\mu m$ 和 $\lambda_2=0.70\mu m$ 的单色辐出度之比等于多少? 当温度上升到 $T_2=7000K$ 时,λ_1 的单色辐出度增加到原来的多少倍?

4. 设用频率为 ν_1 和 ν_2 的两种单色光,先后照射同一种金属均能产生光电效应. 已知金属的红限频率为 ν_0,测得两次照射时的遏止电压 $|U_{02}|=2|U_{01}|$,求这两种单色光的频率之间的关系.

5. 钾的光电效应红限波长 $\lambda_0=0.62\mu m$,求:

(1) 钾的逸出功;

(2) 在波长 $\lambda=330nm$ 的紫外光照射下钾的遏止电势差.

6. 铝的逸出功为 4.2eV,今用波长为 200nm 的紫外光照射到铝表面上,发射的光电子的最大初动能为多少? 遏止电势差为多大? 铝的红限波长为多大?

7. 光子能量为 0.5MeV 的 X 射线,入射到某种物质上而发生康普顿散射,若反冲电子的能量为 0.1MeV,则散射光波长的改变量 $\Delta\lambda$ 与入射光波长 λ_0 之比值为多少?

8. 波长 $\lambda_0=0.0708nm$ 的 X 射线在某种物质上受到康普顿散射,在 $\dfrac{\pi}{2}$ 和 π 方向上所散射的 X 射线的波长以及反冲电子所获得的能量各是多少?

9. 已知 X 光的光子能量为 0.60MeV,在康普顿散射后波长改变了 20%. 求反冲电子获得的能量.

10. 要使处于基态的氢原子受激发后能发射莱曼系(由激发态跃迁到基态发射的各谱线组成的谱线系)的最长波长的谱线,则至少应向基态氢原子提供多大能量?

11. 如图 17-28 所示,一束动量为 p 的电子,通过缝宽为 a 的狭缝. 在距离狭缝为 R 处放置一荧光屏,屏上衍射图样中央最大的宽度 d 等于多少?(h 为普朗克常量)

12. 已知氢光谱的某一线系的极限波长为 364.7nm,其中有一谱线波长为 656.5nm. 试由玻尔氢原子理论,求与该波长相应的始态与终态能级的能量($R=1.097\times10^7 m^{-1}$).

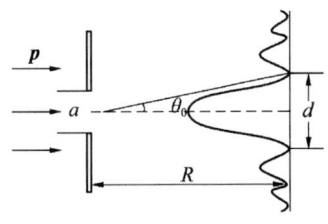

图 17-28 计算及证明题 11 图

13. 一束带电粒子经 206V 电压加速后,测得其德布罗意波的波长为 $2.0\times10^{-3}nm$. 若该粒子所带的电荷量与电子电荷量相等,求该粒子的质量.

14. 设电子与光子的波长均为 0.50nm,试求两者的动能之比.

15. 若一个粒子的动能等于它的静能,试求该电子的速率和德布罗意波的波长.

16. 设粒子在沿 x 轴运动时,速率的不确定量 $\Delta v = 0.01\text{m/s}$,试估算下列情况下坐标的不确定量 Δx:

(1) 电子;

(2) 质量为 10^{-13}kg 的微小粒子;

(3) 质量为 10^{-4}kg 的子弹.

17. 用电子显微镜来分辨线度为 10^{-9}m 的物体,试估算所需电子的最小动能值(以 eV 为单位).

18. 已知一维无限深势阱中粒子的定态波函数 $\Psi_n = \sqrt{\dfrac{a}{2}} \cdot a\sin\dfrac{n\pi x}{a}$,求粒子处于基态时以及粒子处于 $n=2$ 时,在 $x=0$ 到 $x=\dfrac{a}{3}$ 之间找到粒子的概率.

19. 处于一维无限深势阱中的粒子的波函数,在边界处为零,这种定态物质波相当于两端固定的弦中的驻波,因而势阱宽度 a 必须等于德布罗意波的波长的整数倍.试利用这一条件导出能量量子化公式 $E_n = \dfrac{h^2}{8ma^2}n^2$.

附 录

附表1 基本物理常数及单位

名 称	符 号	数 值
引力常量	G	$6.67428 \times 10^{-11}\,\text{N}\cdot\text{m}^2\cdot\text{kg}^{-2}$
真空中的光速	c	$2.99792458 \times 10^{8}\,\text{m}\cdot\text{s}^{-1}$
统一原子质量单位	u	$1.6605389 \times 10^{-27}\,\text{kg}$
电子的静止质量	m_e	$9.10938215 \times 10^{-31}\,\text{kg}$
质子的质量	m_p	$1.672621637 \times 10^{-27}\,\text{kg}$
中子的质量	m_n	$1.674927211 \times 10^{-27}\,\text{kg}$
基本电荷	e	$1.6021765 \times 10^{-19}\,\text{C}$
电子的比电荷	$\dfrac{e}{m_e}$	$1.7588220163 \times 10^{11}\,\text{C}\cdot\text{kg}^{-1}$
电子半径	r_e	$2.8179403267 \times 10^{-15}\,\text{m}$
普朗克常量	h	$6.62606896 \times 10^{-34}\,\text{J}\cdot\text{s}$
约化普郎克常量	$\dfrac{h}{2\pi}$	$1.054571726 \times 10^{-35}\,\text{J}\cdot\text{s}$
斯忒藩-玻耳兹曼常量	σ	$5.670373 \times 10^{-8}\,\text{W}\cdot\text{m}^{-2}\cdot\text{K}^{-4}$
精细结构常数	α	$7.2973525376 \times 10^{-3}$
里德伯常量	R_∞	$1.0973731568527 \times 10^{7}\,\text{m}^{-1}$
磁通量子	Φ_0	$2.0678337 \times 10^{-15}\,\text{Wb}$
玻尔磁子	μ_B	$9.2740092 \times 10^{-24}\,\text{A}\cdot\text{m}^2$
电子磁矩	μ_e	$-9.28476377 \times 10^{-24}\,\text{A}\cdot\text{m}^2$
核磁子	μ_N	$5.0507832 \times 10^{-27}\,\text{A}\cdot\text{m}^2$
质子磁矩	μ_p	$1.410606662 \times 10^{-26}\,\text{J}\cdot\text{T}^{-1}$
质子磁旋比	γ_p	$2.675222005 \times 10^{8}\,\text{S}^{-1}\cdot\text{T}^{-1}$
电子的康普顿波长	λ_C	$2.4263102175 \times 10^{-12}\,\text{m}$
质子的康普顿波长	$\lambda_{C,p}$	$1.32140985623 \times 10^{-15}\,\text{m}$
中子的康普顿波长	$\lambda_{C,n}$	$1.3195909068 \times 10^{-15}\,\text{m}$
玻耳兹曼常数	k	$1.3806504 \times 10^{-23}\,\text{J}\cdot\text{K}^{-1}$
阿伏加德罗常数	N_A	$6.02214179 \times 10^{23}\,\text{mol}^{-1}$
普适气体常量	R	$8.314472\,\text{J}\cdot\text{mol}^{-1}\cdot\text{K}^{-1}$
法拉第常数	F	$9.64853399 \times 10^{4}\,\text{C}\cdot\text{mol}^{-1}$

附表2 101kPa下一些物质的熔点和沸点

物 质	熔点 T/℃	沸点 T/℃	物 质	熔点 T/℃	沸点 T/℃
铝	660.37	2467	镍	1453	2732
钡	725	1640	铌	2468±10	4742
铍	1278±5	2970	锇	3045±30	5027±100
铋	271.3	1560±5	铂	1772	3827±100
硼	2079	2550	钾	63.25	760
镉	320.9	765	硒	217	684.9
钙	839±2	1484	硅	1410	2355
铯	28.4	669.3	钪	1541	2836
铬	1857±20	2672	钠	97.81	882.9
钴	1495	2870	硫	112.8	444.674
铜	1083.4	2567	钽	2996	5425±100
镓	29.78	2403	锡	231.9681	2270
锗	937.4	2830	钛	1660±10	3287
银	961.93	2212	钨	4310±20	5660
金	1064.43	2808	铀	1132.3	3818
铁	1535	2750	锌	419.58	907
铅	327.502	1740	锑	630.74	1950
锂	180.54	1342	汞	−38.842	356.68
镁	648.8	1090	溴	−7.2	58.78
锰	1244±3	1962	氧	−218.4	−182.96
钕	1021	3074	氮	−209.86	−195.8

附表3 一些液体的比热容(300K)

物质	比热容 $c/(kJ \cdot kg^{-1} \cdot K^{-1})$	物质	比热容 $c/(kJ \cdot kg^{-1} \cdot K^{-1})$
丙酮	2.2	甲醇	2.5
苯	2.05	橄榄油	1.65
二硫化碳	1	硫酸	1.38
四氯化碳	0.85	甲苯	1.7
蓖麻油	1.8	变压器油	1.92
乙醇	2.43	水	4.19
甘油	2.4	乙醚	2.35
润滑油	1.87	溴	0.53
汞	0.14		

附表4 常用物体的折射率

材质	材质折射率值	材质	材质折射率值
空气	1.0003	轻火石玻璃	1.575
液体二氧化碳	1.200	天青石	1.610
冰	1.309	黄晶	1.610
水(20℃)	1.333	二硫化碳	1.630
丙酮	1.360	石英1	1.644
普通酒精	1.360	重火石玻璃	1.650
30%的糖溶液	1.380	二碘甲烷	1.740
酒精	1.329	红宝石	1.770
面粉	1.434	蓝宝石	1.770
熔化的石英	1.460	特重火石玻璃	1.890
Calspar2	1.486	水晶	2.000
80%的糖溶液	1.490	钻石	2.417
玻璃	1.500	氧化铬	2.705
氯化钠	1.530	氧化铜	2.705
聚苯乙烯	1.550	非晶硒	2.920
石英2	1.553	碘晶体	3.340
翡翠	1.570		

复习题答案

第1篇 力 学

第1章

二、选择题

1. C 2. B 3. D 4. D 5. C

三、计算及证明题

1. $3y+4x-5=0$. 图略.

2. (1) $\boldsymbol{v}_1=2\boldsymbol{i}$, $\boldsymbol{v}_2=8t\boldsymbol{j}+1\boldsymbol{k}$, $\boldsymbol{a}_1=0$, $\boldsymbol{a}_2=8\boldsymbol{j}$. (2) $x=1$, $y=4z^2$.

3. (1) $(3t+5)\boldsymbol{i}+(0.5t^2+3t+4)\boldsymbol{j}$; (2) 约 7.6m/s, 速度与 x 方向的夹角为 66.8°.

4. a 直线的斜率为速度:
$$v_x=-1.732\text{m/s};\ t=0, x_0=20\text{m}; x=0, \frac{20}{t}\Big|_{x=0}=\tan 60°, t\Big|_{x=0}=\frac{20}{\sqrt{3}}\text{s}$$

b 直线的斜率为速度:
$$v_x=0.577\text{m/s};\ t=0, x_0=10\text{m}; x=0, \frac{10}{-t}\Big|_{x=0}=\tan 30°, t\Big|_{x=0}=-17.331\text{s}$$

c 直线的斜率为速度:
$$v_x=1\text{m/s};\ t=0, x_0=-25\text{m};\ t\big|_{x=0}=25\text{s}$$

5. $x=\frac{1}{b}\ln(bv_0 t+1)$.

6. $v_m=\frac{1}{2}n(n+2)a_0\tau$, $s_m=\frac{1}{6}n^2(n+3)a_0\tau^2$.

7. $a=-0.747\text{m}\cdot\text{s}^{-2}$.

8. (1) $\frac{h}{h-l}v_0$; (2) $\frac{l}{h-l}v_0$.

9. $v_x=\frac{\sqrt{h^2+x^2}}{x}v_0$, $a_x=\frac{h^2}{x^3}v_0^2$. 当 $x=s$ 时, $a_x=\frac{h^2}{s^3}v_0^2$, $v_x=\frac{\sqrt{h^2+s^2}}{s}v_0$.

10. $\boldsymbol{v}=(4.0\boldsymbol{i}+8.0\boldsymbol{j})\text{m}\cdot\text{s}^{-1}$, $\boldsymbol{a}=16\boldsymbol{j}\text{m}\cdot\text{s}^{-2}$.

11. (1) $a_n\big|_{t=2s}=r\omega^2=2.30\times 10^2\text{m}\cdot\text{s}^{-2}$, $a_t\big|_{t=2s}=r\frac{d\omega}{dt}=4.80\text{m}\cdot\text{s}^{-2}$;

    (2) $\theta=2\text{rad}+(4\text{rad}\cdot\text{s}^{-3})t^3=3.15\text{rad}$; (3) $t=0.55\text{s}$.

12. 提示: 物体运动总时间为加速时间 t_1 及减速时间 t_2, 利用所设最高速度 v, 可求其运动总路程.

13. (1) $s=\frac{2v_0^2\sin(\theta-\alpha)\cos\theta}{g\cos^2\alpha}$; (2) 当 $\theta=\frac{\pi}{4}+\frac{\alpha}{2}$ 时, s 有极大值, 其值为 $\frac{v_0^2(1-\sin\alpha)}{g\cos^2\alpha}$.

14. (1) $\omega=3770\text{rad}\cdot\text{s}^{-1}$; (2) $v=188.5\text{m}\cdot\text{s}^{-1}$.

15. (1) $x=h\tan\omega t$; (2) $v=\frac{h\omega}{\cos^2\omega t}$, $a=\frac{2h\omega^2\sin\omega t}{\cos^3\omega t}$.

16. 证明略. 提示: 物体做抛体运动时, 其水平运动距离由其水平速度决定.

17. (1) $v_{雨对地}=0$, $|v_{雨对车}|=10\text{m/s}$; (2) $|v_{雨对地}|=17.3\text{m/s}$, $|v_{雨对车}|=20\text{m/s}$.

18. 证明略. 提示: 本题利用"绝对速度等于相对速度和牵连速度的矢量和"这一方法, 求出每一种情况下飞机的绝对速度, 由于路程一定, 则时间可求.

第 2 章

二、选择题

1. A **2.** D **3.** B **4.** D **5.** D

三、计算及证明题

1. (1) 8kg; (2) 0; (3) 4N, 向左.

2. $a_1=\dfrac{1}{5}g=1.96\text{m/s}^2$, 方向向下, $a_2'=\dfrac{2}{5}g=3.92\text{m/s}^2$, $a_2=\dfrac{1}{5}g=1.96\text{m/s}^2$, 方向向下, $a_3=\dfrac{3}{5}g=5.88\text{m/s}^2$, 方向向上; (2) $T_1=0.16g=1.568\text{N}$, $T_2=0.08g=0.784\text{N}$.

3. (1) $v=\dfrac{1}{\dfrac{1}{v_0}+\dfrac{k}{m}t}$; (2) $x=\dfrac{m}{k}\ln\left(1+\dfrac{k}{m}v_0 t\right)$; (3) 略.

4. $x_{\max}=\dfrac{mv_0}{K}$.

5. $v=\dfrac{F_0}{m}t-\dfrac{k}{2m}t^2$, $x=\dfrac{F_0}{2m}t^2-\dfrac{k}{6m}t^3$.

6. 证明略. 提示: 利用 $F=ma=m\dfrac{\mathrm{d}v}{\mathrm{d}t}$ 的关系, 得 $\dfrac{\mathrm{d}v}{\mathrm{d}t}=-\dfrac{k}{mx^2}$, 即 $\dfrac{\mathrm{d}x}{\mathrm{d}t}\dfrac{\mathrm{d}v}{\mathrm{d}x}=-\dfrac{k}{mx^2}$, 消去 t, 本题可解.

7. $v=\sqrt{v_0^2+2gl(\cos\theta-1)}$, $T=m\left(\dfrac{v_0^2}{l}-2g+3g\cos\theta\right)$.

8. $v=\sqrt{\dfrac{2\rho gl-\rho' gl}{\rho}}$.

9. 14.2m.

10. 证明略. 提示: 先对任意时刻轴两端的绳子分别运用牛顿第二定律, 求出其共同加速度 a, 再利用关系 $a=\dfrac{\mathrm{d}v}{\mathrm{d}t}$, 分离变量求解.

11. 提示: 本题证法与上题类似.

12. $R\left(1-\dfrac{g}{R\omega^2}\right)$.

第 3 章

二、选择题

1. C **2.** A **3.** C **4.** D **5.** C

三、计算及证明题

1. (1) $\sqrt{2}mv_0$; (2) $-2mv_0$; (3) $\sqrt{2}mv_0$; (4) 0.

2. (1) 图略; (2) 3×10^{-3}s; (3) 0.6N·s; (4) 0.2×10^{-3}kg.

3. 2.22×10^3N.

4. 14.1N.

5. 1×10^4N.

6. 1.2m.

7. $v=\dfrac{3(v_0-gt)}{2\sin\alpha}$, B 和 C 碎块的方向如右图所示.

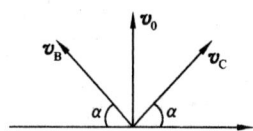

8. (1) -9J, 此力做的功与路径无关; (2) -9J.

9. 0.41cm.

10. $v=\sqrt{\dfrac{g}{l}(l^2-a^2)}$.

11. $mga\sin\theta+\dfrac{1}{2}ka^2\theta^2$.

12. $E_k=mgh+\dfrac{m^2g^2}{2k}$.

13. $x=mv_0\sqrt{\dfrac{M}{k(M+m)(2M+m)}}$.

14. (1) $v_1=\sqrt{\dfrac{2MgR}{m+M}}=M\sqrt{\dfrac{2gR}{(m+M)M}}$, $v_2=-m\sqrt{\dfrac{2gR}{(m+M)M}}$; (2) $3mg+\dfrac{2m^2g}{M}$.

15. 证明略. 提示：设中子的初速度为 v_1, 利用动量守恒求出末速度 v_2, 即末动能 $E=\dfrac{1}{2}mv_2^2$, 与初动能的差值即为损失的动能.

16. 证明略. 提示：本题的关键在于选取合适的零势能点, 然后利用动量守恒及机械能守恒求解.

17. $12.5\,\text{m/s}^2$.

18. $v=m\cos\alpha\sqrt{\dfrac{2gh}{(M+m)(m\sin^2\alpha+M)}}$.

19. $36\,\text{m/s}^2$.

第 4 章

二、计算题

1. (1) $\alpha=-\dfrac{\pi}{6}\,\text{rad}\cdot\text{s}^{-2}$, 37.5r; (2) $4\pi\,\text{rad}\cdot\text{s}^{-1}$; (3) $v=2.5\,\text{m}\cdot\text{s}^{-2}$, $a_t=-0.105\,\text{m}\cdot\text{s}^{-2}$, $a_n=31.6\,\text{m}\cdot\text{s}^{-2}$.

2. $\dfrac{1}{2}\mu mgL$.

3. $314\,\text{N}$.

4. $J\omega_0\left(\dfrac{1}{t_1}+\dfrac{1}{t_2}\right)$.

5. $\dfrac{2F(R-r)}{m_1R^2+m_2r^2}$.

6. $\dfrac{2mg\sin\theta}{2m+M}$.

7. $1.26\times 10^3\,\text{N}\cdot\text{m}$.

8. (1) $a=\dfrac{m_1-\mu m_2}{m_1+m_2+\dfrac{J}{r^2}}g$, $T_1=\dfrac{m_2+\mu m_2+\dfrac{J}{r^2}}{m_1+m_2+\dfrac{J}{r^2}}m_1g$, $T_2=\dfrac{m_1+\mu m_1+\mu\dfrac{J}{r^2}}{m_1+m_2+\dfrac{J}{r^2}}m_2g$;

(2) $a=\dfrac{m_1gr^2}{m_1r^2+m_2r^2+J}$, $T_1=\dfrac{m_2+\dfrac{J}{r^2}}{m_1+m_2+\dfrac{J}{r^2}}m_1g=\dfrac{(m_2r^2+J)m_1g}{m_1r^2+m_2r^2+J}$,

$T_2=\dfrac{m_1}{m_1+m_2+\dfrac{J}{r^2}}m_2g=\dfrac{m_1r^2m_2g}{m_1r^2+m_2r^2+J}$.

*9. $T=\dfrac{1}{4}mg$.

10. $v=\dfrac{(3m-M)v_0}{M+3m}$, $\omega=\dfrac{6mv_0}{(M+3m)l}$.

11. $\omega_0 = \dfrac{\sqrt{2gh}}{2R}\cos\theta, \omega = \dfrac{1}{2R}\sqrt{\dfrac{g}{2}(h+4\sqrt{3}R)}, \alpha = \dfrac{g}{2R}$.

12. $a = \dfrac{dv}{dt} = \dfrac{4}{13}g$.

13. $\alpha_1 < \alpha_2$.

*14. $R_x = -\left(1-\dfrac{3y}{2l}\right)F, R_y = mg + \dfrac{9F^2 y^2(\Delta t)^2}{2l^3 m}$.

15. (1) $\alpha = 39.2\,\text{rad/s}^2$; (2) $E_k = 490\,\text{J}$; (3) $\alpha = 21.8\,\text{rad/s}^2$.

16. (1) $a = \dfrac{2}{3}g$; (2) $T = \dfrac{mg}{6}$.

17. $t = 5\,\text{s}$.

*18. $v_A = 2\sqrt{gR}$.

19. $\omega_2 = \dfrac{(J_0 + 2mr_1^2)}{(J_0 + 2mr_2^2)}\omega_1, \Delta E_k = \dfrac{1}{2}(J_0 + 2mr_1^2)\omega_1^2\left[\dfrac{(J_0 + 2mr_1^2)}{(J_0 + 2mr_2^2)} - 1\right]$.

20. $t = \dfrac{2m(v_1 + v_2)}{\mu M g}$.

21. (1) $H = \dfrac{R^2\omega^2}{2g}$; (2) $\omega' = \omega, L' = J'\omega' = \left(\dfrac{1}{2}MR^2 - mR^2\right)\omega, E_k' = \dfrac{1}{2}J'\omega'^2 = \dfrac{1}{2}\left(\dfrac{1}{2}MR^2 - mR^2\right)\omega^2$.

22. $E = -\dfrac{Gm_1 m_2}{r_1 + r_2}$.

23. $2.68\,\text{m/s}$.

第2篇 热 学

第5章

二、选择题

1. B　**2.** C　**3.** C　**4.** C　**5.** D

三、计算及证明题

1. $1.16\times 10^7\,\text{K}$.

2. 证明略。提示：本题利用 $pV = \nu RT$，得 $\nu T = \dfrac{pV}{R}, \dfrac{pV}{R}$ 不变，因此 νT 为常量，内能不变。

3. $\Delta p = 2p_1, \Delta \bar{\varepsilon}_k = 3.11\times 10^{-21}\,\text{J}$.

4. (1) $\Delta T = 6.4\,\text{K}$；(2) $\Delta p = 6.67\times 10^4\,\text{Pa}$；(3) $\Delta E = 2.0\times 10^3\,\text{J}$；(4) $\Delta \bar{\varepsilon}_k = 1.32\times 10^{-22}\,\text{J}$.

5. (1) $1:1$；(2) $2:1$；(3) $10:3$.

6. $v_p = 395\,\text{m/s}, \bar{v} = 446\,\text{m/s}, \sqrt{\overline{v^2}} = 483\,\text{m/s}$.

7. (1) $28, \text{N}_2$ 或 CO；(2) $\sqrt{\overline{v^2}} = 493\,\text{m}\cdot\text{s}^{-1}$.

8. (1) 表示速率小于 $2v_0$ 的分子数占总分子数的比率；(2) $\dfrac{2N}{3v_0}$；(3) $\dfrac{7N}{12}$；(4) $\dfrac{31mv_0^2}{36}$.

9. (1) 略；(2) $1/v_0$；(3) $v_0/2$.

10. 0.27.

11. $1956\,\text{m}$.

12. $1.34\times 10^{-7}\,\text{m}, 2.52\times 10^{-10}\,\text{m}$.

13. $1.27\times 10^{-5}\,\text{Pa}\cdot\text{s}$.

第6章

二、选择题

1. B 2. D 3. B 4. C 5. D 6. D 7. A

三、计算及证明题

1. (1) $p=\dfrac{p_0}{V_0}V, V=\dfrac{V_0}{p_0}RT$；(2) $\dfrac{3}{2}p_0V_0$；(3) $\dfrac{7}{2}R$.

2. (1) 2.09×10^3 J；(2) 3.34×10^2 J.

3. (1) 692J；(2) 970J，第二个过程所需热量大. 理由略.

4. $\nu_1:\nu_2=3$.

5. 单原子气体为1.26倍，双原子气体为1.15倍.

6. 双原子气体氮.

7. 系统向外界放热；252J.

8. (1) 266J；(2) 放热，308J.

9. (1) 5.0×10^6 J；(2) $563\mathrm{m\cdot s^{-1}}$.

10. (1) 2.02×10^3 J；(2) 1.29×10^4 J.

11. (1) 15.1%；(2) 证明略.

12. (1) $W_{12}=\dfrac{1}{2}RT_1$, $\Delta E_{12}=\dfrac{5}{2}RT_1$, $Q_{12}=3RT_1>0$, $W_{23}=-\dfrac{5}{2}RT_1=-\Delta E_{23}$, $Q_{23}=0$, $W_{31}=-RT_1\ln8=Q_{31}<0$, $\Delta E_{31}=0$；(2) 30.7%.

13. $\eta=1-\dfrac{T_3}{T_2}$；不是卡诺循环.

14. (1) 0.374，小于可逆机效率，$1-\dfrac{T_2}{T_1}=0.5$，则不是可逆机；(2) 1.67×10^4 J.

15. (1) A：6.72K，139J；B：6.72K，196J；(2) A：11.5K，335J；B：0，0.

16. (1) $A\to B$ 吸热；$B\to C$ 放热；(2) $\nu RT_1\dfrac{V_1^{\gamma-1}}{V_2^{\gamma}}, \left(\dfrac{V_1}{V_2}\right)^{\gamma-1}T_1$；(3) 不是卡诺循环，如右图所示；

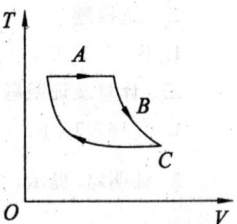

(4) $\eta=1-\left[1-\left(\dfrac{V_1}{V_2}\right)^{\gamma-1}\right]\Big/\ln\dfrac{V_2}{V_1}$.

17. 32.2kJ，32.2W.

18. 5.0×10^7 J.

19. (1) -1.72×10^4 J·K^{-1}；(2) 2.02×10^4 J·K^{-1}；(3) 3×10^3 J·K^{-1}.

20. $\Delta S=C_V\ln\dfrac{p_2V_2}{p_1V_1}+R\ln\dfrac{V_2}{V_1}$.

21. 2.43 J·K^{-1}.

第3篇 电 磁 学

第7章

二、计算及证明题

1. $q=2l\sin\theta\sqrt{4\pi\varepsilon_0 mg\tan\theta}$.

2. 证明略. 提示：分别求出$+q$以及$-q$在P点的场强后，沿r方向及垂直r方向分解求之.

3. (1) $E_P=6.74\times10^2$ N·C^{-1}，方向水平向右；(2) $E_Q=1.496\times10^3$ N·C^{-1}，方向沿y轴正向.

4. $E=\dfrac{\lambda}{2\pi\varepsilon_0 R}$，方向沿$x$轴正向.

5. (1) $E_P = \dfrac{qr}{4\pi\varepsilon_0 \left(r^2 + \dfrac{l^2}{4}\right)\sqrt{r^2 + \dfrac{l^2}{2}}}$,方向沿 $\overrightarrow{OP}$;(2) 证明略.

6. (1) $\Phi_e = \dfrac{q}{6\varepsilon_0}$;(2) 对于边长为 a 的正方形,如果它不包含 q 所在的顶点,则 $\Phi_e = \dfrac{q}{24\varepsilon_0}$;如果它包含 q 所在的顶点,则 $\Phi_e = 0$;(3) $\Phi_e = \dfrac{q_0}{\varepsilon_0}\dfrac{S}{4\pi(R^2+x^2)} = \dfrac{q}{2\varepsilon_0}\left[1 - \dfrac{x}{\sqrt{R^2+x^2}}\right]$.

7. $E = 0$;$E = \dfrac{\rho \dfrac{4\pi}{3}(r^3 - r_内^2)}{4\pi\varepsilon_0 r^2} \approx 3.48 \times 10^4 \text{ N} \cdot \text{C}^{-1}$,沿径向向外;

$E = \dfrac{\rho \dfrac{4\pi}{3}(r_外^3 - r_内^3)}{4\pi\varepsilon_0 r^2} \approx 4.10 \times 10^4 \text{ N} \cdot \text{C}^{-1}$,沿径向向外.

8. (1) $r < R_1$,$E = 0$;(2) $R_1 < r < R_2$,$E = \dfrac{\lambda}{2\pi\varepsilon_0 r}$,沿径向向外;(3) $r > R_2$,$E = 0$.

9. 两面间,$E = \dfrac{1}{2\varepsilon_0}(\sigma_1 - \sigma_2)\boldsymbol{n}$;$\sigma_1$ 面外,$E = -\dfrac{1}{2\varepsilon_0}(\sigma_1 + \sigma_2)\boldsymbol{n}$;$\sigma_2$ 面外,$E = \dfrac{1}{2\varepsilon_0}(\sigma_1 + \sigma_2)\boldsymbol{n}$;$\boldsymbol{n}$:垂直于两平面,由 σ_1 面指向 σ_2 面.

10. O 点电场 $\boldsymbol{E}_O = \dfrac{r^3 \rho}{3\varepsilon_0 d^3}\overrightarrow{OO'}$,$O'$ 点电场 $\boldsymbol{E}_{O'} = \dfrac{\rho}{3\varepsilon_0}\overrightarrow{OO'}$,证明略.

11. $M_{\max} = 2.0 \times 10^{-4}$ N · m.

12. 6.55×10^{-6} J.

13. $q_0(U_O - U_C) = \dfrac{q_0 q}{6\pi\varepsilon_0 R}$.

14. $E_O = \dfrac{-\lambda}{2\pi\varepsilon_0 R}$,$U_O = \dfrac{\lambda}{2\pi\varepsilon_0}\ln 2 + \dfrac{\lambda}{4\varepsilon_0}$.

15. $\lambda = 12.5 \times 10^{-13}$ C · m^{-1}.

16. (1) $\boldsymbol{E} = -\dfrac{\partial U}{\partial r}\boldsymbol{r}_0 = \dfrac{q}{4\pi\varepsilon_0 r^2}\boldsymbol{r}_0$ $\boldsymbol{r}_0$ 为 r 方向的单位矢量;(2) $\boldsymbol{E} = -\dfrac{\partial U}{\partial x}\boldsymbol{i} = \dfrac{qx}{4\pi\varepsilon_0(R^2+x^2)^{3/2}}\boldsymbol{i}$;(3) $E_r = -\dfrac{\partial U}{\partial r} = \dfrac{p\cos\theta}{2\pi\varepsilon_0 r^3}$,$E_\theta = -\dfrac{1}{r}\dfrac{\partial U}{\partial \theta} = \dfrac{p\sin\theta}{4\pi\varepsilon_0 r^3}$.

第 8 章

二、计算及证明题

1. 证明略. 提示:先设两导体板四个面的电荷面密度分别为 σ_1、σ_2、σ_3、σ_4,利用静电平衡时导体内部任一点场强矢量和为零求解.

2. $q_C = -2 \times 10^{-7}$ C,$q_B = -1 \times 10^{-7}$ C,$U_A = 2.3 \times 10^3$ V.

3. $\sigma = -\dfrac{1}{2\pi}\dfrac{Q}{d^2+r^2}\dfrac{d}{\sqrt{d^2+r^2}}$.

4. (1) 外表面带电荷量为 $+q$,$U = \dfrac{q}{4\pi\varepsilon_0 R_2}$;(2) 外球壳内表面带电荷量为 $-q$,$U = 0$;(3) $q = \dfrac{R_1}{R_2}q$,$\Delta U = \dfrac{(R_1 - R_2)q}{4\pi\varepsilon_0 R_2^2}$.

5. $q' = -\dfrac{q}{3}$.

6. (1) $F_1 = \dfrac{3}{8}F_0$;(2) $F_2 = \dfrac{4}{9}F_0$.

*__7.__ $U_C = \dfrac{1}{2}\left(U + \dfrac{qd}{2\varepsilon_0 S}\right)$.

8. (1) 介质内($R_1<r<R_2$)场强 $E_内=\dfrac{Qr}{4\pi\varepsilon_0\varepsilon_r r^3}$,介质外($r<R_2$)场强 $E_外=\dfrac{Qr}{4\pi\varepsilon_0 r^3}$;

(2) 介质外($r>R_2$)电势 $U=\dfrac{Q}{4\pi\varepsilon_0 r}$,介质内($R_1<r<R_2$)电势 $U=\dfrac{Q}{4\pi\varepsilon_0\varepsilon_r}\left(\dfrac{1}{r}+\dfrac{\varepsilon_r-1}{R_2}\right)$;

(3) 金属球的电势 $U=\dfrac{Q}{4\pi\varepsilon_0\varepsilon_r}\left(\dfrac{1}{R_1}+\dfrac{\varepsilon_r-1}{R_2}\right)$.

9. (1) $D=\dfrac{\lambda_0}{2\pi r}$,$E=\dfrac{\lambda_0}{2\pi\varepsilon_r\varepsilon_0 r}$,$P=(\varepsilon_r-1)\dfrac{\lambda_0}{2\pi\varepsilon_r r}$; (2) $\sigma'=(\varepsilon_r-1)\dfrac{\lambda_0}{2\pi\varepsilon_r R_2}$.

10. $\dfrac{\sigma_2}{\sigma_1}=\dfrac{D_2}{D_1}=\varepsilon_r$.

11. (1) $w=\dfrac{Q^2}{8\pi^2\varepsilon r^2 l^2}$,薄壳中 $dW=\dfrac{Q^2 dr}{4\pi\varepsilon r l}$; (2) 电介质中总电场能量 $W=\dfrac{Q^2}{4\pi\varepsilon l}\ln\dfrac{R_2}{R_1}$; (3) $C=\dfrac{Q^2}{2W}=\dfrac{2\pi\varepsilon l}{\ln(R_2/R_1)}$.

12. (1) $q_1=q_2=\dfrac{C_2(C_1-C_2)}{C_1+C_2}U$; (2) 电场能量损失 $\Delta W=\dfrac{2C_1 C_2}{C_1+C_2}U^2$.

13. (1) $W=1.82\times10^{-4}$ J; (2) $W=1.01\times10^{-4}$ J; (3) 电容器电容 $C=4.49\times10^{-12}$ F.

14. (1) $Q_1=1.28\times10^{-3}$ C,$Q_2=1.92\times10^{-3}$ C; (2) $W_0=1.28$ J,$W'=0.512$ J.

第9章

二、计算及证明题

1. (1) $\Phi_1=0.24$ Wb; (2) $\Phi_2=0$; (3) $\Phi_3=0.24$ Wb.

2. $B_O=\dfrac{\mu_0 I}{2\pi R}\left(1-\dfrac{\sqrt{3}}{2}+\dfrac{\pi}{6}\right)$,方向垂直纸面向里.

3. (1) $B_A=1.2\times10^{-4}$ T,$B_B=1.33\times10^{-5}$ T; (2) $r=0.1$ m.

4. $B_O=0$.

5. $\boldsymbol{B}=6.37\times10^{-5}\boldsymbol{i}$ T.

6. $B=13$ T,$P_m=9.2\times10^{-24}$ A·m².

7. (1) $B_A=4\times10^{-5}$ T,方向垂直纸面向外; (2) $\Phi=2.2\times10^{-6}$ Wb.

8. $\Phi_m=\dfrac{\mu_0 I}{4\pi}=10^{-6}$ Wb.

9. (1) 在各条闭合曲线上,各点 $\boldsymbol{B}$ 的大小不相等;

(2) 在闭合曲线 c 上各点 $\boldsymbol{B}$ 不为零,只是 $\boldsymbol{B}$ 的环路积分为零,而非每点 $\boldsymbol{B}=0$.

10. $B=\dfrac{\mu_0 I}{2\pi(b^2-a^2)}\cdot\dfrac{r^2-a^2}{r}$.

11. (1) $r<a$,$B=\dfrac{\mu_0 Ir}{2\pi R^2}$; (2) $a<r<b$,$B=\dfrac{\mu_0 I}{2\pi r}$; (3) $b<r<c$,$B=\dfrac{\mu_0 I(c^2-r^2)}{2\pi r(c^2-b^2)}$; (4) $r>c$,$B=0$.

12. (1) 圆柱轴线上的 O 点处 $\boldsymbol{B}$ 的大小 $B_O=\dfrac{\mu_0 Ir^2}{2\pi a(R^2-r^2)}$;

(2) 空心部分轴线上 O' 点处 $\boldsymbol{B}$ 的大小 $B_{O'}=\dfrac{\mu_0 Ia}{2\pi(R^2-r^2)}$.

13. $F_{AB}=\dfrac{\mu_0 I_1 I_2 a}{2\pi d}$,方向垂直 AB 向左;$F_{AC}=\dfrac{\mu_0 I_1 I_2}{2\pi}\ln\dfrac{d+a}{d}$,方向垂直 AC 向下;$F_{BC}=\dfrac{\mu_0 I_1 I_2}{\sqrt{2}\pi}\ln\dfrac{d+a}{d}$,方向垂直 BC 向上.

14. $\boldsymbol{F}_{ab}=I\overrightarrow{ab}\times\boldsymbol{B}$;方向垂直 $\overrightarrow{ab}$ 向上,大小 $F_{ab}=BI\overline{ab}$.

15. (1) $F_{CD}=8.0\times10^{-4}$ N,$F_{FE}=8.0\times10^{-5}$ N,$F_{CF}=9.2\times10^{-5}$ N,$F_{ED}=F_{CF}=9.2\times10^{-5}$ N;

(2) $F=7.2\times10^{-4}$ N,$M=0$.

16. (1) $F_{bc}=0$；$F_{ab}=0.866\text{N}$，方向垂直纸面向外；$F_{ca}=0.866\text{N}$，方向垂直纸面向里；
(2) $4.33\times10^{-2}\text{N}\cdot\text{m}$；(3) $4.33\times10^{-2}\text{J}$.

17. $T=\dfrac{2\pi}{\omega}=2\pi\sqrt{\dfrac{J}{Na^2IB}}$.

18. $3.6\times10^{-6}\text{N}\cdot\text{m}$，方向垂直纸面向外.

19. 证明略. 提示：将圆盘分成许多同心圆环来考虑.

20. (1) 略；$v=3.7\times10^7\text{m}\cdot\text{s}^{-1}$；$E_k=6.2\times10^{-16}\text{J}$.

21. (1) $v=7.57\times10^6\text{m}\cdot\text{s}^{-1}$；(2) 磁场 B 的方向沿螺旋线轴线，或向上或向下，由电子旋转方向确定.

22. (1) $v=6.7\times10^{-4}\text{m}\cdot\text{s}^{-1}$；(2) $n=2.8\times10^{29}\text{m}^{-3}$.

23. 曲线 Ⅱ 是顺磁质，曲线 Ⅲ 是抗磁质，曲线 Ⅰ 是铁磁质.

24. (1) $H=B_0=2.5\times10^{-4}\text{T}$；(2) $H=200\text{A}\cdot\text{m}^{-1}$，$B=1.05\text{T}$；(3) $B_0=2.5\times10^{-4}\text{T}$，$B'\approx1.05\text{T}$.

25. (1) $H=2\times10^4\text{A}\cdot\text{m}^{-1}$；(2) $M\approx7.76\times10^5\text{A}\cdot\text{m}^{-1}$；(3) $\chi_m=\dfrac{M}{H}\approx38.8$；(4) 相对磁导率 $\mu_r=1+\chi_m=39.8$.

26. (1) $B=2\times10^{-2}\text{T}$；(2) $H=32\text{A}\cdot\text{m}^{-1}$.

第 10 章

二、计算及证明题

1. $\varepsilon=0.40\text{V}$.

2. $\varepsilon=-8.89\times10^{-2}\text{V}$，方向与 $cbadc$ 相反，即顺时针方向.

*3. $\varepsilon_i=-By\sqrt{\dfrac{8a}{\alpha}}$，$\varepsilon_i$ 实际方向沿 ODC.

4. ε_{MeN} 沿 NeM 方向，大小为 $\dfrac{\mu_0 Iv}{2\pi}\ln\dfrac{a+b}{a-b}$；$U_M-U_N=\dfrac{\mu_0 Iv}{2\pi}\ln\dfrac{a+b}{a-b}$.

5. (1) $\Phi_m=\dfrac{\mu_0 Il}{2\pi}\left[\ln\dfrac{b+a}{b}-\ln\dfrac{d+a}{d}\right]$；(2) $\varepsilon=\dfrac{\mu_0 l}{2\pi}\left[\ln\dfrac{d+a}{d}-\ln\dfrac{b+a}{b}\right]\dfrac{\text{d}I}{\text{d}t}$.

6. $I_m=\dfrac{\varepsilon_m}{R}=\dfrac{\pi^2r^2Bf}{R}$.

7. $\varepsilon=1.6\times10^{-8}\text{V}$，沿顺时针方向.

8. $\varepsilon=-klvt$，沿 $abcd$ 方向，即顺时针方向.

9.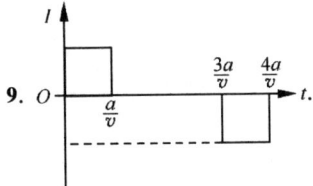

10. (1) $\varepsilon_{ab}=\dfrac{1}{6}B\omega l^2$；(2) b 点电势高.

11. $U_{AB}=\dfrac{\mu_0 Iv}{\pi}\ln\dfrac{a+b}{a-b}$，方向从 $B\to A$.

12. $\varepsilon_{ac}=\left(\dfrac{\sqrt{3}R^2}{4}+\dfrac{\pi R^2}{12}\right)\dfrac{\text{d}B}{\text{d}t}$，$\varepsilon$ 方向从 $a\to c$.

13. $\varepsilon_i=-\left(\dfrac{\pi R^2}{6}-\dfrac{\sqrt{3}}{4}R^2\right)\dfrac{\text{d}B}{\text{d}t}$，感应电动势沿 $acba$，即逆时针方向.

14. (1) $U_a=U_b$；(2) $U_d-U_c<0$，即 $U_c>U_d$.

15. $M=\dfrac{\mu_0 a}{2\pi}\ln 2$.

16. (a) $M=2.8\times 10^{-6}\,\text{H}$; (b) $M=0$.

17. 证明略. 提示：取 $\text{d}S=l\text{d}r$，则

$$\Phi=\int_a^{d-a}\left(\dfrac{\mu_0 I}{2\pi r}+\dfrac{\mu_0 I}{2\pi(d-r)}\right)l\text{d}r=\dfrac{\mu_0 Il}{2\pi}\int_a^{d-a}\left(\dfrac{1}{r}-\dfrac{1}{r-d}\right)\text{d}r=\dfrac{\mu_0 Il}{2\pi}\left(\ln\dfrac{d-a}{a}-\ln\dfrac{a}{d-a}\right)$$

$$=\dfrac{\mu_0 Il}{\pi}\ln\dfrac{d-a}{a}, \text{则 } L \text{ 可求}.$$

18. $M=0.15\,\text{H}$.

19. (1) $L=\dfrac{\mu_0 N^2 h}{2\pi}\ln\dfrac{b}{a}$；(2) $W_m=\dfrac{\mu_0 N^2 I^2 h}{4\pi}\ln\dfrac{b}{a}$.

20. $W=\dfrac{\mu_0 I^2}{16\pi}$.

21. $j_d=\dfrac{\varepsilon k}{r\ln\dfrac{R_2}{R_1}}$.

22. (1) $j_d=720\times 10^5\varepsilon_0\cos 10^5\pi t\ \text{A}\cdot\text{m}^{-2}$；

(2) $t=0$ 时 $H_P=3.6\times 10^5\pi\varepsilon_0\ \text{A}\cdot\text{m}^{-1}$，方向垂直纸面向里；$t=\dfrac{1}{2}\times 10^{-5}\,\text{s}$ 时，$H_P=0$.

23. $I_d\approx 2.8\,\text{A}$；$B_r=\dfrac{\mu_0\varepsilon_0 r}{2}\dfrac{\text{d}E}{\text{d}t}$；当 $r=R$ 时，$B_R=5.6\times 10^{-6}\,\text{T}$.

第4篇 机械振动和机械波

第11章

二、选择题

1. A 2. A 3. B 4. B 5. C

三、计算及证明题

1. (1) $25.12\,\text{s}^{-1}$, $0.25\,\text{s}$, $0.5\,\text{m}$, $\dfrac{\pi}{3}$, $0.126\,\text{m}\cdot\text{s}^{-1}$, $3.16\,\text{m}\cdot\text{s}^{-2}$；(2) $\dfrac{25}{3}\pi$, $\dfrac{49}{3}\pi$, $\dfrac{241}{3}\pi$；(3) 略.

2. $T=2\pi\sqrt{\dfrac{h}{g}}$. 3. 证明略，$T=\dfrac{4}{D}\sqrt{\dfrac{\pi m}{\rho g}}$. 4. 是简谐运动，$\dfrac{1}{2\pi}\sqrt{\dfrac{2\rho sg}{m}}$. 5. 证明略，$0.90\,\text{s}$.

6. $T=2\pi\sqrt{\dfrac{m}{k_1+k_2}}$. 7. 证明略，$\omega=\sqrt{\dfrac{2k}{M+2m}}$.

8. (1) $\theta=3.19\times 10^{-3}\cos(3.13t+\dfrac{3}{2}\pi)\,\text{rad}$；(2) $\theta=3.19\times 10^{-3}\cos(3.13t+\dfrac{1}{2}\pi)\,\text{rad}$.

9. $x=10\cos(8t'-4+\dfrac{\pi}{4})$ (SI)；计时起点提前 $\dfrac{\pi}{32}\,\text{s}$.

10. (1) $-17.32\,\text{cm}$；(2) $2\,\text{s}$；(3) $\dfrac{10}{3}\,\text{s}$；(4) $27.21\,\text{cm/s}$, $24.67\,\text{cm/s}^2$.

11. (1) $x=5\sqrt{2}\times 10^{-2}\cos(\dfrac{\pi t}{4}-\dfrac{3\pi}{4})$ (SI)；(2) $v_A=3.93\times 10^{-2}\,\text{m}\cdot\text{s}^{-1}$.

12. (1) $x_2=0.1\cos\sqrt{50}\,t\,\text{m}$；(2) $F=29.2\,\text{N}$；(3) $\dfrac{\pi}{6}\sqrt{50}\,\text{s}$. 13. $\dfrac{2\pi}{3}$.

14. $9.62\times 10^{-3}\,\text{J}$.

15. (1) $x=0.17\,\text{m}$，且沿负向运动；(2) $4.2\times 10^{-3}\,\text{N}$，方向沿负向；(3) $\dfrac{2}{3}\,\text{s}$；(4) $v=-0.33\,\text{m}\cdot\text{s}^{-1}$，$E_k=5.45\times 10^{-4}\,\text{J}$, $E_p=1.77\times 10^{-4}\,\text{J}$, $E=7.22\times 10^{-4}\,\text{J}$.

16. (1) 最高位置：1.74N,最低位置：8.06N；(2) $A \geqslant 6.21 \times 10^{-2}$m；(3) $A \geqslant 1.55 \times 10^{-2}$m.

17. $x_a = 0.1\cos\left(\pi t + \frac{3}{2}\pi\right)$m, $x_b = 0.1\cos\left(\frac{5}{6}\pi t + \frac{5\pi}{3}\right)$m.

18. (1) $\frac{mg}{k}\sqrt{1+\frac{kv_0^2}{(M+m)g^2}}, 2\pi\sqrt{\frac{M+m}{k}}$；(2) $\sqrt{\frac{M+m}{k}}\arctan\left(\frac{v_0}{g}\sqrt{\frac{k}{M+m}}\right)$.

19. $A_2 = 0.1$m, $\frac{\pi}{2}$.

20. (1) $314\text{s}^{-1}, 0.16\text{m}, \frac{\pi}{2}, x = 0.08\cos\left(314t + \frac{\pi}{2}\right)$；(2) 12.5ms.

21. (1) 0.078m, 84°48′；(2) 135°, 225°.

22. (1) 轨道方程：$x^2 + 4y^2 + 2xy - 27 = 0$, 该图形左旋；(2) $F = \frac{\pi^2}{90}\sqrt{x^2 + y^2}$N.

23. 20.96s.   24. (1) $\frac{\mathrm{d}^2\theta}{\mathrm{d}t^2} + \frac{9\eta}{2r^2\rho}\frac{\mathrm{d}\theta}{\mathrm{d}t} + \frac{g}{l}\theta = 0$；(2) $3.13\text{s}^{-1}, 6.04 \times 10^{-4}\text{s}^{-1}, 2\text{s}$；(3) 87s.

25. (1) 30s^{-1}；(2) $26.5\text{s}^{-1}, 0.177$m.   26. (1) $E_{emax} = E_{mmax} = 4.5 \times 10^{-4}$J；(2) $\pm 4.3 \times 10^{-5}$C.

第12章

二、选择题

1. A   2. D   3. D   4. B   5. D

三、计算及证明题

1. (1) $A = 0.05$m, $u = 2.5$m·s^{-1}, $\nu = 5$Hz, $\lambda = 0.5$m；(2) $v_{max} = 0.5\pi$m·s^{-1}, $a_{max} = 5\pi^2$m·s^{-2}；(3) $9.2\pi, 0.92$s, 0.825m.

2. (1) 略；(2) 略；(3) 略；(4) $y = A\cos\left(\omega t + \frac{2\pi x}{\lambda} - \frac{\pi}{2}\right)$.

3. (1) $y = 0.1\cos\left[\pi\left(t - \frac{x}{2}\right) + \frac{\pi}{2}\right]$m, (2) $y_P = 0.1\cos\left[\left(\pi t - \frac{\pi}{2} + \frac{\pi}{2}\right)\right] = 0.1\cos\pi t$ m.

4. 6.36×10^{-6}J·m^{-2}, 2.16×10^{-3}J·m^{-2}.   5. 0.08W·m^{-2}.   6. 0.565m.

7. $\overline{AP} = 0.78$m.   8. 距A 1m, 5m, 9m, 13m, 17m.

9. (1) $A = 1.50 \times 10^{-2}$m, $u = 343.8$m/s；(2) 0.625m；(3) -46.2m/s.

10. $y = 2A\cos\left(2\pi\frac{x}{\lambda}\right)\cos\omega t$.

11. (1) 入射波 $y = A\cos\left(\omega t + \frac{\pi}{2} - \frac{2\pi}{\lambda}x\right)$, 反射波 $y = A\cos\left(\omega t + \frac{2\pi}{\lambda}x + \frac{\pi}{2}\right)$；

(2) $y_P = -2A\cos\left(\omega t + \frac{\pi}{2}\right)$.

12. (1) $y_1 = A\cos\left(\omega t + \frac{2\pi}{\lambda}x\right), y_2 = A\cos\left(\omega t - \frac{2\pi}{\lambda}x\right)$；(2) $y_3 = A\cos\left(\omega t - \frac{2\pi}{\lambda}x\right)$；

(3) $y_4 = 2A\cos(\omega t)\cos\left(\frac{2\pi}{\lambda}x\right)$, 波节 $x = -\frac{\lambda}{4}, -\frac{3}{4}\lambda$, 波腹 $x = 0, -\frac{\lambda}{2}$；(4) $y_5 = 2A\cos\left(\omega t - \frac{2\pi}{\lambda}x\right)$.

13. 证明略. 提示：根据驻波的定义, 求出相邻波节(波腹)间的距离 $\Delta x = \frac{\lambda}{2}$, 根据已知条件, 得 $d = \frac{\lambda}{2}$, 则 $\lambda = 2d$, 因此 $u = \lambda\nu = 2\nu d$.

14. (1) $y_1 = 0.04\cos\left[100\pi\left(t - \frac{x}{100}\right) + \frac{5}{6}\pi\right]$, $y_2 = 0.04\cos\left[100\pi\left(t + \frac{x}{100}\right) + \frac{11}{6}\pi\right]$；(2) 波节 $x = 0, 1, 2, \cdots, 10$(m), 波腹 $x = 0.5, 1.5, 2.5, \cdots, 9.5$(m)；(3) 0.

15. 70dB.   16. 6m·s^{-1}.   17. 125.

18. 660Hz, 550Hz；680Hz, 533Hz.

19. (1) $1.59 \times 10^{-5} \text{W} \cdot \text{m}^{-2}$；(2) $0.109 \text{V} \cdot \text{m}^{-1}$，$2.91 \times 10^{-4} \text{A} \cdot \text{m}^{-1}$.

20. 9%.

21. (1) 3m，10^8Hz；(2) 沿 x 轴正方向传播；

(3) $H_x = 0$，$H_y = 0$，$H_z = 1.6 \times 10^{-3} \cos\left[2\pi \times 10^8 \left(t - \dfrac{x}{c}\right)\right]$，在 xOz 平面内偏振；

(4) $S = 96 \times 10^{-5} \cos^2\left[2\pi \times 10^8 \left(t - \dfrac{x}{c}\right)\right] \vec{i} \, \text{W} \cdot \text{m}^{-2}$.

第5篇 波动光学

第13章

二、选择题

1. C **2.** A **3.** C **4.** C **5.** A

三、计算题

1. (1) 0.47mm；(2) 0.047mm. **2.** 648.2nm. **3.** $6.6 \times 10^{-3} \text{mm}$. **4.** 紫红色. **5.** 99.6nm.

6. 590nm. **7.** $1.72 \mu\text{m}$. **8.** $n = \dfrac{r_1^2}{r_2^2}$. **9.** (1) 略；(2) $\sqrt{2Rd_0 - \left(k - \dfrac{1}{2}\right)R\lambda}$；(3) 8条；(4) 9条，条纹向两侧移动. **10.** 532nm.

第14章

二、选择题

1. D **2.** C **3.** B **4.** B **5.** B

三、计算及证明题

1. (1) 3级；(2) 7条. **2.** (1) 0.00603rad；(2) 0.0164rad. **3.** 380nm.

4. 证明略. 提示：$\pm k$ 级暗条纹的间距 $\Delta x = \dfrac{2kf\lambda}{a}$，缝宽改变 da 时，Δx 的改变量 $dx_k = -\dfrac{2kf\lambda}{a^2} da$.

5. (1) $2.96 \times 10^5 \text{m}$；(2) 296m，扩展激光束直经，减小激光束的发散角. **6.** (1) $2.2 \times 10^{-4} \text{rad}$；(2) 0.055mm. **7.** $d = 3.05 \times 10^{-3} \text{mm}$.

8. 570nm，$43°9'$. **9.** 1. **10.** $51.26°$. **11.** 每毫米约有 10^3 条刻痕.

12. (1) $N = 491$；(2) $a + b \geq 2.36 \times 10^{-3} \text{mm}$；(3) $a + b = 1.57 \times 10^{-3} \text{mm}$.

第15章

二、选择题

1. B **2.** A **3.** B **4.** B **5.** D

三、计算题

1. $2.25 I_2$. **2.** $\dfrac{1}{2}$ 倍. **3.** 1.6. **4.** $11.5°$. **5.** 857nm，794nm. **6.** 4.15mm.

7. $48°10'$，光路图略. **8.** $19.75°$，振动方向略.

第6篇 近代物理

第16章

二、选择题

1. A **2.** A **3.** A **4.** B **5.** B

三、计算及证明题

1. $4 \times 10^6 \text{m}$. **2.** (1) $\Delta t' = 4.3 \times 10^{-8} \text{s}$；(2) $\Delta x' = 10.4 \text{m}$. **3.** (1) $v_x = 0.93c$；(2) $v_x = -c$.

4. $6.71×10^8$ m.　**5.** $\rho'=\dfrac{\rho}{1-\beta^2}$, $\rho'=\rho$.　**6.** (1) $-1.13×10^8$ m/s; (2) $1.13×10^8$ m/s.　**7.** $\dfrac{\sqrt{3}}{2}c$.

8. (1) $v=\dfrac{Eqtc}{\sqrt{m_0^2c^2+E^2q^2t^2}}$; (2) $v=at=\dfrac{qEt}{m_0}$; (3) 当 $v\ll c$ 时,则满足 $p=mv\ll m_0c$,(1)的近似值与(2)相同.

9. $0.08c$; $0.866c$.　**10.** 证明略.

第 17 章

二、选择题

1. C　**2.** C　**3.** D　**4.** A　**5.** A

三、计算及证明题

1. $8.28×10^3$ K, $9.99×10^3$ K.　**2.** 12.36 倍.　**3.** 1.004, 2.67.　**4.** $\nu_2=2\nu_1-\nu_0$.

5. (1) $3.2×10^{-19}$ J; (2) 1.77V.　**6.** 2.0eV, 2V, 296nm.　**7.** 1∶4.

8. $\dfrac{\pi}{2}$ 方向: 0.0732nm, $9.2×10^{-17}$ J. π 方向: 0.0756nm, $1.78×10^{-16}$ J.

9. 0.10MeV.　**10.** 10.2eV.　**11.** $\dfrac{2Rh}{ap}$.　**12.** 始态 $n=3$, $E_3=-1.51$ eV;终态 $n=2$, $E_2=-3.4$ eV.

13. $1.67×10^{-27}$ kg.　**14.** $2.4×10^{-3}$.　**15.** $v=\dfrac{\sqrt{3}}{2}c=2.6×10^8$ m/s, 0.0014nm.

16. (1) $5.8×10^{-3}$ m; (2) $5.3×10^{-21}$ m; (3) $5.3×10^{-29}$ m.　**17.** $9.6×10^{-3}$ eV.

18. (1) 19%, 26.4%.

19. 证明略. 提示: 由驻波条件 $n\dfrac{\lambda}{2}=a$, 可得 $\lambda=\dfrac{2a}{n}$, $p=\dfrac{h}{\lambda}=\dfrac{nh}{2a}$, 则 $E=\dfrac{p^2}{2m}$. 证毕.

参 考 文 献

[1] 马文蔚.物理学[M].5版.北京:高等教育出版社,2006.
[2] 张三慧.大学物理学[M].2版.北京:清华大学出版社,2001.
[3] 程守洙,江之永.普通物理学[M].5版.北京:高等教育出版社,1998.
[4] 陈治,陈祖刚,刘志刚.大学物理(上、下).北京:清华大学出版社,2007.
[5] 刘钟毅,宋志怀,倪忠强.大学物理活页作业[M].北京:高等教育出版社,2007.